INSTRUMENT FLYING HANDBOOK

계기비행

이 강 희 편저

비행연구원

여러분의 참여를 기대합니다!

내용에 의문이 있거나 혼동을 일으킬 수 있는 용어, 더 나은 용어 등에 대한 의견이 있다면 보내주십시오. 여러분의 의견을 적극 반영하도록 하겠습니다. 여러분의 소중한 참여가 항공인의 지식 향상에 크게 기여할 것입니다.

- 홈페이지: www.flightin.com
- e-메일: flight-in@hanmail.net

이 강 희

- 청주대학교 영문학과 졸업
- 장교영어반 및 미항공고등군사반 수료
- 육군항공 조종사 및 육군항공학교 헬리콥터 비행이론 및 비행교관 역임
- 미연방항공국(FAA) 비행기 지상학 및 비행교관
- 주요 저서

  『운항학개론』『항공우주용어사전』『항법개론』『항공상식』『제트엔진』『비행기조종학』『항공기상』『항공무선통신』『경량항공기』『항공기 I』『전자조종실』『헬리콥터 역학과 비행』『항공정보지침서』『계기비행절차』 기타 문제집 시리즈.

계기비행(5판)

펴낸 곳/펴낸 날	비행연구원/2018.10.20
등　　　록	제17-174호(1996.6.12)
인터넷/e-mail	www.flightin.com / flight-in@hanmail.net
정　　　가	32,000원
계기비행	1997.01.30　계기비행 초판 1999.01.30　계기비행 2판 2009.01.20　계기비행 3판 2015.02.20　계기비행 4판 2018.10.20　계기비행 5판

Printed in KOREA by Flight Institute　ISBN 978-89-87015-51-4 93550

머 리 말

현대 항공기는 비록 소형이라 할지라도 엔진 성능이 매우 우수할 뿐만 아니라 첨단 항공전자를 탑재한 기종들이 선보이고 있다. 아울러 비행과 관련된 절차를 더욱 세부적으로 규정함으로써 기술과 시스템의 향상으로 항공안전이 크게 높아졌다. 항공기 조종을 전적으로 조종사의 기량에 의존하던 시대에서 오토파일럿을 비롯한 자동비행시스템의 발달로 조종사의 직접적인 개입이 점점 더 감소하고 있다. 이에 조종사의 기량과 함께 절차의 중요성이 크게 강조되고 있다.

항공기 활동이 증가하면서 계기비행 능력은 항공안전과 직결될 뿐만 아니라 전문 조종사로 발돋움하기 위한 필수 과정이다. 시계비행으로 수천 시간의 비행경력을 보유하고 있다 할지라도 계기비행 능력이 없다면 그 조종사의 비행은 매우 제한적으로 수행된다.

계기비행은 이론적 지식과 비행경력을 요구하고 있는 과정으로 혼자서 학습하기가 쉽지 않을 뿐만 아니라 조종사의 시계가 차단된 상태에서 시계비행과 동일한 조종행위가 이루어지는 것으로 조종사의 생각과 실제 계기의 작동이 일치되어야 한다. 만약 조종사의 생각과 계기의 지시가 불일치한다면 어느 쪽이든 문제가 발생했다고 보아야 하기 때문에 계기비행에서 이미지의 시각화가 절대적으로 필요하다.

일부 조종사는 영어에 대한 두려움으로 계기비행에 도전을 꺼리는 경향이 없지 않으나 계기비행은 철저하게 절차와 형식에 따라 진행된다. 기본 비행경력을 바탕으로 절차와 형식에 익숙하고 관련 용어에 대해서 훈련한다면 그리 어렵지 않다는 것을 인식할 수 있을 것이다.

최근 FAA에서는 "Instrument Procedure Manual"을 발간하여 보급하고 있다. GNSS의 발달과 함께 출발에서부터 순항항로, 도착 그리고 최종적으로 접근 절차에 관한 세부적인 내용을 소개하고 있다. "계기비행"에서 소개되었던 절차에 관한 내용은 "계기절차 지침서"로 통합함으로써 완성도를 높일 수 있도록 구성하였다. 이번 "계기비행(5판)"에서는 실제 비행에 관한 내용을 주로 다루었고, 특히 RNAV 항법에 관한 내용을 보강하여 전문성을 강화하였다. 특히 이번 개정판은 온라인(홈페이지)과 오프라인(책)을 이원화하여 학습 능률을 향상할 수 있도록 구성하였다. 온라인에서 세밀한 컬러 그림은 내용을 이해하는 데 도움이 될 것이다.

끝으로 많은 성원을 보내주신 독자 여러분께 깊은 감사를 드립니다. 여러분의 성원에 보답하기 위해서 더욱 최신의 비행정보와 자료 그리고 새로운 분야의 서적 편찬에 열과 성의를 다할 것을 다짐하면서 여러분의 안전비행을 기원합니다.

저자 이 강 희

[차 례]

제1장 자세계기비행

1.1 개 요 ······ 7
1.2 자세계기비행 기본 ······ 9
1.3 기본 기술(재래식 조종실) ······ 20
1.4 전자비행 디스플레이 ······ 25

제2장 자세계기비행 기동

2.1 개 요 ······ 39
2.2 수평직선비행(재래식 조종실) ······ 39
2.3 직선 상승 및 강하 ······ 55
2.4 선 회 ······ 63
2.5 실속 인지 훈련 ······ 73
2.6 비정상자세와 회복 ······ 74
2.7 계기이륙 ······ 79
2.8 수평직선비행(글라스 칵핏) ······ 82
2.9 직선 상승 및 강하 ······ 98
2.10 선 회 ······ 104
2.11 계기이륙 ······ 115
2.12 자세계기비행 기동 훈련 ······ 118

제3장 자세계기비행(헬리콥터)

3.1 기본기술 ······ 123
3.2 수평직선비행 ······ 126
3.3 직선 상승과 강하 ······ 134
3.4 선 회 ······ 137
3.5 비정상자세 ······ 142
3.6 비상절차 ······ 143
3.7 오토로테이션 ······ 143
3.8 서보 고장 ······ 144
3.9 계기이륙 ······ 145

제4장 VOR/HSI 항법
4.1 개 요 ······ 149
4.2 VOR 식별 ······ 149
4.3 트래킹 ······ 177
4.4 송신소까지의 시간과 거리 ······ 183

제5장 NDB 항법
5.1 개 요 ······ 187
5.2 NDB 항법 ······ 188
5.3 인터셉션 ······ 200
5.4 트래킹 ······ 210
5.5 송신소까지의 거리와 시간 ······ 216

제6장 체공과 절차선회(역코스 절차)
6.1 개 요 ······ 219
6.2 체 공 ······ 219
6.3 역코스 절차 ······ 263
6.4 DME 아크 ······ 271

제7장 계기착륙시설(ILS)
7.1 개 요 ······ 279
7.2 LDA와 SDF ······ 291

제8장 RNAV/RNP
8.1 지역항법(RNAV) ······ 293
8.2 RNP와 PBN ······ 307

제9장 RNAV/FMS 항법
9.1 개 요 ······ 319
9.2 RNAV와 FMS ······ 320
9.3 항법 데이터베이스 ······ 325
9.4 순항항로 항법 ······ 337
9.5 순항항로 수정 ······ 343
9.6 강 하 ······ 347
9.7 인터셉트와 트래킹 ······ 355
9.8 체 공 ······ 360
9.9 아크 절차 ······ 362

9.10 GPS와 RNAV 접근 …… 363
9.11 가로/수직항법 …… 365
9.12 LPV …… 367
9.13 역코스 절차 …… 371
9.14 실패접근 …… 374
9.15 재래식 무선항법과 연동 …… 377

제10장 GNSS(GPS) 계기비행
10.1 개 요 …… 379
10.2 계기비행과 정밀도 …… 379
10.3 IFR GPS 수신기 …… 384
10.4 WAAS 계기비행 …… 392
10.5 GPS 계기접근차트 …… 398

【찾아보기】 …… 417
【참고서적】 …… 419

【알 림】

홈페이지에 컬러 그림을 올려놓았으니 참고하시기 바랍니다.

www.flightin.com

제 1 장

자세계기비행

1.1 개 요

시정(visibility)이 양호하고 구름이 없는 맑은 날 익숙한 공역과 지역에서 단거리 비행을 하는 데 계기한정(instrument rating)이 필요하지 않다. 그러나 장거리 비행을 계획하거나 익숙하지 않은 공항(unfamiliar airports) 그리고 기상이 좋은 않아 시정이 매우 불량한 상태에서 비행하기 위해서는 반드시 계기한정을 갖추어야 한다. 비행경력이 부족한 조종사가 한계 시계비행기상상태(marginal visual meteorological conditions; VMC) 또는 IMC 상태에서 계기비행 능력이 부족하거나 적절한 장비를 갖추지 못한 상태에서 무리한 비행이 적지 않은 사고의 원인으로 밝혀졌다.

조종사는 항공기의 자세를 자연 수평선과 비교하면서 보고, 듣고 느끼면서 조종한다. 항공기 성능(performance)이 향상되면서 안전한 운항을 위해서 더 많은 비행정보를 필요로 한다. 항법(navigation)은 지상 지형지물을 이용한 지문항법(pilotage)과 추측항법에서 ADF, VOR, DME, TACAN, LORAN, GPS, ILS, MLS, INS/IRS과 같은 전자 항법 시스템(electronic navigation systems)으로 발전하였다. 비록 규정에 따른 계기한정을 취득했다 할지라도 즉시 IFR 하에서 기장으로 또는 VFR 최저치 이하의 기상상태에서 계기비행을 할 수 있는 것은 아니다. 이를 위해서 항공법규에서는 최근 비행경력 필수요건을 다음과 같이 규정하고 있다.

"...within the preceding 6 months and include six instrument approaches, holding procedures, and intercepting and tracking courses through the use of navigation systems..."

이전 6개월 이내에 항법 시스템을 이용해서 6회의 계기접근, 체공절차(holding procedure) 그리고 코스의 인터셉션과 트래킹(interception and tracking) 비행경력을 갖추어야 비로소 IFR 상태에서 기장(PIC)으로 승무할 수 있다. 만약 6개월 동안 이 비행경력 필수요건을 갖추지 못했다면 다음 6개월 동안에 충족시켜야 한다. 또다시 이 요건을 갖추지 못했다면 계기한정 실기평가 표준(practical test standards; PTS)에 준하여 계기비행 교관으로부터 계기숙련평가(instrument proficiency check)를 받아야 한다. 최근 계기비행 필수요건은 실기 또는 모의 계기상태(simulated)에서 수행할 수 있다. 비행기록부에는 계기만을 참고로 항공기를 조종한 시간이

【그림1-1】 계기비행이 승인된 전형적인 아날로그 계기판 배열이다. 중앙에 비행 계기들이 그룹으로 배열되어 있고 오른쪽에 항법계기 그리고 하단과 왼쪽에 엔진과 관련된 계기들이 배열되어 있다. 계기의 배열은 조종사의 상황인식 능력을 극대화하기 위해서 설계되어야 하고 기종에 따라 약간씩 다를 수 있다.

기록되어 있어야 한다. 이것은 시계를 차단하는 후드(hood)를 착용하고 수행하거나 승인된 비행훈련장치 또는 실제 IMC 상태에서 비행할 수 있다.

※ 숙련평가(proficiency check)는 특정 운용 분야에 당신의 기량과 지식을 평가하는 것이다. 조종사 자격증명을 취득한 후 시간이 지나면서 기량이 떨어지는 경향을 보인다. 숙련평가는 매뉴얼에 있는 표준에 충족할 수 있는 비행기량을 계속 유지하고 있는지를 평가하는 것이다. 주요 숙련평가 영역은 다음과 같다.

- *Instrument rating proficiency check(계기한정숙련평가)*
- *Instructor rating proficiency check(교관한정숙련평가)*
- *Examiner rating proficiency check(평가관 한정숙련평가)*
- *Aerial application rating proficiency check(항공살포 한정숙련평가)*
- *Night vision imaging system proficiency check(야시경 한정숙련평가)*

숙련평가기준에 충족하지 못한 조종사는 숙련평가에 합격할 때까지 한정증명의 권리를 행사할 수 없다. 이를 위해서 다시 숙련평가를 응시하기 전에 추가 보충훈련을 받아야 한다. 규정(Part 61)에 따르면 교관과 평가관의 숙련평가 유효기간은 2년이고 다른 한정증명의 유효기간은 1년이다. 일부의 경우 운용적 필수요건에 충족하기 위해서 추가로 숙련평가를 받아야 한다. 예를 들어 에어라인을 위한 조종사는 매년 최소한 2회의 숙련평가를 받아야 한다. 숙련평가의 유효기간은 12개월 후 마지막 월의 마지막 일까지이다. 예를 들어 2015년 1월에 계기숙련평가를 받았다면 이 조종사의 숙련평가 유효기간은 2016년 1월의 마지막 일까지이다.

1.2 자세계기비행 기본

항공기의 조종실 계기판(instrument panel)이 발달하기 전에는 조종사가 외부 시각 참조물(outside visual reference)과 자연 수평선(natural horizon)을 이용하여 항공기의 자세를 판단할 수 있었다. 그러나 항공기 성능이 증대되면서 전적으로 외부 시각 참조물에 의존하기에는 여러 가지 제한 요소들이 있으며, 계기의 발달은 시계비행의 한계를 극복하는 데 기여하였다. 만약 외부 시각 참조물과 자연 수평선 없이도 비행계기들을 효과적으로 활용한다면 시계비행(VFR)과 동일한 비행을 할 수 있다. 이를 자세계기비행(attitude instrument flying)이라 한다.

계기비행규칙(IFR)은 조종사 혼자서 비행한다기보다 항공교통관제시설(air traffic control facility)과 긴밀한 협조를 유지하면서 비행하는 절차이다. 따라서 관제사가 지시한 고도, 항로, 속도 등을 철저히 준수할 수 있어야 하고, 또한 조종사 자신이 원하는 절차를 요청할 수 있어야 효과적인 계기비행이 될 수 있다. 이 같은 기본적인 필수요구에 충족하기 위한 첫 단계가 자세계기비행이다. 기본 자세계기비행은 시계비행 조종사의 평가 과정(practical test)에서도 요구하고 있다. 비행 중 악기상(adversed weather)에 조우하여 시계(field of view)가 차단된 상황에서 벗어나는 방법은 조종사의 자세계기비행 능력에 달려 있다. 비록 이 같은 상황을 가정하지 않더라도 지상의 항법보조시설을 활용할 수 있는 능력은 조종사의 자질 향상을 의미한다. 어느 경우는 조종사는 자신이 조종하는 항공기의 계기 성능을 판단할 수 있고, 효과적으로 활용할 수 있을 때 계기비행은 완성될 수 있고 항법에 대한 한 차원 높은 자신감을 가질 수 있게 될 것이다.

【그림1-2】 모의-계기비행훈련

1.2.1 훈련 방법

자세계기비행 훈련을 위한 기본 방법은 "control and performance" 그리고 "primary and supporting" 방법이 있다. 이 두 방법 모두 자세조종을 위한 동일한 계기와 반응을 이용하지만, 자세계와 다른 계기들의 판독(interpretation)에 의존하는 것이 다르다. 자세계기비행 훈련은 훈련생의 시야(field of view)를 계기판으로 한정하기 위해서 [그림1-2]와 같이 가리개(hood)를 착용한 상태에서 훈련이 진행된다. 훈련생은 오직 계기판만을 볼 수 있도록 한 상태이기 때문에 반드시 안전조종사(safety pilot)와 동승하여 훈련을 해야 한다.

안전조종사는 최소한 자가용자격증을 소지한 사람으로 제한하고 있다. 조종훈련생(student pilot)의 시야는 계기판으로 제한되어 있어 주변에 접근하는 다른 항공기를 관찰할 수 없기 때문이다. 또한, 조종훈련생의 조종 미숙으로 언제든지 위험한 자세가 초래될 수 있어 이 같은 비정상자세(abnormal attitude)를 조기에 발견하여 수정 조치하는 것은 안전한 비행훈련을 위한 필수 요소이다. 안전조종사는 주변의 다른 항공기를 경계하면서 훈련생에게 "...straight and level flight... 000 feet climbing or descent... turn left(right) heading 000°..." 등과 같은 기동 형태를 지시하고 조종훈련생은 만족한 성과를 얻을 수 있을 때까지 훈련을 반복한다.

1.2.2 항공기 운동과 계기

모든 항공기 자세의 변화는 무게중심점(C.G)을 기준으로 가로축, 세로축, 수직축을 중심으로 운동한다. 세로축(longitudinal axis)은 기수에서 꼬리를 연하는 축으로 항공기 동체는 좌우로 운동하고 이를 롤링(rolling)이라 하였고, 가로축(lateral axis)은 좌우측을 연하는 가상선으로 항공기는 기수의 상하운동을 일으키고 이를 피칭(pitching)이라 하였다. 수직축(vertical axis)은 동체의 상부에서 하부를 연하는 축으로 항공기 기수는 좌우로 운동하고 이를 요잉(yawing)이라 한다. 여기서 항공기 기수의 들림과 숙여짐 운동을 피치운동이라 하고 이를 지시하는 계기를 피치계기(pitch instrument)라 한다. 항공기 동체의 롤링 운동을 지시하는 계기를 경사계기(bank instrument) 그리고 항공기의 추력을 지시하는 계기를 동력계기(power instrument)로 구분한다.

자세계의 구조에서 연구했듯이 자이로는 수평면과 수직면을 지시할 수 있도록 구조되어 있다. 자세계 내부의 인공구(artificial sphere)는 상하좌우로 자유롭게 운동하면서 항공기 기수의 들림과 숙여짐 그리고 좌우 경사(bank)를 동시에 지시해 줄 수 있다. 따라서 자세계는 피치계기로 사용될 뿐만 아니라 경사 상태를 지시해 주는 경사계기로도 활용될 수 있다. 반면에 기수방위지시계와 선회코디네이터(turn coordinator)의 자이로 장치는 항공기 동체의 좌우 운동만을 감지할 수 있기 때문에 경사계기로 구분된다. 고도계, 속도계, 승강계는 피토-정압 계기로 항공기 기수의 들림과 숙여짐(nose up and down) 상태만을 지시하는 계기이기 때문에 피치계기로만 활용될 수 있다. 이외에도 항공기 속도의 증감 즉, 성능을 지시해 줄 수 있는 계기로는 매니폴드 압 게이지(manifold pressure; 태코미터) 등이 있으며 이들 계기를 동력계기로 구분한다.

1.2.3 조종과 성능계기

항공기 성능(aircraft performance)은 항공기 자세와 동력(power)을 조정하여 달성한다. 항공기 자세는 자연 수평선에 상대적인 항공기의 피치와 롤 축(pitch and roll axes) 모두 관계있다. 항공기는 필요에 따라 자연 수평선을 참고하지 않고 조종할 수 있고 안정된 비행을 위해서 자세와 동력을 조종하여 계기비행을 할 수 있다. 이 같은 전반적인 과정을 자세계기비행의 조종과 성능 방법이라 한다. 기본 계기기동(instrument maneuvers)과 함께 시작함으로써 이륙에서부터 착륙까지 조종, 성능 그리고 항법계기의 사용을 통해서 유연한 비행에 적용할 수 있다.

[1] 조종계기

조종계기(control instruments)는 [그림1-3]과 같이 즉각적인 자세와 동력 지시를 보여주고 정밀한 지시를 위해서 보정이 허용된다. 여기서 "power"는 좀 더 기술적으로 서술했을 때 "추력 또는 항력 상관관계(thrust or drag relationship)"라고 하는 것이 더 정확한 표현이다. 항공기

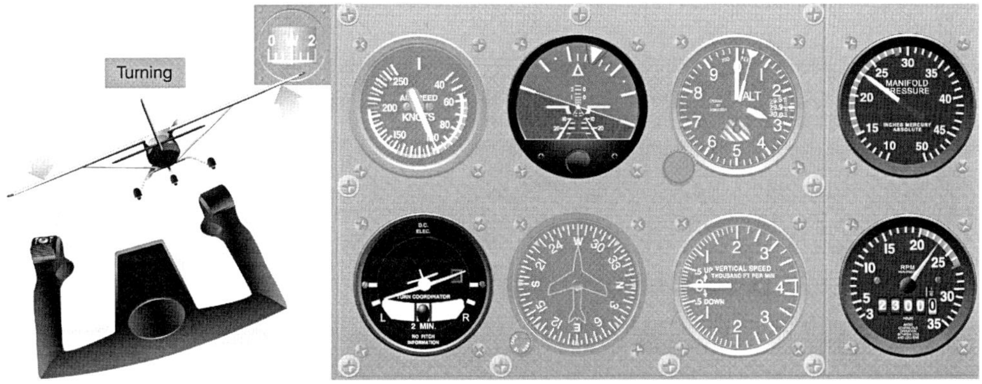

【그림1-3】 조종계기

조종은 자세와 동력 지시계를 참고하여 결정된다. 동력 지시계(power indicators)는 매니폴드압 게이지, 태코미터(tachometer), 연료흐름 게이지 등 항공기에 따라 다를 수 있다.

[2] 성능계기

성능계기(performance instruments)는 [그림1-4]와 같이 항공기의 현재 성능을 보여준다. 성능은 고도계, 속도계 또는 승강계를 참고하여 결정된다.

[3] 항법계기

항법계기는 조종사가 선택한 항법시설 또는 픽스(fix)에 상대적인 항공기의 위치를 지시한다. 이 그룹의 계기들은 다양한 코스 지시기, 거리 지시계(DME), 활공경사 지시기 그리고 방위 지시계 등이 포함된다. 최신 항공기는 INS/IRS 또는 위성기반 항법장치와 같은 더욱 정확한 위치 정보(positional information)를 제공하는 항법 계기들을 갖추고 있다.

[4] 조종과 성능을 이용한 계기비행

① 조종사가 원하는 성능을 얻을 수 있는 조종계기(control instruments)들에서 자세와 동력 세팅을 확립한다. 대략 알고 있거나 계산된 값 또는 동력 세팅은 조종사의 업무를 감소시키는

【그림1-4】 성능계기

데 도움이 된다.

② 조종압(control pressures)이 중립이 될 때까지 트림(trim)을 조절한다. 유연하고 정밀한 항공기 조종을 위해서 핸드-오프 비행(hands-off flight)을 위한 트림 조절은 필수이다. 조종사는 트림이 잘 조절된 상태에서 자세의 변화 없이 다른 업무를 수행할 수 있다.

③ 자세 또는 동력 세팅(power setting)이 원하는 성능을 제공하고 있는지를 결정하기 위해서 성능 계기들을 교차점검(cross-check)한다. 교차점검은 계기를 관찰하는 것과 판독(seeing and interpreting) 모두를 포함한다. 만약 큰 변화가 없다면 원하는 성능을 달성하는 데 필요한 조절의 크기와 방향을 결정한다.

④ 필요하다면 조종계기(control instruments)들에서 자세와 동력 세팅을 조절한다.

[5] 계기비행 중 계기 활용

(1) 자세계

항공기 자세의 정확한 조종은 자세를 변화시켜야 하는 시기 그리고 정밀한 양으로 유연하게 변화시킬 수 있는 자세계의 사용 능력에 달려 있다. 자세 참고는 항공기의 피치 또는 경사자세의 변화를 즉각 그리고 직접 상응하는 지시를 제공한다.

(2) 피치조종

자세계의 인공수평(artificial horizon)에 대한 정밀한 양으로 지시되는 모형항공기(miniature aircraft)는 피치 자세의 변화를 보여준다. 이들 변화의 양은 자세계의 종류에 따라 각도 또는 수평바 폭(bar widths)으로 측정된다. 조종사가 원하는 성능으로부터 변화된 양은 수정의 크기(magnitude of the correction)를 결정한다.

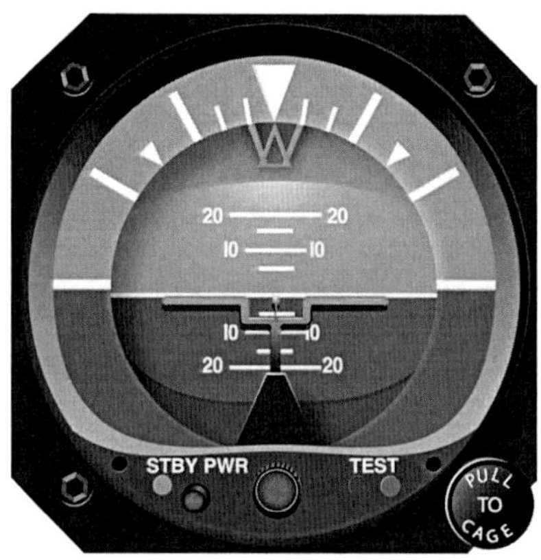

【그림1-5】 자세계

(3) 경사조종

경사 변화는 경사 눈금에 지시되는 정밀한 양으로 경사자세(bank attitude) 또는 경사 지침(index)에 따른 변화를 지시한다. 자세계의 경사 눈금(bank scale)은 [그림1-5]와 같이 0°, 10°, 20°, 30°, 45°, 60°, 그리고 90°의 눈금이 새겨져 있고 자세 참고의 상부에 있다. 계기비행에서 경사각은 대략 30°를 초과하지 않아야 한다.

(4) 동력조종

동력조종은 자세 변화와 조화될 수 있도록 원하는 속도를 유연하게 확립하거나 유지할 수 있는 능력이다. 동력 변화는 동력 지시계를 참고하여 스로틀 조정으로 수행된다. 동력 지시계는 난기류, 부적절한 트림 또는 부주의한 조종압과 같은 요소들의 영향을 받지 않는다. 따라서 대부분 항공기에서 동력 세팅을 일정하게 유지하기 위해서 주의를 기울이지 않아도 된다. 조종사는 많

【그림1-6】 피치계기

은 훈련을 통해서 스로틀을 대략 어느 정도 조정해야 하는지 동력 변화의 양을 익히게 될 것이다. 더욱 정밀한 동력 세팅을 위해서 먼저 지시계를 확인한 다음 스로틀을 조정한다. 동력을 조정할 때 주의해야 할 점은 동력을 세팅하는 도중 지시계에 시선이 고착(fixation)되지 않도록 주의해야 한다. 다양한 비행형상(flight configuration)을 위한 대략적인 동력 세팅의 양을 예측할 수 있는 것도 과도한 동력 세팅을 피하는 데 도움이 된다.

1.2.4 주요 및 보조계기

자세계기비행의 또 다른 방법은 항공기 성능과 마찬가지로 조종 기능(control function)과 관련된 계기들로 분류할 수 있다. 모든 기동은 가로(피치), 세로(경사/롤) 그리고 수직(요) 축에 대한 운동의 정도를 포함한다. 자세조종(attitude control)은 피치조종, 경사조종, 동력조종 그리고 트림조종의 용어로 강조되고, 이들 계기는 조종 기능과 항공기 성능에 따라 피치조종, 경사조종, 동력조종 그리고 트림조종으로 구분한다.

[1] 피치조종

피치조종은 승강타 작동으로 가로축에 대한 항공기의 운동을 조종하는 것이다. 조종사는 정확한 비행 계기들로부터 피치자세를 판독한 후 수평선을 참고로 원하는 피치자세를 얻을 수 있도록 조종압(control pressures)을 적용한다. 피치조종을 위한 계기들은 자세계, 고도계, 승강계 그리고 속도계이다. 자세계(attitude indicator)는 항공기의 피치자세를 직접 보여주는 계기이고 다른 계기들은 간접적으로 피치자세를 보여준다. [그림1-6]

(1) 자세계

항공기의 피치자세 조종은 항공기의 세로축(longitudinal axis)과 실제 수평선 사이의 각관계(angular relationship)를 조종하는 것이다. [그림1-5, 7]과 같은 자세계는 항공기의 피치자세를 직접적이고 즉각적으로 지시한다. 항공기 조종은 원하는 피치자세를 확립할 수 있도록 수평바 또는 수평선(horizon bar or horizon line)에 상대적인 모형항공기의 위치를 이용하여 조절한다.

【그림1-7】 피치자세의 수정은 자세계를 이용하는 방법(왼쪽)과 반대로 고도계를 이용해서 피치자세를 수정하는 방법이 있다. (오른쪽)

모형항공기는 이륙하기 전에 항공기 운용자 매뉴얼을 참고하여 수평바 또는 수평선에 정확하게 일치하도록 해야 한다. 따라서 조종사는 가능한 한 신속하게 수평비행과 원하는 순항속도에서 모형항공기를 수평바 또는 수평선과 정렬될 수 있도록 조절해야 한다. 이 같은 자세의 조절은 하중이 변화(varying loads)되었을 때 또는 다른 조건이 자세 변화가 필요하다고 지시될 때 수행되어야 하고, 모형항공기의 위치는 순항속도 외의 비행을 위해서 변화되어서는 안 된다. 이것은 자세계가 모든 기동에서 실제 피치자세의 그림을 확실하게 보여주기 때문이다. 자세계를 피치자세의 수정에 사용할 때 조종압은 매우 미세한 양을 적용해야 한다. 비행기에서 자세계의 모형항공기 위 또는 아래로 수평바의 움직임은 수평바 폭의 절반(one-half the bar width)을 초과해서는 안 된다. 만약 추가 수정이 요구된다면 수평바 절반 폭을 넘지 않게 수정했을 때 정상 비행으로부터 발생하는 변화에 적절하게 대응할 수 있다.

(2) 고도계

항공기가 수평비행(level flight)을 하고 있다면 고도 지시침은 일정한 고도를 지시할 것이다. 만약 [그림1-7]과 같이 고도계가 고도 상실을 지시한다면 피치자세는 강하를 멈추기 위해서 조절되어야 한다. 반대로 고도계가 고도 상승을 지시한다면 피치자세는 상승을 멈추기 위해서 조절되어야 한다. 또한, 고도계는 상승 또는 강하에서 지시침의 움직임 속도에 따라 피치자세를 판단할 수 있다. 최소한의 피치자세 조절로 고도의 상실과 증가 비율을 조절할 수 있다. 피치자세는 난기류 또는 상승과 하강기류(turbulence or up and down drafts)와 같은 외부 힘으로부터 초래된 작은 고도의 변화만을 수정하는 데 사용된다.

(3) 승강계(VSI; vertical speed indicator)

항공기가 일정한 고도를 유지하고 있다면 [그림1-8]의 VSI 지시침은 "0"을 지시할 것이다. 만약 지시침이 "0" 위로 움직인다면 피치자세는 상승을 멈추고 수평비행으로 복귀하기 위해서 하향으로 조절되어야 한다. VSI 지시침 변화에 대한 즉각적인 수정은 상당한 고도의 변화를 방지한다. 난기류는 지시침이 "0" 근처에서 약간 흔들리게 하는 원인이 될 수 있고 이 같은 조건에서 지시를 판독할 때는 평균 변동(average of the fluctuations) 값을 고려해야 한다. 고도계는 난기류 조건에서 VSI만큼 민감하지 않기 때문에 고도의 변동을 판단하는 데 도움이 될 수 있다. 수직속도는 분당 피트(feet per minute; fpm)로 나타낸다. 승강계에는 1, 2, 3과 같은 숫자가 새

【그림1-8】 승강계

겨져 있고 이들은 각각 분당 천 피트 상승 또는 강하를 나타낸다. 예를 들어 VSI 지시침이 .5(1/2 of a thousand or 500 fpm)를 지시하고 있다면 항공기는 1분당 500피트를 상승하고 있는 것을 지시한다.

VSI는 상승 부분과 강하 부분으로 나누어져 있다. 난기류 속에서 VSI 지시침은 상당한 흔들림이 유발될 수 있기 때문에 상황을 더욱 악화시키는 것을 방지하기 위해서 반드시 작은 양으로 적용해야 한다. 과도한 수정은 원하는 고도를 초과하게 할 수 있으나 필요 이상으로 적은 양의 수정은 고도를 회복하는 데 더 긴 시간이 소요될 수 있다. VSI를 이용한 고도 수정은 고도 편차의 약 2배의 변화율을 적용할 것을 권장한다. 예를 들어 항공기가 원하는 고도로부터 100피트 벗어났다면 VSI의 수정 비율은 200 fpm을 적용하는 것이 적당하다. 상승 또는 강하 중 VSI는 원하는 비율에서 고도를 변화시키는 데 사용된다.

피치자세와 동력 조정은 VSI에서 원하는 상승률 또는 강하율을 유지할 수 있도록 해 준다. 조종간에 과도한 힘을 적용하여 VSI 지시가 원하는 값으로부터 200 fpm을 초과했을 때 과조작으로 고려된다. 예를 들어 500 fpm 비율에서 고도 상실을 회복하기 위해서 700 fpm 이상의 지시는 과조작(overcontrolling)이라고 할 수 있다. 지시침의 초기 움직임은 수직 운동(vertical movement) 방향을 지시한다. VSI에서 수정 조작을 적용한 후 최대편차지점(maximum point of deflection)에 도달하는 데 약간의 시간이 지연(lag)될 수 있다. 지연은 피치 변화의 속도와 크기에 비례한다. 비행기에서 과조작은 조종간의 힘을 완화하여 피치자세가 중립을 유지할 수 있도록 함으로써 방지할 수 있다. 때로는 항공기가 수평비행 중일 때 VSI 지시가 약간 상승 또는 강하를 지시할 수 있다. 만약 재조절이 수행되지 않았다면 계기가 피치조종을 위해서 사용될 때 지시계의 오차를 반드시 고려해야 한다. 예를 들어 항공기가 수평일 때 VSI가 100 fpm 강하를 지시하고 있다면 이 값을 수평으로 고려하고 적절하게 가감할 수 있어야 한다.

일부 항공기에서는 순간 승강계(instantaneous vertical speed indicator; IVSI)를 장착하고 있다. IVSI는 일반 승강계에서 나타나는 것과 같은 지연 현상 없이 즉각 상승률 또는 강하율을 지시한다.

(4) 속도계

속도계는 피치자세를 간접 지시한다. 일정한 동력 세팅과 일정 고도에서 항공기는 수평비행하면서 속도는 일정하게 유지된다. 만약 속도가 증가했다면 피치자세는 낮아질 것이고 즉시 기수를 들어주어야 한다. [그림1-9]와 같이 대기속도가 감소한다면 피치자세는 높아질 것이고 반드시 낮추어 주어야 한다. 급격한 대기속도의 변화는 상당한 피치의 변화를 지시하고, 대기속도가 서서히 변하는 것은 피치자세의 변화가 작다는 것을 의미한다. 비록 속도계가 피치계기와 같이 사용되기는 하지만 동력조종을 위한 수평비행에서도 사용될 수 있다. 피치자세의 변화는 즉각적인 대기속도의 변화를 초래한다. 속도계에서는 지연 현상이 거의 발생하지 않는다.

【그림1-9】 피치자세가 낮아지면 속도는 증가한다. (왼쪽) 반대로 피치자세가 높아지면 속도는 감소한다. (오른쪽) 이에 대한 수정은 피치자세를 반대로 적용해야 한다.

(5) 피치자세의 교차점검

고도계는 뇌우와 같은 강력한 수직 난기류(vertical turbulence)를 예외로 하고 수평비행에서 피치자세를 지시하는 중요한 계기이다. 동력 세팅의 정확한 조정과 함께 어느 피치자세 계기라도 수평비행자세를 유지하는 데 사용할 수 있다. 그러나 오직 고도계만이 정확한 고도 정보를 제공한다는 점에 유의하라. 피치자세 계기가 피치자세 조절의 필요를 지시하는지에 관계없이 자세계는 피치 조절을 수행하는 데 사용되어야 한다. 피치자세 조종에서 범할 수 있는 공통 실수는 다음과 같다.

① 과조작

② 부적절한 동력 사용

③ 피치자세 계기들의 적절한 교차점검을 하지 못해 피치자세 변화가 필요할 때 정확한 조치를 취하지 못했다.

[2] 경사조종

경사조종(bank control)은 날개와 수평선 사이의 각도를 조종하는 것이다. [그림1-10]과 같이 해당 계기들로부터 경사자세를 판독한 후 도움날개(ailerons)에 필요한 힘을 적용하여 세로축에 대한 경사조종을 참고하기 위한 계기들은 다음과 같다.

【그림1-10】 비행기의 경사를 지시하는 계기들은 자세계, 선회코디네이터, 기수방위 지시계 그리고 자기나침반이 있다. 비록 자세계의 지시가 수평이라 할지라도 기수방위의 미세한 변화가 감지될 때는 원인을 찾아 즉각 수정하지 않으면 오차는 점차 커질 수 있다.

① 자세계(attitude indicator)
② 기수방위 지시계(heading indicator)
③ 나침반(magnetic compass)
④ 선회경사지시계/선회코디네이터(turn coordinator/turn-and-slip indicator)

(1) 자세계

자세계는 실제 비행 자세를 순간적이고 직접 지시하는 유일한 계기이다.

(2) 기수방위 지시계

기수방위 지시계는 적절한 경사와 기수방위 정보(heading information)를 제공하는 주요 경사계기(primary instrument)이다.

(3) 자기나침반

자기나침반(magnetic compass)은 기수방위 정보를 제공하고 기수방위 지시계로 사용될 때 경사계기(bank instrument)로 고려된다. 자기나침반을 사용할 때 난기류, 상승, 강하, 동력 조정 그리고 대지속도 조절로 인하여 가속, 감속의 영향을 받을 수 있기 때문에 주의가 필요하다. 이외에도 자기나침반 지시는 선회 방향에 따라 선도와 지연(lead and lag) 현상이 발생할 수 있다. 따라서 선회를 지시하는 선회경사 지시계 또는 선회코디네이터 그리고 자세계와 기수방위 지시계와 같은 다른 계기의 지시와 비교하여 판독해야 한다.

(4) 선회코디네이터/선회경사 지시계

이들 계기는 선회 정보를 제공한다. 선회코디네이터(turn coordinator)는 [그림1-11]과 같이 경사율(bank rate)과 선회율(turn rate) 모두를 지시하고 선회경사지시계는 오직 선회율만 지시한다.

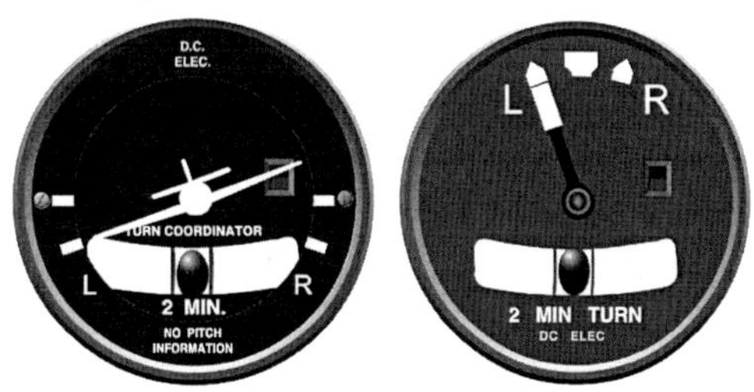

【그림1-11】 선회코디네이터와 선회경사 지시계

[3] 동력조종

대기속도를 조절하기 위한 동력의 변화는 항공기 축(aircraft axes)의 일부 또는 전체에서 운동을 초래한다. 운동의 크기와 방향은 단발엔진, 다발엔진 비행기 또는 헬리콥터와 관계없이 동력을 얼마나 많이 그리고 얼마나 빠르게 변화시키는지에 달려 있다. 수평비행 중 동력 변화로 초래된 피치자세와 대기속도의 영향은 [그림1-12]에서 보여주고 있다. 만약 동력 조절이 필요하다면 동력 조절 직후 또는 도중에 동력계기(power instruments)를 반드시 교차점검해야 한다. 동력 조절의 필요성이 다른 계기에 의해서 지시되든 아니든 동력계기는 교차점검해야 한다. 항공기 종류에 따라 동력장치가 다르고 각 동력장치는 항공기를 운용하기 위해서 적용할 수 있는 동력의 양(amount of power)을 지시하는 계기들을 갖추고 있다. 계기비행 중 이 계기들은 반드시 필수 동력 조절(required power adjustments)을 하는 데 사용되어야 한다. 동력을 지시하는 계

【그림1-12】 수평비행 중 동력 증가는 속도 증가를 초래한다. (위) 수평비행을 위해서 피치 조종과 동력 조정이 요구된다. (아래)

기는 다음과 같다.

① 속도계(airspeed indicator)

② 엔진 계기(engine instruments)

(1) 속도계

속도계는 트림이 잘 조절된 수평비행에서 초기에 관찰할 수 있는 가장 확실한 동력 지시를 제공한다. 만약 수평비행 중 속도가 증가했다면 동력이 증가한 것으로 판단할 수 있고 동력을 조절하거나 항공기의 트림을 재조절해야 할 필요가 있다.

(2) 엔진 계기

매니폴드압 게이지와 같은 엔진 계기들은 안정된 상태에서 주어진 동력세팅을 위한 항공기 성능을 지시한다. 만약 동력 조건이 각 엔진 계기 판독에 나타난 것과 같이 변화되었다면 대기속도의 증감은 항공기 성능에 영향을 줄 수 있다. 예를 들어 고정-피치(fixed-pitch) 프로펠러의 RPM이 증가 또는 감소했을 때 항공기의 성능은 속도의 증감에 영향을 줄 수 있다.

[4] 트림조종

항공기의 정확한 트림 기술(trim technique)은 유연하고 정밀한 계기비행을 위해서 필수적이다. 모든 기동 중 정확하게 트림을 조절할 수 있어야 하고 조종 기량은 트림을 얼마나 잘 유지할 수 있는지에 달려 있다고 해도 과언이 아니다. 비행기는 모든 조종압(control pressures)이 중립이 되는 원하는 자세가 유지될 때 정확하게 트림이 조절되었다. 이때 특정 자세에서 항공기를 유지하기가 더 쉬워질 수 있다. 조종사는 비행기 트림이 잘 조절된 상태에서 항법계기를 다루거나 다른 조종실 업무를 수행할 수 있다. 비행기의 트림은 다음과 같은 절차로 조절할 수 있다. [그림1-13]

① 조종사가 원하는 자세를 확립하기 위해서 먼저 조종압을 적용한 다음 트림을 조절함으로써 조종간을 놓았을 때 항공기는 원하는 자세가 유지되어야 한다. 항공기는 선회경사지시계의 볼이 중앙에 놓이도록 균형조종(coordinated flight)을 위해서 트림을 조절한다.

② 볼(ball)이 중앙으로부터 변위된 방향에서 러더 트림(rudder trim)을 조절한 다음 도움날개 트림은 날개수평 자세(wings-level attitude)를 유지할 수 있도록 조절한다.

③ 균형조종을 유지하는 데 도움이 될 수 있다면 동력 또는 추력을 적용한다. 자세 변화, 동력 또는 형상(configuration)은 트림 조절이 필요하다. 항공기 자세의 변화를 확립하기 위해서 트림만을 사용하는 것은 불규칙한 항공기 조종을 초래할 수 있다. 유연하고 정밀한 자세(smooth and precise attitude) 변화는 조종압과 후속 트림 조절을 통해서 최상의 결과를 얻을 수 있다. 트림 조종(trim control)은 항공기의 유연한 조종에도 도움이 된다. 부적절한 트림은 지속적인 조종압, 급격하고 불규칙한(erratic) 자세 변화를 유발하여 조종피로(control fatigue)를 증가시킨다.

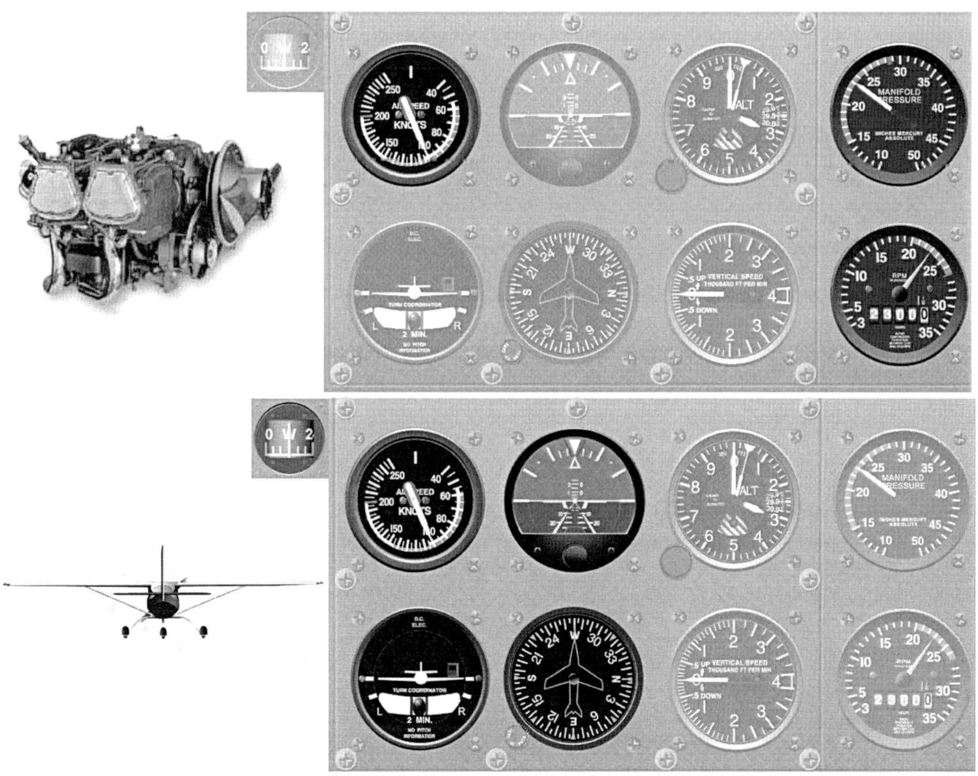

【그림1-13】 동력을 조절하는데 사용되는 계기들은 속도계와 매니폴드압 게이지(태코미터)가 있고(위), 정확한 비행기의 트림은 조종사가 조종간에서 일시 손을 떼어도 일정 시간 동안 수평직선비행을 유지할 수 있다. 비행기 트림을 위한 계기들은 속도계, 자세계, 선회코디네이터, 기수방위 지시계, 자기나침반이다. (아래)

[5] 주요 그리고 보조 계기

일정 속도에서 수평직선비행(straight-and-level flight)은 경사 없이 정확한 고도가 유지되고 있는 상태이다. 이 비행 상태를 유지하는 데 사용되는 주요 피치, 경사 그리고 동력계기는 다음과 같다.

① 고도계; 가장 적절한 고도 정보를 제공하는 주요 피치계기이다.
② 기수방위 지시계; 가장 적절한 경사 또는 기수방위 정보를 제공하는 주요 경사계기이다.
③ 속도계; 동력 출력 조건의 수평비행에서 성능과 관련된 가장 적절한 정보를 제공하는 주요 동력계기이다.

비록 자세계가 기본적인 자세 참고 계기이기는 하지만 피치와 경사자세를 확립하고 유지하는 데 있어서 주요 그리고 보조계기의 개념에 따라 가용한 특정 비행계기(flight instrument)를 평가절하해서는 안 된다. 항공기의 움직임에 따른 계기의 변화를 관찰하고 판독하는 과정에서 언급한 것과 같이 피치자세를 지시하는 계기는 4종의 계기가 있으며 이들 계기 모두에 시선을 집중할 수는 없다. 따라서 효과적으로 해당 기동에 대한 자세를 가장 정확하고 효과적으로 판독할 수 있는 계기와 기타 관련 계기로 구분한다면 더욱 효율적인 교차점검과 판독의 성과를 얻을 수 있을 것이다. 예를 들어 항공기의 피치자세를 변화시켰을 때 자세계, 속도계, 고도계, 승강계가 동시에 피치자세의 변화를 지시하게 될 것이나 이들 계기 모두에 주의를 집중할 수 없다. 이들 계기 중에서 가장 중요하고 필수적인 항공기 자세를 제공하는 계기를 주요계기(primary instruments)로 지정하고, 나머지 계기들을 보조계기(supporting instruments)들로 구분한다.

자세계는 외부 시각 참조물을 확인할 수 없는 상황에서 항공기의 자세를 즉각적으로 그리고 직접 지시해 주는 계기로 그 어느 계기보다도 중요한 계기이다. 그렇다고 해서 이 계기가 항상 주요계기로서의 역할만 하는 것은 아니다. 예를 들어 자세계를 이용하여 원하는 고도에서 수평직선비행을 하고 있다고 가정할 때 이 자세를 지속적으로 유지하기 위해서는 고도계가 주요 피치계기, 기수방위 지시계는 주요 경사계기 그리고 자세계는 보조 피치 및 경사계기가 되어야 한다. 이 같은 개념을 바탕으로 주요계기와 보조계기를 적절히 활용할 수 있어야 한다. 여기서 언급되는 주요계기와 보조계기의 개념이 절대적으로 적용되는 것은 아니고 효과적인 주의력 분배(division of attention)를 달성하는 데 있음을 염두에 두고 이후에 학습하게 될 기동 형태에 따라서 어떻게 주요계기와 보조계기로 활용되는지에 대해서 학습하게 될 것이다.

1.3 기본 기술(재래식 조종실)

자세계기비행의 기본은 계기를 신뢰하는 것이다. 비행하기 전 필수적으로 각종 계기의 점검과 기능을 철저히 확인해야 한다. 만약 계기비행을 위한 필수 계기가 부정확하거나 고장일 때는 비행할 수 없으며 비행 중 이 같은 계기의 고장에 대해서도 신속하게 ATC에게 알려 필요한 도움을 받아야 한다. 자세계기비행 숙달을 위한 기본기술(fundamental skills)은 계기의 교차점검(cross-check), 판독(interpretation) 그리고 항공기 조종(aircraft control)이다. 교육 목적상 이

기술들을 분리해서 다루지만 정밀하게 비행할 수 있는 숙련도(proficiency)는 부여된 비행경로를 유지하기 위한 일률적이고, 유연하면서 확실한 조종 반응은 이 기술들을 통합하여 보여줄 수 있는 능력에 달려 있다. 시계비행과 달리 이제부터는 외부의 시각 참조물이 완전히 차단된 상황으로 가정하여야 할 것이며, 당신의 두뇌에는 계기 지시침의 미세한 움직임조차도 조기에 발견하여 이를 시각화(visualize)하여야 한다는 점이 반복적으로 강조될 것이다.

1.3.1 교차점검

자세계기비행의 첫 번째 기본기술은 계기의 교차점검이고 이를 스캐닝(scanning)이라고도 한다. 비행계기(flight instruments)의 종류와 기본적인 작동 원리에 대해서는 이미 "운항학 개론"에서 충분히 연구되었듯이 이들 계기는 [그림1-1]과 같이 통상 두 줄로 배열되어 있다. 윗줄은 자세계(attitude indicator)를 중심으로 왼쪽에 속도계(airspeed indicator) 그리고 오른쪽에 고도계가 배열된다. 아랫줄에는 기수방위 지시계를 중심으로 왼쪽에 선회코디네이터 그리고 오른쪽에 승강계가 배열된다. 이외에도 자세계기비행에서 동력의 증감에 사용되는 엔진회전계(RPM 및 매니폴드압 게이지)가 활용된다. 교차점검이란 항공기 자세와 성능 정보를 위한 계기의 체계적이고 합리적인 관찰(systematic and logical observations)이다. 여기서 중요한 계기(important instruments)는 어느 특정 기동 단계에서 가장 적절한 정보를 제공하는 것으로 통상 일정한 지시를 보여 줄 수 있어야 한다. 나머지 계기들은 원하는 지시에서 주요계기를 유지하는데 도움이 되고 특정 상황에서 주요계기를 대신해서 사용될 수 있다. 교차점검은 계기비행에서 의무적(mandatory)이다. 비행 중 조종사의 실수, 계기 자체의 오차, 다양한 대기와 하중조건(load conditions)에서의 항공기 성능 등으로 인하여 장시간 일정한 자세를 유지하기가 쉽지 않다. 따라서 조종사는 이들 변화 요인에 의한 항공기 자세의 변화를 지속적으로 관찰하고 수정해야 원하는 정확한 비행자세를 유지할 수 있다. 교차점검은 지속적인 훈련과 오랜 경험을 통하여 자신만의 독특한 방법으로 숙달되겠지만 초임 조종사에게는 다음과 같은 교차점검이 권장된다.

[1] 방사 교차점검

항공기의 움직임에 따른 주요계기(primary instrument)로 선정된 계기에 시선의 80~90%를 할애하고, 관련된 다른 계기를 순간순간 관찰하는 방법이다. 조종사는 비행계기들 사이를 직접 이동하지 않고 항상 자세계를 통해서 이동해야 한다. 예를 들어 [그림1-14]와 같이 자세계를 중심으로 왼쪽에 있는 속도계와 오른쪽에 있는 고도계의 변화를 관찰(scanning)하고 다시 왼쪽 아래의 선회코디네이터, 기수방위 지시계 그리고 승강계의 움직임을 관찰한다. 이 같은 교차점검할 때 선정된 주요계기와 관련 계기를 직접 관찰해야 한다. 만약 주요계기를 빼고 다른 관련 계기들을 관찰했을 때 주요계기 지시침의 움직임을 빠뜨릴 수 있는 실수를 범할 수 있다.

[2] 역 V-자 교차점검

주요계기를 중심으로 관련된 다른 계기들을 교대로 관찰하는 방법이다. [그림1-14]의 아래 왼쪽 그림에서 보는 것과 같이 자세계와 선회코디네이터의 움직임을 관찰하고 다시 자세계와 승

【그림1-14】 방사 교차점검(위), 역-V 교차점검(아래, 왼쪽), 사각 교차점검(아래, 오른쪽)

강계 지시침의 움직임을 관찰함으로써 스캐닝은 역 V-자 형태를 이룬다.

[3] 사각 교차점검

일반적으로 비행계기는 사각형 모양으로 배열되어 있다. 스캐닝은 먼저 윗줄에 있는 고도계, 자세계, 속도계 지시침의 움직임을 관찰하고 다음 아래 줄의 선회코디네이터, 기수방위 지시계, 승강계 지시침의 움직임을 관찰하는 순으로 진행한다. 스캐닝 방향은 개인 성향에 따라 시계방향 또는 시계반대방향으로 습관화시키면 된다. 이 방법은 수행되고 있는 기동의 중요성과 관계없이 각 계기로부터 동등한 정보를 제공하고 특정 기동이 성공적으로 완료될 때까지 주요계기로 복귀하는 데 긴 시간이 소요될 수 있다.

[4] 일반적인 실수

초임 조종사는 무엇을 관찰해야 하는지에 대한 정확한 인식 없이 계기들을 빠르게 교차점검하려는 경향이 있다. 기본 자세계기비행 경험이 쌓이고 관련 계기들에 익숙(familiarity)해질수록 조종사는 무엇을 그리고 언제 스캔해야 하는지 그리고 어떠한 반응을 예상할 수 있는지 익히게 될 것이다. 비행경력이 쌓이면서 비행 상황에서 요구하는 습관, 적절한 스캐닝 비율과 순서에 따라 교차점검하게 된다. 미숙한 교차점검은 훈련 중 또는 어느 때라도 다음과 같은 공통 실수를 범할 수 있다.

(1) 시선고착(fixations)

초임 조종사에게 쉽게 발생할 수 있는 현상으로 관련 계기를 체계적으로 교차점검하기보다 어느 특정 계기에 시선이 고정된 현상이다. 예를 들어 고도를 높이기 위해서 조종간을 약간 뒤로 당기면서 동력을 적용했을 때 조종사의 시선이 고도계에 고정된 현상이다. 항공기 기동을 변화시키기 위한 어느 한 성능의 변화 조작은 반드시 다른 성능의 변화를 초래한다. 이 같은 경우 조종사가 고도에만 주의를 집중한 나머지 기수방위가 변하고 있음을 인지하지 못하거나 늦게 발견하여 이로 인한 또 다른 수정 조작을 취해야 하는 실수를 스스로 유발하게 된다.

조종훈련생은 의도적으로 눈의 초점을 이동시켜 관련 계기의 움직임을 관찰할 수 있도록 습관을 들여야 할 것이고, 이 같은 시선고착은 매우 위험한 상황을 유발할 수 있으므로 교관 조종사(instructor pilot)에 의해서 조기에 시정될 수 있어야 한다. 예를 들어 조종사가 부여된 고도보다 200피트 낮은 고도계 지시를 응시하고 있을 수 있고 왜 이 같은 현상이 발생했는지를 생각하고 있을 수 있다. 시선이 특정 계기에 고정된 동안 긴장되어 무의식적인 조종으로 기수방위가 변화되고 있는 것을 알아차리지 못할 수 있다. 또 다른 사례는 90° 선회를 위한 얕은각 경사(shallow bank)를 확립하고 다른 적절한 계기의 교차점검을 유지하는 대신 선회 전 과정에서 기수방위 지시계를 응시하고 있다. 항공기는 선회하고 있기 때문에 선회에 진입한 후 약 25초 정도는 기수방위 지시계를 확인할 필요가 없다. 여기서 문제는 교차점검 실수로 인한 것이 전부가 아니고 계기 판독과 연관되어 있어 문제는 더욱 복잡해질 수 있다.

(2) 빠뜨림(omission)

교차점검할 때 차후 자세 변화에 발생할 수 있는 주요계기의 지시를 예측하지 못하는 데서 발생하는 현상으로 관련 계기의 점검을 빠뜨리는 경우이다. 예를 들어 180° 급선회(steep turn)로부터 수평직선비행으로 회복할 때 자세계만을 참고하였다면 자세계의 자이로 특성에 따른 세차 오차(precession error)로 인하여 정확한 기수방위를 유지할 수 없게 된다. 따라서 정확한 기수방위를 유지하기 위해서는 기수방위 지시계의 교차점검이 필수적이다.

(3) 편중(emphasis)

훈련 초기에 항공기 자세 정보를 제공하는 관련 계기를 상호 조화(coordinated)시켜 관찰하기보다 판독하기 쉬운 계기에 집중하는 현상이다. 예를 들어 자세계를 이용해서 적절한 고도 조종을 유지할 수 있으나 고도계를 교차점검하지 않고는 정확한 고도를 유지할 수 없다. 이처럼 특정 계기를 전적으로 신뢰하는 것은 그 계기가 잘못되거나 부정확한 정보를 제공할지라도 이를 쉽게 인지할 수 없어 관련 계기를 적절히 교차점검하는 습관을 익혀야 한다.

1.3.2 계기 판독

두 번째 기본기술은 각 계기의 구조와 작동 원리를 철저하게 연구하고 분석이 요구되는 계기 판독(instrument interpretation)이다. 왜냐하면, 동일한 계기라 할지라도 항공기의 성능에 따라 다르기 때문이다. 예를 들어 [그림1-15]와 같이 자세계의 수평지시기가 2폭(two bar widths) 상승을 지시하고 있다고 가정할 때 90노트의 경비행기는 분당 500피트로 상승하여 2,500피트까지 상승할 수 있으나, 300노트의 제트항공기는 분당 2,000피트로 상승하여 10,000피트까지 상승할 수 있다는 것을 보여주고 있다. 따라서 항공기 성능에 따른 적절한 계기 판독 능력이 요구된다.

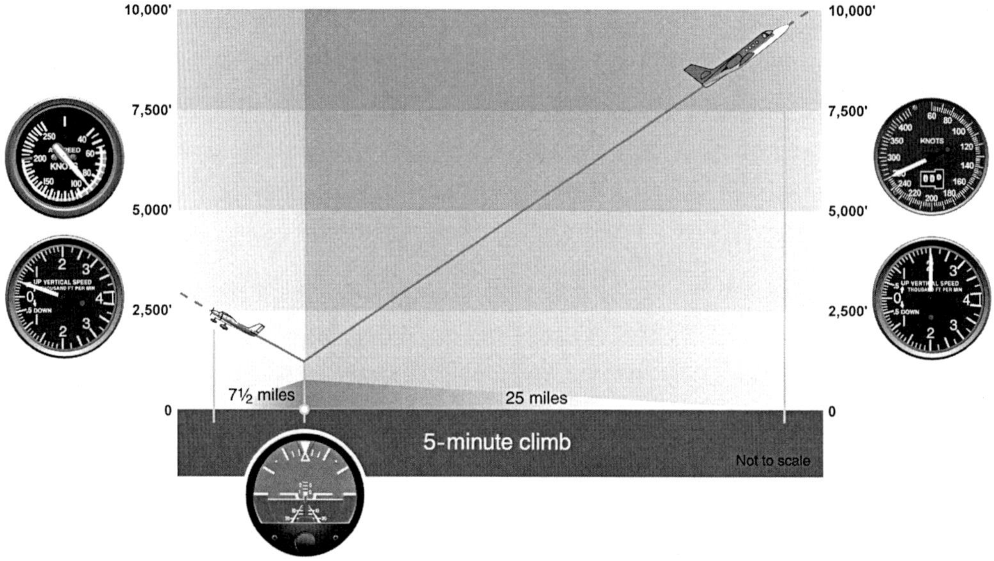

【그림1-15】 동일한 자세계의 지시이지만 성능은 큰 차이가 있다. 5분 동안 상승을 했을 때 경비행기는 2,500피트에 약 7.5마일을 비행했지만, 제트기는 10,000피트에 25마일까지 비행할 수 있다.

항공기 자세 변화와 관련된 정확한 계기를 신속하게 판독하는 것도 매우 중요하다. 예를 들어 항공기 기수(nose)의 상하운동을 지시해 주는 피치자세(pitch attitude)는 고도계, 속도계, 승강계, 자세계 등을 관찰해야 하고, 경사자세(bank attitude)는 기수방위 지시계, 선회코디네이터, 자세계를 관찰해야 한다. 또한, 항공기의 성능을 지시해 주는 동력계기(power instruments)는 속도계, 엔진회전계(tachometer) 또는 매니폴드압 게이지(manifold pressure gauge)를 중점적으로 관찰하고 판독해야 한다. 또한, 이들 계기 지시침의 변화율에 따른 항공기 자세의 변화를 판단할 수 있어야 정확한 수정 조작을 수행할 수 있다. 예를 들어 고도계 지시침의 이동률이 매우 빠르다는 것은 급상승을 의미하는 것이고, 기수방위 지시계의 방위판(compass dial)이 오른쪽으로 매우 빠르게 회전하고 있는 것은 항공기가 급경사 좌선회 상태라는 것을 판독할 수 있어야 정확한 수정 조작이 따를 수 있다는 점을 강조한다.

1.3.3 항공기 조종

계기의 효과적인 교차점검과 정확한 판독에 이어 세 번째 기본기술은 항공기 조종이다. 이것은 시계비행과 동일하게 적용되나 단지 계기에 의존한다는 것만 다를 뿐이다. 항공기 조종은 피치조종(pitch control), 경사조종(bank control), 동력조종(power control)으로 구분한다. 피치조종은 항공기 가로축을 기준으로 하는 기수의 상하운동이고 조종간(승강타)으로 조종한다. 경사조종은 항공기 세로축을 기준으로 하는 동체의 좌우 운동이고 조종간(도움날개)으로 조종한다. 동력조종은 추력(thrust)을 변화시켜 주는 스로틀 조작으로 이루어진다. 계기비행 상태에서 항공기 조종은 매우 미세한 조종량의 적용이 요구된다. 때로는 항공기의 특성에 따라 적용한 조종량이 100%까지 적용되는 데는 약간의 지연 현상이 발생한다는 것을 고려했을 때 최초 적용한 조종량의 반량을 약간 반대 방향으로 적용해 주는 방법을 익히는 것도 항공기 조종술의 한 방법이다.

1.4 전자비행 디스플레이

전자비행계기장치(EFIS)가 개발되면서 최근 출시되는 항공기 대부분은 아날로그 계기판에서 [그림1-16, 앞표지, 안쪽]과 같이 LCD를 이용한 디스플레이 방식으로 대체되고 있고 이를 글라스 칵핏(glass cockpit)이라 한다. 조종실은 주비행 디스플레이(primary flight display; PFD)와 다기능 디스플레이(multifunction display; MFD)로 구성되어 있다. PFD가 주요 비행 관련 정보를 제공한다면 MFD는 항법 정보(이동 지도), 항공기 시스템 정보(엔진 모니터링) 또는 필요할 때 PFD를 대신해서 사용될 수 있다. 글라스 칵핏은 항공안전 향상과 함께 계기판을 단순화하였다. 이것은 재래식 아날로그 계기와 비교하면 고장률(failure rate)이 낮은 반도체 계기(solid-state instruments)를 사용함으로써 가능할 수 있었다. 그러나 전기 장치가 고장 났을 때를 대비해서 자세계의 경우처럼 전기를 필요로 하지 않거나 배터리 전원으로 작동될 수 있는 예비(backup) 계기들을 갖추고 있다. 시계비행 조종사는 자연 수평선과 항공기에 있는 참고점을 이용해서 비행하지만, 외부 시각 참고가 없는 IMC 상황에서 항공기를 기동시키기 위한 능력은 계기자세비행으로부터 발달시킬 수 있다.

이 비행계기들은 VFR 조종사가 정상적으로 비행을 하는 것과 동일한 모든 핵심 요소들을 대신한다. 예를 들어 자연 수평선은 자세계의 인공 수평(artificial horizon)이 대신한다. 각 비행계기가 어떻게 작동하는지 그리고 항공기의 자세조종을 위해서 어떠한 역할을 하는지에 대해서 이해하는 것은 자세계기비행을 익히는 기본이다. 조종사가 모든 계기를 원하는 항공기 자세를 확립하고 유지하는 네 어떻게 활용할 수 있는지 이해했을 때 한 개 혹은 그 이상의 중요 계기들의 고장이 발생했거나 무의식적으로 IMC 상태에 진입했을 때 항공기 조종에 충분히 대비할 수 있을 것이다.

1.4.1 기본 훈련 방법

자세계기비행을 훈련하기 위한 기본은 “control and performance” 그리고 “primary and supporting”이다. 두 방법 모두 자세조종을 위한 동일한 계기와 반응을 이용하지만, 자세계와 다른 계기들의 판독(interpretation)에 의존하는 것이 다르다.

1.4.2 조종과 성능계기

항공기 성능(performance)은 항공기 자세와 동력 출력을 조정하여 달성된다. 항공기 자세는 자연 수평선에 대한 항공기의 세로와 가로축의 상관관계이다. 계기비행상태에서 비행할 때 비행계기를 참고하여 항공기의 자세를 조종하고 엔진의 동력 출력(power output)을 조정하여 원하는 성능을 얻을 수 있다. 이 방법은 조종사가 어떠한 기본 계기 기동을 수행할 수 있는 특정 성능 수준을 달성하는 데 사용될 수 있다. 계기는 조종, 성능 그리고 항법계기로 구분할 수 있다.

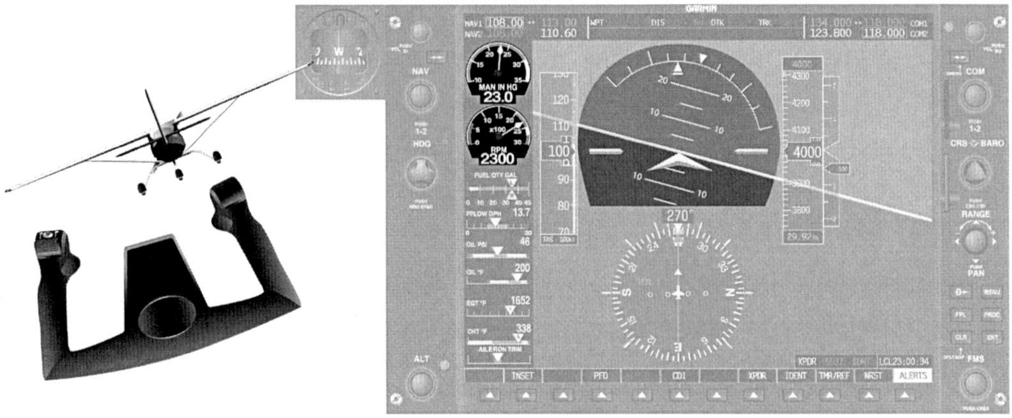

【그림1-17】 조종계기는 자세와 동력 변화를 보여준다.

(1) 조종계기

조종계기(control instruments)는 [그림1-17]과 같이 즉각적인 자세와 동력 변화를 보여준다. 자세 디스플레이(attitude display)를 위한 계기는 자세계이다. 동력 변화는 매니폴드압 게이지와 태코미터에 직접 반영된다. 이 계기들은 항공기 자세의 정밀한 조종을 위해서 미세한 조절을 반영할 수 있다. 항공기에 장착된 동력 지시계는 태코미터(tachometer), 엔진압력비 지시계(engine pressure ratio indicator) 그리고 연료흐름 게이지(fuel flow gauges) 등이 포함된다. 조종계기는 항공기가 얼마나 빠르게 비행하는지 그리고 얼마의 고도에서 비행하는지 지시하지 않기 때문에 조종사는 이와 관련된 요소들을 결정하기 위해서 성능 계기들을 참고해야 한다.

(2) 성능계기

성능계기(performance instruments)는 [그림1-18]과 같이 항공기가 현재 실행되고 있는 성능을 직접 보여준다. 예를 들어 속도는 속도계에서 참고할 수 있고 고도는 고도계에서 확인할 수 있다. 항공기의 상승 성능은 승강계를 통해서 확인할 수 있다. 이외에 다른 성능 계기들은 기수방위 지시계, 피치자세 지시계 그리고 슬립/스키드 지시기(slip/skid indicator) 등이다. 성능 계기들은 속도 또는 방향의 변화에서 지정된 가속의 변화를 가장 잘 반영한다. 따라서 항공기의 속도, 고도 또는 기수방위가 수평, 수직 또는 가로 벡터(vectors)에서 변할 때 이를 즉각 지시한다.

(3) 항법계기

항법계기는 GPS 디스플레이와 지시기, VOR/NDB 지시기, 이동지도(moving map) 디스플레이, 로컬라이저 그리고 글라이드슬롭 지시기 등으로 구성되어 있다. 항법 계기들은 선정된 시설 또는 픽스에 상대적인 항공기 위치를 지시한다. 항법계기는 조종사에게 외부의 어떠한 시각적 단서를 참고하지 않고 지상기반(ground-based) 또는 위성기반(spaced-based) 항법 신호를 따라서 예정 경로(predetermined path)로 항공기를 항행할 수 있도록 한다. 항법계기들은 가로와 시각 입력(lateral and visual inputs) 모두를 지원할 수 있다. [그림1-19]

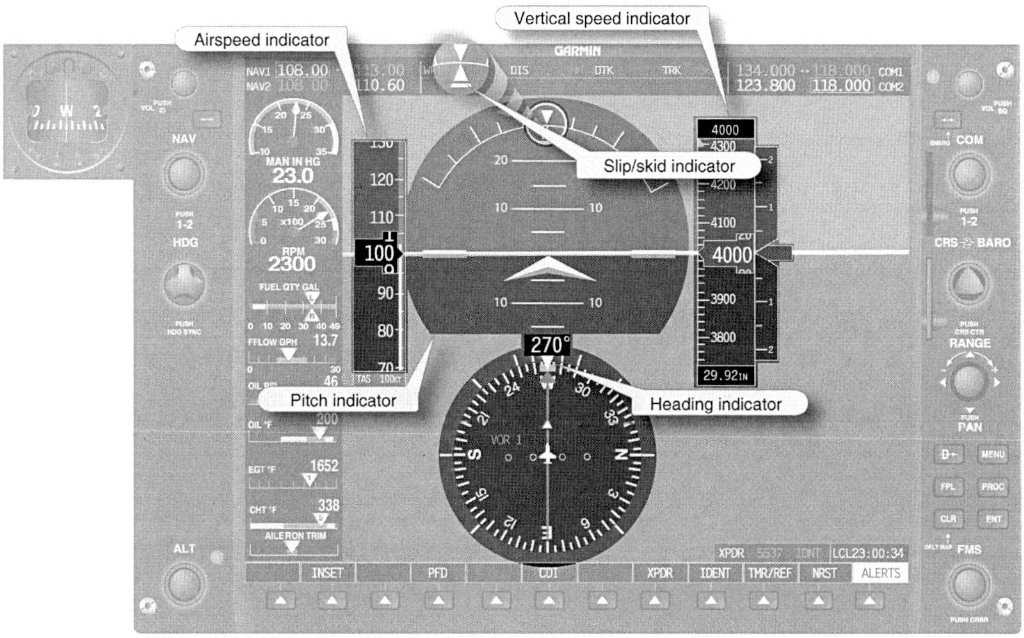

【그림1-18】 성능계기

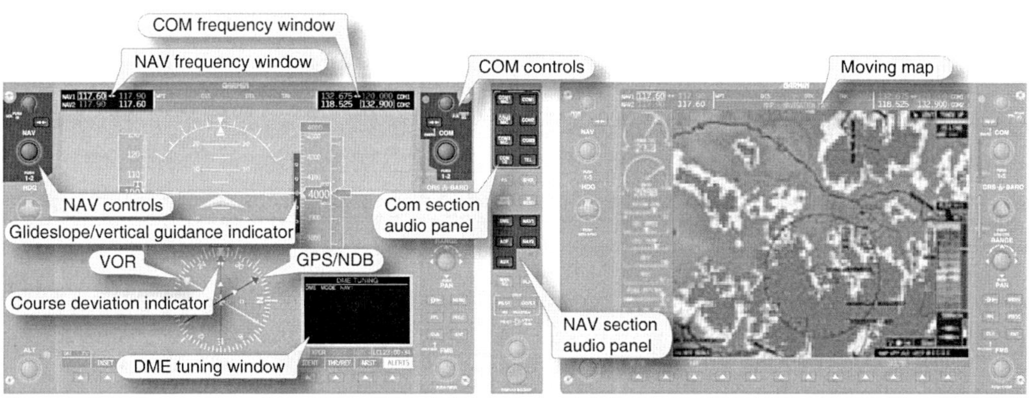

【그림1-19】 항법계기

1.4.3 자세조종을 위한 4단계

항공기의 자세 변화에 익숙하기 위해서 항공기의 피치, 경사 또는 동력 세팅에 대한 정확한 이해가 필수적이다. 일반적으로 발달시켜야 하는 기술은 다음과 같다.

(1) 확 립

항공기의 자세 변경이 요구될 때 원하는 성능을 확립(establish)하기 위해서 동력과 함께 피치 또는 경사를 조절해야 한다. 조종사는 자세계를 참고하여 피치와 경사를 정밀하게 변화시킬 수 있어야 한다. 동력 변화는 태코미터, 매니폴드압 게이지 등에서 확인할 수 있다. 이를 위해서 특정 자세를 확립하는 데 필요한 대략적인 피치와 동력 변화에 익숙해야 있어야 한다.

(2) 트 림

자세계기비행의 또 다른 중요한 훈련과제는 항공기의 트림(trim)을 조절하는 것이다. 트림은 원하는 자세를 유지하는 데 필요한 조종간의 힘을 없애는 데 사용된다. 항공기의 트림(trim)이 적절히 조절되었을 때 조종간 압을 완화할 수 있고 짧은 시간이지만 다른 조종실 업무를 수행할 수 있다.

(3) 교차점검

일단 초기 자세 변화가 이루어진 후 항공기의 성능을 확인해야 한다. 교차점검은 조종사가 조종과 성능 계기들의 지시를 판독하는 것과 같이 계기들의 시각적 교차점검(cross-check)이 필요하다. 모든 계기는 항공기 자세의 완전한 이해를 돕기 위해서 정확하게 사용되어야 한다. 조종사는 교차점검 중 변위(displace)의 크기를 결정할 필요가 있고 얼마의 변화가 필요한지를 결정해야 한다. 모든 변화는 조종계기 지시(control instrument indications)를 기초로 이루어져야 한다.

(4) 조 절

최종적으로 교차점검 중 발견된 변위들을 조절(adjust)한다. 조절은 가능한 한 적은 양으로 수행되어야 한다. 자세계와 동력계기는 정밀한 수정이 가능하도록 작은 눈금(small increments)이 새겨져 있다. 피치는 모형항공기의 수평바 폭(bar widths)을 참고해서 수정되어야 한다. 경사각은 롤 스케일(roll scale)을 참고하여 수정하고, 동력은 태코미터, 매니폴드압 게이지 등을 참고하여 조절할 수 있다. 이들 4-단계를 활용함으로써 조종사는 항공기의 자세를 더욱 잘 관리할 수 있다. 이 과정과 관련된 한 가지 공통 실수(common error)는 변위(displacement)를 발견했을 때 필요 이상으로 크게 수정하는 것이다. 조종사는 항공기에 익숙해 있어야 하고 원하는 성능을 얻는 데 필요한 변화의 크기를 가늠할 수 있어야 한다.

1.4.4 4단계 과정의 적용

자세계기비행에서 4단계 과정은 피치자세, 경사자세 그리고 동력 적용을 조종하는 데 사용된다. EFD는 조종사에게 더욱 정밀한 조종을 적용하기에 충분한 지시를 보여준다.

(1) 피치조종

피치조종은 [그림1-20, 21, 22]와 같이 PFD의 전체 폭(full width) 크기로 자세계에 지시된다. 디스플레이의 크기가 커졌기 때문에 작은 양의 피치 변화와 수정이 가능하다. 자세계의 피치 스케일은 5° 단위로 눈금이 그려져 있어 조종사는 약 1/2°까지 정밀하게 수정할 수 있다. 재래식 자세계에서 항공기를 나타내는데 사용되는 모형항공기는 글라스 패널 디스플레이에 노란 셰브런

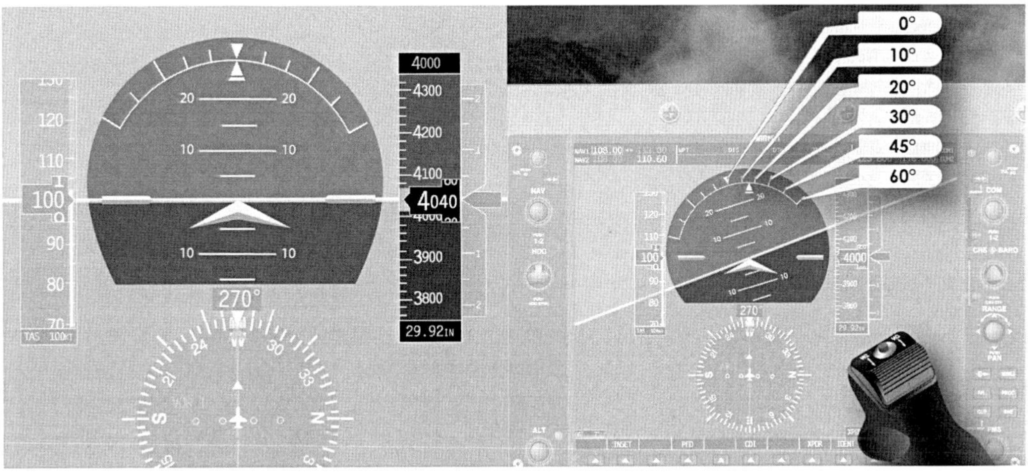

【그림1-20】 피치조종

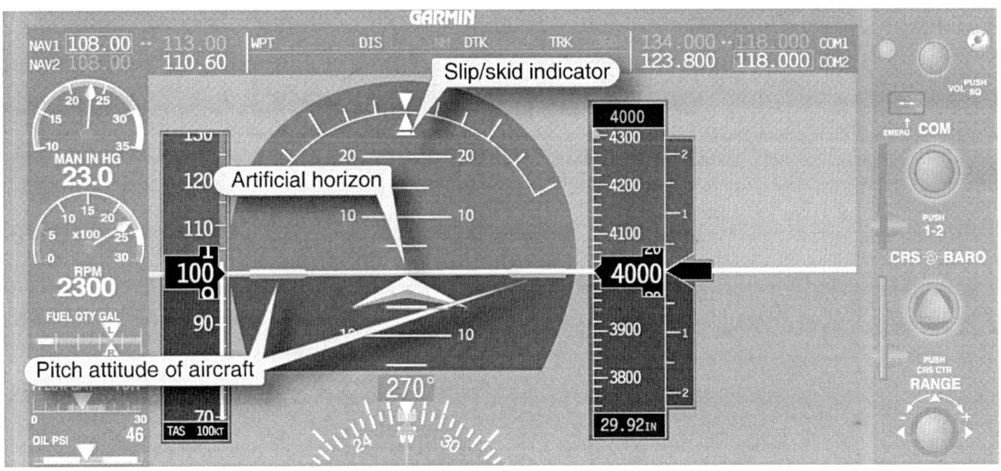

【그림1-21】 PFD의 피치계기

(yellow chevron; 갈매기 모양)으로 대체되었다. 항공기의 기수를 나타내는 셰브런 포인트(point of the chevron)는 조종사에게 더욱 정밀한 피치 각도를 제공하여 조종사가 원하는 항공기 성능 변화를 달성할 수 있도록 작은 양으로 정밀한 수정이 가능하다. 만약 원하는 성능을 달성하지 못했다면 노란 셰브런 포인트를 참고하여 정밀한 피치 수정을 적용할 수 있다.

(2) 경사조종

경사조종은 [그림1-23]과 같이 자세계에서 보여주고 있는 롤 지침(roll index)과 관련된 롤 포인터(roll pointer)를 이용하여 달성할 수 있다. 롤 지침은 [그림1-20]과 같이 0°, 10°, 20°, 30°, 45°, 60° 마크와 90° 경사를 지시하는 수평선이 그려져 있다. 이외에도 45° 눈금은 재래식 자세계보다 확실하게 개선되었다. 롤 지침(roll index) 외에 항공기의 표준율 선회를 유지하기 위한 선회율(turn rate) 지시계를 사용한다. 대부분의 계기 기동들은 표준율 선회를 적용하여 편안하고 안전하게 그리고 효율적으로 수행될 수 있다.

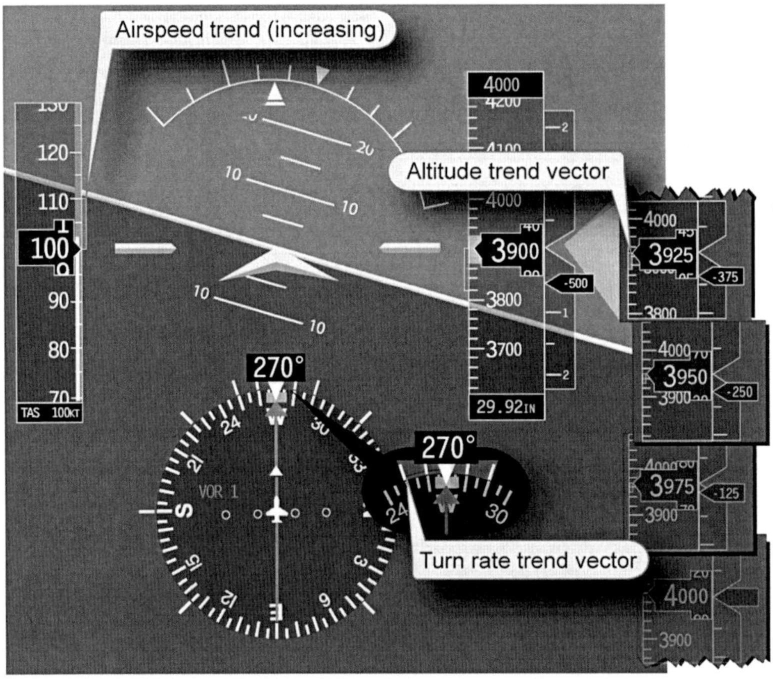

【그림1-22】 재래식 아날로그 계기에서는 볼 수 없는 트렌드 지시기는 EFIS의 한 특징이다. 이 그림에서 고도계, 속도계 그리고 기수방위 지시계의 추세를 보여주는 보조 계기이다.

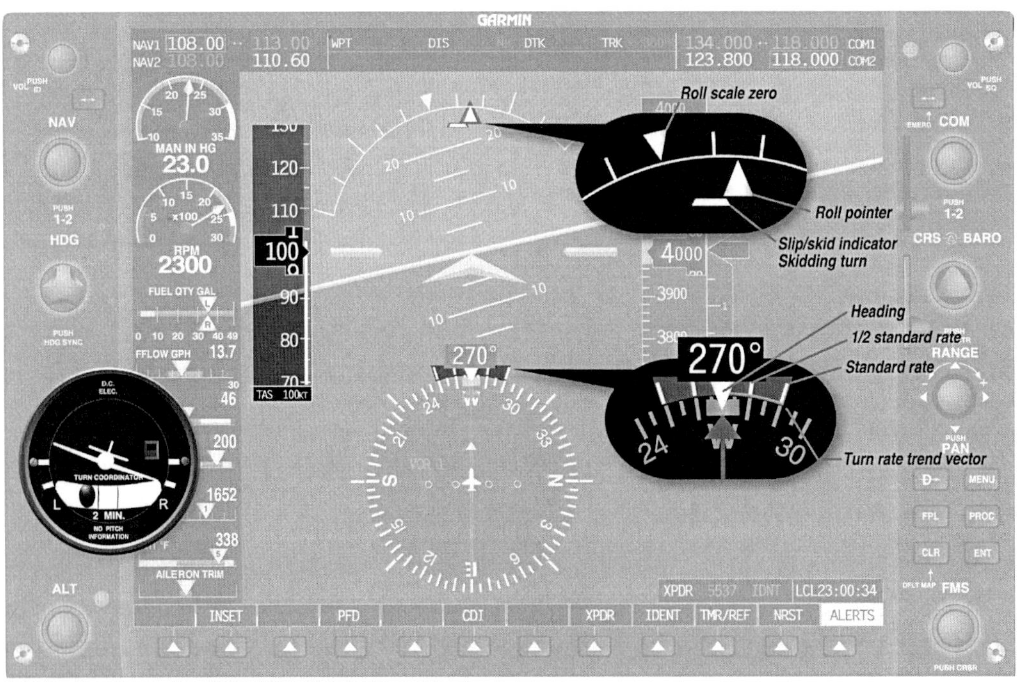

【그림1-23】 경사 포인터와 경사 지침 그리고 기수방위 지시계는 주요 경사계기이다. 선회코디네이터의 볼과 동일한 기능을 하는 것이 슬립/스키드 지시기이다. 오른쪽 아래는 선회 방향과 크기를 보여주는 선회율 트렌드 지시기이다.

(3) 동력조종

동력계기(power instruments)는 엔진에서 얼마의 동력이 생산되는지 보여주고 난기류, 부적절한 트림 또는 조종압의 영향을 받지 않는다. 모든 동력 변화는 반드시 동력계기들을 참고하여 수행되어야 하고 성능 계기들과 교차점검해야 한다. 동력조종은 훈련 초기 과정에서부터 숙달되어야 한다. 동력조종에 자신이 있을 때 자세계기비행의 기량이 향상된다. 조종사는 지속적인 훈련을 통해서 원하는 대기속도의 변화를 얻는 데 필요한 대략적인 스로틀의 위치를 인지하기 시작한다. 항공기에 따라 특정 성능을 달성하기 위한 스로틀 변화의 양이 달라질 수 있다. 따라서 조종사는 동력계기에서 특정 변화를 수행함으로써 성능을 안정시킬 수 있도록 숙달되어야 과조종 경향을 피할 수 있다.

글라스 패널 디스플레이(glass panel display)에서 범할 수 있는 공통 실수 중 하나는 디지털 판독(digital readouts)의 정확성과 관련된 것으로 조종사가 정확한 동력 세팅을 확립하기 위해서 너무 주의를 집중하는 것이 원인이다. 조종과 동력계기들은 정밀한 자세계기비행을 위한 기본이다. 자세계기비행의 핵심은 자세계에서 원하는 항공기 자세를 확립하고 동력계기에서 원하는 엔진 출력(engine output)을 선택하는 것이다. 교차점검은 정밀한 자세계기비행을 유지하는데 꼭 필요한 요소이다.

1.4.5 주요 및 보조계기

자세계기비행을 위한 두 번째 방법은 조종/성능 방식의 연장선으로 조종 그리고 동력계기와 관련된 주요 그리고 보조 비행계기를 사용함으로써 항공기 자세를 정밀하게 유지할 수 있다. 이 방법은 조종/성능 방법과 동일한 계기들을 활용하지만, 항공기 자세를 조종하는 측면에서 정밀한 지시를 보여주는 계기들에 더욱 집중한다는 점이 다르다. 이를 위한 핵심적인 요소들은 피치, 경사, 롤 그리고 트림이다. 조종/동력 방식과 유사하게 항공기 자세의 모든 변화는 자세계와 동력계기들을 이용해서 수행되어야 한다. 다음은 항공기 성능을 달성하기 위해서 항공기 자세의 각 요소를 어떻게 관찰해야 하는지 설명한다.

(1) 피치조종

항공기의 피치는 항공기의 세로축과 자연 수평선 사이 형성된 각도이다. IMC에서 비행할 때 자연 수평선은 시각적으로 볼 수 없고 대신 인공수평을 사용해야 한다. 항공기 자세를 보여주는 유일한 계기는 PFD에 시현되고 있는 자세계이다. 자세와 기수방위참고시스템은 자세 디스플레이를 작동시키는 주요 소스이다. AHRS 장치는 피치, 경사 그리고 요 축에서 미세한 변화를 정밀하게 추적할 수 있어 PFD는 매우 정밀하고 신뢰할 수 있다. AHRS(attitude and heading reference system) 장치는 초기화 과정에서 항공기의 세로축과 수평선 사이의 각도를 결정한다. 조종사는 항공기의 기수를 나타내는 노란 셰브런(yellow chevron)의 위치를 조절할 필요도 없고 수단도 없다.

(2) 수평직선비행

항공기는 수평직선비행에서 상당한 시간을 일정 고도, 대기속도 그리고 기수방위를 유지한다. 이를 달성하기 위해서 3개의 가변 요소들을 유지하기 위해서 참고해야 하는 3개의 주요 계기들은 고도계, 속도계 그리고 기수방위 지시계이다.

(3) 주요 피치

조종사가 일정 고도를 유지하고 있을 때 주요 피치계기는 고도계이다. 항공기가 일정한 대기속도와 피치자세를 유지하는 동안 고도는 일정하게 유지되어야 한다. 고도의 변화를 초래하는 주요 두 요소는 난기류와 순간적 방심이다. 항공기의 어떠한 변위가 발생했을 때 피치 변화는 자세계를 이용해서 수정되어야 한다. 조종사는 작은 양의 편차는 작은 양의 수정이 필요하고 큰 변위가 발생했을 때 상대적으로 큰 수정량을 적용해야 한다.

조종사는 급격한 자세 변화를 초래하는 큰 양으로 수정했을 때 공간정위상실을 초래할 수 있음에 주의해야 한다. 유연하고 적시 적절한 수정은 항공기를 다시 원하는 자세로 가장 빠르게 회복하도록 한다. PFD 상의 지시를 주의 깊게 관찰해야 한다. 예들 들어 피치 2.5°의 증가는 분당 450피트 상승률이 될 수 있다. 자세가 크게 변화되었을 때 작은 양의 수정은 효과가 없다. 대략 고도 변화의 수정량은 500 fpm을 초과하지 않고 고도 변화의 두 배의 변화율을 적용하는 것이 적당하다. 예들 들어 항공기 고도가 약 40피트 벗었을 때 80피트의 수정률을 적용했기 때문에 대략 100 fpm의 강하는 적정 시간에 항공기를 원하는 고도에 복귀할 수 있도록 한다.

주요계기 외에도 조종사가 피치자세를 교차점검하는 것을 돕는 보조계기가 있다. 보조계기는 트렌드(trend)를 지시하지만 정밀한 자세 지시를 제공하지 않는다. 트렌드 지시기는 [그림1-22, 23]과 같이 피치자세가 변화되고 고도가 변화되었을 때 3개의 지시기가 이를 지시한다. 고도가 일정할 때 VSI와 고도 트렌드 테이프(altitude trend tape)는 PFD 상에 보이지 않는다. 이들 두 트렌드 지시기(trend indicators)가 보일 때 조종사는 항공기의 피치자세가 변화되었고 조절이 필요할 수 있다는 것에 유의해야 한다.

[그림1-22]는 항공기가 500 fpm으로 강하하고 있는 것을 보여주고 있다. 계기의 교차점검은 이들 보조계기를 활용함으로써 더욱 확실하게 고도를 관리할 수 있다. VSI와 트렌드 테이프는 조종사에게 고도 변화의 방향과 비율에 관한 정보를 제공한다. 따라서 고도가 크게 변하기 전에 피치자세를 수정할 수 있다. 만약 피치자세가 숙여지면 속도계는 증가를 지시한다. 반대로 피치자세가 높아지면 조종사는 대기속도가 감소하게 될 것을 알아야 한다.

(4) 주요 경사

조종사가 IMC 상태에서 비행할 때 지정된 기수방위 또는 관제사가 지시한 기수방위를 유지해야 한다. 경사각을 위한 주요 계기는 기수방위 지시계이다. 기수방위 지시계는 모든 나침반 편각(variation)를 반영한 자기나침반(magnetic compass) 지시와 일치하면서 현재 자기수방위(magnetic heading; MH)를 지시하는 유일한 계기이다. 경사와 관련해서도 보조계기가 있다. 선회율 트렌드 지시계(turn rate trend indicator)는 조종사에게 항공기의 기수방위를 언제 변화시켜야 하는지를 보여준다. 또한, 자기나침반은 기수방위를 유지하는 데 유용하지만 다양한 비행단계에서 오차들이 발생할 수 있다.

(5) 주요 요(yaw)

슬립/스키드 지시기(slip/skid indicator)는 요(yaw)를 위한 주요계기이다. 이것은 항공기가 상대풍(relative wind)과 항공기의 세로축이 정렬되어 공기 속으로 이동하고 있는지를 지시할 수 있는 유일한 계기이다. [그림1-23]의 오른쪽 위에서 지시하고 있는 항공기 상태는 스키딩 선회(skidding turn)를 보여주고 있다.

(6) 주요 동력

수평직선비행을 위한 주요 동력계기는 속도계이다. 동력조종의 핵심은 수평비행 중 원하는 속도를 유지하는 데 있다. 순간적인 지시를 제공해 줄 수 있는 다른 계기는 없다. 각 가변 요소들을 위한 주요 및 보조계기를 이해하는 것은 자세계기비행을 성공적으로 완수하기 위한 핵심이다. 어느 경우도 주요 및 보조계기의 지정이 자세계 또는 동력계기의 중요성을 평가절하해서는 안 된다. 모든 계기(조종, 성능, 주요 그리고 보조)들은 반드시 정확하게 활용되어야 한다.

1.4.6 기본 기술

자세계기비행의 첫 단계에서 계기만을 참고하여 항공기를 안전하게 기동시키기 위한 기초를 구성하는 계기 교차점검과 판독은 매우 중요하게 강조되는 사항이다.

[1] 교차점검

교차점검(cross-checking)은 조종과 성능 계기의 지시를 지속적이고 합리적으로 관찰하는 것으로 스캐닝(scanning)이라고도 한다. 초임 조종사는 항공기의 자세와 성능을 제어하기 위해서 다양한 지시들을 관찰하고 판독하는 것을 익혀야 한다. 글라스 패널 디스플레이의 유형에 따라 한 개 혹은 그 이상의 성능 계기는 오른쪽 조종석에 설치된 MFD에 시현될 수 있다. 항공기 조종에 필요한 정보들을 어느 디스플레이에 보이게 할 것인 가는 조종사에 따라 달라질 수 있다. 교차점검을 위해서 특별히 권장되는 방법은 없으나 특정 기동 단계에서 어느 계기들이 가장 적절한 정보를 제공하는지 결정할 수 있는 능력을 갖추어야 한다.

(1) 기 술

PFD에 대부분 주요 및 보조 자세 정보와 데이터들이 시현되기 때문에 표준 교차점검 기술(standard cross-check technique)을 적용한다. 교차점검에서 엔진 지시와 마찬가지로 예비 비행계기(stand-by flight instruments)들도 포함되어야 한다. 재래식 계기판과 달리 자세 디스플레이가 크기 때문에 자세계를 중심으로 주변시(peripheral view)를 충분히 활용할 수 있어야 한다. 이 같은 장점을 활용한 가장 효과적인 교차점검 방법은 [그림1-24]와 같은 선택적 방사 스캔(selected radial scan)이다.

조종사의 시선이 자세계에 80~90% 머물고 나머지 시간은 자세계로부터 다른 비행계기를 잠깐씩 스캔할 수 있도록 한다. 속도 및 고도 테이프는 자세계의 바로 좌우측에 위치해 있어 약간의 눈 이동(eye movement)으로 원하는 계기에 초점을 맞출 수 있다. 눈의 초점이 어느 방향이든 연장된 인공 수평선(artificial horizon line)은 조종사의 주변시에서 피치자세를 관찰할 수 있다. 이 연장 수평선은 어느 한 계기에 시선이 고정되는 것과 다른 모든 것 그리고 완전하게 무시하는 문제점을 해소해 준다. 자세계의 크기로 인하여 PFD 상에 시현되고 있는 다른 계기들을 관찰하는 동안 자세계의 일부는 항상 보일 수 있다.

(2) 방 법

스캔은 [그림1-24]와 같이 노란 셰브런에 있는 PFD의 중앙에서부터 시작한다. 피치자세를 스캔한 다음 눈을 위로 향하여 슬립/스키드 지시기로 이동한다. 항공기가 스플릿 삼각부호(split triangle symbol)에 정렬되어 있을 때 항공기는 균형조종(coordinated flight) 상태이다. 스플릿 삼각부호(split triangle)의 상부가 롤 포인터(roll pointer)이고 아랫부분이 슬립/스키드 지시기이다. 만약 스플릿 삼각부호의 하단이 한쪽으로 치우쳤다면 치우친 쪽의 러더 페달에 압을 적용하여 일치시킨다. 해당 구역을 스캐닝하는 동안 롤 포인터를 점검하고 원하는 롤 각도가 경사 스케일에 지시되고 있는지 확인한다.

롤 지침(roll index)과 경사 눈금은 자세계의 상부에 고정되어 표기되어 있다. 롤 지침은 양쪽으로 10°, 20°, 30°, 45°, 그리고 60°가 표기되어 있다. 만약 원하는 경사각을 지시하지 않는다면 도움날개를 이용해서 수정한다. 경사각이 정확한지 확인하고 다시 노란 셰브런까지 계속해서 스캔한다. 다음, 속도 테이프 왼쪽을 스캔하고 원하는 속도를 지시하고 있는지 확인한 후 디스플레이 중앙으로 다시 돌아온다. 원하는 고도가 유지되고 있는지 확인한다. 만약 고도에서 벗어났다면 적절한 피치 변경으로 수정하고 결과를 확인한다. 일단 원하는 고도를 확인했을 때 디스플레이 중앙으로 되돌아온다.

아래로 이동해서 기수방위 지시계가 원하는 기수방위를 지시하는지 확인한다. 기수방위가 원하는 방위를 지시하고 있을 때 디스플레이의 중앙을 스캔한다. 스캔 과정에서 엔진 지시를 반드시 포함해야 하고, 만약 엔진 지시가 다른 MFD에 시현되고 있다면 개별적 스캔 방법을 조절할 필요가 있다.

일부 변형된 방사스캔(modified radial scan)은 계기들을 스캔 패턴(scan pattern)에 통합할 수 있도록 한다. 스캔에 포함되어야 하는 다른 중요 구성품은 MFD 속에 들어 있는 이동지도 디스플레이(moving map display)이다. 상황인식(situational awareness)을 보조하고 중앙집중 스캔을 위해서 작은 삽입 지도(inset map)를 PFD 화면의 여백에 배열하여 확인할 수 있다.

(3) 트렌드 지시기

글라스 패널 디스플레이의 또 다른 장점 중 하나는 트렌드 벡터(trend vector)이다. 트렌드 벡터는 대기속도와 고도 테이프 그리고 선회율 지시기에 있는 컬러 라인(color line)이다. 컬러 라인은 제조사에 따라 약간 다를 수 있다. 예를 들어 Cirrus SR-20의 트렌드 벡터는 자홍색이고 B-737에서는 초록색이다. 이들 컬러 라인들은 만약 현재 비율이 유지되고 있다면 Cirrus SR-20에서는 6초 이내 그리고 B-737에서는 10초 이내에 속도, 고도 또는 기수방위와 관련된 것을 지시한다.

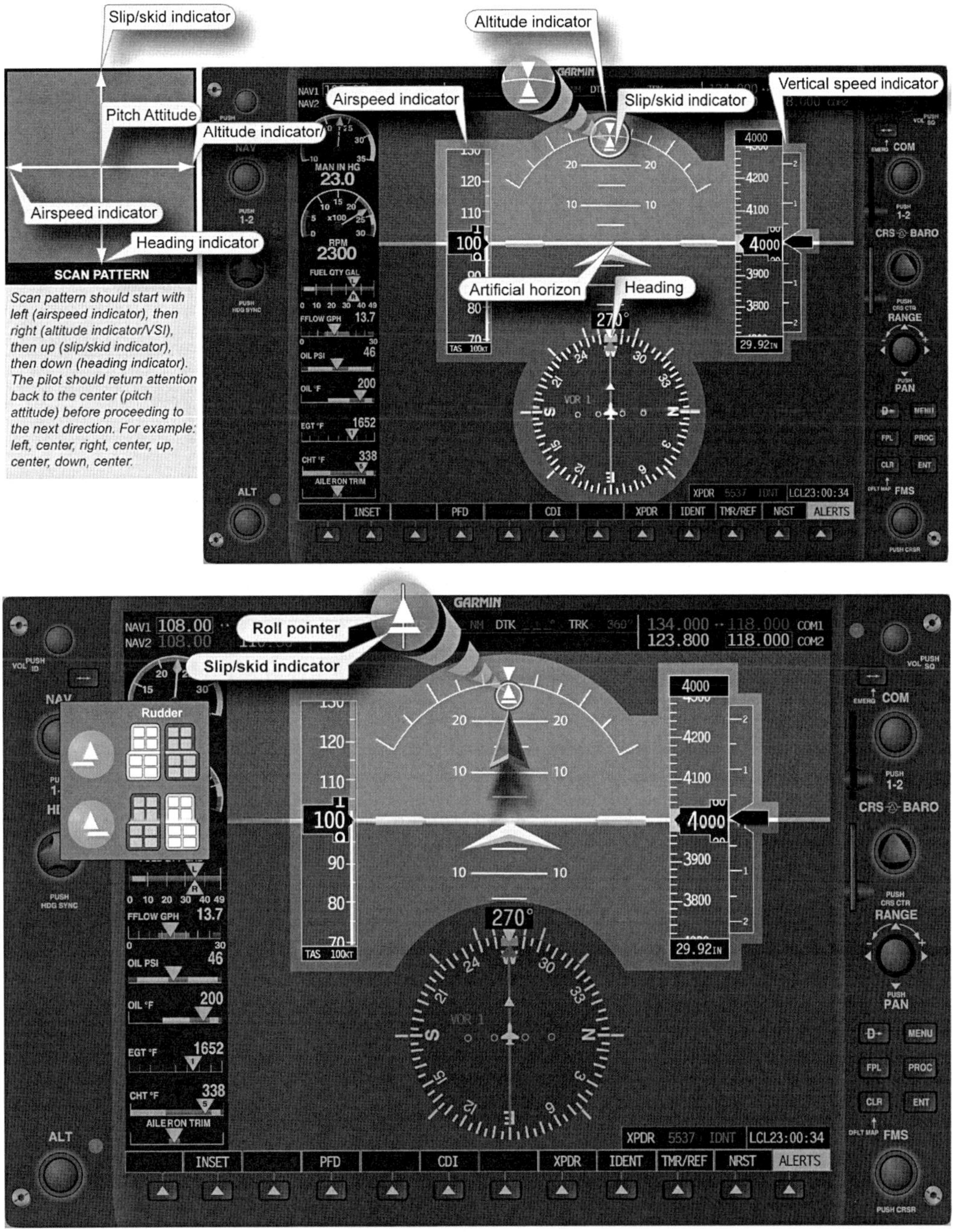

【그림1-24】 EFD는 재래식 계기판과 같이 복잡하게 배열되어 있지 않고 필요한 정보를 불러올 수 있으므로 공간을 획기적으로 절약할 수 있다. 디스플레이 중앙에 자세계가 배열되어 있고 좌우측에 속도와 고도 테이프가 배열되어 있어 눈의 초점을 크게 이동하지 않고도 움직임을 감지할 수 있다. 아래에는 기수방위 지시계와 HSI가 배열되어 있어 한눈에 이들의 변화를 감지할 수 있다. 또한, 각종 컬러와 디지털 숫자 그리고 트렌드를 보여주는 지시기는 조종사의 상황인식을 크게 향상시키는 데 초점을 맞추고 개발되었다.

예를 들어 [그림1-25]는 Cirrus SR-20의 트렌드 벡터를 나타내는 컬러와 데이터를 사용한다. 만약 관련 테이프와 값이 변화 없이 일정하게 유지되거나 관련 시스템의 일부에 결함이 있을 때 트렌드 벡터는 나타나지 않는다. 초임 계기한정 조종사에서 트렌드 벡터는 아주 양호한 정보 출처이다. 조종사는 양호한 스캐닝 기술을 활용하여 원하는 변수들로부터 미세한 변화를 발견할 수 있고 원하는 자세에 작은 양으로 수정할 수 있다. 트렌드가 PFD에 지시되자마자 조종사는 원하는 자세로 회복할 수 있는 초동조치를 즉각 적용할 수 있다.

자세계기비행에서 또 다른 장점은 선회율 트렌드 지시기(turn rate trend indicator)이다. 속도, 고도 그리고 수직 속도 트렌드 지시기와 마찬가지로 선회율 트렌드 지시기는 항공기의 6초 이내의 예상 기수방위를 보여준다. 기수방위 지시기의 상부를 스캐닝하는 동안 나침반 방위판의 외부에 있는 2개의 백색 라인들을 주시하라.

기수방위 지시계의 상부 양쪽에 있는 이들 2개의 틱 마크(tick marks)들은 표준율 선회(standard rate turns)와 함께 반표준율 선회를 보여준다. [그림1-26]과 같이 항공기가 좌선회할 때 자홍색 트렌드 지시기는 선회율에 비례하여 길게 늘어진다. 선회율 지시기가 첫 번째 틱 마크를 지시할 때 반표준율 선회이고, 두 번째 틱 마크를 지시할 때 표준율 선회를 지시한다. 만약 선회율이 표준율을 초과했다면 트렌드 지시기는 두 번째 틱 마크를 지나서 연장될 것이다. 이 트렌드 지시기는 6초 이내의 예상 항공기 기수방위를 보여주지만, 항공기의 전방에서 24° 이내

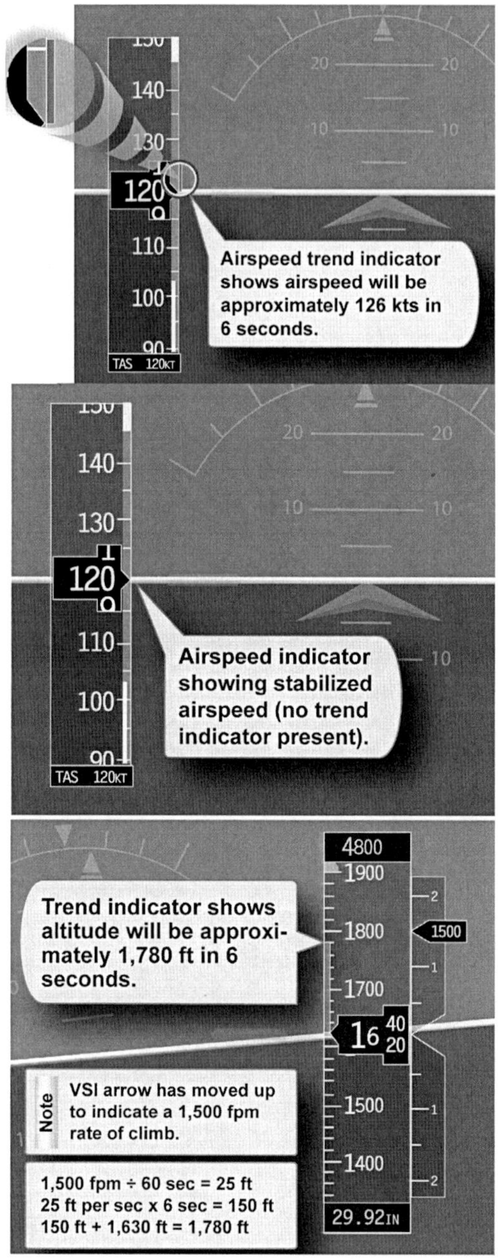

【그림1-25】 속도 트렌드 지시기는 6초 이내의 예상 속도 변화를 보여준다. 일정 속도를 유지하고 있다면 나타나지 않는다. 고도 트렌드 지시기는 6초 이내에 약 1,780피트까지 상승할 수 있음을 지시한다. 승강계는 분당 1,500피트 상승을 지시하고 있다.

또는 초당 4°로 제한된다. 항공기가 6초 이내에 25°를 초과했을 때 트렌드 지시기에 붙어 있는 자홍색 화살표 머리가 나타난다. 트렌드 지시기는 특정 고도에서 수평전환, 기수방위에 선회정지(rolling out) 그리고 속도를 안정화시킬 때 매우 유용하다. 상승 또는 강하로부터 수평전환조

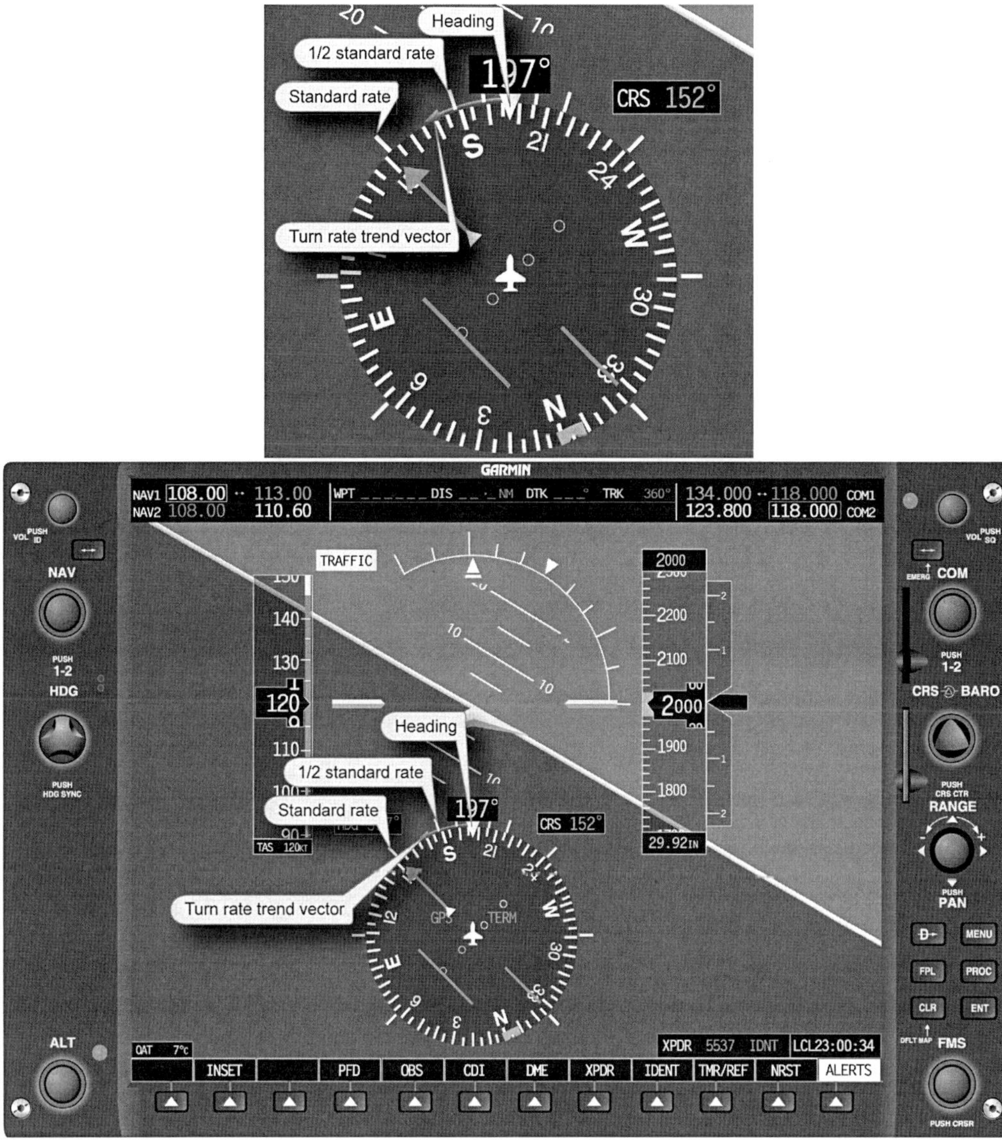

【그림1-26】 HSI와 표준율 선회와 트렌드 지시기(아래), HSI의 확대 그림 (위)

작을 시작하는 시기를 결정하는 한 방법으로 원하는 고도까지 수직 속도율의 10%에서 시작한다. 항공기가 원하는 고도에 도달했을 때 트렌드 지시기가 타깃 고도(target altitude)와 일치되도록 피치자세를 조절한다. 타깃 고도에 접근함에 따라 트렌드 지시기는 고도가 안정될 때까지 점차 작아진다. 트렌드 지시기(trend indicator)는 피치 변화를 결정하는 주요 수단이 아닌 보조 지시기(supplement indicator)로 사용되어야 한다.

[공통 실수]

(1) 시선고착

시선고착은 조종사의 시선이 한 계기만을 주시하는 것으로 초임 계기비행 조종사가 트렌드 지시기를 사용할 때 일반적으로 범할 수 있는 실수이다. 조종사는 처음부터 트렌드 지시기에 시선이 고정될 수 있고 그 지시만을 참고로 조절하려는 경향이 있다. 트렌드 지시기는 조종사가 원하는 동력 또는 자세를 유지하는 것을 보조하는 도구일 뿐이다. 따라서 더욱 확실한 비행 관리를 위해서 주요 그리고 보조계기와 함께 사용되어야 한다. 조종사는 속도 테이프(airspeed tapes)가 등장하면서 1노트 내에서 속도를 모니터할 수 있다. 이에 따라 조종사는 불필요하게 너무 엄격한 속도 허용오차를 유지하려는 시도에서 이 현상이 발생할 수 있다.

(2) 빠뜨림

자세계기비행과 관련된 또 다른 공통 실수는 교차점검에서 일부 지시들을 빠뜨리는 것이다. PFD와 관련 구성품들의 높은 신뢰성으로 인하여 조종사는 스캔 과정에서 자기나침반과 예비 계기들을 빠뜨리는 경향이 있다. 이 같은 빠뜨림(omission) 현상의 또 다른 이유는 예비 계기들의 위치와 관련 있다. 조종사는 시스템 내에서 결함을 발견하기 위해서 지속적으로 예비 계기들을 모니터해야 한다. 공통적으로 가장 잘 빠뜨리는 계기 중 하나는 슬립/스키드 지시기이다.

(3) 편 중

초기 훈련 과정에서 일부 계기만 집중하는 현상이 있을 수 있고 조기에 이를 바로잡지 않으면 습관(habit)이 될 수 있다. 단일 계기의 중요성이 다른 계기들에 비해서 높아질 때 조종사는 그 계기에만 의존하기 시작한다. 예를 들어 180° 선회의 선회정지(rolling out)할 때 자세계, 기수방위 지시계, 슬립/스키드 지시기 그리고 고도계를 고르게 참고해야 한다. 만약 조종사가 슬립/스키드 지시기를 빠뜨렸다면 균형조종(coordinated flight)이 될 수 없다.

※ 균형조종(coordinated flight): 항공기 조종에서 어느 한 조종간의 조작은 다른 성능(고도, 속도, 기수방위)의 변화를 초래한다. 따라서 조종사는 피치, 경사, 그리고 동력조종이 다른 성능 변화에 영향을 주지 않도록 상호 조화되게 조종해야 한다. 이를 균형조종 혹은 삼타일치 조종이라고도 한다.

※ 시현(display): 보이다, 나타내다, 또는 화면 표시기, 디스플레이

제 2 장
자세계기비행 기동

2.1 개 요

자세계기비행은 비록 시계비행이라 할지라도 비행 중 조우할 수 있는 악기상에 대비할 수 있는 확실한 안전 방책 중 하나이다. 앞장에서는 자세계기비행의 기본에 관한 내용을 다루었고 여기서는 이를 바탕으로 실제 기본 기동에 따른 적용 방법과 일반적으로 범할 수 있는 실수들에 대해서 다룬다.

2.2 수평직선비행(재래식 조종실)

계기비행(IFR) 상황에서 조종훈련생의 시야(field of view)는 자연적 혹은 인위적으로 계기판으로 한정된다. 이러한 상황에서 수평직선비행은 자세계기비행의 가장 기본적인 비행훈련 과정으로 원하는 고도에 도달하여 당신은 교관조종사로부터 현재의 고도, 속도, 기수방위를 유지하여 비행할 것을 요구받게 될 것이다.

수평직선비행(straight and level flight)이란 지정된 고도에 도달하여 현재의 고도를 유지하면서 동일한 기수방위(heading)로 비행하는 것이다. 비록 단순하게 수평직선비행을 하고 있다고 생각할지라도 비행기는 피치, 경사 그리고 동력이 상호 정확하게 일치된 상태라고 할 수 있다. 수평직선비행이 조종훈련생이 생각했던 것만큼 그리 쉬운 것은 아니다. 공중에서 바람은 비행기를 편류(drift)하게 하고 불규칙한 기류는 비행기의 자세를 계속해서 변화시킬 것이기 때문이다. [그림2-1]은 고도 4,000피트, 기수방위 270° 그리고 선회코디네이터 수평에서 수평직선비행 중인 비행기의 계기를 보여주고 있다. 이 상태를 어떻게 지속적으로 유지할 수 있는가에 대해서 계기별로 학습하게 될 것이다.

2.2.1 피치조종

피치자세는 비행기의 세로축과 실제 수평선 사이의 각도이다. 수평비행에서 피치자세는 속도와 하중에 따라 달라질 수 있고, 소형 비행기에서 하중 요소는 무시한다. 대기속도가 일정하다면 수평비행에서 오직 한 개의 피치자세만 존재한다. 예를 들어 [그림2-1]과 같이 순항속도에서의

【그림2-1】 동일한 수평직선비행이지만 속도에 따라 피치자세가 다르다. 정상 순항속도(위), 저속 수평비행(아래, 왼쪽), 고속 수평비행(아래, 오른쪽)

피치자세를 기준으로 저속 순항속도에서 기수가 높은 자세가 형성되고, 고속 수평비행에서는 기수가 상대적으로 낮아진 자세가 된다. 비행기의 피치자세를 결정하는 데 사용되는 계기들은 자세계, 고도계, 승강계 그리고 속도계이다.

(1) 자세계

자세계는 피치자세를 직접 보여주는 계기이다. 피치자세는 승강타를 조작하여 모형항공기(miniature aircraft)에 상대적인 수평바(horizon bar)를 올리거나 낮추어 형성한다. 이것은 시계비행에서 자연 수평선에 비행기의 기수를 올리거나 낮추어 피치자세를 조절하는 것과 같다. 그러나 속도가 일정하지 않은 한 그 속도를 위한 수평비행자세를 식별하고 확립될 때까지 고도계, VSI 그리고 ASI에서 관찰할 수 있는 것과 같이 자세계에 지시된 것이 수평비행 상태인지를 알 수 있는 방법은 없다.

만약 자세계의 모형항공기(miniature aircraft)가 이륙 전 지상에서 정확하게 조절되었다면 자세계는 조종사가 상승에서 수평전환을 완료했을 때 정상 순항속도에서 대략적인 수평비행을 나타낼 것이다. 만약 모형항공기의 조절이 더 필요하다면 조절이 수행되는 동안 다른 피치계기들이 수평비행을 유지하는 데 사용되어야 한다. 자세계를 이용해서 수평비행하기 위한 피치조종은 [그림2-2]와 같이 수평바의 변위를 반폭, 한폭(1폭), 한폭반, 두폭(2폭)과 같이 점차 확대한다.

【그림2-2】 자세계를 이용한 피치자세의 조종은 모형항공기와 인공 수평선 사이의 폭으로 조종한다. 왼쪽부터 반폭(one-half bar width), 한폭(bar width) 그리고 한폭반(one-and-one-half bar width)의 개념을 보여주고 있다.

계기를 참고하여 수평비행을 수정하기 위한 피치자세의 변화는 시계비행에서 적용하는 양보다 매우 작다. 수평비행에 정확한 트림이 조절된 비행기에서 이들 표준 피치 변화를 유지하는 데 필요한 승강타 변위(displacement)와 조종압은 매우 작다는 것을 의미한다. 다음 사항들은 얼마의 승강타 조종압을 적용해야 하는지 이해하는 데 도움이 될 것이다.

첫째, 조종간에 힘이 들어간 상태는 조종압 변화를 감지하기 어렵게 한다. 계기비행 훈련의 초기 단계부터 충분히 힘을 뺀 상태에서 조종간을 조작하는 습관을 들여야 한다.

둘째, 유연하고 작은 양의 피치 변화를 적용해야 한다. 조종사는 훈련을 통해서 작은 양의 피치를 위로 그리고 아래로 조작해 보고 자세계에 반폭, 한폭(1폭), 한폭반, 누쪽(2쪽)에서 일성 시간 동안 유지할 수 있는 훈련을 한다.

셋째, 수평비행을 위해서 비행기 트림을 정확하게 조절하고, 승강타 조종에서 순간적으로 모든 압을 완화해 본다. 이것은 난기류 조건을 제외하고 비행기의 안정성을 확인해 볼 수 있게 한다. 비행기는 이 상태에서 수평비행을 유지할 것이다. 조종 변화가 요구되지 않을 때조차도 조종간을 움직이기 위한 충동을 떨쳐버리기가 쉽지 않고, 이것이 계기 훈련에서 나타날 수 있는 가장 어려운 초기 훈련 문제점 중의 하나가 될 수 있다.

(2) 고도계

일정 동력에서 수평비행으로부터 벗어나는 것은 즉각적인 피치 변화를 초래한다. 따라서 동력이 일정하다고 했을 때 고도계는 수평비행을 위한 피치자세를 간접 지시한다. 비행기가 수평비행일 때 고도는 일정하게 유지되고 있기 때문에 현재 고도로부터 어떠한 변화는 피치 변화를 필요로 하는 신호이다. [그림2-3]과 같이 고도가 높아지고 있다면 기수는 반드시 낮추어야 한다. 고도계 지시침의 이동률은 자세계를 사용하지 않고 수평비행을 유지하기 위한 이동 방향을 참고하는 데 활용된다. 수평비행에서 과도한 피치 변화는 상대적으로 급격한 고도의 변화를 초래하고 작은 피치 변화는 고도 변화량도 작다. 만약 고도계 지시침이 시계방향으로 빠르게 이동한다면 수평비행자세로부터 상당한 기수-높음 자세로 변화되었다는 것을 의미한다. 반대로 지시침이

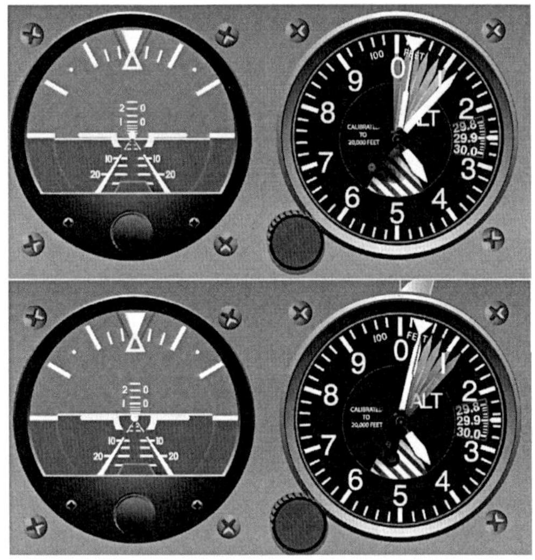

【그림2-3】 고도계는 피치자세를 판독하기 위한 계기로 활용될 수 있다. 고도가 증가하는 것은 고피치 자세를 의미한다.(위) 기수를 낮추어 고도 변화를 수정하고 있다.(아래)

시계반대방향으로 서서히 이동한다면 기수가 약간 낮은 자세를 지시하고 약간의 피치 수정으로 원래 고도를 회복할 수 있다. 교차점검에 고도계를 추가함으로써 자세계에서 보이는 것처럼 주어진 피치 변화를 위한 고도계 지시침의 이동률(rate of movement)을 인지하는 훈련을 할 수 있다. 이를 위해서 자세계가 없다고 가정하고 정밀한 피치조종을 위해서 자연수평선을 시각적으로 참고하여 작은 양의 피치 변화로 고도계 지시침의 이동률을 관찰한다. 고도계에서 가장 느린 이동률을 얻는 데 필요한 피치 변화의 양이 얼마가 되는지 관찰한 다음 이를 기초로 작은 양의 피치 수정을 적용하는 훈련을 한다. 교관조종사는 과도한 기수-숙여짐 변화를 시범을 보인 후 부적절한 수정 기술의 결과를 보여 줄 수 있다.

초임 조종사는 신속하고 과감한 피치 수정을 적용하는 것이 정상적인 반응이지만 이것은 필연적으로 과조종을 유발한다. 지시침의 움직임이 느려진 후 반대 방향으로 이동하여 최종적으로 과도한 기수-높음 자세를 지시하게 될 것이다. 이것은 조종간에 힘이 들어가 있고 불규칙한 조종 반응 그리고 과도한 조종 변화를 초래하게 될 것이다. 따라서 서두르지 말고 유연한 수정 기술만이 비행기를 원하는 자세로 신속하게 회복시킬 수 있다. 따라서 피치 변위를 감지했을 때 가벼운 조종압과 수정 절차에 따라 즉각 수정 조치를 취해야 한다.

첫째, 지시침의 이동을 정지시키기 위한 피치자세를 수정한다.
둘째, 그리고 원하는 고도로 되돌아가기 위한 피치자세를 수정한다.

고도계에서 고도 변화를 감지했을 때 지시침의 이동률을 늦추기 위한 충분한 승강타 압을 적용한다. 만약 이동률이 급격히 낮아진다면 지시침이 계속해서 서서히 이동할 수 있을 정도로 조종압을 약간 풀어준다. 지시침 이동이 느려졌다는 것은 비행기 자세가 수평비행에 가까워졌다는 것을 의미한다. 다음, 지시침 이동을 정지시키기 위해서 약간 더 수정 압을 추가하고 이 시점을 수평비행으로 판단한다.

만약 지시침 이동이 반대로 움직인다면 비행기는 원하는 고도를 초과했다고 볼 수 있다. 주어진 조종압의 효과가 변하는 것은 속도 변화를 초래할 수 있으므로 조종압을 신중하게 완화하고 지속적으로 교차점검한다. 다음, 정상 피치 수정과 관련 있는 고도계 지시침 이동의 변화율을 위한 승강타 압을 조절하고 원하는 고도로 복귀한다. 대략 100피트 미만의 변위는 [그림2-4]와 같이 반복 수정을 적용하고 100피트 이상의 변위는 초기 한폭(1폭) 수정을 적용한다. 고도계만을 이용해서 지정된 고도 변화를 훈련한 다음 자세계를 포함해 훈련한다.

【그림2-4】 고도계가 현재 유지하고 있는 고도로부터 100피트 미만 벗어났을 때 자세세의 반폭(1/2폭)을 적용하여 수정하고 있다.(왼쪽) 100피트 이상이 벗었을 때 초기에 한폭(1폭) 수정을 적용하여 피치자세를 수정하고 있다.(오른쪽)

(3) 승강계(VSI)

수직속도(vertical airspeed) 지시계는 고도계와 같이 피치자세를 간접 지시하고 둘 다 트렌드와 비율 계기(trend and a rate instrument)이다. 트렌드 계기로서 비행기의 초기 수직 이동을 즉가 보여준다. VSI는 수평비행을 유지하기 위해서 고도계 그리고 자세계와 함께 사용하여야 한다. 지시침이 "0"으로부터 위로 또는 아래로 움직임을 주시하고 가벼운 승강타 압으로 수정한다. 지시침이 "0"으로 되돌아왔을 때 수정 압을 풀어준다. 만약 조종압이 유연하고 가볍게 적용되었다면 지시침은 즉각적이고 서서히 반응하게 될 것이고, 고도계는 고도의 변화가 없거나 약간 변화할 수 있다.

VSI는 비율 계기(rate instrument)로서 지연 특성(lag characteristics)을 고려해야 한다. 지연은 지시침이 피치가 변화한 다음 지시가 안정될 때까지 약간 늦어지는 현상이다. 지연은 피치 변화의 속도와 크기에 비례한다. 만약 피치 변화가 서서히 그리고 유연하게 적용되었다면 지시침은 최소의 지연(lag)으로 피치 변화에 상응하는 지점으로 이동한 다음 공기역학적 힘(aerodynamic forces)들이 상승 또는 강하에 균형을 이루는 것처럼 안정된다. 만약 피치 변화가 급격하고 크게 적용되었다면 지시침의 불규칙한 움직임과 반대 방향 이동으로 인하여 지시침이 안정될 때까지 더 긴 시간이 소요될 수 있다.

불규칙한 지시침 움직임을 유발하는 난기류 속을 통과할 때 지시침을 쫓아가지 않도록 주의해야 한다. 피치 변화와 함께 대기속도 지시에서 뚜렷한 지연 현상은 비행기 종류에 따라 달라질 수 있다. 이것은 피치자세가 변화될 때 비행기가 가속 또는 감속하는 데 요구되는 시간 때문이다. 계기의 구조 또는 작동으로 인하여 정확한 지연의 양을 결정하기 어렵다. 작은 피치 변화로 유연하게 적용되었을 때 즉각적인 대기속도의 변화를 초래한다. 수평비행을 유지하기 위해서 VSI를 비율 계기로서 그리고 고도계와 자세계를 함께 활용할 때 고도계 지시침이 원하는 고도로

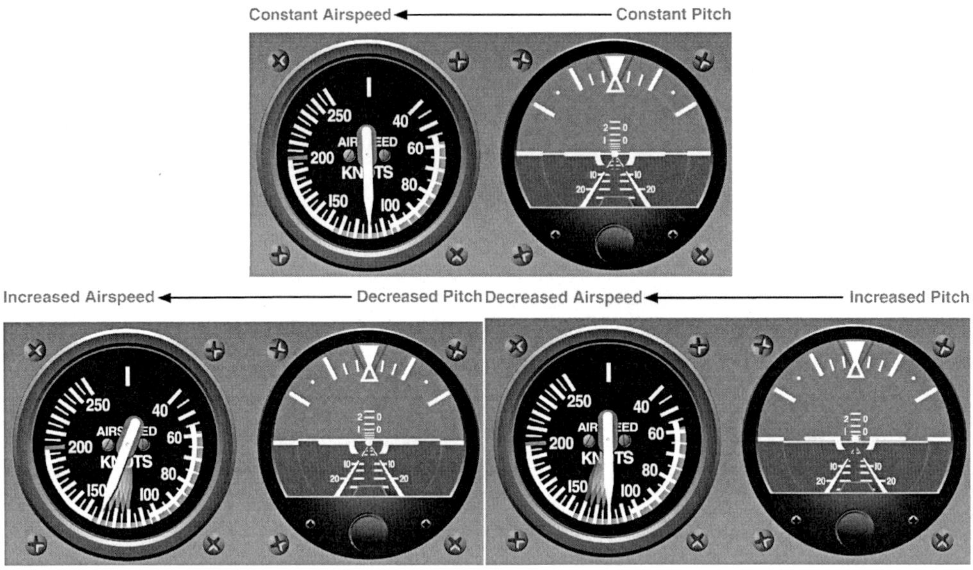

【그림2-5】 일정 동력, 일정 피치에서 속도는 일정하게 유지된다.(위) 피치가 숙여지면 속도는 증가한다.(아래, 왼쪽) 일정 동력에서 피치가 증가하면 속도는 감소한다.(아래, 오른쪽)

부터 이동한 양이 그 고도로 복귀하는 데 적용되어야 하는 비율과 관련이 있다. 대략 고도 변위의 약 2배의 수직속도 비율에 해당하는 자세 변화를 적용하는 것이 적당하다. 예들 들어 고도가 100피트 미만 벗어났다면 원하는 고도까지 회복률은 약 200피트를 적용하는 것이 적당하다. 만약 100피트 이상 벗어났다면 이에 비례하여 회복률(rate of return) 역시 증가해야 하지만 주어진 대기속도와 비행형상(flight configuration)에서 비행기를 위한 최적(optimum) 상승률 또는 강하율을 결코 초과해서는 안 된다. 만약 원하는 회복률로부터 200 fpm 이상 차이 났을 때 과조종으로 고려된다. 예를 들어 200피트의 고도 변화를 수정하기 위해서 400 fpm을 적용했을 경우이다. 고도를 회복할 때 VSI는 주요 피치계기가 된다.

(4) 속도계(ASI)

속도계는 피치자세를 간접 지시한다. 난기류가 없는 조건에서 일정한 동력 세팅과 피치자세에서 대기속도는 일정하게 유지된다. [그림2-5]는 속도계와 자세계의 변화를 관찰할 수 있다. 일정 동력에서 속도가 일정하다면 자세계는 어떠한 변화도 보이지 않는다. 그러나 피치자세가 낮아짐에 따라 대기속도는 증가하기 때문에 수평비행을 위해서 기수를 반드시 들어주어야 한다.(nose-up) 반대로 피치자세가 높아지면 대기속도는 감소하기 때문에 수평비행을 위해서 기수를 낮추어(nose-down) 주어야 한다.

급격한 대기속도의 변화는 피치 변화 역시 커지고 대기속도가 서서히 변하면 피치 변화 역시 작게 지시된다. 수평비행에서 피치조종은 조종사가 피치자세를 시각화하고 조종할 수 있도록 하는 계기판의 교차점검과 판독의 문제이다. 교차점검 기술에서 개별적 차이와 관계없이 모든 조종사는 어떠한 기동에서라도 비행기를 조종하는 데 최상의 정보(best information)를 제공하는 계기들을 활용해야 한다. 또한, 조종사는 원하는 지시에서 주요계기를 유지하는 것을 보조하기

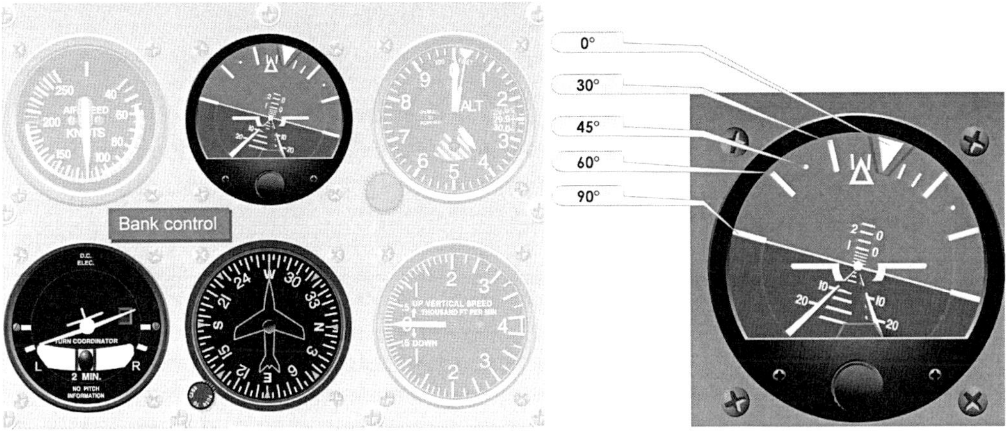

【그림2-6】 비행기의 주요 경사를 지시하는 계기는 자세계, 선회코디네이터 그리고 기수방위 지시계이다. 이 비행기는 좌로 경사져 있다. 오른쪽 자세계의 경사 지침과 모형항공기 그리고 수평선 사이의 상관관계를 보여주고 있다.

위해서 다른 계기들도 확인해야 한다. 앞서 언급한 것과 같이 주요계기는 특정 기동을 위해서 가장 적절한 정보를 제공하는 계기로 통상 일정한 지시를 유지할 수 있어야 한다. 예를 들어 수평비행에서 피치조종을 위한 주요계기가 어느 것인가를 결정하는 것은 특정 비행기의 성능, 기상상태, 조종사 경력, 운용 상태 그리고 기타 요소들을 고려해야 한다.

고성능 비행기에서 자세의 변화는 순간적으로 감지하고 판독하여 즉각적인 조치를 필요로 한다. 반면 소형 비행기의 숙련된 계기 조종사는 자세계에 너무 의존하는 것이 정밀 자세 정보를 제공하기에 부적합하다고 판단하여 주요 피치 정보는 고도계에 더 많이 의존하는 경향이 있다. 조종사가 주요계기를 판단하는 데 있어서 고도계 또는 자세계를 선택할지는 자세를 조종하는 데 어느 것이 더 효과적인가에 따라 결정하는 것이 합리적이다. 여기서는 수평비행 중 고도계를 주요 피치계기로 고려하고 있다.

2.2.2 경사조종

경사자세는 비행기의 날개와 자연 수평선 사이의 각도이다. 수평직선 비행경로를 유지하기 위해서 비행기 날개는 수평선과 일직선으로 정렬되어야 한다. 경사조종에 사용되는 계기들은 [그림2-6]과 같이 자세계, 기수방위 지시계 그리고 선회코디네이터이고 자세계와 선회코디네이터는 왼쪽으로 경사를 지시하고 있다. 기수방위 지시계는 방위판은 시계방향으로 돌아가게 될 것이다.

(1) 자세계

자세계는 경사자세(bank attitude)를 순간적으로 직접 지시한다. 표준 자세계에서 경사각은 인공 수평바(artificial horizon bar)에 대한 모형항공기의 상호관계와 계기 상부에 있는 경사 눈금과 포인터의 정렬로 보여준다. 조종사가 한쪽으로 기울어 있거나 앉은 위치가 약간 변화되었을 때 표준 3-인치 계기의 전면에서 작은 경사각을 모형항공기를 참고해서 감지하기가 쉽지 않다. 스케일 포인터(scale pointer)의 위치는 모형항공기 위치를 명확하게 확인할 수 있도록 한다. 세차 오차(precession error)를 무시하고 수평직선 균형조종 비행으로부터 약간 벗어나는 것은 스케일 포인터에서 쉽게 감지할 수 있다. 경사 지침(banking index)은 [그림2-6]과 같이 작은 눈금과 큰 눈금으로 표기되어 있다. 이 자세계의 지시침은 모형항공기와 동일한 방향으로 왼쪽으로 15° 경사를 보여주고 있다. 이 계기에서 세차 오차는 공통적으로 나타나는 현상으로 예측할 수 있지만, 자세계는 한눈에 피치자세와 경사자세 모두를 즉각 관찰할 수 있는 것이 장점이다. 대부분의 자세계와 관련된 세차 오차가 있을지라도 신속한 자세 지시는 다른 계기들보다 확실한 조종(positive control)을 위한 시각 노력과 시간이 적게 소요된다.

(2) 기수방위 지시계

균형조종 비행에서 선회와 기수방위의 변화는 경사로 인한 것이기 때문에 기수방위 지시계는 간접 경사계기이다. 동일 속도라고 가정했을 때 기수방위 지시계의 빠른 이동은 경사각이 크다는 것을 지시하고, 서서히 이동하는 것은 상대적으로 작은 경사각을 의미한다. 기수방위 지시계의 이동률을 주시하고 자세계의 경사각과 비교한다. 자세계의 세차 오차는 직선비행을 유지하는데 필수적인 기수방위 정보를 정밀하게 확인하도록 한다. 직선비행으로부터 벗어났을 때 기수방위 지시계를 주시하여 선회하고 있는 각도의 숫자보다 크지 않은 경사각을 적용하여 기수방위를 수정한다. 어느 경우도 경사각의 수정은 표준율 선회에서 요구되는 것보다 크지 않아야 한다. 그 이상의 경사각은 높은 수준의 숙련도가 필요하고 초임 조종사들에게는 과조종과 불규칙한 경사 조종을 초래한다.

(3) 선회코디네이터

선회코디네이터의 모형항공기는 경사자세를 간접 지시한다. 모형항공기가 수평일 때 비행기는 직선 비행하고 있다. 모형항공기가 좌우측 정렬 마크(alignment marks)의 하나에 일치되고 비행기가 왼쪽 또는 오른쪽으로 롤링하고 있을 때 [그림2-7]과 같이 모형항공기가 기울어진 방향에서 정렬 마크는 초당 3°의 롤을 지시하는 롤 비율(roll rate)을 나타낸다. 선회코디네이터의 지시기는 비행기가 선회하고 있지 않을지라도 롤링 운동(rolling motion)을 지시할 수 있다. 또한, 오른쪽 또는 왼쪽 페달 입력(pedal input)은 비행기를 수직축에 대해서 선회코디네이터 상에 선회 지시(indication of turn)와 함께 순간적으로 선회하게 하는 원인이 된다.

선회가 안정된 후 비행기는 더 이상 롤링하지 않고 선회코디네이터는 초당 3°에 해당하는 정렬 마크와 선회율을 보여준다. 선회코디네이터는 전기-동력 자이로스코프가 일정 각도로 기울어 있기 때문에 롤과 선회 변수(roll and turn parameters) 모두를 보여줄 수 있다. 이 유형의 선회 지시계는 롤과 선회 모두를 지시한다. 선회가 완료된 후 수평직선비행으로 복귀는 모형항공기를 수평으로 만들기 위해서 도움날개와 러더 압의 균형조종으로 달성할 수 있다.

교차점검에 모형항공기를 포함하고 원하는 위치로부터 미세한 변위라 할지라도 즉각 수정해야 한다. 이 계기가 직선비행을 유지하기 위해서 사용될 때 조종압은 아주 작고 유연하게 적용해야 한다. 선회코디네이터의 볼(ball)은 실질적으로 분리된 계기이고, 두 계기를 함께 사용해야 하기 때문에 모형항공기 아래에 배열하는 것이 편리하다. 볼은 선회의 질을 보여준다. 만약 볼이 중앙에서 벗어났다면 비행기는 슬립(slip) 또는 스키드(skid)하게 될 것이다. 만약 선회코디네이터의 모형항공기가 왼쪽으로 기울었고 볼이 오른쪽으로 벗어났다면 비행기는 스키딩(skidding; 모형항공기와 볼이 반대방향)하고 있다. 모형항공기가 오른쪽으로 기울고 볼이 중앙에 있다면 비행기는 균형조종 선회비행을 하고 있다. 그러나 모형항공기가 오른쪽으로 기울고 볼이 오른쪽으로 벗어났다면 비행기는 불균형 상태로 선회 바깥쪽으로 슬립핑(slipping; 모형항공기와 볼이 동일방향)하고 있다.

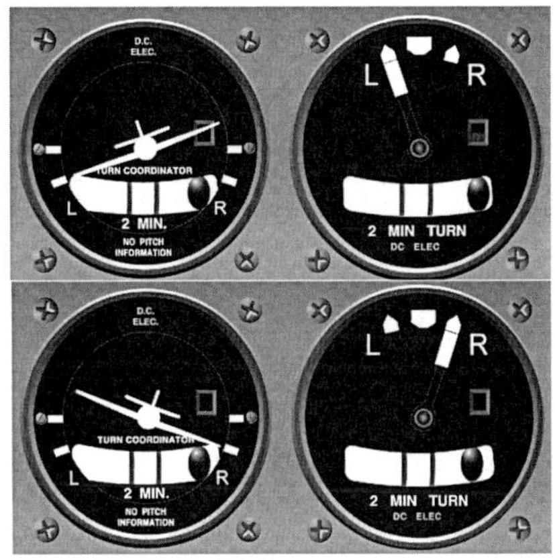

【그림2-7】 선회시시계는 표준율 선회을 위한 계기이고 선회코디네이터는 선회율과 롤 비율을 동시에 지시하지만 선회경사 지시계는 선회율만 지시한다.

만약 날개가 수평이고 비행기 트림이 잘 조절되었다면 볼은 중앙에 위치하게 될 것이고 비행기는 직선비행을 한다. 만약 볼이 중앙에 있지 않다면 비행기 트림(trim)이 잘 조절되지 않은 것이다. 정확한 트림으로 수평직선비행을 유지하기 위해서 볼 변위(ball displacement)의 방향을 주시하라. 만약 볼이 왼쪽에 있고 왼쪽 날개가 낮아졌다면, 볼을 중앙에 위치시키기 위해서 왼쪽 러더 압을 적용하여 슬립(slip)을 수정하고 동시에 오른쪽으로 도움날개에 압을 적용하여 날개가 수평으로 되돌아오게 하고 볼이 중앙에 있는 동안 기수방위 지시계와 자세계를 교차점검한다.

만약 날개가 왼쪽으로 기울어 있고 볼이 오른쪽으로 벗어났다면 비행기는 스키드(skid) 상태에 있다. 볼 변위의 방향을 주시하고 슬립을 수정했던 것과 동일한 기술을 적용하여 수정하고 볼을 중앙에 위치시키고 경사조종이 필요하다면 도움날개를 사용하여 트림을 다시 조절한다.

선회코디네이터만 사용해서 비행기의 트림을 조절하고자 한다면 모형항공기가 수평이 되도록 도움날개 압을 적용하고 볼을 중앙에 위치시킬 수 있도록 러더 압을 적용한다. 이 지시들을 조종압과 함께 유지되어야 하고 모든 러더 압을 완화하기 위해서 충분한 러더 트림을 적용하면서 점진적으로 조종압을 완화한다. 도움날개 압을 완화하기 위해서 도움날개 트림(aileron trim)을 적용한다. 전체 계기판과 함께 비행기의 트림을 조절하는 동안 가용한 모든 계기를 참고하여 날개 수평 자세(wings-level attitude)를 유지해야 한다.

(4) 선회경사 지시계

비행기의 롤, 선회 그리고 트림을 제공하는 선회코디네이터와 달리 선회경사 지시계(turn and slip indicator)는 [그림2-7]과 같이 선회율과 트림(turn-rate and trim)을 제공한다. 비록 선회경사 지시계 지시침이 선회만을 지시하지만, 기수방위 지시계 또는 자기나침반과 같은 롤 지시계(roll indicators)와 함께 사용될 때 비행기 자세의 간접 지시를 제공한다. 롤로부터 안정된 후 선회코디네이터와 같이 선회경사 지시계의 지시침이 정렬 마크(도그 하우스)와 일치되었을 때 비행기는 초당 3° 표준율 선회 또는 360°의 2분 선회를 지시한다. 선회경사 지시계의 볼은 선회코디네이터의 볼과 동일하게 비행기의 트림 상태를 보여준다.

【그림2-8】 속도와 고도는 상호 교환하여 두 목적을 달성할 수 있다. 속도가 낮고 고도가 높다면 피치자세를 낮추어 속도를 높이고 고도를 낮출 수 있다.(위) 속도와 고도가 모두 높다면 피치자세를 낮추면서 동시에 동력도 줄여야 한다.(아래)

2.2.3 동력조종

동력은 비행기 성능(performance)을 결정하기 위한 적절한 날개의 받음각과 함께 중력, 항력 그리고 관성(inertia)을 이겨내는 추력을 생산한다. 동력 세팅의 변화는 비행기의 대기속도 또는 고도의 변화를 초래할 수 있기 때문에 동력조종은 고도와 속도에 미치는 영향과 관련해서 다루어야 한다. 동력 세팅은 주어진 대기속도에서 비행기가 수평비행, 상승 또는 강하 상태에 있는지를 결정한다. 수평직선비행에서 동력이 증가하고 속도를 일정하게 유지한다면 비행기는 상승한다. 속도가 일정하게 유지되는 동안 동력이 감소하면 비행기는 강하한다. 반대로 고도를 일정하게 유지하면 적용된 동력은 속도를 결정한다. 고도와 속도 사이의 관계는 피치 또는 동력의 변화가 필요하다. 만약 속도가 원하는 값이 아니라면 동력을 적용하기 전 항상 고도를 확인한다. 고도와 속도는 [그림2-8]과 같이 상호 교환할 수 있음을 기억하고 상황에 따라 다음과 같이 수정할 수 있다.

① 속도가 낮고 고도가 높다면 기수를 낮추어서 속도를 얻고 고도를 낮출 수 있다.
② 속도가 높고 고도가 낮다면 기수를 들어 속도를 낮추고 고도를 높일 수 있다.
③ 속도와 고도가 모두 높거나 둘 다 낮다면 피치와 동력 모두를 수정해야 한다.

수평직선비행에서 속도를 변경하기 위해서 피치, 경사 그리고 동력은 일정한 고도와 기수방위를 유지하기 위해서 상호 일치되어야 한다. 수평직선비행에서 속도를 변화시키기 위해서 동력을 적용할 때 단발엔진 프로펠러 비행기는 모든 운동 축 주변에서 자세가 변화되려는 경향이 있다. 따라서 일정한 고도와 기수방위를 유지하기 위해서 동력 변화에 비례하는 다양한 조종압을 적용해야 한다. 동력을 증가했을 때 속도가 변함에 따라 승강타 전방압을 적용하지 않는 한 속도는 증가하고 피치계기는 상승을 지시한다. 동력 증가와 함께 비행기는 도움날개와 러더 압 적용으로 상쇄시키지 않는 한 왼쪽으로 요와 롤(yaw and roll) 경향이 나타난다. 이들 변화를 계속해서 주시하고 교차점검 속도를 증가시키는 것은 비행기 종류, 토크(torque) 특성, 동력의 양 그리고 관련된 속도의 변화에 따라 달라질 수 있다.

수평직선비행에서 다양한 대기속도를 유지하는 데 필요한 대략적인 동력 세팅에 대해서 사전에 알고 있을 때 동력조종과 대기속도 변화는 더욱 쉽게 이루어질 수 있다. 그러나 상당한 양의 대기속도를 수정할 때 대기속도 변화율을 가속하기 위한 초기 동력 변화에서 동력이 부족하거나 과도한 동력(underpower or overpower)이 적용되는 것이 일반적이다. 예를 들어 정상 순항속도 120노트를 유지하는 데 매니폴드압이 23 inches가 필요하고 100노트를 유지하는 데 매니폴드압이 18 "Hg가 요구되는 비행기가 있다고 가정하자. [그림2-9, 10]은 수평직선비행을 유지하면서 대기속도가 120노트에서 100노트로 감속했을 때 상황을 보여주고 있다. [그림2-9, 위]는 동력 감소 전 계기 지시를 보여주고 있고 특정 피치, 경사 그리고 동력조종 필수요건은 이들 주요 계기에서 관찰할 수 있다.

① Altimeter; Primary Pitch

② Heading Indicator; Primary Bank

③ Airspeed Indicator; Primary Power

[그림2-9, 아래]는 수평직선비행 중 속도를 감소했을 때 참고해야 하는 주요계기와 보조계기를 보여주고 있다. 여기서 보조 동력계기는 매니폴드압 게이지 또는 태코미터라는 것에 유의하라. 그러나 대략 15 "Hg(underpower)까지 유연한 동력 감소를 적용했을 때 매니폴드압 게이지가 주요 동력계기가 된다. 동력 세팅은 지속적인 훈련을 통해서 스로틀의 이동 감각, 엔진 소리의 변화 그리고 조종압 감각의 변화(feel of control pressures) 등과 함께 동력계기를 잠깐씩 참고하여 변화시킬 수 있다. 추력이 감소함에 따라 교차점검 빈도를 높이고 피치 경사계기가 고도와 기수방위로부터 변화를 보이는 순간 왼쪽 러더, 승강타 후방압 그리고 도움날개 조종압을 적용할 준비가 되어 있어야 한다.

조종사의 교차점검, 판독 능력이 숙달됨에 따라 기수방위와 고도의 변화 없이 수정 조작을 할 수 있다. 기류가 양호하고 이상적인 조종 기술을 가정했을 때 대기속도가 감소함에 따라 비행기 피치자세도 함께 높아져야 고도를 유지할 수 있고 같은 맥락에서 효율적인 토크 조종(torque control)은 러더 압과 함께 요(yaw)를 상쇄시킬 수 있다는 것을 의미한다. 동력이 감소함에 따라 고도계가 주요 피치계기가 되고 기수방위 지시계는 주요 경사계기 그리고 매니폴드압 게이지는 순간적으로 주요 동력계기(이 사례에서 15 "Hg)가 된다. 조종압은 비행기가 감속함에 따라 트림을 재조절해야 한다. [그림2-10]과 같이 대기속도가 원하는 100노트에 다다르면 매니폴드압을 약 18 "Hg까지 조절하고, 이 게이지가 보조 동력계기가 되고 속도계(ASI)는 다시 주요 동력계기가 된다.

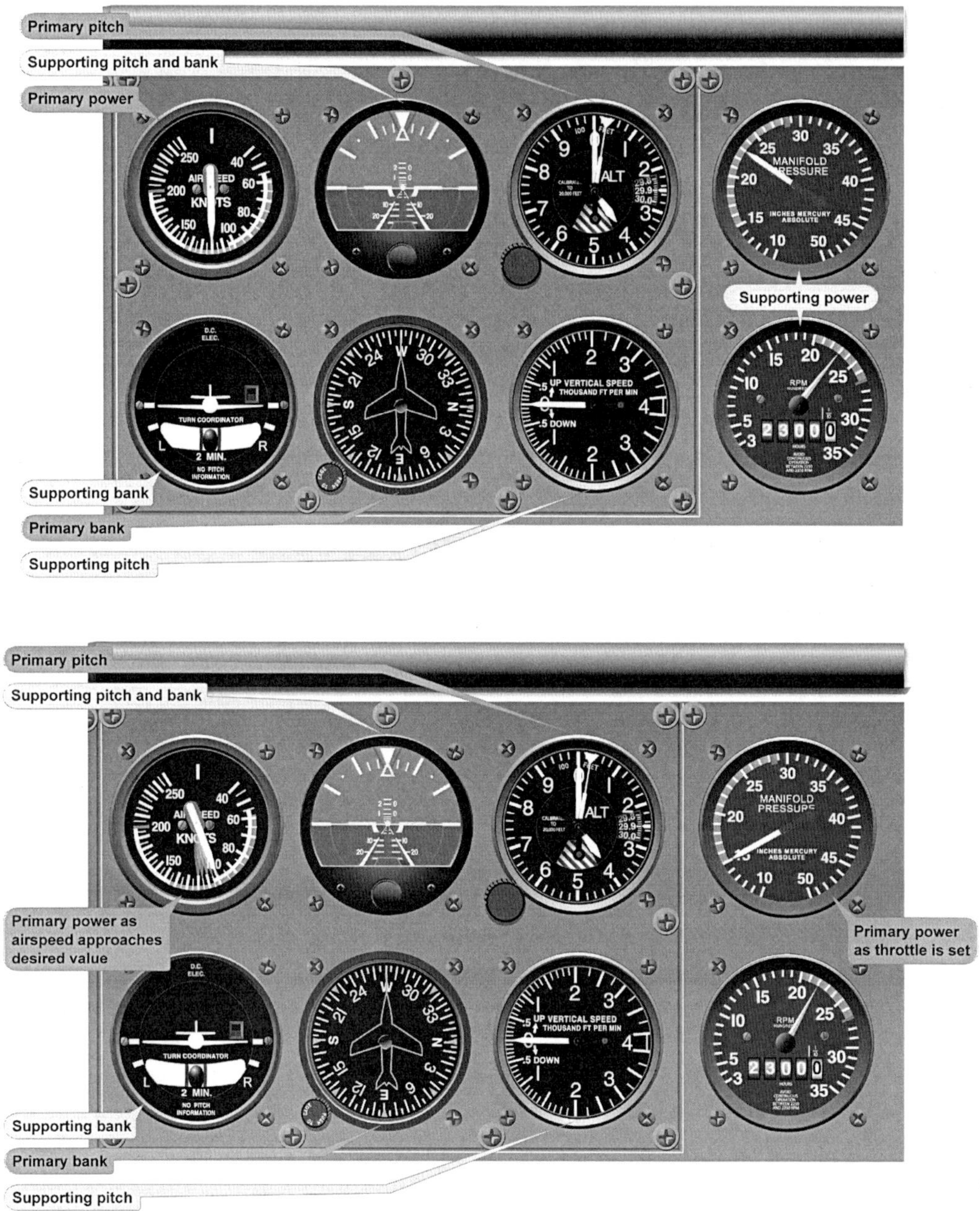

【그림2-9】 정상 순항속도에서 수평직선비행 중 주요계기 및 보조계기(위) 그리고 속도가 감소하고 있을 때 주요계기와 보조계기들을 관찰할 수 있다.(아래)

2.2.4 수평직선비행 중 속도 변화

수평직선비행하면서 속도를 수정할 수 있는 훈련은 기본 계기기술에서 숙련도를 향상시킬 수 있고 훈련 중 예상할 수 있는 일부 공통 실수들이 나타날 수 있다. 착륙장치와 플랩을 올린 클린 형상(clean configuration-minimum drag conditions)에서 훈련은 플랩과 착륙장치를 올리거나 내리는 훈련 과정에서 속도 변화를 훈련함으로써 교차점검과 조종 능력의 숙련도를 한층 더 향

【그림2-10】 비행기가 일단 감속된 속도에 안정되었을 때 참고해야 할 주요계기와 보조계기들이다.

상시킬 수 있다. 플랩과 착륙장치를 작동시키는 훈련 과정에서 POH/AFM에서 규정된 속도 제한을 준수해야 한다. 일부 비행기에서는 착륙장치를 내리고 플랩이 낮아짐에 따라 수평직선비행을 유지하기 위해서 다소 급격하고 과도한(sudden and exaggerated) 자세 변화가 필요할 수 있다.

착륙장치를 내리거나 플랩을 내림에 따라 양력이 순간적으로 증가하여 최대로 내렸을 때 뚜렷하게 항력증가를 초래하여 기수가 숙여지는 경향이 발생할 수 있다. 조종 기술은 각 비행기의 양력과 항력 특성에 따라 다르게 적용되어야 한다. 이외에도 대기속도, 착륙장치 그리고 플랩 형상(configuration)의 서로 다른 조합과 관련된 동력 세팅과 트림 변화에 대한 지식은 계기 교차점검과 판독 문제를 감소시킨다.

예를 들어 동력이 23 "Hg/2,300 RPM, 플랩과 착륙장치를 올린 상태에서 대기속도 120노트로 수평직선비행하는 비행기를 가정하자. 착륙장치와 플랩을 완전 내림과 함께 대기속도가 감소한 후 동일 고도에서 수평직선비행은 매니폴드압 25"Hg/2,500 rpm이 필요하다. 최대 착륙장치 내림 속도는 115노트이고, 최대 플랩 내림 속도는 105노트이다. 대기속도를 95노트까지 감소하고 착륙장치와 플랩 내림은 다음과 같은 방법으로 수행되어야 한다.

① RPM 2,500을 유지하라. 전체 항력 형상에서 높은 동력 세팅이 사용될 수 있다.
② 매니폴드압을 10 "Hg까지 줄여라. 대기속도가 감소함에 따라 교차점검의 빈도를 높인다.
③ 받음각 증가와 토크 감소를 위해서 트림을 조절하라.
④ 대기속도 115노트에서 착륙장치를 내린다. 기수는 숙여지는 경향이 있고 감소율이 증가한다. 일정 고도를 유지하기 위해서 피치자세를 높이고, 일부 승강타 후방압을 완화하기 위해서 트림을 조절한다. 만약 105노트에서 플랩을 완전히 내렸다면 교차점검, 판독 그리고 조종은 더

욱 빨라져야 한다. 플랩을 내리기 전에 먼저 착륙장치를 내리는 것이 자세를 안정시키는 데 유리한 방법이다.

⑤ 매니폴드압 18 "Hg는 착륙장치 내림과 함께 100노트에서 수평비행을 유지할 것이기 때문에 ASI가 약 105노트를 지시할 때까지 동력을 유연하게 증가시켜라. 현재 자세계는 수평직선비행에서 대략 2폭반 기수-높음(nose-high) 자세를 보여주고 있다.

⑥ 플랩을 내리고 동시에 원하는 대기속도를 위해서 동력을 25" Hg로 증가시켜라. 일정한 고도와 기수방위를 유지할 수 있도록 필요한 트림을 조절한다. 현재 자세계는 95노트에서 한폭(1폭) 기수-낮음(nose-low) 자세로 수평직선비행을 하고 있음을 보여주고 있다. 비행기 자세의 뚜렷한 변화가 발생했을 때 유연한 피치, 경사, 동력 그리고 트림 조종과 지속적으로 일정한 고도와 기수방위를 유지할 수 있다면 수평직선비행에 대한 자신감을 얻을 수 있을 것이다.

2.2.5 트림 조종

전체 비행 단계에서 정확한 트림 기술은 유연하고 정밀한 비행기 조종을 위해서 필수적이다. 모든 조종압(control pressure)을 완화함으로써 주어진 자세를 일정하게 유지하기가 쉽고 다른 조종실 업무를 수행할 수 있도록 한다. 조종사는 원하는 자세를 확립하기 위해서 조종압을 적용한 다음 트림을 조절하기 때문에 비행기는 조종간을 놓았을 때 그 자세를 유지한다. 선회경사 지시계의 볼을 중앙에 위치하도록 균형조종 비행을 위한 비행기 트림은 볼이 벗어난 방향의 러더 트림(rudder trim)을 이용해서 볼이 중앙에 오도록 조종한다.

다발엔진 비행기에서 차등 동력조종은 균형조종 비행(coordinated flight)에 영향을 줄 수 있는 부가적인 요소이다. 가능하다면 균형된 동력 또는 추력을 사용하는 것이 균형조종 비행을 유지하는 데 도움이 된다. 비행기 자세, 동력 또는 형상의 변화는 대부분 트림 조절이 필요하다. 트림만을 사용해서 비행기 자세를 확립하려는 시도는 불규칙한 비행기 조종을 유발한다. 유연하고 정밀한 자세 변화는 조종압과 트림 조절을 잘 조화시켜 달성할 할 수 있다. 따라서 트림 조절을 정확하게 사용했을 때 유연한 비행기 조종에 도움이 된다.

2.2.6 공통 실수

훈련 초기 단계에서 자세계기비행 훈련은 실제 IMC 상황에서 수행되기보다 조종사의 시계(field of view)를 제한하는 방법으로 시작한다. 이를 위해서 가리개(hood) 또는 시계 제한용 안경 등을 착용하고 훈련을 한 후 점차 IMC 상황에서 실계기비행 훈련을 하게 될 것이다. 초임 계기비행 조종사는 조종량이 크고 기본기량(fundamental skills)이 완전히 숙달되지 않았기 때문에 고도에 주의를 집중하다 보면 속도가 증가하거나 감소하고, 속도와 고도에 주의를 집중하다 보면 기수방위(heading)가 벗어나는 것과 같은 다양한 형태의 실수를 범하게 될 것이다. 이들 실수는 조종훈련생뿐만 아니라 초임 계기비행 조종사에게 자주 발생하는 현상으로 반복 실수가 되지 않도록 문제의 발견과 원인을 분석하여 다음 훈련에 대비하는 자세는 당신을 더욱 유능한 계기비행 조종사로 성장시키는 촉진제가 될 것이다. 다음은 수평직선비행 중 범할 수 있는 일반적인 실수를 열거하였다.

(1) 피치 실수(pitch errors)

① 자세계의 모형항공기와 날개-수평 자세가 부정확하게 조절되었다. 이륙 전 지상에서 정확하게 자세계 조절이 되어야 하고 초기상승이 완료된 후 순항속도에서 다시 한번 자세계의 수평상태를 확인한다.

② 피치계기의 교차점검과 판독이 비효율적이고 부정확했다. 예를 들어 속도가 낮은 것만으로 기수가 높은 자세로 판단하고 동력 세팅의 조절 없이 조종간 전방압으로 원하는 속도를 유지하려는 것과 같은 상황이 발생할 수 있다. 따라서 모든 관련 계기들을 동시에 관찰하는 습관이 요구된다.

③ 비행기가 수평이 아닌 자세에서 자세계의 케이징이 정확하게 풀리지 않았다. 고도계와 기수방위 지시계는 정상 순항속도에서 수평직선비행을 위한 정확한 지시를 얻기 위해서 케이징 손잡이(caging knob)를 당기기 전에 정상 순항비행에서 대기속도와 함께 반드시 안정되어 있어야 한다.

④ 현재 속도와 관련된 자세계 지시침의 판독을 정확하게 하지 못했다. 자세계는 속도에 따라 다르게 지시한다는 점에 주의해야 한다.

⑤ 피치자세의 수정 조작 시기가 늦다. 예를 들어 고도계에 20피트의 고도 변화가 발생했을 때 이를 즉각적으로 수정하기를 원하지 않는 경우가 있다. 이는 적은 양의 고도 변화이기 때문에 무시하고자 하는 심리적 이유도 있을 것이고 과조작을 우려하기 때문이기도 하다. 비록 20피트의 고도 변화라 할지라도 이를 즉각적으로 수정할 수 있어야 하고, 수정 조작 중 과조작이 나타난다면 원인을 찾아 수정할 수 있어야 한다. 이를 방치하면 변위는 점차 증가한다.

⑥ 수직속도 지시를 쫓아가는 경향이 있다. 일부 계기는 계기 자체의 지연 현상과 급조작했을 때 계기의 지시침이 비행기의 움직임을 따라가지 못하는 현상이 발생할 수 있다. 계기의 특성을 잘 이해하고 유연한 조작과 다른 계기들과 적절한 교차점검이 이루어진다면 수정될 수 있다.

⑦ 고도계 지시에 따른 피치자세의 수정량이 너무 과도하게 적용되었다. 이는 현존하는 변위를 더욱 악화시킬 수 있고 관련된 다른 변위를 유발할 수 있으므로 충분한 시간을 갖고 유연한 조작이 될 수 있도록 노력한다.

⑧ 이미 확립된 피치자세의 수정을 유지하지 못했다. 이는 부적절에 교차점검과 트림 조절에 관한 공통 실수이다. 예를 들어 고도 오차를 수정하기 위해서 피치자세 수정을 적용했을 때 조종훈련생은 순간적으로 교차점검을 소홀히 하고 비행기가 새로운 자세에 도달할 때까지 기다리는 경우이다. 피치자세의 수정 조작을 시작한 후에도 계속해서 교차점검을 하고, 수정 조작에 필요한 조종압을 유지할 수 있도록 트림을 적절히 조절해 주는 것도 좋은 방법이다.

⑨ 계기의 교차점검 중 어느 한 계기에 시선이 고정되었다. 기수방위 수정을 적용한 후 경사조종에만 주의를 집중하는 동안 피치자세의 변화를 발견하지 못하는 통상적인 실수의 한 형태이다. 속도를 수정하는 동안 시선이 동력계기에 불필요하게 고정된 경우이다.

(2) 기수방위 실수(heading errors)

① 정확한 기수방위 지시계의 교차점검을 하지 못했다. 특히 동력 또는 자세 변화 중 기수방위 지시계의 교차점검을 빠뜨릴 수 있다.

② 기수방위 지시침을 잘못 판독하였거나 교관조종사가 지시한 기수방위를 잘못 알아들었다. 교관조종사가 지시한 기수방위를 주의 깊게 들어야 하고 정확하게 기억해야 한다. 실계기비행에서 관제사의 지시는 끊임없이 계속되기 때문에 이를 대비하기 위한 훈련으로 잘못 들었거나 의심될 때 반드시 질문하여 확인하는 습관을 들여야 한다.

③ 경사자세에 대비한 기수방위 변화율을 관찰하지 못했다. 미세한 경사라 할지라도 기수방위는 변할 수 있다는 점을 간과해서는 안 된다.

④ 이미 선정된 기수방위를 기록하지 못했거나 기억하지 못했다.

⑤ 동력 변화 중 요잉(yawing) 현상을 정확하게 예측하지 못했거나 과도하게 수정했다. 특히 동력 변화 또는 수정량이 큰 조작을 했을 때 다른 조종성에도 영향을 줄 수 있기 때문에 균형조종이 되어야 한다.

⑥ 기수방위 변화율과 경사자세와 관련된 것을 관찰하지 못하였다.

⑦ 작은 양의 기수방위 변위를 수정하지 못했다. 정확한 기수방위를 유지한다는 것은 매우 중요하다. 예를 들어 20°의 기수방위를 수정하는 것보다 마지막 1°의 기수방위를 수정하는데 더 많은 시간과 노력이 요구될 수 있다.

⑧ 부적절한 경사자세로 기수방위를 수정했다. 이는 10°의 기수방위를 수정하는 데 20°의 경사가 적용되었을 경우 과조작으로 인하여 원하는 기수방위를 쉽게 초과하여 또 다른 실수를 유발할 수 있기 때문이다. 어느 경우든 기수방위의 수정은 표준율 선회를 초과해서는 안 되고 수정하고자 하는 기수 방위각보다 크지 않도록 적용해야 한다. 이는 10°의 기수방위 변화가 발생했기 때문에 이의 두 배인 20°의 경사각을 적용해야 한다는 생각을 해서는 안 된다.

⑨ 기수방위 지시계가 부적절하게 조정되었고 케이징이 풀리지 않았다. 자이로 작동 계기는 세차 현상에 의한 오차가 발생한다. 이를 반영하지 못했을 때 기수방위는 부정확하다.

⑩ 동일한 실수가 반복적으로 계속되는 것을 관찰하지 못했다. 예를 들어 트림이 적절히 조절되지 않았다면 비행기의 기수방위는 계속해서 변하게 될 것이다. 이것은 조종 피로의 증가와 다른 조작을 수행하면서 지연 또는 방해될 수 있다.

(3) 동력 실수(power errors)

① 다양한 속도와 비행유형에 대한 적절한 동력 세팅과 피치자세를 정확하게 파악하지 못했다.

② 동력 조절이 요구될 때 스로틀을 급조작했다. 동력 변화는 통상 피치 또는 기수의 요잉 변화를 동반한다는 것은 주지의 사실이다. 이를 방지하기 위해서 동력을 조절할 때 균형조종과 유연한 조종을 습관화해야 한다.

③ 동력을 변화시킬 때 속도의 선도(lead)를 적용하지 못했다. 이는 원하는 속도에 도달하기 전에 동력을 먼저 감소시키거나 증가시켜야 정확하게 원하는 속도에 도달할 수 있다. 그렇지 않으면 비행기는 원하는 속도보다 낮거나 높은 속도에서 가속 또는 감속될 것이고 추가 동력 조절이 요구된다. 따라서 자신이 조종하는 비행기의 특성을 잘 파악할 수 있어야 하고 선도량의

적용은 동력 변화에 대한 속도의 반응 정도에 달려 있다.

④ 속도 변화 중 속도계 또는 매니폴드압 계기에 시선이 고정되었다. 이는 다른 계기의 변화를 발견하지 못하거나 늦게 발견하여 반복된 실수를 유발한다.

(4) 트림 실수(trim errors)

① 조종사의 다리 길이에 맞지 않게 조절된 좌석 또는 러더 페달의 위치는 조작할 때 몸 전체를 움직이게 하거나 불편함을 초래할 수 있고, 이는 곧 조종 피로뿐만 아니라 다른 조종에도 영향을 줄 수 있다.

② 트림 장치는 기종에 따라 사용 방법이 약간씩 다를 수 있고 이를 혼동할 수 있다. 따라서 비행 전 정확한 사용 방법을 익혀야 한다. 일부 트림 휠은 비행기의 축과 일치하지만 다른 트림 장치는 반대로 작동해야 하는 경우도 있다.

③ 트림을 사용하는 기술이 부족했다. 비행 중 트림의 사용은 편안하고 정밀한 조종을 가능하게 하기 때문에 정확하고 적극적으로 활용할 수 있어야 한다. 그러나 트림을 조종간 대신 사용해서는 안 되고, 단지 조종간에 미치는 압을 제거할 수 있도록 사용해야 한다.

④ 과도한 트림이 적용되었다. 어느 한 조종압을 완화하기 위해서 트림을 과도하게 사용했을 때 어느 한 방향으로 계속 조종압을 느끼게 될 것이다. 이는 또 다른 트림 조종을 요구하게 된다. 따라서 트림은 작은 양으로 자주 사용하는 것이 바람직하다.

⑤ 트림 사용에 대한 공기역학적 변화의 원인을 정확하게 이해하지 못했다. 비행 중 트림을 적용했을 때 주조종면에 작용하는 공기역학적 현상을 이해할 수 있어야 한다. 이는 트림을 반대로 적용하는 실수를 방지할 수 있다.

2.3 직선 상승 및 강하

수평직선비행에 이어 이륙경로 선상에서 원하는 고도에 도달할 때까지 상승(climb)하거나 착륙 접근할 때 지정된 코스(course)를 유지하면서 강하(descent)할 때 수행되는 제반 절차에 관해서 연구한다. 상황에 따라 일정한 속도를 유지하면서 상승 및 강하를 할 것인지 또는 속도와 관계없이 일정한 상승률 및 강하율을 유지하여 상승 또는 강하할 것인가를 판단해야 한다. 전자의 경우는 상승 및 강하속도에 중점을 두고 있기 때문에 정속상승 또는 정속강하(constant climb or constant descent)라 하고, 후자의 경우는 지정된 수직속도의 비율로 상승 또는 강하에 중점을 두는 경우로 정률상승 또는 정률강하(constant rate of climb or constant rate of descent)로 구분한다.

2.3.1 상 승

주어진 동력 세팅과 하중조건을 위한 가장 효과적인 상승률을 제공하는 것은 자세계뿐이다. 이 상승 자세를 결정하기 위한 속도와 상승 동력 세팅은 POH/AFM에서 수록된 성능 데이터

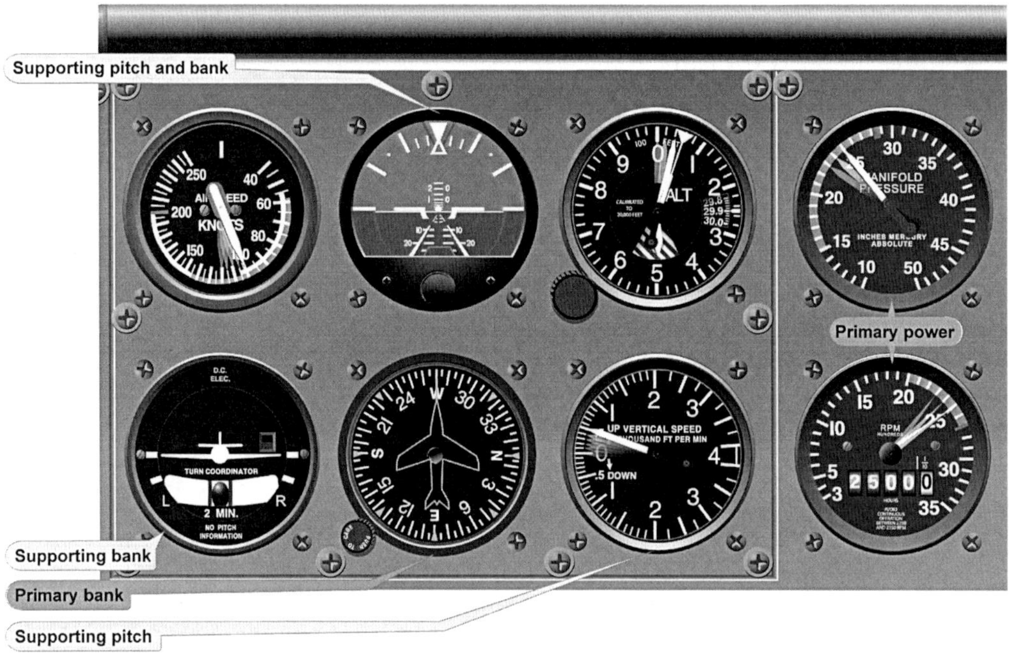

【그림2-11】 정속상승 진입

(performance data)에 제공된다. 상승에 진입하는 세부 기술은 진입할 때의 속도와 상승 방법에 따라 다를 수 있다.

(1) 진 입

순항속도로부터 정속상승에 진입하기 위해서 [그림2-11]과 같이 예정된 상승 속도를 위한 대략적인 기수-높음 지시까지 모형항공기를 올린다. 자세는 비행기의 종류에 따라 달라질 수 있다. 상승 자세를 시작하고 유지하기 위해서 가볍게 승강타 후방압을 적용한다. 비행기가 감속됨에 따라 압이 달라질 수 있다. 동력은 피치 변화와 동시 또는 피치 변화가 확립된 후 속도가 상승 속도에 가까워졌을 때 상승 동력 세팅으로 증가시킨다. 만약 수평비행으로부터 상승으로 전환이 유연하게 이루어졌다며 VSI는 즉시 상향으로 움직이면서 계속해서 느리게 이동한 다음 안정된 속도와 자세에 적절한 비율에서 정지한다.

일단 비행기가 일정 속도와 자세에 안정되면 [그림2-12, 위]와 같이 ASI는 주요 피치 그리고 기수방위 지시계는 주요 경사계기가 된다. 현재 유지되고 있는 상승 동력 세팅이 정확한지 확인하기 위한 주요 동력계기로서 태코미터 또는 매니폴드압 게이지를 관찰한다. 만약 상승 자세가 선택된 동력 세팅과 일치한다면 대기속도는 원하는 속도에서 안정될 것이다. 그러나 대기속도가 낮거나 높다면 적절한 작은 양의 피치 수정을 적용해야 한다.

수평직선비행에서 정속상승에 진입하기 위해서 먼저 순항속도에서 상승 속도까지 감속한다. 다음 상승 진입은 피치자세가 높아짐에 따라 동력을 동시에 상승 세팅으로 증가시키는 것을 제외하고 순항속도로부터 진입과 동일하다. 만약 상승 중인 속도로부터 다른 기동을 수행해야 한다면 부분 패널(partial panel)에서 상승 진입은 더욱 유연하고 정확하게 조종되어야 한다.

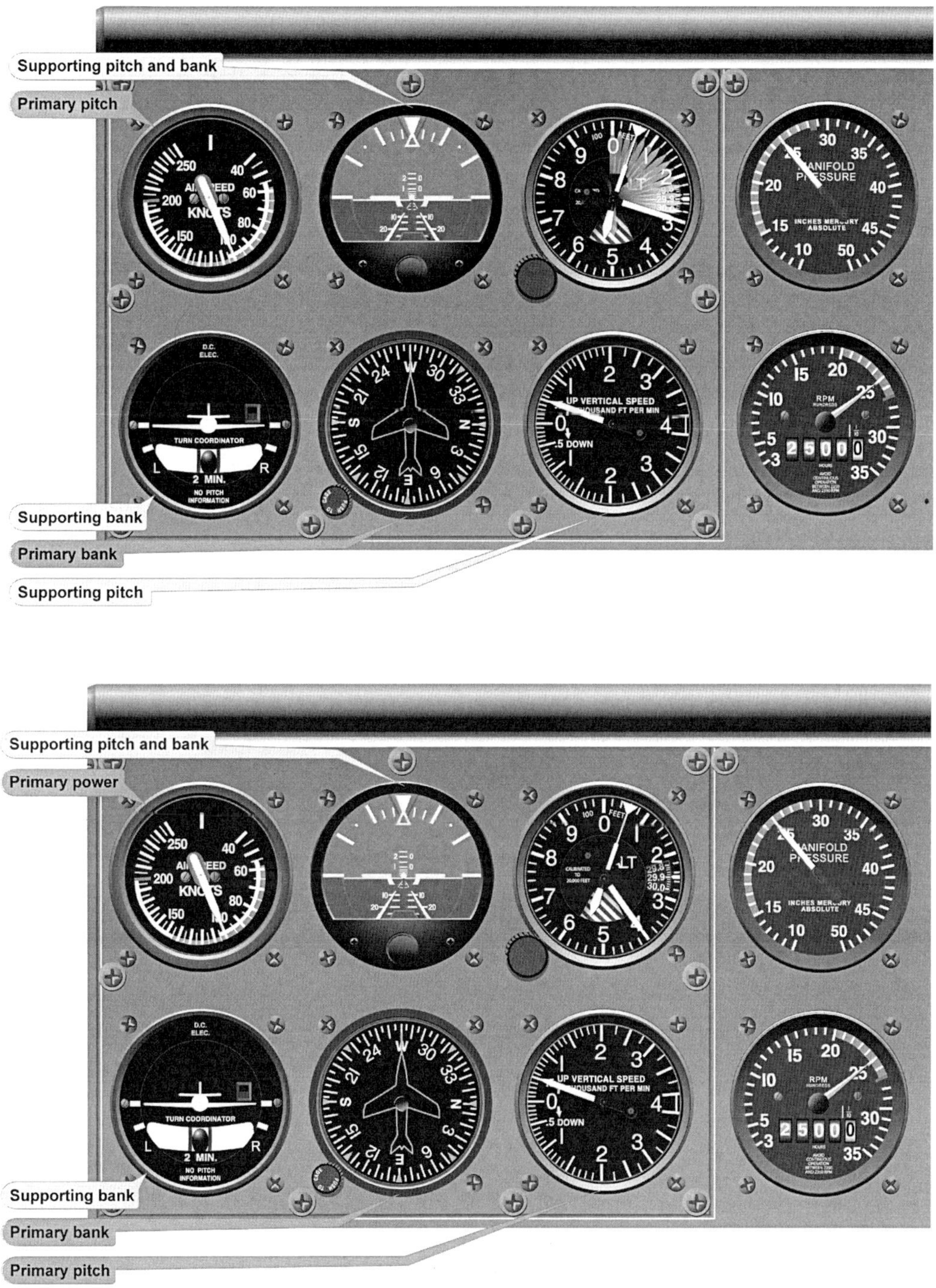

【그림2-12】 정속상승에 안정된 상태(위), 정률상승에 안정된 상태(아래)

정률상승(constant-rate climb)을 위한 진입 기술은 상승 속도로부터 정속상승으로 진입하는 것과 매우 유사하다. 대략적인 동력 세팅이 원하는 값까지 증가함에 따라 원하는 속도와 상승률을 위한 상승 자세까지 동시에 모형항공기를 올린다. 동력이 증가함에 따라 [그림2-12]와 같이 ASI는 수직속도가 원하는 값에 가까워질 때까지 주요 피치계기가 된다. 수직속도 지시침이 안정

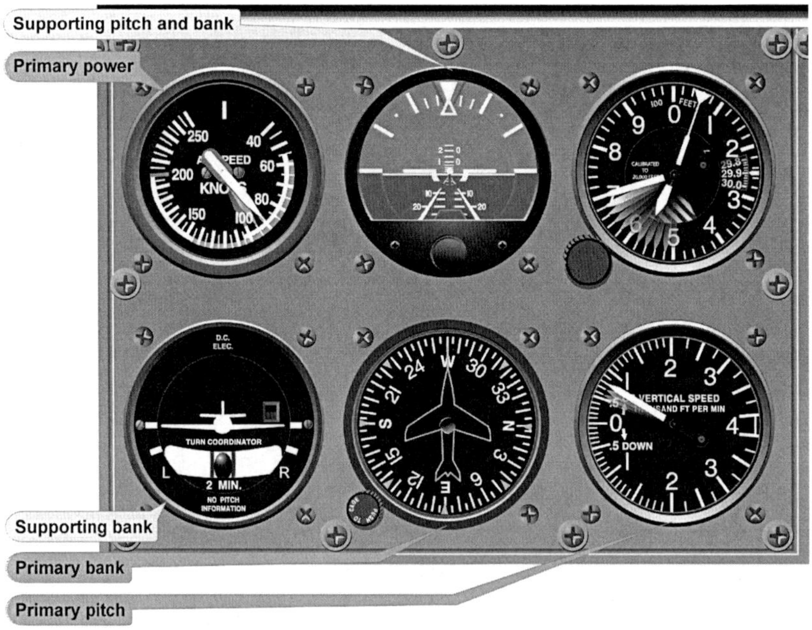

【그림2-13】 속도는 낮고 수직속도는 높아지고 있다. 피치자세를 낮춘다.

되었을 때 VSI는 주요 피치계기가 되고 ASI는 주요 동력계기가 된다. 피치와 동력 수정은 즉각적이고 상호 조화되어야 한다. 예를 들어 수직속도는 정확하지만 속도가 낮다면 동력을 증가시켜라. 동력이 증가함에 따라 일정한 수직속도를 유지하기 위해서 모형항공기는 반드시 약간 낮아져야 한다. 만약 [그림2-13]과 같이 수직속도가 높고 속도가 낮다면 모형항공기를 약간 낮추고 동력 변화의 여부를 결정하기 위해서 속도 증가를 주시하라. 대략적인 동력 세팅에 익숙해 있는 것은 최소한의 피치와 동력 수정을 유지하는 데 도움이 된다.

(2) 수평전환

상승으로부터 수평으로 전환(level-off)하고 고도를 유지하기 위해서 원하는 고도에 도달하기 전에 수평 조작을 시작해야 한다. 선도량(amount of lead)은 상승률과 조종사의 기량에 달려 있다. 만약 비행기가 1,000 fpm으로 상승 중에 있다면 수평비행으로 전환하는 동안 상승률이 지속적으로 감소하면서 상승하게 될 것이다. 효과적인 훈련은 현재 수직속도의 약 10%를 선도량으로 적용한다. 예를 들어 500 fpm의 경우는 선도 고도는 50피트 그리고 1,000 fpm라면 선도 고도 100피트 전에서 수평 조작을 시작한다.

순항속도에서 수평으로 전환하기 위해서는 먼저 원하는 속도를 확립하기 위한 수평비행 자세가 되도록 유연하고 지속적인 승강타 전방압을 적용한다. [그림2-14]와 같이 자세계에 피치 변화가 나타나는 것과 함께 수직속도 지시침은 "0"을 향해서 서서히 이동하고 속도는 가속을 나타낸다. 고도계, 자세계 그리고 VSI가 수평비행을 나타낼 때 피치와 토크 조종에서 일정한 변화들은 대기속도가 증가함에 따라 이루어져야 한다. 대기속도가 순항속도에 가까워짐에 따라 동력을 순항 세팅까지 감소한다. 선도량은 비행기의 가속 비율에 달려 있다. 상승 중인 대기속도에서 수평으로 전환하기 위해서는 수평비행에서 원하는 대기속도까지 대략적인 피치자세를 확립할 수 있도록 기수

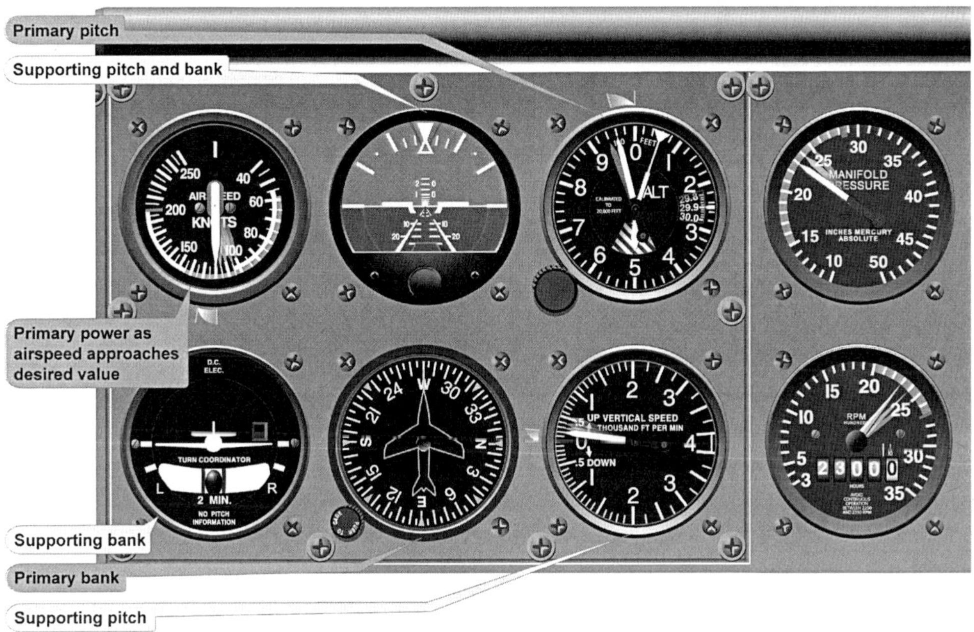

【그림2-14】 순항속도에서 수평전환

를 낮춘다. 동시에 동력은 피치자세가 낮아짐에 따라 해당 속도를 위한 세팅까지 감소시킨다. 만약 동력 감소가 피치 변화에 비례하는 비율이라면 대기속도는 일정하게 남아있을 것이다.

2.3.2 강 하

강하는 동력을 감소시키거나 항력증가 그리고 기수를 낮추는 것과 같이 다양한 속도와 자세에서 수행될 수 있다. 대기속도는 일정 값에 안정되어야 한다. 강하 중 자세 참고를 제공하는 유일한 비행계기는 자세계이다. 부분 패널과 같이 자세계가 없다고 가정했을 때 ASI, 고도계 그리고 VSI는 비행기가 일정 자세에서 일정 속도까지 감속될 때까지 다양한 변화율을 보인다. 강하로 전환하는 동안 조종압과 트림이 변화할 수 있고 교차점검과 판독은 확실한 조종을 유지하기 위해서 정확해야 한다.

(1) 진 입

다음과 같은 절차는 자세계의 사용과 관계없이 강하 진입에 활용될 수 있다. 수평직선비행을 유지하는 동안 먼저 속도를 선택된 강하속도까지 감소한 다음 동력을 예정된 세팅까지 더 감소시킨다. 동력을 조절할 때 동시에 기수를 낮추어 일정 속도를 유지하고 조종압을 제거한다. 일정 대기속도로 강하 중 원하는 속도로부터 어떠한 변위는 피치 조절이 필요하다. 정률강하를 위한 진입은 동일하지만, VSI는 주요 피치조종이 되고 ASI는 주요 동력조종이 된다. [그림2-15]의 상승과 마찬가지로 수정할 때 피치와 동력은 상호 조화가 잘 이루어져야 한다.

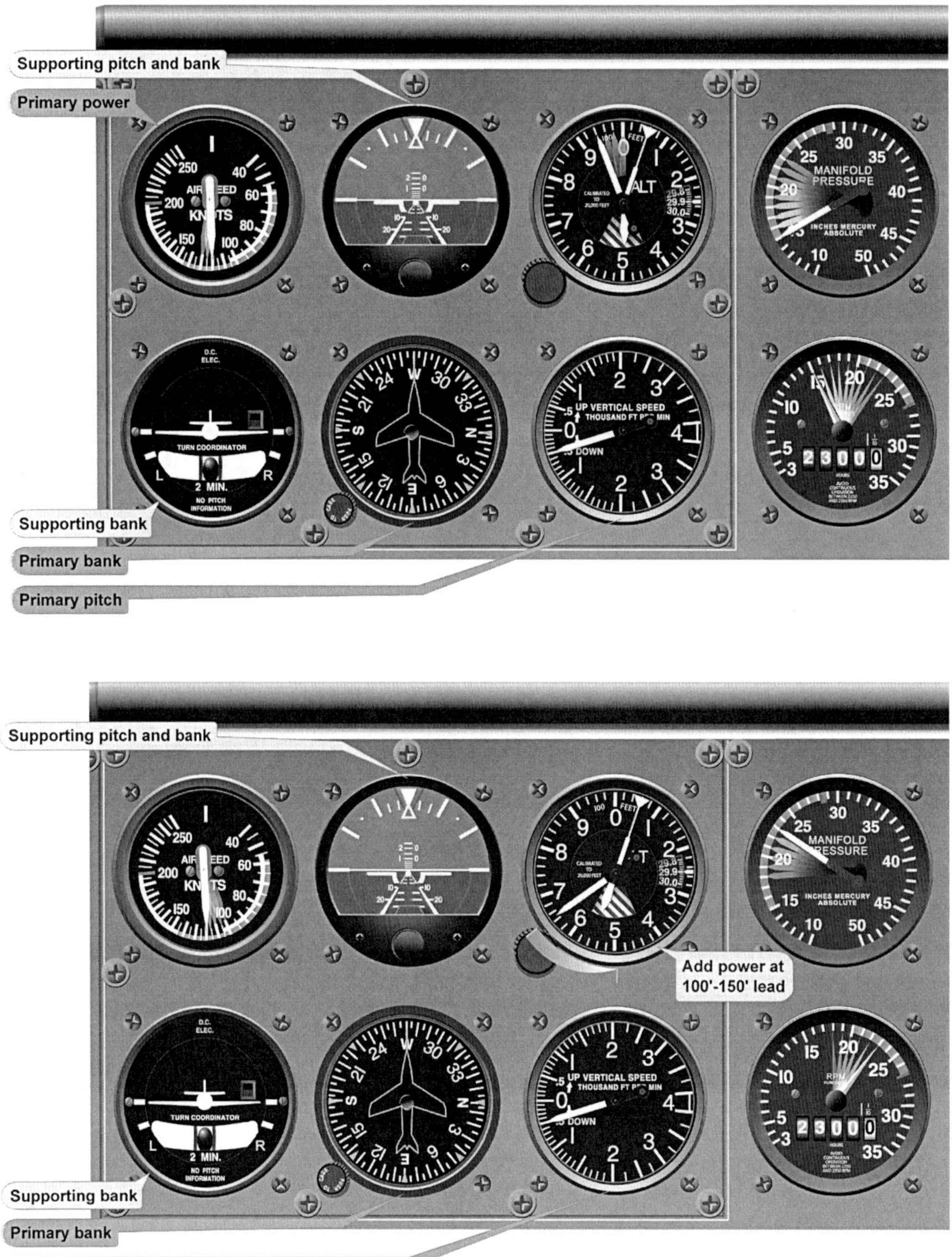

【그림2-15】 강하속도보다 높은 대기속도에서 수평전환(위), 정속강하에서 속도가 높아진다면 동력을 줄인다.

(2) 수평전환

강하로부터 수평으로 전환은 원하는 고도에 도달하기 전에 시작되어야 한다. 선도량은 강하율과 조종 기량에 달려 있다. 선도량이 너무 작으면 비행기는 원하는 고도를 초과하게 될 것이

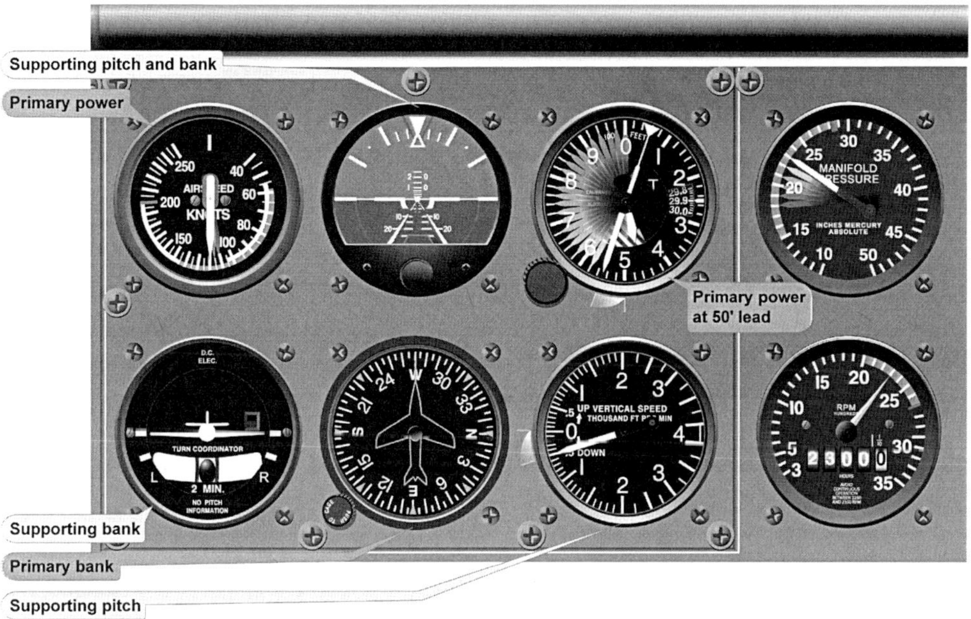

【그림2-16】 강하속도에서 수평비행으로 전환하는 동안 계기의 움직임을 보여주고 있다.

다. 예들 들어 강하율이 500 fpm라고 했을 때 대기속도가 강하속도보다 높을 때 선도 고도는 약 100~150피트가 적당하다. [그림2-15, 16]과 같이 선도 고도에 도달했을 때 동력을 적절한 수평비행 순항 세팅으로 증가시킨다. 속도가 증가함에 따라 기수가 들리는 경향 때문에 원하는 고도보다 약 50피트까지 강하율에서 수직속도를 유지하기 위해서 승강타 전방압을 유지한 다음 선정된 속도를 위한 수평비행 자세까지 피치자세를 조절한다. 현재 강하 중인 속도를 유지하면서 수평으로 전환은 원하는 고도로부터 약 50피트의 선도량을 적용하고, 동시에 수평비행까지 피치자세를 조절하여 일정한 속도를 유지할 수 있는 동력 세팅까지 동력을 증가시킨다. 트림 조절로 조종압을 완화하고 지속적인 정상 수평직선비행을 위한 교차점검을 수행한다.

2.3.3 공통 실수

수평직선비행하면서 상승 또는 강하는 직선비행을 유지하면서 동시에 상승 또는 강하를 해야 하는 두 기동이 동시에 수행되는 과제이다. 이제까지는 단일 기동에 대해서만 학습하고 훈련하였으나 때로는 여러 형태의 기동을 동시에 수행해야 할 상황이 언제든지 발생할 수 있기 때문에 단일 기동보다 교차점검과 판독(cross-check and interpretation)이 더욱 정확해야 하고 이를 적용하는 비행기 조종(aircraft control) 역시 다수의 계기 움직임을 동시에 확인하고 제어할 수 있는 능력을 갖추어야 한다. 다음은 직선 상승 또는 강하 기동 훈련 과정에서 나타날 수 있는 일반적인 실수들이다.

① 상승 또는 강하 진입할 때 최초 적용한 피치자세의 변화량에 대한 판단력이 부족했다. 상승 또는 강하에 진입할 때 피치자세와 동시에 동력이 함께 적용되는 것은 일반적이다. 그러나 조종훈련생은 특정 동력세팅(power setting)에 관한 정확한 피치자세를 판단할 수 없기 때문에

필요한 양보다 큰 피치자세를 적용하는 경우가 많다. 이 같은 실수를 반복하지 않기 위해서는 우선 작은 양의 피치자세를 적용하고, 피치자세의 변화에 관한 결과를 주의 깊게 관찰하기 위해서 신속한 교차점검을 한다. 조종훈련생이 판단할 수 있는 피치자세의 변화에서 계기가 원하는 결과를 나타낼 수 있도록 지속적인 조종압의 적용이 요구된다. 결론적으로 작은 양의 피치자세 적용은 조종하기가 더 쉽다는 점을 인식하고 점차 피치자세의 적용 양을 증가시키면서 특정 동력에 대한 대략적인 피치자세를 파악한다. 계기비행 훈련 중 습득하기 가장 어려운 습관 중 하나가 결과를 확인할 수 있을 때까지 기다리지 못하고 조기에 비행 자세를 변화시키고자 하는 충동을 억제하는 것이다.

② 상승 및 강하에 진입할 때 속도, 동력 또는 자세 변화 중 적절한 교차점검을 하지 못했다. 두 기동이 동시에 수행되기 때문에 계기 지시침의 관찰 범위가 그만큼 증가한다.

③ 상승 또는 강하에 진입할 때 적용된 새로운 피치자세를 유지하지 못했다. 예를 들어 일단 정확한 상승 또는 강하 진입을 했으나 속도가 변함에 따라 과조작을 하거나 피치자세의 변화가 발생하는 실수를 범하게 된다. 조종압 역시 속도 변화와 함께 발생한다는 것은 주지의 사실이다. 따라서 교차점검의 빈도를 증가시키고 트림을 활용하여 조종압을 재조절할 필요가 있다.

④ 트림을 재조절하지 못했다. 동력 변화와 피치자세의 변화가 동시에 발생하여 초기에 조종간에 오는 압을 느끼게 될 것이다. 상승 또는 강하 자세에 확립되었다면 즉시 적절한 해당 트림을 활용하여 조종압을 완화해야 한다. 트림을 사용하지 않는 한 자세의 변화로 인한 조종압이 공기역학적 힘(aerodynamic force)으로 발생하는 것인지 아니면 조종훈련생의 힘으로 유발되는지를 판단하기 어렵고, 조종압이 강할수록 무의식으로 조종압을 풀었을 때 비행기의 자세는 즉각 큰 변화를 초래하여 비정상자세를 유발하는 요인이 된다.

⑤ 피치자세 또는 동력을 조정하기 전 속도계와 승강계 지시를 교차점검하지 못했다.

⑥ 상승 또는 강하로부터 수평으로 회복하는 조작에서 피치자세와 동력의 조화가 부적절했다. 상승 또는 강하에 진입할 때와 마찬가지로 피치자세와 동력 변화에 따른 비행기 조종의 일치가 따라 주어야 정확한 직선비행으로 회복할 수 있다.

⑦ 강하로부터 수평 조작에서 벌룬링(ballooning)은 동력이 수평비행 순항 세팅으로 증가하면서 승강타 전방압과 함께 강하 중인 자세를 유지하지 못했기 때문이다.

⑧ 수직속도 즉, 상승률 또는 강하율이 정확하게 확립되지 못했기 때문에 이를 수정하기 위한 수직속도의 변화는 다른 피치계기 및 경사계기의 변화를 발견하지 못하거나 늦게 발견하여 급조작을 유발하거나 수직속도를 쫓아가는 현상이 발생할 수 있다.

⑨ 수평전환을 위한 선도를 결정하기 위한 상승률 또는 강하율을 주시하지 못했다. 이는 원하는 고도를 초과하거나 도달하지 못하는 결과를 초래한다.

⑩ 수평전환이 완료됨에 따라 수평직선비행 지시에 가까워지고 있는 것을 인지하지 못했다. 조종사는 완전한 수평직선비행이 확립될 때까지 지속적인 교차점검을 유지해야 한다.

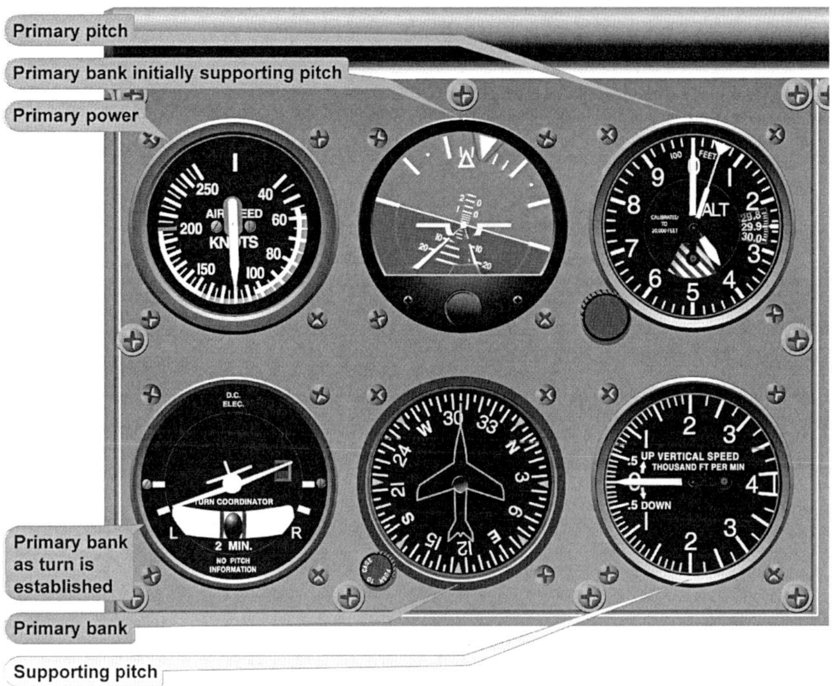

【그림2-17】 선회코디네이터는 표준율 선회를 지시하고 있다. 선회 중 수직양력분력의 변화가 발생할 수 있으므로 동력을 적절히 활용할 수 있어야 하고 기수방위의 변화를 관찰한다.

2.4 선 회

2.4.1 표준율 선회

표준율 선회(standard rate of turn)는 360°를 2분 또는 초당 3°로 선회하는 것이다. 표준율 선회가 초당 3°이기는 하지만 속도가 증가함에 따라 더 큰 경사각이 요구된다. 표준율 수평선회에 진입하기 위해서 선회 방향으로 도움날개와 러더 압을 균형조종으로 적용한다. 일반적으로 조종사는 상당히 큰 비율로 선회에 진입한다. 초기 선회 훈련 중 교차점검과 판독 비율은 조종압에 따라 달라져야 한다.

표준율 선회를 위한 대략적인 경사각은 진대기속도(TAS)의 15%를 활용한다. 이 양을 결정하기 위한 단순한 방법은 속도를 10으로 나누고 결과의 절반 값을 더한다. 예를 들어 100노트에서 약 15°(100 ÷ 10 = 10 + 5 = 15) 경사각이 적절하고, 120노트에서는 약 18° 정도의 경사각이 적당하다. 수평비행에서 선회에 진입하는 동안에는 [그림2-17]과 같이 자세계가 주요 경사계기가 되는 것은 선회 중 어떠한 고도의 변화를 원하지 않기 때문이다. 그러나 일단 표준율 선회가 확립된 후부터는 선회코디네이터가 주요 경사계기가 되고, 자세계는 보조 경사계기가 된다.

선회코디네이터가 정확한 표준율 선회를 지시할 때 자세계의 경사 지침에 나타난 경사각을 관찰한다. 선회 중에는 경사각의 증가와 함께 수직양력분력(vertical lift component)이 감소할 때 기수-숙여짐(nose-down) 현상이 발생할 수 있어 조종간 후방압으로 수직양력의 감소를 보상하여야 동고도를 유지할 수 있다. 선회 중 자세계는 경사와 피치자세를 동시에 지시해 주기 때문에 피치 및 경사의 변화를 감지하기 위해서 주의 깊게 관찰해야 한다. 수평선회 중 속도를 감소하기 위해서 동력을 감소시켰다면 양력 일부를 상실한 결과를 초래하여 동고도를 유지하기 위해서는 받음각(angle of attack)을 증가시키거나 경사각(angle of bank)을 감소시켜야 한다. 동시에 표준율 선회를 유지해야 하므로 감소한 속도에서 경사각의 감소는 동일한 선회율을 유지하는데 필수이다.

반대로 속도를 증가시켰을 때 과도한 양력으로 인하여 상승을 초래할 수 있으므로 받음각을 감소시키거나 경사각을 증가시켜야 동고도를 유지하면서 선회가 가능하다. 수평선회에서 속도 변화 중에도 동일한 고도를 유지해야 하므로 고도계가 주요 피치계기 그리고 자세계 및 승강계는 보조 피치계기가 된다. 이 같은 이유는 수평선회 중 동고도를 유지하기 위해서 받음각이 증가하여야 하는 것은 비행기가 경사질 때 수직양력분력이 감소하기 때문이다.

어느 속도에서나 선회율(rate of turn)은 수평양력분력에 달려 있다. 경사각을 증가시키거나 속도를 감소시키면 선회율은 증가하고 선회반경(radius of turn)은 감소한다. 반대로 속도를 증가시키면 선회율은 감소하고 선회반경은 증가한다. 일반적으로 수평선회 중 증가한 받음각은 유도항력(induced drag)의 증가를 초래하기 때문에 비행기 속도가 감소한다. 따라서 선회와 동시에 속도를 유지하기 위해서는 동력의 증가가 요구되는 것이다.

동력 변화 중에는 매니폴드압 게이지가 주요 동력계기가 될 것이고, 일단 원하는 속도에 도달하면 속도계를 주요 동력계기로 활용한다. [그림2-17]은 고도 4,000피트에서 120노트를 유지하면서 수평 표준율 선회를 보여주고 있다. 표준율 선회가 주목적이므로 선회에 진입하는 순간에는 자세계를 주요 경사계기로 활용하고 일단 경사각이 확립된 후에는 선회코디네이터를 주요 경사계기로 활용한다. 비행기가 경사져 있는 한 기수방위 지시계의 방위판은 계속해서 회전하기 때문에 보조 경사계기로 활용되어야 한다. 동고도를 유지해야 하므로 고도계가 주요 피치계기가 되어야 하고 승강계는 보조 피치계기로 활용한다. 선회 중 수직양력분력의 감소를 보상하기 위해서 조종간 후방압은 속도의 감소를 초래할 수 있으므로 동력을 증가시켜야 하고 속도계는 주요 동력계기로 활용한다.

2.4.2 지정 기수방위로 선회

비행기가 균형조종 경사(coordinated bank)를 유지하는 한 계속해서 선회한다. 선회정지는 기수방위에 도달하기 전에 시작되어야 한다. 선도량(amount of lead)은 선회율, 경사각 그리고 회복률(rate of recovery) 사이의 상호관계에 따라 달라질 수 있다. 기수방위 변화량이 작을 때 현재 선회하고 있는 각도의 수(number of degrees)를 초과하지 않는 경사각을 적용해야 하고, 경사에 적용된 경사각 수의 절반을 원하는 기수방위 선도에 적용한다. 예를 들어 10° 경사가 기수방위 변화에 적용되고 있다면 원하는 기수방위에 도달하기 전 5°에서 선회정지 조작을 시작한다. 그러나 기수방위 변화량이 클 때 선도량은 표준율 선회를 위한 경사각이 진대기속도(true airspeed)에 따라 다르게 적용되어야 한다. 조종사는 정밀한 선도 기술이 발달할 때까지 경사각의 절반을 선도 양으로 적용하는 훈련을 한다. 선회진입과 선회정지(roll-in and roll-out)의 비율

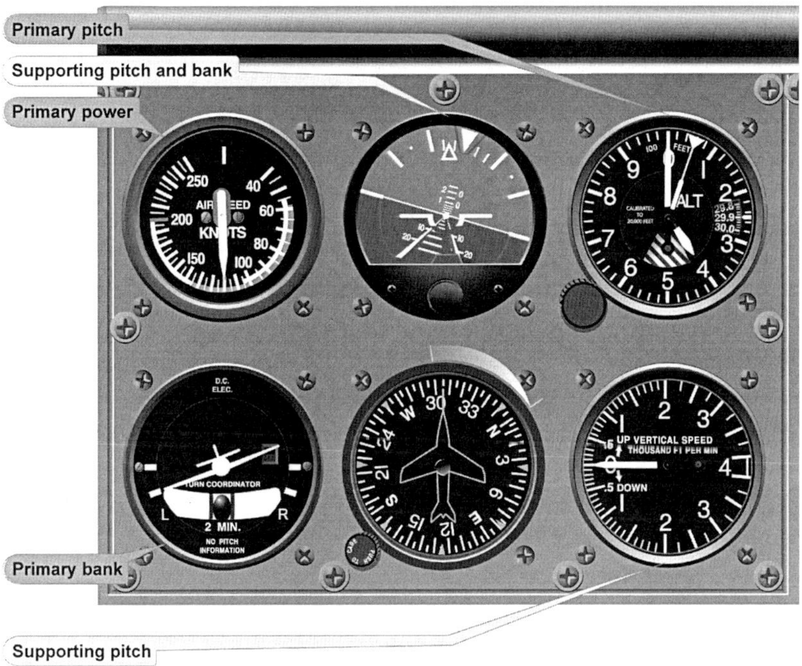

【그림2-18】 시간차 선회를 위해서 초시계를 이용한 표준율 선회에서 좌우측으로 지정된 시간에 정확한 기수방위를 지시하는 데 확인하는 절차가 필요하다. 동고도를 위한 고도계가 주요 피치, 선회코디네이터가 주요 경사 그리고 속도계가 주요 동력계기로 활용된다.

이 일치한다면 특정 선회정지 기술에 적합한 정밀한 선도량을 결정할 수 있다.

2.4.3 시간차 선회

시간차 선회(timed turns)는 초시계와 선회코디네이터를 이용해서 주어진 시간에 지정된 방위각을 선회하는 훈련이다. 예를 들어 표준율 선회에서 비행기는 45°를 15초에 선회하고 반표준율 선회(half standard rate turn)에서 45° 선회는 30초에 선회한다. 시간차 선회를 실시하기 전 선회코디네이터는 [그림2-18]과 같이 반드시 정확하게 지시할 수 있도록 보정되어야 한다.

선회코디네이터가 지시하는 것과 같이 표준율 선회를 확립하고 초시계가 주요시점(cardinal point; 12, 3, 6, 9)을 통과함에 따라 기수방위 지시계의 기수방위를 확인한다. 지시하고 있는 선회율을 일정하게 유지하는 동안 10초 간격으로 지시되는 기수방위 변화를 확인한다. 만약 비행기가 그 간격보다 30° 더 또는 작게 선회한다면 선회코디네이터의 모형항공기는 각각 더 크게 또는 더 작은 변위는 표준율 선회를 위해서 필수적이다.

각 방향에서 선회 중 선회코디네이터를 보정(calibrating)한 후 수정된 편차를 주시하고 적절하다면 전체 시간차 선회 중 이들을 적용한다. 지정된 기수방위로 선회에서 했던 것처럼 시간차 선회에서도 동일한 교차점검과 조종 기술을 적용한다. 다만 기수방위 지시계를 대신해서 시계가 사용된다는 점이 다르다. 선회코디네이터의 모형항공기가 주요 경사조종이고, 고도계는 주요 피치조종 그리고 ASI는 주요 동력조종으로 사용한다.

시계의 초침이 주요시점을 통과할 때 선회진입을 시작하고, 보정된 표준율 지시(작은 기수방위 변화는 반표준율 지시)에서 선회를 유지하고, 계산된 시간(초)이 경과하였을 때 선회정지를 시작한다. 만약 선회진입과 선회정지 비율이 동일하다면 진입과 회복 중 걸리는 시간은 시간 계산에 반영하지 않아도 된다. 완전 계기판(full instrument panel)으로 시간차 선회를 훈련하고 정밀한 선회를 위해서 기수방위 지시계를 확인한다. 만약 선회가 자이로 기수방위 지시계 없이 수행되었다면 정확한 선회를 확인하기 위해서 선회가 완료되었을 때 나침반 편차 오차를 고려하여 자기나침반(magnetic compass)을 사용한다.

2.4.4 나침반 선회

자기나침반(magnetic compass)은 다른 비행계기와 달리 외부 전원이 필요하지 않은 방위 지시계이다. 나침반의 작동 특성 때문에 고유의 오차가 존재하고 이 계기를 기수방위 지시계를 위한 참고로만 활용할 뿐만 아니라 비행기의 기수방위를 수정하고 유지하기 위한 선회 계기로 사용할 수 있다. 나침반의 기수방위로 선회할 때 또는 기수방위 지시계를 조정할 때 다음과 같은 특성을 기억하라.

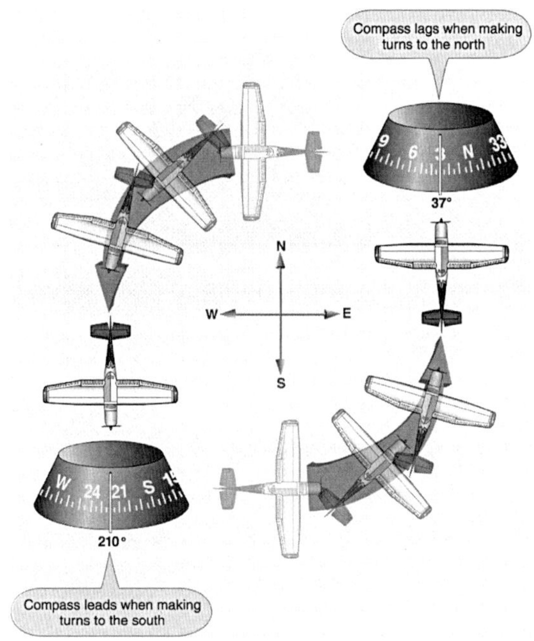

【그림2-19】 나침반 오차

① 만약 북쪽 기수방위이고 선회가 동쪽 또는 서쪽으로 시작했다면 나침반 지시는 지연 또는 반대 방향으로 선회를 지시한다.
② 만약 남쪽 기수방위이고 선회가 동쪽 또는 서쪽을 향해서 시작했다면 나침반 지시는 실제 선회보다 더 큰 양의 선회를 지시하는 선도(lead or precedes)가 나타난다.
③ 동쪽 또는 서쪽 기수방위일 때 나침반은 어느 방향으로 선회를 시작하든 정확하게 지시한다.
④ 만약 동쪽 또는 서쪽 기수방위에서 가속은 북쪽 선회 지시를 초래하고 감속은 남쪽 선회 지시를 초래한다.
⑤ 북쪽 또는 남쪽 기수방위를 유지하고 있을 때 급강하, 상승 또는 대기속도의 변화 중 오차는 발생하지 않는다. [그림2-19]

경사각이 15°~18°에서 선회가 북쪽 또는 남쪽 기수방위로 선회할 때 적용된 선도와 지연의 크기는 선회가 수행되고 있는 지역의 위도(latitude)에 따라 달라질 수 있고 대략 동등할 수 있다. [그림2-19]와 같이 북쪽 기수방위로 선회할 때 선회정지를 위한 선도는 위도 변화의 각도 수를 반드시 포함하고 선회로부터 회복에서 사용된 선도를 더해 주어야 한다. 남쪽 기수방위로 선회 중 나침반이 위도의 각도 수 만큼 남쪽을 통과할 때까지 선회를 유지하고 선회정지 선도를 빼주어야 한다. 예를 들어 위도 30°에서 동쪽에서 북쪽으로 선회할 때 나침반이 37°[(30° + 15°(경사각 절반)]를 지시할 때 선회정지를 시작한다. 동쪽에서 남쪽으로 선회할 때 나침반이 203°[180° + 30°(위도) - 15°(경사각 절반)]를 지시할 때 선회정지를 시작한다.

서쪽으로부터 유사한 선회를 할 때 선회정지를 시작하는 적절한 지점은 북쪽으로 선회할 때 323° 그리고 남쪽으로 선회할 때 157°가 된다. 북쪽으로부터 동쪽 또는 서쪽 기수방위로 선회할 때 선회정지는 동쪽 또는 서쪽 지시에 도달하기 전 대략 10°~12°에서 시작한다. 남쪽으로부터 동쪽 또는 서쪽 기수방위로 선회할 때 선회정지는 동쪽 또는 서쪽 지시에 도달하기 전 대략 5°에서 시작한다. 다른 기수방위로 선회할 때 선도와 지연을 적절히 보간(interpolated; *두 값의 중간값을 결정하는 것*)해야 한다. 급격한 자세와 대기속도의 변화는 나침반 카드의 불규칙한 이동을 초래하여 계기의 정확한 판독을 어렵게 한다. 나침반 선회의 숙련도는 나침반의 특성을 이해하고 유연한 조종 기술 그리고 정확한 경사-피치조종에 달려 있다.

2.4.5 급선회

급선회(steep turn)는 [그림2-20]과 같이 표준율 선회보다 큰 선회를 급선회로 고려된다. 정상 선회가 급선회로 발전할 수 있는 경사각이 얼마인지가 중요한 것이 아니라 정상 계기의 지시를 초과하는 경사자세로 비행기를 조종할 수 있는 능력을 훈련하는 것이 중요하다. 급선회는 기본 계기비행기술을 숙달시킬 뿐만 아니라 IMC 상태에서 예기치 못한 비정상적인 비행 자세를 유연하고 신속하게 그리고 자신 있게 조치를 할 수 있도록 한다. 비행기에 작용하는 공기역학적 힘들의 효과는 경사자세가 점차 커지게 하는 뚜렷한 변화가 발생한다.

급선회를 위한 진입 또는 회복 그리고 유지하는 기술은 얕은각 선회와 동일하게 적용되지만, 교차점검, 판독 그리고 조종 기술은 이들 변화에 비례해서 증가해야 한다. 수직양력분력이 크게 감소하므로 이 기동에서 통상 피치조종이 가장 어렵다. 피치자세의 증가를 즉각적으로 인지하고 수정하지 않는 한 수직양력상실은 고도계, 수직속도 그리고 대기속도 지시침을 급격하게 이동하게 할 것이다. 경사율이 빠르게 변화할수록 더욱 급격한 양력 변화가 발생한다. 만약 교차점검이 피치 변화를 위한 즉각적인 필요성을 빠르게 인지할 수 있다면 유연하고 지속적인 승강타 후방압은 일정한 고도를 유지하게 될 것이다. 그러나 경사 변화가 발생할 때 피치를 조절하지 않아 과도하게 깊어진 경사로 인한 과경사는 더 많은 양의 승강타 후방압이 필요하다.

수직양력의 상실과 날개하중이 증가하면서 기수를 들리게 하기 위한 추가 승강타 후방압은 선회를 더욱 강화시키는 결과를 초래할 수 있다. 조종사는 과경사(overbanking)와 낮은 피치자세(low pitch attitude)를 구분할 수 있어야 효과적 수정 조치를 취할 수 있다. 만약 고도계 지시침 또는 수직속도 지시침이 대기속도의 증가와 함께 급격한 하향 이동이 승강타 후방압을 적용했음에도 불구하고 관찰되었다면 비행기는 [그림2-20]과 같이 나선 급강하(diving spiral)하고 있다. 즉각 유연한 균형조종으로 도움날개와 러더 압을 적용하여 경사를 줄이고, 승강타 후방압을 유지하거나 약간 풀어주면서 자세계, 고도계 그리고 VSI의 교차점검을 증가시킨다.

【그림2-20】 깊은각 좌선회(위), 급나선 강하(아래)

만약 속도가 급격하게 증가한다면 동력을 줄여야 한다. 수직속도가 상향 추세일 때 고도계 지시침은 수직 양력이 증가하면서 점차 느리게 이동한다. 승강타 후방압이 기수를 들릴 수 있게 효과가 나타날 때 자세계에 나타난 경사자세를 유지하고 현재 경사에 적절한 기수-높음 자세(nose-high attitude)를 위해서 유연하게 승강타 조종압을 조절한다. 만약 피치조종이 급선회에 대한 진입이 계속 늦어진다면 즉시 수평직선비행으로 선회정지하고 문제점을 분석한다. 초기에 얕은각 선회를 훈련하면서 자세 변화와 필요한 조종 반응을 익힌 다음 더욱 신속하고 정확한 교차점검과 조종 기술이 발달함에 따라 경사를 증가시킨다. 경사와 항력이 증가함에 따라 일정한 속도를 유지하기 위해서 동력 증가가 필수적이다. 특정 경사자세에 적절한 동력 세팅을 익히고 수정 조작은 속도와 동력계기에 지나치게 집중하지 않고 수행될 수 있어야 한다.

급선회 훈련 중 어느 다른 기동과 같이 가장 중요한 과제를 먼저 훈련한다. 피치자세를 상대적으로 일정하게 유지하고, 더 많은 시간을 교차점검과 계기 판독에 할애한다. 급선회로부터 수평직선비행으로 회복(recovery) 중 승강타와 동력조종이 공기역학적 힘들의 변화에 비례하여 경사조종과 함께 잘 조화되어야 한다. 승강타 후방압은 반드시 완화되어야 하고 동력은 감소해야 한다. 지시침의 변위가 점차 커질수록 수정이 더욱 어렵고, 기본 계기비행기술에서 진입과 회복 비율이 숙련도 수준과 일치하지 않는 한 문제점을 분석하기가 더욱 어렵다.

2.4.6 상승과 강하 선회

상승과 강하 중 선회는 다양한 선회 기술과 함께 직선 상승과 강하 기술이 결합한 기동이다. 양력과 동력조종에 영향을 주는 공기역학적 요소들은 동력 세팅을 결정하는 데 고려되어야 하고, 교차점검과 판독의 빈도는 피치 변화와 함께 경사조종을 위해서 증가해야 한다. 상승 선회 또는 강하 선회는 상승이나 강하하면서 동시에 선회 기동이 수행되는 것으로 단일 기동할 때보다 더욱 주의력 분배가 요구된다. 실계기비행 상황에서 상승하면서 지정된 항로에 진입하기 위한 기동과 접근 과정에서 강하하면서 지정된 접근 코스에 진입하기 위한 강하 선회가 보편적으로 활용되는 기동의 한 형태이다. 이들 기동은 근본적으로 앞에서 학습한 직선 상승 또는 강하와 선회 기동의 혼합 형태이다. 초기 훈련 단계에서 상승 또는 강하에 진입한 후 선회에 진입하는 형태를 취할 수 있으나 훈련이 진행되면서 실질적으로 거의 동시에 수행될 수 있도록 훈련되어야 한다.

예를 들어 좌상승 선회의 경우 동력을 증가시키면서 동시에 조종간 좌후방압을 적용하여 자세계의 2폭 상승 자세와 선회코디네이터(선회경사지시계)의 표준율 선회가 확립될 수 있도록 조종해야 한다. 고도는 계속 증가하고 있고 기수방위 역시 계속 변하고 있어 지정된 고도 또는 기수방위에 어느 정도 접근할 때까지 이들 계기는 교차점검을 하지 않아도 된다. 상황에 따라 지정된 고도가 먼저 도달할 수 있고, 때로는 기수방위가 먼저 도달할 수 있으며 거의 동시에 도달할 수도 있을 것이다. 고도가 먼저 도달했다면 경사자세를 유지하면서 조종간을 앞으로 밀어 수평자세로 전환하고, 기수방위가 먼저 도달했다면 경사를 풀어 적절한 선도를 적용하여 지정된 기수방위에서 선회정지 조작한다. 이때 수평전환을 위해서 기수를 숙였다면 속도는 증가할 것이고, 경사자세로부터 선회정지 조작할 때 수직양력분력이 증가하여 추가로 피치자세의 변화가 필요할 수 있음에 주의하여야 한다.

2.4.7 선회 중 속도 변화

선회 중 속도의 변화는 기본 계기기술에서 숙련도를 향상시키는 데 효과적인 기동이다. 모든 조종 분력(components of control)들이 동시 변화가 포함되어 있기 때문에 정확한 실행은 유연

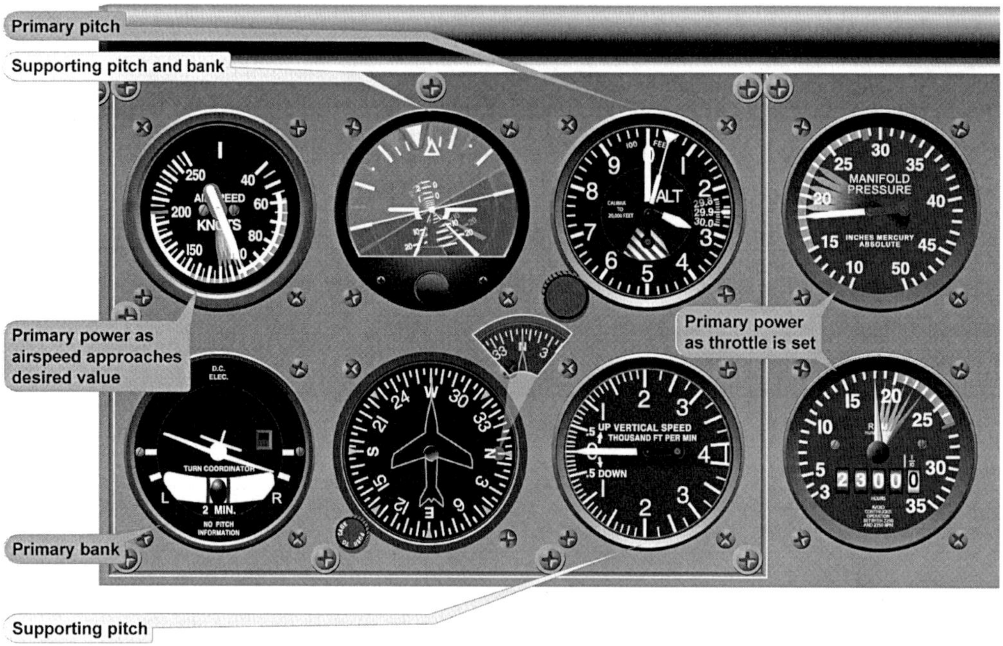

【그림2-21】 선회 중 속도 변화. 선회하면서 동력을 줄였기 때문에 속도가 감소하고 있다. 표준율 선회를 유지해야 하고 동시에 동고도를 유지할 수 있어야 한다.

한 조종과 함께 신속한 교차점검과 판독이 요구된다. 또한, 조작과 기동의 숙련도는 더욱 복잡한 기동이 포함된 자세와 동력 변화 중 계기에 대한 신뢰(confidence)를 높여 줄 것이다. 피치와 동력조종 기술은 수평직선비행에서 속도 변화 중 사용된 것과 동일하다. 주어진 선회율을 위한 필요한 경사각은 선회 속도에 비례한다.

선회는 표준율로 실행되기 때문에 경사각은 반드시 일정한 선회율을 유지하기 위해서 대기속도 변화에 비례(direct proportion)하여 변해야 한다. 감속 중이라면 고도와 표준율 선회를 유지하기 위해서 경사각을 줄이고 피치자세를 증가시켜야 한다. 고도계와 선회코디네이터 지시는 전체 선회 과정에서 일정해야 한다. 고도계는 주요 피치조종 그리고 선회코디네이터의 모형항공기는 주요 경사조종이 된다. 매니폴드압 게이지 또는 태코미터는 속도가 변하는 동안 주요 동력조종이 된다. 대기속도가 새로운 지시에 가까워지면서 ASI는 주요 동력조종이 된다. 선회하면서 속도의 변화는 다음과 같이 두 방법이 권장되고 있다. [그림2-21]

첫째, 선회가 확립된 후 대기속도를 변화시키는 것이다.
둘째, 선회진입과 동시에 대기속도를 변화시키는 것이다.

첫 번째 방법이 쉽지만, 교차점검은 동력이 감소함에 따라 증가해야 한다. 비행기가 감속됨에 따라 필요한 피치 변화를 위해서 고도계와 VSI를 확인하고 경사 변화의 필요를 판단하기 위해서 경사계기를 확인해야 한다. 만약 선회코디네이터의 모형항공기가 원하는 지시로부터 벗어났다면 경사를 조절한다. 고도를 유지하기 위해서 피치자세를 조절한다. 원하는 대기속도에 가까워졌을 때 피치자세는 주요 동력조종이 되고 매니폴드압 게이지(태코미터)는 원하는 대기속도를 유지하기 위해서 조절되어야 한다. 트림은 전체 선회 과정에서 조종압을 완화하는 데 중요한 역할을 한다. 조종 기술이 매우 유연해질 때까지 자세계의 빈번한 교차점검은 과조종을 방지하고 대기속도 변화에 적절한 대략적인 경사각을 제공하는 데 필수적이다.

2.4.8 공통 실수

선회는 비행기 동체의 경사(bank)로 수행된다. 경사각은 정도에 따라 차이는 있지만, 상대적으로 수직양력분력의 감소를 의미하기 때문에 수평비행을 위한 양력의 보상이 따라야 한다는 점 그리고 정확한 비행 방향을 유지하기 위한 기수방위(heading)를 선정하고 이를 유지해야 한다는 점 그리고 공중에 존재하는 바람은 일정한 기수방위를 유지한 직선비행을 어렵게 하는 요인들이다. 아래의 사항들은 선회의 진입과 회복 그리고 지정된 기수방위로의 선회정지 또는 나침반(compass)을 이용한 선회에서 범할 수 있는 일반적인 실수들을 열거한 것이다.

(1) 피 치

① 선회진입과 회복 중 경사조종에 너무 몰입했다. 만약 선회진입에 5초가 요구된다면 경사 압이 시작될 때 피치계기를 확인한다. 만약 경사 조종압과 경사율 변화가 일치한다면 자세 변화를 위해서 요구되는 시간 감각(sense of the time)이 발달하였다. 기동 중 한 번에 한 요소 대신에 전체 자세를 조종할 수 있도록 경사와 마찬가지로 피치, 동력 그리고 트림을 확인한다.

② 진입 중 고도 상실을 초래할 수 있는 수직양력분력이 변함에 따라 피치 변화의 필요성을 이해하지 못했거나 잠시 망각하였다.

③ 조기에 피치자세를 변경하였다. 이것은 교차점검이 늦었거나 진입률이 너무 빨랐기 때문이다. 이 같은 실수는 무의식적으로 승강타 후방압을 조기에 적용함으로써 선회진입 중 발생한다.

④ 수정조치가 과조종되었다. 이 실수는 통상 이전 실수와 함께 발생한다.

⑤ 선회정지로 회복 중 고도 상승을 초래하는 수직양력분력이 증가함에 따라 피치자세 조절에 실패했다.

⑥ 선회진입 중 그리고 후속 선회 회복 중 트림 조절에 실패했다.

⑦ 선회정지 후 수평직선비행을 유지하기 위한 적절한 교차점검을 하지 못했다. 이 실수는 통상 완벽하게 실행된 선회 다음에 발생한다.

⑧ 진입과 회복에서 불규칙한 경사율 변화는 양력 변화에 일치하는 적절한 기술과 함께 피치계기의 교차점검을 실패했을 때 발생한다.

(2) 경 사

① 선회진입할 때 과도한 경사각으로 과조종했다. 피치, 속도 그리고 트림 변위가 커지면서 기수방위를 초과하거나 미도착할 수 있다.

② 시선이 한 계기에 고정되었다. 예를 들어 90° 선회한다고 했을 때 표준율 선회가 확립된 후

약 20초 정도 기수방위 지시계는 교차점검을 하지 않아도 되는 것은 초당 3°의 선회는 그 시간이 경과할 때까지 선도점에 도달하지 않을 것이기 때문이다. 선택적으로 교차점검을 하고 적절한 시기에 확인이 필요한 계기들만 확인한다.

③ 선회로부터 회복한 다음 수평바의 세차를 확인하지 못했다. 만약 자세계가 수평 상태이고 기수방위 지시계가 방위 변화를 보인다면 여전히 선회하고 있다. 만약 볼이 중앙에 있다면 자세 자이로는 세차하였다. 만약 볼이 중앙이 아니라면 비행기는 슬립핑 또는 스키딩 선회 중일 수 있다. 러더 압으로 볼을 중앙에 위치시키고 자세계와 기수방위 지시계를 확인하여 계속 선회 중이라면 기수방위 변화를 중지시키고 트림을 다시 조절한다.

④ 기수방위 변화의 양을 위한 정확한 경사각을 적용하지 못했다. 기수방위 변화가 10° 수정하기 위해서 경사 20°는 통상 기수방위를 초과할 수 있다. 기수방위 변화의 양에 적절한 경사자세를 적용한다.

⑤ 선회하고자 하는 기수방위를 기억하지 못했다. 이 실수는 선회를 너무 서두른 상황에서 발생할 수 있다.

⑥ 기수방위를 잘못 판독했거나 나침반에 있는 지점의 위치를 혼동하여 틀린 방향으로 선회했다. 특별한 이유가 있지 않은 한 선회는 주어진 기수방위에 도달하는 데 최단거리 방향으로 실행해야 한다. 나침반 방위판을 연구하고 주요 8방위의 위치를 시각화하는 데 간단한 암산 방법이 사용되고 있다. 예를 들어 기수방위 305°에서 기수방위 110°까지 선회한다고 가정했을 때 최단거리 선회가 왼쪽 혹은 오른쪽인지 판단해야 한다. 305에서 200을 빼고 다시 20을 더하면 125가 된다. 여기서 305°의 역방위는 125°가 된다. 따라서 우선회하는 것이 최단거리가 된다. 기수방위각 180° 이하에서는 200을 더하고 20을 빼주면 된다.

⑦ 경사 정보를 위한 계기를 판독할 때 선회코디네이터의 볼을 확인하지 못했다. 만약 롤 비율이 "0"까지 감소했다면 선회코디네이터의 모형항공기는 오직 선회율과 방향만을 지시한다. 볼이 중앙에 있지 않은 한 선회가 경사진 자세로부터 이루어진 것으로 가정해서는 안 된다.

(3) 동 력

① 피치 변화가 이루어지는 동안 ASI의 교차점검을 하지 못했다.

② 동력조종이 불규칙했다. 이것은 부정확한 스로틀 프릭션(throttle friction) 조절, 부정확한 스로틀 세팅, 속도 지시를 쫓아가는 조작, 급격한 또는 과도한 피치와 경사 변화 또는 동력 조절의 효과를 주시하기 위한 속도의 재확인을 하지 못했을 때 발생한다.

③ 교차점검이 느려 피치와 경사 변화와 함께 스로틀 조정이 상호 조화되지 못했다. 또는 선회와 관련된 공기역학적 요소들을 이해하지 못했다.

(4) 트 림

① 교차점검과 판독이 느려 트림 변화의 필요성을 인식하지 못했다. 예를 들어 교차점검에 비해서 너무 빠른 비율로 선회진입은 긴장된 조종과 함께 교차점검과 판독에서 혼동을 초래할 수 있다.

② 트림과 자세/동력 변화의 상관관계를 이해하지 못했다.

③ 수직속도 지시계를 쫓아가고 있다. 긴장은 과조종을 초래할 수 있고 트림을 조절하기 위한 조종압의 감지를 방해한다.
④ 동력조종 다음 트림을 조절하지 못했다.

(5) 나침반 선회 중 실수
① 선도와 지연을 이해하지 못했거나 계산이 정확하지 못했다.
② 선회정지 중 나침반에 시선이 고정되었다. 비행기가 등가속 수평직선 비행할 때까지 지시된 기수방위를 판독하는 것이 필수적이다. 따라서 선회정지 후 선회의 정확성을 확인하기 전에 수평직선비행을 위한 교차점검을 해야 한다.

(6) 상승과 강하 선회 중 실수
① 선회율과 상승률 또는 강하율을 유지하지 못했다. 이는 두 기동이 동시에 수행되어야 하지만 주의력 분배의 부족으로 어느 한 기동 또는 계기에 집중함으로써 발생할 수 있는 실수이다.
② 강하 선회 또는 상승 선회할 때 적절한 동력 적용이 수행되지 못했다. 상승 선회는 동력의 증가와 함께 수행되어야 원하는 상승률을 유지할 수 있을 것이고, 강하 선회할 때는 동력의 감소와 함께 수행되어야 적절한 강하율을 유지할 수 있다.
③ 선회진입과 회복률이 일정하지 못했다.
④ 동력의 적용이 부적절했다. 이는 지정된 상승률 또는 강하율을 유지할 수 없고 반복된 동력의 증감은 선회율의 변화를 초래할 수 있다.
⑤ 정확한 러더 페달을 적용하지 못했다. 동력 변화와 함께 또는 적절한 러더 페달 압을 적용하지 못했을 때 비행기는 스키드 또는 슬립 선회를 하게 될 것이기 때문에 기동 중 볼이 중앙에 위치할 수 있도록 조종해야 한다.

2.5 실속 인지 훈련

실속(stall)에 대한 이론적 내용은 충분히 학습된 바와 같이 과도한 받음각에서 발생한다. 시정이 매우 나쁘거나 구름 속에서의 비행과 같은 계기비행 상황에서 언제든지 실속이 발생할 수 있으므로 이를 인지하는 훈련과 회복(recovery)하는 훈련이 동시에 진행될 것이다. 실속 훈련은 반드시 직선비행과 완선회에서만 실시되어야 한다. 실속 인지 훈련의 목적은 실속 발생을 신속하게 인지하고 즉시 회복할 수 있는 능력을 갖추는 데 있다. 시계비행과 마찬가지로 실속 훈련할 때 충분한 안전 고도의 확보, 주변 비행기가 없는 공역, 기상상태 등을 고려하여 안전을 최우선으로 고려해야 한다. 다양한 비행형상에서 실속 회복에 대한 훈련은 예기치 못한 상황에서 비행기를 조종할 수 있는 조종사의 능력에서 자신감을 갖도록 한다.

(1) 이륙 중 실속
시계비행에서 이륙할 때 발생할 수 있는 실속 상황을 가정한 훈련으로 해당 비행기의 부양

(lift-off) 속도에서 직선비행으로 비행 중 스로틀을 전진시켜 이륙 동력(takeoff power)에 맞추고 동시에 조종간(승강타)을 뒤로 당겨 받음각을 증가시킨다. 동력을 최대로 증가시킴에 따라 좌요잉(left yawing)과 기수-들림(nose-up) 현상이 발생할 것이고 선회코디네이터의 볼이 중앙에서 벗어나지 않도록 주의하면서 직선 상승 중 실속 징후(실속 경고 장치)가 발생하는지 주의를 집중한다. 실속 발생을 인지한 조종훈련생은 즉시 조종간(승강타)을 앞으로 밀어 날개 받음각을 우선 감소시키고 동시에 동력을 줄여 최소의 고도 상실로 회복될 수 있도록 조종한다.

(2) 착륙 중 실속

접근 및 착륙 단계에서 발생할 수 있는 실속을 가정한 훈련으로 접근 속도 또는 착륙 속도에서 시작한다. 안전 고도에 도달하여 동력을 줄이면서 조종간(승강타)을 몸쪽으로 당겨 고도 상실을 방지하고 원하는 속도까지 감속한다. 접근 또는 착륙 속도에서 조종간(승강타)을 최대한 당겨 실속이 발생하도록 조작한다. 실속 징후를 인지하자마자 즉시 조종간(승강타)을 앞으로 밀어서 받음각을 감소시키고 동시에 동력을 최대로 적용하여 실속으로부터 회복한다. 계기비행 상황에서는 어느 유형의 실속이든 시계가 매우 제한되기 때문에 전반적으로 급조작을 삼가고 유연하게 조작될 수 있도록 훈련되어야 한다. 특히 실속 중 어느 한 방향으로 심한 요잉(yawing)의 허용은 스핀(spin)으로 발전될 수 있다는 점에 유의하여야 한다.

2.6 비정상자세와 회복

비정상자세(abnormal attitude)는 정상적인 계기비행에서 요구되지 않는 비행기 자세이다. 비정상자세는 난기류, 공간정위상실(spiral disorientation), 계기 고장, 혼동, 조종실 업무 몰두, 부주의한 교차점검, 계기판독 실수 또는 기량 부족 등 다양한 원인에 의해서 초래될 수 있다. 비정상자세는 훈련 중을 예외로 하고 계기비행 중 의도된 기동이 아니므로 경험이 부족한 조종사는 예기치 못한 비정상 비행 자세에서 현명하고 침착하게 대응하기보다 본능적으로 행동하는 경향이 있다. 이 같은 성향은 과도한 속도 또는 저고도에서 위험을 초래할 수 있고 때로는 위험한 난기류 상황에서조차 급격한 힘으로 반응하려 하지만, 훈련을 통해서 비정상자세로부터 신속하고 안전한 회복을 위한 기술을 익힐 수 있다. 교차점검 중 비정상자세를 감지했을 때 당면한 문제는 비행기가 왜 비정상자세가 되었는가 하는 것이 아니고 가능한 한 빨리 수평직선비행으로 어떻게 회복할 수 있느냐 하는 것이다.

2.6.1 비정상자세 인지와 회복 기술

일반적으로 기본 계기비행 기동과 관련된 것 이상으로 계기 지시침의 이동률이 감지되었을 때 비정상자세를 가정하고 계기 오차 또는 계기 결함을 확인하기 위해서 교차점검을 강화한다. 고기수 자세(nose-high attitude)는 즉각적으로 인지할 수 있는 자세계의 지시와 함께 고도계, 승강계 그리고 속도계 지시침의 방향과 비율을 관찰해서 감지할 수 있다. 조종사는 완만한 비정상자세(moderate unusual attitudes)에서 자세계를 활용하여 수평비행 지시를 확립하는 것으로 회복이 가능하다. 그러나 만약 자세계가 뒤집히는 종류(spillable type)라면 자세계의 뒤집힘 한계(upset limits)를 초과할 수 있고 또는 기계적 결함(mechanical malfunction)으로 인하여 작동되지 않을 수 있으므로 조종사는 이 계기에만 의존해서는 안 된다. 만약 뒤집힘 특성이 없는 계기이고(nonspillable-type) 정상적으로 작동되고 있다면 피치와 경사에서 약 5°까지 오차가 발생할 수 있고 그 지시는 극단적 자세에서 판독하기가 매우 어렵다. 비정상자세를 인지하자마자 POH/AFM에서 서술된 권장 회복 절차에 따라 회복 조작을 시작한다. 만약 POH/AFM에 권장 절차가 없다면 회복은 ASI, 고도계, VSI 그리고 선회코디네이터를 참고하여 시작되어야 한다.

2.6.2 비정상자세의 종류

실제 계기비행 자격을 위한 평가에서도 이 같은 비정상자세로부터의 회복 능력을 평가받게 된다. 교관조종사 또는 평가관은 조종간을 인계받은 후 당신에게 고개를 숙인 채 눈을 감으라고 지시한다. 그동안 교관조종사는 비행기 자세를 비정상적으로 조작해 놓은 상태에서 당신에게 고개를 들고 눈을 뜨게 한 후 비행기 조종을 당신에게 인계한다. 비행기 조종을 인계받은 조종사는 즉시 상황을 인지하고 비정상자세로부터 회복할 수 있어야 한다. 일반적인 비정상자세는 다음과 같다.

(1) 고기수 자세(nose-high attitude)

속도가 감소하고 있거나 원하는 속도 이하라면 동력을 증가시키면서 기수를 낮추어 실속을 방지하기 위해서 승강타 전방압을 적용한다. 선회코디네이터의 모형항공기와 볼 중앙을 위해서 균형조종으로 도움날개와 러더 압을 적용하여 경사를 수정한다. 조종 적용은 거의 동시에 이루어져야 하지만 아래에서 언급한 순서에 따른다. 수평 피치자세는 ASI와 고도계 지시침이 반대로 그리고 안정되었을 때이다. 직선 균형조종 비행은 선회코디네이터의 모형항공기가 수평이고 볼이 중앙에 있을 때이다.

[그림2-22, 위]는 오른쪽으로 급경사지면서 기수가 급격히 들린 자세로 자세계의 경사각이 30°를 초과하면서 급격한 기수들림 자세를 지시한다. 기수의 급상승은 급격한 속도 감소와 고도 증가를 지시하고 있다. 조종간을 인계받는 순간 신체적 감각에 의존하기보다 우선 자세계와 계기판 전체를 교차점검하여 정확한 계기 판독을 해야 한다. 일단 비행기의 상황을 판단한 후 즉각적인 회복 조작에 들어간다. 이 같은 고기수 자세가 발생했을 때 다음과 같이 조치한다.

① 동력을 증가시키고 실속을 방지하기 위해서
② 조종간을 밀어서 기수를 낮춘다. 다음,
③ 경사를 회복하는 절차로 회복한다.

위의 회복 절차가 거의 동시에 적용되어야 효과적으로 회복할 수 있다. 속도를 회복하고 고도 증가량이 둔화되면서 경사를 회복했다면 이때부터 자세계의 모형항공기와 수평지시기의 관계를 활용하여 수평직선비행으로 회복하고 선회코디네이터의 볼을 중앙에 위치시킴으로써 효과적인 회복 조작이 된다.

[그림2-22]를 다시 보면 비행기 자세가 오른쪽으로 심하게 경사진 상태에서 급상승을 지시하고 있다. 속도계는 거의 실속속도(stall speed)에 다다르고 있으며 고도계와 승강계는 급상승을 지시하면서 오른쪽으로 급선회(steep turn)를 하고 있다. 상황을 인지한 조종사는 즉각적으로 동력을 증가시키면서 조종간 전방압을 적용하면 속도계, 고도계, 승강계의 지시침 이동이 잠시 정지된 후 다시 반대 방향으로 이동하는 것을 관찰할 수 있을 것이다. 동시에 경사자세를 수정하기 위해서 자세계를 확인하면서 조종간을 왼쪽으로 적용하여 경사자세를 수정한다. 일단 비행기의 비정상자세를 우선 수정한 후 세밀한 자세 수정을 한다. 동력, 피치, 경사조종은 다음과 같이 요약할 수 있다.

① 동력조종 - 속도 증가
② 피치조종 - 조종간 전방압으로 실속 방지, 수평자세 회복
③ 경사조종 - 조종간 적용과 러더페달 압으로 직선비행 회복

비정상자세에서도 계기의 기능고장(malfunction)이 발생할 수 있으며 더욱 중요한 것은 이를 신속하게 판단할 수 있는 능력이다. 앞에서 연구한 바와 같이 다른 계기와 교차점검으로 계기의 상태를 판단할 수 있어야 한다. 예를 들어 비정상적으로 기수가 높은 자세에서 자세계의 고장이 의심스러울 때 동력을 증가시키고 조종간 전방압은 속도계와 고도계의 지시침은 반대로 움직이게 될 것이고, 승강계 지시침이 "0"으로 이동하게 될 것이다. 경사자세는 선회코디네이터를 이용하여 모형항공기의 날개가 수평이 되도록 조작한다.

(2) 저기수 자세(nose-low attitude)

과도하게 기수가 낮은 자세가 발생하면 급격한 속도의 증가와 고도계 및 승강계 지시침이 급격한 강하를 지시한다. [그림2-22, 아래]는 왼쪽 경사와 더불어 과도한 기수-숙여짐 자세를 나타내고 있다. 이를 인지한 조종사는 즉시 동력을 감소하여 속도 증가를 둔화시키고 과도한 고도 상실(loss of altitude)을 방지한다. 다음, 자세계와 선회코디네이터를 참고하여 조종간으로 경사각을 회복한다. 이때 조종간과 러더페달 압이 적절히 조화되어야 한다. 최종적으로 조종간 후방압을 적용하여 수평비행자세로 회복한다.

비정상적인 저기수 자세가 발생했을 때 본능적으로 조종간 후방압을 먼저 적용하는 경우가 있는 데 이는 급경사 급강하 선회(steep diving turn)를 유발할 수 있으므로 주의해야 한다. 최초 수정 조종을 적용한 후 과경사경향(overbanking tendency)을 방지하기 위해서 지속적이고 신속한 교차점검을 실시해야 한다. 고도계와 속도계의 지시침 변화율(rate of movement)이 감소함에 따라 자세는 수평으로 회복되고 있다. 지시침의 움직임이 정지되고 반대 방향으로 이동하기 시작하면 비행기는 이미 수평자세를 초과하고 있다. 따라서 속도계, 고도계, 선회코디네이터가 점차 안정됨에 따라 자세계와 상호 조화시켜 자세를 유지한다. 자세계 그리고 선회코디네이터는

【그림2 - 22】 비정상 기수높음 자세(위), 그리고 비정상 기수낮음 자세(아래). 아래 비행기는 속도계 지시침이 초과금지속도(V_{NE})를 향하여 급격히 증가하고 있고 고도계 또는 승강계의 지시침은 급강하를 지시하고 있다. 동시에 자세계 및 선회 코디네이터는 왼쪽으로 급경사진 상태이다.

경사자세를 결정하기 위해서 참고해야 하고, 정확한 조종간과 러더페달 압이 적용되어야 하며 볼(ball) 역시 중앙에 위치해야 한다. 러더페달 압이 부적절하게 적용되면 비행기는 슬립(slip) 혹은 스키드(skid) 현상이 나타나고 회복을 지연시킨다. 조종사는 상황을 인지하고 즉각 과도한 속도의 증가로 인한 치명적인 고속 상황과 하중계수(load factor)의 초과를 방지하고, 동시에 과도한 고도 상실을 방지하기 위해서 동력을 우선 감소시킨다. 속도의 증가 추세와 고도의 급강하 추세가 일단 정지되거나 반대 방향으로 움직이게 될 것이고, 승강계는 더 이상의 강하율이 증가하지 않고 지시침이 "0"을 향하여 움직이는 것을 관찰하게 될 것이다. 동시에 자세계 및 선회코디네이터의 모형항공기를 참고하여 경사를 회복(recovery)한다. 일단 과도한 급강하 자세를 수정한 후 정확한 수평직선비행 자세로 회복하기 위한 정밀 수정을 한다.

[공통 실수]

초기 자세계기비행 훈련 과정에서 조종간의 불일치 또는 앞에서 언급한 어느 한 계기에 시선 고착이나 일부 계기에만 주의를 집중하는 편중된 교차점검으로 인하여 계기 판독의 실수를 범하거나 이를 수정하기 위한 수정량이 적절하지 못했을 때 주로 발생한다는 것을 경험하였을 것이다. 특히 훈련 초기 단계에 계기의 움직임을 발견했을 때 이를 수정하기 위한 최초 수정 시기가 늦고 양이 크게 적용되는 경향 때문에 이후에 연속되는 부적절한 시기로 인하여 수정량이 점점 커지는 결과를 초래한다. 이로 인해서 비정상적인 자세를 스스로 유발하는 경우가 대부분이다. 또한, 경험이 부족하여 악기상에 조우하였거나 무의식적으로 구름 속에 진입하는 것과 같은 상황에서 당황했을 때 조종 양이 상대적으로 거칠고 커질 수 있으므로 이 같은 상황에서도 언제든지 비정상적인 자세를 유발할 수 있다. 아래의 사항은 비정상적인 자세에 놓였을 때 이를 회복하는 과정에서 일반적으로 범할 수 있는 실수들이다.

① 비행기의 트림이 부적절하게 조절되었다. 적절한 트림 조절을 하지 않아 힘으로 조종압을 유지하고 있을 때 무의식적으로 이 압을 풀었을 때 비행기는 즉각적으로 비정상자세가 유발될 수 있다.

② 조종실은 항상 정리 정돈된 상태를 유지해야 한다. 비행 중 각종 차트, 비행계획서, 비행 계산기 등이 잘 정돈되지 못했을 때 이를 찾기 위해서 계기에 주의를 집중할 수 없고 이 역시 비정상자세를 유발할 수 있다.

③ 교차점검이 늦거나 시선이 특정 계기에 고정되어 있다. 이는 계기의 미동에 대한 발견이 늦는 것으로 시기가 늦을수록 급조작을 유발할 수 있고, 일부 계기에 시선이 고정되는 것은 다른 계기의 변화를 발견하지 못함으로써 복합적인 자세의 변화는 쉽게 비정상자세를 유발할 수 있다.

④ 계기의 지시보다 신체적 감각에 의한 비정상자세를 회복하려 한다. 외부 시각 참조물이 차단된 상황에서 신체에 작용하는 공간적 감각은 비정상적으로 작용하여 비행착각을 유발할 수 있기 때문에 계기의 신뢰가 우선되어야 한다.

⑤ 기본 자세계기비행 기술이 완전히 숙달되지 않았다. 이 비행기술에 관련된 모든 실수가 완전히 숙달되지 않는 한 비정상자세 회복 중에 더욱 악화될 수 있다. 따라서 단일 비정상자세(예,

고기수 자세)로부터 회복하는 훈련을 실시한 후 복합된 비정상자세(예, 고기수 급상승 선회)의 회복 훈련으로 진행한다.

2.7 계기이륙

계기이륙(instrument takeoff)은 야간 또는 악천후 등으로 시정이 매우 불량한 상태에서 계기비행으로 출발할 수 있는 능력과 자신감을 갖게 될 것이다. 시계비행에서 계기비행으로 갑작스러운 전환은 심각한 공간정위상실과 조종 문제를 야기할 수 있다. 계기이륙 기술은 기종에 따라 다르지만, 여기에서 서술하는 계기이륙 기술은 단발과 다발 그리고 착륙장치의 유형과 관계없이 일반 기술에 관한 내용이고 특정 비행기에 관한 POH/AFM을 우선 참고해야 한다.

(1) 이륙 준비

① 비행기를 활주로 중앙선에 직선으로 정렬시킨다. 앞바퀴조향 비행기의 경우 앞바퀴를 활주로 중앙선과 일직선이 되도록 하고, 뒷바퀴조향의 경우는 뒷바퀴가 활주로 중앙선과 일직선이 되었는지를 반드시 확인해야 한다. 이는 조향 바퀴가 활주로 중앙선과 정렬되지 않았을 때 초기 가속 단계에서 방향 유지가 어려울 수 있기 때문이다.

② 동력을 적용함에 따라 비행기가 무의식적으로 움직이지 않도록 브레이크를 견고히 밟고 있어야 한다.

③ 기수방위를 정렬시킨다. 이륙활주 중 정확한 방향을 유지하는 것이 계기이륙의 성패를 결정할 만큼 방향 유지가 매우 중요하다. 기수방위 지시계의 케이징 풀림 상태 그리고 활주로 방위와 일치하는지 확인하고 가급적 5° 눈금에 조절한다. 이는 이륙활주 중 기수방위의 변화를 발견하기가 더 쉽기 때문이다. 계기의 점검은 활주로까지 이동하는 동안에 충분히 이루어졌을 것으로 판단되나 이륙 전에 다시 한번 기수방위 지시계의 상태를 점검한다.

④ 스로틀을 단계적으로 유연하게 적용한다. 모든 이륙 준비가 완료되었으면 브레이크를 견고히 밟고 있는 상태에서 스로틀을 전진시켜 RPM을 증가시킨다. 이때 RPM의 증가는 프로펠러 나 선후류의 증가를 초래하여 방향타(rudder)에 충분한 힘을 받을 정도까지 증가시킨다. 모든 준비가 되었으면 서서히 브레이크 압을 풀어 비행기의 이동을 느끼면서 스로틀을 유연하고 지속적으로 이륙 동력(takeoff power)까지 전진시킨다.

(2) 이륙활주

비행기의 이동이 가속되는 것을 확인하면서 기수방위 지시계를 주시하여 최초 지정된 방위를 유지할 수 있어야 한다. 기수방위는 앞서 언급한 것과 같이 러더 페달로 조종해야 한다. 이륙활주가 시작되어 가속하는 과정에서 브레이크의 사용은 이륙중지와 같은 상황을 제외하고 사용해서는 안 된다. 제한된 활주로 폭에서 이륙활주 속도가 빠를수록 제동장치에 의한 어느 한 방향으로 급회전(swirling) 현상은 이륙 사고를 초래할 수 있기 때문이다. 다발엔진 비행기라면 엔진 스로틀을 조절하여 방향을 유지할 수 있을 것이다. 이륙활주 중 러더를 이용해서 기수방위 지시계 상의 기수방위를 일정하게 유지한다. 다발엔진 프로펠러 구동 비행기 역시 차등 스로틀을 적용하여 방향을 유지한다. 브레이크는 최후의 수단인 경우를 제외하고 사용하지 마라. 과조종과 이륙활주를 연장시키는 결과를 초래할 수 있다. 일단 브레이크를 놓았다면 약간의 기수방위 변화라 할지라도 초기에 즉각 수정되어야 한다. 비행기가 가속됨에 따라 기수방위와 속도계(ASI)를 빠르게 교차점검한다.

(3) 부 양

비행기가 점진적으로 가속됨에 따라 기수방위 지시계에 집중하면서 속도계를 순간순간 교차점검하여 속도의 증가를 확인한다. 자세계는 증속하는 순간 기수들림 현상이 발생할 수 있으나 이는 세차에 의한 현상이다. 속도가 정상 이륙 속도보다 약 15~25노트 낮은 속도에 도달했을 때 승강타를 약간 뒤로 당겨 자세계에 원하는 이륙 자세가 형성될 수 있도록 조작한다. 이때 일반 경비행기의 자세계 지시는 약 2폭 상승 자세가 적당하다. 현재의 자세를 계속 유지할 수 있도록 노력하고 지속적으로 증속하여 부양 속도에 도달하면 동체가 지면으로부터 부양되고 있음을 감지할 수 있을 것이다.

기수방위 지시계와 자세계의 신속한 교차점검이 계속되어야 하고, 현재의 상승 자세에서 조종간을 더 당기거나 느슨하게 하는 일이 없도록 자세를 유지하는 것이 매우 중요하다. 자세계를 참고하여 피치와 경사자세를 유지하고 기수방위 지시계를 참고하여 최초 지정된 기수방위를 유지할 수 있도록 조종한다. 비행기가 부양하는 것을 느끼면서 고도계와 승강계를 교차점검하여 고도계 지시침이 일정 비율로 시계방향으로 회전하여야 하고 승강계는 안정된 상승률을 지시하는지 확인한다.

안전 고도에 도달했을 때 접개들이 착륙장치(retractable landing gear)라면 착륙장치를 올리고 플랩(flaps)도 올리면서 자세계를 참고하여 자세 변화를 주시한다. 접개들이 착륙장치와 플랩을 올렸을 때 조종압의 변화를 초래할 수 있으므로 피치자세의 변화를 주시하여 신속 정확하게 적절한 조치를 하지 않으면 과조작이 유발될 수 있다. 일단 상승 자세가 확립된 후에는 즉시 트림을 조절하여 조종압을 완화시킬 수 있어야 한다. 상승 속도에 도달했을 때 동력을 줄여 상승 동력에 맞추고 성공적으로 이륙한 후에는 직선 상승 절차에 따라 상승한다. 계기이륙의 전 과정을 통해서 계기의 교차점검과 판독이 신속하게 이루어져야 하고 조종은 확실하고 유연하게 수행되어야 한다.

이륙활주 중에는 활주로를 벗어나지 않도록 방향 유지와 속도의 증가에 집중하고 부양 후에는 활주로에 침하 또는 실속되지 않도록 일정한 초기 상승자세를 유지할 것을 강조한다. 착륙장치와 플랩은 항력의 변화를 유발할 수 있어 트림 조절(trim adjustment)이 필수이지만 통상 동력은 상승 자세가 확립될 때까지 최초 동력을 그대로 유지한다. 비행기가 지면에서 부양함에 따라 계속해서 기수방위 지시계와 자세계를 빠르게 교차점검한다.

비행기를 강제로 부양시키지 마라. 일정하게 형성된 자세를 유지하는 동안 부양될 수 있도록 한다. 자세계를 참고하여 피치와 경사조종을 유지하고 기수방위 지시계에 지시될 때 균형된 기수방위 수정을 적용한다. 고도계와 VSI를 교차점검하여 확실한 상승률을 유지한다. 고도계 지시침은 시계방향으로 계속 돌아갈 것이고, VSI는 비행기에 적절한 안정된 상승률을 보여줄 것이다.

(4) 초기상승

고도계가 안전 고도를 지시할 때 착륙장치와 플랩을 올리고 자세계를 참고하여 자세를 유지한다. 착륙장치와 플랩을 작동하는 동안 조종압이 변할 수 있고 조종사가 피치 지시를 신속하게 감지하지 않는 한 과조종될 수 있다. 안정된 상승 자세를 유지하는 데 필요한 조종압 트림을 조절한다. 상승 속도까지 유연한 가속을 위해서 고도계, VSI 그리고 속도계를 교차점검한다. 상승 속도에도 도달했을 때 상승 세팅으로 동력을 줄인다. 전체 계기이륙 과정에서 교차점검과 판독은 빨라야 하고 확실하고 유연하게 조작해야 한다. 부양 중 착륙장치와 플랩 올림, 동력 감소 그리고 조종 반응의 변화는 신속한 교차점검, 조종압 조절 그리고 정확한 트림 조절을 필요로 한다.

[공통 실수]

① 이륙 전 정확한 조종실 점검이 이루어지지 못했다. 조종사는 불작동 속도계(피토관 막힘), 자이로 케이지, 조종간 잠금, 그리고 서두름과 부주의로 인하여 다른 것을 간과할 수 있다.

② 활주로 정렬을 하지 못했다. 이것은 부적절한 브레이크를 사용했거나 정렬 후 점검과정에서 움직임을 인지하지 못했기 때문이다. 어느 경우든 이륙을 시작할 때 방향 조종에 문제가 있을 수 있다.

③ 동력 적용이 부적절했다. 급격한 동력 적용은 방향 조종을 어렵게 한다. 동력은 유연하고 주저 없이 적용해야 한다.

④ 브레이크 사용이 부적절했다. 조종석 또는 러더페달 위치의 조절이 잘못되었다면 다리 위치가 불편할 수 있고, 부정확한 브레이크의 적용과 과도한 기수방위 변화가 초래될 수 있다.

⑤ 러더 페달을 과조종했나. 이것은 기수방위 변화를 늦게 발견, 긴장, 기수방위를 잘못 판독했거나 비행기가 가속됨에 따라 적절한 러더 조종 실패 등의 원인에 의해서 초래된다. 만약 기수방위의 변화를 감지했을 때 작은 양의 러더 페달 압으로 즉각 수정해야 급회전 현상을 방지할 수 있다.

⑥ 부양 후 자세를 유지하지 못했다. 만약 비행기가 부양할 때 조종사의 좌석에 내리누르는 감각으로 반응한다면 피치조종은 어림짐작으로 한 것이다. 조종사는 트림 변화에 대한 반응에 따라 과도한 피치를 허용하거나 아니면 과도한 승강타 전방압을 적용하게 될 것이다.

⑦ 교차점검이 적절하지 못했다. 트림 변화, 자세 변경, 착륙장치와 플랩 올림, 그리고 동력 변화 중 시선이 고정되었다. 일단 계기 또는 조종 입력을 적용했다면 지속적으로 교차점검하고 다음 교차점검 순서 중 효과를 주시한다.

⑧ 계기 판독이 부적절했다. 계기 지시를 즉각 이해하지 못하는 것은 기동을 위해서 더 훈련이 필요하다는 것을 나타낸다.

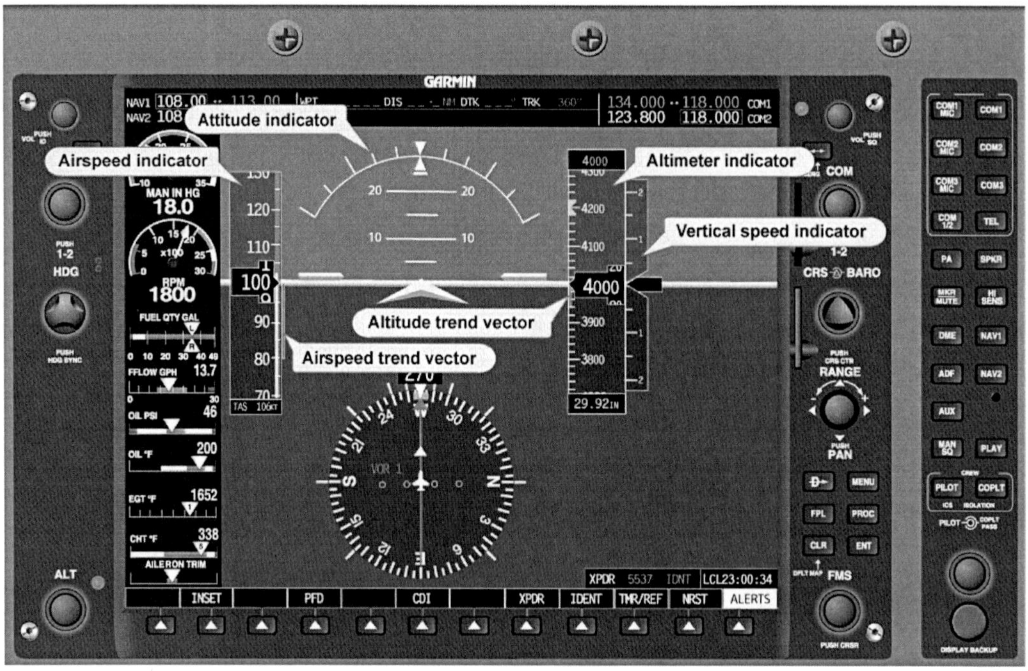

【그림2-23】 피치계기

2.8 수평직선비행(글라스 칵핏)

2.8.1 피치조종

피치자세(pitch attitude)는 비행기의 세로축과 실제 수평선 사이의 각도이다. 수평비행에서 비행기의 피치자세는 속도와 하중에 따라 달라질 수 있으나 훈련 목적상 경비행기에서 하중 요소를 고려하지 않는다. 일정한 속도에서 수평비행을 위한 오직 하나의 피치자세만 존재한다. 저속 순항속도에서 수평비행자세는 기수가 비교적 높고, 고속 순항속도에서 수평비행자세는 기수가 상대적으로 낮다. PFD에 직접 또는 간접적으로 피치자세를 지시하는 계기들은 [그림2-23]과 같이 자세계, 고도계, 승강계, 속도계 그리고 속도와 고도 트렌드 지시기이다.

(1) 자세계

자세계는 피치자세를 직접 지시한다. EFD 시스템에서 자세 디스플레이는 [그림2-24]와 같이 크기 때문에 조종사의 상황인식(situational awareness) 능력이 크게 향상되었다. 대부분의 자세계는 PFD 화면의 전체 폭에 해당한다. 조종사가 조종간을 뒤로 당기면 승강타가 올라가면서 노란 셰브런(yellow chevron)이 인공 수평선으로부터 위로 변위되는 것을 보여준다. AHRS 장치는 지구의 세로 평면(longitudinal plane)과 비행기의 세로축 사이에 변화하는 각도를 감지한다. PFD 화면에 보이는 자세계는 외부 시각 참조를 나타낸다. 시계비행 중 시각적으로 자연 수평에 의존하기보다 PFD 화면의 인공 수평(artificial horizon)에 의존해야 한다.

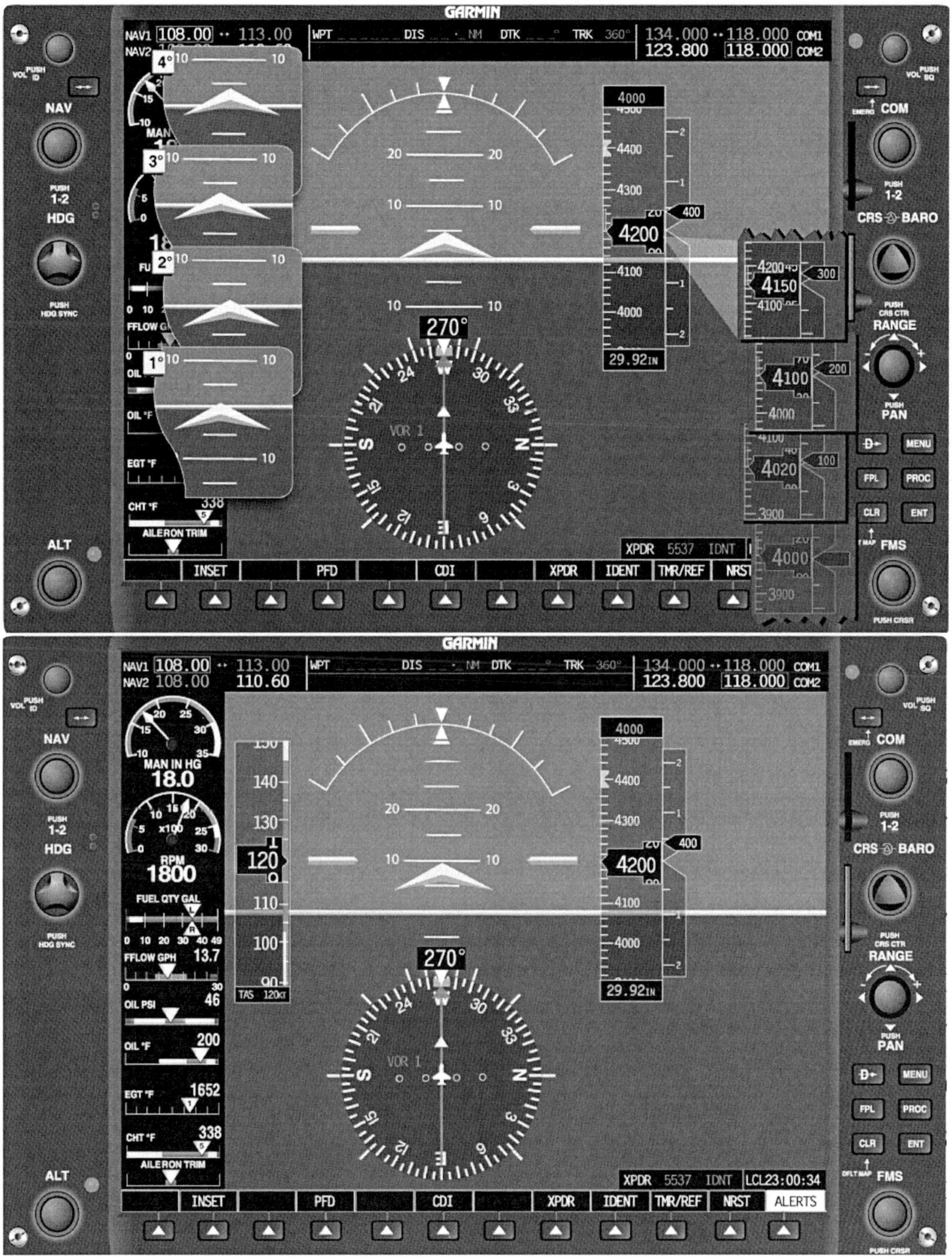

【그림2-24】 피치자세는 셰브론과 수평선의 상대적인 위치로 결정한다. 위 그림은 1°~5° 사이의 피치자세를 보여주고 아래 그림은 약 10° 피치자세를 보여주고 있다.

정상 순항속도 중 [그림2-23]과 같은 노란 셰브런의 포인트는 인공 수평과 정렬되어 있다. 재래식 자세계와 달리 EFD 자세계는 인공 수평에 대한 상호관계에서 셰브런의 위치를 조정하는 것이 허용되지 않는다. 위치는 고정되어 있으므로 항상 AHRS 장치가 계산한 피치 각도를 보여준다. 자세계는 피치자세만 보여주고 고도는 보여주지 않기 때문에 자세계만 사용해서 수평비행을 유지하려 시도를 해서는 안 되고, 자세계의 작은 상하 변위가 고도에 얼마나 영향을 주는지 이해해야 한다. 이를 위해서 [그림2-24, 위]와 같이 각 도의 피치 변화가 고도에 영향을 주는 것에 익숙해질 수 있도록 피치자세 훈련을 해야 한다. [그림2-24, 아래]의 경우 피치자세가 높아짐에 따라 비행기 고도는 서서히 높아질 것이다. 셰브런의 전체 높이는 대략 5° 정도이고 피치 조절을 위한 참고를 제공한다. 조종사는 자세계를 참고하여 원하는 피치까지 변화를 적용한 다음 조종압은 트림으로 조절해야 한다. 조종압을 완화하는 것은 더욱 안정된 비행을 허용하고 조종사 업무를 감소한다. 일단 비행기가 수평비행에 트림이 조절된 후 피치자세를 수정하기 위해서 승강타 조종 힘을 유연하고 정밀하게 조작해야 한다.

승강타를 유연하게 조종할 수 있는 능력을 갖추기 위해서 조종간을 가볍게 잡는 훈련을 해야 한다. 일반적으로 엄지와 두 손가락만으로 조종간을 조작하기에 충분하다. 조종간을 전체 손바닥으로 견고하게 잡았을 때 과도한 압이 가해질 수 있어 자세의 변화가 초래될 수 있다. 정밀한 조종이 습관화될 때까지 유연하고 작은 양으로 상하 모두의 피치 변화를 훈련해야 한다. 지속적인 훈련을 통해서 비행기 자세를 유연하게 조종하여 1° 간격에서 피치 변화를 조종할 수 있어야 한다. 마지막 단계는 승강타 트림이다. 조종압을 완화하기 위해서 비행기의 트림을 조절하는 것은 유연한 자세계기비행을 위해서 필수적이다.

이를 위해서 순간적으로 조종간을 놓은 다음 비행기 피치자세가 어느 방향으로 이동하려 하는지 관찰한다. 조종간을 다시 잡은 다음 이전 위치로 피치가 되돌아가기 위해서 다시 압을 적용한다. 조종압의 방향으로 트림 조절을 적용한다. 작은 양의 트림 변화라 할지라도 피치자세의 큰 변화를 초래할 수 있어 필요하다면 인내심을 갖고 다양한 조건에서 트림을 조절하는 훈련을 한다. 비행기의 트림이 조절되었다면 가능한 한 조종간에서 힘을 뺀다. 조종간이 힘으로 유지될 때 무의식적인 조종압이 승강타와 도움날개에 적용되어 비행기는 원하는 비행경로에서 벗어날 수 있다. 만약 비행기가 무풍의 양호한 기류에서 트림이 잘 조절되었다면 조종간에서 손을 떼어도 비교적 긴 시간 수평비행을 유지할 수 있다. 이것이 IMC 상태에서 성공적으로 비행하기 전 익혀야 하는 어려운 과제 중 하나이다.

(2) 고도계

일정한 동력에서 수평비행(난기류 제외)에서 벗어나는 것은 피치 변화를 초래한다. 만약 동력이 일정하다면 고도는 수평비행에서 피치자세를 간접 지시한다. 비행기가 수평비행할 때 고도는 일정하게 유지되어야 하므로 원하는 고도에서 벗어나는 것은 피치 변화의 신호이다. 예를 들어 고도가 증가하고 있다면 기수를 반드시 낮추어 주어야 한다. PFD에서 피치 변화가 시작됨에 따라 [그림2-24]와 같이 고도 테이프(altitude tape)에 있는 고도 트렌드 지시기는 변위 방향에서 변화를 보이기 시작한다. 트렌드 지시기(trend indicator)의 비율이 증가하고 고도 숫자 변화는 조종사가 트렌드를 멈추는데 얼마의 피치 변화가 필요한지를 결정하는 데 도움이 된다. 특정 비행기의 계기에 익숙해짐에 따라 피치 변화, 고도계 테이프 그리고 고도 트렌드 지시기의 상호관계를 익히게 될 것이다. 자세계와 함께 고도 테이프 디스플레이와 고도 트렌드 지시기를 교차점검에 포함하여 계기 교차점검 능력을 발달시켜야 한다.

(3) 부분 계기판

조종사가 훈련해야 하는 중요한 기술 중 하나가 주요 피치 지시계로서 고도계를 참고한 부분 패널(partial panel; *비행계기의 일부가 고장 난 것을 가정한 상태의 계기판*) 비행이다. 자세계를 사용하지 않고 고도 테이프와 트렌드 지시기를 참고하여 피치를 조종할 수 있도록 훈련해야 한다. 조종사는 고도 테이프와 트렌드 지시기의 변화율을 참고하여 고도 변위를 수정할 수 있어야 한다. IMC와 부분 패널 유형에서 운용 중일 때 조종간을 급격하게 조작하는 것을 피해야 한다. 고도 변화에 대한 급격한 반응은 상당한 피치 변화를 유발할 수 있어 최초 고도로부터 크게 벗어날 수 있다. 고도 테이프와 고도 트렌드 지시기만을 사용해서 피치를 조종할 때 필요 이상의 피치 수정보다 크게 적용하여 과조종할 가능성이 높다. 조종사가 기수-높음 자세에서 기수-낮음 자세로 또는 반대로 조종하여 과조종이 유발될 수 있고, 작은 양으로 즉각적인 피치 수정은 자세의 변동 없이 비행기를 원래의 자세로 되돌아오게 한다. 고도의 변화가 발생했을 때 다음과 같이 절차에 따라 수정한다.

첫째, 지시침 이동을 멈추기 위한 유연한 조종 입력을 적용한다.

둘째, 고도 테이프의 이동이 정지되면 원래 고도로 되돌아오기 위한 피치자세를 수정하기 시작한다.

제한된 계기를 활용해서 계기비행 중일 때 실질적으로 필요한 것은 작은 양과 정밀한 조종 입력이다. 일단 지시침 이동이 고도에서 벗어나고 있는 것이 감지되면 더 이상의 고도 변화를 멈추기 위해서 작은 양의 조종 입력(control input)이 필요하다. 이때 급격한 조종 입력은 진동 효과(oscillation effect)를 유발하는 변위에 더해져 그기는 더욱 증가할 수 있다. 이 종류의 진동은 조종사에게 공간정위상실을 유발하고 고도에만 집중하기 시작한다. 고도계에 모든 신경이 집중되는 것은 속도 조종과 함께 방향 조종(directional control)을 상실할 수 있다. 대략 100피트 미만의 고도 변화에서 셰브런 두께의 1.5와 동등한 1° 피치 변화를 활용하라. 작은 피치 변화의 증가는 성능 허용 범위에서 과조종을 방지한다. 집단으로 활용하는 데 필요한 계기이지만 일부 시스템의 결함으로 오직 제한된 계기만 사용해야 하는 상황이 발생할 수 있다. 이것이 부분 패널 비행훈련의 중요성이다. 만약 조종사가 각 계기를 독립적으로 활용할 수 있다면 일부 다른 계기들의 고장이 발생해도 어렵지 않게 비행을 계속할 수 있다.

(4) 승강계 테이프

승강계 테이프(VSI tape)는 피치자세를 간접 지시하고 임박한 고도 변위를 즉각적으로 지시한다. 트렌드 정보 외에도 수직속도 비율을 지시한다. 고도 트렌드 테이프와 관련한 VSI 테이프를 사용하여 얼마의 수정이 필요한지를 더 쉽게 판단할 수 있다. 조종사는 훈련을 통해서 특정 비행기의 성능을 익히게 될 것이고, 특정 비율 지시를 수정하기 위해서 필요로 하는 피치 변화의 양을 알게 될 것이다. 구형 아날로그 VSI와 달리 글라스 패널 디스플레이는 순간 VSI를 갖추고 있어 지연 현상이 없는 디지털 대기자료컴퓨터(air data computer; ADC)를 활용한다. 따라서 고도 변화를 즉각적으로 보여주고 신속하게 수정될 수 있다. VSI 테이프는 원하는 고도로 복귀(return)하는데 필요한 피치 변화의 양을 결정하는 데 도움을 주기 위해서 사용되어야 한다.

대략 수직속도 변화율은 고도 변화의 배를 적용하지만, 특정 비행기의 비행을 위해서 변화율(rate of change)은 최적 상승률 또는 강하율 이하로 제한된다. 예를 들어 고도가 원하는 고도로부터 200피트 벗어났다면 분당 400피트(fpm)의 변화율은 비행기 원래 고도로 되돌아오는 데 충분하다. 만약 고도 변화가 700피트라면 두 배에 해당하는 분당 1,400피트(fpm) 변화율이 필요하지만, 대부분 경비행기는 이를 수용할 수 없으므로 변화율은 최적 상승률 또는 강하율 이하로 제한된다. 최적 변화율은 분당 500피트에서 1,000피트(fpm) 사이이다. 계기 조종사가 주의해야 할 사항 중 하나는 과조종이다. 과조종은 최적 변화율보다 200 fpm 이상의 고도 변화가 발생했을 때이다. 예를 들어 고도계에 200 fpm의 고도 변화가 지시되었다면 수직속도 수정량은 400피트가 적당하다. 그러나 수직속도 비율이 600 fpm(최적 변화율보다 200 fpm 이상)가 적용되었다면 과조종되었다고 볼 수 있다.

고도를 회복했을 때 VSI 테이프가 주요 피치계기이다. 만약 원하는 수직속도로부터 어떠한 변화가 지시되었다면 자세계를 이용해서 적절한 피치 변화를 적용한다. 비행기가 타깃 고도(target altitude; *지정 고도*)에 가까워짐에 따라 수직속도 비율은 더욱 안정된 방법으로 고도에 도달하기 위해서 늦춰져야 한다. 일반적으로 타깃 고도로부터 상승률 또는 강하율의 10% 내에서부터 타깃 고도에서 수평이 되도록 수직속도 비율을 늦추기 시작한다. 이것은 조종사에게 급격한 조종 입력 또는 G-하중으로 인한 불편함 없이 원하는 고도에서 수평전환이 이루어지게 한다.

(5) 속도계

ASI는 피치자세를 간접 지시한다. 일정한 동력 세팅과 피치자세에서 속도는 일정하게 유지된다. 피치자세가 낮아짐에 따라 속도는 증가하고 기수를 들어주어야 한다. 피치자세가 증가함에 따라 비행기의 기수가 들리면서 유도항력의 증가와 함께 받음각이 증가한다. 항력증가는 ASI에 지시되는 비행기 운동량을 늦추기 시작한다. 속도 트렌드 지시기는 6초 이내에 예상되는 속도의 추세를 보여준다. 반대로 기수가 숙여지기 시작한다면 유도항력의 감소와 함께 받음각 역시 감소한다.

피치계기로서 ASI를 사용할 때 ASI와 관련된 지연이 있다. ASI의 구조적 지연이 아닌 운동량 변화(momentum change)와 관련된 지연이다. 운동량 변화의 비율에 따라 ASI는 적시에 피치 변화를 지시하지 않을 수 있다. 만약 ASI가 피치 변화를 위한 유일한 참고로 사용되고 있다면 즉각적인 수정을 허용하지 않을 수 있다. 그러나 유연한 피치 변화를 적용했다면 현대 글라스 패널 디스플레이는 대기속도에서 1노트 변화를 지시할 수 있고 또는 예측된 대기속도 트렌드를 지시할 수 있다.

비행계기들만 참고하여 비행할 때 피치조종을 위한 모든 비행계기를 교차점검하는 것은 필수적이다. 이것은 조종사로 하여금 전 과정에서 비행기 자세를 더욱 양호하게 시각화할 수 있다. 주요 피치계기는 특정 변수를 위해서 조종사에게 가장 적절한 정보를 제공하는 계기이다. 수평비행에서 일정한 고도를 유지하고 있을 때 고도 지시를 직접 보여주는 것은 고도계이고, 고도계는 고도를 보여줄 수 있는 유일한 계기이다. 다른 계기들은 고도로부터 멀어지는 추세를 보여줄 수 있는 보조계기들이지만 고도를 직접 지시하지 않는다. 보조계기들은 임박한 고도 변화의 가능성을 예고할 수 있어 효과적인 교차점검으로 고도를 유지하는 데 유용하게 사용할 수

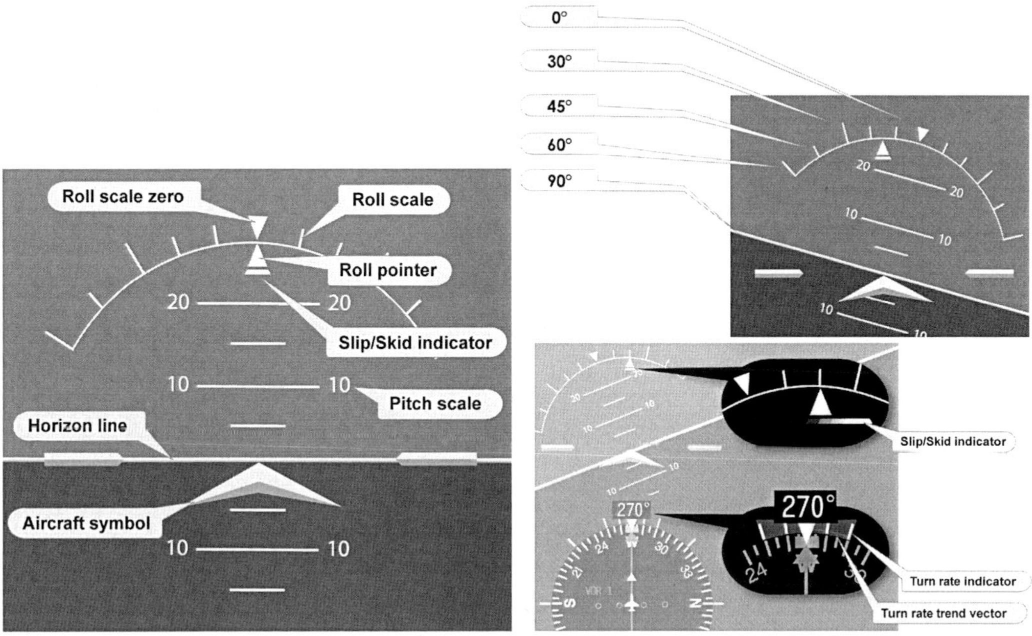

【그림2-25】 자세계(왼쪽), 자세계의 경사 지침(오른쪽 위), 슬립/스키드 지시기(오른쪽 아래), 선회율 지시기와 선회 트렌드 지시기(오른쪽 아래)는 경사조종에 사용된다.

있다.

2.8.2 경사조종

비행기의 세로축이 상대풍과 잘 정렬된 균형조종 비행(coordinated flight)을 하고 있다고 가정했을 때 PFD에서 자세계는 날개 수평 상태를 보여준다. 선회율 지시계, 슬립/스키드 지시기 그리고 기수방위 지시계 역시 비행기가 수평직선비행을 하고 있는지 보여준다.

(1) 자세계

PFD에서 자세계는 비행기의 정밀한 경사각을 보여 줄 수 있는 유일한 계기이다. 이것은 자세계 일부로 그려져 있는 롤 스케일의 디스플레이를 통해서 가능하다. [그림2-25]는 자세계 디스플레이를 확대해서 보여주고 있다. 디스플레이 상부는 파란색으로 하늘을 나타내고 아래는 갈색으로 지면을 그리고 이들을 분리하고 있는 백색 선은 수평선이다. 수평선에 평행한 선들의 피치 눈금은 5° 간격으로 그려져 있고 각 10°에 라벨이 표기되어 있다. 피치 눈금은 항상 수평선과 평행이 된다. 파란색 구역의 곡선은 롤 눈금이다. 눈금 상부에 있는 삼각형(▽)이 "0" 지침이고 작은 마크(hash marks)는 경사각을 나타낸다. 롤 눈금은 항상 수평선에 상대적으로 동일 위치에 있다.

롤 포인터(roll pointer; △)는 경사 방향과 각도를 지시한다. 롤 포인터는 비행기 부호와 정렬된다. 롤 포인터는 자연 수평과 비교하여 비행기 기로축의 각도를 지시한다. 슬립/스키드 지시기(slip/skid indicator)는 비행기의 세로축이 상대풍과 정렬된 균형조종 비행을 보여준다. 롤 지침과 슬립/스키드 지시기가 정렬된 상태에서 롤 지침의 좌우측 어느 한 방향으로 벗어나는 것은 그 방향으로 비행기가 선회하고 있다는 것을 지시한다. 롤의 작은 눈금과 함께 대략 1° 이내의 경사각을 쉽게 결정할 수 있다. 균형조종 비행에서 롤 지침이 롤 포인터와 정렬되었다면 비행기는 직선비행하고 있는 상태이다.

EFD 장점 중 하나는 세차 오차가 없는 것이다. 아날로그 계기에서 세차 오차는 회전하고 있는 자이로(spinning gyro)에 적용되고 있는 힘으로 발생하지만 EFD 설계에 사용된 반도체(solid state) 계기들은 세차 오차가 발생하지 않는다. 자세계는 정밀한 피치와 경사각을 보여줄 수 있으므로 자세계는 특정 경사각 또는 피치각에서 비행하고자 시도할 때 유일한 주요계기가 되고, 이후 다른 보조 계기로서 고려되어야 한다.

(2) HSI

HSI는 자기수방위(magnetic heading)를 지시하는 계기이다. [그림2-25]의 HSI는 정확한 기수방위를 보여줄 수 있는 유일한 계기이다. 나침반은 HSI의 고장이 발생했을 때 예비로 사용될 수 있으나 불규칙하고 불안정 움직임으로 인하여 보조 계기로 더 많이 사용된다. 조종사가 원하는 변화율을 달성하기 위해서 HSI 디스플레이에서 기수방위 변화율과 그 변화율(rate of changes)을 충족시키는 데 필요한 경사각의 양 사이의 관계를 이해하는 것이 중요하다. 기수방위 변화율이 매우 낮다는 것은 경사각 역시 매우 작다는 것을 의미하고, 원하는 직선 비행경로에서 벗어나는 데 더 많은 시간이 걸린다. 기수방위 변화율이 크다는 것은 더 빠른 비율로 발생한 경사각이 더 크다는 것을 의미한다.

(3) 기수방위 지시계

PFD에서 [그림2-25]와 같이 기수방위 지시계는 비행기의 자기수방위(magnetic heading)를 지시하는 검정 박스에 백색 숫자로 지시된다. 이 숫자가 움직이기 시작하면 비행기는 더 이상 직선비행 상태가 유지되고 있지 않다.

(4) 선회율 지시계

선회율 지시계는 경사를 간접 지시한다. 선회율 지시계는 [그림2-25]와 같이 좌우측 모두에서 표준율 선회는 물론이고 반표준율 선회를 보여준다. 선회 지시계는 표준율 선회 마크로부터 외측으로 확장된 자홍색 선으로 초당 4°까지 선회를 지시할 수 있다. 만약 선회가 초당 4°를 초과한다면 자홍색 선은 다음 6초 이내에 있을 수 있는 기수방위를 정밀하게 지시하지 못한다. 이때 자홍색 선 움직임은 멈추고 화살표 머리(arrowhead)가 나타날 것이다. 이것은 조종사에게 정상 작동 범위를 초과했음을 경고한다.

(5) 슬립/스키드 지시기

슬립/스키드 지시기는 자세계에 있는 하부 선분 삼각형의 작은 부분이다. 이 지시기는 [그림2-25]와 같이 비행기의 세로축이 상대풍(relative wind)과 정렬 상태를 보여준다. 직선비행을 유지하고자 할 때 롤 포인터에 대한 롤 지침을 교차점검해야 한다. 기수방위는 일정하게 유지되고 있는데 롤 포인터와 롤 지침이 정렬되지 않았을 때 비행기는 불균형조종 비행(uncoordinated flight)을 하고 있다. 이를 수정하고 균형조종 비행으로 비행기를 되돌아오도록 러더 압을 적용해야 한다.

2.8.3 동력조종

동력(power)은 적절한 날개의 받음각과 함께 비행기의 성능을 결정하기 위한 중력, 항력 그리고 관성을 극복할 수 있는 추력(thrust)을 생산한다. 동력조종은 동력 세팅의 변화가 비행기의 속도 또는 고도의 변화를 초래하기 때문에 고도와 속도에 미치는 영향과 함께 다루어야 한다. 어느 주어진 속도에서 동력 세팅은 비행기가 수평비행, 상승 또는 강하의 여부를 결정한다. 만약 수평직선비행에서 동력이 증가하고 속도가 일정하게 유지되고 있나면 비행기는 싱승힌디. 만약 속도가 일정하게 유지되는 동안 동력이 감소한다면 비행기는 강하한다. 반면 고도가 일정하게 유지되고 있다면 동력 적용은 속도를 결정한다. 고도와 속도 사이의 관계는 피치 또는 동력에서 변화의 필요를 결정한다. 만약 속도가 원하는 값보다 떨어진다면 동력 변화가 필수적이라는 것을 결정하기 전에 고도계를 먼저 확인한다.

고도와 속도는 상호교환(trade)이 가능하다. 고도는 기수를 낮추어 속도와 교환할 수 있고 반대로 기수를 들어서 고도를 얻고 속도를 줄일 수 있다. 만약 고도가 원하는 값보다 높다면 [그림2-26]과 같이 속도를 낮추고 또는 반대로 적용할 수 있고, 피치만의 변화로 비행기는 원하는 고도와 속도로 되돌아올 수 있다. 만약 속도와 고도 모두 높거나 모두 낮다면 [그림2-26]과 같이 원하는 속도와 고도로 되돌아오기 위해서 피치와 동력 모두 수정이 필요하다. 수평직선비행에서 속도 변화를 위해서 피치, 경사 그리고 동력은 일정한 고도와 기수방위를 유지하기 위해서 잘 조화되어야 한다.

수평직선비행에서 속도를 변화시키기 위해서 동력이 변할 때 단발엔진 프로펠러 구동 비행기는 모든 운동 축 주변에서 자세가 변화하려는 경향이 있다. 따라서 일정한 고도와 기수방위를 유지하기 위해서 동력 변화에 비례하는 적절한 조종압을 적용해야 한다. 예를 들어 속도를 증가시키기 위해서 동력을 높일 때 속도 변화에 따라 승강타 전방압을 적용하지 않는 한 피치계기는 상승을 지시한다. 동력이 증가하면서 도움날개와 러더 압을 적용하여 상쇄시키지 않는 한 비행기는 왼쪽으로 요와 롤(yaw and roll) 경향이 나타난다. 이때 적용된 동력과 속도 변화를 포함하여 비행기의 종류와 토크(torque) 특성에 따라 다르게 나타나는 이들 변화를 방지하기 위해서 교차점검을 강화해야 한다.

(1) 동력 세팅

수평직선비행에서 다양한 속도를 유지하는 데 필수적인 대략적인 동력 세팅에 익숙해 있다면 동력조종과 속도 변화는 어렵지 않게 숙달할 수 있다. 그러나 뚜렷한 동력의 크기로 속도를 변화시키기 위한 초기 동력 변화가 크거나 작을 수 있다. 예를 들어 120노트에서 정상 순항비행을 유지하는 데 23"Hg, 그리고 100노트를 유지하는 데 18"Hg가 필요한 비행기를 가정하자.

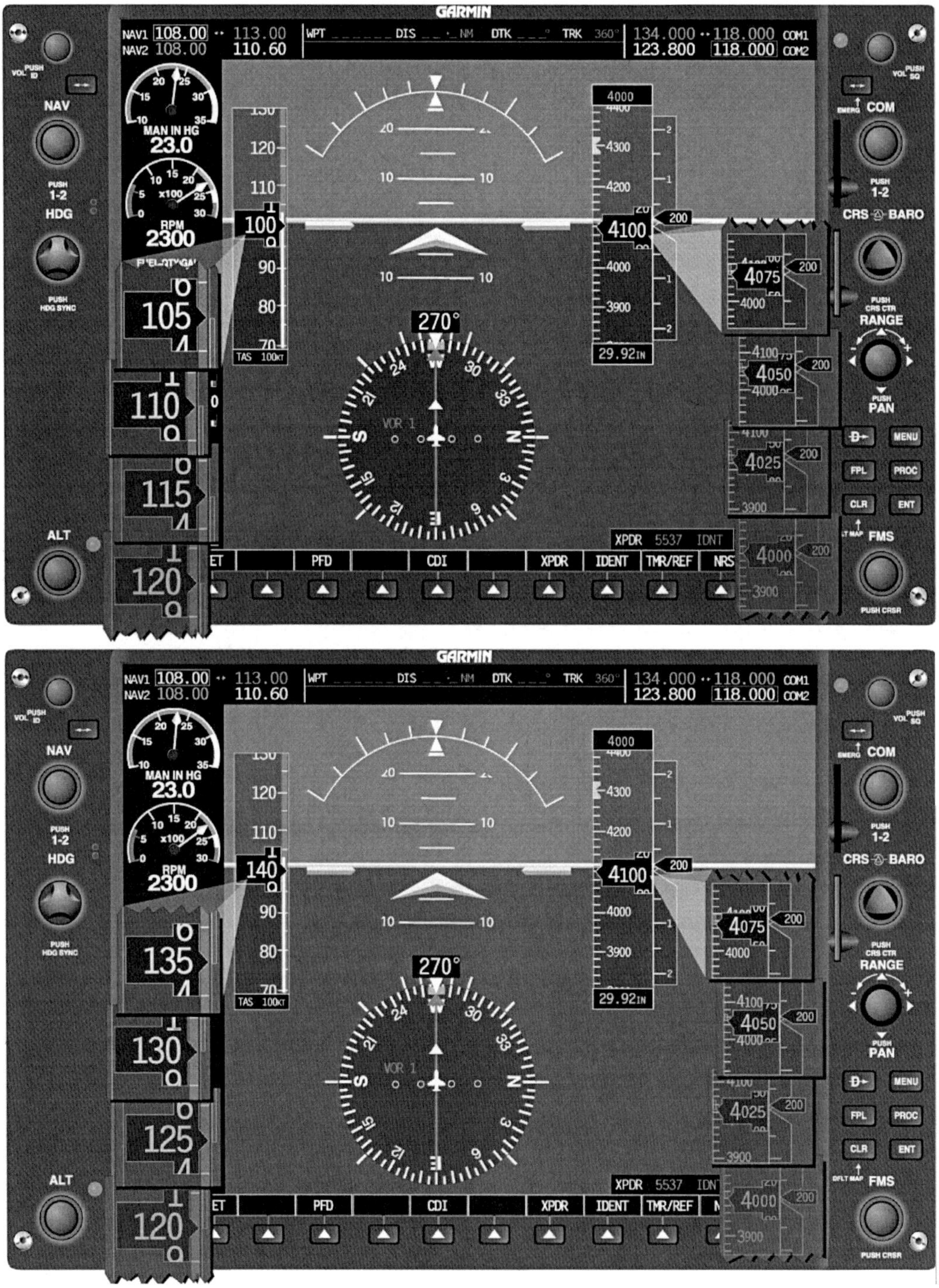

【그림2-26】 고도가 증가하면서 속도가 감소하고 있다. 이 경우 조종사는 피치를 낮추고 있다.(위) 피치 조절이 부족할 때 속도와 고도 모두 증가하고 있다. 이 상황에서 동력 감소가 필수적이다.(아래)

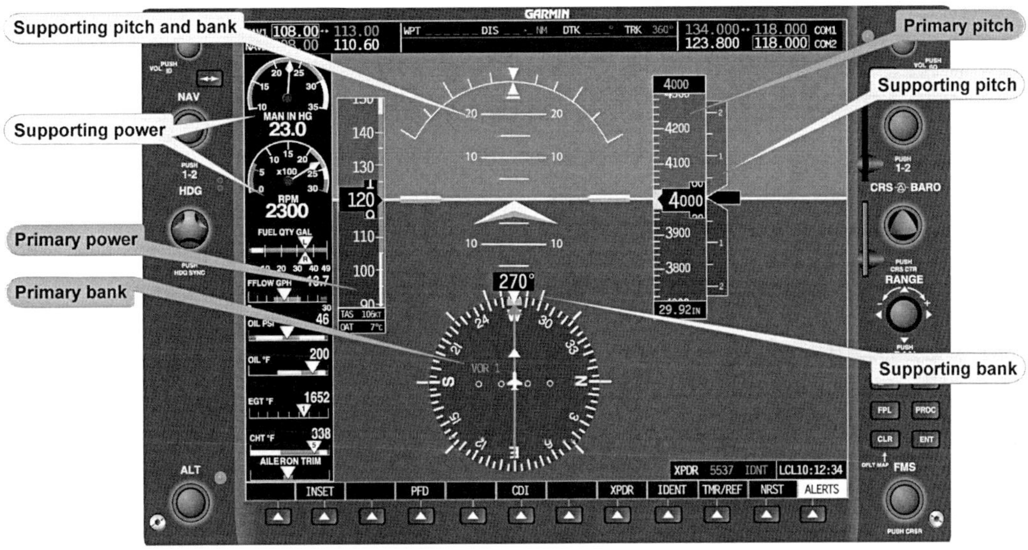

【그림2-27】 정상 순항속도에서 수평직선비행

수평직선비행을 유지하면서 속도를 120노트에서 100노트로 감속하는 절차를 [그림2-26, 27]에서 보여주고 있다. [그림2-27]은 동력을 감소하기 전 계기 지시를 보여주고 있다. 기본자세가 확립되었고 자세계를 활용하여 유지되고 있다. 특정 피치, 경사 그리고 동력조종 필수요건은 이들 주요계기에서 감지할 수 있다.

① Altimeter-Primary Pitch

② Heading Indicator-Primary Bank

③ Airspeed Indicator-Primary Power

[그림2-27]은 보조 피치와 경사계기를 보여주고 있다. 보조 동력계기는 매니폴드압 또는 태코미터라는 것을 유의하라. 그러나 대략 15"Hg(underpower)까지 유연하게 동력이 감소하였다면 [그림2-28]과 같이 매니폴드압 게이지는 주요 동력계기가 된다.

조종사는 지속적인 훈련을 통한 동력 세팅은 스로틀 감각, 엔진 소리의 변화 그리고 조종압 감각의 변화를 이용해서 동력계기를 보지 않고 적용할 수 있어야 한다. 추력이 감소함에 따라 교차점검을 강화하고 순간적으로 피치와 경사계기들이 고도와 기수방위로부터 변화하기 시작할 때 왼쪽 러더, 승강타 후방압 그리고 도움날개 조종압을 적용할 준비를 한다. 조종사는 기수방위와 고도의 변화 없이 교차점검, 판독 그리고 조종압을 변화시키는 방법을 익히게 될 것이다.

양호한 기류와 이상적인 조종 기술을 가정했을 때 속도가 감소함에 따라 고도를 유지하기 위해서 피치자세는 이에 비례해서 높아져야 한다. 토크 조종은 러더 압으로 요(yaw)를 상쇄시키고 있다는 것을 의미한다. 동력이 감소함에 따라 [그림2-27]과 같이 고도계는 주요피치, 기수방위 지시계는 주요경사, 그리고 매니폴드압 게이지는 순간적으로 주요 동력계기(15 "Hg)가 된다. 비행기가 감속됨에 따라 조종압을 제거해야 한다. 속도가 100노트의 원하는 속도에 가까워지면서 [그림2-28]과 같이 매니폴드압은 약 18"Hg로 조절하고 보조 동력계기가 된다. ASI는 주요 동력계기가 된다.

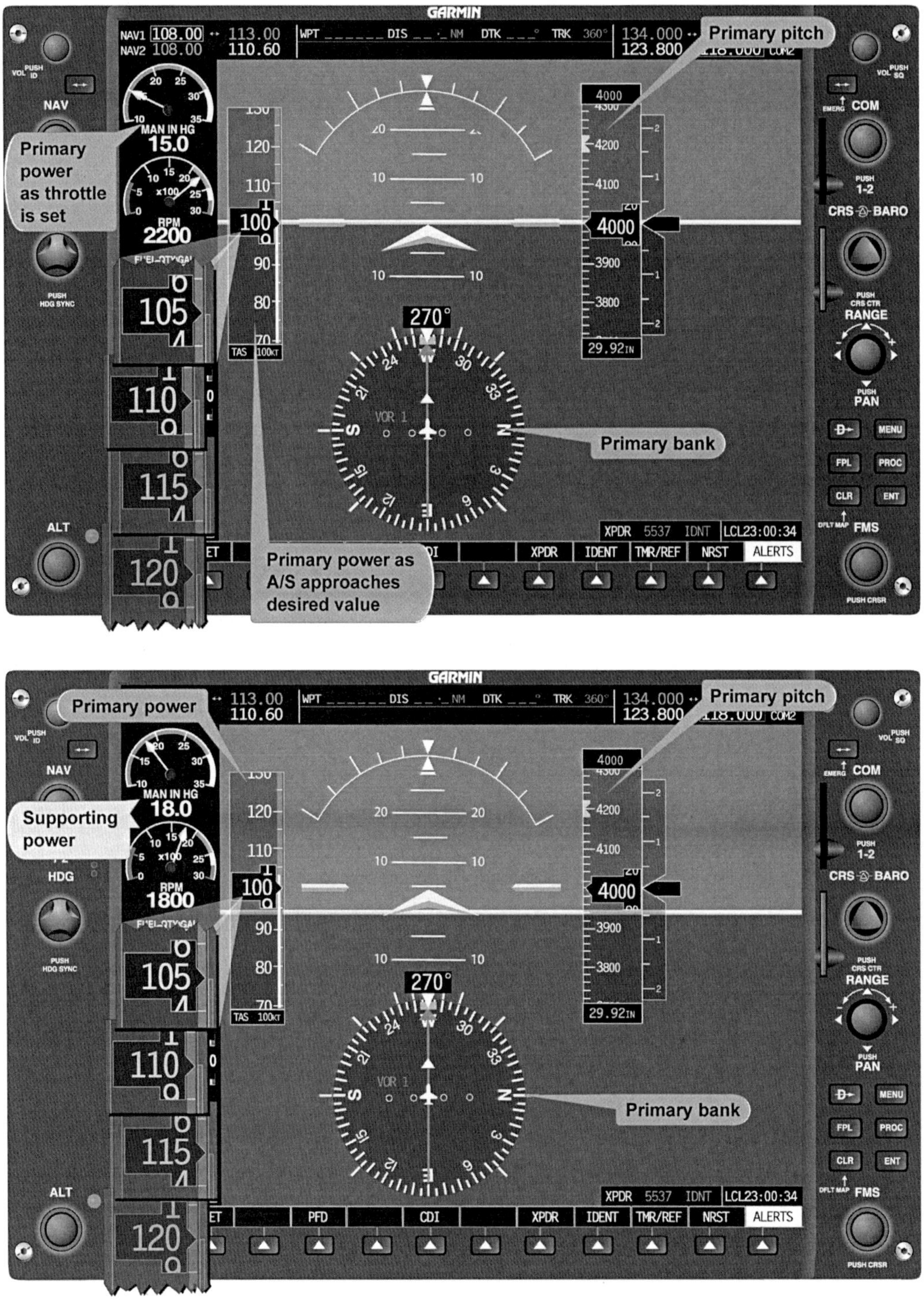

【그림2-28】 수평직선비행(위, 속도 감소), 감소된 속도에서 안정된 상태(아래)

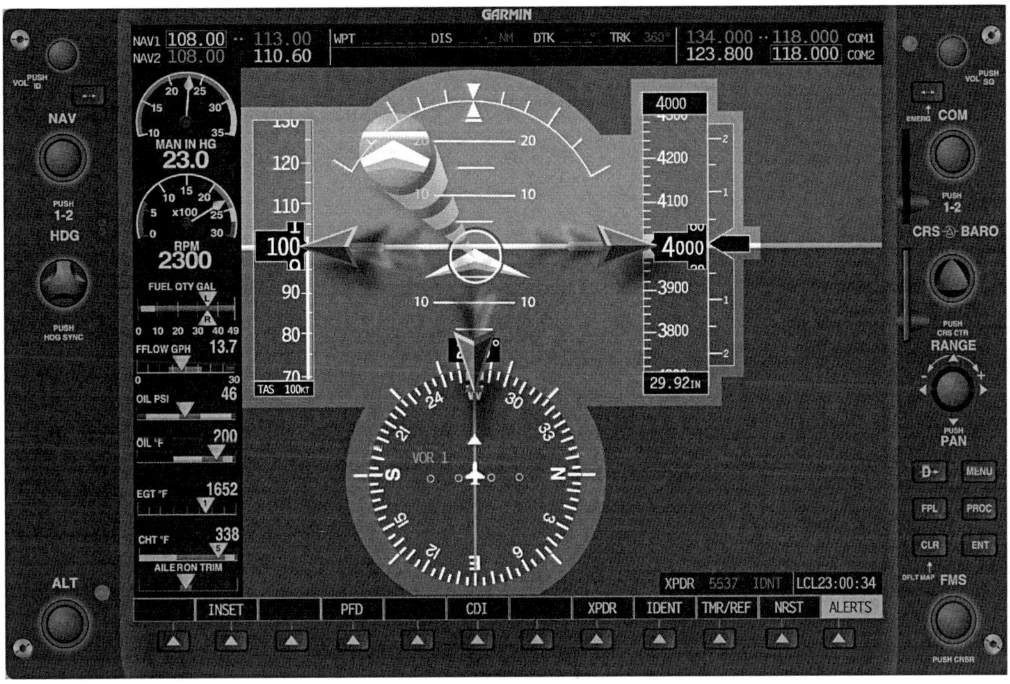

【그림2-29】 수평직선비행 중 보조계기의 교차점검

(2) 수평직선비행 중 속도 변화

수평직선비행에서 속도 변화 훈련은 기본 자세계기비행 기량을 향상시킬 수 있는 양호한 수단이면서 훈련 중 예상할 수 있는 일부 공통 실수들을 경험할 수 있다. 최저항력 조건인 클린형상(clean configuration)에서 비행기를 조종하는 훈련은 플랩과 착륙장치를 내리는 동안 속도 변화를 통한 조종술과 교차점검의 능력을 향상시킨다. 이 훈련 중 착륙장치와 플랩 작동을 위한 POH/AFM에서 규정하고 있는 속도 한계를 준수해야 한다. 일부 비행기에서 착륙장치와 플랩을 내릴 때 수평비행을 유지하기 위해서 다소 급격한 자세의 변화가 필수적일 수도 있다.

착륙장치를 내리거나 플랩을 내릴 때 양력이 순간적으로 증가한 후 플랩을 완전히 내렸을 때 항력이 크게 증가하여 기수가 숙여지는 경향이 있다. 비행기의 양력과 항력 특성에 따라 조종 기술은 다르다. 속도, 착륙장치 그리고 플랩 형상이 서로 다른 조합과 관련된 동력 세팅 그리고 트림 변화에 대해서 지식은 [그림2-29]와 같이 계기 교차점검과 판독을 더 쉽게 할 수 있다. 예를 들어 수평직선비행의 클린형상에서 동력 23 "Hg/2,300에서 속도 120노트를 지시하고 있다고 가정하자. 착륙장치와 플랩을 완전 내림과 함께 속도가 감소한 후 동일 고도에서 수평직선비행은 25 "Hg/2,500 rpm이 요구된다. 최대 착륙장치 내림 속도가 115노트, 최대 플랩 내림 속도가 105노트이다. 착륙장치와 플랩 내림과 함께 속도가 95노트로 감소한 후 다음과 같은 순서로 조작한다.

① 전체 항력 비행형상에서 높은 동력 세팅은 유용하기 때문에 2,500 rpm을 유지하라.
② 매니폴드압을 10"Hg로 감소하라. 속도가 감소함에 따라 교차점검을 강화한다.
③ 받음각 증가와 토크 감소를 위해서 트림을 조절한다.

④ 속도 115노트에서 착륙장치를 내린다. 기수는 숙여지는 경향이 있고 감속율은 증가한다. 일정 고도를 유지하기 위해서 피치자세를 증가시키고 승강타 후방압으로 인한 트림을 조절한다. 만약 105노트에서 플랩을 완전히 내렸다면 교차점검, 판독 그리고 조종은 더욱 빨라져야 한다. 플랩을 내리기 전에 착륙장치를 내리는 것이 자세를 안정시키는데 더 유리하다.

⑤ 매니폴드압 18"Hg는 100노트에서 착륙장치 내림과 함께 수평비행을 유지하고 있기 때문에 동력은 ASI가 대략 105노트를 지시할 때 그 세팅까지 유연하게 증가시켜라. 현재 자세계는 수평직선비행에서 대략 2폭반 기수-높음 자세를 보일 것이다.

⑥ 정확한 플랩 조종과 원하는 속도를 위해서 기결정된 세팅까지 동시에 동력을 증가시키고, 일정한 고도와 기수방위를 유지하는 데 필요한 압을 조절한다. 현재 자세계는 95노트의 수평직선비행에서 한폭(1폭) 기수-낮음 자세를 보일 것이다.

(3) 트림 기술

트림 조종은 중요한 비행 습관 중 하나이다. 트림은 원하는 비행 자세를 유지하는 데 필요한 조종압을 완화하는 데 기여한다. 비행기 트림이 잘 조절된 상태에서 조종간에서 잠시 손을 떼어도 한 동안 비행 자세가 그대로 유지된다. 비행기 트림을 조절하기 위해서 트리밍(trimming)이 필요한 조종면에 압을 적용하고 현재 유지되고 있는 압의 방향으로 트림 휠(trim wheel)을 돌린다. 조종면에 적용된 압을 완화하고 그 자세를 위한 주요계기를 모니터한다. 원하는 성능을 달성했다면 손을 놓고 비행한다. 추가적인 트리밍이 필요하다면 동일한 방법을 반복해서 트림을 조절한다. 비행기는 피치자세 또는 고도가 아닌 특정 속도에 트림이 조절되는 것이다.

비행기 속도가 변화되었을 때 트림을 다시 조절해야 한다. 예를 들어 비행기가 100노트 수평직선비행하고 있을 때 50 rpm의 증가는 속도를 증가시키는 원인이 된다. 속도가 증가함에 따라 추가적인 양력이 발생하고 비행기는 상승한다. 일단 추가 추력이 약간 높은 자세에 안정되면 속도는 다시 100노트에서 안정될 것이다. 이것은 고도가 아닌 속도와 관련된 트림을 어떻게 조절해야 하는지 보여주고 있다. 만약 초기 고도가 유지되고 있다면 조종간 전방압이 적용되어야 하고 트림 휠(trim wheel)을 앞으로 돌려 트림을 조절한다. 트림 휠을 앞으로 돌리는 것은 트림이 필요한 속도와 동등하게 증가한다. 속도의 변화가 발생했을 때 트림을 재조절해야 한다. 트림밍은 모든 전이(transition) 단계에서 수행될 수 있다. 그러나 최종 트리밍(final trimming)은 전체 속도 구간에서 반드시 일정하게 유지되어야 한다. 만약 속도의 변화를 허용한다면 트림이 적절히 조절되지 않았고 고도는 비행기가 트림이 된 속도가 될 때까지 달라질 수 있다.

2.8.4 공통 실수

(1) 피치 실수

① 자세계에서 노란 셰브런을 적절하게 조절하지 못했다. 일단 비행기가 수평이 되고 속도에 안정되면 원하는 성능을 달성하기 위해서 피치자세를 작은 양으로 수정하고 확인을 위해서 보조계기를 교차점검하라.

② 피치계기의 불충분한 교차점검과 잘못 판독했다. 예를 들어 속도 지시가 낮다고 판독했을 때

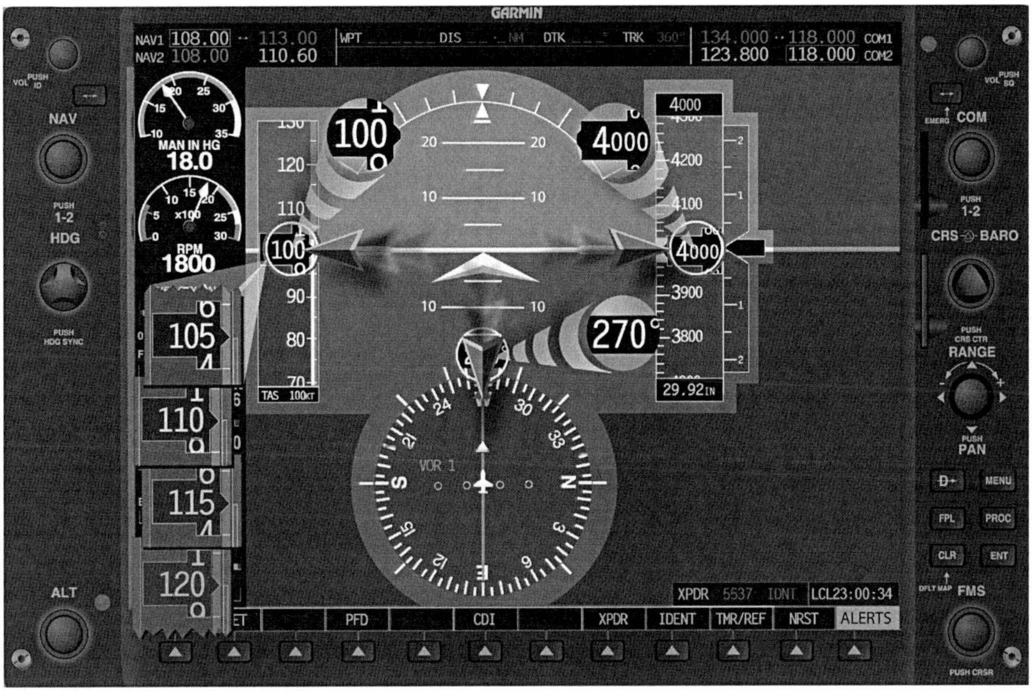

【그림2-30】 교차점검 능력이 충분하게 훈련되지 못했다. 이 사례에서 문제는 동력이지 기수높음 자세가 아니다. 조종사는 피치를 부적절하게 감소시켰다.

조종사는 기수높음 피치자세로 판단하고 동력이 낮은 것을 고려하지 않고 승강타 전방압을 적용하여 속도의 부족을 초래한다. [그림2-30]과 같이 모든 보조 비행계기의 교차점검 빈도를 증가시켜라. 속도와 고도는 조종 입력 전에 안정되어야 한다.

③ 변화를 수용하라. 수평직선비행을 위한 실기평가표준(practical test standard)은 ±100피트의 고도 변화 범위이다. 예들 들어 조종사가 고도 60피트가 변화되었다는 것을 인지했을 때 고도는 표준 허용 범위 내에서 지속적으로 유지되고 있기 때문에 수정하려 하지 않을 수 있다. 조종사는 철저한 교차점검과 변화를 감지한 후 즉시 수정 조치를 취하여 비행기를 원하는 고도로 다시 복귀시켜야 한다.

④ 피치조종이 과조종되었다. 조종사가 고도 변화를 감지했을 때 즉각적으로 원하는 고도로 복귀하기 위한 과정에서 과도한 피치 수정이 적용될 수 있다. 피치 수정이 크게 적용되면 자세가 불안정되면서 복합적으로 실수가 발생할 수 있다. 원하는 고도로 복귀하기 위해서 작은 양으로 유연한 수정이 필수적이다. 이상적인 고도 변화의 양은 0.5°에서 2°이다. 조종사는 IMC에서 비행할 때 비행기 조종과 공간정위상실(disorientation)을 방지하기 위해서 작은 양으로 수정해야 한다.

⑤ 피치 수정을 유지하지 못했다. 피치 변화는 즉각적인 수정이 필요하다. 대부분 조종사는 트리밍이 되지 않는 비행기의 피치자세를 수정하려 한다. 피치 변화를 적용했을 때 그 자세를 유지하는 데 필요한 조종압을 제거하기 위해서 트림을 재조절해야 한다. 신속한 교차점검은 원하는 피치자세로부터 변화를 조기에 발견하는 데 도움이 된다. 예를 들어 조종사가 고도에서

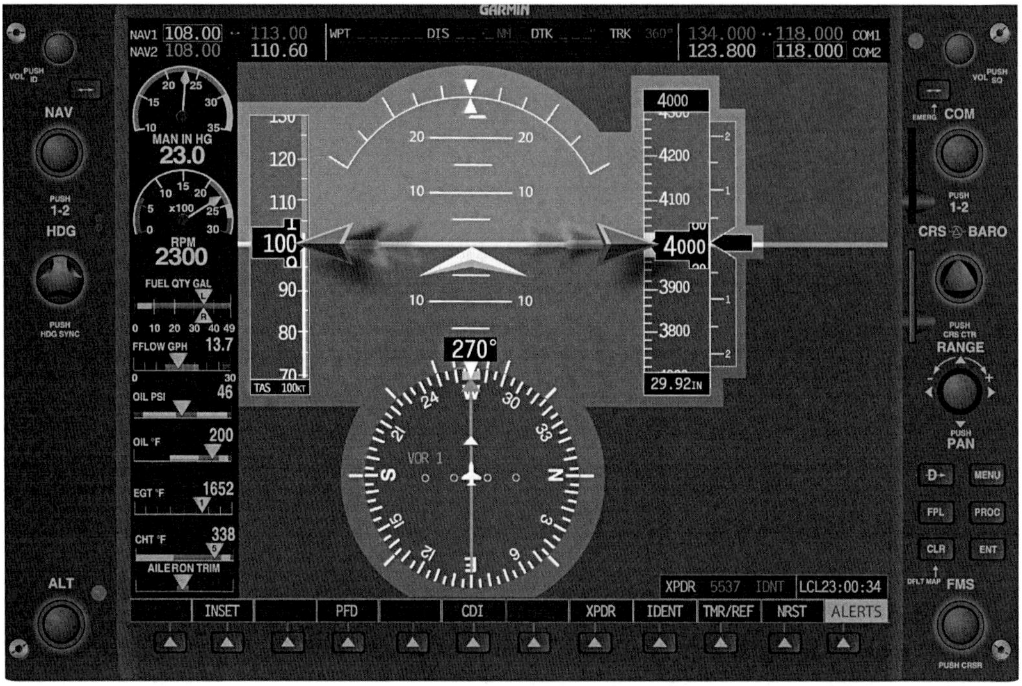

【그림2-31】 조종사의 시선이 피치와 고도에 고정되어 있어 기수방위 지시의 변화를 감지하지 못했다. 기수방위의 트렌드 지시기가 왼쪽에 나타나고 있는 것을 주시하라.

변화를 인지하고, 피치자세에서 수정은 이루어졌지만, 트림 조절을 하지 못했다. 조종사 주의력 산만은 교차점검을 느리게 하고 조종간 적용이 늦어지게 한다. 이로 인해서 피치자세가 변하고 원하는 고도까지 회복은 더욱 복잡해질 수 있다. 조종사는 피치 변화를 시작한 후 즉각 비행기의 트림을 조절하여 조종압을 완화하고, 원하는 성능이 달성되었는지 확인하기 위해서 신속한 교차점검을 실시한다.

⑥ 교차점검 중 시선이 고정되었다. 한 계기에 시선이 집중되었거나 중요한 계기에만 집착하는 현상이 발생할 수 있다. 교차점검 중 균등한 시간 분배는 일부 계기에서 발생할 수 있는 미세한 변화를 발견해 낼 수 있다. 조종사가 피치자세를 수정한 후 피치 수정이 정확했는지 확인하기 위해서 고도계에만 모든 신경이 집중하는 경우이다. [그림2-31]과 같이 기수방위가 변화되는 것을 인지하지 못할 수 있다. 조종사는 교차점검 중 모든 계기를 관찰해야 한다. 어느 한 계기를 확인하기 위해서 집중하지 마라. 모든 계기를 지속적으로 스캐닝 하는 것은 다른 자세의 변화를 조기에 감지할 수 있도록 한다.

(2) 기수방위

① 동력 또는 피치자세의 변화 중 기수방위 지시계를 교차점검하지 못했다.
② 기수방위의 변화를 잘못 판독하여 반대 방향으로 수정했다.
③ 기수방위를 기록하지 못했거나 기억하지 못했다.
④ 경사자세와 관련된 기수방위 변화율을 관찰하지 못했다.

⑤ 특히 동력 세팅의 변화 중 기수방위 변화에 대한 반응이 과조종되었다.
⑥ 러더 압을 너무 빨리 적용하여 기수방위 변화를 앞지르고 있다.
⑦ 작은 기수방위 변화를 수정하지 못했다. 기수방위 오차가 "0"이 아닌 한 조종사는 점점 더 큰 기수방위를 허용하게 될 것이다. 1°의 수정은 훨씬 작은 시간이 걸리지만, 집중은 20° 변위를 수정하는 것 이상이 될 수 있다.
⑧ 경사조종이 부정확했다. 만약 20° 경사 수정으로 10° 기수방위를 수정했다면 비행기는 경사가 확립되기 전 원하는 기수방위를 지나쳐 다시 반대 방향으로 수정해야 하는 과도한 롤이 발생할 것이다. 현재 기수방위 변위 수정에 필요한 양을 곱한 값으로 고려하지 마라.
⑨ 이전 기수방위 변위의 원인을 감지하지 못했기 때문에 동일 실수를 반복한다. 예를 들어 비행기는 왼쪽 날개가 낮아지는 경향으로 트림이 조절되지 못했다면 약간 왼쪽 선회를 위한 반복 수정했을 때 아직도 트림 조절이 무시되고 있다.

(3) 동 력

① 비행기의 특정 동력 세팅과 피치자세에 익숙해지지 못했다.
② 스로틀을 급조작했다.
③ 동력 변화, 상승 또는 강하할 때 속도의 선도를 적용하지 못했다. 예를 들어 강하로부터 수평이 되었을 때 비행기의 운동량 감소로 인하여 속도 감소를 방지하기 위해서 동력을 증가시켜야 한다. 만약 비행기가 수평 피치자세에 확립될 때까지 동력 적용을 기다린다면 비행기는 이미 원하는 속도 이하로 감소하게 될 것이고 이는 추가 동력 세팅의 조절이 필요하다.
④ 속도 변화 중 속도 테이프 또는 매니폴드압 지시에 시선이 고정되어 속도, 동력 그리고 피치와 경사자세의 불규칙한 조종이 초래되었다.

(4) 트 림

① 편안한 다리와 발을 위한 좌석 또는 러더페달 위치를 조절하지 못했다. 발굽의 긴장은 러더 압 완화를 어렵게 한다.
② 기종에 따른 트림 장치의 작동이 달라 혼동할 수 있다. 일부 트림 휠은 비행기의 축과 정렬되어 있지만 다를 수 있다.
③ 트림 작동원리를 정확하게 이해하지 못했고, 비행기 속도를 위해서 트림을 조절하는 것이지 피치자세를 위한 것이 아니다.
④ 트림 기술에서 순서가 부정확했다. 트림은 피치자세를 수정하는 것이 아니라 조종압을 완화하기 위해서 활용되어야 한다. 트림을 적용하는 방법은 먼저 조종간을 원하는 피치자세를 확립하기 위해서 적용한 다음 조종압을 완화하기 위해서 트림을 조절한다. 동력 세팅이 변함에 따라 트림을 다시 조절해야 한다. 트림은 비행 중 작은 양으로 계속해서 사용해야 한다.

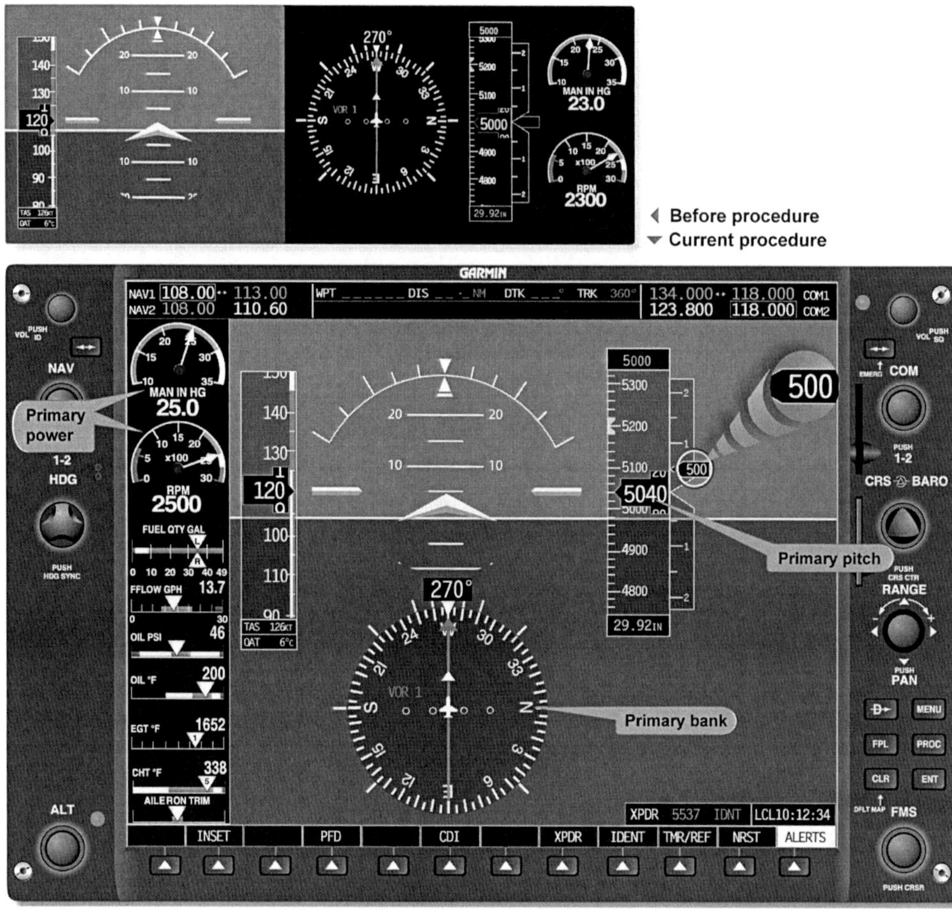

【그림2-32】 순항속도에서 정속상승

2.9 직선 상승 및 강하

각 비행기는 특정 무게를 위한 가장 효율적인 상승률에 상응하는 특정 피치자세와 속도가 있다. POH/AFM에는 원하는 상승을 위한 속도가 포함되어 있고 이것은 최대중량을 기초로 한다. 조종사는 무게에 따른 속도의 변화에 익숙해 있어야 하고 비행 중 적절히 보상할 수 있어야 한다.

2.9.1 진 입

(1) 순항속도로부터 정속상승

순항속도에서 정속상승(constant airspeed climb)으로 진입하기 위해서 [그림2-32]와 같이 승강타 후방압을 서서히 그리고 유연하게 적용하여 팁(tip)이 원하는 피치 각도를 지시할 때까지 노란 셰브런(aircraft symbol)을 들어올려야 한다. 조종압을 유지하고 동력을 상승 동력 세팅까지 유연하게 증가시켜야 한다. 이 증가는 동력에서 피치 변화가 시작되기 전 또는 원하는 피치 세팅이 확립된 후 시작되어야 한다. 만약 최대 동력 상승을 원하는 것 외의 특정 상승 세팅을 위

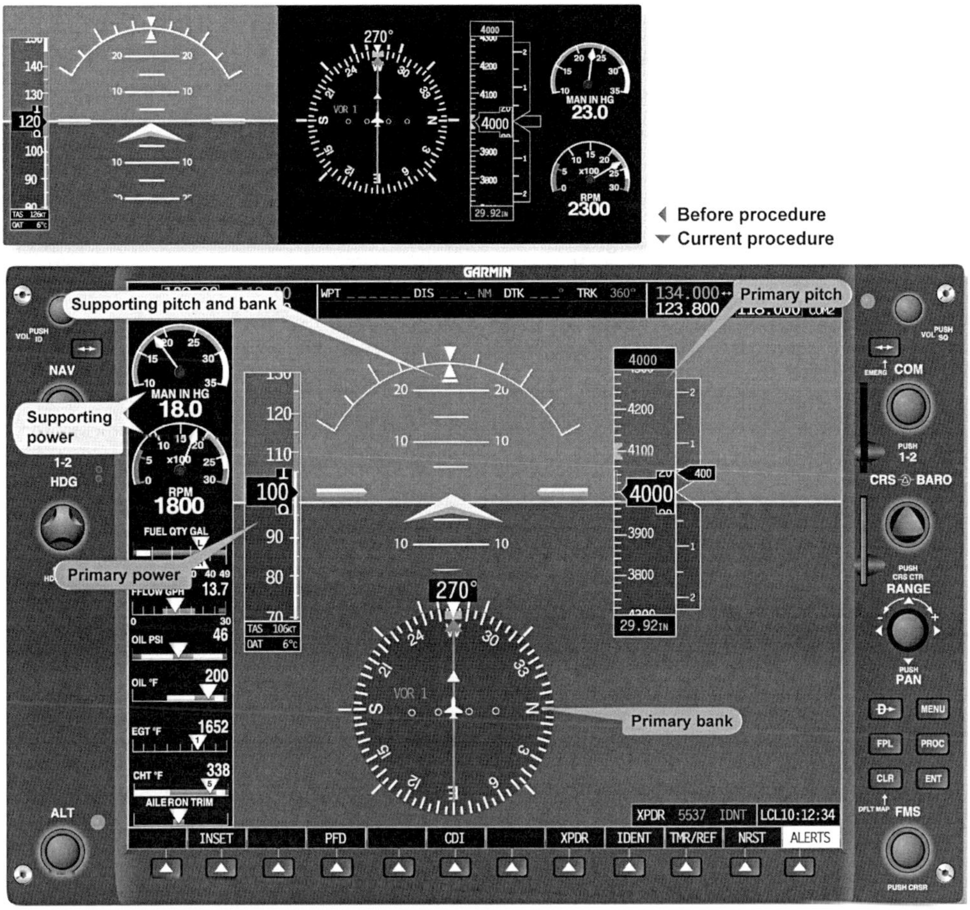

【그림2-33】 순항속도 외에서 정속상승

해서는 POH/AFM을 확인한다. 피치자세는 비행기 종류에 따라 달라진다. 속도가 감소함에 따라 조종 힘은 자세를 유지하는 데 요구되는 추가 승강타 변화를 보상하기 위해서 증가할 필요가 있다. 조종압을 제거하기 위해서 트림을 활용한다. 조종사는 트림을 효과적으로 사용함으로써 원하는 피치자세를 유지하는 데 더 유리하다.

VSI는 비행기의 성능을 관찰하는 데 활용되어야 한다. VSI 테이프는 유연한 피치 전환으로 즉각적인 상향으로 보이기 시작할 것이고, 활용하고자 하는 피치와 동력 세팅과 등가의 상승률에서 안정되게 될 것이다. 현재 무게와 대기상태에 따라 이 비율은 달라질 수 있다. 이것은 조종사에게 무게와 대기상태가 비행기 성능에 어떻게 영향을 미치는지 알아야 한다. 비행기가 일정 속도와 피치자세에 안정된 후 주요 피치계기는 ASI이고, 주요 경사계기는 기수방위 지시계가 된다. 주요 동력계기는 비행기 종류에 따라 매니폴드압 게이지 또는 태코미터가 될 것이다. 만약 피치자세가 정확하다면 속도는 서서히 원하는 속도까지 감속할 것이다. 만약 속도에 어떠한 변화가 있다면 비행기가 원하는 속도에 안정될 때까지 작은 양으로 피치 변화를 적용한다. 속도 변화는 트림 조절을 필요로 한다. 순항속도 외에 일정 속도에서 상승으로 진입하기 위해서 먼저 순항속도에서 원하는 상승 속도까지 감속한 다음 수평직선비행을 유지한다. 상승으로 진입은 피치자세

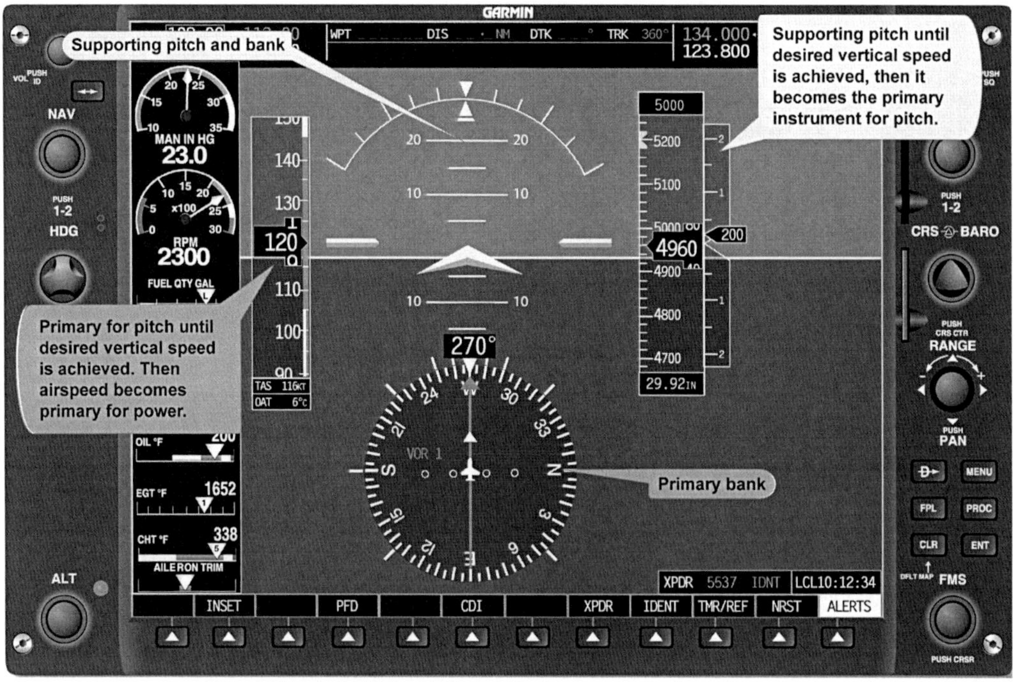

【그림2-34】 정률상승

가 들릴 때 동력을 증가시키는 것을 제외하고 [그림2-33]과 같이 순항속도로부터 진입하는 것과 유사하다. 피치 변화 후 동력을 적용하는 것은 항력이 증가하기 때문에 속도의 감소가 나타날 것이다. 피치 변화 전 동력을 증가시키는 것은 과도한 추력으로 인하여 속도가 증가할 것이다.

(2) 정률상승

정률상승으로 진입하는 과정은 정속상승과 유사하다. [그림2-34]와 같이 동력이 증가함에 따라 원하는 수직 속도율과 동등한 피치자세까지 노란 셰브런을 올리기 위해서 유연하게 승강타 후방압을 적용한다. 초기 기동 중 수직속도율이 안정된 후 VSI 테이프가 주요계기가 될 때까지 ASI를 주요 피치계기로 사용한 후 주요 동력계기가 된다. 만약 원하는 속도로부터 변화가 감지되었다면 원하는 수직속도를 얻기 위해서 작은 양의 피치 변화가 필요하다. 성능 변화를 수정하기 위한 피치, 동력 그리고 조종사 입력은 안정된 비행 자세를 유지하기 위해서 반드시 균형조종이 되어야 한다. 예를 들어 수직속도는 낮고 속도는 정확하다면 피치를 순간적으로 들어 올려 수직속도를 증가시킬 수 있다. 그러나 즉각 항력이 증가하기 때문에 동력을 적용하지 않는 한 속도는 감속될 것이다. 어떠한 가변 변수의 변화는 다른 것과 상호 조화를 이루어 수정되어야 한다. 반대로 속도가 낮고 피치가 높다면 피치자세만 낮추면 된다. 만약 동력 감소가 필수적이라면 비행기 기수는 약간 낮아질 것이다. 비행기를 위한 피치와 동력 세팅에 익숙해 있는 것은 정밀한 자세계기비행을 달성하는 데 도움이 될 것이다.

2.9.2 수평전환

상승에서 수평으로 전환(level-off)은 원하는 고도에 도달하기 전 피치 감소 조작이 필요하다. 만약 원하는 고도에 도달할 때까지 피치 변화가 없다면 비행기의 운동량은 원하는 고도를 지나치게 할 것이다. 선도량은 수직 속도율에 따라 달라진다. 수직속도가 높을수록 수평 전환을 위한 선도량은 더 커야 한다. 일반항공에서 대략적인 선도량은 수직 속도율의 10%를 적용한다. (1,000 fpm ÷ 10 = 100 feet lead) 조종사는 원하는 고도에서 수평으로 전환하기 위해서 자세계 디스플레이를 참고하여 VSI와 고도계 테이프를 관찰하면서 원하는 수평 피치자세를 향하여 유연한 승강타 전방압을 적용해야 한다. 수직 속도율이 서서히 감소하기 시작하고 속도는 증가하기 시작한다. 속도가 원하는 순항속도에 가까워질 때까지 순항동력 세팅을 유지한다. 속도가 증가함에 따라 원하는 고도를 유지하기 위해서 고도계를 지속적으로 교차점검한다. 순항 속도에 도달하기 전 원하는 속도를 초과하는 것을 방지하기 위해서 감속되어야 한다. 선도 시간의 필요한 양(amount of lead time)은 비행기가 가속된 속도에 달려 있다. 속도 트렌드 지시기의 활용은 비행기가 원하는 속도에 얼마나 빠르게 도달하는지를 보여준다. 상승 속도에서 수평전환은 원하는 속도를 유지할 수 있도록 동력을 동시에 감소시키면서 수평비행을 위한 적절한 피치자세로 기수를 숙여 준다. 피치와 동력이 잘 조화되었을 때 속도 변화는 발생하지 않는다.

2.9.3 강 하

강하는 동력을 감소시키거나 수평비행 자세보다 낮은 피치자세 또는 항력을 증가시키는 것과 같은 다양한 속도와 피치자세에서 수행될 수 있다. 일단 이들 변화가 이루어진 다음 이 전환 단계 중 속도는 필연적으로 안정되어야 하고, 정확한 피치자세를 보여주는 유일한 계기는 자세계이다. 부분 계기판(partial panel) 비행과 같이 자세계를 사용하지 않았을 때 ASI 테이프, VSI 테이프와 고도계 테이프는 비행기가 일정한 속도와 일정한 강하율에 안정될 때까지 변화하는 값을 보여준다. [그림2-35]와 같이 고도계 테이프는 계속해서 강하를 보여준다. 피치를 일정하게 유지하고 비행기가 안정되도록 한다. 자세 또는 속도의 변화 중 지속적인 트림 조절로 조종간의 조종압을 제거하는 데 도움이 된다. 비행기는 수평으로 전환 중 교차점검을 더욱 강화해야 비행경로와 속도를 적시 적절하게 수정할 수 있다.

(1) 진 입

강하는 정률 또는 정속 그리고 이들의 혼용으로 수행될 수 있다. 다음 방법은 자세계를 이용하거나 자세계 없이 수행할 수 있다. [그림2-35]와 같이 수평직선비행을 유지하는 동안 비행기가 원하는 속도까지 감속하도록 동력을 줄인다. 비행기가 원하는 속도에 가까워짐에 따라 동력은 예상하는 값까지 감소한다. 동시에 피치 감소가 수행되지 않는 한 속도는 원하는 속도 이하로 계속 감소할 것이다.

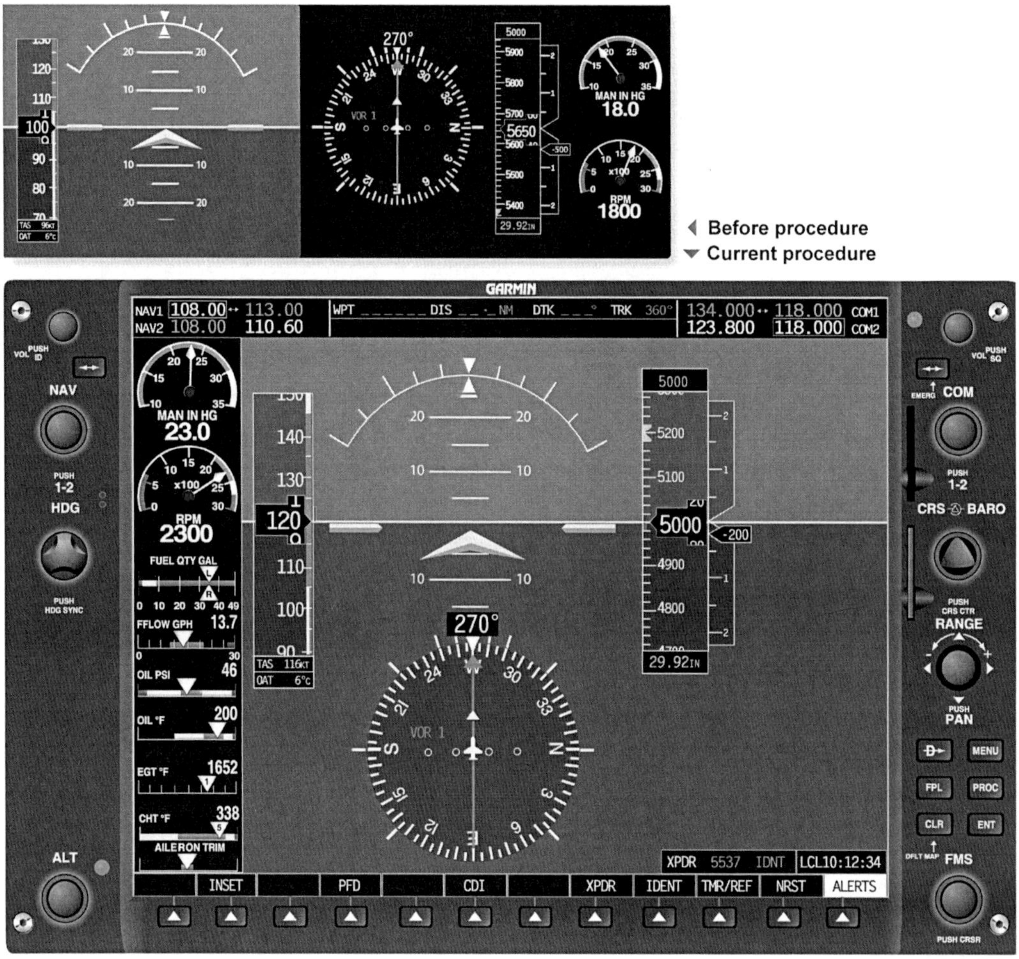

【그림2-35】 동력을 감소시켜 분당 500피트(fpm)로 고도 5,000피트까지 강하 중에 있다.(위) 원하는 고도에 가까워졌을 때 동력을 증가시켜 수평전환을 시작하고 있다.(아래)

주요 피치계기는 ASI 테이프이다. 만약 원하는 속도로부터 변화가 감지되었다면 자세계를 참고하여 작은 양의 피치 수정을 적용하고 속도 테이프를 참고하여 변화를 확인한다. 만약 속도가 증가하고 비율이 얼마인지 확인하고자 한다면 속도 트렌드 지시기를 활용한다. 비행 중 트림은 항상 조종압을 제거하는 데 사용되어야 한다.

정률강하(constant rate descent)를 위한 진입 절차는 VSI 테이프가 주요 피치계기라는 점을 제외하고 동일하다. 주요 동력계기는 ASI이다. 특정 속도를 유지하는 동안 정률강하를 수행할 때 균형조종 피치와 동력의 사용이 요구된다. 피치자세에서 어떠한 변화는 속도에 직접 영향을 준다. 반면 속도에서 어떠한 변화는 피치자세가 일정하게 유지되는 한 수직속도에 직접 영향을 준다.

(2) 수평전환

강하로부터 순항속도로 되돌아오기 위한 수평전환은 수평 비행자세를 향하여 피치 후방압을 증가시키기 전 먼저 동력을 순항동력까지 증가시키기 시작해야 한다. 수평전환조작(level off)을 시작해야 하는 시기를 판단하기 위한 기술은 강하율의 10%에 상응하는 선도 고도가 된다. 예를 들어 비행기가 분당 1,000피트(fpm)로 강하 중이라면 100피트 이전 고도에서 수평조작을 시작한다. 만약 피치자세 변화가 늦게 시작되었다면 피치 수정이 빠르게 진행되지 않는 한 원하는 고도를 초과하게 될 것이다. 어느 경우라도 조종상실 또는 공간정위상실을 초래할 수 있는 급격한 변화는 피해야 한다. 일단 수평 피치자세가 되면 비행기가 원하는 속도까지 가속될 수 있도록 허용한다.

속도와 고도 테이프에서 성능 변화를 관찰한다. 속도 변화를 수정하기 위해서 동력을 조절한다. 고도계 테이프를 교차점검하여 수평비행이 유지되고 있는지 확인한다. 만약 어떠한 변화가 감지되었다면 원하는 고도로 다시 복귀하기 위해서 적절하고 유연하게 피치 변화를 적용해야 한다. 피치를 수정하는 동안에도 유연한 균형조종 동력 세팅이 요구된다.

조종사가 원하는 순항속도를 유지하기 위해서 속도를 관찰하라. 일정 속도에서 수평으로 전환하기 위해서 수평 자세를 향한 피치자세의 증가를 언제 시작할지를 다시 결정해야 한다. 만약 피치 변화만 요구된다면 피치가 증가함에 따라 항력증가로 인하여 속도가 달라진다. 스로틀의 유연하고 균형된 동력 증가는 속도를 유지하기 위해서 예정된 값까지 수정하는 데 필요하다. 트림은 조종압이 감지될 때 이를 완화하기 위해서 적용되어야 한다.

2.9.4 공통 실수(직선 상승 및 강하)

① 상승을 시작하는 데 과조종했다. 정밀한 자세계기비행을 달성하기 위해서 조종실 계기 장치에 익숙해 있어야 한다. 조종사가 특정 속도와 관련된 피치자세에 익숙해질 때까지 초기 확립된 피치 세팅을 수정할 수 있어야 한다. 새로운 속도와 수직 속도율이 안정되는 동안 인내심을 유지하라. 첫 수정이 확인될 때까지 추가 수정조작을 하고자 하는 충동을 억제하고 서두르지 마라. 작은 양의 변화는 신속한 결과를 얻을 수 있고 안정된 비행경로를 허용한다. 피치와 동력의 수정량이 클수록 조종이 더욱 어렵고 회복 절차를 어렵게 한다.

② 교차점검의 비율을 증가하지 못했다. 언제든지 피치 또는 동력의 변화를 적용했을 때 교차점검의 비율을 더욱 강화해야 한다. 느린 교차점검은 다른 자세의 변화를 초래할 수 있다.

③ 새로운 피치자세를 유지하지 못했다. 일단 피치자세의 변화를 위해서 적용했다면 결과를 확인할 때까지 그 피치자세가 유지되어야 한다. 새로운 피치자세를 유지하는 데 도움이 될 수 있도록 트림을 활용한다. 만약 피치자세의 변화를 허용했다면 초기 피치 변화의 수정이 충분했는지를 확인하는 것은 어렵다. 피치자세의 지속적인 변화는 회복 절차를 지연한다.

④ 트림 기술이 정확하지 못했다. 만약 조종사가 조종압을 유지하고 있다면 피치가 변화되었을 때 초기 수정을 확인하기가 어렵다. 조종사는 힘으로 피치자세를 유지하고 있을 때 추가 조종압을 적용하거나 아니면 완화하는 경향이 있다. 트림은 조종간에 조종압 없이 비행할 수 있도록 한다.

⑤ 동력 세팅에 대한 지식이 부족했다. 조종사가 특정 피치와 동력 세팅에 익숙해 있지 않을 때 또는 이를 적절하게 활용하지 못했을 때 비행경로에서의 변화는 긴 시간이 걸릴 수 있다. 비

행경로를 신속하게 변화시키기 위해서 피치와 동력 세팅에 대한 충분한 이해가 필요하다.

⑥ 피치와 동력을 조절하기 전 속도와 수직속도 모두 교차점검을 하지 못했다.

⑦ 수평전환 중 피치와 동력의 적용이 균형을 이루지 못했다. 수평전환 중 피치와 동력 세팅 모두 원하는 결과를 얻기 위해서 조화되어 적용되어야 한다. 만약 피치가 동력을 증가하기 전 증가하였다면 부가 항력이 발생하기 때문에 원하는 값 이하로 속도가 감소한다.

⑧ 보조 피치계기를 적절히 활용하지 못하여 VSI를 쫓아가는 현상이 발생했다. 피치 변화를 감지하기 위한 조종 계기로서 항상 자세계를 활용해야 한다.

⑨ 상승 또는 강하에서 수평전환을 위한 정확한 시간을 결정하지 못했다. 오래 기다리는 것은 고도를 초과할 수 있다.

⑩ 동력이 증가함에 따라 수평전환 중 전방 조종압을 유지하지 못했기 때문에 벌룬링을 방지하지 못했다. 추가 양력은 비행기 기수의 피치 상승을 초래하는 원인이다.

2.10 선 회

2.10.1 표준율 선회

이제까지 수평직선비행과 상승 및 강하에 대해서 다루었다. 자세계기비행은 직선 비행뿐만 아니라 일부 지점에서 벡터 경로, GPS 코스 그리고 DME 아크를 따라서 선회할 필요가 있다. 계기비행의 핵심은 유연한 균형조종 피치와 경사조종을 할 수 있는 능력이다. 계기비행은 서두르지 않아야 하고 출발 공항으로부터 목적지 공항까지 과격한 비행 기동 없이 정밀한 절차에 따라 수행되어야 한다. 특정 기수방위로 선회는 표준율 선회로 수행되어야 한다. 표준율 선회는 [그림2-36, 뒤표지 안쪽]과 같이 360°를 2분에 완료할 수 있는 초당 3°의 선회율이다. 표준율 선회는 조종사에게 비행계기를 교차점검할 수 있는 충분한 시간을 허용하고 비행기에 작용하는 공기역학적 힘(aerodynamic forces)들의 극단적 변화를 피하면서 적시 기수방위 변화를 달성할 수 있어야 한다. 비행기는 조종사가 비행계기를 효율적으로 교차점검하기 위한 것보다 더 빠른 기동을 해서는 안 된다. 이 같은 이유로 대부분 오토파일럿은 표준율 선회로 설정되어 있다.

(1) 표준율 선회

표준율 선회를 시작하기 위해서 대략적인 경사각을 예상한 후 자세계에 그 경사각을 확립한다. 대략적인 경사각은 진대기속도의 15%를 적용한다. 이 값을 간단한 방법으로 계산하기 위해서 진대기속도를 10으로 나누고 결과의 절반을 더하는 방법이 권장된다. 예를 들어 속도가 100노트일 때 대략적인 경사각은 15°(100/10 = 10 + 5 = 15)가 적당하다. 속도가 120노트라면 표준율 선회를 위한 경사각은 약 18°가 적절하다. 만약 그 경사각이 표준율 선회를 위해서 충분한지 결정하기 위해서 HSI에 있는 선회율 지시기를 교차점검한다. 이 과정에서 원하는 성능을 얻기 위해서 약간의 수정이 필요할 수 있다. 이 경우 목표가 표준율 선회를 달성하는 것이기 때문에 주요 경사계기는 선회율 지시계(turn rate indicator)이다. 선회율 지시계는 표준율 선회를 지시할 수 있는 유일한 계기이다.

자세계는 오직 경사각을 확립하는 데 사용되지만, 만약 경사가 계산한 것보다 큰지 또는 작은지를 결정하기 위한 경사각 교차점검에 의한 보조계기로써 활용될 수 있다. 비행기가 경사로 진입할 때 수직양력분력이 감소하기 시작한다. 이때 부가 양력이 수평비행을 유지하기 위해서 발생하여야 한다. 고도 상실 추세를 방지하기 위해서 조종간에 충분한 후방압을 적용해야 한다. 양력이 증가하면서 동시에 유도항력 역시 증가한다. 이것은 부가 항력을 유발하여 비행기를 감속시키는 원인이 된다. 이에 대처하기 위해서 동력을 증가시켜 추력을 증가시켜야 한다. 일단 고도와 속도가 유지된 후 조종간을 유지하는 데 필요한 조종 힘을 완화할 수 있도록 트림 휠을 조절한다.

조종사는 표준율 선회로부터 수평으로 전환할 때 균형조종으로 도움날개와 러더를 적용하고, 유연한 조종 입력으로 날개 수평 자세로 선회정지해야 한다. 선회정지(roll-out) 비율은 초과하거나 미도착하지 않고 원하는 기수방위에 도달하는 데 필요한 선도량을 예측하기 위해서 선회진입(roll-in)과 동일해야 한다. 자세계는 선회에서 다시 직선비행으로 전환 중 주요 경사계기가 된다. 일단 날개수평이 된 후 기수방위 지시계는 주요 경사계기가 된다. 경사가 감소함에 따라 피치자세가 수평비행을 유지하는 데 충분하게 감소하지 않았다면 수직분력은 증가한다. 만약 전방 조종압이 조종간에 적용되었다면 고도의 변화를 방지하기 위해서 교차점검을 강화해야 한다. 경사각이 감소함에 따라 피치자세는 경사가 "0"이 되었을 때 수평 피치자세에 도달할 수 있도록 감소되어야 한다. 이 과정에서 트림 휠을 사용하여 과도한 조종압을 제거한다.

(2) 공동 실수

① 표준율에 상응하는 적절한 경사각을 유지하지 못했다. 선회 중 주요 경사계기는 선회율 지시계이다. 그러나 경사각이 약간 다를 수 있다. 조종사는 확실한 교차점검으로 초과하거나 미달하는 실수를 최소화해야 한다.

② 표준율 선회 중 적절한 교차점검을 수행하지 못했다. 조종사는 기동 중 고도, 속도 그리고 경사각으로부터 변화를 감지하고 제거하기 위해서 확실한 교차점검 기술을 익혀야 한다.

③ 시선고정은 자세계기비행과 관련된 주요 실수 중 하나이다. 계기한정을 위한 조종사 훈련은 최근에 감지한 중요한 과제에 집중하는 경향이 있고, 선회율 지시계에 주의를 집중하는 동안 교차점검을 소홀히 한다. 변형방사교차점검(modified radial scan)은 기동 중 모든 계기의 적절한 스캐닝을 제공한다.

2.10.2 지정된 기수방위로 선회

선회는 초기 비행훈련 중 조종사가 익혀야 하는 기본 기동의 하나이다. 비행기를 조종하는 방법을 훈련하고 균형조종 그리고 원하는 기수방위로 유연한 선회진입은 숙련된 자세계기비행을 위한 핵심 요소이다. EFD는 자세비행 전 과정에서 조종사로 하여금 모든 재래식 계기를 PFD에 시현하여 필요한 계기들을 더욱 효율적으로 활용할 수 있도록 한다. PFD에 시현되는 자세계는 재래식 계기에 비해서 매우 크기 때문에 조종사는 원하는 기수방위로 선회진입을 시작할 때 나침반 방위판(compass rose) 위에 직접 위치해 있는 선회율 지시계의 지시를 이용해서 더욱 양호한 피치조종을 유지할 수 있다.

기수방위 변화를 수행할 때 적용해야 하는 경사각이 얼마인지를 결정할 때 작은 기수방위 수정은 기수방위 변화를 필요로 하는 총 각도의 수보다 큰 경사각을 적용하지 마라. 예를 들어 기수방위 수정이 20°가 필요한 데 경사각은 20° 이상을 적용하면 원하는 기수방위를 쉽게 초과할 수 있다. 경사각을 더 정확하게 결정할 수 있는 다른 방법은 기수방위 수정이 필요한 총 각도 숫자의 절반이지만 표준율보다 절대 커서는 안 된다. 표준율 선회에 등가인 정확한 경사각은 진대기속도 때문에 달라질 수 있다. 이를 염두에 두고 계산된 경사각과 함께 다음 단계는 선회정지과정을 시작할 때 결정되어야 한다. 예를 들어 비행기가 기수방위 030°에서 120°로 선회를 시작했다. 주어진 속도에서 표준율 선회를 위한 경사는 15°라 하자. 조종사는 기수방위 지시계가 약 112°를 지시할 때 원하는 기수방위로 유연하고 균형조종 선회정지를 시작한다. 이것은 다음과 같이 계산된다.

15° bank(standard rate) ÷ 2 = 7.5°
120° -7.5° = 112.5°

일단 초과 또는 미달 양이 확인되었을 때 선도량의 수정은 이 방법을 적용하여 더욱 정확하게 선도 기수방위를 판단할 수 있다.

2.10.3 시간차 선회

기본적으로 EFD를 이용한 시간차 선회(timed turns)는 재래식 계기를 이용한 것과 동일하다. 이 기동을 위해서 사용되는 계기는 시계와 선회율 지시기이다. 이 기동의 목적은 조종사로 하여금 표준 계기 없이 비행기를 조종할 수 있는 조종사의 능력과 스캐닝 기술을 향상시키는 데 있다. 시간차 선회는 기수방위 지시계의 고장이 발생했을 때 꼭 필요한 기동이고 AHRS 장비 또는 자기력계의 고장이 발생했을 때 필수적이다. 어느 경우든 자기나침반은 항법에 활용할 수 있다. 자기나침반 선회 대신 시간차 선회를 선택하는 이유는 기동의 단순성(simplicity)이다. 자기나침반 선회는 다양한 오차를 고려해야 하는 복잡성이 있다.

선회를 시작하기 전 선회율 지시기에서 정확하게 초당 3°의 표준율 선회를 지시하는지 확인한다. 이를 위해서 적절한 보정(calibration) 절차를 수행해야 한다. 표준율 선회 방향을 결정하여 선회에 진입하고 나침반이 주요 방위를 통과하자마자 디지털 타이머(digital timer)를 작동시킨다. 나침반 방위판이 다른 주요 방위를 지시할 때 타이머를 멈춘다. 날개를 수평으로 전환하고 선회율을 계산한다. 만약 선회율 지시계가 보정되고 정확하게 지시한다면 90° 선회에 30초가 소요될 것이다. 만약 시간이 30초를 초과하거나 미달이라면 표준율 선회를 위해서 얼마의 시간을 가감해야 하는지 결정한다.

일단 어느 한 방향으로 보정이 완료된 다음 반대 방향으로 동일한 절차를 적용하여 보정한다. 두 방향의 보정이 완료되었을 때 모든 시간차 선회에 보정된 계산을 적용한다. 시간차 선회를 완수하기 위해서 기수방위가 변화해야 하는 양을 결정한다. 예를 들어 기수방위 120°에서 360°까지라고 한다면 조종사는 차이를 계산하고 그 숫자를 3으로 나눈다. 이 경우 120°를 초당 3°로 나누면 40초가 된다. 이것은 비행기가 완벽한 표준율 선회를 했을 때 기수방위 120°를 선회하는데 40초가 소요된다는 것을 의미한다.

기동을 위한 시간은 비행기가 표준율 선회로 진입을 시작했을 때 측정하기 시작한다. 기동 중 모든 비행계기를 관찰해야 한다. 주요 피치계기는 고도계이다. 주요 동력계기는 ASI 그리고 주요 경사계기는 선회율 지시계이다. 일단 계산된 시간이 경과되었을 때 유연한 균형조종으로 선회정지 조작을 시작한다. 조종사가 선회진입과 동일한 비율로 선회정지를 수행했다면 진입과 정지에 소요된 시간 모두 계산에 포함시킬 필요는 없다. 조종사는 훈련을 통해서 원하는 기수방위에서 날개수평이 되어야 한다. 기동 중 어떠한 변화가 발생했다면 정확한 기수방위를 확립하기 위해서 작은 양으로 수정한다. 이 훈련에서 경험할 수 있는 실수는 재래식 아날로그 계기 훈련에서 나타나는 실수와 동일하다.

2.10.4 급선회

계기비행 훈련에서 급선회는 표준율을 초과하는 선회로 정의한다. 초당 3° 선회와 등가의 경사각은 속도에 따라 달라진다. 속도가 증가함에 따라 경사각이 증가해야 한다. 표준율 선회에 해당하는 정확한 경사각은 중요하지 않다. 정상 표준율 선회를 위한 적절한 경사각은 10°~20° 이다. 급선회 기동의 목적은 과도한 경사각에서 비행기를 조종할 수 있는 능력을 계발하는 것이다. 과도한 경사각에서 훈련은 교차점검 기술을 발달시키고 더 넓은 비행 자세 범위에서 고도를 유지할 수 있는 능력을 향상시키는 데 있다. 비록 현재 계기비행 점검 실기평가 기준에서 급선회 능력을 요구하고 있지 않지만, 기장이 되기 위한 계기 훈련에서 교관이 요구할 때 이를 실행할 수 있어야 한다. 급선회 훈련은 모든 비행계기의 교차점검 빈도를 필연적으로 신속 정확하게 진행되어야 하는 급격한 공기역학적 힘들의 변화를 인지하고 적응할 수 있도록 한다. 급선회에 진입, 유지 그리고 회복하는 절차들은 얕은각 선회와 동일하다. 다만, 높은 공기역학적 힘들 그리고 힘들의 변화가 빠르게 진행되기 때문에 계기 교차점검과 판독 숙련도는 크게 향상되어야 한다.

(1) 기동 수행

왼쪽으로 급선회에 진입하기 위해서 [그림2-37]과 같이 45° 균형조종 선회에 진입한다. 글라스 패널 디스플레이의 장점은 롤 스케일에 있는 45° 경사 지침이다. 롤 스케일에 있는 이 추가 지침(index)은 재래식 계기에 비해서 더욱 정밀한 경사각으로 선회에 진입할 수 있도록 한다. 경사각이 증가하자마자 수직양력분력이 감소하기 시작한다. 만약 수직양력분력을 계속해서 감소를 허용한다면 확실한 고도 상실이 고도 트렌드 지시기와 함께 VSI 테이프와 고도계에 지시된다.

이외에도 속도는 낮아진 피치자세로 인하여 증가하기 시작한다. 급선회 훈련 전에 확실한 교차점검 기술을 갖추어야 한다. VSI, 고도계 그리고 ASI와 함께 모든 트렌드 지시기의 활용은 계기만을 참고한 급선회 훈련에 필수이다. 고도상실을 방지하기 위해서 피치자세를 높일 때 조종

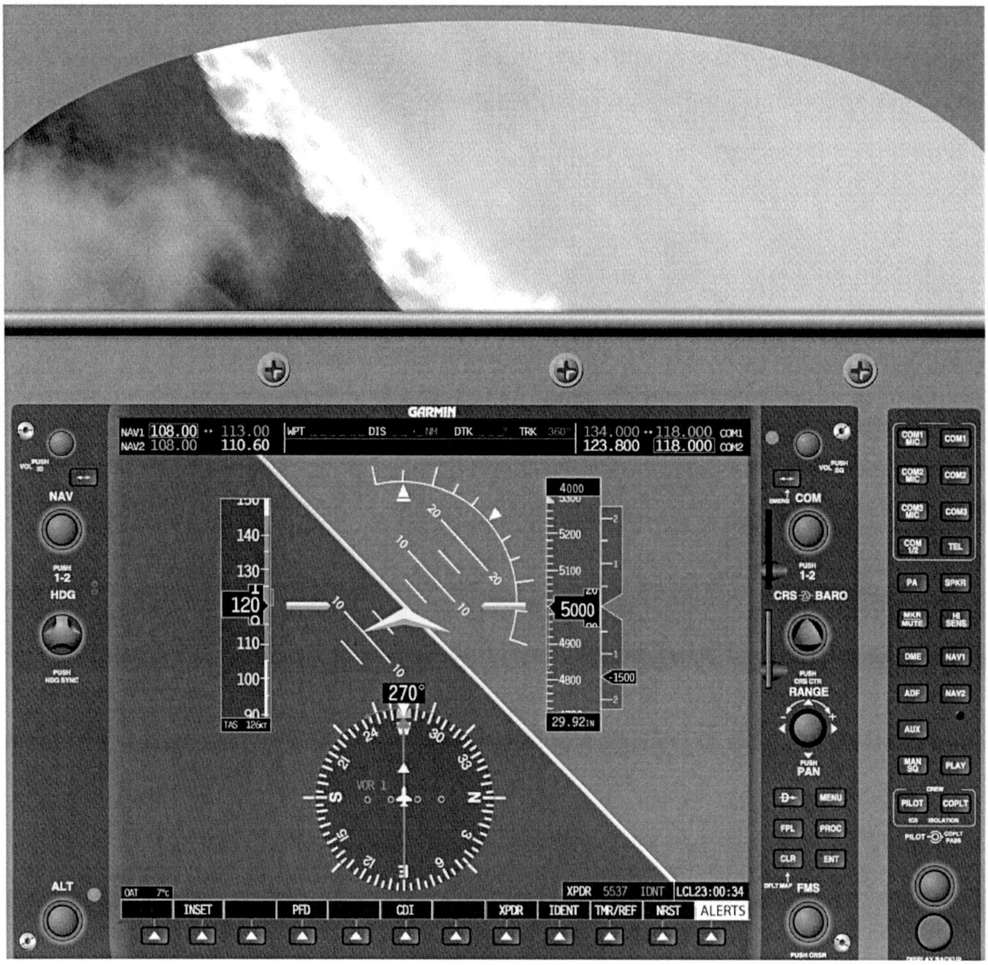

【그림2-37】 깊은각 좌선회

간에 서서히 후방압을 적용한다. 일반적으로 적용할 수 있는 피치 변화의 양은 비행기 종류에 따라 3°~5°를 넘지 않는다. 승강타 후방압을 적용함에 따라 받음각이 증가하고 수직양력분력도 함께 증가한다. 고도 변화가 나타날 때 정확한 조종 힘을 적용하여 수정해야 한다.

초기 훈련 중 과경사를 적용하는 경향이 있다. 과경사는 경사각이 50°를 초과할 때이다. 외측 날개가 더욱 빠르게 이동함에 따라 더 큰 양력이 발생하고 좌우측 날개의 양력 불균형이 더욱 커지는 결과가 나타난다. 경사각이 45°를 지나 계속됨에 따라 수직과 수평양력분력은 반비례한다. 일단 경사가 45°를 초과했다면 수평양력분력은 더욱 커진다. 만약 고도가 계속해서 감소하고 조종사가 오직 후방압을 적용한다면 선회반경은 커진 수평양력분력으로 인하여 더욱 강화된다. 만약 후방압이 계속해서 증가한다면 결국 수직양력분력을 상실하는 지점에 도달하고 공기역학적 날개 하중은 기수를 들리게 하는 것을 사실상 불가능하게 한다. 이 상황에서 피치만을 더욱 높이려는 조작은 선회반경을 더욱 강화(tightens the turning radius)시킨다. 계기만을 참고하여 성공적으로 급선회를 수행할 수 있는 핵심은 신속하고 정확한 교차점검과 함께 관련된 공기역학을 확실하게 이해할 수 있어야 한다.

조종사는 어느 순간이라도 힘으로 조종을 유지하지 않도록 트림을 적절하게 사용할 수 있어야 한다. 일단 비행기 기동에 트림이 잘 조절되었다면 기동을 확립하는 것은 실질적으로 손을 떼고 비행할 수 있다. 이것은 교차점검과 판독을 위한 부가적인 시간을 제공한다. 고도를 수정하는 과정에서 단지 승강타 후방압만을 조절하지 않고 수직양력분력을 변화시키기 위해서 경사각 ±5°의 수정은 불가피하다. 이들 두 조작은 동시에 수행되어야 한다. 급선회로부터 수평직선비행으로 회복 중 승강타 전방압은 진입 고도, 기수방위 그리고 속도로 다시 되돌아오기 위한 동력조종에 따라 달라져야 한다.

(2) 세부 기동 과정

① 경계 선회(clearing turn)를 실시한다.
② 45° 좌선회에 진입하고 즉시 피치자세를 약 3°~5°로 올린다.
③ 경사가 30°를 지나면서 진입 속도를 유지하기 위해서 동력을 증가시킨다.
④ 조종간 후방에 따른 조종압을 제거하기 위해서 트림을 조절한다.
⑤ 기수방위 약 20° 전에서 급선회를 정지하기 위한 조작을 시작한다.
⑥ 전방 조종압을 적용하고 피치자세가 수평 순항비행 피치자세가 되도록 한다.
⑦ 속도를 유지하기 위해서 동력을 진입 동력 세팅으로 감소한다.
⑧ 비행기가 오른쪽으로 급선회를 계속하자마자 비행기 트림을 다시 조절하고 이후 ③번 절차를 계속한다.
⑨ 일단 기동을 완료한 다음 수평비행을 확립하고 모든 해당 점검표 절차에 따른다.

2.10.5 비정상자세로부터 회복

비정상자세(unusual attitude)는 조종사에게 가장 위험한 상황 중 하나이다. 자세계기비행에서 교차점검과 판독 기술이 숙련되지 못한 조종사는 비정상자세를 급격하고 잠재적인 치명적 사고로 악화시킬 수 있다. 재래식 계기들은 비행기 자세를 추론하기 위한 계기들 사이의 교차점검을 필요로 하지만, 개별적 계기는 성공적 회복에 필요한 필수 정보가 부족하다. EFD는 비정상자세를 인지하고 회복하는 데 도움이 되는 부가적인 기능을 갖추고 있다.

PFD는 한 화면에 모든 비행 계기들을 보여줄 수 있다. 각 계기는 자세계의 전체 화면 위에 겹쳐서 나타낼 수 있다. 따라서 조종사는 더 이상 한 계기로부터 다른 계기로 전환할 필요가 없다. [그림2-38]과 같은 비정상자세 회복보호(unusual attitude recovery protection)는 비행기의 자세를 신속하게 결정할 수 있도록 하여 안전하고, 정확한 그리고 즉각적인 회복을 할 수 있다. PFD에 나타나는 화면 전체 폭 인공 수평(full-width artificial horizon)이 제공되어 조종사의 상황인식을 더욱 향상시켰다. 이것은 교차점검을 수행하는 동안 전 시간 자세계를 관찰할 수 있도록 설계되어 있다. 재래식 계기의 한 문제는 자세계는 피치자세가 90° 기수-들림 또는 기수-숙여짐을 향해서 증가할 때 완전 청색 또는 갈색 부분으로 보인다. 그러나 EFD에서 자세계는 전 시간 하늘과 지상 부분 모두를 나타낼 수 있도록 설계되어 있다. 이것은 조종사로 하여금 신속하게 수평으로 되돌아 올 수 있는 방법을 알 수 있도록 하여 상황인식을 크게 향상시켰다.

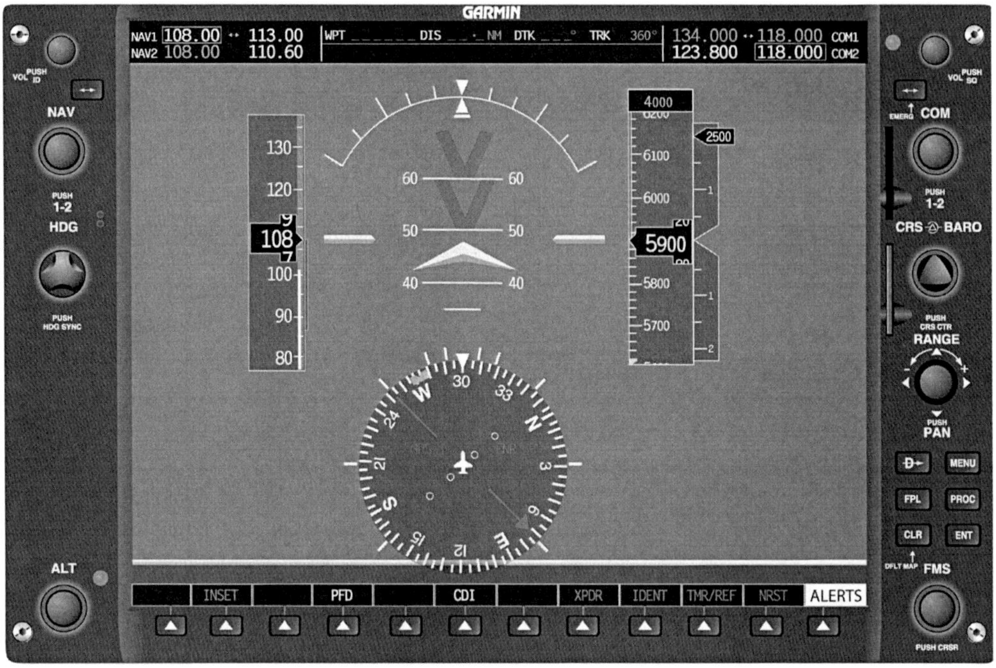

【그림2-38】 비정상적으로 높은 자세가 발생했을 때 PFD에는 비정상자세 회복보호가 나타나고 있다. 거의 전체가 파란색이지만 하단에 수평선과 갈색이 보인다.

[주] 수평선은 약 47° 피치-업에서 하향으로 이동하기 시작한다. 이 지점부터 갈색 부분이 조종사에게 수평 피치자세로 복귀하기 위한 가장 신속한 방법을 시각적으로 보여준다. [그림2-38]

[주] 수평선은 약 27° 피치-다운에서 상향으로 이동하기 시작한다. 이 지점부터 파란색 부분이 조종사에게 수평 피치자세로 복귀하기 위한 가장 신속한 방법을 시각적으로 보여준다. [그림2-39]

자세계의 백색선이 수평선이라는 것을 반드시 이해해야 한다. 파란색과 갈색 바탕 사이의 분기점은 오직 참고하기 위한 것이고 인공 수평으로 생각해서는 안 된다. 비정상자세 회복보호의 또 다른 특징은 PFD 소프트웨어에 내장된 AHRS로 작동된다. 기수-높음 비정상자세의 경우 회복 보호는 수평으로 다시 돌아가고 있음을 지시하는 빨간 셰브런이 나타난다. 이들 셰브런은 자세계에서 50° 위에 위치해 있다. 셰브런은 비행기가 30° 기수-높음 자세로 높아지고 있을 때 나타나기 시작한다. 소프트웨어는 자동으로 PFD에서 속도, 기수방위, 자세, 고도계, VSI 테이프 그리고 트렌드 벡터만을 남기고 PFD에서 사라지게(declutters) 한다. 화면에서 제거된 정보는 피치자세가 25° 이하가 되었을 때 다시 나타나기 시작한다. 기수낮음 비정상자세에서 셰브런은 피치가 15° 기수낮음 자세에서 나타난다. 만약 피치가 계속해서 낮아지고 있다면 비정상자세 회복보호는 20° 기수낮음 자세에서 화면에 필수 정보만 남기고 제거한다. 화면에서 제거된 정보들은 피치가 15° 위로 증가하였을 때 다시 나타난다. 이외에도 비정상자세 회복보호를 작동(trigger)시키는 경사 제한이 있다.

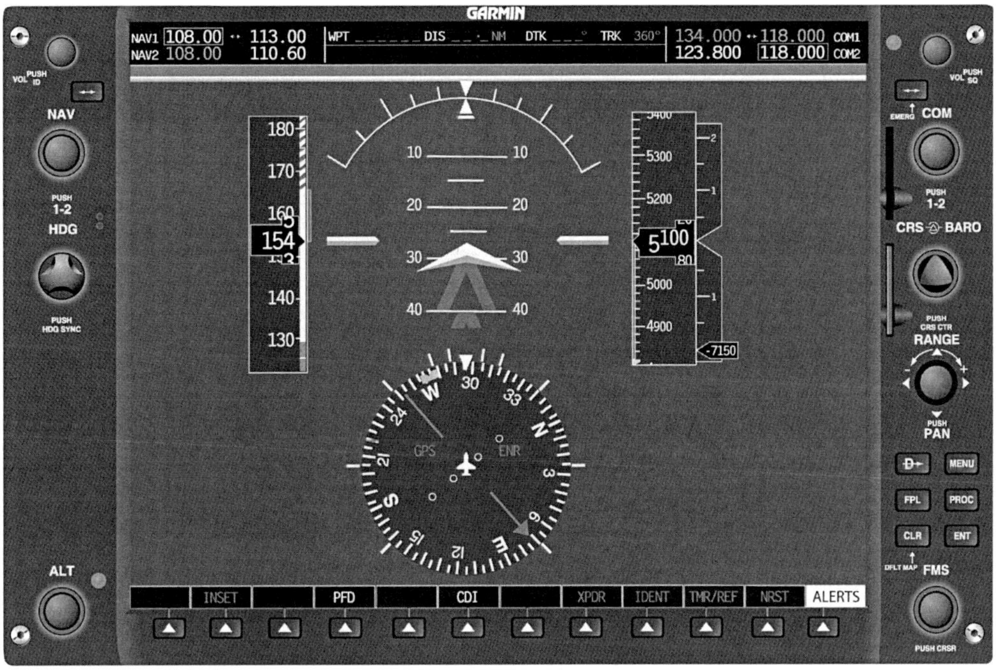

【그림2-39】 수평선이 27°에서 상향으로 이동하고 있다. 파란 하늘은 17° 기수-숙여짐에서 약간 보이고 있다.

만약 비행기 경사가 60°를 초과한다면 롤 지침의 연장 부분이 날개가 수평으로 되돌아오기 위한 최단 롤 방향을 지시하기 위해서 계속된다. 경사가 65°에서 PFD 화면에 필수 정보 외 다른 정보들은 제거된다. 모든 정보는 경사각이 60° 이하가 되었을 때 다시 나타난다. [그림2-40]은 비행기가 60° 이상 롤링하고 있다. 경사 지침의 끝에서부터 연장된 백색 선을 관찰하라. 이 라인은 날개수평으로 되돌아가기 위한 최단거리를 지시하기 위해서 나타난다. AHRS 장치가 고장 났을 때 모든 비정상자세 회복보호는 기능이 상실된다.

AHRS의 고장은 PFD에서 모든 기수방위와 자세 지시를 상실하는 결과가 초래된다. 이외에도 롤과 고도 홀드 모드(altitude hold)를 제외하고 오토파일럿 모드 기능이 상실된다. 다음 연속 그림은 상황인식에서 이 기술의 중요성과 함께 안전을 위해서 얼마나 중요한지를 보여주고 있다. [그림2-40]은 정상 AHRS와 대기자료컴퓨터(ADC)와 함께 비정상자세 회복보호를 보여주고 있다. 수평에 대해서 아래를 지시하고 있는 밝은 빨간 셰브런은 이를 쉽게 인지하고 수정할 수 있는 기수높음 비정상자세를 지시한다.

[주] 빨간 셰브런은 수평 피치자세로 되돌아오도록 지시한다. 트렌드 지시기는 6초 이내의 속도와 고도가 어디에 있는지를 보여준다. 기수방위 지시계에 있는 트렌드 지시기는 비행기가 어느 방향으로 선회 중인지를 보여준다. 슬립/스키드 지시기는 균형조종 비행 상태를 보여준다. 현재 이 정보는 비행기의 비정상자세 종류를 결정하는 데 도움이 된다.

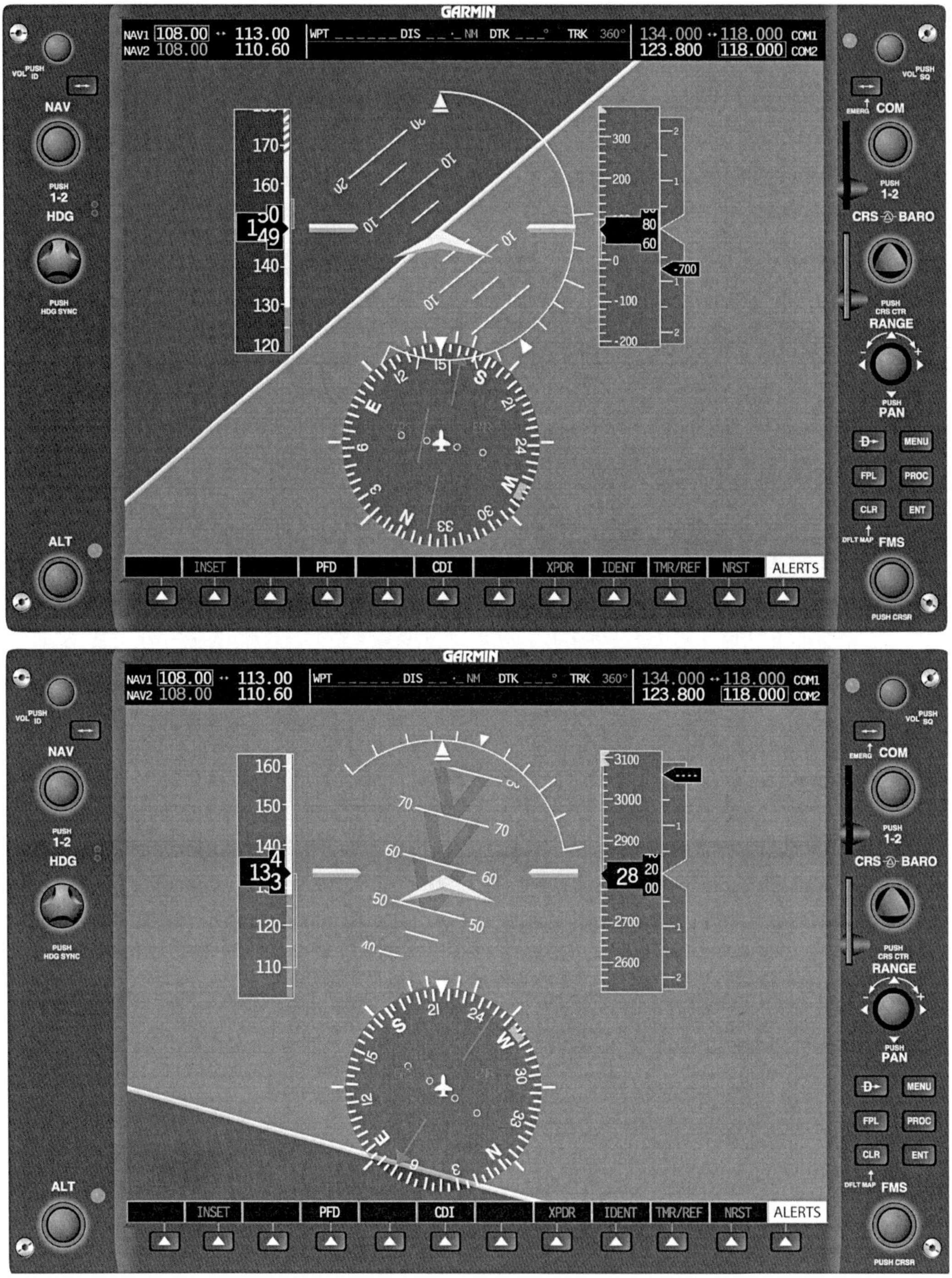

【그림2-40】 항공기는 60° 경사를 초과하여 경사지고 있다.(위) AHRS가 정상 작동 중일 때 비정상자세회복 보호 기능이 나타나고 있다.(아래)

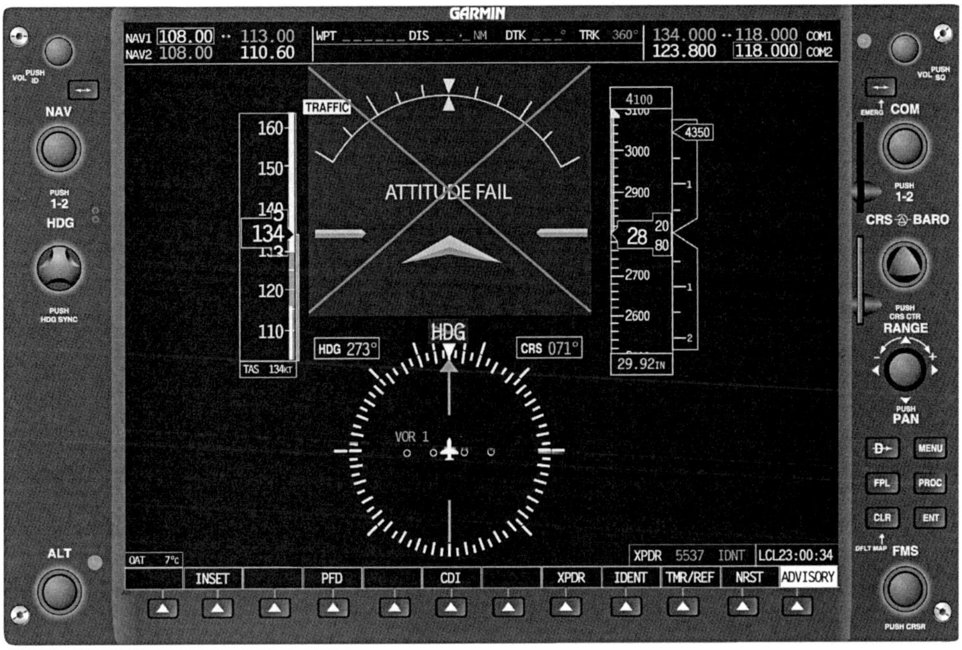

【그림2-41】 AHRS 장치가 고장 났을 때 속도와 고도는 계속 작동되고 있지만, 슬립/스키드 지시기는 작동되지 않는다.

이제 [그림2-41]을 보자. 디스플레이는 위의 그림과 동일한 속도를 보여준다. 그러나 AHRS 장치가 고장 났다면 고도계와 VSI 테이프는 비행기가 기수높음 자세를 보여주는 유일한 지시이다. 여기서 더 이상 참고할 수 없는 중요한 계기는 슬립/스키드 지시기이고 조종사가 참고할 수 있는 예비 선회코디네이터는 없다. 자기나침반은 방위를 지시하지만, 선회코디네이터 또는 슬립/스키드 지시기만큼 유용하지 못하다. [그림2-42]는 AHRS와 ADC가 고장 난 상황을 보여주고 있다. 화면에 비행기 자세가 보이지 않는다. PFD에서 주요계기의 고장과 함께 유일하게 참고할 수 있는 것은 예비 계기들이고 재래식 ASI, 자세계, 고도계 그리고 자기나침반으로 구성되어 있지만, 예비 선회코디네이터는 없다. 극단적인 고기수 또는 저기수 자세 그리고 높은 경사각에서 아날로그 자세계는 뒤집어짐 현상이 발생할 수 있다.

2.10.6 오토파일럿 적용

오토파일럿은 MFD 화면 뒤에 설치된 선회코디네이터로부터 입력되도록 장착되어 있다. 이 선회코디네이터는 단순한 날개 수평기(wing leveler)로서 롤 모드를 위한 오토파일럿 장치이다. 이 보호는 선회코디네이터가 없을 때 비정상자세에서 조종사가 참고할 수 있도록 가용하다.

[주] 조종사는 선회코디네이터에 접속할 수 없다. 이 계기는 [그림2-42, 아래]와 같이 MFD 패널 뒤에 설치된다. 대부분의 EFD 장착 비행기는 오토파일럿이 설치되어 공장에서 출고된다. 비행기 구매자는 오토파일럿의 설치 여부를 선택할 수 있다. 만약 AHRS와 ADC가 고장 났을 때 IMC에서 오토파일럿이 없는 EFD 장착 비행기는 극도의 주의가 요구된다. 오토파일럿은 조종사에게 더 많은 시간을 다른 비행 성능을 관찰할 수 있는 조종실 업무를 감소시키는 데

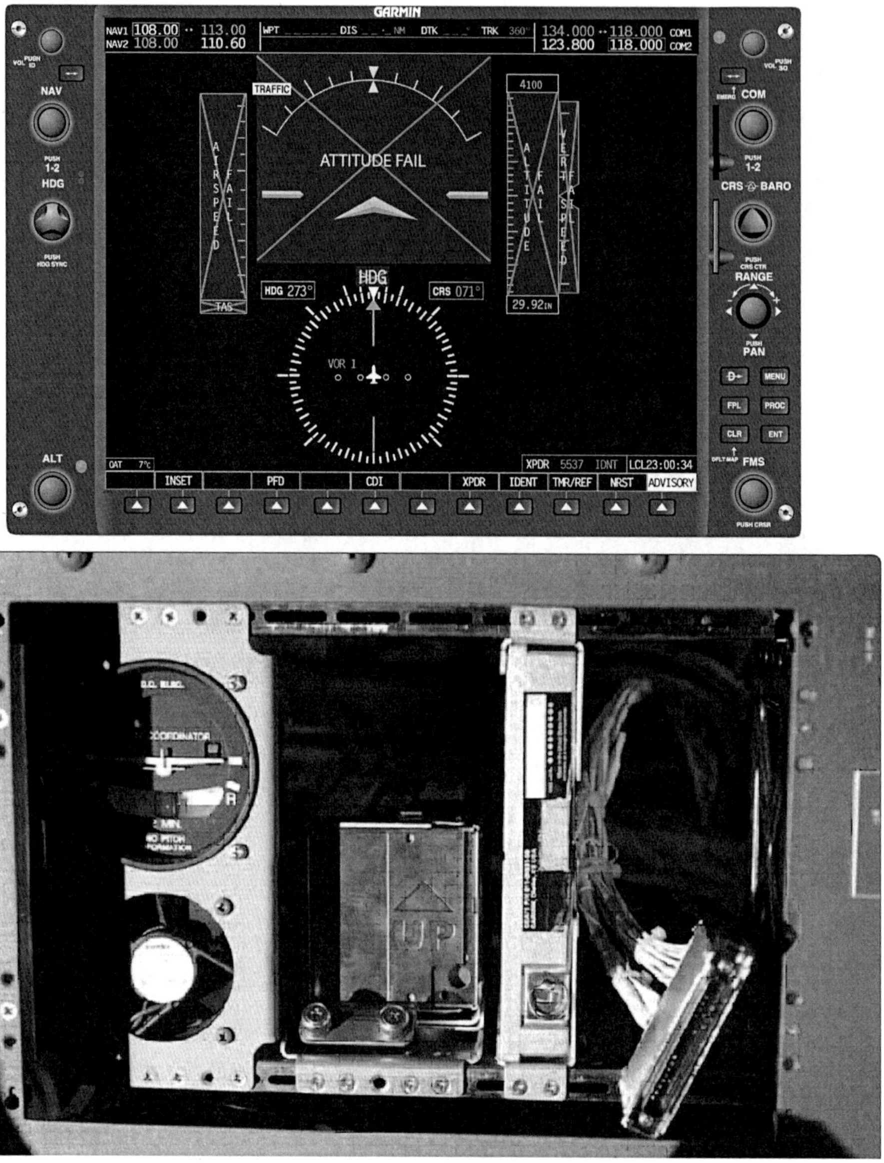

【그림2-42】 AHRS ADC 고장(위), 이 오토파일럿은 선회코디네이터에서 경사정보를 얻어야 한다.

활용된다. 또한, 오토파일럿은 비정상자세로 진입할 수 있는 가능성을 감소시킨다. 따라서 오토파일럿의 사용 없이 EFD 장착 비행기를 비행하는 것은 조종실 업무를 가중시키고 새로운 시스템에 적용하는 데 필요한 조종사의 상황인식 능력을 떨어뜨릴 수 있다.

[공통 실수-비정상자세]

① 트리밍 기술이 부적절했다. 만약 조종사가 교차점검을 중지하고 전 시간 수평비행을 위한 비행기의 트림을 정확하게 유지하지 못한다면 순간적으로 비상상황으로 이어질 수 있다.

② 조종실 관리 능력이 부족했다. 특히 1인 조종사는 비행에 필요한 각종 간행물과 기타 품목들을 효율적으로 관리할 수 있어야 하고 필요한 품목들은 쉽게 닿을 수 있는 위치에 있어야 한

다. 그러나 정돈되지 않은 조종실은 비정상자세가 발생하기에 충분한 교차점검의 단절을 허용할 수 있는 산만함을 초래할 수 있다.

③ 시선고정은 어느 특정 계기의 불확실한 문제에 대해서 너무 많은 시선이 집중된 현상이다. 교차점검은 단일 계기에 집착하기보다 여러 계기를 비교하여 관찰해야 한다는 점을 기억하라.

④ 시각보다 감각적으로 회복하려는 경향이 있다. 본능적 회복 조작은 계기비행 중 흔히 발생할 수 있는 다양한 착각으로 인한 잘못된 수정을 할 수 있다.

⑤ 자세계기비행에 충실하지 못했다. 조종사가 상당한 시간 동안 계기접근절차 또는 기본 자세계기비행 기동을 수행하지 않을 때 자세계기비행 기량이 현저히 떨어질 수 있다. 따라서 이를 충족하지 못했을 때 IMC에서 비행해서는 안 된다.

2.11 계기이륙

계기비행의 목적은 VFR 최저치 이하의 시정에서 계기이륙을 할 수 있는 능력을 계발하고 향상시키는 데 있다. 이 기동은 이륙 중 외부 시각 참조물 대신 비행계기들만 참고해서 이륙할 수 있어야 한다. 계기이륙을 훈련하는 또 다른 이유는 외부 시각 참고에서 내부 비행계기로 눈을 신속하게 이동해야 하는 전환 단계 중 발생할 수 있는 공간정위상실을 감소시키는 데 있다. 일부 EFD 시스템은 합성시각(synthetic vision) 시스템을 갖추어 출시되고 있다. 이것은 비행기 전방에 놓여 있는 지형을 [그림2-43, 뒤표지]과 같이 3차원 컴퓨터 그래픽으로 생성하여 조종사에게 보여준다.

디스플레이는 GPS 지형 데이터베이스를 기반으로 지형 특징들을 그려 놓은 것처럼 활주로도 합성시각으로 보여 줄 수 있다. 디스플레이는 비디오 게임과 같이 조종사가 방향 조종을 유지하기 위해서 기동할 수 있는 활주로를 생성해 낸다. 조종사가 컴퓨터 생성 활주로를 따라서 강하하는 동안 비행기는 실제 활주로와 정렬된 상태를 유지한다. 모든 EFD 시스템이 이 같은 첨단 시각 시스템을 갖춘 것은 아니다.

다른 모든 시스템과 함께 계기이륙(instrument takeoff)을 위한 표준 절차에 따라 수행되어야 한다. 모든 비행기는 각 기동에 수정을 필요로 할 것이기 때문에 새로운 장비를 사용할 때 반드시 사전에 충분하게 훈련되어야 한다. 계기이륙을 완수하기 위해서 비행기는 이륙 방향 활주로의 중앙선에 기수 또는 뒷바퀴를 일직선으로 정렬시켜야 한다. 만약 조종사 시야를 제한하고 있는 후드를 사용하고 있다면 활주하는 동안 교관의 도움이 필요하다.

뒷바퀴조향의 경우 뒷바퀴 잠금을 적용하고 비행기가 움직이지 않도록 브레이크를 견고하게 적용한다. 자기나침반과 함께 PFD에 있는 기수방위 지시계를 교차점검하고 나침반 방위판에서 발견되는 변위를 조절한다. 기수방위를 활주로 기수방위에 가장 근접한 5° 눈금에 맞춘다. 이것은 조종사에게 원하는 기수방위에서 벗어나는 것을 신속하게 감지하여 즉각적인 수정을 하기 위함이다.

GPS에서 OBS 모드를 활용하여 OBS 선택기(selector)는 지시침이 활주로 기수방위를 지시할 때까지 돌린다. 이것은 이륙활주 중 부가적인 상황인식을 제공한다. 방향조종(directional control)에 충분한 방향타에 힘이 발생할 수 있도록 동력(throttle)을 유연하게 적용한다. 브레이크를 놓고 동력을 지속적으로 이륙 세팅까지 전진시킨다. 브레이크를 놓는 순간 기수방위의 어떠한 변화는 즉각적으로 수정되어야 한다. 이륙활주하는 동안 방향 조종을 위해서 브레이크를 사용하는 것은 비행기 과조종 가능성을 높이고 이륙활주를 증가시킬 수 있어 자제되어야 한다.

비행기가 가속됨에 따라 ASI와 기수방위 지시계를 지속해서 교차점검한다. 비행기가 부양 속도보다 약 15~25노트에 도달했을 때 유연하게 승강타 후방압을 적용하여 원하는 이륙 자세까지 피치자세(대부분의 소형 비행기에서 약 7°)를 증가시킨다. 피치자세를 일정하게 유지하면서 비행계기들을 지속해서 교차점검하고 비행기가 활주로에서 부양할 수 있도록 한다. 비행기를 활주로에서 강제로 부양하도록 승강타를 당기지 마라. 비행기를 활주로로부터 강제로 부양시키는 것은 기수를 왼쪽으로 요잉(yawing)시키고, 이륙을 불안정하게 하는 P-요소(P-factor)로 인하여 좌선회 경향이 발생한다. 자세계를 참고하여 원하는 피치와 경사자세를 유지하고 확실한 상승률이 지시되고 있는지 VSI 테이프를 교차점검한다. 자홍색 6초 고도계 트렌드 지시기를 주시하라. 트렌드 지시는 증가하기 시작해야 한다.

난기류가 없다면 모든 트렌드 지시는 안정되어야 한다. 속도 트렌드 지시기는 속도가 일정하게 유지되고 있다면 이 포인터는 보이지 않는다. 속도 트렌드 지시기의 작동은 피치자세가 원하는 값에서 일정하게 유지되고 있지 않다는 것을 보여주기 때문에 속도는 변화 중이다. 성능은 일정 속도와 수직속도 비율에서 상승하는 것이다. ASI는 주요 피치계기로 활용한다. 일단 비행기가 안전 고도에 도달하면 원하는 피치자세를 유지하기 위해서 ASI와 자세계를 참고하면서 착륙장치와 플랩을 올린다. 비행형상이 변함에 따라 승강타 후방압의 증가는 원하는 피치자세를 유지하는데 필요하다. 비행형상(flight configuration; *이륙 후 착륙장치와 플랩을 접어 넣었을 때의 형상*)의 변화에 따른 항력의 변화를 보상하기 위한 승강타 후방압은 유연하게 증가하여야 한다. 이 과정에서 변화를 예측하고 교차점검을 더욱 강화한다. 속도 테이프와 고도 테이프는 VSI 테이프가 일정하게 유지되는 동안 증가한다. 비행기가 원하는 상승 속도까지 가속될 수 있도록 하라. 일단 원하는 상승 속도에 이르렀을 때 POH/AFM의 절차에 따라 상승 동력 세팅까지 동력을 감소한다. 조종압을 제거하기 위해서 트림을 조절하라.

[공통 실수]

① 이륙 전 적절한 조종실 점검을 하지 못했다. 조종사는 불작동 속도계, 조종간 잠금장치를 해제하지 않았거나 너무 서두르거나 부주의로 인하여 다른 것을 빠뜨리고 점검했다. 계기이륙 중 가능한 한 빨리 ASI의 교차점검을 해야 한다. 일부 시스템에서는 진대기속도가 20노트를 지시할 때까지 지시하지 않을 수 있다.

② 활주로 정렬이 부정확했다. 이것은 비행기가 조금씩 이동하는 현상을 방지하지 못했거나 부적절하게 브레이크를 적용했기 때문이다. 어느 경우든 이륙이 시작됨에 따라 방향 조종 문제가 누적되어 나타날 수 있다.

③ 동력을 적절하게 적용하지 못했다. 급격한 동력 적용은 방향 조종을 더욱 복잡하게 한다. 동력은 약 3초 이내에 이륙 동력 세팅까지 유연하고 지속적으로 적용해야 한다.

④ 브레이크를 적절히 적용하지 못했다. 부정확한 좌석 또는 러더페달 위치 조절은 불편한 다리와 발 위치로 인하여 브레이크의 부적절한 적용과 과도한 기수방위 변화를 초래할 수 있다.

⑤ 러더 페달을 과조종했다. 이것은 기수방위 변화를 늦게 발견했거나 긴장, 기수방위 지시계의 잘못 판독(misinterpretation) 그리고 비행기가 가속됨에 따라 적절한 러더 조종을 효과적으로 적용하는 데 실패했다. 만약 기수방위 변화가 관찰되어 작은 러더 페달 양으로 즉각적으로 수정했다면 기수의 급회전 경향(swerving tendencies)을 방지할 수 있다.

⑥ 비행기가 공중에 부양한 후 자세를 유지하는 것을 실패했다. 만약 비행기가 부양할 때 조종석 좌석에 내리누르는 감각으로 반응했다면 피치조종은 대략 짐작으로 수행되었다. 조종사는 트림 변화에 대한 반응에 따라 과도한 피치를 허용하거나 과도한 승강타 전방압을 적용할 수 있다.

⑦ 교차점검이 부적절했다. 트림 변화, 자세 변화, 착륙장치와 플랩 올림 조작 중 시선고정이 발생할 수 있다. 일단 계기 또는 조종 입력을 적용하였다면 다음 교차섬검 순서 중 교차점검을 계속하고 조종 효과를 주시한다.

⑧ 계기 판독이 부정확했다. 계기 지시를 즉각적으로 이해하지 못하는 것은 기본 기동에 관한 추가 지식과 훈련이 필요하다는 것을 나타낸다.

2.12 자세계기비행 기동 훈련

기동 패턴은 기본자세비행을 훈련하기 위한 목적으로 외부 시각 참조물 없이 계기만을 참고하여 비행하는 기본 기동(basic maneuvers)이다. 이 패턴은 실제 계기비행에서 수행될 수 있는 체공 패턴, 절차선회 그리고 접근 등과 같은 기동들과 유사하다. 기본 기동에서 충분한 숙련도를 얻은 후 이 기술들을 개별 기동과 다양하게 결합하여 적용한다. 다음과 같은 훈련 비행 패턴은 실제 계기비행에 직접 적용할 수 있다.

2.12.1 체공장주

체공(holding)이란 지정된 상공에서 [그림2-44]의 왼쪽과 같이 레이스트랙(race track)의 형태를 그리면서 지정된 시간 동안 공중에서 대기한 후 착륙접근단계에 진입하는 것으로 앞으로 충분히 연구하게 될 것이다. 여기서는 체공장주(holding pattern)에 대해서 간단히 소개하고 실제 비행기를 조종하는 절차에 관해서만 소개한다.

(1) 세부 훈련 과정

① 지점에 도착하여 시간을 체크하기 시작하면서 현재 고도와 기수방위(heading)를 확인한다. 수평직선비행을 하는 동안에 예정된 접근 속도까지 감속한다. ② 지점까지 3분간 수평직선비행을 한다. 이 구간에서 기수방위의 변화가 발생하지 않아야 하고 고도의 변화 역시 없어야 한다. ② 지점에 도착하여 오른쪽에서 180° 표준율 선회에 진입한다. 수평선회를 실시하고 고도 변화가 없도록 주의한다. ③ 지점에 도달하였고, 최초 진입 기수방위와 반대가 되는 기수방위에서 정확하게 선회정지가 될 수 있도록 적절한 선도량을 적용할 수 있어야 한다. ③ 지점에서부터 ④ 지점까지 수평직선비행으로 1분간 비행한다. ④ 지점에 도착하여 다시 오른쪽으로 180° 표준율 선회를 실시하여 최초 진입 기수방위에서 선회정지가 될 수 있도록 조작하여 ⑤ 지점에 진입하는 것으로 훈련이 종료된다. 훈련 구간에 바람이 존재한다면 비행기는 조종사의 비행 의도와 달리 편류(drift)가 발생할 수 있다. 따라서 훈련 초기에는 가급적 바람 방향을 따라 체공 구간을 선정하고, 훈련 성과에 따라 편류를 수정할 수 있다면 최상의 훈련 성과를 달성했다고 할 수 있다.

2.12.2 절차선회

절차선회(procedure turn)는 사용 활주로가 반대 방향으로 지정되어 있을 때 접근 방향을 전환하기 위한 한 과정이다. 특히 최종 접근경로에 비행기를 정렬시키기 위해서 충분한 거리를 허용하면서 인바운드 코스를 인터셉트하는 데 유용하다. 대략적인 형태는 [그림2-44]의 오른쪽과 같이 지정된 지점을 직선으로 통과하여 일정 거리를 비행한 후 45° 방향으로 이탈하여 반대 방향으로 진입할 수 있도록 유도하는 절차이다.

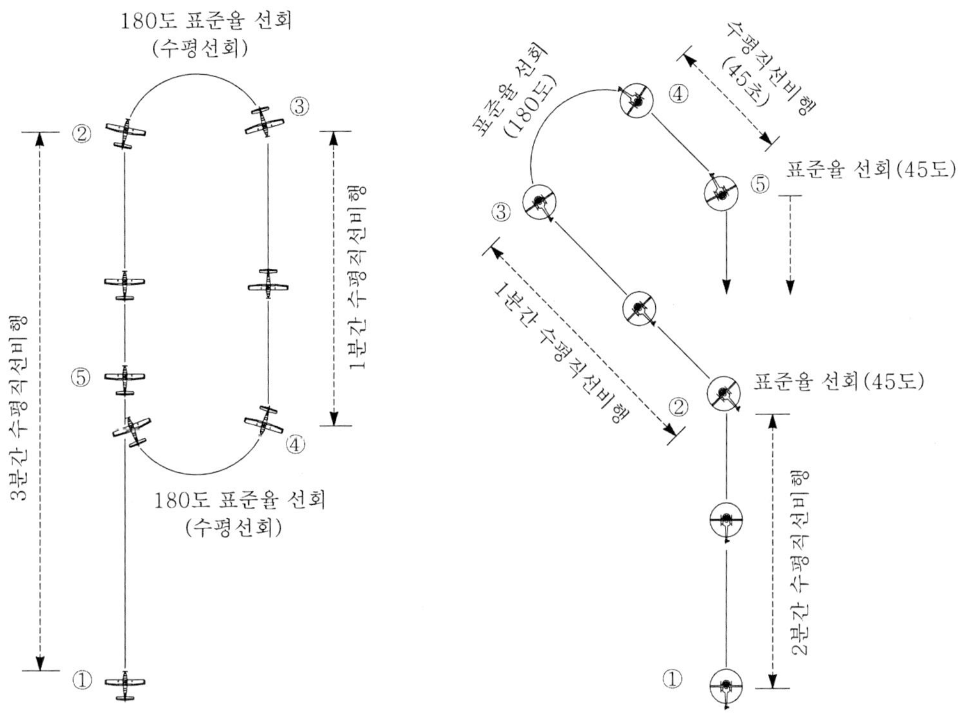

【그림2-44】 체공장주와 절차선회

[세부 훈련 과정]

① 지점에 도착하여 고도와 기수방위(altitude and heading)를 확인하고 도착시각을 체크한다. ② 지점까지 2분간 수평직선으로 비행하는 동안에 접근 속도까지 감속한다. ② 지점에 도착해서 왼쪽으로 45° 표준율 선회하고 선회정지하여 최초 진입 기수방위의 45° 방향으로 1분간 수평직선으로 비행한다. ③ 지점에 도착하여 오른쪽으로 180° 표준율 선회한다. 선회가 완료되었을 때 ④ 지점에 도착하게 될 것이고 선회정지 조작한다. 이때 기수방위는 최초 45° 선회할 때의 반대 기수방위가 되어야 한다. ④ 지점에서 45초 동안 수평직선으로 비행한다. ⑤ 지점에 도착한 후 다시 오른쪽으로 표준율 선회하고 최초의 절차선회 진입 기수방위의 반대 기수방위에서 선회가 완료되도록 적절한 선도량을 적용할 수 있어야 한다. 이때 정확한 기수방위에 진입하고 수평직선비행으로 회복하는 것으로 훈련을 종료한다. 45° 선회 후 기수방위와 반대 기수방위를 신속하게 판단하고 따라 주어야 하고 45초 동안의 비행과 바람의 영향은 매우 빠른 판단력을 요구하기 때문에 이에 대한 충분한 훈련이 요구되는 기동 형태이다.

2.12.3 티어드롭

이 훈련 역시 절차선회와 마찬가지로 착륙 활주로가 반대 방향일 때 접근 방향을 전환하는 기동의 한 형태로 마치 눈물방울과 같다 해서 티어드롭(teardrop)이라 한다. 이 같은 티어드롭 형태는 다양한 조건에 따라 [그림2-45]에서 보는 것과 같이 두 가지 형태가 있다.

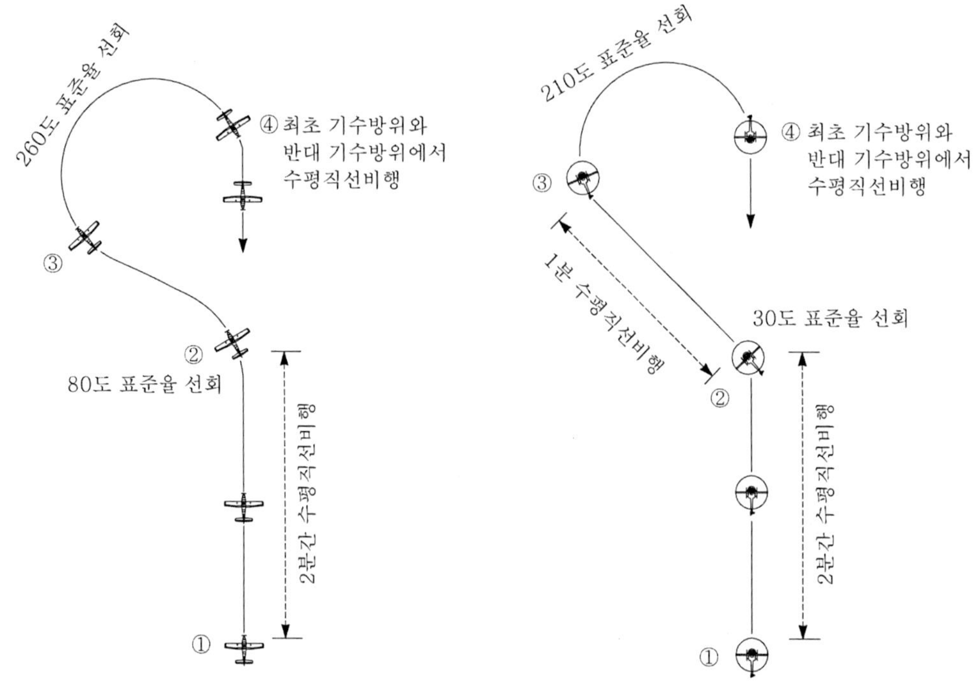

【그림2-45】 티어드롭 선회

[세부 훈련 과정; 티어드롭-I]

[그림2-45]의 왼쪽 그림과 같이 ① 지점에 도착하여 고도 및 기수방위를 확인하고 시간을 체크하기 시작하여 ② 지점까지 2분간 수평직선비행을 하면서 접근 속도까지 감속한다. ② 지점에 도착하여 왼쪽으로 80° 표준율 선회한다. 선회가 완료되어 ③ 지점에 도달했을 때 다시 반대 방향(오른쪽)으로 260° 표준율 선회한다. 선회하면서 최초 진입 기수방위의 반대 기수방위에서 직선으로 비행할 수 있도록 적절한 선도량을 적용하여 선회정지 조작한다. ④ 지점에서는 최초 진입 기수방위와 반대 기수방위에서 수평직선비행하는 것으로 훈련을 종료한다.

[세부 훈련 과정; 티어드롭 형태-II]

[그림2-45]의 오른쪽 그림과 같이 ① 지점에서 고도와 기수방위를 확인하고 시간을 체크하면서 ② 지점까지 2분간 수평직선으로 비행한다. ② 지점에 도착하여 왼쪽으로 30° 표준율 선회하고 선회정지 후에는 ③ 지점까지 1분간 수평직선으로 비행한다. ③ 지점에 도착하여 오른쪽으로 210° 표준율 선회한다. 선회가 계속되는 동안 최초 진입 기수방위의 반대 기수방위에서 직선비행으로 회복하기 위한 적절한 선도량을 적용하여 선회정지 조작을 적용한다. ④ 지점에서 최초 진입 기수방위의 반대 기수방위에서 수평직선비행으로 종료한다. 티어드롭 형태의 특징은 그림에서 보는 것과 같이 연속된 긴 선회가 요구되는 기동으로 경사조종에 상당한 주의를 집중할 수 있어야 하고, 아울러 경사에 따른 고도와 속도의 변화를 조종할 수 있어야 한다. 이 같은 긴 선회 기동 중 바람의 영향은 선회를 종료했을 때 최초 진입했던 직선 방향에 진입하지 못하거나 초과해버릴 수 있으므로 편류 수정 기술이 적용되어야 정확한 티어드롭 항적을 그리면서 비행할 수

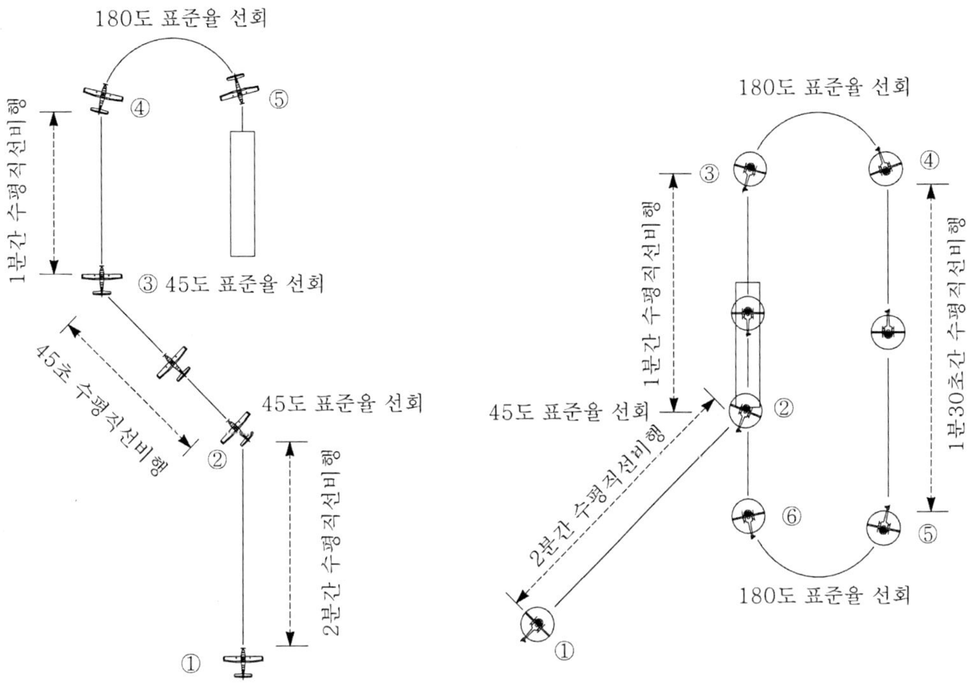

【그림2-46】 서클링 착륙 형태

있을 것이다.

2.12.4 서클링 착륙 형태

절차선회나 티어드롭 형태는 주로 접근 절차에서 수행되는 기동의 형태지만 서클링 착륙(circle to land)은 활주로 근처까지 접근하여 [그림2-46]에서 보는 것과 같이 착륙 방향을 반대방향으로 전환하는 기동의 형태이다. 예를 들어 공항에 설치된 계기착륙시설(ILS)은 360° 방향으로 비행기를 유도할 수 있으나 착륙은 180° 방향으로 수행해야 할 때 이 같은 기동 형태가 적용된다. 그림에서 보는 것과 같이 활주로 직전에서 방향을 전환하는 방법과 활주로 상공을 직선으로 통과한 후 장주(traffic pattern)를 그리면서 방향을 전환하는 방법이 있다.

[세부 훈련 과정; 서클링 착륙-I]
[그림2-46]의 왼쪽 그림과 같이 ① 지점에 도착하여 고도와 기수방위를 확인하고 시간을 체크한다. ② 지점까지 수평직선비행을 하면서 접근 속도로 감속한다. ② 지점에 도착하여 왼쪽으로 45° 표준율 선회하고 선회가 완료된 후 직선비행으로 회복하여 ② 지점부터 ③ 지점까지 45초간 수평직선비행을 한다. ③ 지점에 도착하여 오른쪽으로 45° 표준율 선회하여 최초 진입 기수방위와 동일한 기수방위를 유지하여 1분간 수평직선비행을 한다. 이 구간에서 착륙을 가정하여 플랩과 착륙장치(flap and landing gear)를 내린다. ④ 지점에 도착하여 180° 표준율 선회한다. 선회하면서 최초 진입 기수방위와 반대의 기수방위에서 선회정지 조작한다. ⑤ 지점에 도착하여 수평직선비행으로 회복한 상태에서 분당 500피트의 강하한다. 항공기가 지정된 고도에 도달할

때까지 직선 강하를 계속하고 원하는 고도에 도달했을 때 훈련을 종료하고 상승한다.

[세부 훈련 과정; 서클링 착륙-II]

[그림2-46]의 오른쪽 그림과 같이 ① 지점에서 고도와 기수방위를 확인하고 시간을 체크하면서 ② 지점까지(활주로 시단) 수평직선비행을 한다. 이 구간에서 접근 속도로 감속이 이루어져야 한다. 2분이 종료된 지점을 착륙 활주로의 시단(runway threshold)으로 가정한다. ② 지점부터 수평직선으로 1분간 비행한다. 이 구간은 활주로 직상공을 통과하고 있는 것으로 가정한다. ③ 지점에 도착하여 오른쪽으로 180° 표준율 선회하고 활주로 방향과 반대의 기수방위에서 선회정지 조작한다. ④ 지점부터 수평직선으로 비행하여 1분 30초간 비행한다. 이 구간에서 착륙 전 점검(prelanding check)과 착륙을 가정하여 플랩과 착륙장치(flaps and landing gear)를 내려준다. ⑤ 지점에 도착해서 다시 180° 표준율 선회한다. 최초 진입 기수방위(활주로 방향)와 일치되는 지점에서 선회정지 조작을 하여 수평직선으로 회복하고, ⑥ 지점에서 즉시 분당 500피트로 강하를 시작한다. 조종사가 원하는 고도까지 강하하는 것으로 훈련을 종료한다. 서클링 착륙 기동의 형태 역시 순간순간의 판단력과 계기의 교차점검 및 비행기 조종이 종합적으로 적용되는 기동형태이다. 직선으로 뻗은 도로, 제방, 철로와 같은 지형지물을 활주로 방향으로 가정한다면 더욱 효과적인 훈련 성과를 거둘 수 있을 것이다. 아울러 바람의 영향을 고려한 기동까지 완성할 수 있다면 이 역시 최상의 훈련 성과를 거두었다고 할 수 있다.

제 3 장

자세계기비행(헬리콥터)

3.1 기본기술

3.1.1 계기의 분류

(1) 비행계기

계기를 참고하여 헬리콥터를 비행할 때 정확한 계기 판독은 헬리콥터 조종의 기본이다. 기술은 계기의 지시와 제한을 포함하여 특정 계기 또는 시스템의 기능을 어떻게 이해하는가에 달려 있다. 조종사는 이 지식을 바탕으로 신속하게 계기 지시를 판독하고 이 정보를 조종 반응으로 전환할 수 있어야 한다.

(2) 계기비행

계기비행 중 유연하고 확실한 헬리콥터의 조종에서 발달시켜야 하는 것으로 교차점검, 계기 판독 그리고 헬리콥터 조종이다.

(3) 교차점검

교차점검 또는 스캐닝(scanning)은 자세와 성능 정보를 위해서 지속적이고 합리적으로 계기를 관찰하는 것이다. 자세계기비행에서 자세는 성능에서 원하는 결과를 얻을 수 있는 계기들을 참고하여 유지하는 것이다. 인적 실수, 계기 오차 그리고 다양한 대기상태와 하중 조건에서 헬리콥터 성능의 차이 때문에 자세를 확립하고 긴 시간 동안 일정한 성능을 유지하기가 쉽지 않다. 이 가변 요소들은 계기를 지속적으로 확인할 필요가 있고 헬리콥터의 자세에서 적절한 변화를 적용할 수 있어야 한다. 실제 기술은 조종사의 경력과 숙련도는 물론이고 장착된 계기의 종류와 위치에 따라 달라질 수 있다. 여기서는 [그림3-1]과 같이 6개의 기본 비행계기들을 중심으로 설명한다.

초임 조종사는 어떠한 정보가 필요한지를 모른 채 그저 빠르게 교차점검을 하는 경향이 있다. 그러나 헬리콥터에 친숙하고 훈련을 통해서 교차점검은 특정 비행 상태에서 명확한 패턴이 있다는 것을 알게 될 것이다. 이들 패턴은 한 비행 상태에서 다른 상태로 전환이 필요한 헬리콥터의 조종에 도움이 된다. 단일 계기에 집중되었을 때 시선 고정이라는 문제가 발생할 수 있다. 이것은 인간이 특정 계기를 주의 깊게 그리고 정확하게 관찰하려는 본성이지만 때로는 다른 계기들

【그림3-1】 헬리콥터 교차점검은 자세계를 중심으로 자세계-고도계-자세계-승강계-자세계-기수방위 지시계-자세계와 같은 방법으로 수행한다.

의 관찰을 빠뜨릴 수 있다. 일반적으로 한 계기에 시선이 고정되는 것은 조종을 어렵게 한다. 예를 들어 선회 중 교차점검에 다른 계기들을 포함하는 대신 선회경사 지시계에만 의존하는 경향이 나타날 수 있다. 선회경사 지시계에 시선이 고정되었을 때 피치와 경사 조종을 어렵게 하여 고도 상실을 초래할 수 있다. 각 계기에서 현재 보이는 정보를 이해하는 데 충분한 시간 동안만 관찰하고 다음 계기로 교차점검을 계속 진행해야 한다.

이와 유사하게 헬리콥터 성능 정보에 필수적인 계기들을 상호 결합하여 판단하기보다 어느 한 계기의 중요성을 너무 강조(emphasis)하는 경향이 있을 수 있다. 이것이 시선고정과 다른 점은 정상적으로 교차점검이 진행되지만, 어느 한 특정 계기에 너무 많이 의존하고 있는 현상이다. 때로는 성능 기동 중 자세 변화 다음에 지시되는 중요한 계기 지시를 예상할 수 없다. 예를 들어 조종사는 상승 또는 강하로부터 수평으로 전환 중 기수방위 또는 롤 정보를 잊은 채 피치조종에 집중할 수 있다. 이 실수를 빠뜨림(omission)이라 하고 불규칙한 기수방위와 경사 조종의 원인이 된다. 이 같은 공통적인 실수들에도 불구하고 대부분 조종사는 계기비행 훈련 후 계기를 참고한 비행에 잘 적응할 수 있다.

(4) 계기 판독

비행계기가 모여서 현재 어떠한 비행 상태가 발생하고 있는지에 관한 그림을 제공한다. 따라서 어느 한 계기가 다른 계기에 비해서 중요성이 떨어진다고 할 수 없다. 특정 기동이나 상태 중에 가장 적절하고 유용한(pertinent and useful) 정보를 제공하는 계기들을 주요계기라 하고 주요계기들을 보조하는 것들을 보조계기라 한다. 예들 들어 자세계는 헬리콥터 자세 정보를 순간적이고 직접적으로 제공하는 유일한 계기이기 때문에 피치 또는 경사자세의 변화 중 주요계기로 고려된다. 새로운 자세가 확립된 후 다른 계기들이 주요계기가 되고 자세계는 보조계기가 된다.

(5) 조 종

헬리콥터 조종은 비행계기를 판독하고 이를 정확하게 조종 반응에 전달된 결과이다. 헬리콥터 조종은 원하는 비행경로를 달성하기 위해서 피치, 경사, 동력 그리고 트림 조절이 포함된다. 피치자세는 헬리콥터의 가로축에 대한 운동을 조종하는 것이다. 피치계기(자세계, 고도계, 속도계, 승강계)를 참고하여 헬리콥터의 피치자세를 판독한 후 사이클릭 조종간으로 원하는 피치자세를 얻을 수 있도록 조종한다.

경사자세 조종(bank attitude control)은 세로축에 대한 헬리콥터의 운동 또는 로터의 가로 경사와 자연 수평 사이의 각도를 조종하는 것이다. 헬리콥터의 경사계기들을 판독한 후 사이클릭 조종간으로 원하는 경사자세를 조종한다. 동력 조종은 비행기의 스로틀 조종에 상응하는 컬렉티브 피치(collective pitch)를 적용하는 것이다. 수평직선비행에서 컬렉티브 피치의 변화는 변위(displace)가 100피트 이상이고 속도가 10노트 이상 벗어났다면 고도 변화를 수정한다. 만약 변위가 그 이하라면 조종사는 약간의 사이클릭으로 상승 또는 강하를 적용하여 수정할 수 있다.

계기를 참고하여 헬리콥터를 비행하기 위해서 다양한 하중 조건과 비행 상태에서 특정 헬리콥터의 대략적인 동력 세팅을 숙지하고 있어야 한다. 헬리콥터에서 트림(장착되었을 때)은 모든 사이클릭 압을 완화하기 위해서 사이클릭 센터링 버튼(cyclic centering button)을 사용한다. 또한, 트림은 선회코디네이터의 볼을 중앙에 위치시키기 위한 페달 조절에 사용될 수 있다. 페달 트림은 모든 동력 변화 중 요구되고 정확한 컬렉티브 피치와 사이클릭 프릭션(cyclic friction)은 계기비행 중 조종사의 조종압을 다소 완화(relax)하는 데 도움이 된다. 프릭션은 과조종을 최소화하고 잠동(creeping; *프릭션이 서서히 풀리는 현상*)을 방지하기 위해서 조절되어야 하지만 조종 자세를 제한할 정도로 적용해서는 안 된다. 이외에도 계기비행을 위한 대부분 헬리콥터는 조종사의 업무를 경감시키는 데 도움을 줄 수 있는 안정증대장치 또는 오토파일럿(autopilot)을 갖추고 있다.

(6) 트 림

헬리콥터는 지속적인 교차점검으로 트림 상태를 유지할 수 있고 다음과 같은 절차를 적용하여 달성할 수 있다.

① 사이클릭 센터링 버튼(cyclic-centering button)을 이용한다. 헬리콥터가 이 장치를 갖추고 있다면 사이클릭 압을 완화하는 데 유용하다.

② 선회코디네이터의 볼이 중앙에 오도록 페달 조절(pedal adjustment)을 사용한다. 페달 트림은 모든 동력 변화 중 필요로 하고, 원하는 자세를 얻은 후 유지되는 조종압을 완화하는 데 사용된다. 트림이 적절하게 조절되지 못한 헬리콥터는 지속적인 조종압이 필요하고, 주의력 집중을 방해하여 급격하고 불규칙한 자세 조종을 유발한다. 헬리콥터를 조종하는 동안 조종간에 느끼는 압력은 반드시 수정되어야 한다. 속도가 변함에 따라 수행되고 있는 기동을 위해서 원하는 자세를 유지할 수 있도록 피치자세를 조절해야 한다. 경사는 원하는 선회율(rate of turn)을 유지하기 위해서 조절되어야 하고, 페달은 균형조종(coordinated flight)을 유지하기 위해서 사용되어야 한다. 트림은 조종압이 변화를 필요하다는 것을 지시함에 따라 조절되어야 한다.

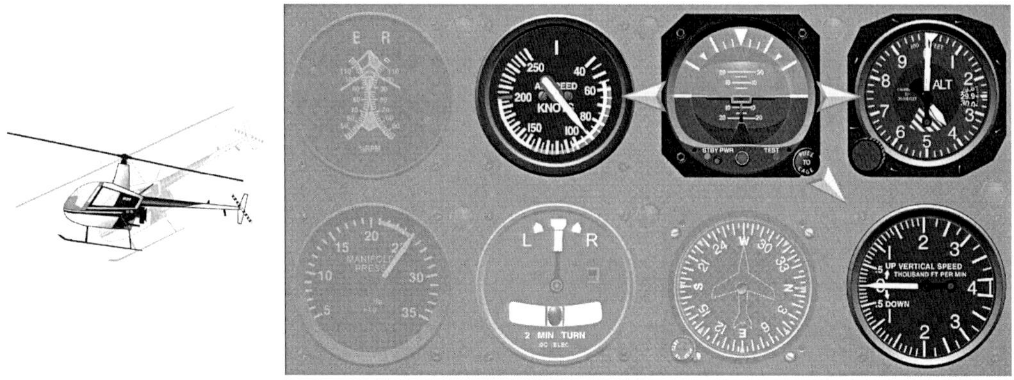

【그림3-2】 헬리콥터 피치조종은 사이클릭을 앞으로 밀거나 뒤로 당겨 조종할 수 있다. 이때 기수가 들리거나 숙여지면서 피치자세가 변한다. 피치조종을 위한 계기는 속도계, 자세계, 고도계 그리고 승강계이다. 주요 피치계기는 자세계이지만 고도계와 승강계의 미세한 움직임을 관찰하여 피치자세의 변화를 감지할 수 있어야 한다.

3.2 수평직선비행

수평직선 등속비행(unaccelerated flight)은 원하는 고도, 기수방위, 속도 그리고 페달 트림이 균형되게 유지되었을 때 가능하다.

3.2.1 피치조종

헬리콥터의 피치조종은 자연 수평선과 세로축 사이의 각 관계(angular relation)이다. 자세계는 원하는 피치자세를 확립하는 데 사용된다. 수평비행에서 피치자세는 속도와 무게중심에 따라 달라진다. 일정한 고도와 안정된 속도에서 피치자세는 [그림3-2]와 같이 대략 수평이다.

(1) 자세계

자세계(attitude indicator)는 피치자세를 직접 지시한다. 시계비행에서 피치자세는 사이클릭을 이용해서 자연 수평에 대해서 헬리콥터의 기수를 올리거나 낮추어 형성할 수 있다. 계기비행 중에는 자세계의 인공 수평바(artificial horizon bar)에 대해서 모형항공기(miniature aircraft)를 올리거나 낮추는 방식이기 때문에 시계비행과 그 절차는 동일하다. 이 과정에서 조종 적용과 합력 계기 변화 사이에는 약간의 지연(delay)이 있을 수 있다. 이것은 헬리콥터 조종에 존재하는 본질적인 지연이고 계기 지연(instrument lag)과 혼동해서는 안 된다. 자세계는 가속, 감속 또는 선회가 포함된 기동 중 작은 피치자세의 오류지시(misrepresentations)를 보여줄 수 있다. 이 세차 오차(precession error)는 다른 계기를 교차점검하여 신속하게 감지할 수 있어야 한다. 지상에서 모형항공기가 정확하게 조절되었다면 비행 중 다시 조절할 필요는 없다. 만약 모형항공기가 정상 순항속도에서 수평전환 후 수평바에 놓여 있지 않다면 다른 피치계기와 함께 수평비행을 유지하는 동안 조절되어야 한다. 일단 모형항공기가 정상 순항속도의 수평비행에 조절되었다면 자세계가 항상 정확한 피치자세 그림을 제공하도록 놓아둔다. 고도를 유지하기 위해서 초기 피치자세 수정을 적용했을 때 자세 변화는 작은 양으로 유연하게 적용할 수 있어야 한다. 수평바의 초기 움직임은 [그림3-3]과 같이 한폭(1-폭)을 초과해서는 안 된다. 만약 추가 수정이 요구된다면 반폭(1/2-폭) 수정으로 원하는 고도로부터 변화를 수정한다. 헬리콥터 피치자세의 변화는 한폭반 수정이 수평비행 자세에서 적용할 수 있는 최대 피치량이다. 피치자세를 수정한 후 피치자세의 변화가 충분했는지 다른 피치계기들을 교차점검한다. 추가 수정이 요구되거나 속도 변화가 10노트 이상일 때 동력을 조절한다.

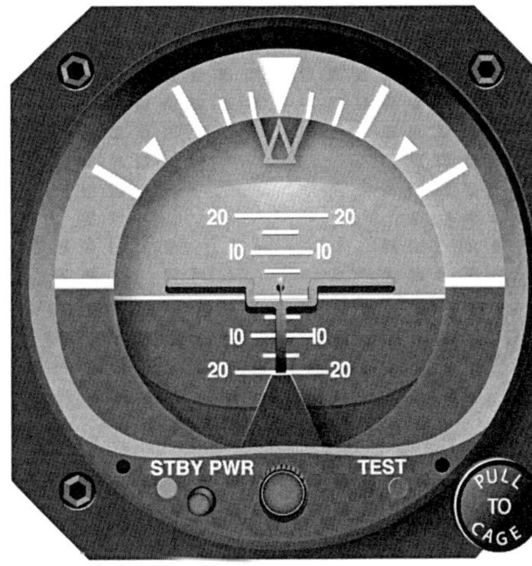

【그림3-3】 순항비행에서 초기 피치 수정은 수평바의 한폭(1-폭) 또는 그 이하를 적용하는 것이 적절하다.

(2) 고도계

고도계는 수평직선비행에서 피치자세를 간접 지시한다. 수평비행에서 고도는 일정하게 유지되고 있으므로 고도의 변화는 피치자세와 필요할 때 동력 변화가 필요하다. 고도가 떨어지면 피치자세를 올리고 필요하다면 동력을 조절한다. 고도가 올라가고 있다면 피치자세를 낮추고 필요하다면 동력을 조절한다. 고도계 지시침이 움직이는 비율은 피치자세를 결정하는 데 도움이 된다. 고도계가 매우 느리게 이동한다면 피치자세의 변화가 작은 것이고, 반대로 빠르게 이동한다면 피치자세의 변화도 그만큼 크다는 것을 의미한다. 고도계의 작은 변화를 감지하자마자 즉각 수정 조치를 취해야 한다. 또한, 고도계의 움직임은 항상 다음과 같은 단계로 이루어진다.

첫째, 고도계의 이동을 멈추기 위한 피치자세 변화
둘째, 원하는 고도로 되돌아오기 위한 피치자세 변화

만약 고도와 속도가 각각 100피트와 10노트 이상 낮다면 피치자세를 높이면서 동력을 적용하라. 고도와 속도가 각각 100피트와 10노트 이상 높다면 피치자세를 낮추고 동력을 감소하라. 고도계의 이동에 약간의 지연 현상이 있을 수 있으나 실제 고도계는 피치자세의 변화가 필요하다는 것을 즉각 지시하는 것으로 생각해야 한다. 고도계는 수평비행에서 피치에 관한 가장 적절한 정보를 제공하기 때문에 주요 피치계기이다.

(3) 승강계(VSI)

승강계는 헬리콥터의 피치자세를 간접 지시하고 높은 수준의 정밀도를 얻기 위해서 다른 피치계기와 함께 사용되어야 한다. 승강계는 수평비행에서 "0"을 지시한다. 이 지시로부터 어떠한 움직임이 있을 때 "0"으로 되돌아오기 위한 즉각적인 피치자세의 변화가 필요하다는 것을 보여준다. 승강계는 수평비행에서 항상 고도계와 함께 사용되어야 한다. VSI의 움직임이 감지되었다면 즉각 "0"으로 되돌아오기 위한 수정 수치를 적용해야 한다. 수정이 적시에 이루어졌다면 고도 변화는 거의 없을 것이다. 승강계 지시침이 "0"을 지시하지 않는다면 고도가 떨어지거나 올라가게 될 것이다. 승강계 지시침의 초기 움직임은 순간적이고 헬리콥터의 수직 이동 추세(trend of the vertical movement)를 보여준다. 조종사가 수정 조작을 적용한 후 승강계가 정확한 지시값에 도달하기까지 지연이 발생할 수 있고 이를 계기 지연(instrument lag)이라 한다. 지연은 피치 변화의 속도와 크기에 비례한다. 조종간을 유연하고 작은 양으로 적용했을 때 지연은 최소가 되고 판독하기도 쉽다.

과조종은 먼저 헬리콥터 조종이 중립이 되도록 하고 피치자세를 안정시킨 다음 다른 피치계기들의 지시를 참고하여 피치자세를 다시 조절하는 방법으로 최소화할 수 있다. 때때로 VSI는 보정이 약간 벗어날 수 있다. 이것은 헬리콥터가 수평비행일 때 지시침이 약간 상승 또는 강하를 지시할 수 있다. 만약 승강계가 정확하게 보정되어 있지 않다면 변위량을 VSI의 피치조종에 반영하여 활용하여야 한다. 예를 들어 헬리콥터가 수평비행에서 VSI가 100피트 강하를 지시하고 있다면 이를 수평비행 지시로 활용해야 한다는 것을 의미한다.

(4) 속도계

속도계는 헬리콥터의 피치자세를 간접 지시한다. 일정한 동력 세팅과 피치자세에서 속도는 일정하게 유지된다. 속도가 증가한다면 기수가 너무 낮은 자세이고 반드시 들어주어야 한다. 속도가 감소한다면 자세가 너무 높은 자세이고 기수를 낮추어 주어야 한다. 급격한 속도의 변화는 큰 피치자세의 변화를 유발하고, 작은 속도의 변화는 작은 피치자세의 변화를 의미한다. 속도계 지시에도 약간의 지연이 있을 수 있다. 자세가 변화하는 동안 조종 적용과 속도 변화 사이에 약간 지연이 있다면 그것은 사이클릭 조종 지연(cyclic control lag)으로 인한 것이다. 일반적으로 부주의한 피치자세 변화로 인하여 원하는 속도에서 벗어나는 것은 고도가 변화되었기 때문이다. 예를 들어 저피치(low pitch) 자세로 인한 속도 증가는 고도 상실을 초래한다. 피치자세를 수정하는 것은 속도와 고도 모두를 얻을 수 있다.

3.2.2 경사 조종

헬리콥터의 경사자세는 자연 수평에 대한 가로축과 각 관계(angular relation)이다. 시계비행에서 직선코스를 유지하기 위해서 헬리콥터의 가로축이 자연 수평과 수평이 되어야 한다. 헬리콥터가 균형조종 비행하고 있다면 가로 수평 자세로부터 어떠한 변화는 [그림3-4]와 같이 선회하기 시작한다.

(1) 자세계

자세계는 헬리콥터의 경사자세를 직접 지시한다. 계기비행을 위해서 모형항공기와 자세계의 수평바는 실제 헬리콥터와 자연 수평을 대신해서 보여준다. 헬리콥터 경사자세의 어떠한 변화는 순간적으로 모형항공기로 지시된다. 이 계기의 정확한 판독을 위해서 모형항공기가 수평바 위에 놓여 있는 것으로 가정하라. 만약 헬리콥터가 정확하게 트림이 조절되어 있고 로터가 기울어 있

【그림3-4】 경사조종은 사이클릭을 좌우로 조종하여 동체를 기울여 조종할 수 있다. 경사조종에 참고해야 하는 계기들은 자세계, 기수방위 지시계 그리고 선회경사 지시계이다. 직선비행 중 주요 경사를 지시하는 계기는 자세계이다.

다면 선회가 시작된다. 선회는 수평바와 모형항공기를 수평으로 맞추어 중지시킬 수 있다. 선회경사 지시계의 볼은 정확한 페달 트림을 통해서 항상 중앙에 있어야 한다. 경사각은 포인터가 계기의 상부에 있는 경사 스케일(bank scale)에서 지시된다. 자세계의 모형항공기에서 관찰되지 않을 정도의 작은 경사각은 경사 스케일 포인터를 참고하여 쉽게 판단할 수 있다.

자세계에서 피치와 경사자세는 동시에 결정할 수 있어야 한다. 비록 모형항공기가 수평바와 수평이 아닐지라도 피치자세는 [그림3-3, 5]와 같이 모형항공기 수평바의 상대적 위치를 관찰하여 확립할 수 있다. 자세계는 선회가 포함된 기동 중 작은 경사자세의 오류지시를 보여줄 수 있다. 이 세차 오차(precession error)는 이들 기동 중 다른 계기들을 교차점검하여 즉각 감지할 수 있다. 일반적으로 세차는 선회정지할 때 관찰될 수 있다. 선회가 완료되자마자 모형항공기는 수평이지만, 헬리콥터가 여전히 선회 중이라면 기수방위 지시계의 움직임을 멈추고 선회 지시침을 중앙에 위치시키기 위해서 작은 양의 경사자세를 적용해야 한다.

(2) 기수방위 지시계

균형조종 비행(coordinated flight)에서 기수방위 지시계는 헬리콥터의 경사자세를 간접 지시한다. 헬리콥터는 경사졌을 때 선회하기 시작한다. 헬리콥터의 가로축이 수평일 때 직선비행을 한다. 따라서 기수방위 지시계가 일정 기수방위를 보일 때 헬리콥터는 측방으로 수평이다. 기수방위의 변화는 헬리콥터가 선회 중인 방향으로 경사를 지시한다. 경사각 변화가 작으면 기수방위 변화도 작지만, 경사각 변화가 클 때 기수방위 변화도 크게 발생한다. 만약 선회를 감지했다면 볼 중앙과 함께 기수방위가 원하는 기수방위를 지시할 때까지 반대 방향으로 사이클릭을 적용하라. 기수방위를 수정할 때 표준율 선회를 달성하는 데 필요한 것보다 더 큰 경사각을 적용하지 마라. 이외에도 기수방위 변화 방위각이 작다면 경사각은 선회하게 될 경사각으로 제한된다. 그 이상의 높은 경사각 수정은 높은 수준의 기술과 정밀한 조종이 필요하다. 수평직선비행 중 기수방위 지시계는 주요 경사계기이다.

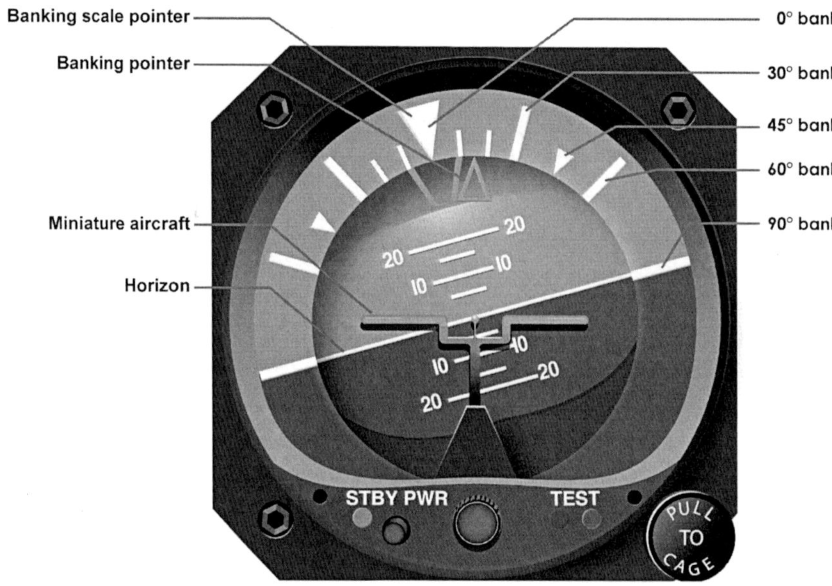

【그림3-5】 자세계의 구조와 경사 지침, 이 자세계는 15° 우경사를 지시하고 있다.

(3) 선회계

균형조종 선회 중 선회경사 지시계의 지시침은 헬리콥터의 경사자세를 간접 지시한다. 지시침이 수직 위치로부터 벗어났을 때 헬리콥터는 변위 방향으로 선회 중이다. 만약 지시침이 왼쪽으로 벗어났다면 헬리콥터는 왼쪽으로 선회 중이다. 사이클릭 적용으로 지시침이 수직 위치로 되돌아오게 함으로써 직선 비행할 수 있다. 선회경사 지시계의 지시침이 원하는 위치로부터 작은 변화를 정확하게 발견하기 위해서 지시침을 주의 깊게 관찰해야 한다. 선회경사 지시계의 볼은 헬리콥터의 균형조종 비행 여부를 결정하기 위해서 [그림3-6]과 같이 교차점검해야 한다. 만약 로터(주회전날개)가 가로 방향에서 수평이고 페달 압이 적절하게 토크를 조절하고 있다면 볼은 항상 중앙에 위치할 것이다. 볼을 중앙에 위치시키기 위해서 다른 경사 계기들을 참고하여 가로 방향으로 수평을 형성한 다음 페달 트림으로 볼을 중앙에 위치시킨다. 토크 수정압은 동력에 따라 다르므로 동력 변화 후에는 항상 볼 중앙을 확인한다.

【그림3-6】 선회경사 지시계 의 볼 중앙은 균형조종 비행을 지시한다.

[공통 실수]

① 고도를 유지하지 못했다.

② 기수방위를 유지하지 못했다.

③ 수정 중 피치와 경사를 과조종했다.

④ 페달 트림을 정확하게 유지하지 못했다.

⑤ 모든 가용한 계기들을 교차점검하지 못했다.

【그림3-7】 수평직선비행 중 동력을 증가시켰을 때 뚜렷하게 기수가 약간 들리면서 왼쪽으로 요잉하는 현상이 발생할 수 있다. 이를 인지한 조종사는 직선비행을 위해서 즉각 적절한 오른쪽 페달 압과 사이클릭 전방압으로 수정해야 한다.

3.2.3 수평직선비행 중 동력 조종

특정 동력 세팅은 컬렉티브 피치 조절과 스로틀 조정을 통해서 달성할 수 있다. 왕복엔진 헬리콥터에서 동력 시시는 매니폴드압 게이지에 지시된다. 터빈 동력 헬리콥터에서 동력은 토크 게이지에 지시된다. 어느 주어진 대기속도에서 특정 동력 세팅은 헬리콥터의 수평, 상승 또는 강하를 결정한다. 예를 들어 순항비행 동력을 유지하기 위한 순항속도는 수평비행에서 얻어진다. 만약 조종사가 동력 세팅을 증가시키고 속도를 일정하게 유지하고 있다면 헬리콥터는 상승한다. 반대로 조종사가 동력을 감소시키고 일정 속도를 유지한다면 헬리콥터는 강하한다.

만약 고도가 일정하게 유지되고 있다면 동력은 속도를 결정한다. 예를 들어 일정 고도에서 순항 동력은 순항속도에서 결정된다. 순항 동력 세팅으로부터 변화는 속도 변화에서 초래된다. 속도를 증가시키기 위해서 동력을 증가시켰다면 [그림3-7]과 같이 헬리콥터 피치자세(기수)는 올라가고 시계반대방향 메인 로터 블레이드 회전과 함께 헬리콥터는 왼쪽으로 요잉(yawing)한다. 반대로 속도를 감소시키기 위해서 동력을 감소했을 때 [그림3-8]과 같이 피치는 숙여지고 오른쪽으로 요잉한다. 요잉(yawing)은 단일 로터 헬리콥터에서 가장 뚜렷한 현상이지만 엇회전 로터(counter-rotating)에서는 발생하지 않는다. 헬리콥터의 요잉 경향을 상쇄시키기 위해서 동력을 적용할 때 항상 페달 트림을 적용하라.

수평비행에서 일정 고도와 속도를 유지하기 위해서 피치자세와 동력 조종이 잘 균형을 이루어야 한다. 고도와 속도 사이의 관계는 동력 또는 피치자세에서 변화가 필요하다. 만약 고도가 일정하고 속도가 높거나 낮다면 원하는 속도를 얻기 위해서 동력을 변화시켜라. 동력 변화 중 고도계를 정확하게 판독한 다음 적절한 피치자세의 변화를 적용하여 원하는 고도로부터 벗어난 것

【그림3-8】 수평직선비행 중 동력을 감소시켰을 때(위) 기수가 약간 숙여지면서 오른쪽으로 요잉하는 현상이 발생할 수 있다. 이를 인지한 조종사는 직선비행을 위해서 즉각 왼쪽 페달 압과 사이클릭 후방압으로 수정해야 한다. 수평직선비행의 정상 순항속도에 안정되었을 때(아래) 고도계를 주요 피치계기로 활용하고 속도계는 주요 동력계기와 기수방위 지시계를 주요 경사계기로 활용한다.

을 상쇄해야 한다. 만약 고도가 낮고 속도가 높거나 반대의 경우라면 피치자세만 수정하여 헬리콥터를 정확한 고도와 속도로 회복할 수 있도록 한다. 만약 속도와 고도 모두 낮거나 혹은 모두 높다면 동력과 피치자세 모두를 수정해야 한다. 속도가 변화 중 일 때 동력 조종을 쉽게 하기 위해서 다양한 속도에 대한 대략적인 동력 세팅을 숙지할 필요가 있다. 속도가 뚜렷한 양으로 변화되었을 때 새로운 속도를 유지하는 데 필요한 그 세팅이 부족했거나 너무 과했기 때문으로 동력을 조절하라. 동력이 원하는 세팅에 가까워짐에 따라 정확한 조절이 수행되었는지를 결정하기

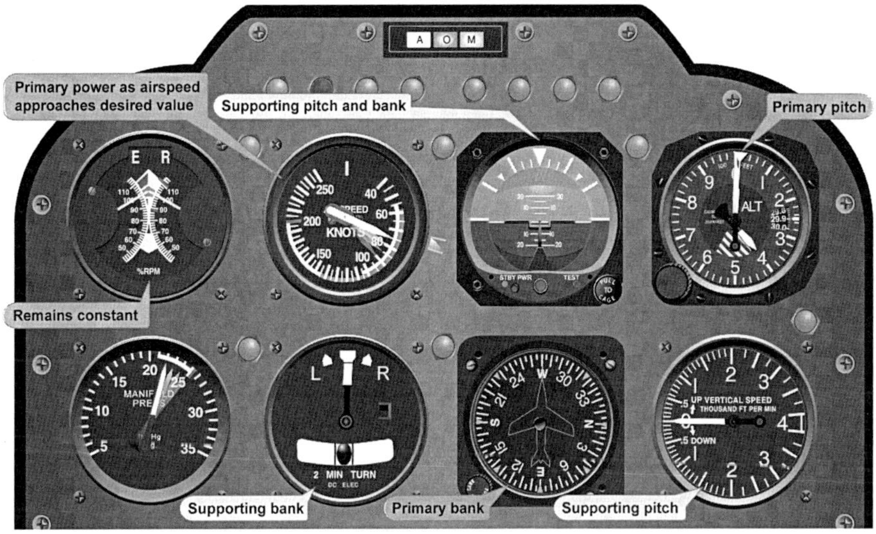

【그림3-9】 수평직선비행 중 속도를 감소했을 때 자세계는 거의 수평을 보여준다. 주요 피치계기는 고도계이지만 속도가 원하는 값에 가까워지면서 속도계를 주요 피치계기로 활용한다. 자세계는 피치와 경사를 위한 보조계기로 활용한다.

위해서 교차점검에 매니폴드압을 포함하라. 속도가 변함에 따라 일정 고도를 유지하기 위해서 피치자세를 조절하라. 전체 수정이 이루어지는 동안 일정한 기수방위가 유지되어야 한다. 속도가 원하는 값에 가까워짐에 따라 동력을 새로운 순항 동력 세팅에 조절하고, 고도를 유지하기 위한 피치자세를 더 조절한다. [그림3-8, 아래]는 수평직선비행의 정상 순항속도에서 계기들의 지시를 보여주고 있고, [그림3-9]는 수평직선비행에서 속도가 감소하고 있을 때 비행계기들의 지시를 보여주고 있다.

속도가 저속 순항에 안정된 후 고도계는 대략적인 수평 피치자세를 보여준다. 고도계는 일정 속도에서 비행하거나 속도 변화 중 수평비행을 위한 주요 피치계기이다. 속도가 변하는 동안 고도는 일정해야 하고 기수방위 지시계는 주요 경사계기가 된다. 속도가 뚜렷한 양의 변화를 보일 때 매니폴드압 게이지는 순간적으로 주요 동력계기이다. 속도가 원하는 값에 가까워짐에 따라 속도계는 다시 주요 동력계기가 된다. 수평직선비행을 위해서 피치와 경사계기들의 교차점검은 동력 조종 계기들을 포함하여야 한다. 일정 동력 세팅으로 정상적인 교차점검은 만족할 수 있지만, 동력이 변할 때 피치와 경사자세를 적절히 포함하여 교차점검이 증가하여야 순간적으로 발생하는 변화에 즉각 대응할 수 있다.

[공통 실수]

① 동력 적용이 부적절했다.

② 피치자세를 과조종했다.

③ 기수방위를 유지하지 못했다.

④ 고도를 유지하지 못했다.

⑤ 페달 트림이 부적절했다.

3.3 직선 상승과 강하

3.3.1 직선 상승

헬리콥터의 특정 동력 세팅과 하중 조건에서 가장 적절한 상승률을 제공하는 하나의 속도가 존재한다. 이를 결정하기 위해서 헬리콥터 기종에 적합한 상승 데이터를 참고하라. 상승과 강하는 속도와 수직속도에 따라 정속상승 또는 정률상승으로 구분한다.

(1) 진 입

상승 속도가 순항속도보다 낮을 때 순항속도로부터 정속상승으로 진입하기 위해서 동력을 상승 동력 세팅까지 증가시키고 동시에 피치자세를 대략적인 상승 자세로 적용해야 한다. 헬리콥터는 정확한 상승 자세를 형성할 수도 있지만 그렇지 못할 수도 있다. 상승 속도까지 감속하기 위해서 기수를 들어주어야 한다. 동력과 수평 안정판 형상의 효율성에 따라 확립된 상승 또는 기수가 약간 높은 자세에서 기수는 수평이 될 수 있다. 자세계는 짧은 감속 시기에 효과적인 상승 속도까지 감속하는 데 필수적일 수 있으나 상승이 안정된 후 수평이 될 수 있다.

동력 증가는 헬리콥터를 상승하게 하고 약간의 사이클릭 후방압이 수평에서 상승 자세로 전환이 완료되는 데 필요하다. 자세계는 피치 변화를 완수하기 위해서 사용되어야 한다. 만약 수평비행에서 상승으로 전환이 유연하게 수행되었다면 VSI는 즉각적인 상향 추세를 보일 것이고, 이후 안정된 속도와 자세에 적절한 비율에서 멈추게 될 것이다. [그림3-10]은 상승 진입을 위한 주요 그리고 보조계기들은 보여주고 있다. 헬리콥터가 일정 속도와 고도에 안정되었을 때 속도계는 주요 피치계기이다. 매니폴드압 게이지는 계속해서 주요 동력계기가 되고, 정확한 상승 동력 세팅이 유지되고 있는지를 결정하기 위해서 주의 깊게 관찰해야 한다. [그림3-10]은 안정된 정속상승(constant airspeed climb)을 위한 주요계기와 보조계기를 보여주고 있다.

정률상승(constant rate climb)에 진입하기 위한 기술과 절차들은 정속상승과 유사하다. 훈련 목적상 정률상승은 상승 속도에서 시작한다. 특정 헬리콥터에 적절한 비율을 적용한다. 일반적으로 낮은 상승률의 헬리콥터는 분당 500피트(fpm)가 적당하고, 이보다 더 높은 상승률이 가능한 헬리콥터는 분당 1,000피트(fpm)를 적용한다. 정률상승에 진입하기 위해서 동력을 원하는 상승률을 위한 대략적인 세팅까지 높여라. 동력이 적용됨에 따라 속도계는 수직 속도가 원하는 상승률이 될 때까지 주요 피치계기가 된다. 이 시점에서 VSI는 주요 피치계기가 된다. 헬리콥터가 원하는 수직 속도를 유지하기 위해서 자세계를 참고하여 피치자세를 수정한다.

[그림3-11]과 같이 VSI가 주요 피치계기로 고려될 때 속도계는 주요 동력계기가 된다. 동력은 원하는 속도를 유지하기 위해서 조절하라. 피치자세와 동력 수정은 잘 조화되어 적용되어야 한다. 만약 수직 속도는 정확하지만 속도가 낮다면 동력을 적용하라. 동력이 증가함에 따라 피치자세를 약간 낮추어 주어야 수직 속도의 증가를 방지할 수 있다. 과조종을 방지하기 위해서 피치자세를 유연하게 조절하라. 일반적으로 작은 양의 동력 수정은 속도를 원하는 값으로 회복하기에 충분하다.

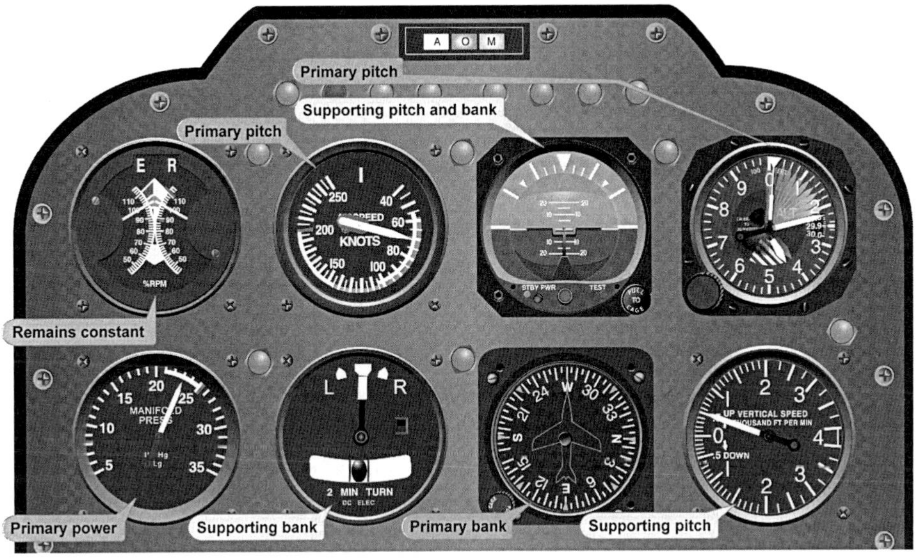

【그림3-10】 일정한 상승 속도를 유지하면서 상승하는 절차이기 때문에 원하는 속도에서 속도계가 주요 피치계기가 된다. 동력을 증가시킬 때 매니폴드압 게이지를 주요 동력계기로 활용한다. 고도는 계속 증가하고 있기 때문에 잠시 교차점검에서 제외하고 승강계를 보조 피치계기로 활용한다.(위) 일정 동력과 상승 속도에 안정된 상태의 계기 지시이다. 고도는 계속 증가하고 있기 때문에 승강계를 보조 피치계기로 활용한다.(아래)

(2) 수평전환

정속상승으로부터 수평전환(level off)은 원하는 고도에 도달하기 전에 시작되어야 한다. 선도량은 헬리콥터의 종류와 조종사의 기량에 따라 다를 수 있지만 가장 중요한 요소는 수직 속도이다. 대략적인 선도점으로 수직 속도의 10%를 적용한다. 예를 들어 상승률 500 fpm라면 원하는 고도 50피트 전에서 수평전환조작이 시작되어야 한다. 선도 고도에 도달했을 때 고도계는 주요 피치계기가 된다. 그 속도를 위한 수평비행 자세로 피치자세를 조절한다. 수평전환을 시작하

【그림3-11】 안정된 정률상승에서 계기의 활용

기 위한 시기를 결정하기 위해서 고도계와 VSI를 교차점검한다. 만약 순항속도가 상승속도보다 높다면 속도가 순항속도에 가까워질 때까지 상승 동력 세팅을 그대로 유지하고, 동력을 순항 동력 세팅까지 감소한다. 정률상승으로부터 수평전환은 정속상승 절차와 동일하게 적용한다.

3.3.2 직선 강하

강하는 어느 정상 속도에서도 수행할 수 있으나 속도는 진입 전에 결정되어야 한다. 일반적으로 정속강하(constant airspeed)와 정률강하(constant rate)로 수행된다.

(1) 진 입

만약 속도가 강하 속도보다 높고, 정속강하를 하고자 한다면 동력을 강하 동력 세팅까지 감소하고 사이클릭 피치조종으로 일정 고도를 유지함으로써 속도를 낮춘다. 헬리콥터가 원하는 강하 속도에 가까워짐에 따라 속도계가 주요 피치계기 그리고 매니폴드압 게이지가 주요 동력계기가 된다. 정률강하를 위해서 속도를 일정하게 유지하는 것은 헬리콥터를 강하하게 하는 원인이 된다. 정률 강하를 위해서 동력 세팅을 원하는 강하율에 상응하는 대략적인 값까지 줄인다. 만약 강하 중인 속도에서 강하가 시작되었다면 VSI가 원하는 값에 도달할 때까지 속도계는 주요 피치계기가 된다. 이 시점에서 VSI는 주요 피치계기가 되고 속도계는 주요 동력계기가 된다. 동력과 피치자세 조종이 상호 잘 조화되도록 조종하라.

(2) 수평전환

정속 강하로부터 수평전환(level-off)은 강하 속도 또는 강하 속도보다 높은 순항속도에서 수행될 수 있다. 상승에서 수평으로 전환하는 것과 같이 선도량은 강하율과 조종 기량에 달려 있다. 강하 속도에서 수평전환을 위해서 대략 수직 속도의 약 10%를 적용한다. 선도 고도에서 수평비행에서 강하 속도를 유지하는 데 필요한 동력 세팅을 동시에 증가시켜야 한다. 이 시점에서 고도계가 주요 피치계기가 되고 속도계는 주요 동력계기가 된다. 강하 속도보다 빠른 속도에서 수평으로 전환하기 위해서 동력은 원하는 고도로부터 약 100~150피트 이전 고도에서 시작한다. 동력 세팅은 수평비행에서 원하는 속도를 유지하는 데 필요한 정도여야 한다. 원하는 고도로부터 약 50피트 이전 고도까지 수직 속도를 일정하게 유지하라. 이 시점에서 고도계가 주요 피치계기가 되고 속도계는 주요 동력계기로 활용한다. 정률강하로부터 수평으로 전환은 정속강하로부터 수평전환조작과 동일하다.

[공통 실수]

① 기수방위를 유지하지 못했다.
② 동력을 적절하게 사용하지 못했다.
③ 피치자세 조종이 적절하지 못했다.
④ 페달 트림을 정확하게 적용하지 못했다.
⑤ 조종사가 원하는 고도에서 정확하게 수평전환을 하지 못했다.

3.4 선 회

비행계기를 참고한 선회(turn)는 정밀한 비율로 수행되어야 한다. 여기서는 선회경사 지시계가 초당 3°를 초과하지 않는 표준율 선회(standard rate of turn)를 다룬다. 진대기속도(TAS)는 표준율 선회를 유지하는 데 필요한 경사각(angle of bank)을 결정한다. 표준율 선회를 위한 대략적인 경사각은 진대기속도의 15%를 적용한다. 이를 간단하게 계산하는 방법은 속도를 10으로 나누고 그 값의 절반을 더해 준다. 예를 들어 60노트에서 표준율 선회를 위한 대략적인 경사각은 9°(60 ÷ 10 = 6, 6 + 3 = 9)가 적당하고, 80노트라면 12°가 적절하다.

선회를 시작하기 위해서 선회하고자 하는 방향으로 사이클릭을 적용한다. 진입은 자세계를 이용해서 대략적인 경사각을 형성할 수 있도록 유연하게 적용한다. 선회 지시계가 표준율 선회를 지시할 때 주요 경사계기가 되고 고도계는 보조계기가 된다. 수평 선회 중 고도는 주요 피치계기이고 속도계는 주요 동력계기가 된다. [그림3-12]는 안정된 표준율 선회를 위한 주요계기와 보조계기들을 보여주고 있다. 만약 속도를 유지하는 데 동력 증가가 요구된다면 헬리콥터는 컬렉티브 피치가 증가함에 따라 피치가 들리는 경향이 있기 때문에 사이클릭을 약간 앞으로 밀어야 한다.

볼 중앙을 유지하기 위해서 필요하다면 페달 트림을 적용하라. 수평직선비행으로 복귀하기 위해서 사이클릭을 선회 반대 방향으로 적용하라. 선회정지 비율은 선회진입 비율과 동일해야 한다. 선회 회복이 시작됨에 따라 자세계가 주요 경사계기가 된다. 헬리콥터가 대략 수평이 되었을 때 기수방위 지시계는 수평직선비행과 같이 주요 경사계기가 된다. 속도계와 볼은 원하는 속도와 페달 트림을 유지하기 위해서 주의 깊게 교차점검하라.

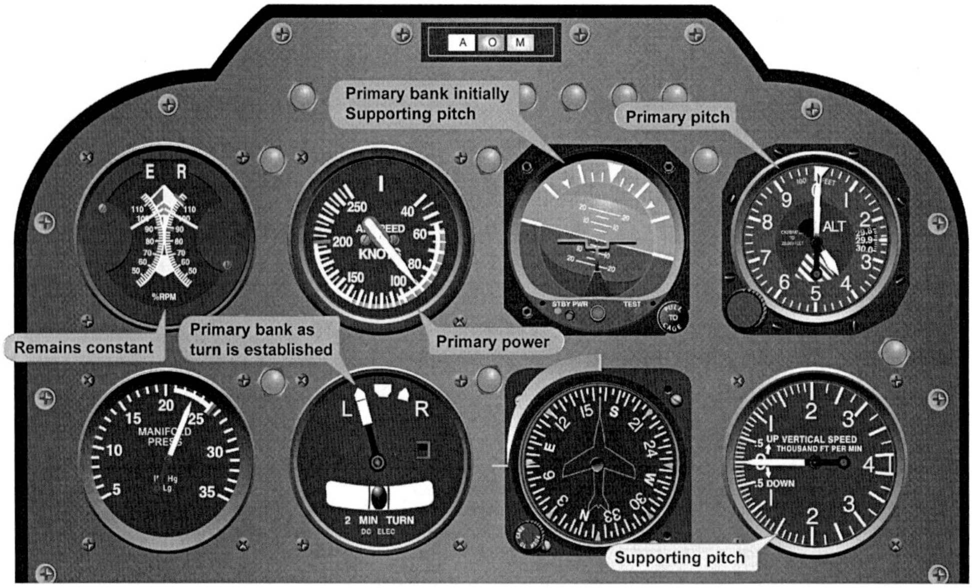

【그림3-12】 선회에 진입할 때 자세계를 주요 경사계기로 활용한 후 일정 선회율이 확립된 후 선회경사 지시계를 주요 경사계기로 활용한다. 고도가 변하지 않도록 고도계를 주요 피치계기로 활용하고 속도계를 주요 동력계기로 참고한다.

3.4.1 지정된 기수방위로 선회

헬리콥터의 가로축이 기울어져 있는 한 선회하게 될 것이기 때문에 회복은 원하는 기수방위에 도달하기 전에 시작되어야 한다. 선도량은 선회율과 조종사의 기량에 달려 있다. 일반적으로 초당 3°의 표준율 선회에서 경사각의 절반을 선도로 적용한다. 예를 들어 경사각이 12°라고 한다면 그 절반인 6°를 선도점으로 결정한다. 경사각은 현재 선회하고 있는 각도의 수를 결코 초과해서는 안 된다. 표준율 선회에서 회복율(rate of recovery)은 진입율과 동일해야 하고, 지정된 기수방위까지 선회 중 주요 그리고 보조 피치 경사계기와 동력계기를 주의 깊게 교차점검하라.

3.4.2 시간차 선회

시간차 선회(timed turn)는 시계(clock)와 선회경사 지시계를 이용해서 주어진 시간에 지정된 방위만큼 선회하는 데 사용된다. 예를 들어 표준율 선회를 적용했을 때 45°를 15초에 선회한다. 반표준율 선회(half-standard rate turn)를 적용했을 때 30초가 소요된다. 시간차 선회는 기수방위 지시계가 작동되지 않을 때 유용하게 사용할 수 있는 기술이다. 이 훈련을 시작하기 전에 선회경사 지시계의 정밀한 지시를 결정하기 위해서 보정되어야 한다. 이를 위해서 선회경사 지시계를 참고하여 표준율 선회를 확립한 후 초시계가 주요 시점(cardinal point; 12, 3, 6, or 9)을 지날 때 방위를 체크한다. 일정한 선회율 지시를 유지하면서 10초 간격으로 기수방위 변화를 주시한다. 만약 헬리콥터가 10초 동안에 30° 이상 또는 이하로 선회한다면 표준율 선회를 위해서 지시침을 더 크게 혹은 더 작게 변화시킬 필요가 있다. 선회경사 지시계를 각 방향으로 선회하면서 보정한 후 수정된 변화를 관찰하고, 전체 시간차 선회 중 이를 적용해야 한다. 지정된 기수방위까지 선회하는 데 적용된 것과 동일한 교차점검과 조종 기술을 적용하지만, 기수방위 지시계 대신 시계를 사용한다. 선회경사 지시계의 지시침이 주요 경사 조종이고 고도계는 주요 피치조종 그리고 속도계는 주요 동력계기가 된다. 시계 초침이 주요 시점을 지날 때 선회진입을 시작한다. 기수방위에서 작은 양의 변화를 위해서 보정된 표준율 또는 반표준율에서 선회를 유지하라. 선회정지 조작은 계산된 시간이 경과했을 때 시작한다. 만약 선회진입과 선회정지가 동일하다면 진입과 회복에 소요된 시간을 고려하지 않는다. 완전 계기판에서 시간차 훈련을 하고 있다면 정확한 선회를 위해서 기수방위 지시계를 확인하라. 만약 기수방위 지시계 없이 선회하고 있다면 선회의 정확성을 확인하기 위해서 선회가 완료되었을 때 자기나침반을 활용하고, 이때 나침반 오차를 고려해야 한다.

3.4.3 선회 중 속도 변화

선회 중 속도를 변화시키는 것은 기본 계기비행 기술에서 숙련도 향상을 위한 효과적인 기동이다. 이 기동에는 유연한 조종과 함께 신속한 교차점검과 판독 그리고 정확한 실행이 포함된 모든 요소를 동시에 적용할 수 있어야 한다. 또한, 더욱 복잡한 기동이 포함된 자세와 동력 변화를 수행할 수 있는 자신감을 갖게 될 것이다. 피치와 동력 기술은 수평직선비행에서 속도 변화 중 적용된 것과 동일하다. 주어진 선회율에 필요한 경사각은 진대기속도에 비례한다. 선회는 표준율에서 수행되고 있기 때문에 경사각은 일정한 선회율을 유지하기 위한 속도 변화에 비례하여 변한다. 속도가 감소하는 중 고도와 표준율 선회를 유지하기 위해서 경사각을 감소시키고 피치자세를 증가시켜라. 고도계와 선회 지시계의 지시는 선회 전 과정에서 일정하게 유지되어야 한다. 고도계는 주요 피치계기이고 선회 지시침은 주요 경사계기이다. 매니폴드압 게이지는 속도가 변하는 동안 주요 동력계기가 된다. 속도가 새로운 지시에 가까워짐에 따라 속도계는 주요 동력계기가 된다. 선회 중 속도를 변화시키는 방법은 다음과 같다.

첫째, 선회가 확립된 후 속도를 변화시킨다.
둘째, 선회진입과 동시에 속도를 변화시킨다.

첫 번째 방법이 더 쉬운 방법이지만 동력이 감소함에 따라 교차점검을 더욱 강화해야 한다. 헬리콥터가 감속됨에 따라 피치 변화의 필요성을 위한 고도계와 VSI를 확인하고 경사 변화의 필요성을 위해서 경사계기들을 교차점검하라. 만약 선회경사 지시계의 지시침이 원하는 값에서 벗어났다면 경사각 변화를 적용하라. 고도를 유지하기 위해서 피치자세를 조절하라. 속도가 원하는 값에 가까워질 때 속도계는 주요 동력계기가 된다. 동력은 원하는 속도를 유지하기 위해서 조절하라. 기동이 잘 조화되어 수행되고 있는지 확인하기 위해서 페달 트림을 활용하라. 조종 기술이 아주 유연해질 때까지 속도 변화에 따른 대략적인 경사각을 제공하고 과조종을 방지하기 위해서 자세계의 교차점검을 강화한다.

3.4.4 나침반 선회

자이로 기수방위 지시계를 사용하는 것이 기수방위 조종에 유리하지만, 만약 기수방위 지시계의 고장 또는 이 유형의 계기를 갖추고 있지 않았다면 기수방위 계기로 자기나침반을 사용해야 한다. 나침반만을 사용하여 선회할 때 헬리콥터가 원하는 기수방위에서 선회정지하는 순간 증감속 오차(acceleration and deceleration errors)에 따른 선도와 지연 오차를 적용해야 한다. 북쪽 기수방위로 선회 중일 때 선회정지를 위한 선도는 헬리콥터가 위치해 있는 위도(latitude)에 선회로부터 회복할 때 적용된 선도 각도를 더해 주어야 한다. 남쪽 기수방위로 선회하고 있다면 현재 위도에서 나침반이 위도를 지날 때까지 선회를 유지하고 정상 선회정지 선도 각도를 빼주어야 한다. 예를 들어 위도 30° 지역에서 동쪽으로부터 북쪽으로 표준율 선회할 때 나침반 지시가 37°[(30° + 15° 경사각의 절반)]에서 선회정지 조작을 시작한다. 동쪽으로부터 남쪽으로 선회 중일 때 나침반 지시가 203°[(180°+30° -15° 경사각의 절반)]일 때 선회정지 조작을 시작한다. 서쪽으로부터 유사한 선회를 할 때 북쪽으로 선회할 때와 같이 선회정지 조작을 시작하기 위한 적절한 방위각은 323°이고, 남쪽으로 선회할 때는 157°에서 시작해야 한다.

3.4.5 30° 경사 선회

IMC에서 경사각 30°의 선회는 권장되지 않고 헬리콥터의 비정상자세(unusual attitude)로 고려된다. 그러나 헬리콥터 경사의 특성상 수직양력분력의 변화를 초래하기 때문에 이를 인지하고 즉각 동고도를 유지할 수 있는 능력을 배양하기 위해서 자세계기비행 과정에서 숙달되어야 하는 필수 기동이다. 선회의 진입과 회복은 정상 선회진입과 회복 절차와 동일하게 적용되나 단지 경사량이 증가했기 때문에 이로 인한 피치조종이 더 어렵다는 것을 경험하게 될 것이다.

경사가 증가함에 따라 수직양력분력이 감소하고 이는 고도와 속도 감소를 초래하게 될 것이기 때문에 이를 방지하기 위해서 동력을 증가시켜야 한다. 선회하기 위해서 사이클릭으로 경사를 형성하면서 자세계의 지침을 참고하여 30° 경사를 형성하고, 고도계와 승강계를 참고하여 피치자세의 변화를 주시한다. 아울러 속도계를 참고하여 속도의 변화를 주시하면서 이들 지시침의 초기 움직임을 조기에 발견하여 컬렉티브를 약간 들어 올려 토크를 증가시킨다. 동력을 증가시킨 후에도 고도계, 승강계 또는 속도계 지시침의 변화를 주시하여 30° 경사 선회에 적절한 양이 적용되었는지 확인한다. 특히 동력이 변화할 때 적절한 테일로터 페달(tail rotor pedal) 압을 적용하여 선회경사 지시계(turn and slip indicator)의 볼이 중앙에 위치하도록 조작해야 한다.

선회 중 수평양력분력과 원심력의 부적절한 조화는 선회경사 지시계의 볼이 왼쪽이나 오른쪽으로 벗어나 헬리콥터는 정상적인 선회 경로에서 벗어난 슬립 또는 스키드(slip or skid) 선회를 하게 될 것이다. 그러나 이 기동은 급격한 자세의 변화에 신속하고 유연하게 반응할 수 있는 조종사의 능력을 배양하는 데 매우 양호한 비행기술이다. 선회진입과 회복 기술은 다른 선회와 다르지 않지만, 경사가 증가함에 따라 수직양력이 크게 감소하기 때문에 피치조종이 더 어렵다. 또한, 수직양력의 감소로 인하여 고도와 속도의 상실이 클 수 있어 일정한 고도와 속도를 유지하기 위해서 추가 동력 적용이 요구된다. 그러나 이들 계기를 수정해야 할 필요성을 지시할 때까지 수정을 시작하

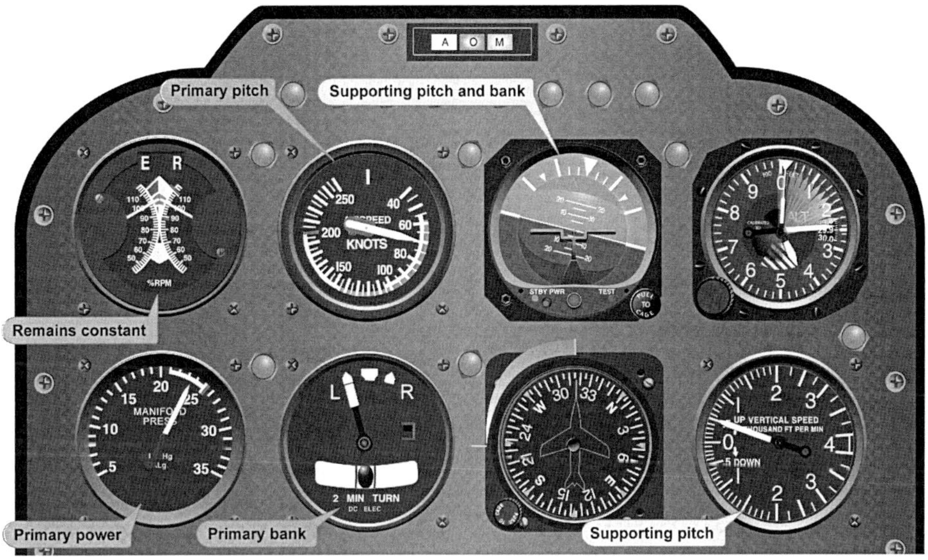

【그림3-13】 일정 속도에서 안정된 좌상승 선회를 보여주고 있다. 속도계를 주요 피치계기로 활용하고 표준율 선회를 관찰하기 위해서 선회경사 지시계를 주요 경사계기로 활용한다. 고도와 기수방위는 계속 변화하고 있기 때문에 교차점검에서 잠시 제외한다.

지 마라. 기동 중 고도계와 VSI에서 수정을 위한 필요성을 주시하고, 자세계를 확인한 다음 필요한 조절을 적용한 후 수정이 적절했는지 결정하기 위해서 고도계와 VSI를 다시 확인한다.

3.4.6 상승 중 또는 강하 중 선회

상승과 강하하면서 선회는 직선 상승, 강하 그리고 표준율 선회를 위한 기술을 적절히 결합하여 적용하여야 한다. 예를 들어 선회와 동시에 상승 또는 강하를 시작하는 것과 같은 사례이다. [그림3-13]은 일정한 속도에서 좌상승 선회를 위한 주요계기와 보조계기들을 보여주고 있다. 상승 또는 강하 선회로부터 수평전환조작은 직선 상승 또는 강하로부터 수평전환조작과 동일하다. 수평직선비행을 복귀하기 위해서 선회를 멈춘 다음 수평전환조작을 시작하거나 아니면 수평전환 후 선회를 멈추기 위한 조작을 시작할 수 있고 아니면 동시에 선회와 수평전환조작을 수행할 수 있다. 상승 또는 강하 선회 중 페달 트림으로 선회경사 지시계의 볼 중앙이 유지되어야 한다.

[공통 실수]

① 선회율을 유지하지 못했다.
② 수평 선회에서 고도를 유지하지 못했다.
③ 속도를 유지하지 못했다.
④ 진입과 회복율이 다르게 적용되었다.
⑤ 선회정지하기 위한 적절한 선도를 적용하지 못했다.
⑥ 시간차 선회 중 정확한 시간을 계산하지 못했다.
⑦ 나침반 선회 중 정확한 선도와 지연을 적용하지 못했다.

⑧ 페달 트림을 적절하게 적용하지 못했다.

3.5 비정상자세

비정상자세(unusual attitude)는 헬리콥터의 정상 계기 비행자세 외의 모든 기동을 의미하는 것으로 주원인은 난기류, 공간정위상실, 계기 고장, 혼동, 조종실 업무 집중, 부주의한 교차점검, 계기 판독 오류, 비행경력 부족 등이다. 헬리콥터의 불안정성 특성으로 인하여 비정상자세는 극히 위험하다. 따라서 이를 인지하는 즉시 최소한의 고도상실로 수평직선비행으로 회복할 수 있어야 한다. 비정상자세로부터 회복하기 위해서 경사와 피치 그리고 필요에 따라 동력까지 수정해야 한다. 모든 관련 계기들이 거의 동시에 변하기 때문에 자세계를 참고하거나 아니면 자세계를 참고하지 않고 회복할 수 있어야 한다. 만약 헬리콥터가 상승 또는 강하 선회 중이라면 경사를 수정하고 피치 그리고 동력을 조절하라.

경사자세는 선회경사 지시계와 자세계를 참고하여 수정해야 한다. 피치자세는 고도계, 속도계 VSI 그리고 자세계를 참고하여 수정한다. 속도계와 매니폴드압 게이지를 참고하여 동력을 조절한다. 비정상자세로부터 회복에 적용된 조종량이 정상 비행에 비해서 크기 때문에 수평직선비행으로 회복됨에 따라 주의해서 조절해야 한다. 과조종을 방지하기 위해서 다른 계기들을 교차점검하라.

전형적인 비정상자세는 급강하 및 급상승 그리고 급경사 기동 등이 있으며 단일 형태로 발생할 수도 있겠지만 급강하 선회와 같은 두 기동이 복합적으로 발생하는 상황이 대부분이다. 어느 경우든 즉각적으로 수정되어야 하나 이를 수정하기 위한 급조작 역시 헬리콥터의 동체와 조종계통의 지연 현상으로 인하여 또 다른 위험 요인으로 작용할 수 있다는 점을 염두에 두고 초동 조치와 유연한 조작이 필수적으로 요구된다. 비정상자세를 인지했을 때 경사와 피치자세를 수정하고 필요하다면 동력까지도 조절해야 한다.

수정 조작은 가급적 모든 조종계통(사이클릭, 컬렉티브, 테일로터 페달)이 거의 동시에 수행될 수 있도록 훈련되어야 한다. 이 같은 훈련은 시계비행 과정의 비정상자세로부터의 회복 훈련에서 충분히 숙달된 상황에서만 가능하다. 시계비행과 다른 점이 있다면 전적으로 계기의 움직임에 의존하여 회복 조작을 수행해야 한다는 점이다. 만약 헬리콥터가 상승 또는 강하 선회 중이라면 경사, 피치 그리고 동력 순으로 수정 조작을 해야 한다. 피치자세는 고도계, 속도계, 승강계 그리고 때로는 자세계를 참고하여 수정한다. 동력을 조절해야 할 필요가 있다면 속도계와 토크계기를 참고하여 수정한다.

[공통 실수]

① 피치 및 경사자세를 정확하게 수정하지 못했다. 헬리콥터의 세로축과 가로축은 비행기와 달리 짧기 때문에 사이클릭 조종에 의한 피치자세의 변화는 매우 크게 발생할 수 있을 뿐만 아니라 사이클릭을 밀고 당기는 순간 동체의 움직임이 이를 따라주지 못하여 마스트 범핑(mast bumping)과 같은 치명적인 상황으로 발전할 수 있다. 이 같은 현상을 인지했을 때

조종량을 최소화할 수 있도록 조종간을 잡고 있는 손발의 힘을 빼고 동체의 안정이 최우선이 되어야 한다.

② 균형조종이 부족했다. 특히 동력 변화에 따른 테일로터 페달과 사이클릭이 적절히 조화되지 않았을 때 동체는 불안정 상태로 기동하게 될 것이기 때문에 선회경사 지시계의 볼이 항상 중앙을 유지할 수 있도록 조종해야 한다.

③ 컬렉티브의 과도한 사용은 토크 한계를 쉽게 초과할 수 있다. 비정상적인 상황에서 무의식적으로 과도한 컬렉티브의 사용은 수직 속도의 급격한 증감과 함께 제한 토크 값을 쉽게 초과할 수 있고, 이는 엔진고장과 같은 치명적 사고의 한 원인이 된다. 어느 상황에서도 제한 토크를 초과하지 않도록 주의하고 유연한 컬렉티브의 사용 훈련이 요구된다.

3.6 비상절차

계기비행 중 비상상황(emergency situations)은 기본적으로 VFR 비행 중 발생할 것과 동일하게 처리되어야 한다. 비상상황에 대처할 수 있는 가장 좋은 방법은 헬리콥터와 관련 계통에 대한 지식은 물론이고 공통적인 공기역학과 판단력을 갖추어야 한다. 헬리콥터의 안전한 운용은 비행 전 계획과 철저한 비행 전 점검으로부터 시작된다. 비행로는 비상착륙이 가능한 적절한 착륙장(landing sites)이 포함되도록 계획한다. 또한, 비상상황에서 사용할 수 있는 항공도, 간행물, 손전등(flashlights) 그리고 소화기 등을 갖추었는지 확인하라.

어떠한 비상상황에서도 헬리콥터 비행이 우선이다. 헬리콥터를 계속 조종할 수 있다는 것은 비상 착륙장을 결정할 수 있음을 의미한다. 다음은 헬리콥터 비행 매뉴얼에 수록되어 있는 비상 점검표에 따라 행동한다. 이들 모든 절차를 수행한 후 ATC에 통보한다. 마지막으로 부여된 ATC 주파수를 이용해서 비상상황을 선포하라. 만약 가용하다면 비상주파수 121.5 MHz에 맞추어 송신하고, 트랜스폰더 비상코드 7700에 맞춘다. 이 코드는 레이더 시설에 경보를 작동시킨다.

비행 중 비상상황에 조우했을 때 가능한 한 빨리 가용한 착륙장에 비상착륙한다. 전기 화재(electrical fire)의 경우 모든 불필요한 장비의 전원을 끄고 즉시 착륙한다. 자세계와 같은 일부 필수 전기 계기는 안전한 착륙을 위해서 필요할 수 있다. 무선항법장치의 고장은 안전하게 비행을 계속할 수 있는 한 즉각적인 착륙이 필요하지 않다. 이 경우 상황을 판단하여 즉시 착륙한다.

3.7 오토로테이션

계기비행 상황에서 헬리콥터의 엔진고장과 같은 비상상황이 발생했을 때 기본 조치는 VFR 비상조치 훈련과 동일하게 수행되어야 한다. 비행 중 엔진고장이 발생했을 때 확실한 헬리콥터 조종을 유지하기 위한 즉각적인 수정 조치를 할 수 있는 능력을 갖추어야 한다. 오토로테이션은 비행 방향의 변경 없이 직선 방향으로 수행하는 경우와 더욱 안전한 착륙장소로 향하기 위한 선회 오토로테이션(autorotation) 훈련이 수행될 수 있다. VFR 비상절차 훈련과 다른 점이 있다면 외부 시계가 완전히 혹은 부분적으로 차단된 상황에서 계기에만 의존하여 훈련이 진행된다는 점이다.

정상적인 직선비행 중 엔진고장 상황이 주어졌을 때 조종사는 신속하게 컬렉티브를 최대한 내려 메인로터(main rotor; 주회전날개) 회전 속도의 상실을 최소화할 수 있어야 한다. 오토로테이션의 성공 여부는 주지하는 바와 같이 메인로터의 회전력을 얼마나 보존할 수 있느냐의 여부에 달려 있기 때문이다. 또한, 엔진고장에 따른 토크의 변화가 발생할 것이고 이는 기수의 변화를 초래할 수 있으므로 동체의 세로축 유지를 위해서 선회경사 지시계의 볼이 중앙을 유지할 수 있도록 조작해야 한다.

동체의 피치자세는 자세계를 참고하여 대략 수평이 되도록 사이클릭으로 자세를 조종하되 지정된 주회전날개의 RPM을 유지하는 데 더욱 주의를 집중하여야 할 것이다. 여기까지 헬리콥터 엔진고장이 발생했을 때 초동 조치에 관한 내용이다. 일단 주회전날개의 회전력을 유지하고 기축을 정확하게 유지하는 데 성공했다면 속도계를 주요 피치계기로 활용하고 기수방위 지시계를 주요 경사계기로 활용하여 직선비행 방향을 유지한다.

어느 경우든 헬리콥터의 엔진고장이 발생했을 때 주회전날개의 권장 오토로테이션 RPM을 유지할 수 있어야 한다. 만약 기수가 급격히 숙여졌을 때 급격한 고도 상실을 초래할 수 있고, 반대로 자세가 너무 들렸을 때는 주회전날개의 회전속도 유지에 영향을 줄 수 있다. 이는 매우 치명적인 결과를 초래할 수 있다.

또한, 선회하면서 오토로테이션하는 상황이라면 선회경사 지시계를 참고하여 표준율 선회가 되도록 조종할 수 있어야 한다. 동일한 조건에서 직선으로 오토로테이션 활공하는 것과 선회 오토로테이션 활공각(glide angle)이 더 커질 수 있기 때문에 조종사가 원하는 착륙장소까지 오토로테이션 활공을 불가능하게 할 수 있음에 유의해야 한다. 때문에 가급적 비행 전방으로 오토로테이션 활공경로를 선정하는 것이 시간적 그리고 공간적으로 유리하다.

[공통 실수]

① 페달 트림의 부적절한 적용으로 인하여 균형조종 상태에서 오토로테이션에 진입하지 못했다.
② 피치자세의 부적절한 적용으로 인하여 정확한 속도 조절을 하지 못했다.
③ 수평직선비행 오토로테이션에서 기수방위 조종이 적절하지 못했다.
④ 로터 RPM을 정확하게 유지하지 못했다.
⑤ 선회 오토로테이션 중 표준율 선회를 유지하지 못했다.

3.8 서보 고장

1인 IFR 비행으로 승인된 대부분 헬리콥터는 오토파일럿(autopilot)을 갖출 것을 요구하고 있다. 만약 오토파일럿 서보(autopilot servo)가 고장 났다면 수동 조종으로 전환해야 한다. 조종실 업무의 증가는 고장 난 서보의 종류에 따라 달라질 수 있다. 만약 사이클릭 서보가 고장 났다면 조종사가 수행해야 하는 일이 너무 많아지므로 즉시 착륙해야 한다. 그러나 안티토크 또는 컬

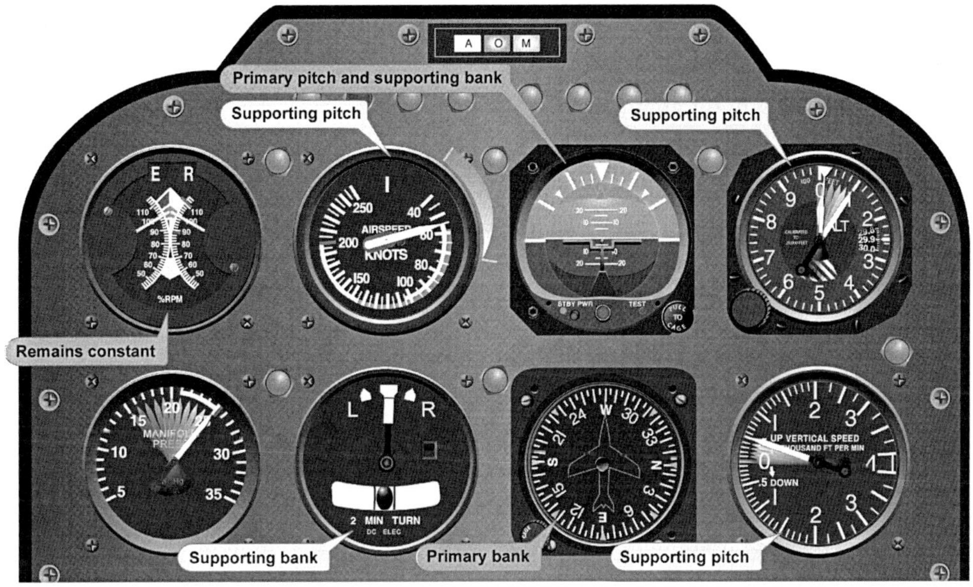

【그림3-14】 헬리콥터의 계기이륙은 수직이륙 성능을 최대한 적용할 수 있기 때문에 방향조종이 더욱 중요시된다. 동력을 증가함에 따라 자세계를 참고하여 기수가 좌측으로 돌아가려는 경향을 조기에 수정할 수 있어야 한다. 일정한 기수방위를 유지해야 하기 때문에 기수방위 지시계를 주요 경사계기로 활용한다. 고도와 속도는 지속적으로 증가하게 될 것이다.

렉티브 서보(antitorque or collective servo)가 고장 났다면 적절한 다음 착륙장까지 계속 비행할 수 있다.

3.9 계기이륙

여기서는 일반적인 헬리콥터 계기이륙 절차와 기술들을 다룬다. 계기이륙 훈련은 반드시 관련 비행훈련 자격을 갖춘 교관 조종사의 감독하에 수행되어야 한다. 헬리콥터는 비행기와 달리 수직 이착륙이 가능한 장점이 있고 IMC라 할지라도 수 미터의 시계(field of view)만 확보된다면 수직으로 이륙할 수 있기 때문에 굳이 초기 이륙단계부터 계기만을 참고하여 이륙하는 절차가 요구되는 상황은 드물다. 그러나 훈련 목적상 이륙에서부터 초기상승에 진입하는 과정까지 계기만을 참고하여 이륙할 수 있는 능력을 갖춤으로써 자세계기비행에 대한 자신감을 갖게 될 것이다. [그림3-14]

(1) 이륙 준비

헬리콥터를 활주로의 중앙선에 일직선이 되도록 정렬시킨다. 헬리패드(helipad)의 경우라면 바람과 장애물의 위치 등을 고려하여 가장 적절한 이륙 방향으로 정렬시킨다. 바퀴형 착륙장치라면 발끝 제동장치를 견고히 유지하고 있어야 한다. 파킹 브레이크가 있다면 파킹 브레이크(parking brake)를 사용하고 이륙이 완료된 후에는 반드시 풀어 놓아야 한다. 먼저 자세계를 참고하여 수평지시기와 모형항공기가 일치되었는지 확인하고 일치되지 않았다면 수정한다. 기수방위 지시계를 참고하여 활주로 방위와 일치되었는지 확인한다. 모든 준비가 되었다면 컬렉티브 프릭션 잠금장치(collective friction lock)를 조절하여 너무 헐거워 무의식적으로 움직이는 것을 방지하기 위해서 적절하게 조절한다. 이는 무의식적인 과조작을 방지할 수 있다. 반대로 너무 세게 조였다면 컬렉티브의 움직임을 제한할 수 있기 때문에 이 또한 주의해야 한다.

(2) 이륙과 초기상승

모든 계기의 점검을 마친 후 컬렉티브를 서서히 들어 올리면서 동체가 가벼워지는 것을 느끼는 단계에서 일단 조작을 정지한 후 지속적으로 컬렉티브를 유연하게 들어 올려 이륙 동력까지 적용하여 동체를 부양시킨다. 이 과정에서 동체가 지면으로부터 부양(lift-off)하면서 동력의 증가에 따른 기수의 좌요잉(left yawing)이 발생하려는 현상이 발생할 수 있기 때문에 이를 미리 방지하기 위해서 오른쪽 테일로터 페달에 압을 적용하여 기수방위의 변화를 방지한다. 동시에 사이클릭 전방압을 적용하여 속도가 점진적으로 증가할 수 있도록 조종한다. 일단 동체가 지면으로부터 부양한 후에는 다시 지면에 침하하지 않도록 고도 상승을 우선하고 동시에 속도가 증가하는 것을 확인한다.

동체가 부양하면서 동력의 변화와 주회전날개(main rotor)에서 발생한 하강풍(down wash)의 영향을 받고 동체는 전이성향으로 인하여 오른쪽으로 편류(drift)될 수 있으므로 이를 방지하기 위한 조작이 동시에 수행되어야 한다. 안전하게 부양한 후에는 사이클릭 전방압으로 상승 속도에 도달할 때까지 증속한다. 초기 증속 중 자세계를 참고하여 피치자세는 약 1~2폭 상승을 지시할 수 있도록 조작한다. 일단 초기상승에 진입했다면 직선 상승 절차와 동일한 방법으로 상승을 계속한다.

[그림3-14]는 일단 부양된 후의 주요계기와 보조계기의 활용에 대해서 보여주고 있다. 상승속도까지 증가하였을 때 피치자세를 점차 상승 자세로 전환하고 상승 속도에 도달했을 때 컬렉티브를 약간 내려 정상 상승 토크 값으로 감소시킨다. 초기 부양 단계에서 기수방위 수정은 테일로터 페달로만 수정되어야 하고 충분한 속도로 증속한 후에는 균형조종으로 기수방위를 유지할 수 있어야 한다. 계기이륙 전 과정을 통해서 안전 고도에 도달할 때까지 교차점검과 판독은 신속 정확하게 수행되어야 하고 헬리콥터 조종은 확실하고 유연하게 조작되어야 한다.

[공통 실수]

① 기수방위를 유지하지 못했다. 컬렉티브를 들어 올려 토크(torque)가 증가하는 순간 기수의 좌요잉 현상이 명확하게 발생한다는 사실을 인지했음에도 이를 조기에 수정하지 못했기 때문에 지정된 이륙 방향을 유지하지 못하는 실수가 발생할 수 있다. 헬리콥터의 초기 이륙단계에서 세로축(longitudinal axis)의 유지는 테일로터 페달의 조종으로 확실하게 유지되어야 한다. 때로는 바람의 영향을 받아 편류가 발생할 수 있는 상황이라면 사이클릭으로 편류를 방지하고 테일로터 페달로 세로축을 활주로 방향에 일치시킬 수 있도록 조종해야 한다.

② 테일로터 페달의 사용량이 크게 적용되었다. 초기 이륙단계에서 기수의 좌요잉 현상을 예측하고 기수방위가 변하기 전에 테일로터 페달의 압이 적용되었을 때 이를 최소화할 수 있으나

【그림3-15】 최근 출시된 헬리콥터의 조종실은 기존의 아날로그 계기 대신에 2개의 LCD 화면으로 구성되어 있다. 기본적으로 비행기의 글라스 칵핏의 작동원리는 동일하다.

이미 좌요잉이 발생한 후에는 적용 양이 상대적으로 증가하여 지그재그 형태의 이륙이 될 수 있다.

③ 필수동력의 적용이 부적절했다. 컬렉티브의 적용은 적은 양으로 지속적으로 적용해야 기수의 변화를 최소화할 수 있다. 그러나 적용한 양이 부족하다면 이륙 중 활주로에 침하(sink)할 수 있고, 너무 컸다면 급격한 수직 속도의 증가와 기수의 변화를 초래하여 수평 자세의 유지가 어려워질 수 있다.

④ 이륙 중 사이클릭(cyclic)의 부적절한 조종으로 자세 유지에 실패했다. 컬렉티브의 적용과 함께 속도를 얻을 수 있도록 사이클릭 전방 압을 적용하여야 하나 양이 너무 컸을 때는 상승력을 감소시키고 너무 적은 양은 상승 속도의 도달을 지연시킬 수 있다

⑤ 이륙 초기에 발생하는 헬리콥터의 특성을 정확하게 이해하지 못했으며 이를 적절히 수정하지 못했다. 전반적인 동력 증가는 동체를 오른쪽으로 편류하게 하고 동시에 기수-들림 현상이 발생할 수 있다. 이를 적절히 수정하지 못했을 때 기수가 급격히 들리고 오른쪽으로 편류하는 현상이 발생할 수 있다.

제 4 장 VOR/HSI 항법

4.1 개 요

앞장에서 자세계기비행(attitude instrument flying)에 관해서 연구하였다. 동일한 계기판을 보고 훈련하였지만, 이제부터는 항법계기(navigation instrument)를 활용하는 방법에 대해서 집중적으로 연구하게 될 것이다. 항공기에 장착된 항법계기에 대해서는 "운항학 개론"에서 충분히 연구되었기 때문에 이들 계기의 구조와 작동원리, 식별 절차(identification procedure) 그리고 점검 절차 등에 관해서는 더 이상 다루지 않는다. 기본 지식을 바탕으로 실제 활용 능력을 향상시키는 데 학습 목적을 두고 진행될 것이다.

항공산업의 발달은 항공기의 고속화, 대형화, 자동화되어 가고 있는 추세이며 더욱 정밀한 계기가 개발되어 조종사의 업무를 많이 감소시키고 있다. 이 같은 항공산업의 발달에 비례하여 일반항공(general aviation)의 개발도 활빌해져 경항공기의 계기 시스템 역시 대형 항공기 못지않은 각종 계기와 장비를 장착함으로써 항속거리를 증가시키고 있다. 그러나 아무리 자동화된 항법장비를 갖추었다 할지라도 이를 운용하는 조종사가 이들 장비를 정확하게 운용할 수 있는 능력이 없다면 운용의 효율성은 기대할 수 없다.

계기비행(IFR)은 시계비행(VFR)의 한계를 초월한 새로운 비행 세계를 구축하는 것으로 시계비행(VFR)과는 별도로 충분한 이론적 지식과 계기 활용에 대한 자신감을 갖추어야 한다. 특히 계기비행은 저시정이라든지 구름 속에서의 비행 또는 야간 장거리 비행과 같은 매우 불리한 상황에서 수행될 수 있으므로 항공기의 조종술만으로 성공적인 임무를 수행하기에는 한계가 있다는 것을 시계비행 과정에서 경험했을 것이다. 결론적으로 계기비행의 성공 여부는 당신의 눈앞에 놓여 있는 계기들을 최대한 활용할 수 있는 능력에 달려 있다고 보아야 할 것이다.

4.2 VOR 식별

4.2.1 VOR 식별 절차

GNSS/GPS의 등장으로 VOR은 점차 GPS를 보조하는 항법으로 전환되었지만, 아직도 많은 국가에서 주요 항법 수단으로 이용되고 있으며, 단일 장비로 활용되기보다 DME, TACAN 등과 함께 VOR/DME 또는 VORTAC 등과 같이 운용된다. 국내의 주요 VORTAC 시설은 김포, 안양, 오산, 예천, 광주, 군산 등이 있다.

(1) VOR 식별 박스(identification box)

IFR 순항항로 차트(en route chart)에는 VOR 명칭, 주파수, 세 문자 식별자, 전신부호(Morse code), 송신소 좌표가 표기되어 있다. 예를 들어 저고도 순항항로 차트의 "GRAND JUNCTION" VORTAC의 주파수는 112.4, 식별자 JNC, 전신부호(・--- -・ -・-・), 좌표 N39°03.57′W108°47.56'에 위치해 있으며 주파수 하단에 밑줄이 그어져 있는(112.4) 것은 음성식별(no voice identification)이 없음을 나타낸다. 항로에서 있는 VOR은 식별 박스에 송신소의 지리적 위치를 나타내는 좌표가 표기되나 접근차트에는 지리적 위치가 표기되지 않을 수도 있다.

주요 순항항로 차트의 발간은 ICAO, 미국의 "JEPPESEN" 회사와 해양 조사국인 "NOS" 기관에서 발행되고 있으며 제공되는 정보는 거의 유사하다. 다만 NOS 식별 박스에서 VORTAC 송신소는 TACAN 채널이 표기되고, "GRAND JUNCTION" VORTAC의 식별박스에 "71"로 표기된 것은 TACAN 채널을 의미한다. 이것은 민간항공 조종사에게는 DME가 운용된다는 것을 나타내고, 군용 항공기 조종사에게 거리 정보를 수신하는 데 사용하는 TACAN 채널을 나타낸다.

"JEPPESEN" 차트의 식별박스에서 DME의 운용은 해당 VOR 주파수 앞에 위첨자로 "D"문자(112.4)를 사용한다. VOR/DME는 주파수 상호 운용계획에서 한 쌍으로 조합되어 운용되기 때문에 DME를 장착한 항공기는 VOR 주파수에 동조하면 자동으로 DME 정보를 얻을 수 있다. 또한, 차트 보충간행물(Chart Supplement)과 같은 비행정보간행물(flight information publication)에서 음성식별이 제공되지 않는 VOR 또는 VORTAC 시설은 해당 시설에 "W"를 붙여 나타낸다. (예) VORW, VORTACW

(2) VOR 항로 구성

IFR 순항항로 차트에 있는 VOR 시설은 송신소를 중심으로 나침반 방위(compass rose)로 나타내고 반드시 자북 방향을 지시하는 화살표가 표기되어 있다. 항공로(airways)는 여러 개의 VOR 송신소를 연결하여 형성하며 18,000피트 이하의 저고도 항공로를 벡터(Vector) 항로라 하고 "V"자로 나타낸다. 예를 들어 "GRAND JUNCTION"과 "DURANGO"를 잇는 항공로는 "V382"로 지정되어 있다. 태평양 지역 국가들의 항공로는 국제민간항공 규정에 따라 A(alpha)와 G(golf)로 지정되고 동서를 잇는 항공로는 G(golf)로 그리고 남북을 잇는 항공로는 A(alpha)로 지정된다. 국내의 무선항법보조시설 역시 A와 G-항공로로 지정된다. 예를 들어 안양 VORTAC과 강릉 VORTAC을 연결하는 항로는 G597이고, 오산 VORTAC과 달성 VORTAC을 연결하는 항로는 A582로 지정되어 있다.

4.2.2 위치결정(orientation)-I

항법의 기본은 자신의 위치를 정확하게 판단하고 결정할 수 있는 능력에 달려 있다. 언제 어느 곳에서든 자신의 위치만 정확하게 결정할 수 있다면 어느 곳으로 비행해야 할지를 결정할 수 있기 때문이다. 저시정, 야간비행 그리고 운중 및 운상 비행에서 육안으로 자신의 위치를 판단하는 것은 불가능하다. 따라서 항법보조시설(navigational aids)과 계기를 활용하여 자신의 위치를 정확하게 판단하는 것은 절대적으로 계기의 활용 능력에 달려 있다. VORTAC의 식별 절차를 마친 후 VORTAC으로부터 항공기의 위치를 판단하기 위한 첫 과제로 [그림4-1]과 같이 VOR/HSI 계기가 제시되었을 때 계기를 참고하여 항공기의 위치를 판단해 보자. 현재 기수방위(heading)는 360°로 비행 중인 것으로 가정한다. 항공기의 기수방위는 모두 360°로 비행하고 있지만 선정된 레디얼에 따라서 송신소를 향하여 인바운드(inbound) 중인 항공기가 있는가 하면 아웃바운드(outbound) 중인 항공기가 있음을 볼 수 있다. 또 다른 항공기는 선정된 레디얼을 순간적으로 통과하고 있는 항공기의 상태를 보여주고 있다.

[과제1] 현재 VOR/HSI 계기가 선택한 코스 레디얼은 각각 얼마인가?

[과제2] 제시된 VOR/HSI 계기에 일치하는 항공기의 위치는 어느 것인가?

[해설1] VOR 계기(1)는 현재 220° 레디얼(R-220)에 맞추어져 있으며, CDI가 중앙에 위치하고 있는 것으로 보아 항공기는 선정된 레디얼 선상에 위치해 있다. TO/FR 지시기는 FR을 지시하고 있기 때문에 항공기는 선정된 레디얼 즉, 220° 선상에 위치해 있다는 것을 의미한다. 따라서 송신소 주변으로부터 항공기의 위치를 판단했을 때 아래 그림에서 보는 것과 같이 (G) 위치에 있는 항공기가 된다. 다음은 (6)번 계기의 사례를 보자. 이 계기 역시 선정된 레디얼은 (1)번 계기와 같은 220° 레디얼에 맞추어져 있으나 TO/FR 지시기만 TO를 지시하고 있는 것이 다를 뿐 다른 사항은 동일하다. TO/FR 지시기가 TO를 지시하고 있다는 것은 선정된 레디얼의 역레디얼 즉, 040° 레디얼에 항공기가 위치해 있다는 것을 의미함으로 (B)위치에 있는 항공기가 된다.

[해설2] VOR 계기(5)는 현재 290° 레디얼(R-290)에 맞추어져 있으며, CDI가 중앙에 위치하고 있는 것으로 보아 항공기는 선정된 레디얼 선상에 위치해 있다. TO/FR 지시기는 FR을 지시하고 있기 때문에 항공기는 선정된 레디얼 즉, 290° 선상에 위치해 있다는 것을 의미한다. 따라서 송신소 주변으로부터 항공기의 위치를 판단했을 때 그림에서 보는 것과 같이 (I)위치에 있는 항공기가 된다. 다음은 (10)번 계기의 사례를 보자. 이 계기 역시 선정된 레디얼은 (5)번 계기와 같은 290° 레디얼에 맞추어져 있으나 TO/FR 지시기만 TO를 지시하고 있는 것이 다를 뿐 다른 사항은 동일하다. TO/FR 지시기가 TO를 지시하고 있다는 것은 선정된 레디얼의 역레디얼 즉, 110° 레디얼에 항공기가 위치해 있다는 것을 의미하므로 (D)위치에 있는 항공기가 된다.

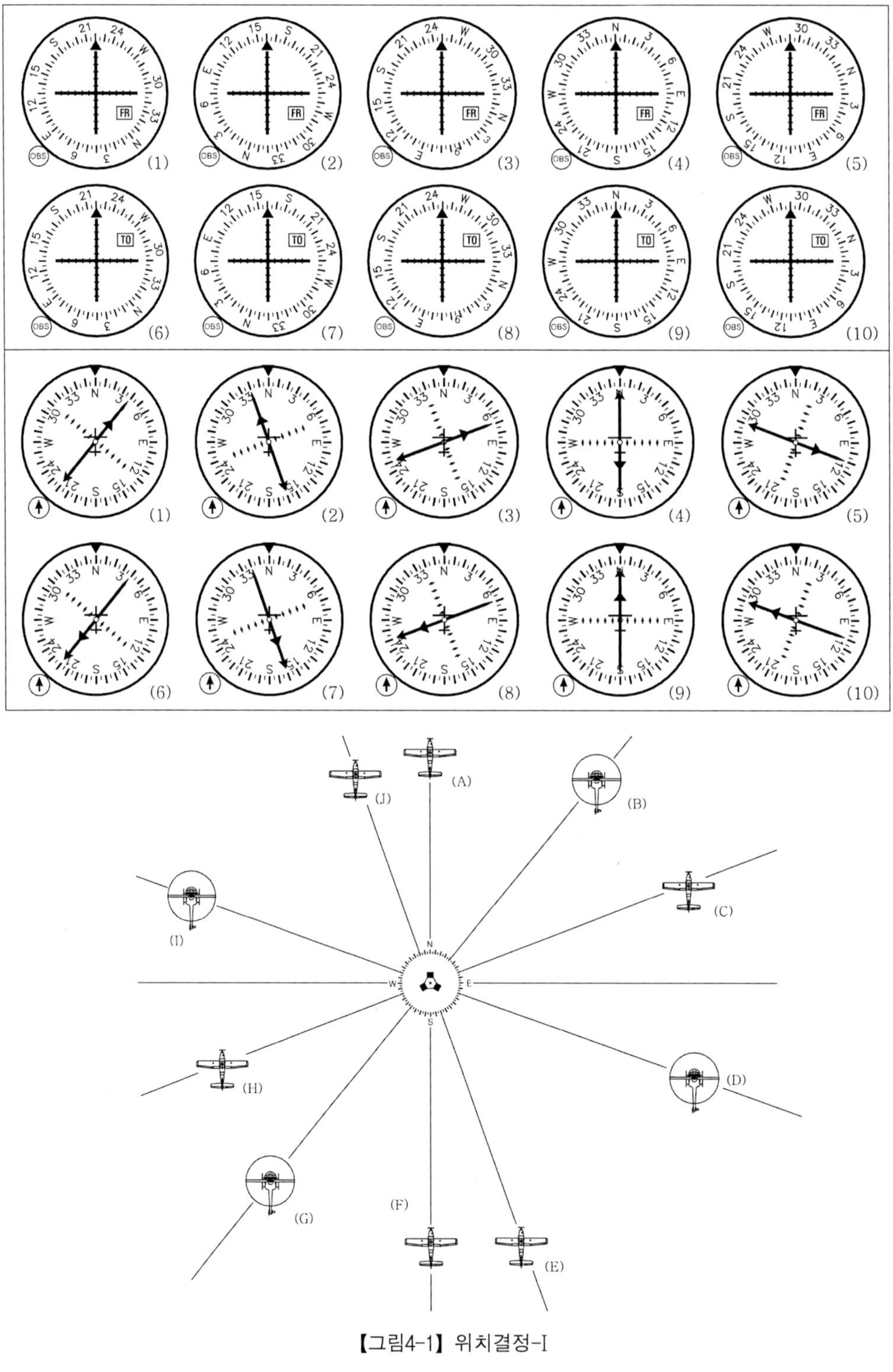

【그림4-1】 위치결정-I

아래의 계기군은 동일한 상황에서 HSI의 지시를 보여주고 있다. VOR과 달리 선택한 레디얼과 항공기의 상대적 위치를 신속 정확하게 판단할 수 있도록 개량된 항법계기라는 것은 주지의 사실이다. 최근에 제작되는 대부분 항공기는 전자비행계기와 HSI가 장착되어 VOR 계기를 대신하고 있는 추세이기 때문에 앞으로의 학습 과제에서 VOR/HSI를 동시에 그려 넣어 HSI 계기의 활용 능력을 갖추게 될 것이다. HSI의 장점은 VOR의 기능과 함께 기수방위(heading)를 동시에 지시해 주고 있는 점이다. 레디얼의 선택은 왼쪽 하단에 화살표가 그려져 있는 손잡이를 이용하여 레디얼을 선택한다. 제시된 HSI (1)번 계기를 보면 기수방위는 360°를 지시하고 있다. 선택한 레디얼은 화살표가 지시하고 있는 220° 레디얼이고, TO/FR 지시기는 계기 중앙의 삼각표(▲)가 지시하는 방향이 된다. 이 삼각표가 화살표를 지시하고 있을 때 TO가 되고, 삼각표가 지시침 꼬리를 지시할 때 FR의 위치가 된다. 현재의 계기는 220° 레디얼에 FR을 지시하고 있다. 항공기가 위치해 있는 레디얼은 지시침 화살표가 지시하는 레디얼을 판독하면 된다. 따라서 이 HSI 계기는 220° 레디얼에서 기수방위 360°로 비행 중인 상태임을 알 수 있다.

아래 계기에서 (G) 위치에 있는 항공기이다. HSI (6)번 계기를 보자. 동일한 조건에서 선택된 레디얼은 220°이다. 그런데 TO/FR 지시기는 TO를 지시하고 있다. TO/FR 지시기가 TO를 지시하고 있을 때 항공기가 위치해 있는 레디얼은 지시침의 꼬리 레디얼을 판독하면 된다. 따라서 이 계기에 의한 항공기의 위치는 040° 레디얼에 위치해 있다는 것을 알 수 있다. 아래의 그림에서 (B) 위치에 있는 항공기기가 된다.

나머지 계기들을 보면서 먼저 항공기의 위치를 스스로 결정해 보길 바란다. 계기비행과 이에 대한 학습은 시종일관 계기의 판독 능력을 갖추는 데 중점을 두고 있다. 따라서 그림에서 항공기의 위치를 제시하고 있는 것은 학습자의 판단 결과에 대한 보조적 차원에서 제시된다는 점을 염두에 두고 스스로 위치결정 능력을 훈련하길 바란다.

[과제1-정답]

(1), (6): OBS/CRS → 220°, (2), (7): OBS/CRS → 160°

(3), (8): OBS/CRS → 250°, (4), (9): OBS/CRS → 360°, (5), (10): OBS/CRS → 290°

[과제2-정답]

(1) → (G), (2) → (E), (3) → (H), (4) → (A), (5) → (I),

(6) → (B), (7) → (J), (8) → (C), (9) → (F), (10) → (D)

4.2.3 위치결정-II

앞 과제에서 송신소를 중심으로 항공기가 위치한 레디얼을 판단하는 방법에 대해서 학습하였다. 이를 바탕으로 항행 도중에 VOR 송신소를 이용하여 정확한 현재의 위치를 결정하는 방법에 대해서 학습한다.

(1) 1개의 VOR 송신소를 이용한 위치결정

IFR 순항항로 차트를 참고하여 비행하고자 하는 지역의 VOR 송신소를 선정한 후 먼저 식별절차를 거쳐 자신이 원하는 VOR 송신소인지를 확실하게 확인한다. VOR 송신소를 확인한 후 OBS/CRS를 돌려 CDI/CDB가 중앙이 되도록 조정한다. 이때 TO/FR 지시기는 어느 것을 지시하든 그간 충분히 학습되었다면 항공기가 위치해 있는 레디얼을 결정하는 데 문제가 없을 것이나 가급적 FR을 지시하도록 조정하는 것이 혼동 가능성을 낮출 수 있다. 따라서 CDI/CDB가 중앙을 지시하고 TO/FR 지시기가 FR을 지시했을 때 항공기는 현재의 OBS/CRS가 지시하는 레디얼이 된다. 이처럼 단일 VOR 송신소에 의한 위치결정은 단지 VOR 송신소로부터 방위각에 대한 위치만을 결정할 수 있는 단점이 있다. 따라서 항공기가 위치한 방향(방위)과 거리에 대한 정보를 얻을 수 있다면 더욱 정확한 위치를 결정할 수 있다.

이를 위해서 최근에 제작되는 항공기는 거리 정보(distance information)를 지시해 주는 DME를 장착하고 있기 때문에 이를 활용한다면 정확한 항공기의 위치를 결정할 수 있다. 그러나 VOR 시설만으로 거리 정보를 제공할 수 없기 때문에 VOR 시설에 DME 시설이 함께 위치해 있는 시설을 식별하기 위해서 VOR/DME라고 구분하여 표기한다. 또는 VORTAC 시설은 VOR과 TACAN 시설이 함께 설치된 시설로 비행 방향(방위)과 거리에 대한 정보를 동시에 제공한다. 예를 들어 VOR/DME를 활용한 위치결정은 [그림4-2]의 A 계기군에서 보는 것과 같이 항공기는 계기군의 지시에 의하면 095° 레디얼 선상에 위치해 있는 것을 알 수 있다. 동일한 VOR/DME 시설로부터 DME 지시가 30 NM 위치에 있다면 항공기는 방향과 거리에 대한 정확한 위치를 결정할 수 있다.

(2) 2개의 VOR 송신소를 이용한 위치결정

비행 중인 항로 선상에 2개 또는 그 이상의 VOR 송신소가 인접해 있다면 이들 각 송신소로부터 항공기가 위치해 있는 레디얼을 결정하고 이들 선을 연결했을 때 두 위치선(line of position)이 만나는 지점이 정확한 항공기의 위치가 된다. 대부분의 중대형 항공기는 2개의 VOR 계기를 갖추고 있어 각각의 수신기에 VOR 송신소 주파수를 입력하여 동시에 위치선을 결정할 수 있다. 그러나 1개의 VOR 수신기를 갖춘 경항공기라면 2개의 송신소에 차례로 주파수를 입력하여 각각의 송신소로부터 위치선을 결정하는 방법으로 항공기의 위치를 결정하면 된다.

여기서는 VOR 송신소로 한정했으나 1개의 VOR 송신소와 NDB 송신소를 이용한 ADF 계기에 의한 위치선을 그어 항공기의 위치를 결정하거나 무선자기지시계(RMI)를 이용했을 때는 VOR과 NDB 시설을 동시에 이용하여 위치선을 결정할 수 있다. 예를 들어 [그림4-2]의 A 계기군을 보면 위 계기는 “A” 송신소로부터 095° 레디얼에서 FR을 지시하고, 아래 계기는 “B” 송신소로부터 310° 레디얼에서 FR을 지시하고 있다. 따라서 항공기가 위치해 있는 위치선을 그리면 [그림4-3]과 같이 두 위치선이 만나는 지점이 정확한 항공기의 위치가 된다. 다음은 VOR/HSI 계기를 이용한 위치결정의 최종 과정으로 제시된 여러 계기로부터 항공기가 위치해 있는 위치선을 긋고 정확한 항공기의 위치를 결정할 수 있다면 VOR/HSI 계기를 이용한 위치결정은 어느 상황에서라도 자신감을 갖게 될 것이다.

[과 제]

아래에 제시된 내용과 [그림4-2]의 계기군을 참고하여 [그림4-3]의 VOR 송신소로부터의 항공기 위치선을 결정하고 여백에 표시하시오.

(A) 계기군 “A” VORTAC과 “B” VORTAC　(B) 계기군 “A” VORTAC과 “B” VORTAC
(C) 계기군 “A” VORTAC과 “C” VORTAC　(D) 계기군 “A” VORTAC과 “B” VORTAC

(E) 계기군 "A" VORTAC과 "B" VORTAC　(F) 계기군 "B" VORTAC과 "C" VORTAC

(G) 계기군 "A" VORTAC과 "C" VORTAC　(H) 계기군 "B" VORTAC과 "C" VORTAC

(I) 계기군 "B" VORTAC과 "C" VORTAC　(J) 계기군 "B" VORTAC과 "C" VORTAC

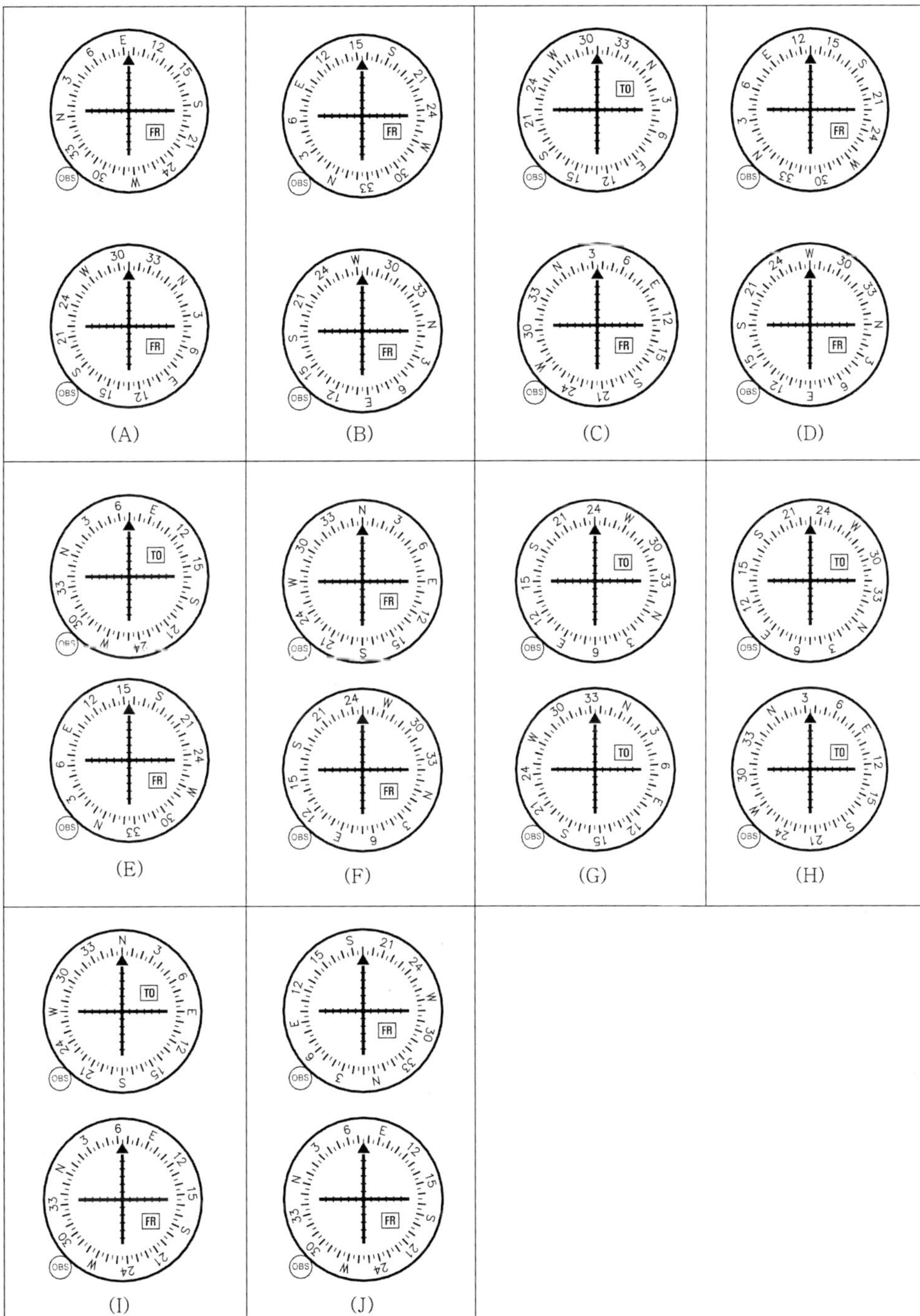

【그림4-2】

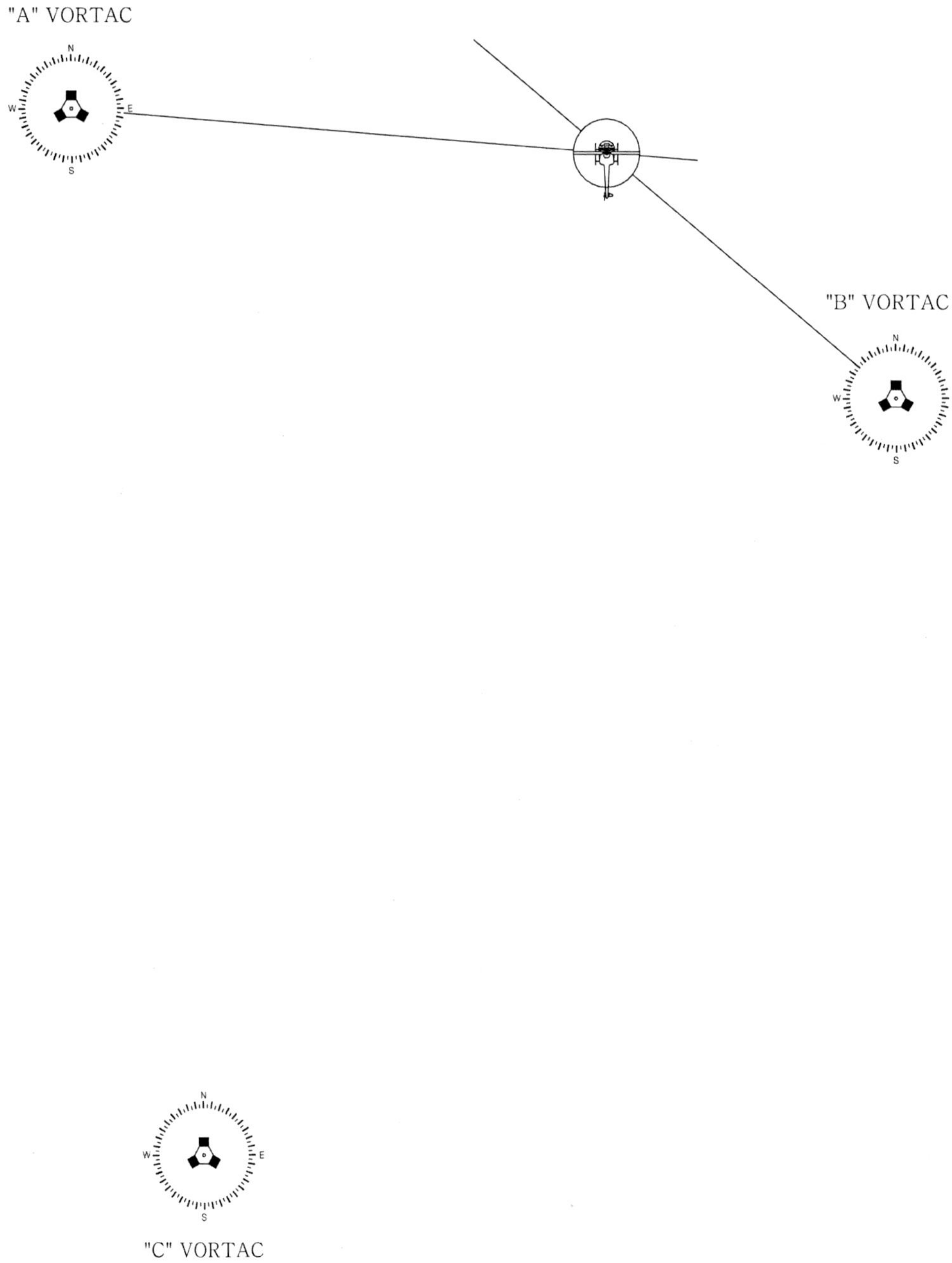

【그림4-3】

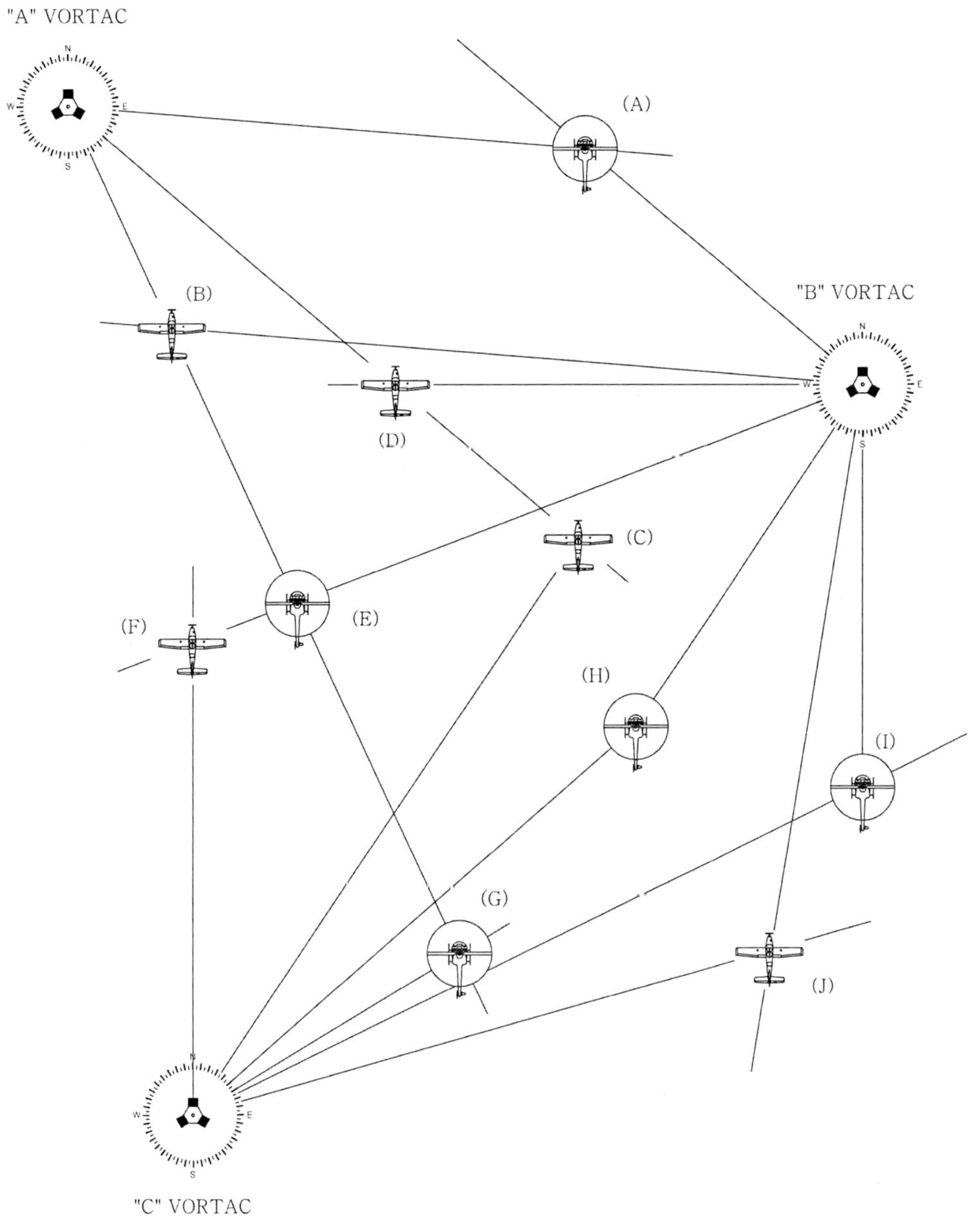

【그림4-4】

4.2.4 인바운드와 아웃바운드

(1) 인바운드

인바운드(inbound)란 선정된 송신소를 향하여(to the station) 비행하는 것으로 항공기 기수가 송신소를 향하고 있는 상태이다. [그림4-5]는 VOR 송신소를 향하고 있는 항공기의 상황을 보여주고 있다. VOR/HSI 계기에 의한 위치결정은 충분히 학습되었다. 항공기가 위치해 있는 레디얼은 OBS/CRS를 조정하여 선택한 레디얼에 대해서 TO/FR 지시기가 TO를 지시할 때는 선택된 레디얼의 역레디얼을 판독하면 되고, FR을 지시했을 때는 선택된 레디얼이 현재 항공기가 위치해 있는 레디얼이 된다. 예를 들어 [그림4-5]의 (1)번 계기의 항공기 위치는 TO/FR 지시기가 TO를 지시하고 있기 때문에 계기 직하단의 레디얼 즉, 150° 레디얼이 되고 아래 그림에서 (E) 위치에 있는 항공기이다. (6)번 계기와 같이 TO/FR 지시기가 FR을 지시하고 있다면 OBS/CRS가 선택한 레디얼인 330° 레디얼 선상에 항공기가 위치해 있다는 것을 의미한다. 이를 요약해 보면 다음과 같다.

[CDI 중앙, TO/FR 지시에 따라]
TO → 역레디얼
FR → 선택 레디얼

인바운드의 상황이라면 TO/FR 지시기는 TO를 지시하도록 OBS/CRS를 조정한 상태에서 기수방위(heading)가 선택된 레디얼과 일치해야 인바운드의 상태가 되고, CDI는 정상 감지기능으로 작동하게 될 것이다. 예를 들어 (1)번 계기는 OBS 330°, TO/FR 지시기는 TO를 지시하고 있을 때 CDI는 정상 감지기능으로 작동한다. 그러나 (6)번 계기는 OBS 330°, TO/FR 지시기는 FR을 지시하고 있을 때 이 계기는 역감지기능으로 작동한다. 따라서 이 계기가 정상 감지기능으로 작동하기 위해서는 OBS를 수정하여 150°에 맞추었을 때 TO/FR 지시기는 TO를 지시할 것이고 이때 CDI는 정상 감지기능으로 작동하게 될 것이다. 이를 요약해 보면 다음과 같다.

[인바운드] OBS 레디얼 = 기수방위(heading), TO/FR → TO

(5)번 계기의 경우는 OBS 270°, TO/FR→TO를 지시하고 있는 것으로 보아 (C) 위치에 있는 항공기가 되고 CDI는 정상 감지기능으로 작동하고 있는 상태가 된다. 이 항공기의 기수방위는 270°이고, 이는 송신소를 향하고 있는 상태가 된다. (10)번 계기는 OBS 270°, TO/FR→FR을 지시하고 있는 것으로 보아 항공기는 (H) 위치에 있다. 그러나 이 항공기의 기수방위는 090°를 지시하고 있음으로 CDI는 역감지기능으로 작동하게 될 것이다. CDI가 정상 감지기능으로 작동하기 위해서는 OBS 090°로 수정하면 TO/FR 지시기는 TO로 변경될 것이고, CDI는 정상적으로 감지하게 될 것이다. 아래의 계기군은 동일한 상황에서 HSI 계기의 지시를 보여주고 있다. HSI는 주지하는 바와 같이 VOR 계기에서 나타날 수 있는 역감지기능이 없다. 어느 레디얼을 선정하든 항상 선택한 레디얼과 항공기의 관계를 실질적으로 잘 보여주고 있다. 항공기가 위치해 있

는 레디얼을 판단하는 방법에 대해서 충분히 학습되었기 때문에 이를 바탕으로 인바운드의 상황을 판단해 보길 바란다. 예를 들어 HSI (5)번 계기는 330° 레디얼을 선택하였고, TO/FR 지시기는 TO를 지시하고 있는 것으로 보아 항공기는 150° 레디얼 선상에 위치해 있다는 것을 알 수 있으며, 기수방위가 330°를 지시하고 있는 것으로 보아 선택한 레디얼(항로) 선상에서 송신소를 향하여 인바운드하고 있는 (E) 위치에 있는 항공기가 된다. [그림4-5]의 항공기는 모두 송신소를 향하고(to the station) 있다. 항공기 기수방위는 선정된 레디얼 선상에서 송신소를 향하는 레디얼과 일치한다고 가정하고 다음에 제시된 과제를 해결하라.

[과제1] 위의 VOR/HSI 계기를 참고하여 현재 항공기가 위치해 있는 레디얼은 얼마인가?

[과제2] 위의 VOR/HSI 계기를 참고하여 아래 그림의 항공기 위치와 일치하는 것은 어느 것인가?

[과제3] VOR 계기 지시에서 CDI 정상감지와 역감지기능을 나타내는 것은 어느 것인가?

[과제4] 위의 VOR 계기에서 CDI가 역감지기능을 나타내는 계기가 정상 감지기능으로 작동하기 위한 OBS 수정과 TO/FR 지시기는 어떻게 변화될 것인가?

[과제1-정답]

(1) → 150°, (2) → 050°, (3) → 025°, (4) → 140°,
(5) → 090°, (6) → 330° (7) → 230°, (8) → 205°,
(9) → 320°, (10) → 270°
HSI (1) → 050°, (2) → 330°, (3) → 270°, (4) → 205°, (5) → 150°

[과제2-정답]

(1) → (E), (2) → (B), (3) → (A), (4) → (D), (5) → (C),
(6) → (J), (7) → (G), (8) → (F), (9) → (I), (10) → (H)
HSI (1) → (B), (2) → (J), (3) → (H), (4) → (F), (5) → (E)

[과제3-정답]

(1) 정상감지기능; (1), (3), (5), (7), (9)
(2) 역감지기능; (2), (4), (6), (8), (10)

[과제4-정답]

(2) → OBS 230/TO,
(4) → OBS 320/TO,
(6) → OBS 150/TO
(8) → OBS 025/TO,
(10) → OBS 090/TO,

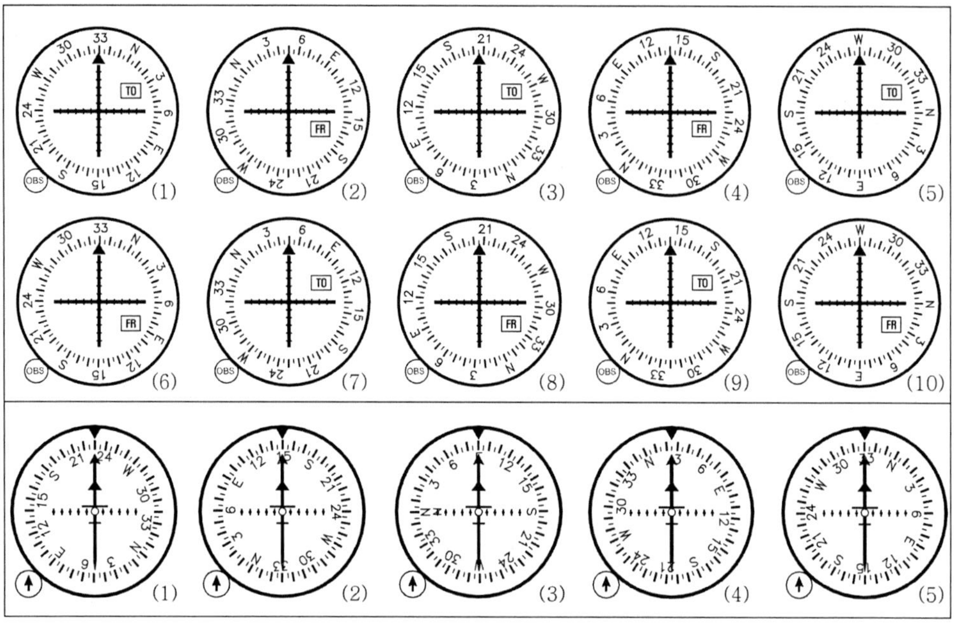

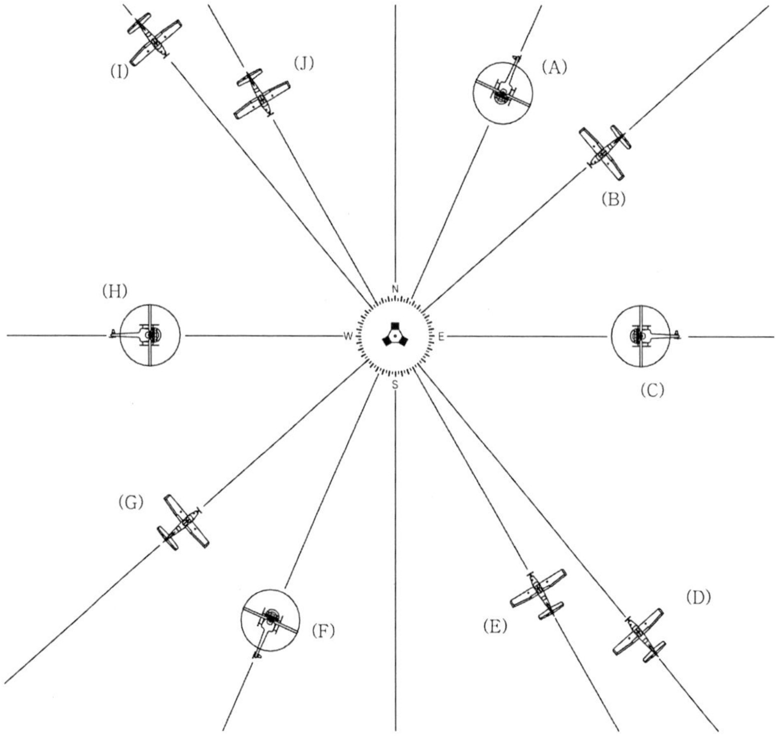

【그림4-5】

(2) 아웃바운드

아웃바운드(outbound)란 선정된 송신소로부터 멀어지는(from the station) 형태의 비행으로 항공기 기수는 항상 송신소를 향하는 반대 기수방위(heading)가 된다. 공항을 이륙한 후 얼마 동안은 출발지 공항 또는 근처에 설치된 VOR 송신소로부터 멀어지는 상태가 되기 때문에 전형적인 아웃바운드의 상황이 된다. 인바운드와 달리 아웃바운드의 경우는 TO/FR 지시기가 FR을 지시한 상태가 되어야 한다. 이때 기수방위는 OBS/CRS가 선택한 레디얼과 일치시키면 항공기는 정확하게 선정된 레디얼 선상에서 송신소로부터 멀어지는 상태 즉, 아웃바운드가 된다.

[그림4-6]의 모든 항공기는 송신소로부터 멀어지고 있는 아웃바운드의 상황을 보여주고 있다. CDI/CDB가 중앙을 지시하고 있는 것으로 가정하고 몇 개의 사례를 들어 아웃바운드의 상태를 설명한다. (6)번 계기의 경우는 OBS가 360° 레디얼에 맞추어져 있고, TO/FR 지시기는 FR을 지시하고 있는 것으로 보아 항공기는 360° 레디얼 선상에 위치해 있다는 것을 알 수 있다. 현재 기수방위가 360°라면 항공기는 선정된 레디얼 선상에서 정확하게 아웃바운드의 상황을 보여주고 있다. 아래 그림에서 또는 당신의 머리에 시각화된 항공기 위치는 송신소로부터 북쪽에 있는 (A) 위치에 있는 항공기가 된다. (1)번 계기를 보면 OBS가 360°에 맞추어져 있고, TO/FR 지시기는 TO를 지시하고 있는 것으로 보아 항공기는 180° 레디얼 선상에 위치해 있다는 것을 알 수 있을 것이다. OBS가 180° 레디얼 선상에서 TO/FR 지시기가 TO를 지시하고 있다는 것은 전형적인 인바운드(inbound)의 상황을 예측할 수 있어야 한다.

그러나 아래 그림에서 180° 레디얼 선상에 있는 (F) 항공기의 기수방위는 180°를 지시하고 있는 것으로 보아 아웃바운드의 상태이다. 따라서 이 계기는 역감지기능으로 작동하게 될 것이다. 이를 수정하기 위해서는 OBS를 조정하여 180° 레디얼에 맞추면 TO/FR 지시기는 FR을 지시할 것이고, 현재의 기수방위가 180°이므로 VOR 계기의 CDI는 정상 감지기능으로 작동하게 될 것이다. 이를 요약하면 다음과 같다.

[아웃바운드] OBS 레디얼 = 기수방위(heading), TO/FR → FR

아래의 계기군 역시 HSI의 지시를 보여주고 있다. 모든 상황에서 항공기는 선정된 레디얼 선상에 위치한 것으로 가정하기 때문에 CDB는 중앙에 위치해 있다. 이미 학습한 바와 같이 (3)번 HSI 계기를 보면 현재 선택한 레디얼은 115°이고, TO/FR 지시기는 지시침 꼬리를 지시하고 있으므로 FR의 상태임을 알 수 있다. 따라서 항공기는 115° 레디얼 선상에 위치해 있다는 것을 알 수 있다. 기수방위는 115°를 지시하고 있는 것을 보아 전형적인 아웃바운드 상태이다. 아래의 그림에서 보았을 때 (D) 항공기가 된다. [그림4-6]의 항공기는 모두 송신소로부터 멀어지는(from the station) 상태에 있다. 항공기 기수방위는 선정된 레디얼 선상에서 송신소로부터 멀어지는 레디얼과 일치한다고 가정하고 다음에 제시된 과제를 해결하길 바란다.

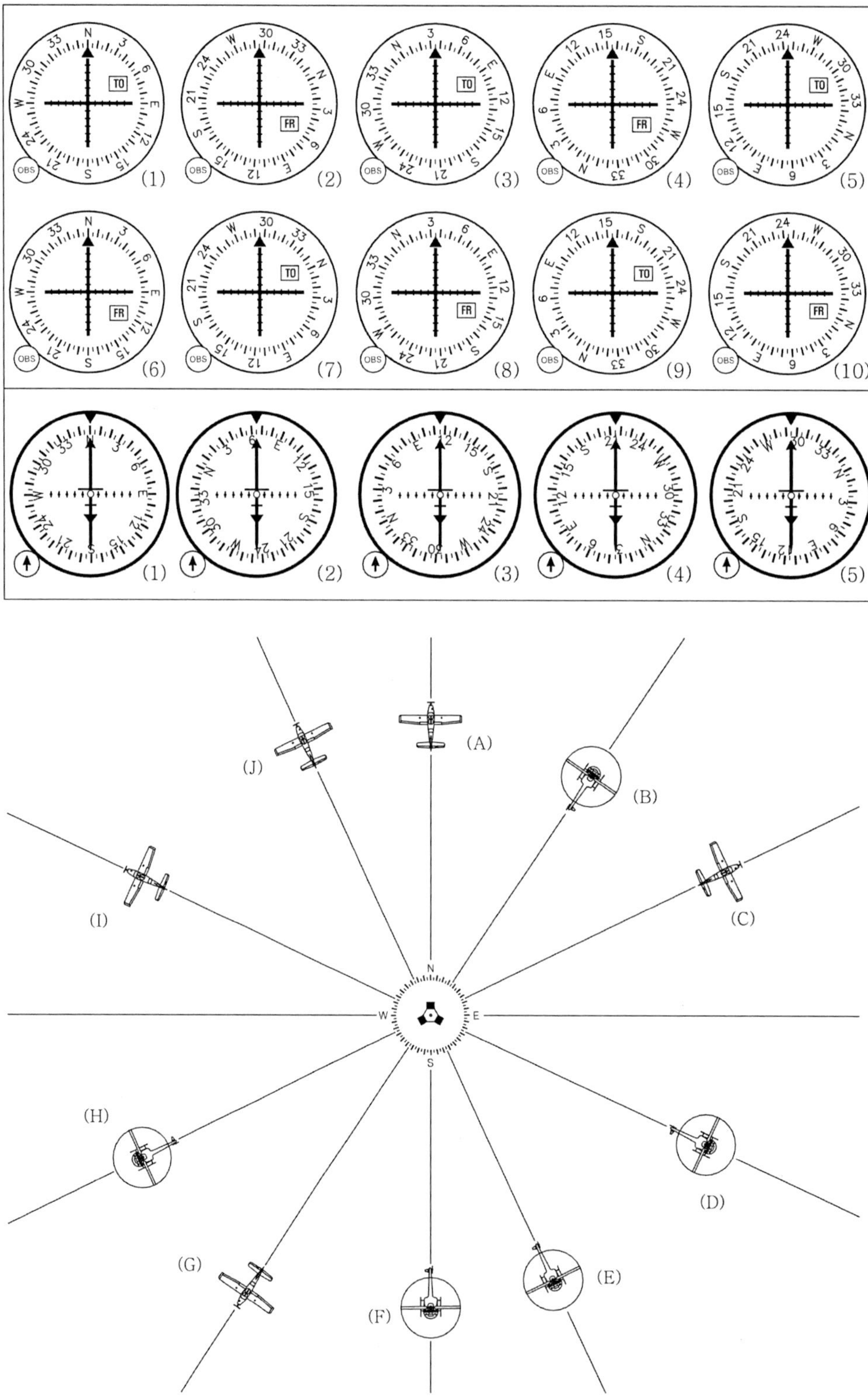

【그림4-6】 VOR/HSI 아웃바운드

[과제1] 위의 VOR/HSI 계기를 참고하여 아래 그림의 항공기 위치와 일치하는 것은 어느 것인가?

[과제2] VOR 계기에서 CDI 정상감지기능과 역감지기능을 나타내는 것은 어느 것인가?

[과제3] VOR 계기에서 CDI가 역감지기능을 나타내는 계기가 정상 감지기능으로 작동하기 위한 OBS 수정과 TO/FR 지시기는 어떻게 변화될 것인가?

[과제1-정답]

(1)→(F), (2)→(I), (3)→(G), (4)→(E), (5)→(C),

(6)→(A), (7)→(D), (8)→(B), (9)→(J), (10)→(H)

HSI (1)→(A), (2)→(C), (3)→(D), (4)→(G), (5)→(I)

[과제2-정답]

정상감지기능: (2), (4), (6), (8), (10)

역감지기능: (1), (3), (5), (7), (9)

[과제2-정답]

(1)→180/FR (3)→215/FR (5)→065/FR (7)→115/FR (9)→335/FR

4.2.5 인터셉션

인터셉션(interception)이란 VFR 항공도나 IFR 순항항로 차트와 같이 지정된 코스/항로에 진입할 수 있는 절차이다. IFR 순항항로 차트는 VOR 송신소를 직선으로 연결하여 항로를 구성하고, 이를 벡터항로(vector airway)라고 한다. 직선으로 연결되어 있기 때문에 최단거리로 비행할 수 있으며 항로상의 장애물 등을 고려하여 최저순항항로고도(minimum enroute altitude; MEA)를 지정함으로써 이들 항로를 이용하는 항공기의 안전을 보장받을 수 있도록 설정되어 있다. 이들 항로는 각 항로 번호가 부여되어 비행계획 수립 단계에서 어느 항로를 이용할 것인지를 결정하게 된다. 이처럼 지정된 코스/항로에 어떻게 진입할 것인가에 대한 절차와 방법에 대해서 학습하게 될 것이다.

레이더 시설을 갖춘 대부분 공항에서는 출발지 공항을 이륙한 항공기가 지상 레이더 관제소에 제출된 IFR 비행계획서(IFR flight plan)상에 제시된 항로에 진입할 때까지 레이더 관제사가 항공기의 위치를 지속적으로 레이더 유도(vector)하여 조종사가 원하는 항로까지 완전하게 진입시킨 후 자신의 항법으로 복귀(resume own navigation)할 것을 지시한다. 그러나 레이더 시설이 없는 공항에서 이륙했거나 비행 중 항로를 변경할 필요가 있을 때는 인터셉션 절차를 조종사 스스로 수행할 수 있어야 하고 계기비행 평가의 필수 과목이기도 하다.

이 같은 진입방법은 이륙 직후 또는 착륙 접근 중에 원하는 접근 항로에 정확히 진입할 수 있어야 할 뿐만 아니라 순항항로(enroute) 상에서도 항로를 변경할 필요가 있을 때 자주 경험하게 될 상황이기에 다양한 상황을 가정하여 설명하게 될 것이다. 인터셉션 기술의 기본은 다음과 같다.

① 인터셉트하고자 하는 코스/항로를 결정한다.

② 인터셉트하고자 하는 코스/항로와 평행하게 기수방위를 수정한다.

③ 인터셉트하고자 하는 코스/항로 레디얼과 현재 비행 중인 레디얼의 차를 판단한다.
④ 인터셉션 각도는 두 레디얼 차이의 배(double)를 적용하는 것이 적당하다.

단, 인터셉션 각도가 90°이면 최단거리로 진입이 가능하고, 각도가 작을수록 인터셉션 경과 시간이 증가한다는 점을 고려해야 한다. 이 같은 기본기술을 바탕으로 사례를 들어 설명한다. [그림4-7]의 ①번 계기에 의한 항공기의 위치는 이전의 위치결정 능력이 완전히 숙달되었다면 그리 어렵지 않게 160° 레디얼에서 기수방위 340°로 인바운드 중임을 판단할 수 있을 것이다. 현재의 상태에서 IFR 순항항로 차트를 보았을 때 인터셉트해야 할 레디얼이 180°로 결정되었다.

① 현재의 위치와 진입해야 할 레디얼(항로)이 결정되었다. 비행 중인 레디얼(항로)에서 진입하고자 하는 레디얼(항로)과 평행하게 비행할 수 있도록 기수방위를 변경한다. 현재 160° 레디얼에서 기수방위 340°로 인바운드 중이므로 180° 레디얼에 진입하고자 하므로 우선회하여 기수방위를 360°로 변경하였다. 동시에 OBS/CRS를 돌려 진입하고자 하는 레디얼인 360°로 변경하였다. 이때 CDI/CDB는 항공기가 360°로 기수를 변경하여 비행함에 따라 점점 왼쪽으로 벗어나는 것을 관찰할 수 있을 것이다.
② 진입하고자 하는 레디얼과 현재 비행 중인 레디얼의 차이를 판단한다. 위에서는 20°(180°와 160°) 차이가 있다. 진입하고자 하는 항로와 평행하게 비행 중인 상태에서 인터셉션 각도(interception angle)를 결정한다. 인터셉션 각도는 20° 미만이 되거나 90° 이상이 되지 않도록 한다. 최단거리로 진입할 수 있는 각도는 90°가 되고 이를 초과하면 CDI는 역감지기능으로 작동된다. 20° 미만이 되었을 때는 인터셉트하는 데 많은 시간이 소요되기 때문이다. 따라서 인터셉션 각도는 두 레디얼 차의 배(double)가 적당하다. 위의 사례에서 20°의 레디얼 차는 인터셉션 각도 40°가 적당하다. 현재 기수방위 360°에서 왼쪽으로 40° 선회하면 기수방위는 320°가 되었다.
③ 및 ④번 계기와 같이 OBS/CRS는 360° 레디얼에 맞추어져 있고, CDI/CDB는 180° 레디얼에 접근함에 따라 중앙으로 이동하는 것을 관찰할 수 있을 것이다. 참고로 OBS/CRS를 이미 360°로 변경했지만, 조종사의 능력에 따라 340°를 유지한 상태에서 인터셉션 각도를 결정하고 인터셉션 기수방위로 변경한 후 OBS/CRS를 수정해도 된다.
④번 계기를 보면 항공기는 원하는 레디얼(180°)에 거의 접근해 있음을 알 수 있고, 조종사는 원하는 레디얼에 인터셉트하기 위한 기수방위 수정을 할 수 있도록 준비해야 할 단계이다.
⑤번 계기와 같이 CDI/CDB가 중앙에 위치했을 때 원하는 레디얼(항로)에 진입한 것으로 판단한다. 현재의 기수방위를 계속 유지하고 있다면 항공기는 순식간에 원하는 레디얼을 초과하게 될 것이고, 이는 CDI/CDB가 중앙을 지나 오른쪽으로 이동하는 결과를 초래하게 될 것이다.
⑥번 계기와 같이 CDI/CDB가 중앙이 되는 시기를 잘 판단하여 적절한 선도량(amount of lead)을 적용하여 정확한 레디얼(항로)에 인터셉트하였다. 현재 항공기는 180° 레디얼 선상에서 기수방위 360°로 송신소를 향하여 인바운드하고 있다. 마지막 레디얼(항로)에 인터셉트하는 단계에서 적절한 선도량을 적용할 수 있어야 한다. 적절한 선도량을 적용하지 못했을 때 항공기는 항로를 초과하여(overshooting) 벗어나게 될 것이고, 너무 성급히 선도를 적용했을 때는

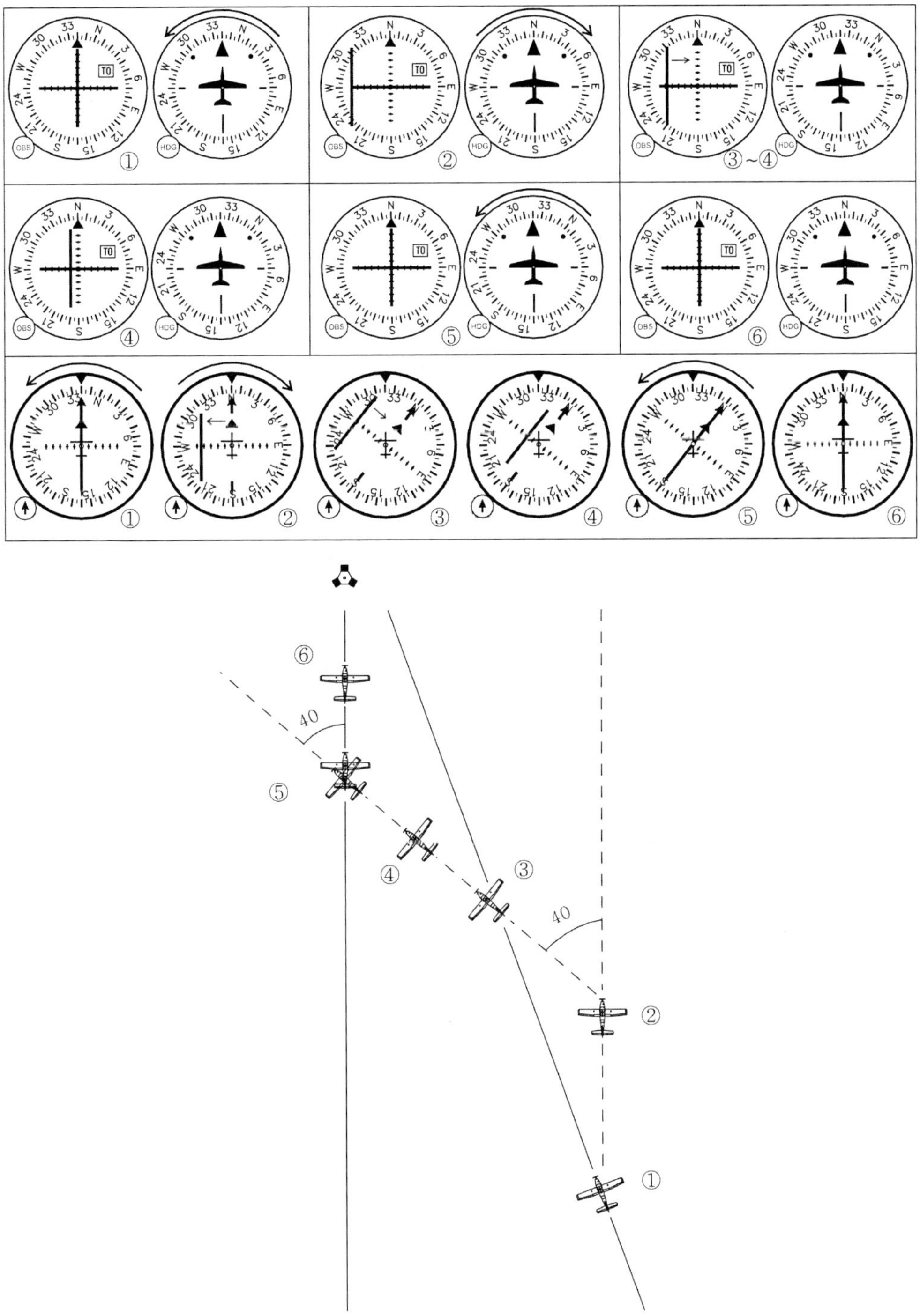

【그림4-7】 인터셉션 절차

항로에 진입하지 못하는(undershooting) 경우가 발생할 수 있기 때문에 정확한 인터셉션 기술은 조종사의 기량에 달려 있다. 아래의 HSI 계기도 동일한 상황에 대한 계기의 지시를 그려놓았다. VOR 계기와 달리 현재 항공기와 선정된 레디얼의 상관관계를 판단하기가 훨씬 더 쉽다는 것을 한 눈에 알 수 있을 것이다. VOR 계기와 HSI 계기의 지시를 면밀하게 관찰하고, 이를 실제 상황으로 가정하여 항공기를 조종하는 이미지 훈련을 하길 바란다.

[주1] 인터셉션 각도는 대지속도(ground speed), 송신소까지의 거리, 출발 및 도착 단계 등에 따라 매우 다르게 적용될 수 있음을 주의해야 한다. 비행 경험이 쌓았고 정확하게 자신의 위치를 파악할 수 있다면 원하는 항로가 어느 위치에 있든지 간에 최단거리로 인터셉트하는 것은 조종사의 재량이다.

[주2] 모든 계기의 판독은 선회중지하여 날개가 수평이 된 상태에서 판단한다.

[주3] 만약 항로에 정확하게 인터셉트하지 못했다면 적절한 트래킹 절차를 수행하여 항로에 다시 인터셉트한다.

[사례1] 아웃바운드 인터셉션 절차

[그림4-8]은 현재 비행 중인 레디얼(120°)에서 인접해 있는 110° 레디얼로 변경하여 아웃바운드를 계속하고자 한다.

①번 계기는 120° 레디얼 선상에서 기수방위 120°로 아웃바운드 중임을 알 수 있다. 당신이 인터셉트하고자 하는 인접 항로가 10° 이내의 위치에 있을 때 CDI 편차량을 이용한다. CDI는 최대 10°의 변위량을 감지한다.

②번 계기와 같이 진입하고자 하는 레디얼(항로)과 평행하게 비행하기 위해서 기수방위를 110°로 수정하였다. CDI는 오른쪽으로 이동하는 것을 관찰할 수 있을 것이고, 이때 OBS를 110°로 변경했을 때 CDI는 반대 방향을 지시해야 할 것이다. 여기서 평행한 기수방위를 유지하지 않더라도 10°의 레디얼은 VOR 계기상에 지시됨으로 직접 CDI가 벗어난 방향으로 20°의 기수방위 수정량을 적용하여 인터셉트를 시도할 수 있다.

③번 계기는 OBS를 110°에 맞추었을 때 CDI는 왼쪽으로 벗어나는 것을 관찰할 수 있을 것이다. 레디얼의 차이가 10°이므로 인터셉션 각도는 20°로 결정하였고, 왼쪽으로 표준율 선회하여 기수방위를 90°로 변경하였다. 비행이 계속됨에 따라 CDI는 점차 중앙으로 이동하는 것을 관찰하게 될 것이다. 만약 CDI가 반대 방향으로 이동하여 중앙으로부터 더욱 멀어지는 상황이 발생한다면 이는 OBS를 잘못 선택하여 역감지기능으로 작동하고 있다는 것을 의미하므로 즉시 재조정해야 한다.

④번 계기는 원하는 레디얼(항로)에 거의 접근한 상태임을 알 수 있다.

⑤번 계기는 원하는 레디얼(항로)에 인터셉트한 상태를 보여주고 있다. 현재의 기수방위를 수정하지 않으면 항공기는 순식간에 현재의 레디얼(항로)을 초과해 버릴 것이다. 이를 방지하기 위해서 송신소와의 거리를 고려하여 적절한 선도량을 적용하여 오른쪽으로 선회하여 기수방위를 110°로 수정한다.

⑥번 계기는 정확하게 원하는 레디얼에 인터셉트한 상태로 OBS는 110°, TO/FR 지시기는 FR, 그리고 CDI 중앙, 기수방위는 110°에서 송신소로부터 멀어지는 아웃바운드의 상황이다.

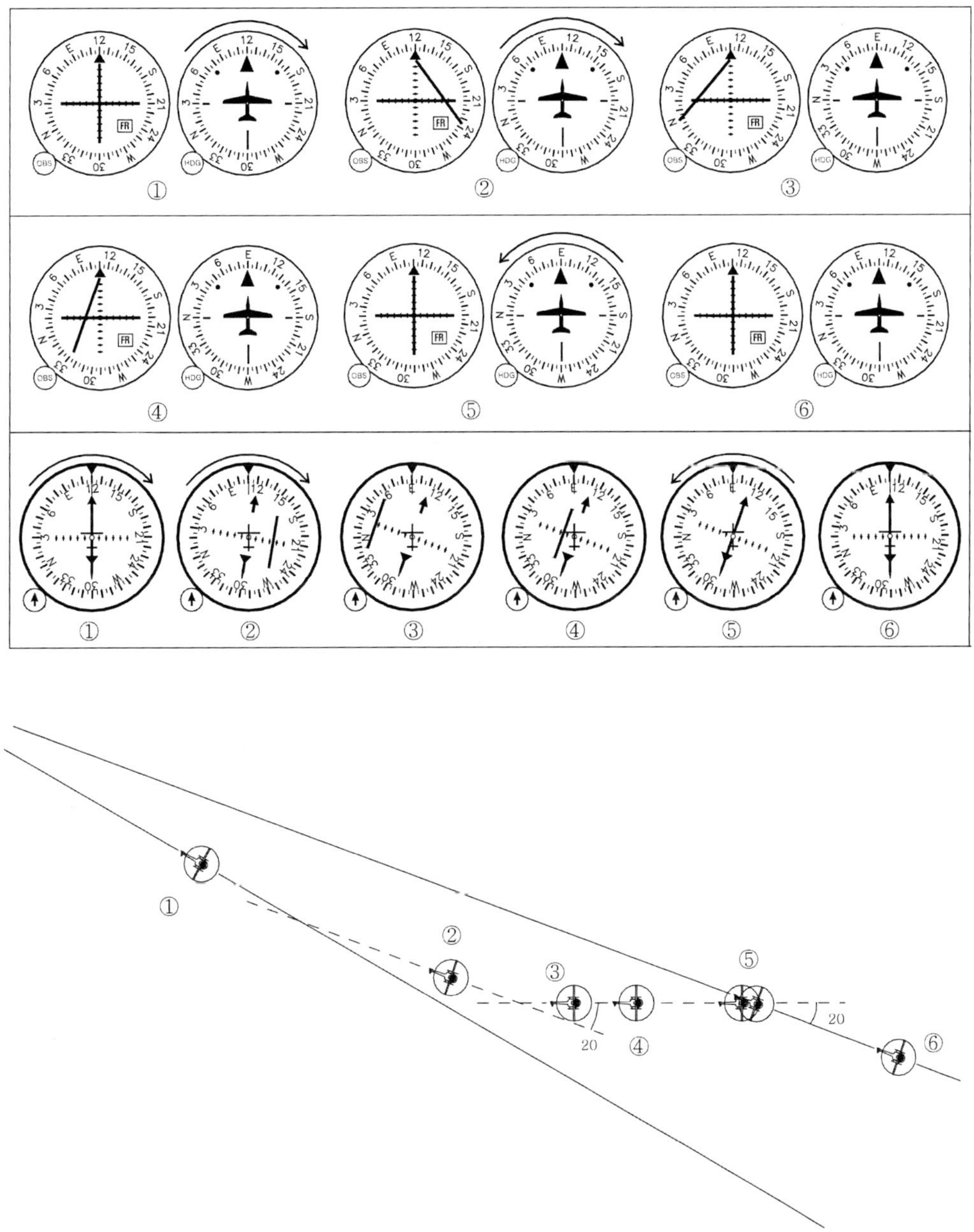

【그림4-8】 인터셉션

[HSI]

①번 계기는 기수방위 120°, CRS 120, CDB 중앙, TO/FR 지시기는 FR으로 120° 레디얼 선상에서 아웃바운드 중에 있다.

②번 계기는 기수방위를 110°로 수정하였고, CDB는 오른쪽으로 벗어나는 것을 관찰할 수 있을 것이다.

③번 계기는 기수방위를 090°로 수정했고, CRS를 110° 레디얼에 맞추면 CDB는 좌상단으로 벗어날 것이고 항공기는 점차 항로를 향하여 비행하고 있음을 알 수 있다.

④번 계기는 CDB가 점차 중앙으로 이동하는 것으로 보아 항공기는 원하는 레디얼(항로)에 거의 접근해 있음을 알 수 있다.

⑤번 계기는 CDB가 중앙에 위치한 것으로 보아 항공기는 110° 레디얼에 인터셉트했다.

⑥번 계기는 기수방위를 110°로 수정하여 항공기는 110° 레디얼에서 아웃바운드 중에 있다.

[주1] 송신소로부터의 거리가 멀수록 또는 측풍의 영향을 받을수록 인터셉트하는 데 소요되는 시간이 증가하므로 인터셉션 각도를 더 크게 결정할 수 있는 것은 조종사의 재량이다.

[주2] IFR 항로도에서 현재의 위치에서 인터셉션 각도와 인터셉션 기수방위를 결정할 수 있다면 [그림4-8]의 ①번 위치에서 ③번 항공기와 같이 인터셉션 기수방위로 선회하여 인터셉트를 시도할 수 있다.

[사례2] 인바운드 중 인터셉션

[그림4-9]는 현재 항공기가 160° 레디얼 선상에서 기수방위 340°로 송신소를 향하여 인바운드 중에 205° 레디얼에 인터셉트하여 송신소까지 계속 비행하고자 한다.

①번 계기를 참고했을 때 OBS 340°, TO/FR 지시기는 TO를 지시하고 있는 것으로 보아 항공기는 160° 레디얼 선상에 기수방위 340°로 비행하고 있다.

②번 계기와 같이 원하는 레디얼(항로)과 평행하게 비행하기 위해서 오른쪽으로 선회하여 기수방위를 025°로 수정하였다. 현재의 레디얼과 인터셉트하고자 하는 레디얼의 차이는 45°이다. 인터셉션 각도는 레디얼 차의 두 배를 적용했을 때 90°가 된다. 항공기는 160° 레디얼에서 약간 벗어났으므로 CDI는 왼쪽으로 벗어나는 것을 관찰할 수 있다.

③번 계기는 기수방위 025°로 비행 중 원하는 레디얼(항로)에 인터셉트하기 위해서 295°로 선회하였다. OBS는 중간 점검을 위해서 360° 레디얼에 맞추었을 때 CDI가 점차 중앙으로 이동하는 것을 관찰할 수 있을 것이고, 현재의 기수방위를 유지하여 계속 비행 중 180° 레디얼 통과를 확인한 후 다음 선도 레디얼(lead radial; LR) 200°에 인터셉트했음을 확인하기 위해서 OBS를 020°에 맞춘다.

④번 계기와 같이 CDI가 중앙에 위치했을 때 선도 레디얼 200°에 인터셉트한 것으로 판단한다.

⑤번 계기와 같이 원하는 항로에 인터셉트하기 위해서 기수방위를 025°로 우선회하였다.

⑥번 계기는 적절한 선도량을 적용하여 정확하게 원하는 레디얼(항로)에 인터셉트한 상태를 보여주고 있다. 최종적으로 원하는 항로에 인터셉트했을 때 OBS 025°, TO/FR 지시기는 TO, CDI 중앙, 기수방위 025°로 송신소를 향한 인바운드(inbound)의 상태가 된다.

[HSI]

①번 계기는 기수방위 340°, CRS 340, TO/FR 지시기 TO, CDB 중앙인 상태에서 160° 레디얼 선상에서 인바운드 중에 있다.

②번 계기는 기수방위를 025°로 수정하였고, CDB는 왼쪽 하단으로 멀어지고 있는 것으로 보아 항공기는 160° 레디얼에서 멀어지고 있음을 보여준다.

③번 계기는 CRS를 360°에 맞추었고, CDB는 왼쪽 상단으로부터 점차 중앙으로 이동하는 것을 관찰할 수 있을 것이다. 항공기는 점차 CDB를 향하고 있다는 것을 의미한다. CDB가 중앙에

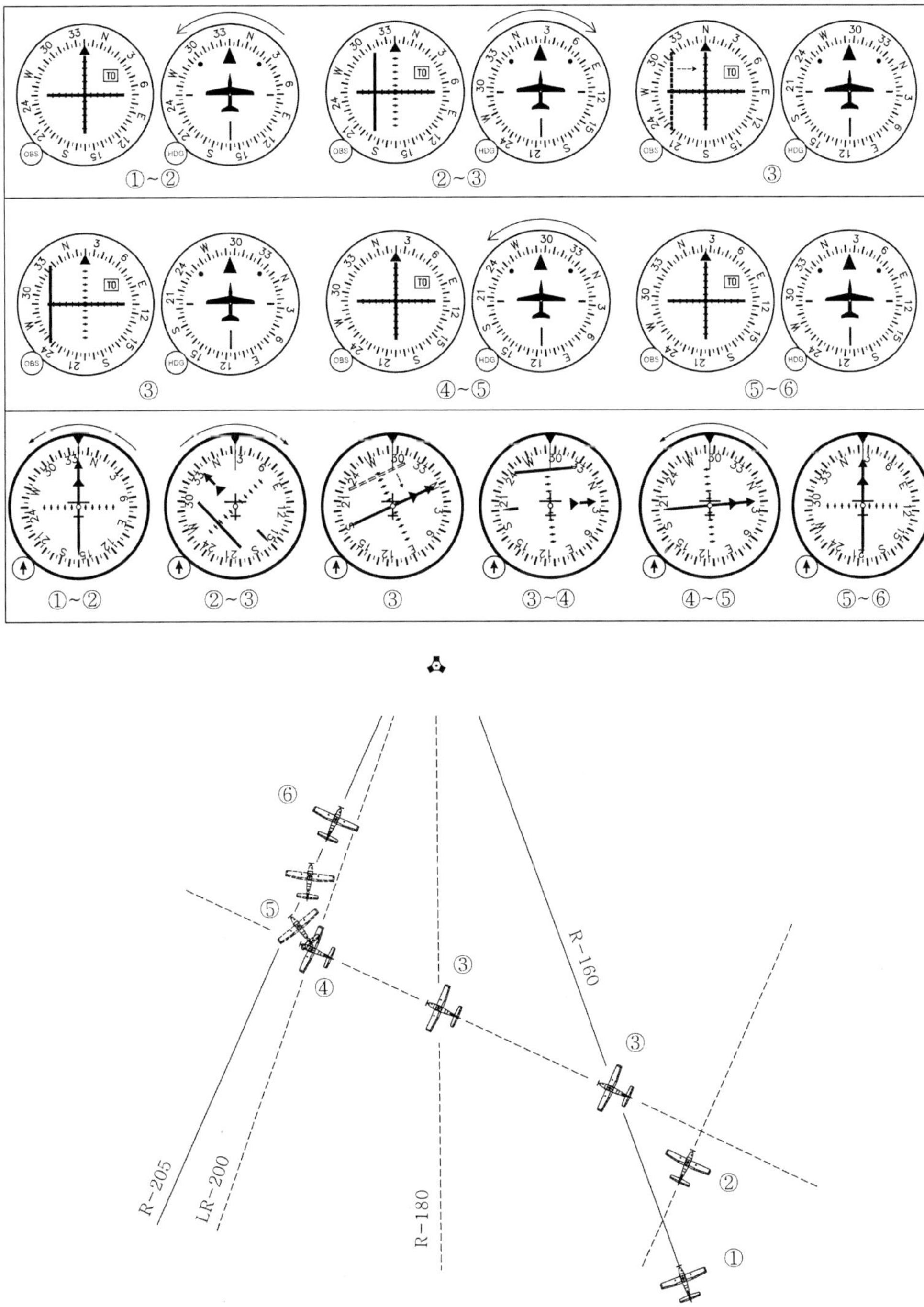

【그림4-9】 인바운드 중 인터셉션

위치했을 때 항공기는 180° 레디얼을 통과했음을 확인할 수 있다. CRS를 020°로 변경했을 때 CDB는 계기의 상단에 위치하고 있는 것으로 보아 항공기는 선도 레디얼(R-200)에 접근하고 있음을 알 수 있다.

④번 계기는 CDB가 중앙이 되었다는 것은 항공기가 200° 선도 레디얼에 도달했음을 지시한다.

조종사는 CRS를 025° 레디얼에 조정하고 우선회를 실시한다.

⑤번 계기는 CDB가 중앙의 상태를 유지하면서 원하는 레디얼에 인터셉트할 수 있다는 것은 적절한 선도 레디얼이 적용되었음을 알 수 있다.

⑥번 계기는 최종적으로 최초의 레디얼 160°에서 205° 레디얼에 인터셉트하여 인바운드하고 있는 항공기의 상태를 보여주고 있다. CRS 025°, CDB 중앙, TO/FR 지시기 TO를 지시하고 기수방위는 025°로 인바운드 중인 상태의 항공기이다.

[주] 인터셉션 각도가 클 때 진입하고자 하는 레디얼보다 약 5° 정도의 선도 레디얼을 선정하여 항공기가 이 레디얼에 도달했을 때 CDI/CDB는 중앙이 될 것이고 표준율 선회를 적용하여 코스/항로에 인터셉트한다.

[사례3] 아웃바운드 중 코스/항로 변경

다음의 사례는 현재 비행 중인 R-030° 레디얼로부터 아웃바운드 중에 관제사로부터 R-360° 레디얼로 변경하라는 지시를 받았다. [그림4-10]

①번 계기는 030° 레디얼에서 기수방위 030°로 비행 중이다. OBS 030°, TO/FR 지시기 FR, CDI 중앙을 지시하고 있고 기수방위는 30°로 아웃바운드 중에 있다.

②번 계기는 항공기 기수를 360°로 변경했을 때 CDI는 오른쪽으로 벗어나는 것을 관찰할 수 있을 것이다. 이는 항공기가 030° 레디얼을 왼쪽으로 벗어나고 있다는 것을 의미한다. 최초의 레디얼과 R-360°와 차이가 30°이므로 인터셉션 각도는 60°로 결정하였다.

③번 계기는 R-360°에 인터셉트하기 위해서 항공기 기수를 왼쪽으로 수정하여 300°로 변경하였다. 선회가 완료됨과 동시에 OBS를 360°에 맞추면 CDI는 왼쪽으로 벗어나야 할 것이다. 이는 항공기가 원하는 레디얼(항로)로부터 오른쪽에 있다는 것을 의미하고 항공기는 점차 선택한 레디얼에 접근하고 있다는 것을 알 수 있다.

④번 계기는 원하는 레디얼(항로)에 거의 접근해 있다는 것을 보여주고 있으며 기수를 수정할 준비를 한다.

⑤번 계기는 CDI가 완전히 중앙에 위치했을 때 항공기는 360° 레디얼에 인터셉트한 것으로 판단하고 즉시 우선회하여 기수방위를 60°로 전환하였다.

⑥번 계기는 정확하게 원하는 레디얼에 인터셉트한 상태를 보여주고 있다. OBS 360°, CDI 중앙, TO/FR 지시기는 FR, 기수방위는 360°로 항공기는 송신소로부터 아웃바운드 중에 있음을 알 수 있다.

[HSI]

①번 계기는 기수방위 030°, CRS 030°, TO/FR 지시기 FR, CDB 중앙을 지시하고 있는 것으로 보아 항공기는 030° 레디얼 선상에서 기수방위 030°로 아웃바운드 중에 있다.

②번 계기는 기수방위를 360°로 변경하였을 때 CDB는 우하단 쪽으로 멀어질 것이고, 이는 항공기가 030° 레디얼에서 벗어나고 있음을 지시한다. 인터셉션 각도를 60°로 결정하였다.

③번 계기는 인터셉션 각도 60°를 적용하여 기수방위를 300°로 변경하였고 동시에 CRS를 360° 레디얼에 맞추었을 때 CDB는 좌상단에 위치하게 된다.

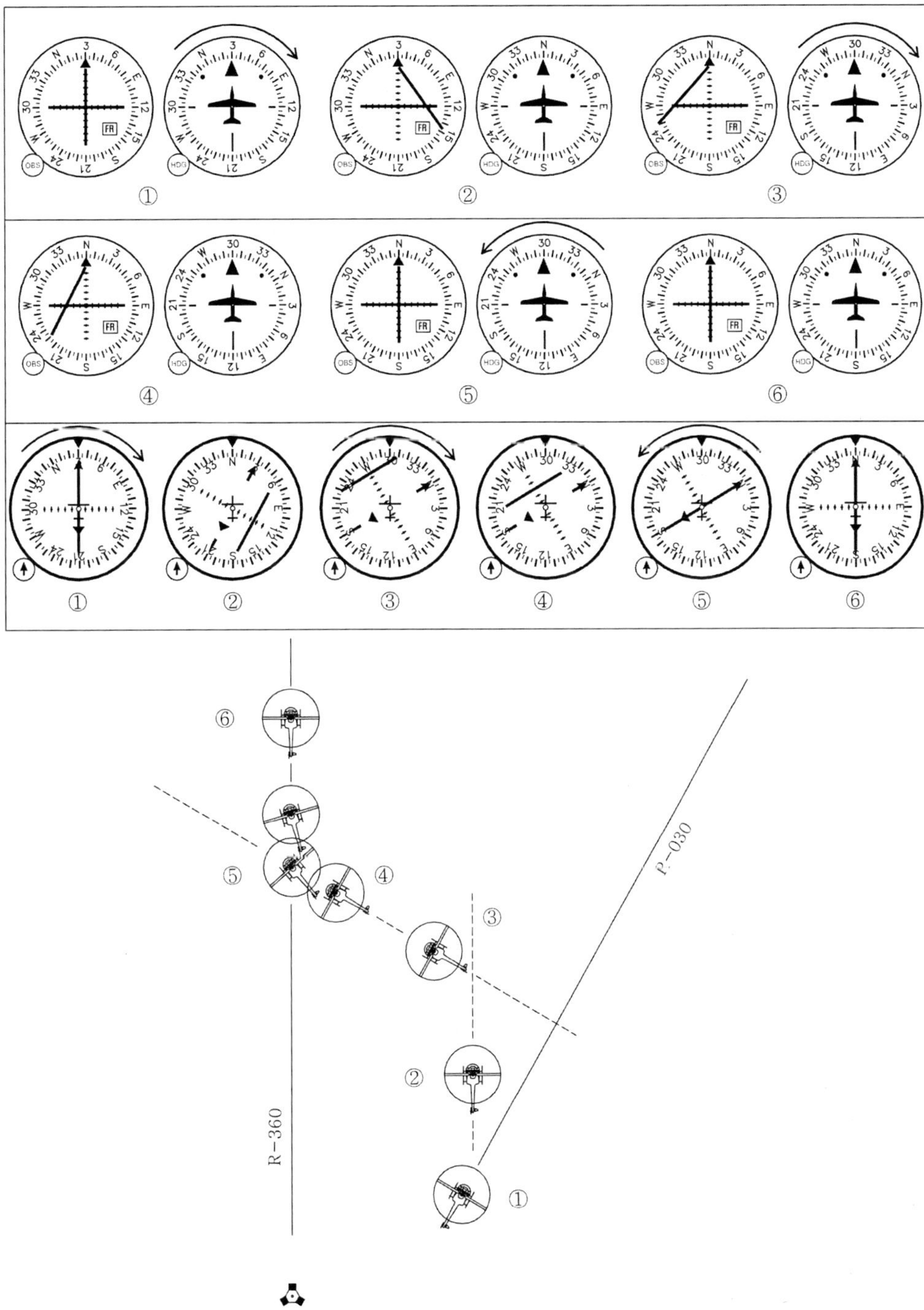

【그림4-10】 아웃바운드 중 인터셉션

④번 계기는 CDB가 점차 중앙으로 이동하는 것을 관찰할 수 있을 것이고, 이는 항공기가 점차 원하는 레디얼(항로)에 접근하고 있음을 알 수 있다.

⑤번 계기는 CDB가 중앙에 위치했을 때 항공기는 360° 레디얼에 인터셉트했다고 판단하고 즉시 오른쪽으로 선회하여 기수방위 360°로 수정한다.

⑥번 계기는 최종적으로 기수방위 360°, CRS 360°, TO/FR 지시기 FR, CDB 중앙의 상태에서 360° 레디얼 선상에서 아웃바운드 중에 있다.

[주1] 현재의 정확한 위치를 바탕으로 IFR 순항항로 차트에서 인터셉션 각도를 판단할 수 있다면 기수를 평행하게 하는 과정을 생략하고 현재의 비행위치에서 인터셉션 각도 60°를 직접 적용하여 인터셉션을 시도할 수 있다.

[주2] 송신소와 항공기의 거리에 따라서 CDI/CDB의 이동률이 다르다는 것은 주지의 사실이다. 따라서 CDI/CDB의 이동률에 기초하여 인터셉션 기술을 발달시켜야 할 것이다.

[사례4] 이륙 후 인터셉션

레이더 조력을 받을 수 있는 공항에서는 항공기가 이륙하여 원하는 항로에 진입할 때까지 레이더 관제사가 기수방위를 계속해서 제공하여 계획된 항로에 인터셉트시킨다. 그러나 레이더 조력을 받을 수 없는 공항에서는 이륙 전에 원하는 항로에 인터셉트하기 위한 사전 계획을 수립하는 것이 좋다. 인터셉션은 최단거리에서 진입할 수 있도록 인터셉션 각도를 결정한다. 공항에 VOR 시설을 갖추지 않은 활주로에서 이륙 직후 원하는 항로에 인터셉트하기 위한 전형적인 상황으로 근처에 있는 VOR 항로에 인터셉트한 후 다른 항로에 인터셉트하여 목적지 공항으로 향하는 절차이다. [그림4-11]의 위 계기군과 같이 지시하고 있을 때 항공기의 위치와 인터셉션 절차를 알아보자. 공항에서 이륙하여 360°로 비행 중 R-270°에 인터셉트하여 목적지 공항으로 향하고자 한다.

①번 계기는 이륙하자마자 OBS를 090° 레디얼에 맞추었을 때 CDI는 완전히 왼쪽으로 벗어나게 될 것이다. 현재의 기수방위는 360°를 유지하고 있다. 항공기와 진입 항로(R-270)가 멀리 있다면 인터셉트하는 데 상당한 경과시간이 소요될 수 있기 때문에 필요에 따라 중간 레디얼을 선정하여 항공기 위치를 결정하는 것은 위치 확인을 위한 한 방법이 될 수 있다. CDI가 점차 움직이기 시작한다는 것을 관찰했다면 항공기는 R-270°의 감지 구역에 진입했다는 것을 의미한다.

②번 계기는 선도 레디얼을 선정하여 OBS를 085°로 맞추었고 CDI가 중앙을 지시하는 것으로 보아 항공기는 현재 선도 레디얼을 인터셉트했다고 보아야 할 것이다.

③번 계기는 CDI 중앙을 유지하면서 기수를 090°로 수정하였다. 항공기는 정확하게 R-270°에 인터셉트한 상황을 보여주고 있다.

다음 두 번째 계기군을 참고하여 스스로 인터셉션 절차를 판단하고 이미지 훈련으로 항공기를 조종해 보길 바란다.

[HSI]

세 번째 줄 계기군의 오른쪽 계기군에 대해서 학습하고 왼쪽 계기군은 학습자 스스로 항공기 위치를 판단하여 이미지 훈련으로 항공기 조종을 수행해 보길 바란다.

①번 계기는 공항에서 이륙하자마자 090° 레디얼에 진입하기 위해서 이륙 직후 조종사는 CRS를 090°에 TO/FR 지시기는 FR을 지시한 상태이다. 항공기는 오른쪽에서 항로를 향하고 있음을 보여주고 있다.

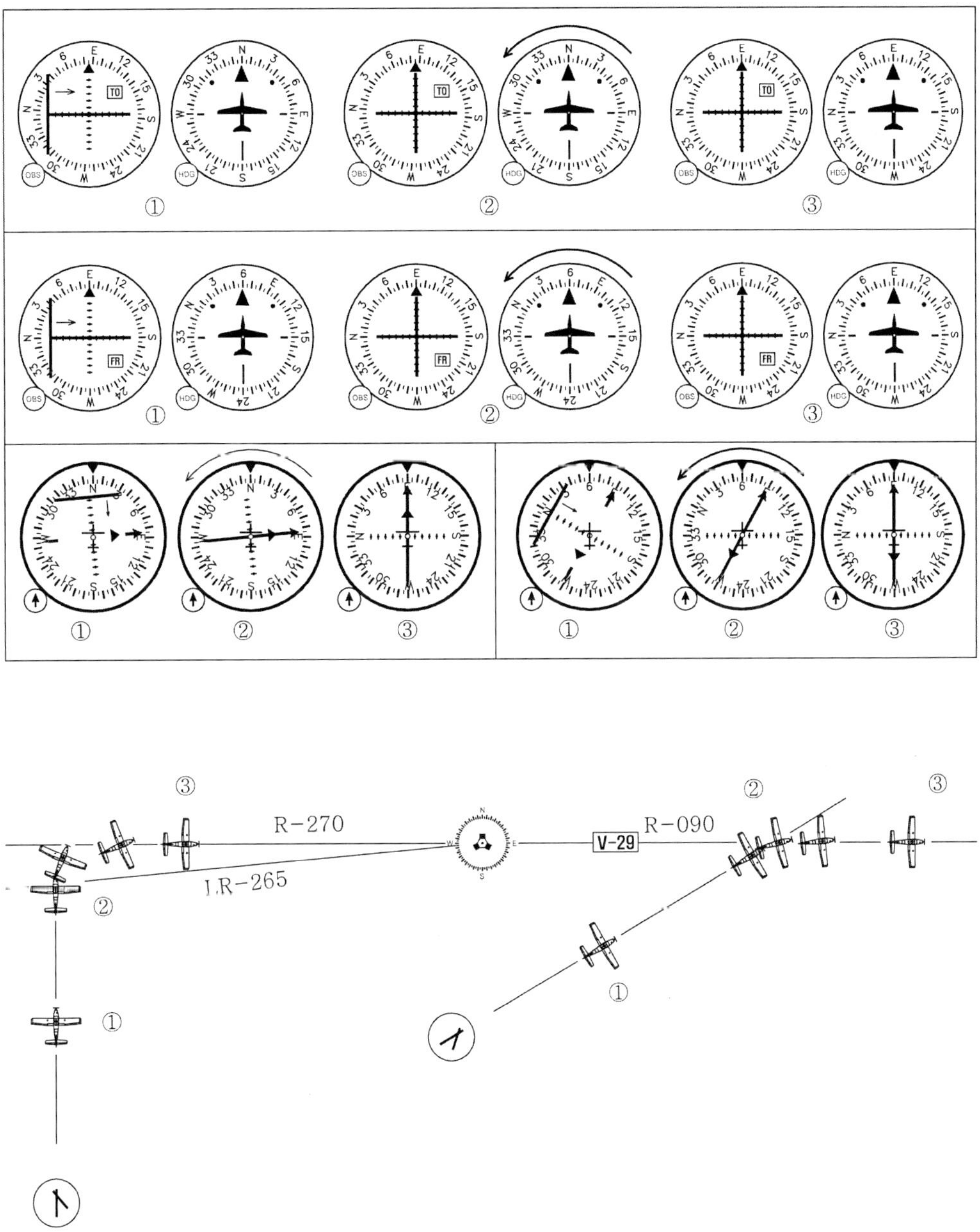

【그림4-11】 이륙 후 인터셉션

②번 계기는 CDB가 중앙에 도달했을 때 항공기는 090° 레디얼에 인터셉트한 것으로 판단하고 즉시 오른쪽으로 선회하여 항로에 인터셉트한다.

③번 계기는 기수방위 090°, CRS 090, TO/FR 지시기 FR, CDB 중앙에서 090° 레디얼 선상에서 아웃바운드 중에 있다.

[주1] 인터셉션 각도가 클수록 적절한 선도량을 적용할 수 있어야 한다. 이것은 조종사의 기량에 달려 있다. 필요에 따라 OBS/CRS를 선도 레디얼에 맞추고 CDI/CDB가 선도 레디얼에서 중앙이 되었을 때 선회함으로써 비행 타성을 이용하여 항로에 진입할 수 있다.

[주2] 정확한 인터셉션 각도의 결정은 대지속도, 풍향풍속, 송신소까지의 거리, 조종사의 기량 등을 고려하여 최단 거리로 정확하게 인터셉트할 수 있는 각도를 결정한다.

[사례5] 송신소 통과 후 인터셉션

다음 사례는 현재 레디얼을 유지하고 비행하던 중 송신소를 통과한 후의 상황을 가정한 것으로 이제까지 학습된 내용을 참고하여 학습자 스스로 계기를 판독하여 항공기 위치를 결정하고 항공기 조종에 대한 이미지 훈련으로 원하는 항로에 인터셉트하는 절차를 학습해 보길 바란다.

[그림4-12]

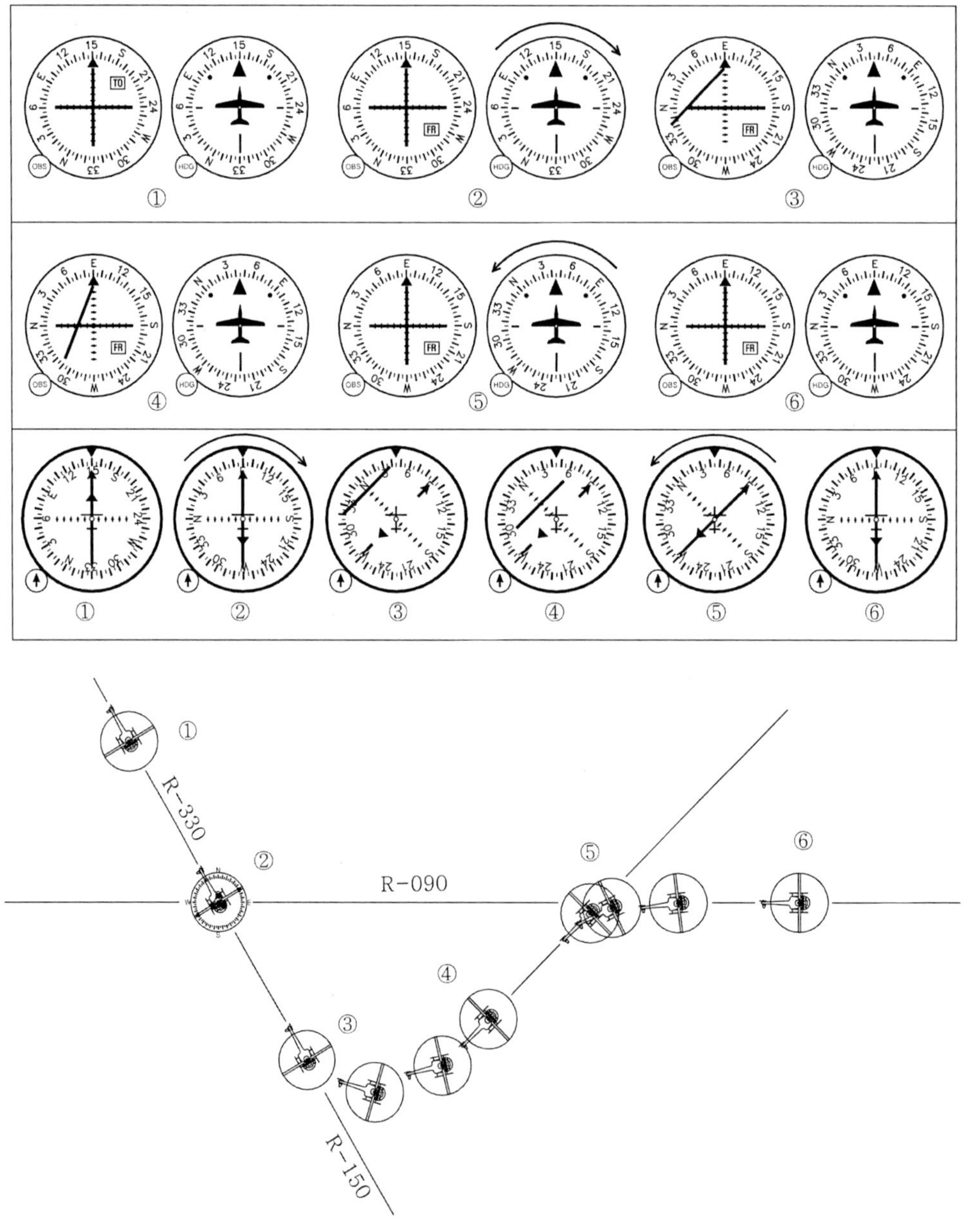

【그림4-12】 송신소 통과 후 인터셉션

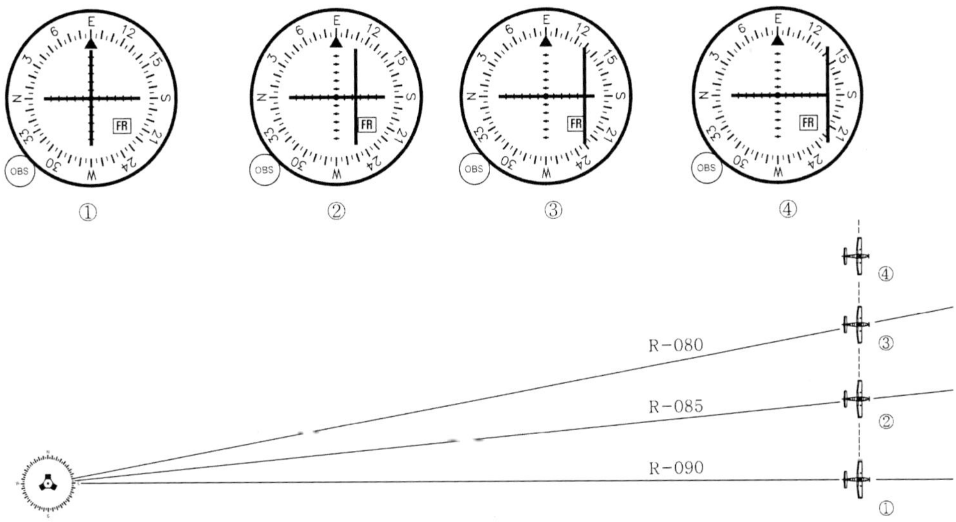

【그림4-13】 CDI/CDB 변위각

4.2.6 CDI/CDB 편차와 항공기 위치

VOR/HSI 계기의 CDI/CDB는 조종사가 선택한 레디얼과 항공기의 위치를 지시해 주는 지시기이다. 따라서 CDI/CDB가 계기 중앙에 위치해 있을 때 항공기는 [그림4-13]과 같이 조종사가 선택한 레디얼 선상에 위치해 있다고 할 수 있고(①번 계기, ①번 항공기), 항법을 수행하는 도중에 조종사는 항상 CDI/CDB가 중앙에 위치하도록 하기 위한 조종기술을 익히게 된다. CDI/CDB는 [그림4-13]에서 보는 것과 같이 선정된 레디얼로부터 좌우로 10°의 범위까지만 감시할 수 있다. 이를 위해서 계기 중앙으로부터 좌우로 5개의 눈금(dots)이 그려져 있는 것을 볼 수 있다.

VOR/HSI 계기의 한 눈금은 2°의 편차를 지시한다. 위의 그림은 OBS를 090° 레디얼에 맞추어져 있고, TO/FR 지시기는 FR을 지시하고 있는 것으로 보아 항공기는 090° 레디얼에 위치해 있음을 알 수 있다. CDI/CDB가 정중앙에 위치해 있을 때 ①번 항공기와 같이 090° 레디얼 선상에 위치해 있고, CDI/CDB가 중간 정도인 약 5°에 위치해 있을 때 ②번 항공기와 같이 085° 선상에 위치해 있고, CDI/CDB가 다섯 번째 눈금인 약 10° 위치에 있을 때 ③번 항공기와 같이 080° 레디얼에 위치해 있다는 것을 의미한다. CDI/CDB가 완전히 왼쪽 또는 오른쪽으로 벗어나 있다면 ④번 항공기 또는 그 이상으로 벗어나 있다는 것으로 현재 맞추어진 OBS/CRS의 감지 범위를 초과하고 있다는 것을 의미한다. 이와 같이 완전히 벗어났을 때는 OBS/CRS를 조절하여 CDI/CDB 감지 범위로 끌어들이기 위한 항공기의 위치를 판단하여야 한다.

CDI/CDB를 활용하는 데 있어서 고려해야 할 또 다른 사항은 송신소로부터 항공기까지의 거리에 따라 선정된 레디얼로부터의 벗어난 거리가 다르다는 점이다. [그림4-14]에서 보는 것과 같이 OBS를 090° 레디얼에 맞추었고 TO/FR 지시기는 FR을 지시하고 있다. 항공기는 090° 레디얼 선상에서 아웃바운드 중임을 알 수 있다. 왼쪽 상단의 VOR 계기와 같이 CDI는 1눈금 오른쪽으로 벗어나 있다. 항공기가 1NM 거리에 있을 때 항공기는 090° 레디얼로부터 약 200 피트가 벗어난 지점에 위치해 있다는 것을 의미한다. 동일한 상황에서 항공기가 30 NM 지점에

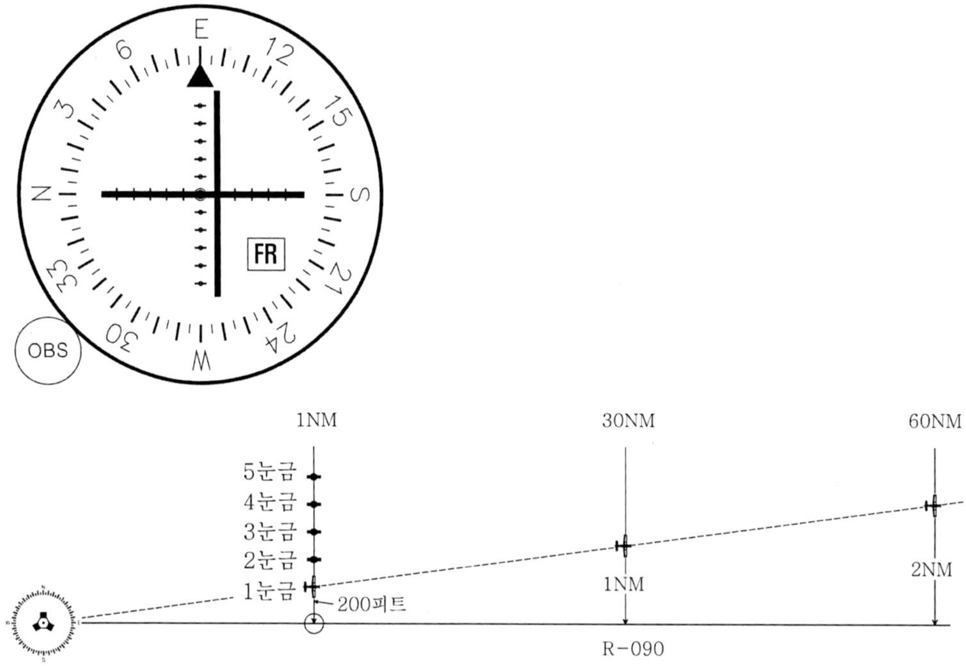

【그림4-14】 CDI/CDB 편차 거리 판단

위치해 있을 때 항공기는 090° 레디얼로부터 1 NM 벗어난 지점을 비행하고 있고, 60 NM 지점에서는 약 2 NM 정도 벗어난 위치에서 비행하고 있다는 것을 보여주고 있다. 이것을 고려해야 하는 이유는 송신소로부터의 거리에 따라 CDI/CDB 감지기능에 큰 차이가 있을 수 있다는 것을 의미한다. 따라서 송신소에 가까울수록 CDI/CDB의 움직임이 상대적으로 빠르고 멀리 있을수록 CDI/CDB의 반응이 늦을 수 있다는 점을 고려하여야 적절한 선도를 적용해야 한다. 또한, 인바운드로 향하고 있을 때는 아웃바운드의 경우와 달리 CDI/CDB의 반응이 점점 더 빨라질 수 있고 반대로 아웃바운드의 경우라면 CDI/CDB의 반응이 점차 느려질 수 있다는 점도 고려해야 한다. 이를 종합해 볼 때 지정된 레디얼로부터 CDI/CDB의 변위에 따른 항공기가 벗어난 거리는 대략 다음과 같이 요약해 볼 수 있다.

- 1 NM에서 1눈금(dot)은 200피트, 2눈금(dots)은 400피트의 변위를 나타낸다.
- 30 NM에서 1눈금(dot)은 1 NM, 2눈금(dots)은 2 NM의 변위를 나타낸다.
- 60 NM에서 1눈금(dot)은 2 NM, 2눈금(dots)은 4 NM의 변위를 나타낸다.

[사례1] 당신이 090° 레디얼 선상에서 송신소로부터 10 NM 거리에 위치해 있고, CDI가 오른쪽으로 3눈금(dots) 변위를 지시하고 있다. 항공기는 항로로부터 얼마나 벗어나 있는가?

3눈금(dots)은 = 600피트 × 10 NM = 6,000피트, 약 1 NM

[사례2] 당신이 180° 레디얼 선상에서 송신소로부터 70 NM 거리에 위치해 있고, CDI가 오른쪽으로 절반 정도 벗어나 있다. 항공기는 항로로부터 얼마나 벗어나 있는가?

2.5눈금(dots)은 = 500피트 × 70 NM = 35,000피트, 약 5.9 NM

4.3 트래킹

항법은 조종사 자신이 선정한 전파선 즉 항로를 따라 비행하는 것이고 이 같은 전파선과 항공기의 상대적 위치는 VOR 계기의 CDI가 지시해 준다. 특히 계기기상상태(IMC)에서 오직 계기만을 의지하여 비행할 때 정확한 항로를 유지할 수 있는 기술을 트래킹(tracking)이라 한다. 항공기가 기수방위와 관계없이 항로 선상에 있을 때 CDI는 중앙을 지시한다. 그러나 항공기가 동일한 기수방위를 유지하고 있다 하더라도 항로를 벗어났을 때 CDI 역시 좌우로 벗어난다. 왜 이 같은 편류(drift)가 발생하는가? 편류의 발생은 조종사의 조종 미숙도 있겠지만 바람의 영향이 주요인이다. 바람이 없다면 가장 이상적인 항행을 할 수 있으나 바람이 없는 곳은 드물고 고도가 높아질수록 그리고 저속 경항공기일수록 바람의 영향은 크다.

조종사는 계기만으로 편류 여부를 판단할 수 있고 대략적인 편류 수정량을 적용하여 원하는 항로를 유지할 수 있어야 한다. [그림4-16]과 같이 OBS가 140° 레디얼의 TO 상태에서 인바운드 중일 때 좌측풍의 영향은 항공기를 오른쪽으로 밀어내 점차 원하는 항로에서 벗어나고 있으며 VOR 계기상의 CDI는 왼쪽으로 벗어나고 있다. 따라서 항로에 재진입하기 위해서 기수를 왼쪽으로 수정하면 항공기는 다시 원래의 항로에 진입하고 CDI도 중앙을 지시하게 될 것이다. 이 같은 절차를 트래킹이라 한다.

트래킹에 숙달되지 않은 초임 조종사는 CDI를 쫓아 지그재그 비행을 하는 오조작을 할 수 있으나 지속적인 훈련을 통하여 완벽한 트래킹 감각을 향상시킬 수 있다. 트래킹은 바람 상태를 전혀 예측하지 못한 상태에서 실시하는 협차법(bracketing)과 이미 알고 있는 바람수정각(wind correction angle)을 적용하는 방법이 있으나 대부분의 계기비행은 기상예보(weather forecast)를 바탕으로 예정된 항로에서 불어오는 바람의 영향을 충분히 고려하여 항공기가 비행할 자기수방위(magnetic heading; MH)를 결정하여 비행한다. 트래킹은 바람 방향과 속도 그리고 항공기의 속도와 밀접한 관계가 있고 다음 요소를 이해할 필요가 있다.

① 송신소와의 거리에 따라 CDI의 움직임이 다르며 송신소에 가까울수록 CDI의 움직임은 민감하다.

② 강한 측풍은 그만큼 큰 바람수정각을 요구한다.

③ 지상풍(surface wind)은 풍향풍속의 가변성이 많으나 상층풍(wind aloft)은 변화가 적다.

④ 속도가 빠른 항공기는 상대적으로 작은 수정량이 요구된다.

4.3.1 CDI/CDB와 바람방향 판단

계기비행 중 조종사가 유일하게 참고할 수 있는 것은 계기이고 이를 신뢰하는 것이다. 비행 중 VOR/HSI 계기의 CDI/CDB가 움직이는 방향으로 바람 방향을 판단할 수 있어야 한다. 예를 들어 [그림4-15]에서 보는 것과 같이 2대의 항공기는 R-240°와 R-060° 레디얼에서 각각 인바운드와 아웃바운드 중에 있다. 먼저 위에 있는 계기를 보면 CDI가 정중앙에 위치해 있다가 약간씩 왼쪽으로 벗어나는 것을 관찰하였고 그대로 방치했을 때 점점 더 벗어나고 있는 것을 볼 수

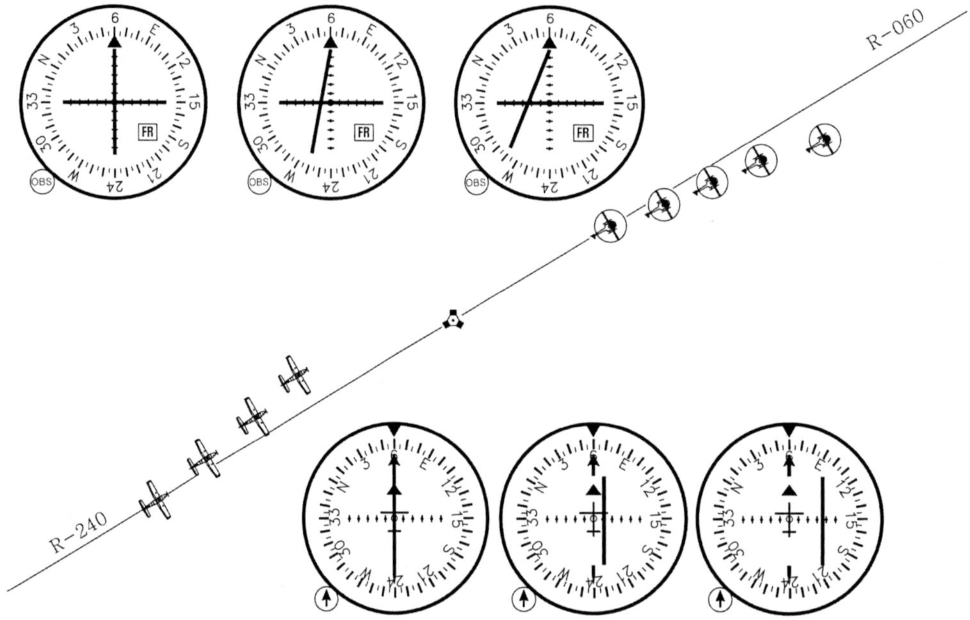

【그림4-15】 CDI/CDB와 바람방향 판단

있다. 이 항공기는 최초의 R-060° 레디얼로부터 오른쪽으로 벗어나고 있다는 것을 의미한다. 이는 바람이 왼쪽에서 불어오기 때문이다. 결론적으로 CDI에 의한 바람방향 판단은 CDI가 벗어난 방향에서 바람이 불어오고 있다는 것을 의미한다. 아래의 HSI는 CDB가 약간씩 오른쪽으로 벗어나고 있다. 즉, 항공기의 오른쪽으로부터 바람이 불어와 항공기를 왼쪽으로 밀어내고 있다는 것을 의미한다. 이 같은 조건에서 바람의 영향을 수정하는 방법은 CDI/CDB가 벗어난 방향으로 수정하여야 한다.

[CDI/CDB 오른쪽 이동 = 우측풍 = 항공기 좌편류]
[CDI/CDB 왼쪽 이동 = 좌측풍 = 항공기 우편류]

4.3.2 협차법

협차법(bracketing)의 적용은 바람에 대한 정보가 없을 때 적용할 수 있는 방법으로 1차 수정을 적용하고 부적절했을 때 1차 수정량의 반으로 2차, 3차 수정을 적용하여 적정 바람수정각(wind correction angle; WCA)을 결정하는 방법이다. 여기서 얼마의 수정량을 적용해야 하는 것은 항공기 속도에 달려 있고 대부분의 일반 항공기는 약 20~30°의 최초 수정각을 적용하고 속도가 빠를수록 수정량은 반감되어야 한다. [그림4-16]을 보면서 트래킹 절차를 설명한다. 당신은 현재 320° 레디얼에 인터셉트한 후 항로를 따라 송신소까지 계속 비행(인바운드)하고자 한다.

[사례1-인바운드 트래킹]

조종사는 지정된 R-320° 항로를 인터셉트한 후 송신소까지 인바운드하고자 한다. 정상적인 인터셉션 절차를 따라 R-320°에 인터셉트했다.

① VOR 계기는 OBS 140°, TO/FR 지시기 TO, CDI 중앙 그리고 기수방위는 140°를 지시하고 있는 것으로 보아 항공기는 정확하게 지정된 R-320° 선상에서 송신소를 향하여 비행하고 있다.

② 비행 중 CDI가 점차 왼쪽으로 이동하는 것을 관찰했고 시간이 지나면서 왼쪽으로 완전히 벗어난 것을 관찰할 수 있다. 이미 항공기는 지정된 레디얼(항로)로부터 10° 이상 벗어났다는 것을 판단할 수 있을 것이다. 이미 학습한 바와 같이 바람은 왼쪽에서 불어오고 있고 항공기는 지정된 레디얼로부터 오른쪽으로 벗어났다는 것을 알 수 있다. 기수방위는 변화 없이 140°로 비행하고 있다.

③ 편류 수정을 결심한 조종사는 초기 20°의 수정량을 적용했다. 항공기 기수방위는 120°가 되었다. 얼마의 수정량을 적용할 것인지에 대해서는 송신소까지의 거리와 이탈거리에 따라 결정한다. 송신소에 가까울수록 CDI의 감지기능이 더욱 민감해지고 변위량이 크기 때문에 즉각 작은 수정량을 적용하여 수정할 수 있어야 한다. 반대로 송신소로부터 원거리에 위치해 있을 때는 CDI 감지기능이 상대적으로 느리고 움직임 역시 느리기 때문에 수정량이 상대적으로 커야 신속하게 지정된 레디얼에 다시 인터셉트할 수 있을 것이다. 기수방위(heading)가 변했음으로 CDI는 더 이상 벗어나지 않고 점차 안쪽을 향하여 움직이는 것을 관찰할 수 있을 것이다. 이는 항공기가 지정된 레디얼로 다시 접근해 오고 있다는 것을 의미한다.

④ 모든 것이 정확하게 적용되었다면 CDI는 거의 중앙으로 이동하고 있는 것을 볼 수 있을 것이다. 이는 항공기가 지정뒤 레디얼에 거의 접근해 있음을 의미하고 조종사는 인터셉트하는 순간을 잘 확인하고 즉각 인터셉트 조작을 수행하면 된다.

⑤ CDI가 중앙을 지시했을 때 항공기는 지정된 레디얼에 인터셉트했다. 이 순간을 놓치지 말고 즉시 지정된 항로에 인터셉트하기 위한 조작에 들어간다. 현재의 기수방위를 그대로 유지했을 때 항공기는 지정된 레디얼을 순식간에 통과해 버릴 것이다. 항공기가 이미 지정된 레디얼을 통과한 후 다시 수정 조작을 해야 하는 것은 마지막 단계에서 지그재그 형태의 항적을 그리면서 비행할 가능성이 높다. 이 같은 비행 형태는 초기 훈련과정이나 미숙련 조종사에게서 주로 나타나는 현상으로 숙달된 계기 조종사에게는 바람직하지 않은 현상이다. 따라서 이를 미리 방지하기 위해서 송신소까지의 거리를 대략적으로 고려하고, CDI의 이동률을 판단하여 한 번에 인터셉트할 수 있도록 계획하여야 한다. 항공기는 편류량보다 많은 양의 수정을 적용했기 때문에 항로에 인터셉트한 후 왼쪽으로 벗어나게 될 것이다. 따라서 이 시점에서 2차 수정 조작이 요구된다. 2차 수정 조작량은 1차 수정량의 반을 적용한다. 따라서 최초 20°의 수정량의 절반인 10°를 다시 최초 수정 방향의 반대로 적용한다. 이때 기수방위는 130°가 될 것이고, 바람수정각은 10°가 적용되어 항공기는 크래빙(crabbing)을 적용하여 바람의 영향을 수정하면서 직선 항적으로 비행할 수 있을 것이다.

⑥ 최종적으로 항공기는 R-320° 레디얼에 다시 인터셉트했다. 이때의 계기는 OBS 140°, TO/FR 지시기 TO, CDI 중앙, 기수방위 130°, 바람수정각 10°를 적용하여 인바운드 상태로 복귀했다.

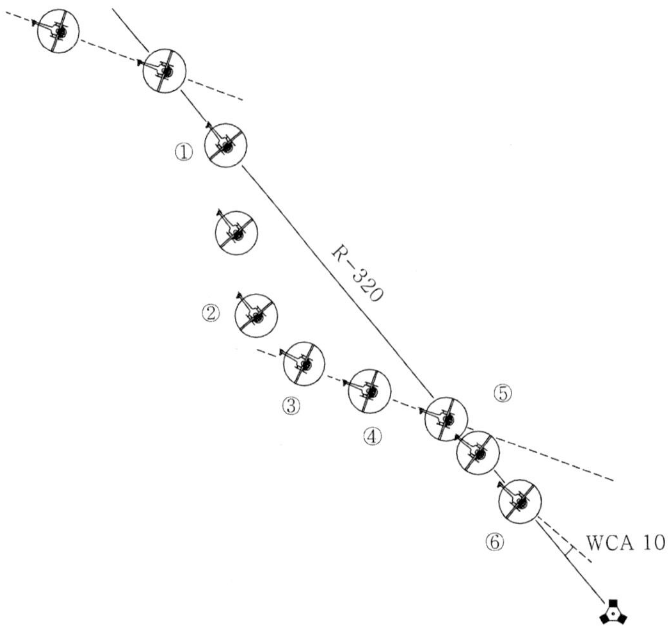

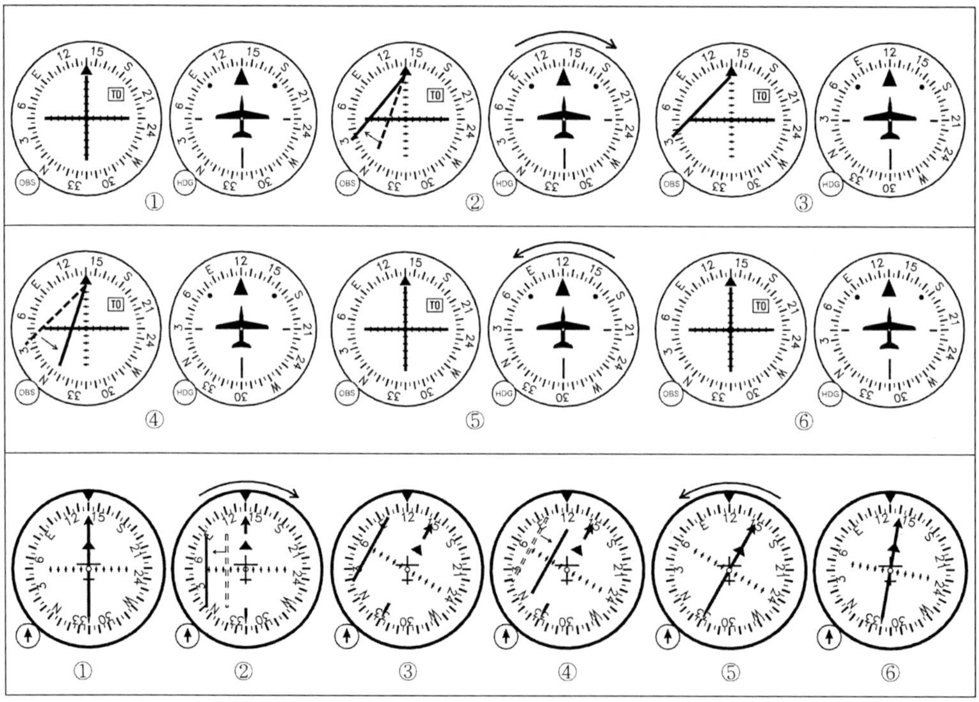

【그림4-16】 VOR/HSI 인바운드 트래킹

[HSI]

동일한 상황에서 HSI는 어떻게 지시하고 있는지에 앞에서 학습한 VOR 계기와 비교하여 학습한다면 더욱 확실한 계기 판독 능력을 갖추게 될 것이다.

① 기수방위 140°, CRS 140° 레디얼, CDB 중앙, TO/FR 지시기(▲)는 TO의 상태에서 송신소를 향하고 있다.

② CDB가 왼쪽으로 점차 벗어나는 것으로 보아 바람은 왼쪽에서 불어오고 있고 항공기는 오른쪽으로 편류하고 있음을 판단할 수 있다.

③ 지정된 레디얼에 다시 인터셉트하기 위해서 최초 20°의 수정량을 적용했고 CDB는 좌상단에 위치해 있으며 항공기는 항로를 향하여 접근 중임을 알 수 있다.

④ 수정된 기수방위 120°를 유지하고 있을 때 CDB가 점차 중앙으로 이동하는 것으로 보아 지정된 레디얼에 접근하고 있음을 알 수 있다.

⑤ CDB가 중앙이 되었을 때 항공기는 지정된 레디얼에 다시 인터셉트한 것으로 판단한다. 즉시 기수를 최초 수정 방향의 반대 방향으로 수정량은 초기 수정량의 절반인 10°를 적용하여 기수방위는 130°로 수정한다.

⑥ 최종적으로 항공기는 R-320° 레디얼에 다시 인터셉트했다. 이때의 계기는 CRS 140°, TO/FR 지시기 TO, CDB 중앙, 기수방위 130°, 바람수정각 10°를 적용하여 인바운드 상태로 복귀했다.

[사례2-아웃바운드 트래킹]

조종사는 [그림4-17]과 같이 지정된 R-050° 항로에 인터셉트한 후 계속해서 비행하고자 한다. 정상적인 인터셉션 절차에 따라 R-050°에 진입했다. 인바운드 트래킹 절차에서 설명한 것과 같이 아웃바운드의 절차라고 해서 특별히 다른 점은 없다. 따라서 동일한 절차에 따라 항로를 유지할 수 있어야 하고, 다만 아웃바운드의 상태이므로 송신소에서 점점 더 멀어질수록 CDI/CDB의 감지기능이 둔해진다는 점을 고려해야 한다. 여기서는 계기만을 참고하여 항로를 유지하는 과정을 간단히 설명한다.

① 항공기는 R-050° 선상에서 기수방위 050°로 아웃바운드 중에 있다. OBS 050°, TO/FR 지시기 FR, CDI 중앙을 지시하고 있다.

② CDI가 오른쪽으로 점차 벗어나는 것을 발견했고, 바람은 오른쪽에서 불어오고 있기 때문에 수정은 오른쪽으로 적용해야 한다. 이를 수정하기 위해서 기수방위를 오른쪽으로 40°를 적용하여 기수방위를 090°로 수정하였다. 바람의 세기와 아웃바운드 그리고 송신소로부터의 거리를 고려하여 제법 큰 수정량을 적용했다.

③ 기수방위는 090°가 되었고 CDI는 더 이상 벗어나지 않거나 다시 안쪽으로 움직이는 것을 관찰할 수 있을 것이다.

④ CDI가 점점 더 중앙으로 이동하고 있는 것을 관찰할 수 있으며, 항공기는 지정된 레디얼에 거의 접근해 왔음을 알 수 있다. 기수방위는 변함없이 090°를 유지하고 있다.

⑤ CDI가 중앙에 도달했고 항공기는 지정된 레디얼에 다시 인터셉트한 순간이다. 최초 기수방위 수정으로부터 반대 방향으로 기수방위를 수정했고, 이때의 바람수정각을 고려하여 수정하여

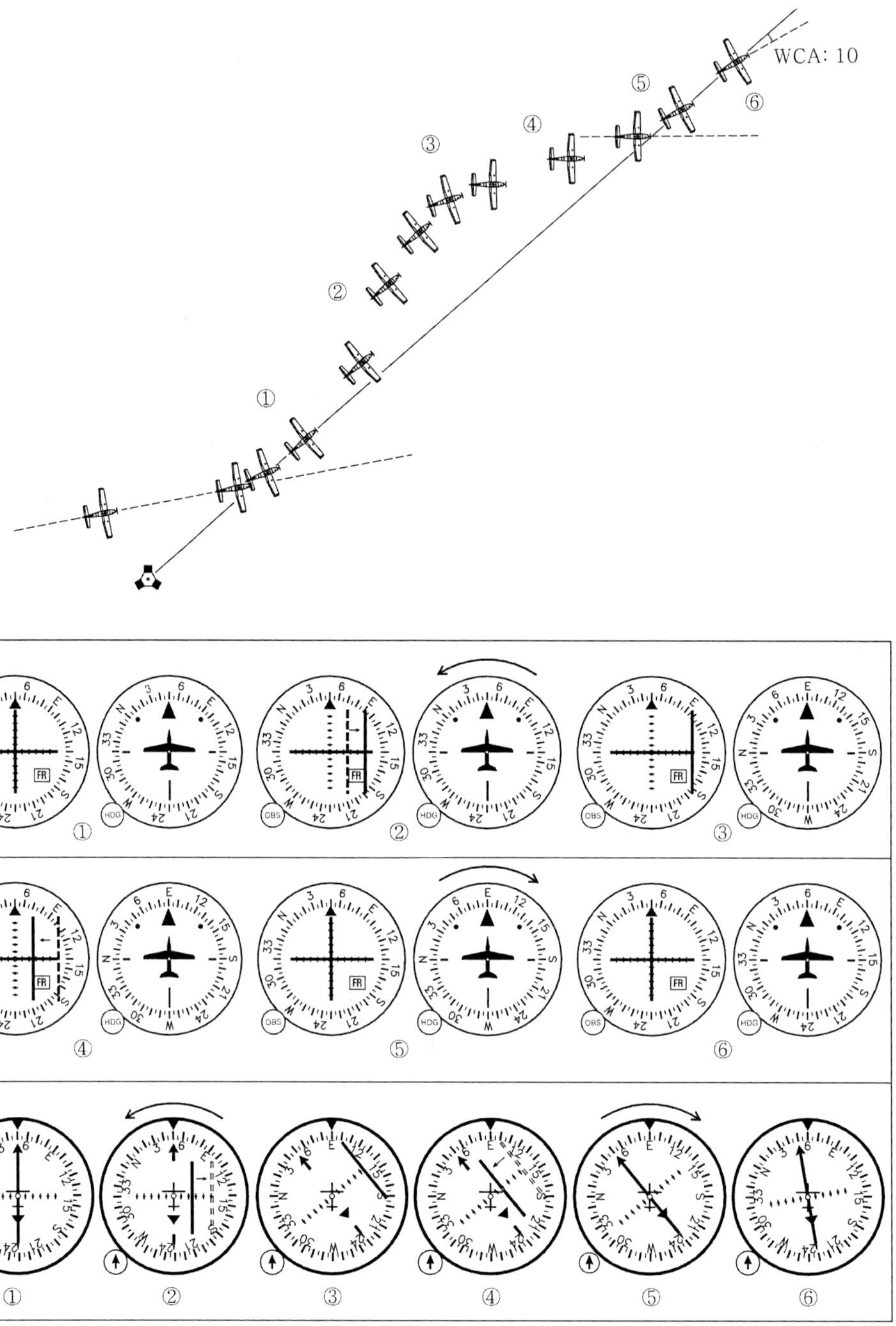

【그림4-17】 VOR/HSI 아웃바운드 트래킹

야 한다. 바람수정각 10°로 고려했을 때 기수방위는 060°로 수정한다.

⑥ 최종적으로 항공기는 R-050° 레디얼 선상에서 바람수정각 10°를 적용하여 크래빙으로 직선 항적을 유지하고 있다. 현재의 VOR 계기는 OBS 050°, CDI 중앙, TO/FR 지시기 FR, 기수방위 060°로 아웃바운드 중에 있다.

[주1] 바람수정각의 적용은 바람의 세기에 따라 적용하고 수정량이 부적절했다면 CDI는 다시 왼쪽이나 오른쪽으로 움직임을 보일 것이다.

[주2] 크래빙을 적용했을 때 크래빙을 적용한 방향으로 CDI가 벗어났다면(예, 오른쪽으로 크래빙을 적용하고 있을 때 CDI가 오른쪽으로 벗어난다면) 이는 바람수정각 크기가 작았다는 것을 의미하므로 바람수정각 양을 증가시키고, 반대로 CDI가 왼쪽으로 벗어난다면 이는 바람수정각 양이 너무 크다는 것을 의미하므로 바람수정각을 약간 풀어주는 방법으로 정확한 바람수정각을 결정한다. 바람수정각이 정확하게 적용되었을 때 CDI는 중앙에서 움직임이 거의 없을 것이다. 이는 현재 적용한 크래빙 각도를 유지하고 있다면 항공기는 직선 항적을 유지하게 될 것이다.

[HSI]

① 기수방위 050°, CRS 050°, TO/FR 지시기는 FR, CDB 중앙의 상태에서 항공기는 R-050° 선상에서 아웃바운드 중에 있다.

② CDB가 오른쪽으로 벗어나는 것으로 보아 항공기는 우측풍의 영향으로 왼쪽으로 편류하고 있음을 알 수 있다.

③ 항로에 다시 인터셉트하기 위해서 기수방위를 오른쪽으로 40° 수정하였고, 항공기는 우상단에 있는 항로를 향하고 있음을 알 수 있다.

④ CDB가 점차 중앙으로 이동하는 것으로 보아 항공기는 지정된 레디얼에 거의 접근하고 있음을 알 수 있다.

⑤ CDB가 중앙에 위치해 있을 때 항공기는 지정된 레디얼에 정확히 인터셉트했다고 판단할 수 있다. 지정된 레디얼에 인터셉트하기 위해서 기수방위를 왼쪽으로 수정하면서 바람수정각 10°를 고려하여 기수방위를 060°로 수정하였다.

⑥ 최종적으로 항공기는 R-050° 레디얼 선상에서 바람수정각 10°를 적용하여 크래빙으로 직선 항적을 유지하고 있다. 현재의 HSI는 CRS 050°, CDB 중앙, TO/FR 지시기 FR, 기수방위 060°로 아웃바운드 중에 있다.

4.4 송신소까지의 시간과 거리

VOR 송신소까지의 시간과 거리의 산출은 공식에 의한 방법 또는 기초 기하학을 이용하여 결정할 수 있으며 이들 방법은 편류(drift)가 고려되지 않았기 때문에 대략적인 값이 된다. 비행계기(flight instruments)의 발달로 실제 비행에서 많이 활용되고 있지 않으나 산출 방법에 대한 기본적인 지식을 갖출 것을 요구하고 있다.

4.4.1 날개끝 방위각 변화

비행 중인 항공기 기수방위를 선정된 송신소와 90°를 이루어 비행하면서 선정된 레디얼을 비

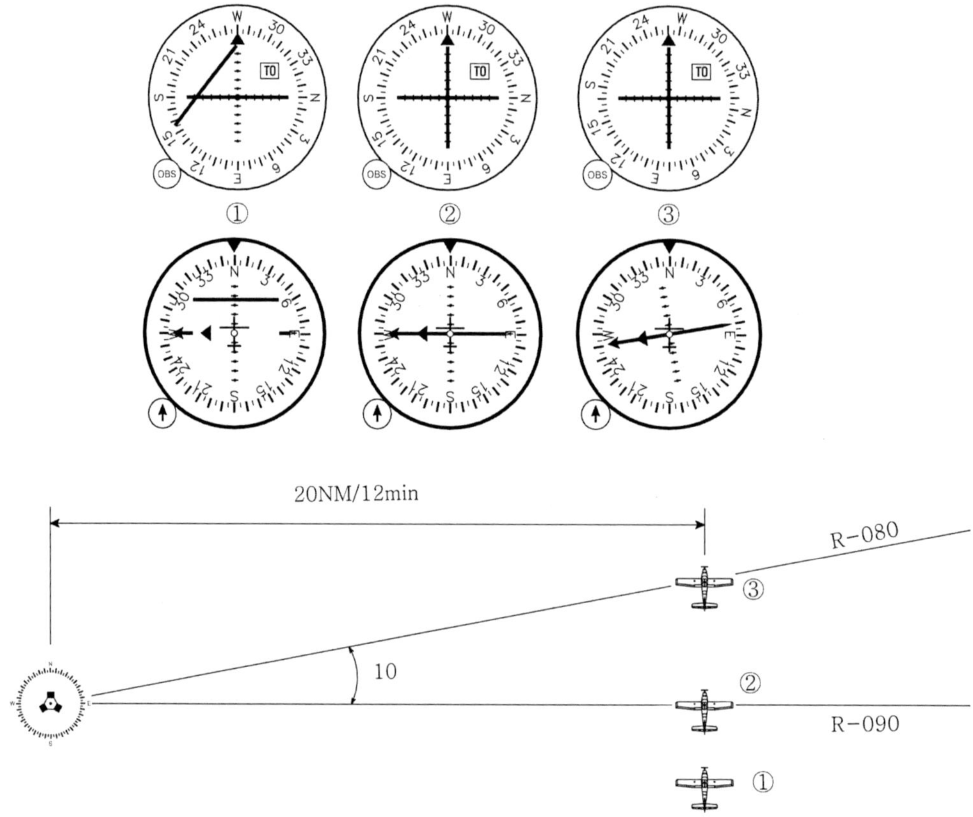

【그림4-18】 CDI/CDB를 이용한 송신소까지 시간과 거리 계산

행하는데 소요되는 경과시간을 판단하여 이를 공식에 적용하는 방법으로 날개끝 방위각 변화(wing-tip bearing change)라 한다. [그림4-18]에서 보는 것과 같이 송신소와 비행 중인 항공기가 90°를 이루고 있는 위치를 어빔(abeam)이라 한다.

[사례1]

① [그림4-18]과 같은 위치에서 인접한 2개의 레디얼을 선정한다. 여기서는 090° 레디얼과 080° 레디얼을 선정하여 10°의 방위각 변화량을 선정했다. 어느 기수방위(heading)에서든지 090° 레디얼에 직각으로 접근하면서 OBS를 270°(090°) 레디얼에 맞추면 TO/FR 지시기는 TO(FR)를 지시한 상태에서 CDI는 오른쪽에서 점차 중앙으로 이동한다.

② 항공기가 090° 레디얼에 도달했을 때 CDI는 중앙에 위치한다. 이때의 시간을 기록한다. 여기서 10:00에 통과했다고 가정한다. 조종사는 시간을 기록한 후 다음 레디얼인 260°에 OBS를 맞춘다. 이때 CDI는 오른쪽으로 벗어날 것이고 항공기가 080° 레디얼에 접근할수록 CDI는 중앙으로 점차 이동하게 된다.

③ 항공기가 080° 레디얼에 도달했을 때 CDI는 다시 중앙에 위치하게 되고 이때의 시간을 기록한다. 여기서는 10:02분에 080° 레디얼을 통과했다고 가정하면 10°의 방위각 변화량을 비행하는 데 경과한 시간은 2분이 된다. 이 같은 결과를 다음과 같은 공식에 적용하여 송신소까지

비행하는 데 소요되는 예상 시간과 송신소까지의 거리를 계산할 수 있다.

$$\text{송신소까지 시간} = \frac{60 \times \text{경과시간(분)}}{\text{방위각 변화량}}$$

$$\text{송신소까지 거리} = \frac{TAS \times \text{경과시간(분)}}{\text{방위각 변화량}}$$

위의 예문에서 진대기속도(TAS)가 100노트라 했을 때 송신소까지의 시간과 거리는 다음과 같다. 따라서 현재의 위치에서 100노트의 진대기속도로 비행했을 때 송신소까지는 약 12분이 소요될 것이고, 송신소까지의 거리는 약 20NM이 된다.

- 송신소까지 시간 = (60 × 2) ÷ 10 = 12분
- 송신소까지 거리 = (100 × 2) ÷ 10 = 20NM

[사례2]
당신이 A 송신소의 300° 레디얼에서 295° 레디얼을 TAS 90노트로 비행하는 데 40초가 경과되었다면 송신소까지의 거리와 예상 소요 시간은 얼마인가?

- 송신소까지 시간 = 40 ÷ 5 = 8분
- 송신소까지 거리 = (90 × 0.67) ÷ 5 = 12NM

[사례3]
A 송신소를 향하여 인바운드 중 160° 레디얼과 150° 레디얼을 선정하여 이들 레디얼을 120노트로 통과하는 데 1분 30초가 경과되었다. 송신소까지의 거리와 시간은 얼마인가?

- 송신소까지 시간 = 90 ÷ 10 = 9분
- 송신소까지 거리 = (120 × 1.5) ÷ 10 = 18NM

4.4.2 이등변삼각형 방법

인바운드 중에 인접 레디얼을 선정하고 이 레디얼을 향하여 일정한 각도로 비행하여 도달했을 때 소요된 시간은 현재의 위치에서 송신소까지 비행하는 데 예상되는 시간과 같다. 이는 두 내각이 같으면 두 변의 길이가 같아지는 이등변삼각형(isosceles triangle method)의 원리를 적용하여 송신소까지의 시간을 결정한다.

[사례1]
당신은 [그림4-19]와 같이 270° 레디얼 선상에서 기수방위 090°로 인바운드 중에 있다. 인접 260° 레디얼을 선정하였고 두 레디얼의 차는 10°이다.

① 기수를 오른쪽으로 수정하여 기수방위 100°를 유지하고 OBS를 돌려 080° 레디얼에 조절한다. 이때 CDI는 오른쪽으로 벗어난다. 비행을 계속할수록 CDI는 점차 중앙으로 이동한다.

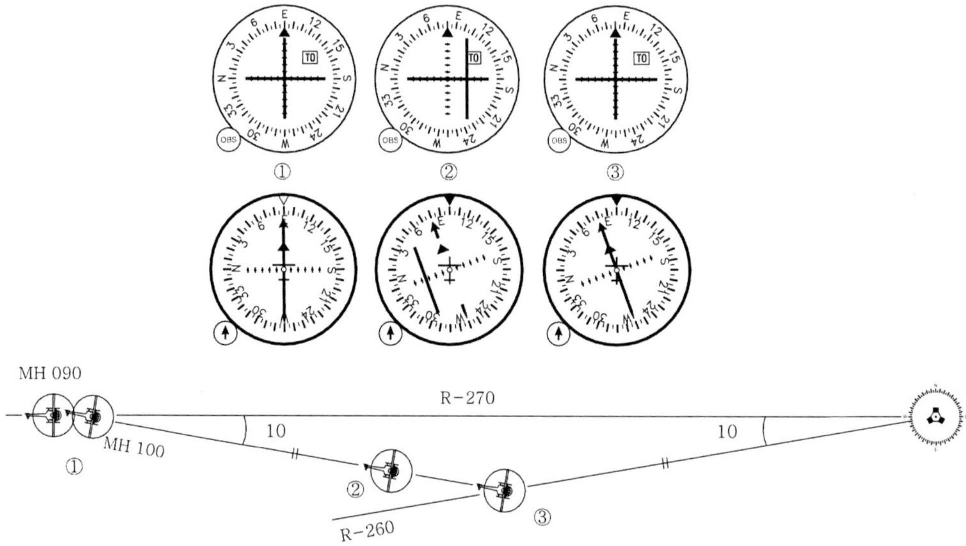

【그림4-19】 이등변삼각형 방법

② 항공기가 260° 레디얼에 도달했을 때 CDI는 중앙에 위치하게 되고 이때의 시간을 기록한다. 예를 들어 경과시간이 10분 소요되었다면 현재의 위치에서 송신소까지 비행하는 데 10분이 소요된다는 것을 의미한다.

[사례2]

당신이 140° 레디얼로 인바운드 중 10° 각으로 150° 레디얼을 선정하여 이 레디얼에 도달하는 데 8분이 소요되었다면 송신소까지의 걸리는 시간은 얼마인가?

두 레디얼의 차는 10°가 되고 한 변을 비행하는데 소요된 시간이 8분이라면 다른 한 변을 비행하는 데도 같은 시간이 소요된다.

제 5 장

NDB 항법

5.1 개 요

NDB 시설은 VOR 항법 못지않게 주요 항법 수단의 하나로 활용되고 있었으나 GNSS/GPS 항법이 활성화되면서 NDB 항법의 필요성은 미래 항법에서 점차 사라지게 될 것이다. 그러나 아직도 위성기반 항법을 보조할 수 있는 수단으로 활용되고 있어, 계기비행 조종사는 NDB 항법에 대한 기본 개념에 대해서 숙지하고 있어야 한다.

VOR 항법과 달리 ADF 계기의 지시침(needle)과 기수방위 지시계(heading indicator)의 상호 관계에 따라 항공기가 위치해 있는 베어링(bearing)을 결정해야 하기 때문에 이해하기가 다소 어려운 점이 없지 않으나 계기의 운용 원리를 충분히 이해한다면 매우 유용하게 사용될 수 있다. NDB 항법은 190~535kHz 사이의 저중 주파수(low/medium frequency)대의 전파를 이용하는 시설이다. 국내에서는 물론이고 특히 유럽 국가의 항법 수단으로 활용되고 있으며, ADF 수신기는 일반 상업 방송국(commercial broadcasting station) 주파수를 수신할 수 있어 일반항공 조종사에게 NDB 항법은 매우 유용하게 활용될 수 있다. NDB 시설의 활용 목적에 따라 다음과 같이 네 분야로 구분해 볼 수 있다.

① NDB 접근(approach) 시설
② NDB 항공로(airway) 구성
③ 컴퍼스 로케이터(compass locator): 계기착륙시설(ILS)의 일부
④ 고출력 비컨(무선표지시설)

이와 같이 NDB 송신소를 이용한 비정밀접근(nonprecision approach)을 수행할 수 있으며, 주요 항공로를 구성하고 계기착륙시설(ILS)의 일부로서 접근경로 선상에서 항공기의 정확한 위치를 식별해 주는 컴퍼스 로케이터(compass locator)로 활용된다. 현대에 제작되는 경항공기조차도 2개 이상의 항법 장비를 갖추고 있어 NDB 시설을 이용한 ADF 항법은 그리 많이 활용되고 있지 않으나 다른 항법 장비보다 작동방법이 단순하고 계기판독(interpretation)이 쉬운 점을 이용한다면 다른 항법 장비와 같이 활용했을 때 다음과 같은 용도로 활용된다.

① VHF 주항법 장비가 고장 났을 때 예비(backup) 장비로 활용
② 항로/항공로 선상의 위치결정(orientation)
③ VHF의 가시선(line of sight)을 초과한 지역에서 항법신호의 수신
④ VHF 수신이 불가능한 지역에서 기상보고 및 비행인가 수신
⑤ 계기접근할 때 보조 및 예비(auxiliary and standby) 항법정보 수신

5.2 NDB 항법

5.2.1 NDB 시설

IFR 순항항로 차트 또는 접근차트에 NDB 송신소 시설과 항공로가 표기되어 있다. NDB 시설은 송신소를 중심으로 여러 개의 점선 원으로 표시된다. VOR 송신소와 달리 나침반 방위(compass rose)가 그려져 있지 않고 점선 원 상단에 자북(magnetic north) 방향을 지시하는 화살표만 그려져 있다. NDB 송신소는 갈색(brown)으로 표시되고 식별박스 역시 갈색으로 표시된다. NDB 송신소의 식별은 송신소 명칭, 주파수, 3문자 또는 2문자 식별자, 모스부호(Morse code)가 명시된다. 국내의 주요 NDB 시설은 두 문자로 식별되고 평택, 춘천, 김해, 예천, 여수, 제주, 진주 등의 공항에 NDB 시설을 갖추고 있다. 예를 들어 평택 NDB의 경우 명칭 PYONGTAEK, RE, 주파수 381, 모스부호(• - - • •)가 되고, 김해 NDB의 명칭은 YECHON, 식별 문자 YC, 주파수 367, 모스부호(- • — - • - •)가 된다.

5.2.2 NDB 주파수 및 식별

지상의 NDB 송신소(station)에서 송출한 전파를 받아 항법 신호를 지시해 주는 계기를 자동방향탐지기(automatic direction finder)라 하고 통상 ADF라 한다. ADF 항법 장비는 전파를 수신할 수 있는 수신 장비와 수신한 전파를 가시신호로 바꾸어 계기에 지시해 주는 ADF 계기로 구분된다. 먼저 NDB 송신소를 선택하고 해당 송신소의 식별박스를 확인한다. 전형적인 ADF 장비는 수신기에 주파수를 입력할 수 있는 손잡이와 기능 스위치가 있다. 기능 스위치를 작동시켜 ADF를 “ON” 시키고 볼륨을 조절하여 모스부호(Morse code)를 확인한다.

VOR과 마찬가지로 NDB 시설에서도 음성식별(voice identification)을 제공하는 경우가 있으며, 음성식별이 제공되지 않을 때(without voice identification)는 주파수 하단에 밑줄을 그어(266) 구별한다. 해당 송신소에 정확히 입력했다면 ADF 지시침(needle)은 상대방위각(RB)이나 송신소 방향을 지시하는 자방위(magnetic bearing; MB)를 지시할 것이다. 앞에서 언급한 것과 같이 ADF 계기는 VOR 계기와 같이 신호의 신뢰성을 지시해 주는 별도의 장치가 없으므로 NDB 신호의 신뢰성은 모스부호에 의한 식별만이 유일한 방법이다. 따라서 NDB 시설을 이용하는 조종사는 식별음 볼륨을 최저로 하여 지속적으로 확인할 필요가 있다. 특히 NDB 접근을 수행할 때 지속적인 식별음의 청취는 필수 사항이다. 또한, 일반 상업 방송국에서는 별도의 식별

모스부호가 제공되지 않기 때문에 방송을 청취하는 동안 아나운서가 해당 방송국임을 알릴 때 이를 확인해야 한다. 조종사는 위치결정 또는 항법에 활용할 때 해당 방송국의 지리적 위치를 정확히 알고 있어야 함은 물론이다.

[주] 차트 보충간행물(Chart Supplement) 또는 비행정보 간행물의 통신 식별난에 음성식별이 제공되지 않는 시설에 대해서는 NDB 송신소의 등급에 접미사 "W"자를 붙여 식별한다.
(예) HW, MHW

5.2.3 위치결정

위치결정(orientation)은 항법의 기본으로 모든 것은 내 위치를 확인함으로써 시작된다. ADF 계기에 의한 위치결정은 계기의 종류에 따라 다르다. 앞에서 설명한 것과 같이 ADF 계기는 고정방위판(fixed card)과 회전방위판(rotating card)이 있다. 초기에 개발된 고정방위판의 경우 ADF 지시침이 항공기 기수와 NDB 송신소 사이의 상대방위각(relative bearing; RB)만을 지시하기 때문에 별도의 기수방위 지시계(heading indicator)가 있어야 정확한 항공기의 위치를 식별해 낼 수 있다. 반면에 회전방위판은 ADF 지시침이 직접 송신소를 지시하고 동시에 기수방위를 지시하기 때문에 항공기의 위치결정이 더 쉬운 장점이 있다.

(1) 고정방위판 ADF 계기

고정방위판 ADF 계기는 직상단이 0° 직하방이 180°로 고정되어 있고, 지시침(needle)은 항상 항공기 기수(nose)와 NDB 송신소 사이의 상대방위각(relative bearing; RB)을 지시한다. 지시침의 방위각을 송신소 위치로 착각해서는 안 된다. 항공기가 위치해 있는 자방위(magnetic bearing; MB)를 구하려면 항공기의 기수방위 지시계(heading indicator)에서 자기수방위(magnetic heading; MH)가 필요하다. 항공기가 위치해 있는 송신소를 향한 자방위(MB to the station)는 자기수방위(MH)에 상대방위각(RB)을 더해 주어야 한다. 따라서 항공기가 위치해 있는 자방위는 송신소를 향하는 자방위의 역방위(MB from the station)에 위치해 있다. 이를 공식화하면 다음과 같다.

[MB(TO) = MH + RB] [MB(FROM) = MB(TO) ± 180]

[그림5-1]의 ①번 계기는 자기수방위가 200°에서 ADF 지시침은 60°를 지시하고 있다. 즉 상대방위각(RB) 060°를 지시하고 있다. 이때 항공기는 어디에 위치해 있는가? 항공기의 위치를 결정하기 위해서는 송신소를 향하는 자방위(MB to the station)를 결정해야 하고 이를 간단히 MB(TO)라 한다. 위의 공식을 적용하여 송신소를 향하는 자방위는 260° (200+60)가 된다. 이는 MB(TO)는 260°이고 항공기는 MB(TO)의 역방위 선상에 위치하게 된다는 것을 의미한다. 이를 송신소로부터의 자방위(magnetic bearing from the station)라 하고 간단히 MB(FR)이라 한다. 따라서 260°의 역방위인 80°(260-180) 베어링 선상에 위치해 있고 [그림5-2]에서 대략적으로 ⑩번 항공기의 위치가 된다. 또 다른 예로 ②번 계기는 자기수방위(MH) 040°에서 상대

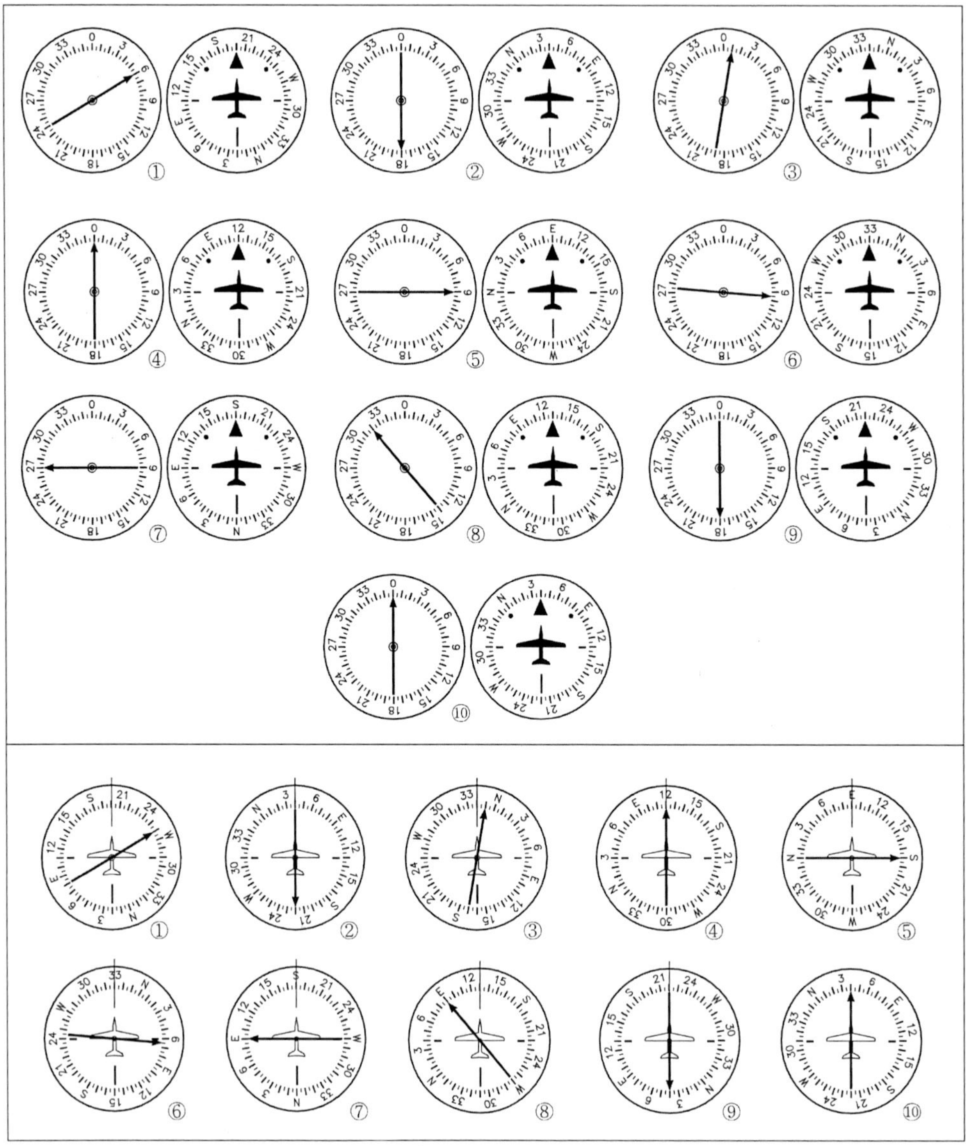

【그림5-1】 ADF 위치결정-I

방위각(RB) 180°를 지시하고 있다. MB(TO)는 220°가 되고 항공기는 MB(FR)인 040° 베어링 선상에 위치해 있으며, 대략 ①번 항공기의 위치가 된다. 위의 사례와 같이 고정방위판 ADF 계기를 장착한 항공기로 비행 중에 송신소로부터 항공기의 위치를 식별할 때 즉시 기수방위 지시계(MH)의 기수방위를 판독하여 이를 이용하여 항공기가 위치해 있는 MB(TO)와 MB(FR)을 즉각적으로 판독할 수 있어야 한다.

[주1] 항공기의 기수방위 지시계(heading indicator)는 항상 자기수방위를 지시하기 때문에 기수방위(heading)와 자기수방위(magnetic bearing)는 동일한 의미로 사용된다.

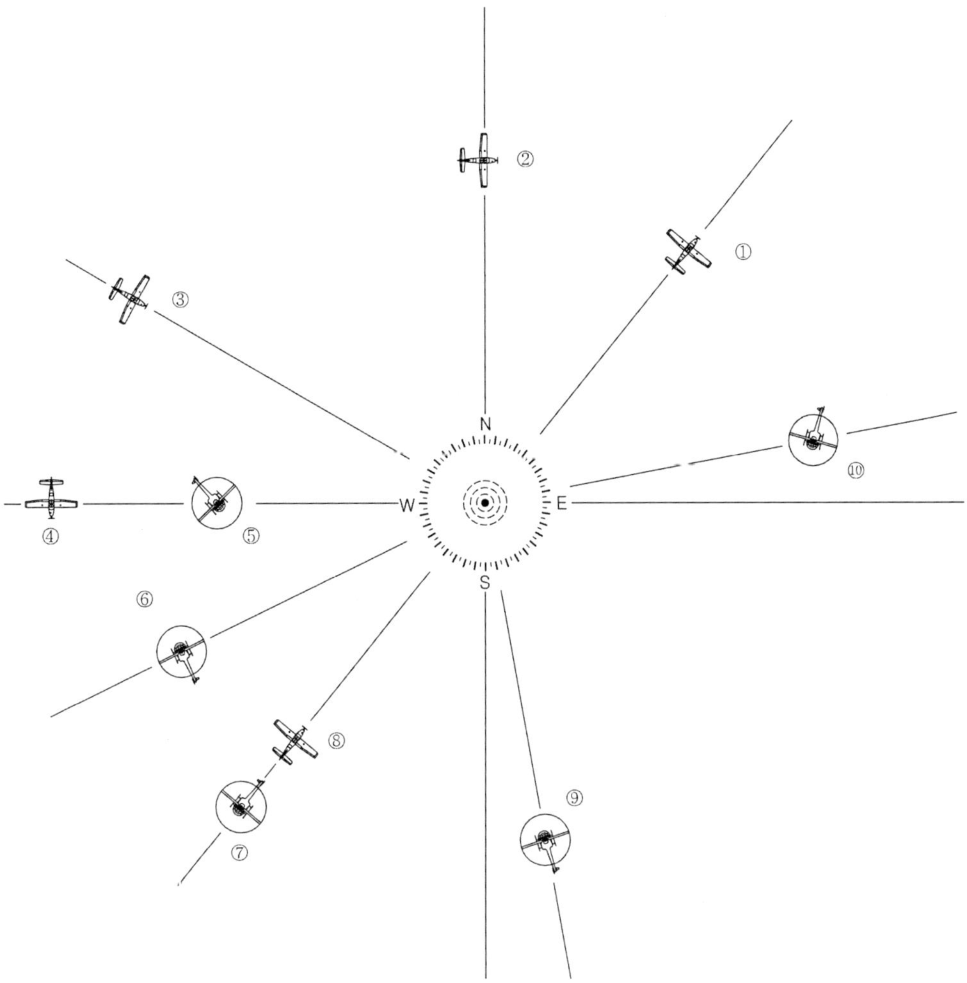

【그림5-2】 NDB 송신소 주위의 항공기 위치

[과제1]

[그림5-1]의 각 계기의 MB(TO)와 MB(FR)이 얼마인지 판독하고, [그림5-2]를 참고하여 대략적인 항공기의 위치를 결정하시오.

①번 계기: MB(TO)=260, MB(FR)=80, ⑩번 항공기
②번 계기: MB(TO)=220, MB(FR)=40, ①번 항공기
③번 계기: MB(TO)=350, MB(FR)=170, ⑨번 항공기
④번 계기: MB(TO)=120, MB(FR)=300, ③번 항공기
⑤번 계기: MB(TO)=180, MB(FR)=360, ②번 항공기
⑥번 계기: MB(TO)=065, MB(FR)=245, ⑥번 항공기
⑦번 계기: MB(TO)=090, MB(FR)=270, ④번 항공기
⑧번 계기: MB(TO)=090, MB(FR)=270, ⑤번 항공기
⑨번 계기: MB(TO)=040, MB(FR)=220, ⑦번 항공기
⑩번 계기: MB(TO)=040, MB(FR)=220, ⑧번 항공기

(2) 회전방위판 ADF 계기

회전방위판 ADF 계기는 고정방위판 ADF를 개량한 형태의 계기로 ADF의 기능과 기수방위 지시계(heading indicator)의 기능을 갖추고 있다. 나침반 방위판(compass rose)은 항공기의 기수에 따라 회전하면서 항공기의 기수방위(heading)를 지시한다. 기수방위는 계기 직상단의 지표(index)가 지시하는 방위각이 된다.

ADF 지시침은 항상 송신소를 향한 자방위 즉, MB(TO)를 지시한다. 이것은 고정방위판 ADF 계기의 지시침이 상대방위각(RB)을 지시하는 것과 대조적으로 회전방위판 ADF 계기의 지시침은 항공기가 위치해 있는 송신소를 향한 자방위(MB to the station)를 직접 지시하기 때문에 즉각적으로 항공기의 위치를 식별할 수 있다. 여기서 항공기는 송신소를 향한 자방위의 역방위(MB from the station) 선상에 위치해 있다. 즉, 지시침(needle)의 꼬리(tail)가 지시하는 베어링이 항공기가 위치해 있는 MB(FR)이다. 예를 들어 [그림5-1]의 아래 계기군에서 ①번 계기는 ADF 지시침이 지시하는 MB(TO)는 260°가 되고, 지시침의 꼬리가 지시하는 80°가 MB(FR)이 되기 때문에 항공기는 80° 베어링 선상에 위치해 있다는 것을 즉각 판단할 수 있다. 이는 [그림5-2]를 참고했을 때 ⑩번 항공기 위치가 된다. ②번 계기의 경우는 ADF 지시침이 지시하는 MB(TO)는 220°가 되고, 지시침 꼬리(needle tail)가 지시하는 40°는 항공기가 위치해 있는 MB(FR)의 베어링이 된다.

또한, 항공기 기수방위와 일치하고 있으므로 항공기가 위치해 있는 베어링 선상에서 송신소로부터 멀어지고 있는 아웃바운드의 상황임을 알 수 있다. 회전방위판 계기에서 상대방위각(RB)을 구하고자 한다면 고정방위판에서 적용되었던 공식을 동일하게 적용한다. 예를 들어 ①번 계기의 상대방위각은 40°(260=200+RB)가 되고, ②번 계기의 상대방위각은 180°(220=40+RB)가 된다.

[그림5-1]에서 고정방위판과 회전방위판 ADF 지시침의 변화를 비교해 보면 지시침은 동일한 방향을 지시하고 있음을 알 수 있다. 이는 앞에서 학습한 것과 같이 지시침은 항상 송신소를 지시하고 있으나 방위판의 형태에 따라 고정방위판 ADF 계기의 지시침은 상대방위각을 지시하고 회전방위판 ADF 계기의 지시침은 MB(TO)를 지시한다는 것을 명확하게 이해할 수 있을 것이다.

[과제2]

[그림5-1]의 각 계기의 MB(TO)와 MB(FR)의 값이 얼마인지 판독하여 상대방위각을 구하고, [그림5-2]를 참고하여 대략적인 항공기의 위치를 결정하시오.

①번 계기: MB(TO)=260, MB(FR)=80, RB=60, ⑩번 항공기

②번 계기: MB(TO)=220, MB(FR)=40, RB=180, ①번 항공기

③번 계기: MB(TO)=350, MB(FR)=170, RB=10, ⑨번 항공기

④번 계기: MB(TO)=120, MB(FR)=300, RB=0, ③번 항공기

⑤번 계기: MB(TO)=180, MB(FR)=360, RB=90, ②번 항공기

⑥번 계기: MB(TO)=065, MB(FR)=245, RB=95, ⑥번 항공기

⑦번 계기: MB(TO)=090, MB(FR)=270, RB=270, ④번 항공기

⑧번 계기: MB(TO)=090, MB(FR)=270, RB=320, ⑤번 항공기

⑨번 계기: MB(TO)=040, MB(FR)=220, RB=180, ⑦번 항공기
⑩번 계기: MB(TO)=040, MB(FR)=220, RB=0, ⑧번 항공기

5.2.4 인바운드와 아웃바운드

ADF 계기를 참고한 확실한 위치결정(orientation) 능력을 갖추었다면 어느 위치에 있든지 항법에 대한 상당한 자신감을 갖게 될 것이다. 이를 바탕으로 좀 더 구체적으로 인바운드와 아웃바운드할 때 ADF 계기를 어떻게 활용하는가에 대해서 학습한다. 인바운드(inbound)란 앞 과제에서 학습한 것과 같이 NDB 송신소를 향하여 비행하는 것을 의미한다.

따라서 항공기 기수와 항공기가 위치해 있는 베어링(bearing) 선상에서 MB(TO)의 베어링과 일치한 상태가 된다. 이는 상대방위각이 0°라는 것을 의미하는 것으로 항공기 기수방위와 송신소를 향한 베어링 즉, MB(TO)의 값이 일치한다는 것을 의미한다. 예를 들어 [그림5-3]의 ①번 계기를 보자. 이 항공기는 기수방위가 360°를 지시하고 있고, ADF 지시침은 0°이므로 MB(TO)는 360°(360+0=360)가 되고, 항공기가 위치해 있는 MB(FR)은 180°(360-180)가 된다. 따라서 이 항공기는 180° 베어링 선상에 위치해 있다. 기수방위가 360°이므로 이 항공기는 송신소를 향하여 인바운드(inbound) 중에 있음을 알 수 있다. 이를 시각화했을 때 [그림5-4]의 ③번 항공기와 같은 상태가 된다는 것을 판단할 수 있어야 한다.

또 다른 예로 ②번 계기를 보자. 기수방위 40°, ADF 지시침이 0°를 지시하고 있다. 이는 상대방위각 즉, 항공기 기수방위와 MB(TO)의 베어링 값이 일치한다는 것을 의미한다. 항공기가 위치해 있는 MB(FR)은 220°[MB(TO)=40 + 0=40, MB(FR)=40 + 180=220] 선상이 된다. 다시 말해서 이 항공기는 220° 베어링 선상에서 기수방위 40°로 송신소를 향하여 인바운드 중에 있다는 것을 알 수 있다. 이를 시각화했을 때 [그림5-4]의 ④번 항공기와 같은 상태가 된다는 것을 판단할 수 있어야 한다.

[그림5-3]의 아래 계기군은 회전방위판의 지시를 보여주고 있다. ADF 지시침과 기수방위가 일치하고 있는 것은 이들 항공기는 송신소를 향한 인바운드 중임을 의미한다. ①번 계기는 ADF 지시침은 360°를 지시하고 있고, 기수방위 역시 360°를 지시하고 있다. 항공기의 위치는 ADF 지시침 꼬리가 지시하는 180° 베어링 선상에 위치해 있다는 것을 알 수 있다. 최종적으로 이 항공기는 송신소로부터 180° 베어링 선상에서 기수방위 360°로 인바운드 중임을 알 수 있다. 인바운드의 사례에서 공통적으로 적용되는 사항은 고정방위판 ADF 지시침은 0°가 되고, 항공기는 기수방위의 역방위 선상에 위치해 있다는 것과 회전방위판은 ADF 지시침과 기수방위가 일치한다는 점을 알 수 있다.

[고정방위판 ADF 지시침=0, 항공기 위치=기수방위의 역방위]
[회전방위판 ADF 지시침=기수방위, 항공기 위치=ADF 지시침 꼬리]

[과제1]

[그림5-3]의 ①~⑤의 계기들을 참고하여 각 계기의 MB(TO)와 MB(FR)의 베어링과 [그림

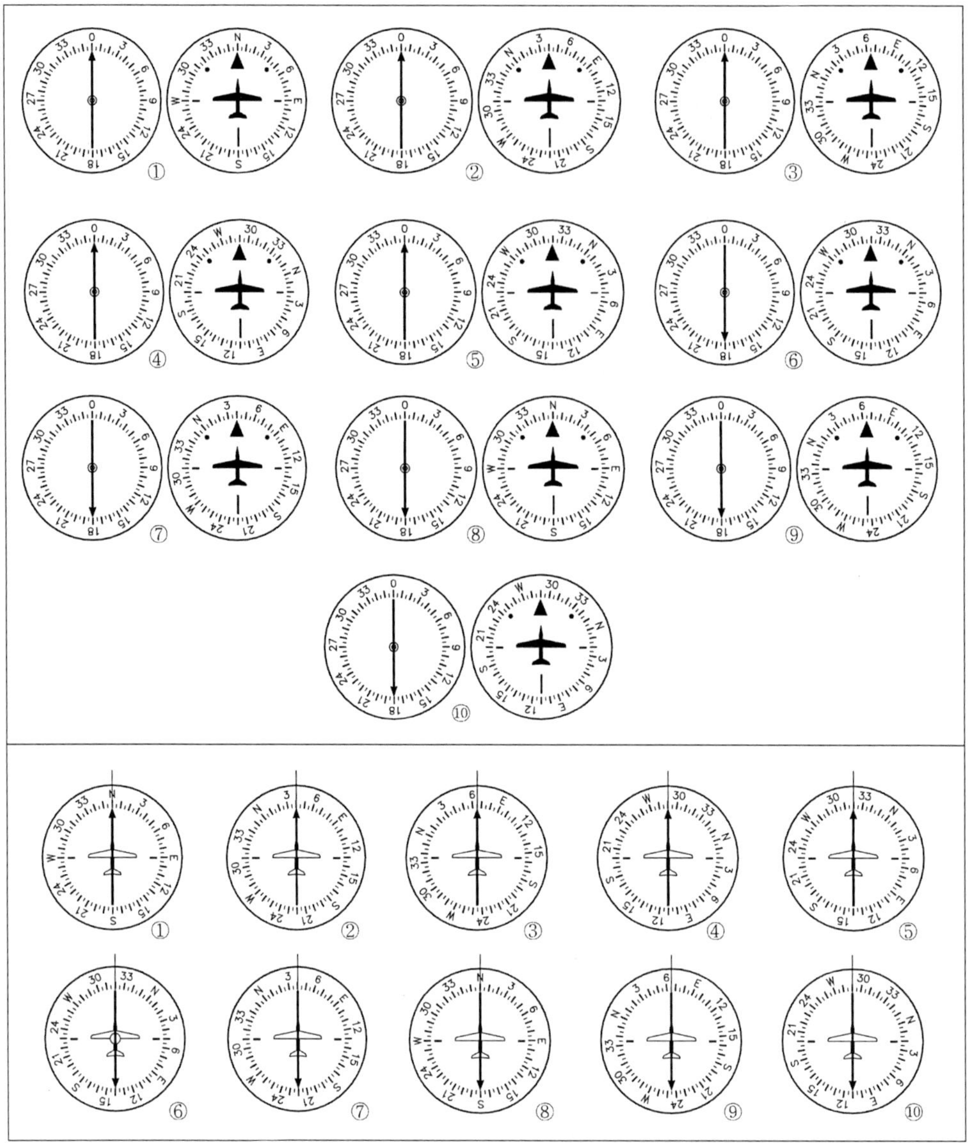

【그림5-3】 ADF 인바운드와 아웃바운드-I

5-4]를 참고하여 대략적인 항공기 위치와 일치하는 것은 어느 것인가?

①번 계기 MB(TO)=360, MB(FR)=180, ③번 항공기

②번 계기 MB(TO)=40, MB(FR)=220, ④번 항공기

③번 계기 MB(TO)=65, MB(FR)=245, ⑤번 항공기

④번 계기 MB(TO)=290, MB(FR)=110, ①번 항공기

⑤번 계기 MB(TO)=320, MB(FR)=140, ②번 항공기

다음은 아웃바운드의 상황에 대해서 알아보자. 아웃바운드(outbound)란 NDB 송신소로부터 멀어지는 방향으로 비행하는 것으로 인바운드와는 반대의 상황이다. 이때 기수방위는 송신소를

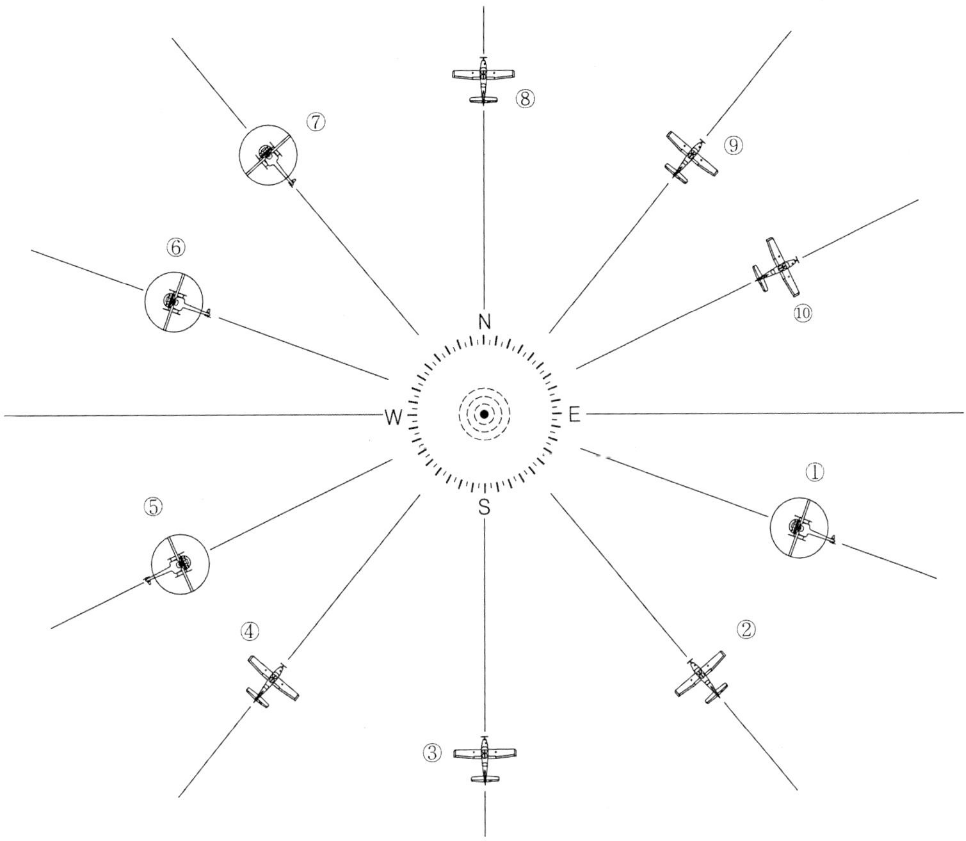

【그림5-4】 ADF 인바운드와 아웃바운드-II

뒤쪽에 두고 비행하는 상태가 된다. 아웃바운드의 상황에서 ADF 지시침은 180°를 지시하게 된다. 이는 상대방위각이 180°가 된다는 것으로 항공기 기수방위와 MB(FR)의 베어링 값이 180° 차이가 있다는 것을 의미한다. ADF 지시침은 180°를 지시하기 때문에 조종사가 이 지시침의 변위를 판단하기가 그리 쉽지 않다. 따라서 아웃바운드 상황에서는 지시침 꼬리(tail)를 참고하여 비행할 수 있도록 훈련해야 한다.

[그림5-3]의 ⑥~⑩번 계기는 모두 전형적인 아웃바운드의 상태를 보여주고 있다. 예를 들어 ⑥번 계기를 보자. 항공기는 기수방위 320°에서 ADF 지시침은 180°를 지시하고 있고, 이는 상대방위각 즉, 항공기 기수방위와 송신소를 향한 베어링[MB(TO)]의 차이가 180°가 된다. 따라서 항공기는 320°[MB(TO)=320 +180=500, MB(FR)=(500-360)-180=320] 베어링 선상에 위치해 있다는 것을 알 수 있다. 여기서 320°는 기수방위와 일치한다는 것을 알 수 있다. 이 같은 개념을 바탕으로 ⑦번 계기를 보자. 이 항공기는 기수방위 40°에서 ADF 지시침 꼬리가 0°(지시침 180°)에서 아웃바운드 중에 있다. 이 항공기의 위치는 기수방위와 일치한다고 했음으로 40° 베어링 선상에 위치해 있다는 것을 쉽게 판독할 수 있다.

아래의 계기군은 동일한 조건에서 회전방위판 ADF의 지시를 보여주고 있다. 회전방위판도 마찬가지로 ⑥~⑩번 계기는 모두 전형적인 아웃바운드의 상태를 보여주고 있다. ⑩번 계기를 보자. 이 항공기의 기수방위는 290°를 지시하고 있고, ADF 지시침 꼬리와 일치하는 것으로 보아 전형적인 아웃바운드의 상황임을 알 수 있다. 이들 사례에서 공통적으로 알 수 있는 것이 ADF 지시침은 180°를 지시하고 지시침 꼬리는 0°를 지시하고 있다. 이외에도 지시침 꼬리는 기수방위와 일치하고 있다는 것을 알 수 있다. 인바운드의 경우는 ADF 지시침과 기수방위가 일치했으나 아웃바운드의 경우는 반대로 ADF 지시침 꼬리가 기수방위와 일치한다는 것을 그림을 통해서 확실하게 이해했을 것이다.

[고정방위판 ADF 지시침 꼬리=0, 항공기 위치=기수방위와 일치]
[회전방위판 ADF 지시침 꼬리=기수방위, 항공기 위치=ADF 지시침 꼬리의 베어링]

[과제2]

[그림5-3]의 ⑥~⑩의 계기들을 참고하여 각 계기의 MB(TO)와 MB(FR)의 베어링과 [그림5-4]를 참고하여 대략적인 항공기 위치와 일치하는 것은 어느 것인가?

⑥번 계기 MB(TO)=140, MB(FR)=320, ⑦번 항공기
⑦번 계기 MB(TO)=220, MB(FR)=40, ⑨번 항공기
⑧번 계기 MB(TO)=180, MB(FR)=360, ⑧번 항공기
⑨번 계기 MB(TO)=245, MB(FR)=65, ⑩번 항공기
⑩번 계기 MB(TO)=110, MB(FR)=290, ⑥번 항공기
※ 회전방위판 ADF도 동일하게 적용됨

5.2.5 바람방향 결정

무풍 상태에서 편류(drift)는 발생하지 않는다. 그러나 지정된 송신소에 인바운드 또는 아웃바운드 중 ADF 지시침이 왼쪽 또는 오른쪽으로 조금씩 움직이는 것을 관찰할 수 있다. 이것은 항공기가 바람의 영향을 받아 지정된 항로에서 조금씩 이탈하고 있음을 나타낸다. 조종실에서 ADF 지시침의 이동 방향으로 현재 바람이 어느 방향에서 불어오는지를 판단할 수 있어야 한다. 물론 비행계획을 수립하는 단계에서 기상보고 및 예보를 고려하여 정확한 자기수방위(MH)를 적용한 상태에서 비행해야 하겠지만 때로는 이 같은 기상보고(weather report)를 받지 못했거나 보고된 기상과 실제 기상이 정확하게 일치하지 않을 수도 있어 비행 중 이를 수정할 수 있어야 한다. 예를 들어 지정된 항로 선상에서 비행 중 ADF 지시침이 오른쪽으로 서서히 이동하는 것을 관찰했다면 항공기는 우측풍을 받아 왼쪽으로 편류하고 있음을 지시한다. 반대로 좌측풍을 받아 오른쪽으로 편류하고 있다면 지시침은 왼쪽으로 이동하게 된다.

항공기가 인바운드 또는 아웃바운드 베어링 선상에서 비행 중에 바람의 영향으로 편류하면 항공기의 기수방위는 동일하나 항공기가 위치해 있는 MB(FR)가 변하고, MB(FR)의 변화는 상대방위각의 변화를 초래한다. 지정된 베어링 선상에서 비행 중 항공기가 오른쪽으로 편류할수록 상대방위각이 점차 감소하고 ADF 지시침은 왼쪽으로 이동하는 것을 관찰할 수 있다. 반대로 항공기가 왼쪽으로 편류할수록 상대방위각이 점차 증가하여 ADF 지시침은 오른쪽으로 이동하는 것을 관찰할 수 있다. 결론적으로 비행 중 ADF 지시침이 오른쪽으로 벗어나는 것은 우측풍의

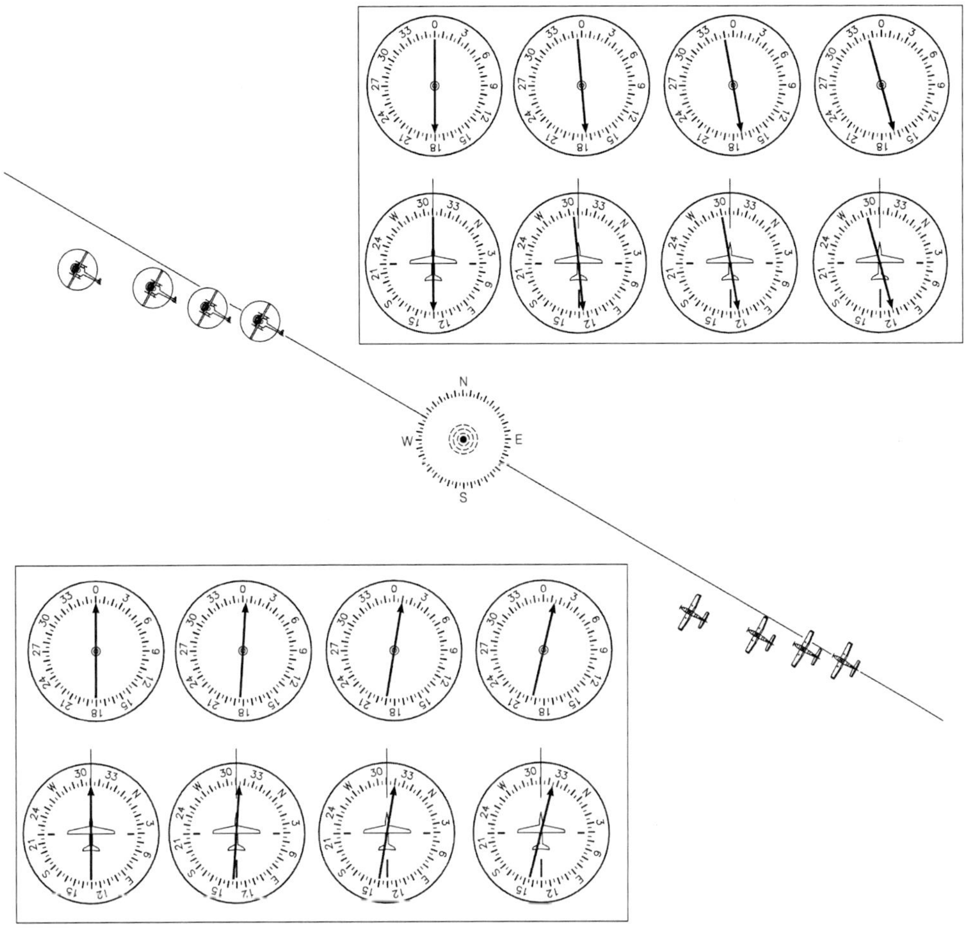

【그림5-5】 ADF 지시침에 의한 바람방향 결정

영향으로 항공기는 왼쪽으로 벗어났음을 의미하고, 반대로 ADF 지시침이 왼쪽으로 벗어나고 있다면 좌측풍에 의해 항공기는 오른쪽으로 편류되고 있음을 지시한다. 이때 항로에 다시 인터셉트하기 위한 기수의 수정은 지시침이 벗어난 방향으로 수정해야 된다.

인바운드의 경우와 반대로 아웃바운드(outbound)의 경우는 어떻게 될까? 아웃바운드의 경우는 ADF 지시침은 계기 하단을 지시하고 ADF 지시침 꼬리(tail)가 상단을 지시하게 되므로 조종사는 지시침의 꼬리(tail)를 이용하여 비행해야 한다. ADF 지시침은 바람이 불어오는 반대 방향으로 움직인다. 따라서 지정된 항로에 다시 인터셉트하기 위한 기수방위 수정은 ADF 지시침의 반대 방향으로 조종간을 적용해야 원래의 항로에 인터셉트할 수 있다는 것을 의미한다. 예를 들어 [그림5-5]의 사례는 NDB 송신소를 중심으로 130° 베어링과 310° 베어링에서 각각 인바운드 또는 아웃바운드 중인 항공기가 있다.

먼저 인바운드의 사례를 보자. 비행 중에 ADF 지시침이 오른쪽으로 약간씩 이동하여 15°까지 변화되었다. 그림에서 보는 것과 같이 지정된 항로 선상에 있을 때 상대방위각은 0°가 된다. 그러나 항공기가 왼쪽으로 이동하면서 기수방위는 동일하나 MB(FR) 베어링이 증가하면서 상대방위각이 5°, 10°, 15°로 점점 증가하는 것을 볼 수 있을 것이다. 즉, ADF 지시침이 오른쪽으로 이동하면 바람은 오른쪽에서 불고 있으며 항공기는 왼쪽으로 편류하고 있음을 보여주고 있다. 오른쪽 상단의 계기는 ADF 지시침 꼬리가 점점 왼쪽으로 이동하는 것을 관찰하였다. 그림에서 보는 것과 같이 지정된 항로(310° 방위) 선상에 있을 때 상대방위각은 180°가 된다. 그러나 항공기가 왼쪽으로 이동하면서 기수방위는 동일하나 MB(FR) 베어링이 감소하면서 상대방위각이 180°, 175°, 170°로 점점 감소하는 것을 볼 수 있다. 즉, ADF 지시침이 오른쪽으로 이동하면 바람은 오른쪽에서 불어오고 있고 항공기는 왼쪽으로 편류하고 있음을 보여주고 있다.

아웃바운드의 경우는 ADF 지시침 꼬리를 참고하여야 하므로 지시침 꼬리는 반대 방향을 지시한다. ADF 지시침 꼬리는 왼쪽으로 이동하게 된다. 결론적으로 ADF 지시침 꼬리는 바람이 불어오는 반대 방향을 지시한다. 따라서 지정된 항로에 다시 인터셉트하기 위한 기수의 수정은 ADF 지시침 꼬리의 반대 방향으로 조종간을 적용해야 한다. 이를 요약하면 다음과 같다.

[인바운드]

지시침 오른쪽 이동 = 우측풍 = 항공기 왼쪽으로 편류

지시침 왼쪽 이동 = 좌측풍 = 항공기 오른쪽으로 편류

* 조종간 또는 스틱을 지시침 변위방향으로 수정하라!(머리는 밀어라!)

[아웃바운드]

지시침 꼬리 오른쪽 이동 = 좌측풍 = 항공기 오른쪽으로 편류

지시침 꼬리 왼쪽 이동 = 우측풍 = 항공기 왼쪽으로 편류

* 조종간 또는 스틱을 지시침 꼬리 반대 변위방향으로 수정하라!(꼬리는 당겨라!)

5.2.6 기수방위와 상대방위각의 변화

ADF 지시침은 NDB 송신소를 지시하지만, 고정방위판 ADF 계기는 상대방위각을 지시하고 회전방위판 ADF 지시침은 송신소를 향한 베어링 즉, MB(TO)를 지시한다. 상대방위각(RB)은 항공기 기수(nose)로부터 항공기가 위치해 있는 베어링 즉, MB (FR)까지의 사잇각을 지시한다. 따라서 항공기 기수방위와 MB(FR)의 베어링이 일치할 때 상대방위각은 0°가 되고, 항공기는 송신소를 향하여 인바운드하고 있는 상태가 된다.

이 같은 개념을 바탕으로 항공기 기수방위가 변할 때 ADF 지시침의 이동 방향을 예측할 수 있는 것도 매우 중요한 요소 중의 하나이다. 예를 들어 [그림5-6]의 사례에서 먼저 인바운드의 사례를 보자. 항공기는 180° 베어링 선상에서 기수방위 360°로 비행 중에 있다. 기수방위를 10° 오른쪽으로 선회했을 때 항공기가 위치해 있는 베어링 즉, MB(FR)의 변화는 거의 없으나(혹은 약간의 변화에서) 기수방위가 변했음으로 상대방위각은 감소하는 것을 관찰할 수 있다. 따라서 ADF 지시침은 선회 반대 방향으로 움직인다는 것을 예측할 수 있어야 한다. 반대로 좌선회의 경우는 ADF 지시침이 오른쪽으로 이동하게 된다는 것도 예측할 수 있어야 한다.

이번에는 아웃바운드의 경우를 보자. [그림5-6]의 위의 사례에서 항공기는 360° 베어링 선상에서 기수방위 360°로 아웃바운드 중에 있다. ADF 지시침 꼬리는 0°를 지시하고 있고, 상대방위각은 180°가 된다. 이 같은 상황에서 기수를 오른쪽으로 10° 전환했을 때 MB(FR)는 변화

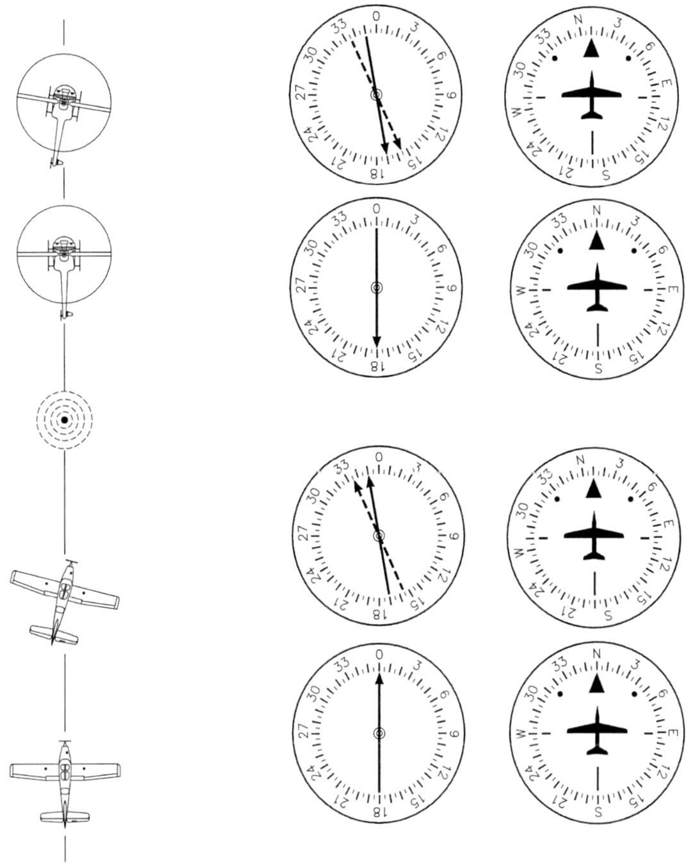

【그림5-6】 기수방위와 ADF 지시침의 관계

가 없으나(혹은 약간의 변화) 기수방위가 변했음으로 상대방위각은 170°를 지시하는 것으로 선회가 진행될수록 상대방위각이 점점 감소하는 것을 예측할 수 있다. 따라서 우선회했을 때 ADF 지시침 꼬리는 왼쪽으로 이동한다는 것을 알 수 있다. 반대로 좌선회했을 때 ADF 지시침 꼬리는 오른쪽으로 이동하게 될 것이다. 이는 앞으로 학습하게 될 인터셉션(interception), 트래킹(tracking), 절차선회(procedure turn) 등 다양한 종류의 선회에서 ADF 지시침의 이동 방향을 예측하는 데 중요한 역할을 하게 될 것이다.

[우선회; ADF 지시침 또는 지시침 꼬리는 왼쪽으로 이동]

[좌선회; ADF 지시침 또는 지시침 꼬리는 오른쪽으로 이동]

5.3 인터셉션

5.3.1 인터셉션의 활용

NDB 항로를 이용하여 비행 중 다른 항로에 진입하는 절차를 인터셉션(interception)이라 한다. VOR 항법과 마찬가지로 인터셉션 기술은 비행 중 항로를 변경하거나 공항을 이륙한 후 계획된 항로에 진입 또는 공항에 직선으로 접근하기 위한 항로를 선정하기 위해서 수행된다. ADF 계기에 의해 수행되는 인터셉션 기술은 VOR 계기와 달리 지시침이 지시하는 상대방위각과 기수방위의 상호 관계를 잘 이해해야 한다. VOR 활용에서도 수차례 강조한 것과 같이 모든 판단은 ADF 계기의 지시침과 기수방위 지시계에 의해서 수행되어야 하므로 우선 계기 지시침에 의한 판단 결과가 조종사 자신의 판단 결과와 일치해야 한다. 교재를 통한 학습 과정에서 계기 지시침의 움직임을 시각화할 수 있어야 하고, 동시에 항공기 조종도 적용할 수 있는 이미지 훈련을 해주길 강조한다. 어느 형태의 계기이든지 인터셉션은 다음과 같은 절차로 수행한다.

① 항공기의 위치를 결정한다.

② 인터셉트하고자 하는 항로와 평행한 기수방위를 유지한다.

③ 두 베어링의 차이를 판단하고 인터셉션 각도는 두 베어링 차이의 배를 적용한다.

④ ADF 지시침이 인터셉션 각도=사잇각을 지시할 때 항공기는 항로에 인터셉트한 것으로 판단한다.

⑤ 인터셉션 각도가 클 때는 적절한 선도점을 선정 활용한다.

5.3.2 인터셉션 시기 판단

NDB 항법에서 인바운드 또는 아웃바운드 중 지정된 항로 선상에 항공기가 위치해 있다는 것은 ADF 지시침이 인바운드일 때는 상대방위각(relative bearing)이 0° 그리고 아웃바운드일 때는 상대방위각이 180°가 된다. 이 같은 정확한 인바운드 및 아웃바운드 상황을 제외하고 지정된 항로에 인터셉션했을 때 이를 어떻게 판단할 수 있는가?

지정된 항로에 인터셉트한 후에는 지체 없이 항로에 진입하기 위한 조작이 뒤따라야 한다. 만약 이 같은 인터셉션 조작을 수행하지 못했거나 시기를 놓쳤을 때 항공기는 지정된 항로를 초과(overshooting)하는 결과를 초래하여 또 다른 인터셉션 조작을 반복해야 하는 상황이 발생할 수 있다. 예를 들어 [그림5-7]과 같이 NDB 송신소를 중심으로 270° 베어링에 90° 각도로 인터셉트하고자 했을 때 항공기 기수방위와 MB(FR)는 90°가 된다. 이는 항공기가 지정된 항로에 인터셉트했을 때 상대방위각이 90°임을 의미하고 오직 하나만이 존재한다. 이 시점을 인터셉션 시기로 결정하고 즉시 송신소를 향하기 위한 선회하여 기수방위를 90°로 전환하여 항로에 진입한다. 이번에는 지정된 270° 베어링에 40° 각도로 인터셉트하고자 했을 때 이때의 각도를 인터셉션 각도라 한다. 270° 베어링에 40° 각으로 인터셉트하기 위해서 기수방위는 30°를 유지해야 인터셉트할 수 있다. 항공기가 지정된 항로에 인터셉트했을 때 오른쪽 계기에서 보는 것과 같이 상

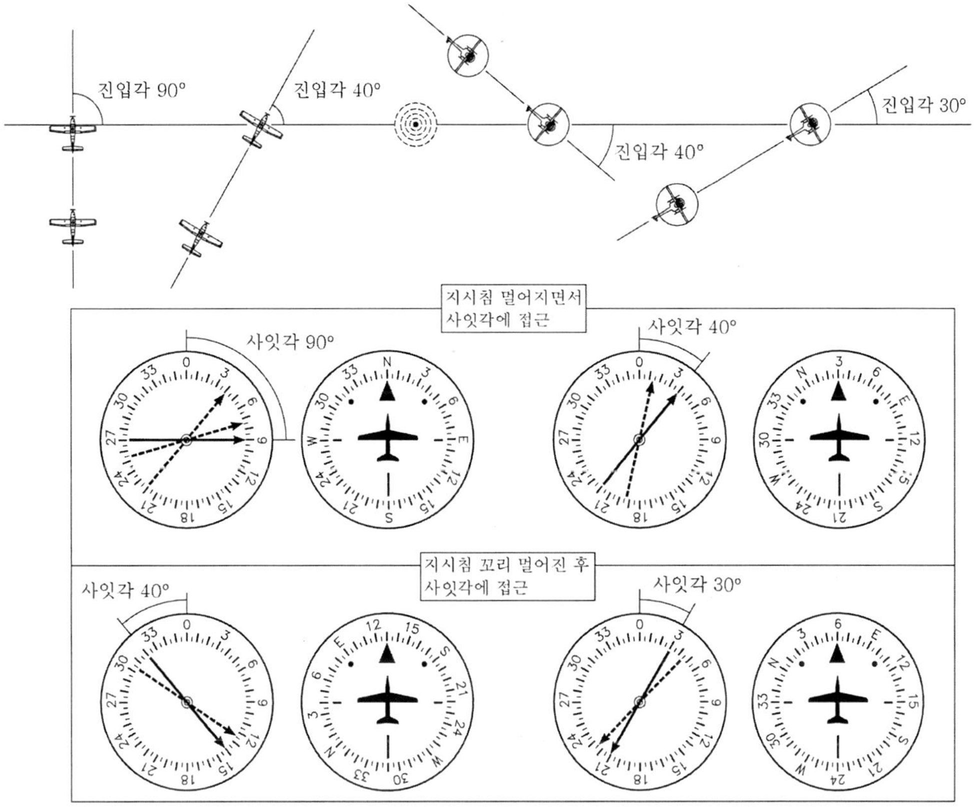

【그림5-7】 인터셉션 시기 결정

대방위각이 40°를 지시할 때이다. 이처럼 ADF 지시침이 0°에서부터 지시침이 지시하는 각도 사이의 차이를 사잇각이라 하자. 항공기가 지정된 항로에 인터셉트했다는 것은 인터셉션 각도와 사잇각이 일치했을 때임을 알 수 있다.

이번에는 아웃바운드(outbound)의 사례를 보자. 송신소로부터 90° 베어링에 인터셉트하기 위해서 왼쪽에서부터 40° 각으로 인터셉트하고자 한다. 항공기 기수방위(heading)는 130°가 되어야 하고 인터셉션 각도는 40°로 결정하였다. 따라서 ADF 지시침에 의한 인터셉션 시기는 사잇각이 40°를 지시하는 시점이 된다.' ADF 지시침 꼬리(tail)의 움직임을 주시하여 사잇각이 40°가 되었을 때 항로에 인터셉트한 것으로 판단한다.

다음은 지정된 90° 베어링에 30°로 인터셉트하고자 했을 때 항공기가 지정된 항로에 인터셉트한 시기는 ADF 지시침 꼬리의 사잇각이 30°가 되었을 때이다. 위의 사례에서 알 수 있듯이 지정된 항로에 인터셉트하는 순간은 인터셉션 각도와 사잇각이 일치하는 순간이 된다. 위의 ADF 지시침의 움직임에서 알 수 있듯이 인바운드의 경우는 ADF 지시침이 0° 지표(index)로부터 멀어지면서 사잇각에 접근해 가는 것을 알 수 있다. 아웃바운드의 경우는 ADF 지시침 꼬리가 0° 지표(index)로부터 멀어진 후 사잇각으로 접근해 오는 것을 관찰할 수 있을 것이다.

5.3.3 인바운드 및 아웃바운드 인터셉션

이제까지는 인터셉션에 관련된 기본 지식에 대해서 학습하였다. 이들 지식을 바탕으로 다양한 형태의 인터셉션에 관한 사례를 들어 설명해 놓았다. 기본적인 내용에 관해서 설명하고 학습자 스스로 해결할 수 있도록 연습하기 바란다. 계기가 우선이므로 계기의 변동에 따른 항공기의 움직임을 시각화할 수 있어야 하고 당신의 예측과 계기의 지시가 일치했을 때 최대의 학습 효과를 거둘 수 있다.

(1) 사례1-인바운드 중 인터셉션

현재 항공기는 [그림5-8]과 같이 200° 베어링 선상에서 기수방위 020°로 비행 중이다. 조종사는 180° 베어링 선상으로 인터셉트하고자 한다.

[고정방위판 ADF]

① 고정방위판 ADF 지시침은 0°를 지시하고 있다. 이는 상대방위각이 0°임을 나타낸다. 다시 말해서 MB(TO)는 현재 기수방위와 일치하고 있다는 것으로 항공기는 아래 그림에서 보는 것과 같이 200° 베어링 선상에서 정확하게 인바운드 중에 있음을 알 수 있다.

② 인터셉트하고자 하는 180° 베어링이 오른쪽에 있고, 먼저 기수방위를 일치시키기 위해서 좌선회하여 기수방위를 360° 전환하였다. 이때 ADF 지시침은 오른쪽으로 이동하면서 20°를 지시하는 것을 관찰할 수 있을 것이다. 이는 현재 위치에서 인터셉트하고자 하는 베어링과 20° 차이가 있다는 것을 의미한다. 따라서 인터셉션 각도는 차이각의 배를 적용하여 40°로 결정하였다.

③ 기수방위(heading)는 오른쪽으로 40°를 적용하였다. 이때 ADF 지시침은 왼쪽으로 이동하는 것을 관찰할 수 있을 것이다. 표준율 선회가 완료되어 정확하게 기수방위를 유지하고 있다면 항공기는 점차 지정된 항로(180°)로 접근할 것이다. 이를 시각화했을 때 ADF 지시침은 점차 더 멀어지면서 320°를 향하여 이동하는 것을 예측할 수 있어야 하고, ADF 지시침이 320° 즉, 사잇각이 40°가 되었을 때 항공기는 지정된 항로에 인터셉트한 것으로 판단한다. 실제 지시침이 당신의 생각과 같은 방향으로 이동하고 있는지 확인한다.

④ 현재의 기수방위를 계속 유지하던 중 ADF 지시침이 330°를 지시했고, 사잇각은 약 30° 정도가 되었다.

⑤ ADF 지시침의 사잇각이 40°를 지시하고 있다. 이는 항공기가 정확하게 지정된 항로(180°)에 인터셉트했다는 것을 의미한다. 항로에 인터셉트했다는 것을 인지하자마자 조종사는 즉시 좌선회하여 기수방위를 360°로 전환하여 지정된 항로를 초과하지 않도록 인터셉션 조작을 수행한다.

⑥ 최종적으로 ADF 계기의 지시는 상대방위각 0°, 기수방위 360°를 유지하여 송신소에 인바운드 중에 있다.

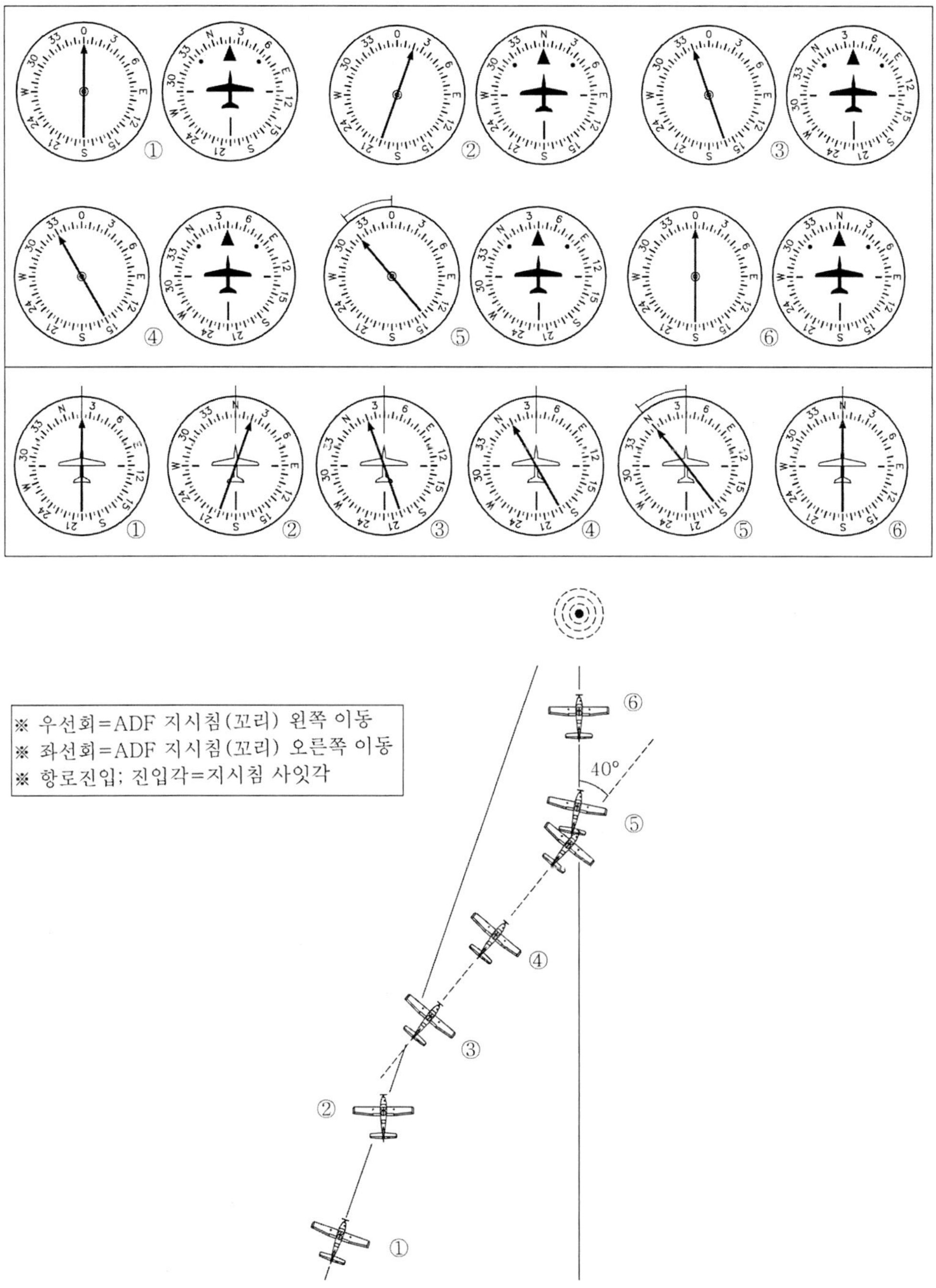

【그림5-8】 인바운드 중 인터셉션

[회전방위판 ADF 계기]

동일한 상황에서 회전방위판 ADF 계기는 어떻게 지시하고 있는지 위의 계기와 비교하여 학습하길 바란다.

① 항공기는 기수방위 20°, ADF 지시침 20°를 지시하고 있다. 항공기는 200° 베어링 선상에 인바운드 중에 있다. (상대방위각 0°)

② 좌선회하여 지정된 항로(180°)와 평행한 기수방위를 위해서 기수방위를 360°로 선회하였다. 좌선회할 때 ADF 지시침은 오른쪽으로 이동하는 것을 관찰할 수 있을 것이다. ADF 지시침이 20°를 지시하는 것을 관찰할 수 있고, 이는 두 베어링의 차이를 의미하며 인터셉션 각도를 40°로 결정하였다. 선회하는 동안에 ADF 지시침은 계속 움직이고 있으므로 관찰할 수 없고 선회가 완료되어 수평직선비행으로 안정된 상태에서 ADF 지시침의 지시를 판독해야 한다. 인터셉션 시기의 판단은 현재 기수방위를 계속 유지하고 있을 때 사잇각이 40°를 지시할 때가 된다.

③ 우선회하여 기수방위 40°를 지시하고 있고, ADF 지시침이 점점 멀어지면서 사잇각으로 접근하고 있는 것을 관찰할 수 있다.

④ ADF 지시침이 10°를 지시하고 있는 것으로 보아 항공기는 현재 190° 베어링을 통과하고 있다는 것을 보여주고 있다. 지정된 베어링에 거의 도착했음으로 인터셉션 조작을 준비한다.

⑤ ADF 지시침이 사잇각 40°를 지시하고 있다. 항공기는 지정된 항로(180° 방위)에 인터셉트했다는 것을 의미한다. ADF 지시침 꼬리는 180°를 지시하고 있다.

⑥ 조종사는 지시침이 사잇각 40°를 지시하기 전에 적절한 선도량을 적용하여 지정된 항로를 초과하지 않도록 좌선회하여 기수방위를 360°로 수정하여 정확하게 지정된 항로에 인터셉트한다. 최종적으로 ADF 지시침은 360°, 기수방위는 360°를 지시하여 송신소를 향하여 인바운드를 계속하고 있다.

(2) 사례2-아웃바운드 중 인터셉션

[고정방위판 ADF 계기]

[그림5-9]의 사례는 아웃바운드(outbound) 중에 항로를 변경하고자 할 때의 사례이다. 아웃바운드의 경우는 지시침 꼬리를 참고하여 항공기 위치와 방향을 판단할 수 있어야 한다. 항공기는 현재 320° 베어링 선상에서 기수방위 320°로 아웃바운드 중에 있다. 관제사의 지시에 따라 360° 베어링에 인터셉트하고자 한다.

① ADF 지시침 꼬리(tail)는 0°를 지시하고 있다. 이는 상대방위각이 180°를 의미하는 것으로, MB(TO)는 기수방위와 180° 베어링 차이를 유지하고 있다는 것을 의미한다. 기수방위 지시계에서 보는 것과 같이 기수방위는 320°를 지시하고 있다.

② 지정된 베어링(360°)과 평행하게 비행하기 위해서 오른쪽으로 선회하였다. ADF 지시침 꼬리가 왼쪽으로 이동하는 것을 관찰할 수 있다. 지시침 꼬리의 사잇각이 40°를 지시하고 있는 것으로 보아 두 베어링의 차이는 40°이다. 따라서 인터셉션 각도는 80°를 적용할 것을 결정하였다.

③ 즉시 우선회하여 기수방위를 80°로 전환하였다. 우선회했음으로 ADF 지시침은 왼쪽으로 이

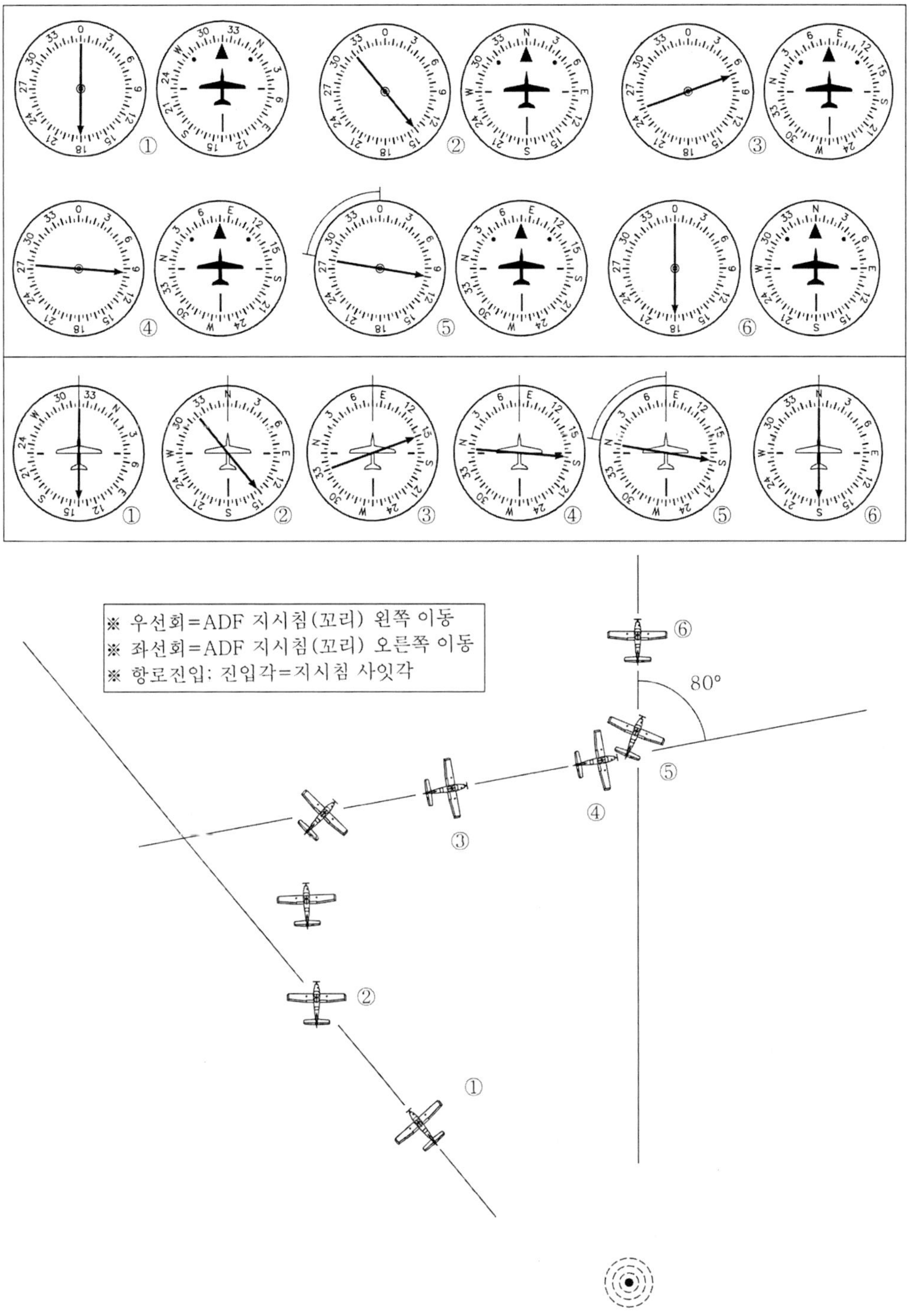

【그림5-9】 아웃바운드 중 인터셉션

동하는 것을 관찰할 수 있을 것이고, 수평직선비행에 안정된 후 ADF 지시침 꼬리는 왼쪽으로 크게 벗어나 있음을 알 수 있다. 인터셉션 시기는 ADF 지시침 꼬리의 사잇각이 80°를 지시하는 시점이 된다는 것을 염두에 두고 ADF 지시침 꼬리의 움직임을 주시한다.

④ ADF 지시침의 꼬리가 280°를 지시했을 때 즉, 사잇각이 80°가 되었을 때 항공기는 지정된 항로(360°)에 인터셉트한 것으로 판단할 수 있다. ADF 지시침은 점점 더 이동하여 현재 355° 베어링까지 접근해 있다.

⑤ ADF 지시침 꼬리가 정확하게 사잇각 80°를 지시하고 있다. 항공기는 지정된 항로(360°)에 인터셉트한 것으로 판단한다. 조종사는 즉시 좌선회하여 기수방위를 360°로 전환한다.

⑥ 적절한 선도량을 적용하여 항공기는 360° 베어링에 정확하게 인터셉트했다. 최종적으로 ADF 지시침 꼬리는 0°, 기수방위는 360°로 송신소로부터 멀어지고 있는 상태의 비행을 계속하고 있다.

[회전방위판 ADF 계기]

① 기수방위 320°, ADF 지시침 꼬리 320°, 항공기는 320° 베어링 선상에 아웃바운드 중에 있다.

② 360° 베어링과 평행한 기수방위를 위해서 오른쪽으로 40°를 선회했다. 기수방위 360°, ADF 지시침 꼬리가 320°를 지시하고 있다. 두 베어링의 차이가 40°이므로 인터셉션 각도는 80°를 적용한다.

③ 지정된 베어링에 인터셉트하기 위해서 인터셉션 각도는 80°를 적용하여 오른쪽으로 선회하였다. 기수방위 80°, ADF 지시침 꼬리는 왼쪽 하단으로부터 서서히 위쪽으로 이동하는 것을 관찰할 수 있을 것이다.

④ ADF 지시침 꼬리가 355°를 지시하고 있고 항공기는 355° 베어링을 통과 중에 있다. 지정된 항로에 인터셉션이 임박했다.

⑤ ADF 지시침 꼬리가 80°를 지시하고 있다. 지정된 항로(360° 베어링)에 인터셉트하는 순간이다. 즉시 좌선회하여 항로에 인터셉트한다.

⑥ 최종적으로 기수방위 360°, ADF 지시침의 꼬리는 360°로 아웃바운드를 계속하고 있다.

(3) 사례3-이륙 후 지정된 인바운드 코스/항로에 인터셉션

[그림5-10]의 사례는 활주로에서 이륙하자마자 계획된 항로 A-596에 진입하고자 하는 절차에 대해서 보여주고 있다. 먼저 항로 A-596은 240° 베어링이 된다. 이륙 경로 선상에 직전방에 위치했다는 것을 알 수 있고 수직으로 접근하여 인터셉트하고자 한다. 따라서 인터셉션 각도는 90°가 되고, 기수방위는 330°를 유지하고 비행했을 때 지정된 항로에 최단거리로 인터셉트할 수 있을 것이다.

① 항공기는 기수방위 330° 비행하고 있고 ADF 지시침은 점점 멀어지면서 사잇각에 접근하고 있는 것을 관찰할 수 있다.

② 계속 비행하던 중 ADF 지시침이 사잇각 90°를 지시하는 것으로 보아 항공기는 지정된 항로에 인터셉트한 것으로 판단하고 즉시 인터셉션 조작을 수행한다.

③ 우선회를 실시하자 ADF 지시침은 왼쪽으로 이동하면서 상대방위각 0°를 지시하게 될 것이다. 최종적으로 항공기 기수방위는 60°, ADF 지시침 0°를 지시하여 240° 베어링 선상에 인터셉트했다.

두 번째의 사례는 활주로에서 이륙하여 30° 각으로 인터셉트하고자 한다. 두 번째 줄의 계기군에서 항공기 기수방위는 90°이고, ADF 지시침은 왼쪽에서 점점 멀어지는 것을 관찰할 수 있을 것이다.

① 항공기는 기수방위 90°에서 비행 중이고, ADF 지시침은 사잇각 30°를 향하여 점점 멀어지고 있다. ADF 지시침이 340°를 지시하고 있다는 것은 현재 항공기는 250° 베어링을 통과 중임을 알 수 있다.

② ADF 지시침이 사잇각 30°를 지시하고 있다. 항공기는 지정된 항로에 정확하게 인터셉트했다는 것을 판단할 수 있다.

③ 좌선회를 실시하여 기수방위를 60°로 전환하였고, ADF 지시침은 0°를 지시함으로써 항공기는 성공적으로 항로에 인터셉트하였다.

[그림5-11]은 이륙한 후 아웃바운드 항로에 인터셉트하는 절차에 대해서 보여주고 있다. 첫 번째 계기군에서 항공기는 60° 베어링 항로에 인터셉트하고자 한다. 현재 항공기는 기수방위 115°로 비행 중에 있고, ADF 지시침 꼬리는 점점 중앙으로 이동하면서 사잇각으로 접근하고 있다. ADF 지시침의 꼬리가 정확하게 사잇각을 지시하고 있을 때 항공기는 지정된 항로에 인터셉트한 것으로 판단한다. 즉시 좌선회하여 60° 베어링 항로(A-596)에 인터셉트할 수 있도록 적절한 선도량을 적용할 수 있어야 항로 초과를 방지할 수 있다.

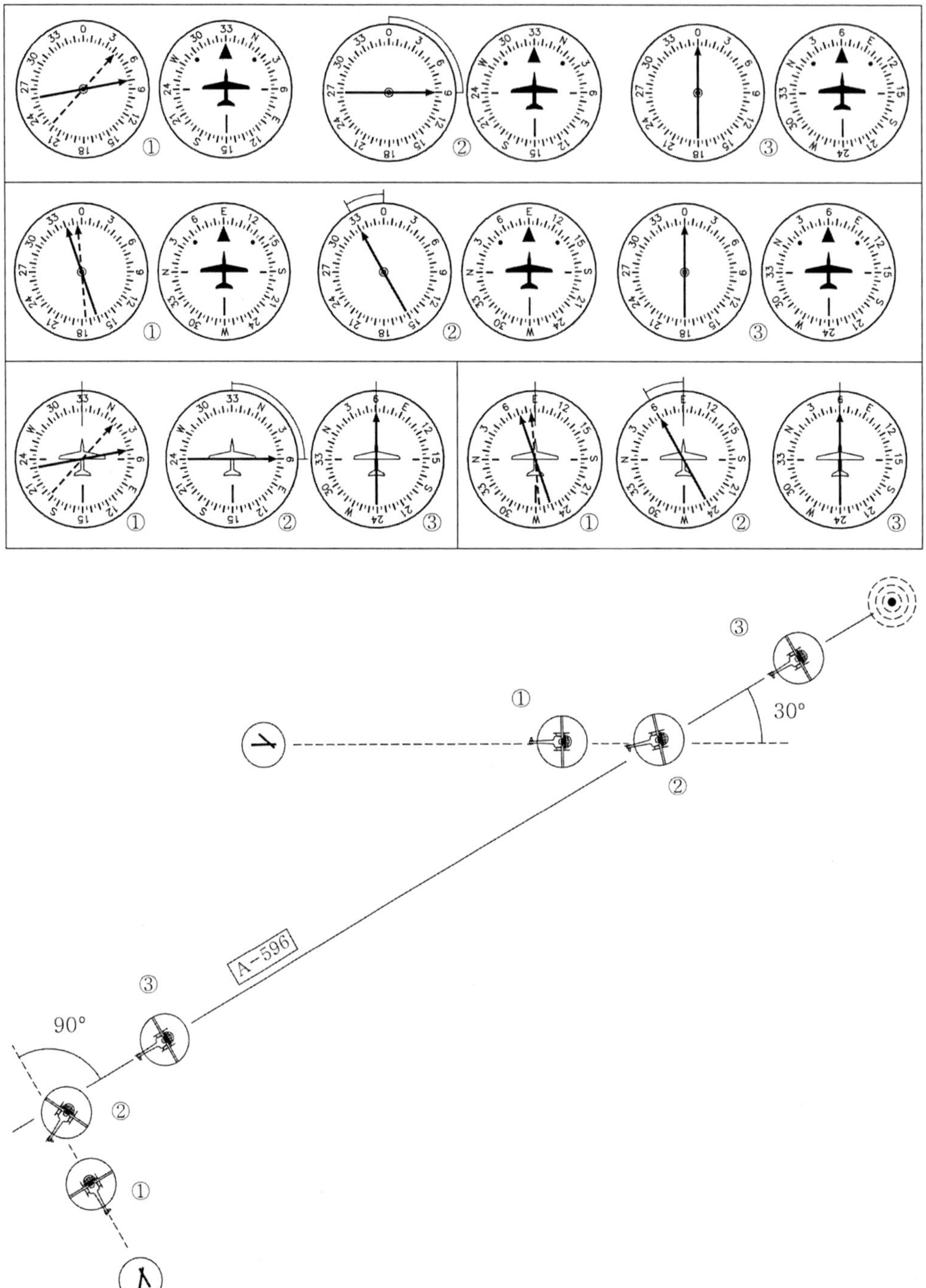

【그림5-10】 이륙 후 인터셉션(인바운드)

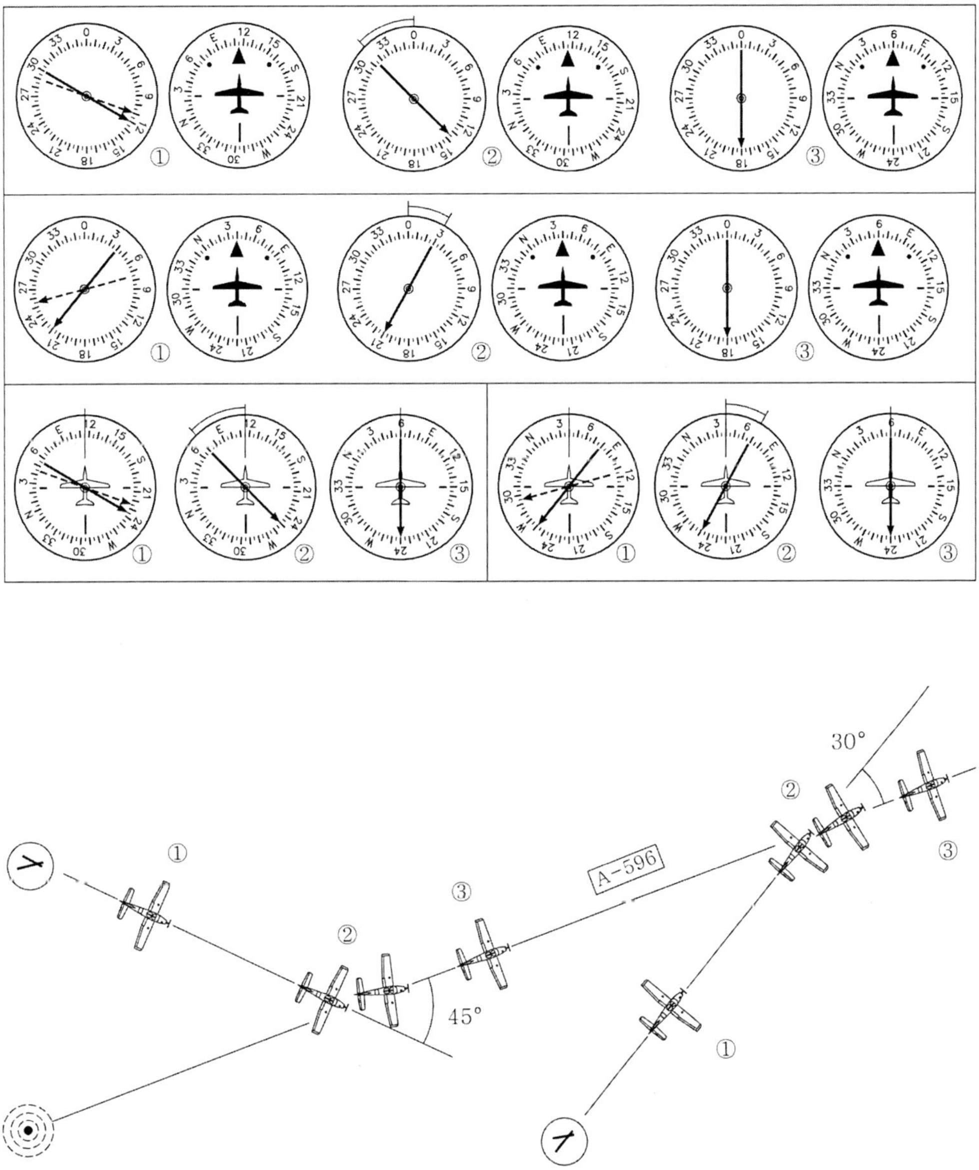

【그림5-11】 이륙 후 인터셉션(아웃바운드)

5.4 트래킹

무풍(wind calm) 상태에서는 어느 형태의 항행 기술을 적용하든 직선 항적을 유지할 수 있으나 바람의 영향은 항공기의 편류(drift)를 유발하고 이를 수정하지 않았을 때 직선 항적을 유지하지 못하여 비효율적인 비행이 된다. 편류를 수정하고 직선 항적을 유지하는 비행 기술을 트래킹(tracking)이라 한다. ADF 트래킹도 VOR 트래킹의 협차법과 같은 방법이 적용되지만, ADF 계기의 형태에 따라 트래킹을 수행하는 방법도 다르게 적용된다. 고정방위판 ADF 계기와 회전방위판 ADF 계기로 구분하여 설명한다.

5.4.1 인바운드 트래킹

(1) 고정방위판 ADF 계기

고정방위판 ADF 계기의 지시침을 이용하여 위치결정(orientation)을 한 후 현재 위치에서 지정된 항로를 따라 인바운드하기 위해서는 상대방위각이 0°를 지시해야 한다. 항적을 유지하고자 하는 항로와 상대방위각(RB)의 관계를 주의 깊게 관찰하고 이들의 상호 움직임을 철저히 분석해야 한다. [그림5-12]의 사례는 230° 베어링(bearing) 선상에서 기수방위(heading) 50°로 송신소를 향하여 인바운드 중에 있다.

① 기수방위 50°, ADF 지시침 0°를 지시하고 있고 항공기는 230° 베어링 선상에서 송신소를 향하고 있다. 비행 중에 ADF 지시침이 약간씩 왼쪽으로 움직이는 것을 관찰했다. 이는 좌측풍이 존재하여 항공기를 오른쪽으로 밀어내고 있으므로 상대방위각이 감소하고 있다는 것을 의미한다. 이를 방치했을 때 상대방위각은 점점 더 벌어지기 때문에 이를 수정하고 지정된 항로에 인터셉트하기 위한 조작을 결심했다. 아울러 항로 선상에 직선 항적을 유지하기 위해서는 편류 수정을 적용해야 한다는 점도 고려해야 한다.

② 상대방위각이 약 10° 정도 감소하여 350°를 지시하고 있다. 지정된 항로에 다시 인터셉션을 위한 수정은 좌측풍이 존재하므로 기수를 왼쪽으로 수정하고 인터셉션 각도는 벗어난 각도의 배를 적용할 것을 권장한다. 그러나 매우 강한 바람이 존재할 때 인터셉션 각도는 상대적으로 커야 한다. 여기서는 20°의 인터셉션 각도를 결정했다.

③ 현재의 기수방위에서 지정된 항로에 20° 각으로 인터셉트하기 위해서는 왼쪽으로 20° 선회하여 기수방위는 30°가 되었다. ADF 지시침은 오른쪽으로 이동하는 것을 관찰할 수 있을 것이나 선회하는 동안에 ADF 지시침은 계속해서 변하기 때문에 관찰할 수 없으며 수평직선비행으로 안정된 후 ADF 지시침의 변화를 판독해야 한다.

④ 현재의 기수방위를 유지하고 계속 비행했을 때 ADF 지시침이 점점 멀어지면서 사잇각에 접근하고 있는 것을 관찰할 수 있을 것이다. 주지하는 바와 같이 항로에 인터셉트한 시기는 사잇각이 인터셉션 각도와 일치하는 시기이다.

⑤ ADF 지시침이 정확하게 사잇각을 지시하고 있다. 항공기는 지정된 항로에 인터셉트한 것으로 판단한다. 이를 방치했을 경우 순간적으로 항로를 초과하게 될 것이기 때문에 즉시 항로에

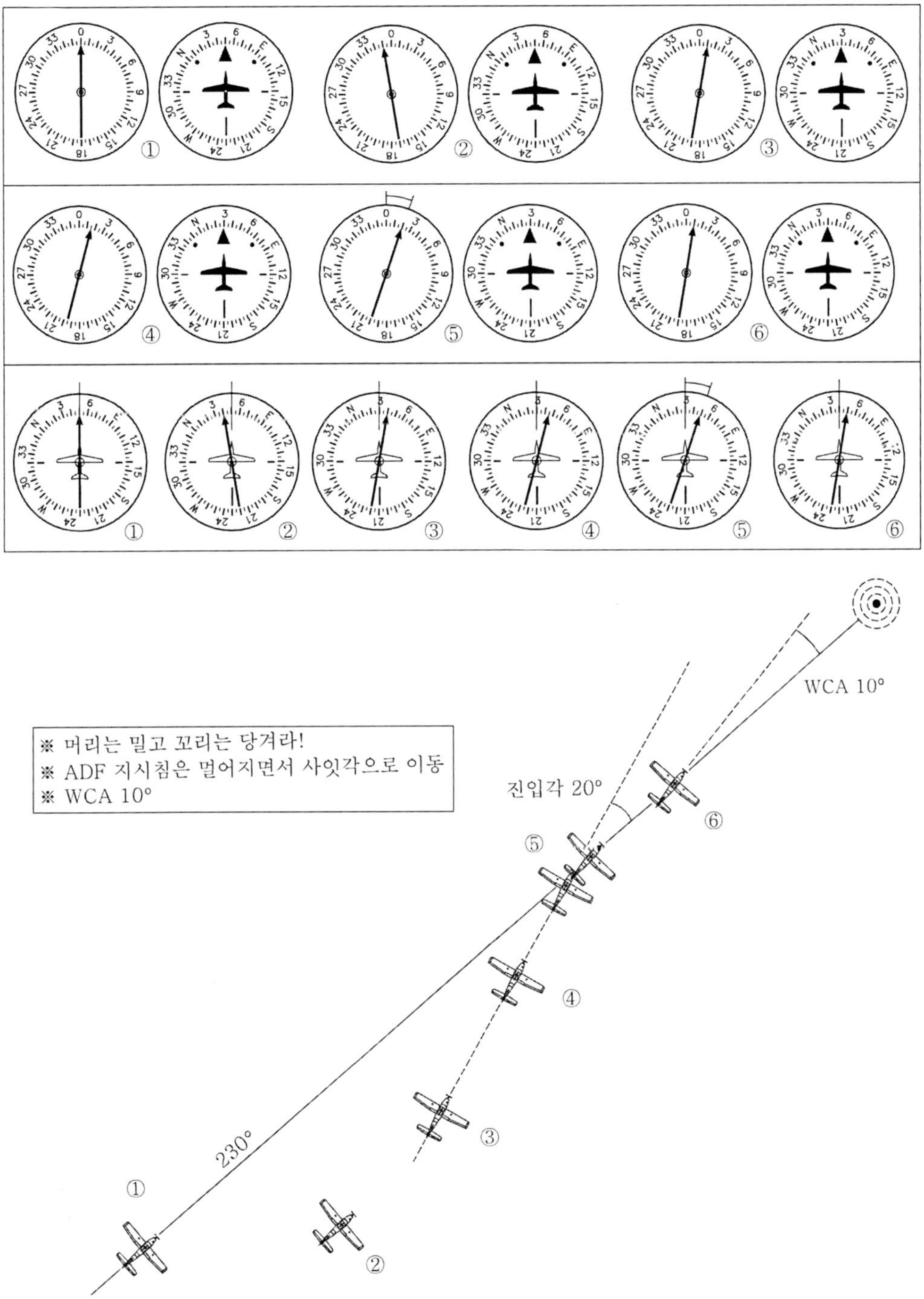

【그림5-12】 인바운드 트래킹

인터셉트하기 위한 인터셉션 조작을 수행하고 반드시 바람의 영향을 고려하여 기수방위를 수정하여야 한다. 최초의 기수방위를 그대로 적용했을 때 항공기는 다시 편류(drift)할 수 있기 때문이다. 비람수정각(wind correction angel; WCA)의 적용은 최초 수정각(인터셉션 각도)의 절반을 반대 방향으로 적용한다.

⑥ 우선회를 실시하여 기수방위를 10° 수정하여 40°로 전환하였다. 최종적으로 항공기는 기수방위 40°, ADF 지시침 10°를 지시하고 이는 바람수정각(WCA) 10°가 적용되고 있음을 의미한다. 현재의 바람수정각이 정확하게 적용되었다면 항공기는 지정된 항로를 따라 10°의 크래빙(crabbing) 각도를 적용하여 직선 항적을 유지하여 비행할 수 있을 것이다.

(2) 회전방위판 ADF 계기

① ADF 지시침 50°, 기수방위 50°가 일치하는 것으로 보아 항공기는 230° 베어링 선상에서 송신소를 향하여 인바운드 중에 있다.
② 비행 중 ADF 지시침이 왼쪽으로 움직이는 것을 발견했고 이는 항로 선상에 좌측풍이 존재한다는 것을 인지했다. 벗어난 각도는 10°가 되었고, 인터셉션 각도는 20°로 결정하였다.
③ 좌선회하여 기수방위를 30°로 전환하였다. 현재의 상태로 계속 비행한다면 사잇각이 20°를 지시할 때 항로에 인터셉트한 것으로 판단하고 ADF 지시침 이동을 주시한다.
④ ADF 지시침이 사잇각에 거의 접근하고 있는 것으로 보아 항공기는 지정된 항로에 거의 도달했음을 알 수 있다.
⑤ ADF 지시침이 정확하게 사잇각을 지시하고 있다. 항로를 인터셉트하는 순간이다.
⑥ 즉시 항로에 인터셉트하기 위한 우선회를 실시하였고 바람의 영향을 고려하여 최초 수정 각도의 절반을 적용하여 기수방위는 40°가 되었다. 최종적으로 항공기는 기수방위 40°, ADF 지시침 50°(사잇각 10°)를 지시하고 있고, 이는 바람수정각이 10°가 적용되었다는 것을 의미한다.

5.4.2 아웃바운드 트래킹

아웃바운드 트래킹은 인바운드 트래킹과 동일한 방법으로 수행되나 단지 역방위가 적용되기 때문에 약간 혼동을 초래할 수 있으나 이전의 기본 원리들을 충분히 이해했다면 그리 어렵지 않게 이해할 수 있을 것이다. [그림5-13]은 전형적인 아웃바운드의 상황을 가정한 것으로 항공기는 150° 베어링 선상에서 기수방위 150°로 아웃바운드 중에 있다.

[고정방위판 ADF 계기]

① 기수방위 150°, ADF 지시침 꼬리 0°를 지시하는 것으로 보아 항공기는 150° 베어링 선상에서 아웃바운드 중임을 알 수 있다. (상대방위각은 180°)
② 비행 중 ADF 지시침 꼬리가 왼쪽으로 벗어나기 시작하는 것을 발견했고, 점점 더 벗어나 약 10° 정도 벗어났다. 인터셉션 각도는 20°를 적용할 것을 결정하였다. 이는 우측풍이 존재한다는 것을 인지할 수 있고 항공기는 지정된 항로에서 왼쪽으로 이탈하였다는 것을 나타낸다. 이에 대한 수정은 “머리는 밀고, 꼬리는 당겨라!”의 방법을 적용하여 기수를 오른쪽으로 수정하여야 한다. 일반항공에서 수정 각도는 인바운드에서 언급한 것과 같이 벗어난 각의 배를 적용할 것을 권장한다. 그러나 고속 및 대형 항공기일수록 바람의 영향을 극복할 수 있는 동력이 크기 때문에 동일한 바람 조건에서 일반항공 항공기에 비해서 상대적으로 작은 수정각이

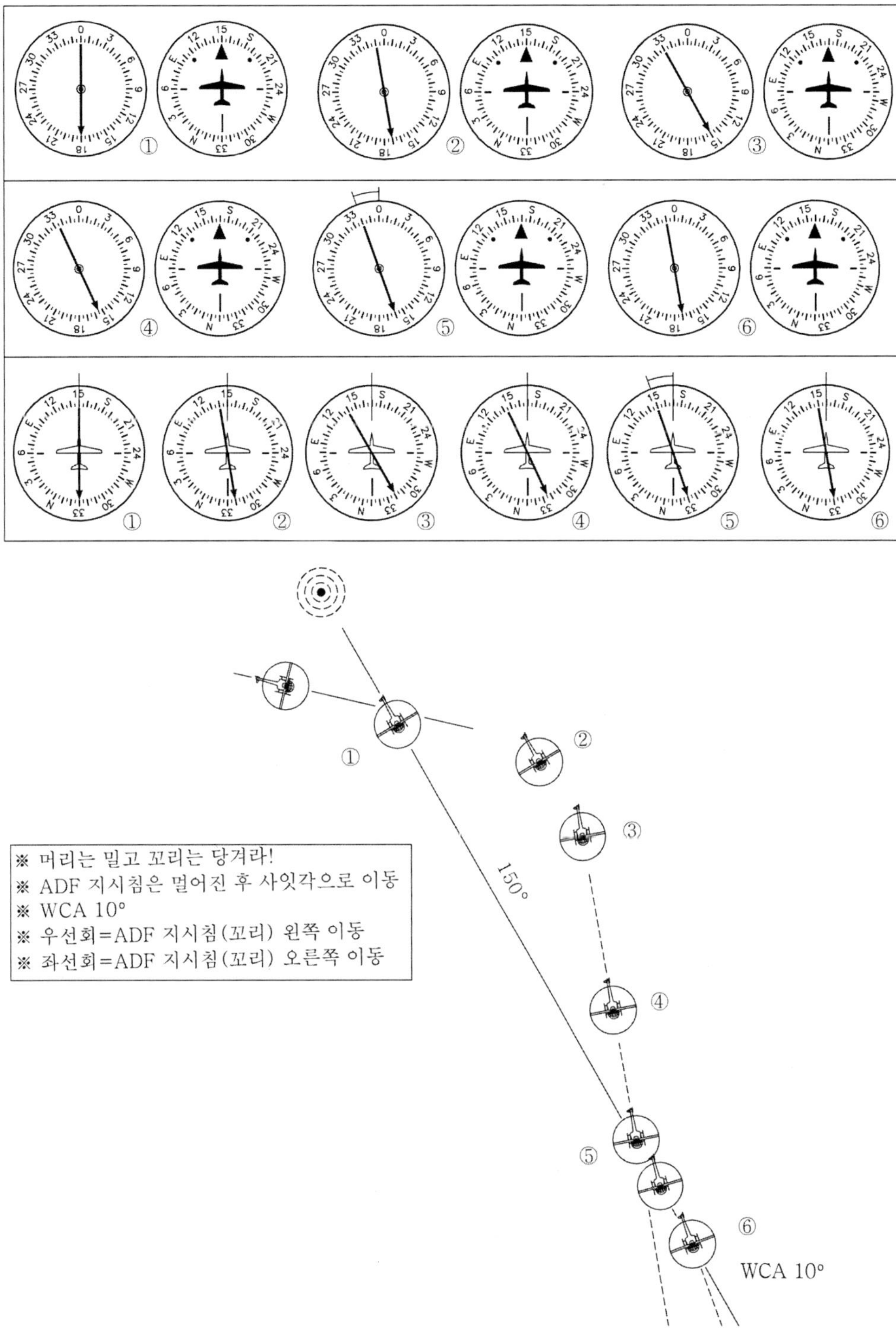

【그림5-13】 아웃바운드 트래킹

적용되어야 한다.

③ 오른쪽으로 20° 선회하여 기수방위를 170°로 전환하였다. 선회 중 ADF 지시침 꼬리는 왼쪽으로 더 멀어지는 것을 관찰할 수 있을 것이고, 현재 기수방위를 유지했을 때 ADF 지시침 꼬리는 점점 안쪽으로 이동하여 사잇각을 지시할 것이라는 것을 예측할 수 있어야 한다.

④ ADF 지시침 꼬리가 사잇각에 거의 접근한 것으로 보아 항공기는 지정된 항로에 거의 도달했다는 것을 알 수 있다.

⑤ ADF 지시침 꼬리가 정확하게 사잇각을 지시하고 있다. 항공기는 지정된 항로에 정확하게 진입한 순간이다.

⑥ 항로에 인터셉트했다는 것을 인지한 순간 즉각적으로 인터셉션 조작을 수행해야 한다. 또한, 바람의 영향을 고려하여 최초 수정각의 절반을 최초 수정 방향의 반대 방향으로 적용하여야 한다. 바람수정각은 10°를 적용하여 기수방위는 160°가 되었다. 바람수정각(WCA)이 정확했다면 항공기는 지정된 항로에 10°의 크래빙을 적용하여 직선 항적을 유지하여 비행할 수 있을 것이다.

[회전방위판 ADF 계기]

① 항공기는 기수방위 150°, ADF 지시침 꼬리는 150°를 지시하고 있고, 150° 베어링 선상에서 인바운드 중에 있음을 알 수 있다.

② 비행 중 ADF 지시침 꼬리가 왼쪽으로 10° 정도 벗어났고, 우측풍이 존재한다는 것을 인지하였다. 수정은 "머리는 밀고, 꼬리는 당겨라!"의 방법을 적용하여 기수를 오른쪽으로 20°의 수정각(인터셉션 각도)을 적용하여 선회하였다.

③ 우선회하여 기수방위를 170° 전환하였고, ADF 지시침 꼬리는 왼쪽으로 더 멀어진 후 사잇각을 향하여 이동하게 될 것이다.

④ 현재의 기수방위를 계속 유지했을 때 ADF 지시침 꼬리는 사잇각에 거의 도달했음을 알 수 있다.

⑤ ADF 지시침 꼬리가 정확하게 사잇각을 지시하고 있다. 항로에 인터셉트한 순간이다.

⑥ 항로 초과를 방지하고 바람수정각을 고려하기 위한 이차 수정을 위해 기수방위를 160°로 전환하였다. 최종적으로 항공기는 기수방위 160°, ADF 지시침 꼬리(사잇각) 10°를 지시하고 있고, 이는 바람수정각 10°를 적용하여 크래빙 조작으로 직선 항적(straight track)을 유지하고 있다.

5.4.3 편류 수정

정상적인 인터셉션 절차로 지정된 항로에 인터셉트했고 항로상에 존재하는 바람의 영향을 고려하여 적절한 바람수정각(WCA)을 적용했다면 항공기는 직선 항적을 유지하여 비행할 수 있을 것이다. 그러나 최초 바람수정각의 양이 부정확하게 적용되었거나 바람의 변화로 인하여 항공기는 항로에서 다시 이탈하게 될 것이다. 이 같은 바람수정각을 적용하고 있는 상태에서 ADF 지시침은 어떻게 변화할 것인지를 예측할 수 있어야 한다. 만약 반대로 적용했다면 항공기는 항로에서 더욱 멀어지는 결과를 초래하게 될 것이기 때문이다.

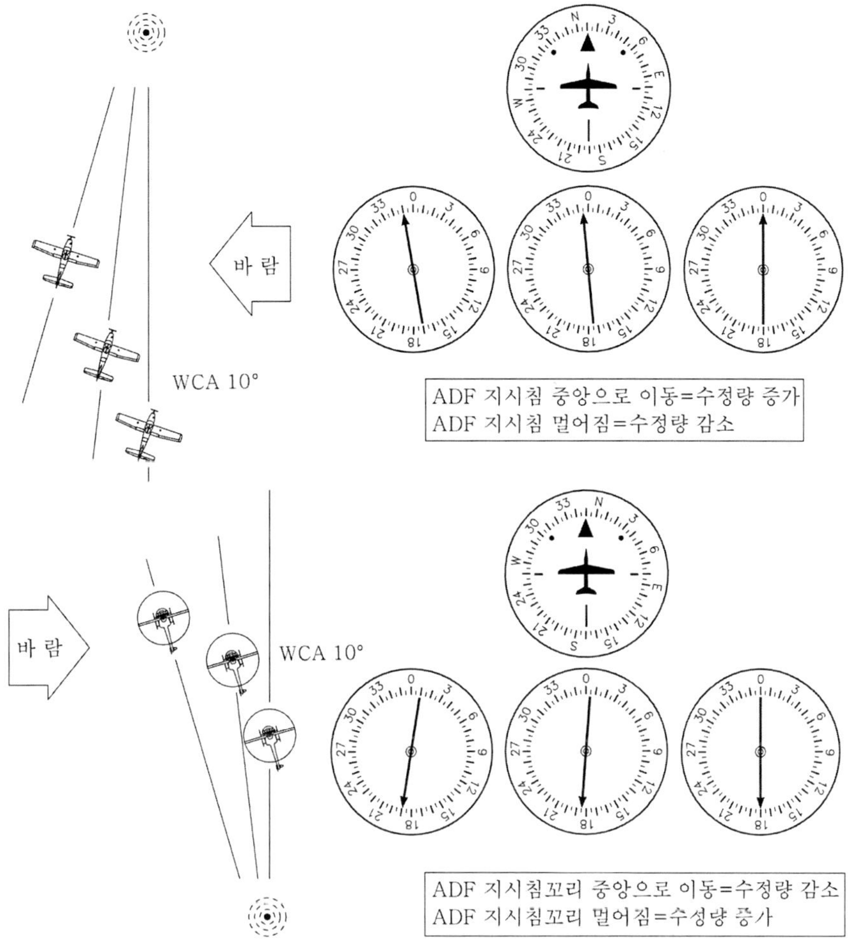

【그림5-14】 바람수정각 수정 방법

[그림5-14]를 보자. 위의 그림은 기수방위 10°, ADF 지시침 350°를 지시하고 있다. 상대방위각이 350°임을 알 수 있고 항공기는 360° 베어링 선상에서 바람수정각 10°를 적용하여 크래빙으로 비행하고 있다. 이때 ADF 지시침이 점점 중앙으로 이동하는 것을 발견했다. 이는 바람수정각의 양이 작게 적용되었기 때문에 항공기는 왼쪽으로 벗어난 사례이다. 그림에서 보는 것과 같이 항공기가 계속 편류하여 190° 베어링 선상에 도달했을 때 상대방위각은 0°가 되기 때문에 ADF 지시침은 0°를 지시할 것이다. 따라서 바람수정각을 증가시켜야 한다. 수정량을 증가시키면 항공기는 다시 항로에 접근하게 될 것이고, ADF 지시침이 최초의 바람수정각(사잇각) 10°를 지시할 때 다시 항로에 인터셉트한 것으로 판단하고 최초 수정량의 반량을 반대 방향으로 적용하여 적절한 바람수정각을 결정한다.

반대로 아래 그림은 아웃바운드의 사례이다. 기수방위 350°, ADF 지시침 꼬리 10°를 지시하고 있는 것으로 보아 항공기는 360° 베어링 선상에서 바람수정각 10°를 적용하여 아웃바운드 중에 있다. 비행 중에 ADF 지시침 꼬리가 중앙을 향하여 이동하고 있는 것을 발견했다. 만약 이 상태를 그대로 방치한다면 항공기는 350° 베어링 선상에 도달할 것이고, 기수방위와 일치함으로

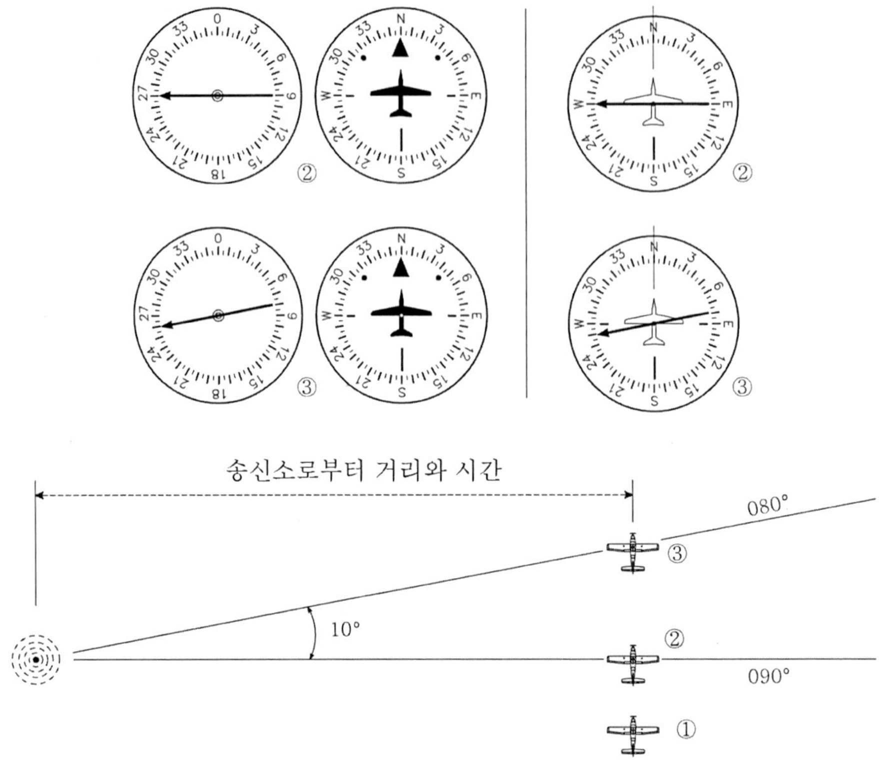

【그림5-15】 날개끝 방위각 변화에 의한 거리와 시간 계산

상대방위각은 180°가 되어 지시침 꼬리는 0°를 지시하게 될 것이다. 이 같은 상황은 바람수정각이 너무 크게 적용되었기 때문에 항로를 이탈하는 결과를 초래한 것이다. 이를 수정하기 위해서는 바람수정각(WCA)을 감소시켜야 한다. 바람수정각을 감소시키고 잠시 기다린다면 ADF 지시침 꼬리는 다시 최초의 사잇각 10°를 지시할 것이다. 항로에 다시 인터셉트한 시점을 판단하여 최초 수정량의 절반을 반대 방향으로 적용해 지시침 꼬리 사잇각은 5°를 적용하여 직선 항적을 유지한다.

5.5 송신소까지의 거리와 시간

송신소까지의 시간과 거리를 측정하는 방법은 VOR에 의한 방법과 동일하다. 이 같은 계산 방법은 GNSS 또는 거리측정장비(DME)의 개발로 실제 비행에서 많이 사용되지 않으나 이론적 내용을 알아 둘 필요가 있다.

(1) 날개끝 방위각 변화

앞에서 언급한 것과 같이 날개끝 방위각 변화(wing-tip bearing change)에 의한 방법은 현재 비행 중인 베어링 선상에서 송신소와 90°를 이룰 수 있도록 한다. ADF 지시침이 90° 또는 270° 방향을 지시하도록 조종하고 두 개의 참고 베어링을 선정한다. [그림5-15]와 같이 90°와 80° 베어링(bearing)을 선정하고 선정된 베어링 사이를 비행하는 데 소요된 경과시간을 기록한다. 예를 들어 두 베어링 사이를 비행하는 데 4분이 경과되었을 때 송신소까지 시간과 거리는 다음과 같은 공식을 적용한다.

$$\text{송신소까지 시간} = \frac{60 \times \text{경과시간(분)}}{\text{방위각 변화량}}$$

$$\text{송신소까지 거리} = \frac{TAS \times \text{경과시간(분)}}{\text{방위각 변화량}}$$

위의 예문에서 진대기속도(TAS)가 130노트라 했을 때 송신소까지의 시간과 거리는 다음과 같다.

- 송신소까지 시간 = (60 × 4) ÷ 10 = 24분
- 송신소까지 거리 = (130 × 4) ÷ 10 = 52 NM

[고정방위판 ADF 계기]

① 송신소까지의 거리와 시간을 결정하기 위해서 [그림5-15]와 같이 90°와 80° 베어링을 선정하였다. 항공기는 기수방위 360°로 90° 베어링에 접근함으로써 베어링 각도는 90°가 될 것이다. 이는 상대방위각이 270°를 지시해야 하고, ADF 지시침이 270°를 지시할 때 정확하게 인터셉트한 것으로 판단한다. 이 위치를 어빔(abeam)이라 한다. 90° 베어링을 통과하는 시간을 기록하고 계속 비행한다.

② 동일한 기수방위를 유지하고 80° 베어링을 향하여 계속 비행한다. 이때 ADF 지시침이 260°를 지시할 때 항공기는 80° 베어링에 인터셉트한 것으로 판단한다. 이때의 시간을 기록한다. 결론적으로 두 베어링을 비행하는 데 소요된 시간을 위의 공식에 적용하여 대략적인 송신소까지 거리와 시간을 산출한다.

[회전방위판 ADF 계기]

① 기수방위 360°, ADF 지시침 270°(사잇각 90°)를 지시할 때 항공기는 90° 베어링을 통과하고 있다. 이때의 시간을 기록한다.

② 기수방위 360°, ADF 지시침이 260°를 지시할 때 항공기는 80° 베어링을 통과하고 있다. 이때의 시간을 기록하여 두 베어링을 비행하는 데 소요된 시간을 위의 공식에 적용하여 송신소까지 거리와 시간을 산출한다.

(2) 이등변삼각형 방법

인바운드 중에 인접 베어링을 선정하여 선정된 베어링을 향하여 일정한 각도로 비행하여 도달했을 때 소요된 시간은 현재 위치에서 송신소까지 비행하는 데 예상되는 시간과 같다. 이는 두 내각이 같으면 두 변의 길이가 같아지는 이등변삼각형의 원리를 적용하여 송신소까지 도달하는 데 소

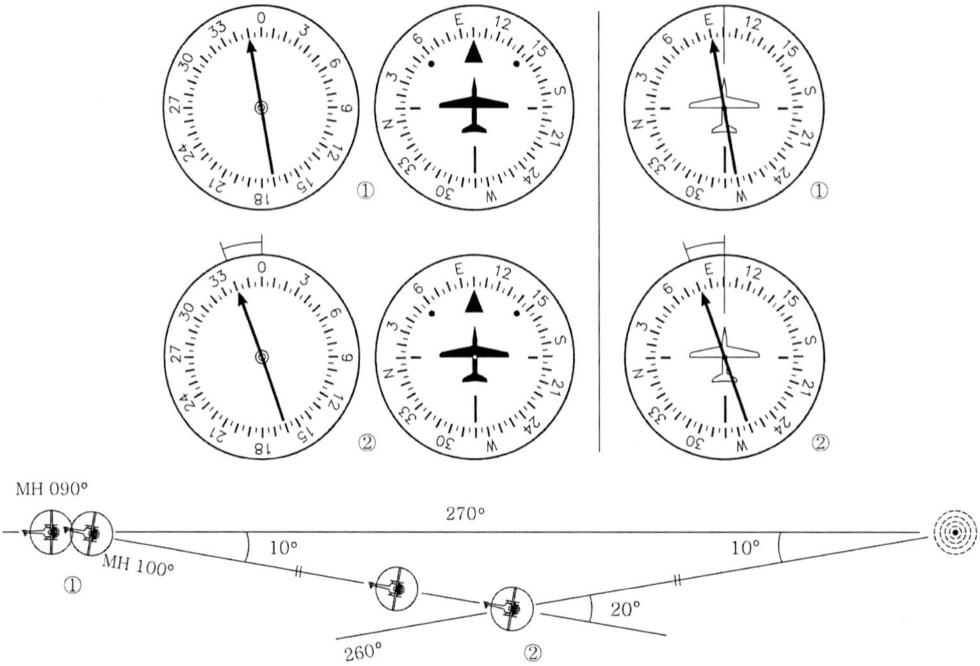

【그림5-16】 이등변삼각형 방법으로 송신소까지 시간과 거리를 계산할 수 있다.

요되는 시간을 결정하는 것이다. 항공기는 [그림5-16]과 같이 270° 베어링 선상에서 기수방위 90°로 송신소를 향하여 인바운드 중 현재 속도로 송신소까지의 시간을 판단하고자 한다.

① 현재의 항로에서 우선회하여 기수방위를 100°로 전환하였다. 동시에 시간을 기록한다. 우선회했음으로 ADF 지시침은 왼쪽으로 10° 이동할 것이다. 이는 상대방위각이 10°라는 것을 의미한다. 동일한 기수방위를 유지하여 인접한 260° 베어링에 도달했을 때 상대방위각은 20°가 된다. 두 베어링 사이의 차이가 10°이고, 이 차이가 2배가 되었을 때(즉, 상대방위각의 변화가 2배가 되었을 때) 260° 베어링에 인터셉트한 것으로 판단한다. ADF 지시침의 사잇각이 20°를 지시할 때이다.

② ADF 지시침의 사잇각 20°를 지시했다. 항공기는 260° 베어링에 인터셉트한 것으로 판단하고 이때의 시간을 기록한다. 예를 들어 8분이 소요되었다고 했을 때 현재 위치에서 동일한 속도를 유지했을 때 송신소까지는 8분이면 도착할 수 있다는 것을 의미한다. 오른쪽은 동일한 조건에서 회전방위판 ADF 계기의 움직임을 보여주고 있다. 적용되는 원리는 동일하나 ADF 지시침은 송신소를 향한 방위 즉, MB(TO)를 지시한다는 것 외에 동일하게 적용된다.

제 6 장

체공과 절차선회(역코스 절차)

6.1 개 요

계기비행의 근본 목적은 규정된 절차와 항로를 따라 항공기를 안전하게 목적지 공항까지 비행하는 데 있다. 항로/항공로(airway)는 항법보조시설을 연결하여 최단 거리로 연결망(network)을 구축하고 있다. 공중교통량이 증가하면서 정기적으로 운항하는 대형 민간 여객기는 물론 부정기 항로의 개설과 함께 일반 경항공기 조종사의 계기비행 능력 향상으로 대도시 주변의 항로는 매우 복잡한 항공교통망(air traffic network)이 형성되고 있다. 여러 대의 항공기가 제한된 공항에 도착했을 때 이를 수용할 수 있는 활주로 시설의 한계를 초과하는 다른 항공기는 지정된 공역 상공에서 체공(holding)을 지시받게 될 것이다.

공항 주변뿐만 아니라 항로/항공로 비행 중 항공기 간격(interval)을 조절할 목적으로 항공교통관제소에서 체공을 지시할 수도 있다. 따라서 이 같은 체공은 계기비행 조종사에게 필수과목이고 VOR, NDB, DME 장비를 이용하여 지정된 체공 지점에서 지시된 시간 동안 체공할 수 있어야 한다. 또한, 공항은 어느 한 지역에 위치해 있지만, 공항에 접근하는 항공기는 360° 어느 방향에서나 가능하다.

반면 계기착륙시설(ILS)은 한정되어 있을 뿐만 아니라 접근 방향(코스)도 제한되어 있어 반대 방향에서 접근하는 항공기는 반드시 방향을 전환할 필요가 있다. 이 같은 방향 전환을 위한 규정된 절차를 역코스 절차라 한다. 최종접근의 가장 좋은 방법은 활주로와 항공기 기수를 정렬시켜 접근하는 직진접근과 착륙(straight-in approach and landing)을 시도하는 것이나 공항 주변의 장애물(obstructions) 등으로 불가피하게 접근 방향을 전환해야 할 필요가 있을 때 절차선회(procedure turn; PT)와 같은 역코스 절차가 요구되는 공항도 있다.

6.2 체 공

체공의 근본 목적은 시간을 지연(delay)시키는 데 있다. 이 같은 이유는 제한된 공항 수용률 이상의 항공기가 착륙을 위해서 도착했을 때 도착 우선순위(first come first served)에 따라 착륙을 인가(clearance)하고 다른 항공기는 지정된 공역을 할당하여 체공할 것을 지시한다. 상황에 따라서는 여러 대의 항공기를 다른 고도를 부여하여 체공하게 하는 때도 있으며 이를 체공층

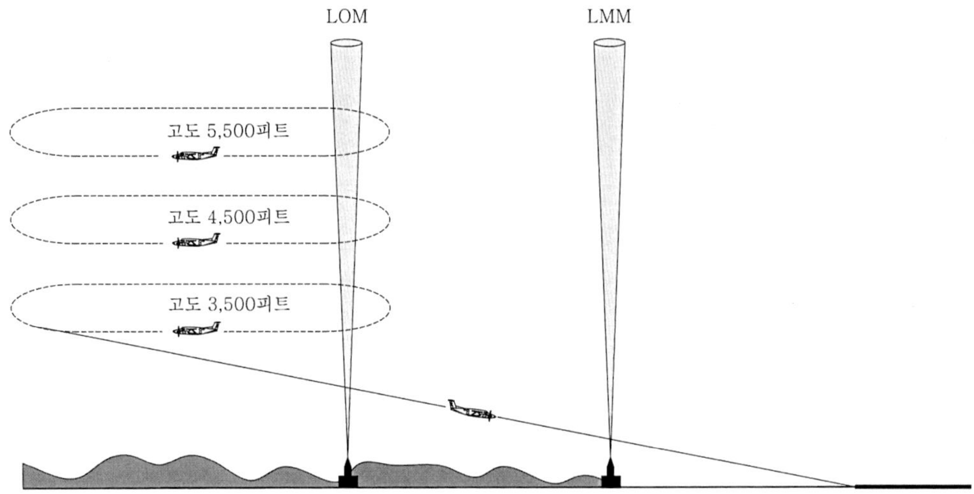

【그림6-1】 시간차 접근-체공층

(stack)이라 한다. [그림6-1]은 3대의 항공기가 각기 다른 고도에서 체공 중인 전형적인 체공층의 형태를 보여주고 있다. 특히 계기기상상태(IMC)에서는 구름이나 안개 또는 연무 등으로 시계(field of view)가 차단된 상황이므로 다른 항공기를 시각적으로 확인할 수 없어 반드시 지정된 고도와 공역에서 체공이 수행되어야 상호 간의 안전을 보장받을 수 있다.

체공층이 형성된 경우에는 아래에 있는 항공기부터 차례로 접근인가(approach clearance)를 부여하는 시간차 접근(timed approach)을 수행한다. 계기비행 중 목적지 공항 이외의 인접 픽스를 인가받았거나 항로 상의 지연(delay)이 예측될 때 ATC 관제사는 체공지시(holding instructions), 예상차후인가(expect further clearance; EFC) 시간 그리고 추가적인 항로 또는 터미널 지연 등을 발령한다.

인가한계점(clearance limit)에 도달하기 전 지연이 예상된다면 인가한계점 픽스에 도착하기 최소한 5분 전에 조종사는 체공지시를 받는다. 일반적으로 ATC가 발령하는 체공지시(holding instruction)는 조종사가 예측할 수 있도록 IFR 순항항로 차트 또는 접근차트에 발행된 체공(published holding)을 이용하여 발령하는 것이 대부분이다. 그러나 상황에 따라서는 임의로 선정된 공역에서 체공지시를 발령하는 때도 있으므로 조종사는 어떠한 체공지시에도 즉시 이를 수용할 수 있어야 한다.

6.2.1 공시체공

체공이 IFR 순항항로 차트 또는 접근차트(approach chart)에 발행되어 있을 때 이를 공시체공(published holding)이라 하고 관제사는 "...AS PUBLISHED or HOLD AS PUBLISHED"와 같은 용어를 사용하여 다음과 같은 정보를 제공한다.

① "HOLD"이라는 체공지시 예고 용어

② 체공 픽스로부터 체공하게 될 방향

③ 체공 픽스는 송신소 상공(VOR or NDB), 교차점, DME 거리
④ 예상차후인가시간(EFC time)

예를 들어 관제사로부터 다음과 같은 체공지시를 받았다.

"...Cessna one two three, Hold northwest of ABC VORTAC as published, Expect further clearance at 1012..."

관제사는 먼저 "HOLD"이라는 용어를 사용하여 체공할 것을 예고한다. 체공방향과 체공 지점은 ABC VORTAC의 북서쪽을 지시했다. 그리고 나머지 절차는 "as published"를 지시함으로써 IFR 순항항공 차트 또는 접근차트에 공시된 절차에 따라 수행할 것을 지시하고 있다. 이는 조종사나 관제사 모두 최근에 발행된 IFR 순항항공 차트 또는 접근차트를 소지하고 있고 이를 이용한 절차임을 의미한다. 따라서 계기비행 조종사는 반드시 최근에 발행된 유효기간 내의 IFR 순항항로 차트 또는 접근차트를 활용하여야 한다. 끝으로 예상차후인가(EFC)는 10시 12분에 발령될 것임을 지시하고 있다.

[주1] 예상차후인가시간(EFC time): 모든 체공지시에는 반드시 EFC 시간이 부여된다. 이는 체공 중 무선통신이 두절되었을 때를 가정하여 조종사는 부여받는 예상차후인가시간(EFC time)에 맞추어 체공 픽스를 출발하여 최종접근경로에 진입을 허용하는 것이다.
[주2] 체공방향은 주요 8방위로 부여된다. (S, SE, N, NE....)
[주3] 조종사의 요청이 있을 때 관제사는 완전한 체공지시를 부여해야 한다.

6.2.2 비공시 체공

IFR 순항항로 차트 또는 접근차트에 발행되지 않은 임의 지점에서 수행되는 체공을 비공시체공(unpublished holding)이라 하고, 항공교통 관제기관의 판단에 체공이 필요한 지점에서 체공지시를 받을 수 있으며 이때 조종사는 관제사가 부여하는 체공지시를 받아 기록할 수 있어야 한다. 이 같은 비공시 체공지시는 다음과 같은 형식으로 지시된다.

① "HOLD"이라는 체공지시 예고 용어
② 픽스로부터 8방위에 의한 체공방향(S, SE, N, NE....)
③ 체공 픽스는 송신소(VOR, NDB) 상공, 교차점, DME 픽스 등으로 지정
④ 항공기가 체공할 항로상의 레디얼, 항로, 베어링 그리고 DME가 활용된다면 아웃바운드 구간의 길이를 분(minutes) 또는 거리(NM)로 지시
⑤ 비표준체공장주(nonstandard holding pattern)의 경우 좌선회(left turn) 방향
⑥ 예상차후인가(EFC; expect further clearance) 시간

이외에도 항공기가 준수할 고도가 부여될 수 있다. 일반적으로 지시되는 체공 인가는 일정한 형식에 따라 발령되기 때문에 숙련된 관제사가 아무리 빠르게 지시한다 할지라도 예측이 가능하다. 다음은 관제사가 지시하는 체공지시의 몇 가지 사례들이다. 거의 유사한 형식으로 제공되고 있음을 알 수 있다. 조종사는 속기(shorthand) 방법을 익혀야 하고 체공지시를 받아 적는 연습을 충분히 한 후 훈련에 임해야 한다.

[체공지시]
"Cessna one two three, hold east of the ABC VORTAC on the zero niner zero radial, left turns, maintain four thousand, expect further clearance at one five zero zero."
(항공기는 ABC VORTAC의 동쪽 090° 레디얼 선상에서 4,000피트를 유지하여 체공할 것을 지시하였고, 체공은 좌선회로 실시하고, 예상차후인가는 15:00에 발령될 것임을 지시하고 있다.)

"Cessna one two three, hold southeast of XYZ VORTAC, on one two zero radial, maintain three thousand, expect further clearance at five five."
(항공기는 XYZ VORTAC의 남동쪽 120° 레디얼 선상에서 3,000피트를 유지하여 체공할 것을 지시하였고, 체공은 우선회, 예상차후인가는 :55에 발령될 것임을 지시하고 있다.)

"Cessna one two three, hold west of the one five DME fix on the zero eight six radial of the ABC VORTAC, five mile legs, left turn, expect further clearance at one four zero zero."
(항공기는 ABC VORTAC의 서쪽 R-086상의 15 NM DME 픽스에서, 5 NM 구간에서 체공할 것을 지시하였고, 체공방향은 좌선회, 예상차후인가는 14:00에 발령될 것임을 지시하고 있다.)

"Cessna one two three, cleared to the ABC NDB, hold southeast on the one four zero degree bearing from the NDB, left turns, maintain four thousand, expect further clearance at one five two five."
(ABC NDB까지 인가되었고, NDB의 140° 베어링 선상의 남동쪽에서 체공하라. 좌선회 체공하고 고도는 4,000피트 그리고 예상차후인가는 15:25로 지시되었다.)

"Cessna one two three, cleared to the XYZ NDB, hold northeast on the one four zero degree bearing from the NDB, maintain four thousand, expect further clearance at one five two five."
(항공기는 XYZ NDB까지 인가되었고, NDB의 140° 베어링 선상의 북동쪽에서 체공할 것을 지시받았다. 표준 절차(우선회)에 따라 체공하고 고도는 4,000피트 그리고 예상차후인가는 15:25로 지시되었다.)

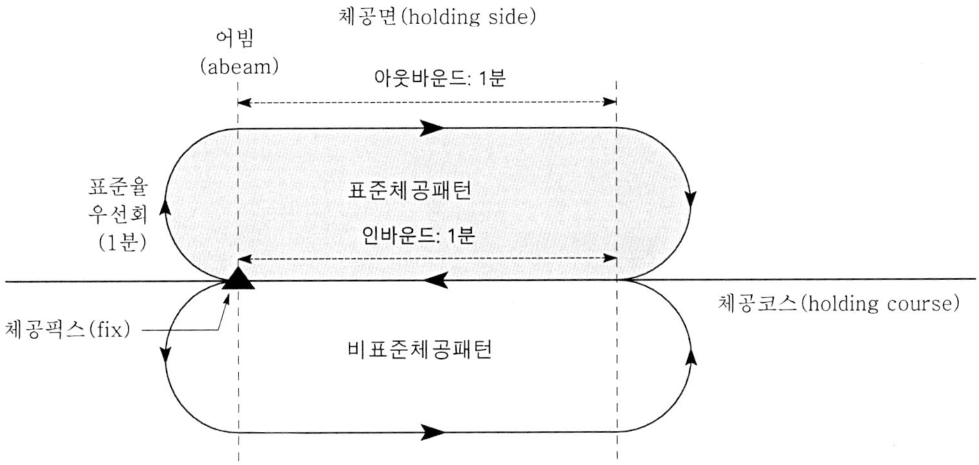

【그림6-2】 체공패턴 용어

6.2.3 표준체공장주와 비표준체공장주

체공장주(holding pattern)는 [그림6-2]에서 보는 것과 같이 2개의 직선 구간과 2회의 180° 표준율 선회 구간으로 구성된 육상트랙(race track)과 유사한 모양을 형성하고 우선회 방향일 때 표준체공장주(standard holding)라 하고 좌선회(left turn)일 때 비표준체공장주(nonstandard holding)라 한다. 체공지시의 사례에서 언급한 것과 같이 관제사가 표준체공을 지시할 때는 선회 방향을 지시하지 않으나 비표준체공을 지시할 때는 반드시 "left turn(좌선회)"이라는 용어를 사용하여 선회방향을 시시한다. 이는 체공장주이든 선회는 초당 3°의 표준율 선회(경사 30° 이내)를 하고 플라이트 디렉터(flight director; FD를 사용한다면 경사(bank) 한계는 25°이다.

① 체공면(holding side): 체공장주가 그려지는 측면(우선회)
② 비체공면(nonholding side): 체공장주가 그려지지 않는 측면
③ 인바운드(inbound) 구간: 픽스를 기준으로 진입하는 코스
④ 아웃바운드(outbound) 구간: 픽스를 기준으로 멀어지는 코스
⑤ 어빔(abeam): 체공면의 픽스와 90°를 이루는 지점
⑥ 체공 픽스: VOR, NDB, OM, DME 픽스 등이 지정된다.
⑦ 체공코스(holding course): 체공 목적으로 진입하는 코스를 의미하고 체공코스는 항상 지정된 체공 픽스를 향해야 한다. 이 같은 체공코스는 픽스를 향한 레디얼 또는 베어링으로 지정된다.

6.2.4 체공속도 한계와 구간 비행시간

체공속도는 항공기 기종과 운용 고도에 따라 다르다. 체공속도 한계는 국가별 ATC의 "규칙과 절차"에 규정되어 있다. 아래에 열거된 체공속도 한계는 FAA의 규정에 따른 것으로 국내도 동일하게 적용된다.

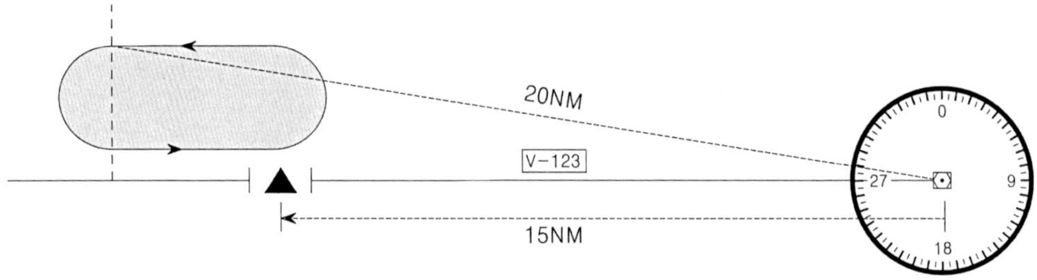

【그림6-3】 DME 체공패턴

① 모든 프로펠러 항공기(터보프롭 포함): 최대 175노트
② 민간 터보제트 항공기
- 고도 6,000피트까지: 최대 200노트
- 고도 6,000피트에서 14,000피트: 최대 230노트
  (차트에 최대 210노트로 공시된 경우는 제외)
- 고도 14,000피트 이상: 최대 265노트

체공구간을 비행하는 시간은 인바운드 구간을 기준으로 하고 고도 14,000피트 이하에서는 지정된 인바운드 구간을 1분으로 제한한다. 무풍 상태에서 초당 3°의 표준율 선회로 가정할 때 [그림6-2]와 같이 선회 구간 역시 1분이 소요된다. 따라서 전 구간을 1회 체공하는 데는 4분이 소요된다. 이것은 체공지시에서 부여된 EFC 시간을 고려했을 때 조종사는 자신이 수행해야 할 체공 횟수와 예상차후인가시간에 항공기의 대략적인 위치를 판단하는 기준이 될 수 있다. 예를 들어 다음과 같은 체공지시를 받았다면 "...expect further clearance at one two one two ..." 체공 픽스에 예상도착시간이 12:00일 때 3회의 체공이 예상된다. 단, 체공에 진입하는 데 소요되는 시간을 더해 주어야 한다. 그러나 고도 14,000피트 이상에서는 체공속도가 빠르기 때문에 인바운드 구간을 1분 30초로 제한한다.

① 고도 14,000피트 이하: 1분
② 고도 14,000피트 이상: 1분 30초

DME를 사용하는 경우는 [그림6-3]과 같이 아웃바운드 구간까지 거리(distance)로 부여되는 것이 일반적이기 때문에 DME 거리에 의해서 아웃바운드 구간을 판단한다. 예를 들어 ATC로부터 다음과 같은 지시를 받았다.

"... hold west of the one five DME fix on the two six eight radial of the ABC VORTAC, five mile legs, left turn, expect further clearance at one four zero zero..."

"ABC VORTAC의 268° 레디얼에 있는 15 NM DME 픽스의 서쪽에서 아웃바운드 구간 5마일

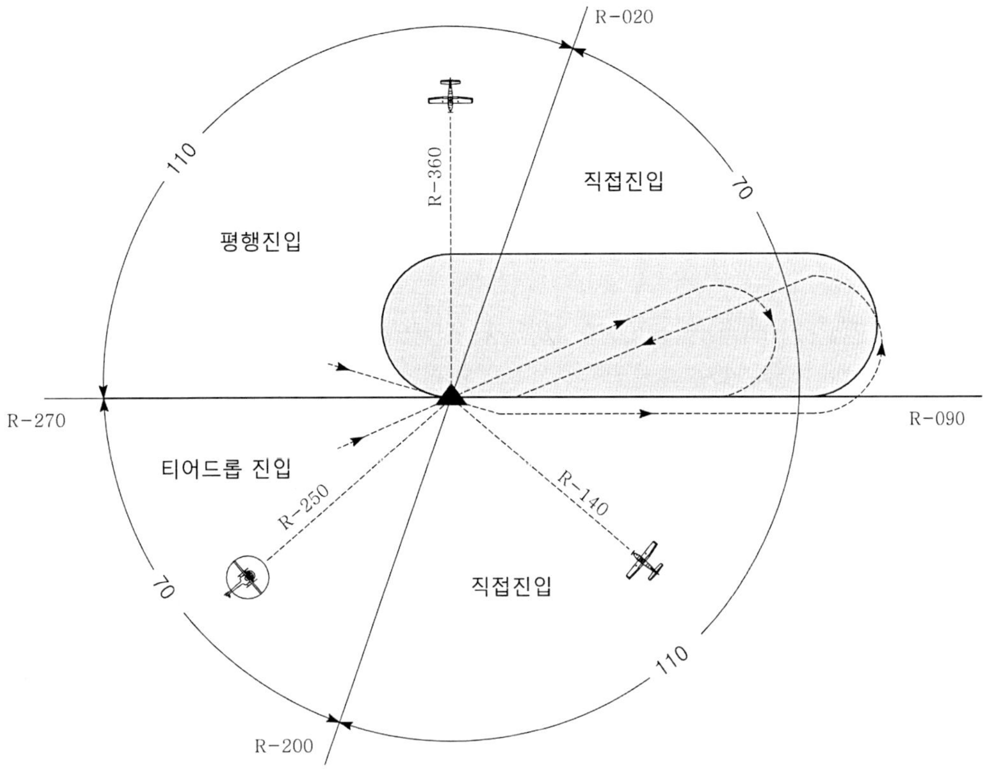

【그림6-4】 체공진입 구역

로 체공"과 같은 지시를 받았을 때 인바운드 구간이 끝나는 지점은 15 NM이 되고 아웃바운드 구간이 끝나는 지점은 20 NM이 된다.

[주1] 체공속도는 무게와 항력 형상에 달려 있다.

[주2] 군공항 또는 군과 민간이 공동으로 활용하는 공항에서 민간 항공기의 체공은 210노트로 공시된 경우를 제외하고 최대 230노트로 운용된다는 것을 예측해야 한다.

6.2.5 체공진입 구역

이제까지는 체공에 대한 전반적인 내용을 숙지하였고 다음은 이 체공에 어떻게 진입할 것인가에 대해서 학습한다. 조종사는 체공 픽스에 도달하기 최소한 3분 전에 체공속도로 감속이 요구된다. 이것은 제한된 체공 공역의 초과를 방지하는 데 있고 특히 인접 공역에서 동시에 체공이 수행되고 있을 때 더욱 주의를 기울여야 한다. 어떠한 방법으로 진입(entry)하든 최단거리로 진입하면 되겠지만 항공기가 픽스에 접근하는 방향에 따라 혼동을 최소화하고 가장 효율적으로 체공 픽스에 도달하는 진입방법이 설정되어 있다. 이 같은 진입방법에는 직접진입(direct entry), 티어드롭 진입(teardrop entry), 평행진입(parallel entry)이 있다. 이들 진입방법을 다음과 같이 결정한다.

① [그림6-4]와 같이 픽스를 통과하는 체공코스를 긋는다. 여기서는 체공코스를 090° 레디얼로 가정한다.

② 체공면(holding side)에서 체공코스(holding course)와 70°를 이루는 또 하나의 선을 긋는다. 체공 픽스를 중심으로 형성된 하나의 원은 4개의 구간으로 나누어지고 2개는 70° 구간이고 나머지 두 개는 110° 구간이 된다. 그림에서 보는 것과 같이 체공코스를 포함한 절반 구역은 체공 픽스를 직진으로 통과하여 체공에 진입할 수 있는 위치에 있다는 것을 알 수 있다. 이를 직접진입(direct entry) 구역이라 하고 진입을 위한 그 밖의 다른 기동이 요구되지 않기 때문에 3가지 방법 중 가장 쉽게 진입할 수 있다. 나머지 원의 절반 구역에서 110° 구역으로 접근 중인 항공기는 지정된 체공 인바운드에 역방향 위치에 있으므로 앞서 언급한 직접진입이 어려운 위치에 있다. 이 때문에 일단 체공 픽스를 통과한 후 체공 인바운드 구간의 반대 방향으로 평행하게 일정 시간 동안을 비행한 후 선회하여 인바운드 구간으로 진입해야 한다 하여 평행진입(parallel entry) 구역이라 한다. 마지막으로 남은 70° 구역 역시 체공 인바운드의 반대 방향에 위치해 있어 이 구역 역시 방향전환 절차가 요구된다. 일단 체공 픽스를 통과한 후 지정된 각도로 비행한 후 다시 인바운드 구간에 진입하여 체공에 진입하는 방법이 마치 눈물방울(teardrop)과 같다 해서 붙여진 명칭이다.

③ 진입방법의 결정은 항공기의 자기수방위(magnetic heading)를 기준으로 한다. 현재 항공기가 향하고 있는 기수방위를 기준으로 항공기의 기수방위가 다음과 같을 때 현재 위치에서 가장 적절한 진입방법을 결정한다.

- 직접진입: 체공코스가 있는 020° 레디얼과 200° 레디얼 사이 구역
- 티어드롭 진입: 체공코스의 역레디얼 270°와 200° 레디얼 사이 구역
- 평행진입: 체공코스의 역레디얼 270°와 020° 레디얼 사이 구역

[그림6-4]에서 항공기가 140° 레디얼 선상에서 접근하고 있다면 직접진입이 적절하다. 항공기가 360° 레디얼 선상에서 접근하고 있다면 평행진입이 적절하고, 250° 레디얼 선상에서 접근하고 있다면 티어드롭 진입이 권장된다. 진입방법이 결정되었을 때 항공기의 위치가 두 진입 구역의 경계지역에 위치하고 있다면 풍향 등을 고려하여 진입구간의 ±5° 이내에서 편리한 방향으로 진입하는 것은 조종사의 재량이다.

6.2.6 체공진입 방법

관제사로부터 체공지시(holding instructions)를 받았거나 예측될 때 조종사는 즉시 체공장주를 자신의 필기대(knee board)에 체공장주를 그려야 한다. 항로 비행 중 항로도상에 그려진(depicted) 체공지시(공시체공)를 받았을 때 IFR 순항항로 차트 또는 접근차트에 명시된 절차에 따라 수행하면 되나 차트에 그려져 있지 않은(non-depicted or unpublished) 지점에서 체공지시가 예고되면 즉시 받아 적을 준비를 하고 다음과 같은 방법으로 신속하게 체공지시를 필기대에 그릴 수 있는 연습이 요구된다. 필요에 따라 조종사가 체공지시를 요청하거나 관제사가 조종

사에게 체공을 지시한다. 앞에서 언급한 것과 같이 체공지시는 거의 유사한 형식(form)으로 발령되므로 용어를 잘 숙지해 두면 매우 유용하다. 예를 들어 관제사로부터 다음과 같은 체공지시를 받았다.

"...Cessna one two three, hold northeast of the ABC VORTAC on the zero six zero radial, right turns, maintain four thousand, expect further clearance at one zero zero zero..."

위의 내용을 [그림6-5]와 같이 속기(shorthand) 방법으로 기록하고 이를 바탕으로 필기대에 신속하게 다음과 같은 체공장주를 그린다. [그림6-5]를 보면서 설명한다.

① 필기대 중앙에 " + "자 모양의 선을 긋고 교차점에 픽스(△)를 그린다.
② 8방위(N, S, E, W, NE...)로 지시하는 체공방향을 확인한다. 위의 사례에서는 북동(NE) 방향이 지시되었다.
③ 픽스를 기준으로 인바운드 코스(레디얼 또는 베어링)를 긋는다. 060° 레디얼을 연하는 선을 긋는다.
④ 선회방향 지시가 없을 때 표준체공장주를 그리고 "left turn(좌선회)" 방향이 지시되면 비표준체공장주를 그린다.
⑤ 체공코스로부터 70° 선을 긋는다.
⑥ 위치결정(orientation)을 하여 항공기의 위치를 그리고 진입방법을 결정한다. 추가로 풍향풍속을 기록하는 것도 측풍을 판단하는데 매우 유용할 것이다.

이처럼 필기대에 체공지시와 항공기 위치를 그려 판단하는 방법은 더욱 정확한 체공을 수행하는 데 도움이 되기 때문에 초임 계기비행 조종사뿐만 아니라 모든 조종사는 반드시 받아 적는 연습이 필수적이다. 이외에도 항공기 기수방위를 지시해 주는 기수방위 지시계(heading indicator), RMI, HSI, 회전방위판 ADF 계기 등을 이용하여 진입방법을 결정할 수 있다. [그림 6-5, 아래]의 기수방위 지시계와 같이 현재의 기수방위에서 체공 픽스로 비행하고 있다고 가정하자. 표준체공의 경우 필기구 등을 이용하여 기수방위로부터 70° 되는 지점에서 계기 중앙을 통과하게 가로놓는다. 계기 중앙의 모형항공기와 기수방위를 연하는 가상선을 그으면 세 구간으로 나누어진다. 표준체공장주의 경우 오른쪽 상단이 티어드롭 진입 구역이 되고, 왼쪽 상단이 평행진입(parallel entry) 구간이 된다. 그리고 필기구 하단의 절반 구역이 직접진입(direct entry) 구역이 된다.

이처럼 가상선을 그은 후 지시받은 체공의 아웃바운드 기수방위(outbound heading)가 위치해 있는 구역을 찾는다. 다시 말하면 체공의 아웃바운드 기수방위가 위치해 있는 구역이 적절한 진입방법을 결정하는 요소가 된다. 이 같은 방법은 반드시 송신소를 향한 인바운드(inbound) 상태에서만이 적용된다는 점에 주의해야 한다. 먼저 위치결정(orientation)을 하여 현재 항공기가 위치해 있는 레디얼 또는 베어링(radial or bearing)을 결정한다. ①번 항공기는 140° 레디얼 또는 베어링에 위치해 있고 기수방위는 320°이다. 체공지시에서 아웃바운드 구간의 레디얼 또는

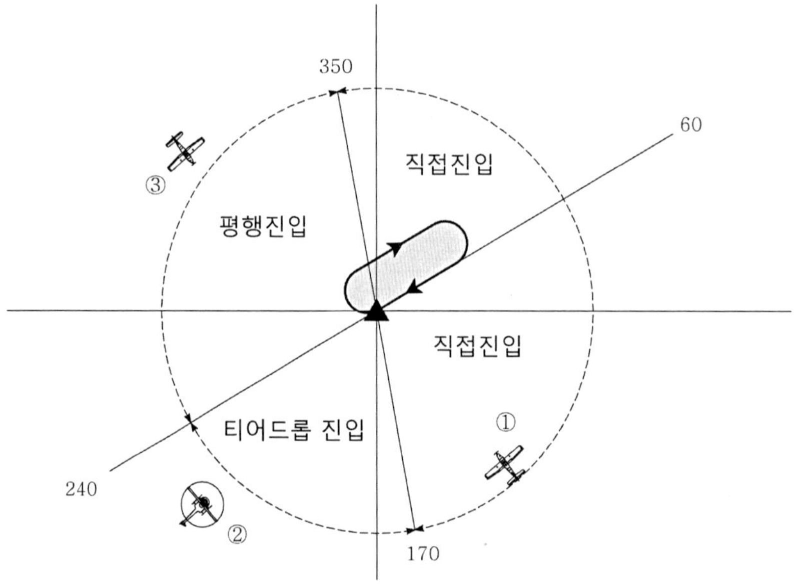

"...C H-NEⓉ060R RT M40, EFC1000..."

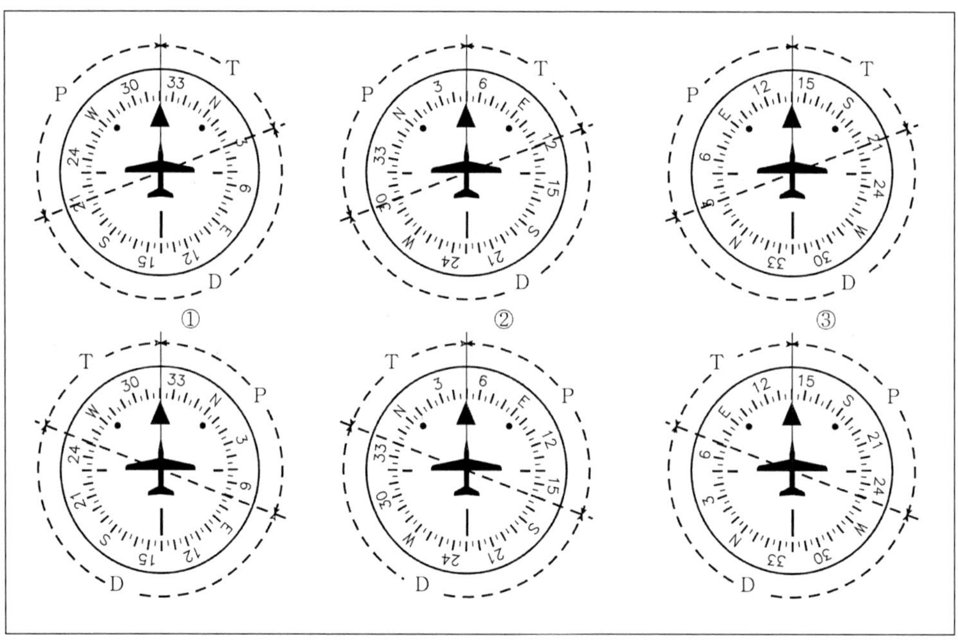

【그림6-5】 기수방위에 의한 체공 진입방법 결정

베어링은 60°가 지시되었다. 아래의 ①번 계기에서 표준체공의 경우 60°는 직접진입 구역에 위치해 있다는 것을 알 수 있다. 아래의 비표준체공에서 아웃바운드 기수방위 60°는 평행진입 구역에 있음을 알 수 있다. ②번 항공기는 230° 레디얼 또는 베어링 선상에 위치해 있고 기수방위는 50°이다. 이때 아웃바운드 기수방위 60°는 표준체공의 경우는 티어드롭 진입 구역에 위치해 있고, 비표준체공의 경우 60°는 ②번 계기와 같이 평행진입 구역에 위치해 있다는 것을 판단할 수 있다. ③번 항공기는 320° 레디얼 또는 베어링 선상에 위치해 있고 기수방위는 140°이다. ③

번 계기와 같이 표준체공의 경우 아웃바운드 기수방위 60°는 평행진입 구역에 위치해 있고, 비표준체공의 경우 아웃바운드 기수방위 60°는 직접진입 구역에 위치해 있다는 것을 알 수 있다.

6.2.7 체공진입 연습

이제까지 체공진입에 대한 전반적인 내용을 설명하였다. 이를 기초로 관제사가 발령하는 체공지시를 필기대(knee board)에 받아 적고 제한된 시간에 체공진입 방법을 결정하기 위한 최종 연습을 해보길 바란다.

[사례1]
비행 중 관제사로부터 다음과 같은 체공지시를 받았다. [그림6-6]의 ①번 계기를 참고하여 진입 방법을 결정하라.

"... cleared to the ABC VORTAC, hold west on the two seven zero radial..."

[해설] VOR 계기에 의한 현재 항공기의 위치는 330° 레디얼 선상에서 기수방위 150°로 인바운드 중에 있음을 알 수 있다. 필기대에 십자선을 긋고 270° 레디얼 선상에 표준체공장주를 그렸을 때 [그림6-6]의 오른쪽 위에 있는 그림과 같이 되었다. 체공 픽스로부터 체공면 쪽으로 70° 가상선을 긋고 항공기가 위치해 있는 진입구역을 결정한다. 또는 왼쪽 계기군의 ①번 계기와 같이 기수방위 지시계(heading indicator)에서 아웃바운드 기수방위가 어디에 있는지를 찾는다. 앞서 언급한 것과 같이 필기구 등을 이용하여 오른쪽에서 70° 방위를 연하는 가상선을 긋고 체공 아웃바운드 기수방위 270°가 위치하는 구역을 찾는다. 이 항공기는 직접진입 구역에 위치해 있다는 것을 즉시 판단할 수 있다.

[사례2]
비행 중 관제사로부터 다음과 같은 체공지시를 받았다. [그림6-6]의 ②번 계기를 참고하여 진입 방법을 결정하라.

"... cleared to the ABC VORTAC. hold south on the one eight zero radial.."

[해설] VOR 계기에 의한 현재 항공기의 위치는 310° 레디얼 선상에서 기수방위 130°로 인바운드 중에 있음을 알 수 있다. 필기대에 십자선을 긋고 180° 레디얼 선상에 표준체공장주를 그렸을 때 [그림6-6]의 오른쪽 중간에 있는 그림과 같이 되었다. 체공 픽스로부터 체공면 쪽으로 70° 가상선을 긋고 항공기가 위치해 있는 진입구역을 결정한다. 또는 왼쪽 ②번 계기군과 같이 기수방위 지시계(heading indicator) 혹은 HSI 등을 이용하여 아웃바운드 기수방위가 어디에 있는지를 찾는다. 앞서 언급한 것과 같이 필기구 등을 이용하여 오른쪽에서 70°를 연하는 가상선을 긋고 체공 아웃바운드 기수방위 180°가 위치하는 구역을 찾는다. 이 항공기는 티어드롭 진입

구역에 위치해 있다는 것을 즉시 판단할 수 있다.

[사례3]
비행 중 관제사로부터 다음과 같은 체공지시를 받았다. [그림6-6]의 ③번 계기를 참고하여 진입 방법을 결정하라.

... ABC VORTAC, hold southwest on the two four zero radial, left turns...

[사례4]
비행 중 관제사로부터 다음과 같은 체공지시를 받았다. [그림6-6]의 ④번 계기를 참고하여 진입 방법을 결정하라.

...cleared to the ABC VOR, hold southeast on the one four zero radial, left turns...

[사례5]
비행 중 관제사로부터 다음과 같은 체공지시를 받았다. [그림6-6]의 ⑤번 계기를 참고하여 진입 방법을 결정하라.

...cleared to the ABC NDB, hold northwest on the three three zero degree bearing from the NDB...

[사례6]
비행 중 관제사로부터 다음과 같은 체공지시를 받았다. [그림6-6]의 ⑥번 계기를 참고하여 진입 방법을 결정하라.

...cleared to the ABC NDB, hold southeast on the one five zero degree bearing from the NDB, left turn, maintain three thousands five hundred, expect further clearance one two four five...

[사례7]
비행 중 관제사로부터 다음과 같은 체공지시를 받았다. [그림6-6]의 ⑦번 계기를 참고하여 진입 방법을 결정하라.

...cleared to the ABC NDB, hold north on the zero two zero degree bearing from the NDB, maintain four thousands five hundred, expect further clearance one one three zero...
[사례4=평행진입, 사례5=티어드롭 진입, 사례6=티어드롭 진입, 사례7=직접진입]

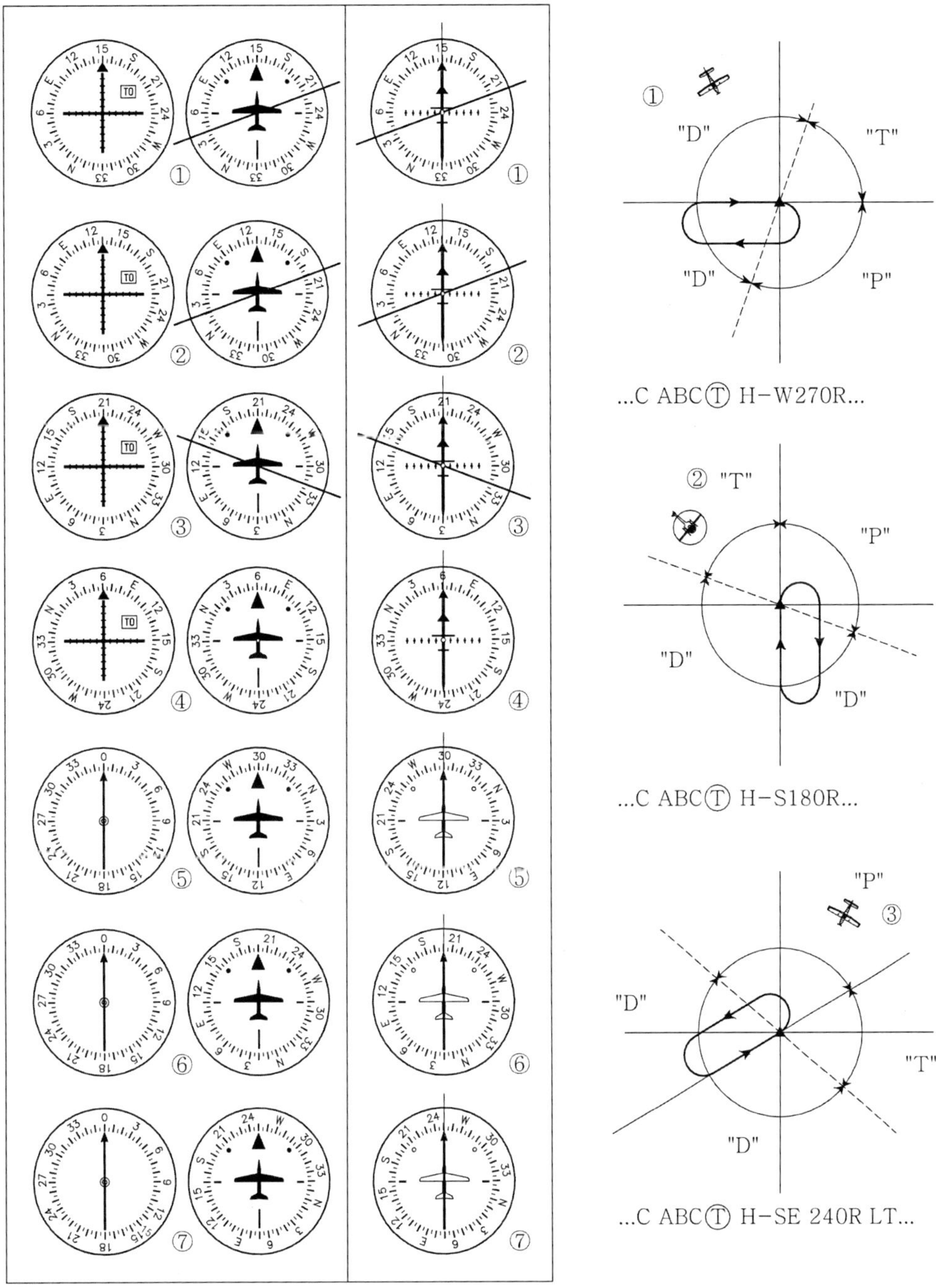

【그림6-6】 체공진입 연습

6.2.8 평행진입

[그림6-7]의 위 그림은 전형적인 평행진입(parallel entry)의 형태를 보여주고 있다. 위치결정에 따라 북서쪽에서 접근 중인 항공기는 평행진입 구역에서 체공 픽스를 통과한다. 체공 인바운드 코스와 평행하게 약 1분간 비행한 후 체공면(holding side) 쪽으로 180° 선회하여 인바운

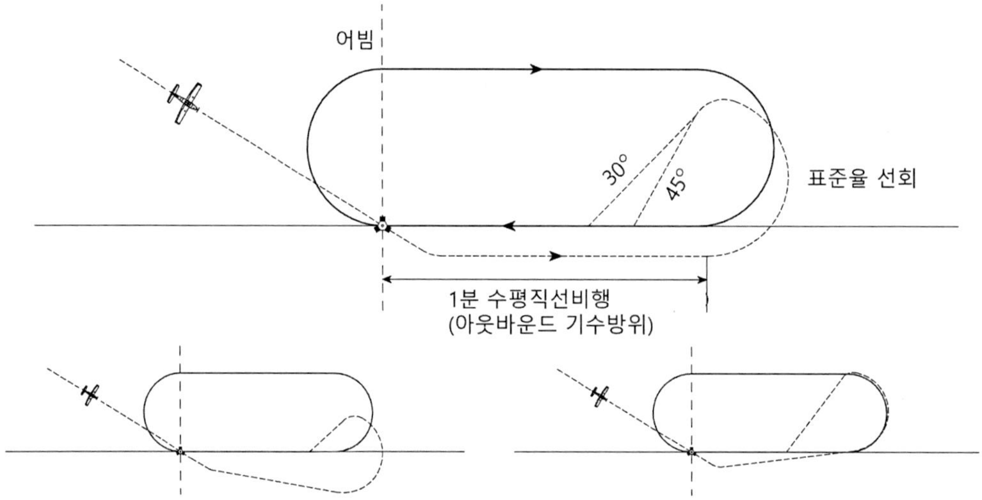

【그림6-7】 티어드롭 진입

드 코스에 30° 또는 45° 각으로 진입한다. 30° 이내의 각으로 접근했을 때 인바운드 구간이 매우 짧기 때문에 체공 픽스를 통과하거나 픽스에 임박해서 진입할 수 있다.

180° 표준율 선회를 완료한 후에도 인터셉션 각도(interception angle)까지 계속해서 선회가 요구된다. 필기대에 체공장주를 그리는 과정에서 평행진입이 예상될 때 인터셉션 각도를 고려한 진입 기수방위(heading)를 산출하여 기록하는 것도 혼동을 방지하기 위한 한 방법이 될 것이다. 정상적으로 180° 선회가 완료되었을 때 기수방위는 인바운드 코스의 레디얼 또는 베어링이 될 것이나 추가로 45° 또는 30°를 가감하여 기수방위에 도달할 때까지 선회를 계속하라는 것을 의미한다.

아래의 사례에서 45°로 진입을 결정했다면 기수방위는 225°까지 선회를 계속한 후 수평직선비행으로 복귀한다. 아래의 두 그림은 동일한 조건에서 진입할 때 조종미숙 또는 바람의 영향으로 정상적인 진입이 이루어지지 못한 전형적인 사례를 보여주고 있다. 왼쪽 그림은 송신소를 통과한 후 아웃바운드 기수방위를 적절하게 유지하지 못했거나 바람의 영향으로 편류되었을 때 항공기는 비체공면 쪽으로 벗어난 상황을 보여주고 있다.

이 같은 상황에서 1분간 비행 후 180° 선회 도중에 인바운드 코스를 통과할 수 있다. 선회가 완료된 후 CDI 또는 ADF 지시침의 벗어난 정도를 판단하여 즉시 인바운드로 진입한다. 오른쪽의 항공기는 송신소를 통과한 후 인바운드 코스 쪽으로 밀렸을 경우 아웃바운드 도중에 인바운드 코스를 통과하는 상황이 발생할 수 있다. 이때 벗어난 정도가 작다고 판단된다면 더 이상 인바운드 코스에서 벗어나지 않도록 하고 1분이 경과한 후 180° 선회한다. 이때 인바운드 코스에 진입할 수 있는 선회각은 더욱 증가하게 되리라는 것을 예측하고 인터셉션 각도를 결정한다. 평행진입할 때 수행되는 선회방향은 유일하게 체공 선회방향과 반대가 된다. 그림에서 체공은 우선회가 지정되었다. 그러나 평행진입할 때 항공기는 송신소를 통과하여 직선비행 후 좌선회하여 체공 인바운드 코스에 진입하는 것을 관찰할 수 있다. 어느 경우든 진입 도중에 방향감각을 상실했을 때는 재진입 절차를 수행할 것을 권장한다.

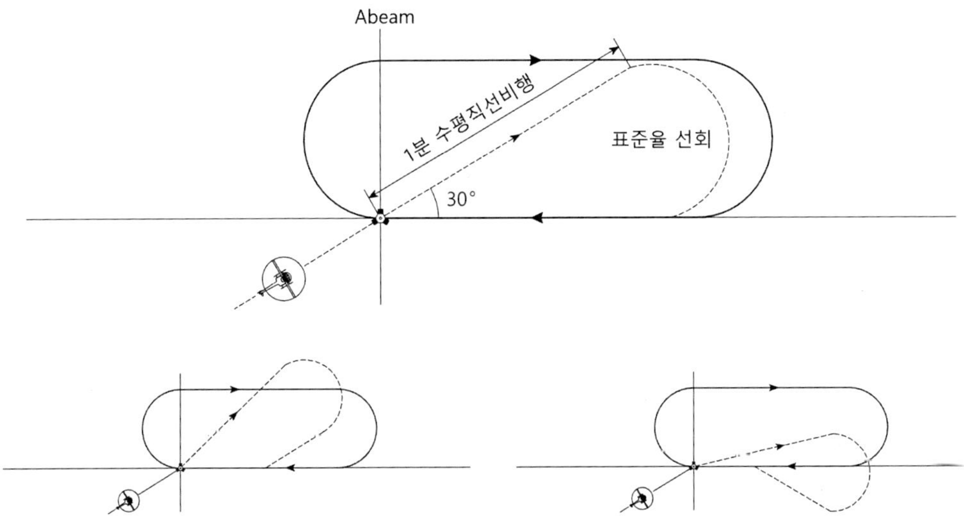

【그림6-8】 티어드롭 진입

6.2.9 티어드롭 진입

[그림6-8]의 위 그림은 전형적인 티어드롭 진입(teardrop entry)의 형태를 보여주고 있다. 위치결정에 따라 남서쪽에 있는 항공기는 티어드롭 구역에서 접근 중에 체공 픽스를 통과한 후 체공코스와 30°를 이루는 기수방위를 유지하여 1분간 직선비행한 후 체공코스를 향하여 티어드롭의 형태로 선회하여 인바운드 코스에 진입한다. 티어드롭 진입을 결정하는 과정에서 진입 기수방위를 미리 결정해 두는 것이 혼동을 최소화할 수 있다.

[그림6-8]에서 체공 픽스를 통과한 후 인바운드 코스의 레디얼 또는 베어링과 30°를 이루는 기수방위는 60°가 된다. 아래의 두 항공기는 조종미숙 또는 바람의 영향으로 비정상적인 티어드롭 진입의 형태를 보여주고 있다. 왼쪽 그림은 항공기가 정상적으로 체공 픽스를 통과한 후 바람의 영향으로 체공면 쪽으로 밀려나면서 1분간 비행한 후 180°로 선회했을 때 인바운드 코스에 진입하지 못한 상황을 보여주고 있다. 이 상황에서 무의식적으로 계속 선회한다면 인바운드 코스에 진입하지 못하고 더욱 멀어지는 실수를 범하게 될 것이다.

이 같은 상황에서 인바운드 코스의 방향 또는 체공 픽스로부터의 위치를 판단할 수 없는 상황으로 발전할 수 있다. 만약 체공 픽스 또는 인바운드 코스의 방향을 판단할 수 있다면 현재의 위치에서 체공 픽스를 향할 수 있도록 방향을 유지한다. 오른쪽 항공기는 정상적으로 송신소 픽스를 통과했으나 바람의 영향으로 인바운드 코스 쪽으로 밀려난 상황을 보여주고 있다.

왼쪽의 상황과 달리 CDI 또는 ADF 지시침의 판단에 따라 선회 중 인바운드 코스를 통과하였다는 것을 판단할 수 있기 때문에 방향감각을 유지하기가 더 나은 편이다. 선회 중 체공 인바운드 레디얼 또는 베어링을 통과하는 것을 인지했더라도 선회를 계속한다. 선회가 완료된 후에 벗어난 정도가 작을 때는 즉시 트래킹 절차를 적용하여 인바운드에 진입할 수 있도록 수정 조작을 한다. 그러나 강풍의 영향으로 벗어난 정도가 크다면 현재의 위치에서 체공 픽스로 직접진입할 수 있도록 시도한다. 평행진입과 달리 티어드롭 진입과 직접진입은 지정된 체공 선회방향과 일

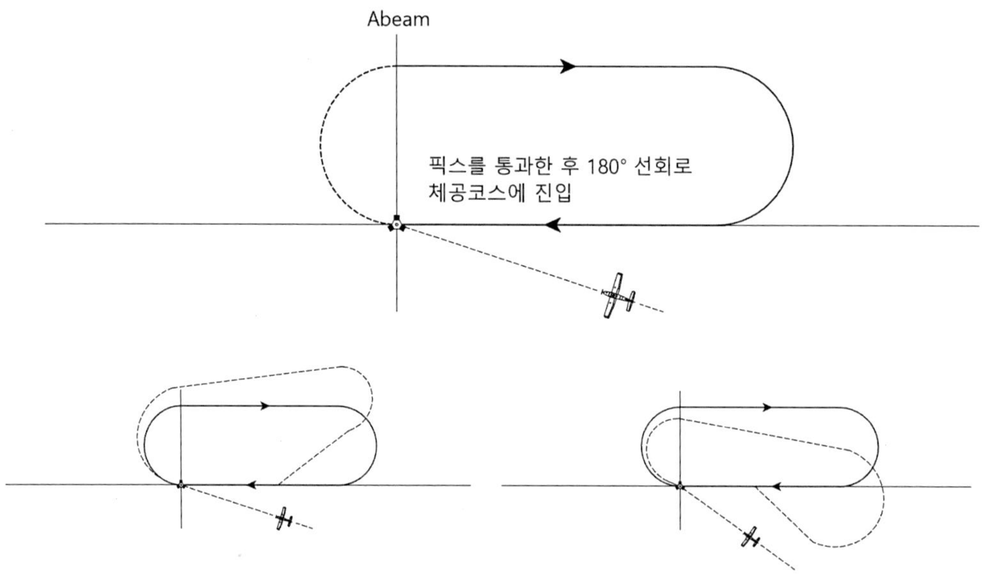

【그림6-9】 직접진입

치한다. 그림에서 우선회가 지정되었으므로 티어드롭 진입 역시 송신소를 통과한 후 우선회하여 체공 인바운드에 진입하고 있다. 진입 도중에 방향감각을 상실했을 때는 재진입 절차를 수행할 것을 권장한다.

6.2.10 직접진입

앞에서 학습한 두 방법에 비해서 비교적 쉽게 진입할 수 있다. [그림6-9]의 위 그림은 전형적인 직접진입의 형태를 보여주고 있다. 남동쪽에 있는 항공기는 체공 픽스를 통과한 후 즉시 체공면(holding side)으로 선회하여 아웃바운드 코스에 진입한다. 직접진입 구역에 있는 항공기는 특별한 제한 사항이 없는 한 가까운 인바운드 코스에 인터셉션하여 정상적으로 체공을 수행할 수 있는 방법을 택해도 무방하다.

아래의 왼쪽 그림은 송신소를 통과한 후 체공면의 아웃바운드 구간 쪽으로 밀려나고 있는 상황을 보여주고 있으며 180° 우선회가 종료된 후 인바운드 코스에 진입하지 못하고 있다. 이때는 즉시 위치를 판단하고 인바운드 코스 쪽으로 기수방위를 전환하여 인바운드 코스에 진입을 시도한다. 이때 벗어난 정도가 크다면 인터셉션 각도도 크게 적용하여 진입을 시도한다.

오른쪽의 항공기는 정상적으로 송신소를 통과한 후 180° 선회 중 바람의 영향으로 인바운드 코스 쪽으로 밀려난 상황을 보여주고 있다. 바람의 영향과 조종미숙이 조화되었을 때 선회 도중에 인바운드 코스를 횡단할 수도 있다. 180° 선회가 종료된 후 위치를 판단할 수 있다면 인바운드 코스에 진입을 시도한다. 진입 도중에 방향감각을 상실했을 때는 재진입 절차를 수행할 것을 권장한다.

6.2.11 재진입 절차

체공은 제한된 공간에서 어느 구간이든지 1분간의 제한된 시간에 조종사는 모든 절차를 정확하게 수행할 수 있어야 한다. 지정된 항로를 이용하여 비행 중 IFR 순항항로 차트 또는 접근차트 상에 공시된 체공 지점에서 체공이 지시되었을 때 대부분 절차를 예측할 수 있어 시간적 여유를 가질 수 있다. 그러나 공항에 접근 중 임의 위치에서 체공을 지시받았을 경우 제한된 시간에 모든 절차를 판단해야 하기 때문에 매우 신속하고 정확하게 수행되어야 한다. 예를 들어 자신의 위치를 잘못 판단했거나 선회방향의 착각, 인바운드 및 아웃바운드 기수방위 판단 미숙 그리고 바람에 의한 편류(drift) 현상을 정확하게 예측하지 못했을 경우 조종사가 예측했던 것과 다른 계기상의 지시가 나타날 때 조종사는 심리적으로 당황하게 될 것이고, 이는 순간적으로 공간정위상실(disorientation)을 초래할 우려가 있으므로 즉시 모든 선회를 중지하고 현재의 기수방위에서 약 2분 정도 수평직선비행으로 체공 공역 외부로 이탈 비행을 한다. 약 2분 정도 수평직선비행을 했다면 송신소로부터 상당한 거리를 벗어나게 될 것이다. 안정을 되찾은 후 현재의 위치와 체공 픽스로 지정된 송신소의 위치를 다시 결정하여 체공 픽스에 진입을 재시도한다. 이 같은 이유로 지시된 체공 공역을 이탈할 때는 반드시 간단한 이유와 함께 관제사에게 통보하고 필요하다면 재진입 인가를 얻어야 한다.

6.2.12 아웃바운드 구간

고도 14,000피트 이하에서 체공하는 모든 항공기는 체공 인바운드 구간(inbound leg)이 1분으로 제한된다. 아웃바운드 구간(outbound leg)을 정확하게 1분 동안 비행했다는 것은 인바운드 구간에서도 정확하게 1분을 비행할 수 있다는 것을 의미한다. 체공 픽스(holding fix)를 통과한 후 180° 표준율 선회를 실시하여 아웃바운드 구간에 진입하였고, 아웃바운드 구간의 시작 지점을 어빔(abeam)이라 한다. 이것은 송신소 또는 지정된 픽스로부터 왼쪽 또는 오른쪽의 90° 지점에 위치한 것을 의미한다. [그림6-10]의 위 그림과 같이 지정된 체공 인바운드 코스 선상의 체공 픽스로부터 90° 지점에 위치해 있는 것을 알 수 있다. 이제부터는 아웃바운드 구간의 시작 지점, 즉 어빔 위치를 결정하는 방법에 대해서 학습한다. 아웃바운드 구간의 시작 지점은 체공 픽스의 시설에 따라 다음과 같이 구분해 볼 수 있다.

① VOR 송신소: TO/FR 지시기

② NDB 송신소: ADF 지시침

- 고정방위판 계기: 상대방위각 090° 또는 270°
- 회전방위판 계기 및 RMI: ADF 지시침과 기수방위의 사잇각 90°

③ 교차점(intersection): 날개(고정날개항공기, 회전날개항공기) 수평 지점

④ DME 지정 거리

(1) VOR 송신소

가장 보편적으로 이용하는 방법으로 [그림6-10]과 같이 관제사가 지시한 체공 픽스가 VOR

송신소를 향하던 중 송신소 상공을 통과할 때 TO/FR 지시기가 TO에서 FR으로 바뀐다. 송신소를 통과한 후 180° 표준율 선회하면 항공기는 다시 송신소로부터 90°가 되는 어빔(abeam) 위치에 놓이게 되고, 이 지점을 통과하자마자 TO/FR 지시기는 FR에서 TO로 바뀐다. 또는 인바운드 코스와 90° 레디얼을 선정하여 TO/FR 지시기가 FR을 지시한 상태에서 CDI가 중앙을 지시할 때도 역시 항공기는 어빔(abeam) 위치를 통과 중이다.

이 시점에서 "TIME"을 복창하면서 시간을 체크하기 시작한다. 여기서 주의할 것은 바람의 영향으로 항공기가 어빔 위치 후방으로 약간 밀려 있다면 180° 선회를 완료한 후 아웃바운드 기수방위에 도달했어도 아직 어빔 위치에 도달하지 못했을 경우가 발생할 수 있고, 반대로 항공기가 어빔 앞으로 밀렸을 때 180° 선회 도중에 어빔 위치에 도달할 수 있다. 어느 상황이든지 정확한 어빔 위치는 TO/FR 지시기가 전환될 때 또는 CDI가 중앙이 되는 시기로 판단한다. 예를 들어 [그림6-10]은 항공기가 90° 레디얼 선상에서 송신소를 향하여 인바운드 중 어빔 위치를 판단하는 방법에 대해서 보여주고 있다.

①번 계기는 항공기가 90° 레디얼 선상에서 기수방위 270°로 송신소를 향하여 비행 중에 있다. ②번 계기는 TO/FR 지시기가 TO에서 FR으로 바뀌는 것으로 송신소 통과를 인지했고 즉시 180° 우선회에 진입했다. 선회하면서 OBS를 돌려 어빔 레디얼인 360°로 바꾸었다. ③번 계기는 OBS가 360°일 때 TO/FR 지시기는 FR을 지시하고 CDI가 오른쪽에서부터 서서히 중앙으로 이동하고 있는 것을 관찰할 수 있을 것이다. ④번 계기는 CDI가 정중앙을 지시하고 있는 것으로 보아 항공기는 정확하게 어빔 지점에 도달했음을 판단할 수 있다. 표준율 선회가 정확했고 무풍의 상태라면 이 시점이 180° 선회가 완료되는 시점과 거의 일치하는 시기가 되고, 항공기는 수평비행으로 회복하여 아웃바운드 기수방위로 아웃바운드 구간의 비행이 시작되는 시기이다.

아래의 그림은 동일한 조건에서 HSI 계기의 움직임을 보여주고 있다. 주지하는 바와 같이 HSI는 역감지기능이 없기 때문에 CDB는 정상적인 항공기와 선택된 코스의 위치를 보여준다. ①/②번 계기는 송신소를 통과하는 과정을 보여주고 있다. ③번 계기는 선회하면서 즉시 CRS를 360°에 맞추었을 때 TO/FR 지시기는 FR을 지시한 상태에서 CDB는 우상단으로부터 중앙으로 이동하고 있는 것을 관찰할 수 있다. ④번 계기는 기수방위가 정확하게 아웃바운드 레디얼을 지시하고 있고, CDB 역시 중앙에 위치해 있는 것으로 보아 항공기는 어빔 위치를 통과하고 있는 것으로 판단한다.

(2) NDB 송신소

NDB 송신소에 접근 중일 때 ADF 지시침은 계기의 종류에 따라 고정방위판 ADF 계기의 지시침은 상대방위각(relative bearing)이 0°가 되기 때문에 지시침은 0°를 지시해야 하고, 회전방위판 ADF 계기의 지시침은 항상 송신소를 향한 베어링(magnetic bearing to the station)을 지시하기 때문에 기수방위(heading)와 일치해야 한다.

먼저 고정방위판 ADF 계기에 의한 어빔 위치를 결정하는 방법에 대해서 학습한다. 항공기가 송신소를 통과하자마자 ADF 지시침이 180° 회전하여 방위판 직하방의 180° 지표를 지시할 때 송신소를 통과한 것으로 판단한다. 송신소 통과를 인지하자마자 180° 표준율 선회하여 ADF 지시침이 방위판의 090° 또는 270° 지표(index)를 지시할 때 항공기는 송신소로부터 90°가 되는 어빔(abeam) 위치를 통과하는 것으로 판단하고 "TIME"을 복창하면서 아웃바운드 시간을 체크하기 시작한다. 여기서 우선회할 때 ADF 지시침은 방위판의 090° 지표를 지시하게 되고, 반대로 좌선회할 때 ADF 지시침은 방위판의 270° 지표를 지시한다.

이 같은 이유는 ADF 지시침이 방위판의 090° 또는 270° 지표를 지시한다는 것은 항공기 기수방위와 송신소를 향한 베어링[MB(TO)] 즉, 상대방위각이 90°를 이루고 있다는 것을 의미하기 때문이다. 송신소를 통과한 후 선회 도중에 항공기가 어빔 후방으로 약간 밀려났다면 선회 완료 후 아웃바운드 기수방위에 도달한 후 잠시 후에 ADF 지시침이 정확하게 어빔 위치를 지시하게 될 것이다. 반대로 항공기가 어빔 위치 앞으로 밀려났다면 선회 중에 어빔 위치를 통과하게 될 것이고, 이때는 내측으로 선회 반경이 짧게 선회하여 선회 중 어빔 위치를 판단하기가 매우 어렵게 되므로 정확한 표준율 선회를 실시해야 한다. [그림6-10]의 아래 계기군은 고정방위판 ADF 계기의 변화를 보여주고 있다. ①번 계기는 상대방위각 0°, 기수방위 270°로 송신소를 향하여 인바운드 중에 있다. 비행 중 ②번 계기와 같이 ADF 지시침이 180° 회전하는 것을 관찰할 수 있고 이를 송신소 통과 시점으로 판단한다.

항공기는 우선회했음으로 ADF 지시침 꼬리는 왼쪽으로 사이가 벌어지는 것을 관찰할 수 있을 것이다. 항공기가 180°를 선회하는 도중에 상대방위각은 90°가 변화되었기 때문에 ADF 지시침은 ③번 계기와 같이 방위판의 90° 지표를 향하여 이동하고 있는 것을 관찰할 수 있다. ④번 계기와 같이 ADF 지시침이 방위판의 90° 지표를 지시했을 때 항공기는 정확하게 어빔 위치를 통과한 것으로 판단한다.

다음은 회전방위판 ADF 계기는 어떻게 지시하는지 비교 학습한다. 아래 계기군은 동일한 조건에서 회전방위판 ADF 지시침의 어빔 위치를 판단하는 것을 보여주고 있다. ①/②번 계기는 90° 베어링 신상에서 기수방위 270°로 송신소를 통과하고 있는 상황임을 알 수 있다. 송신소를 통과한 후 선회가 거의 완료되는 시점에서 ③번 계기와 같이 ADF 지시침이 오른쪽 사잇각 90° 지점을 향하여 이동하는 것을 관찰할 수 있고, ④번 계기와 같이 사잇각 90°를 지시할 때 항공기는 어빔 위치를 통과한 것으로 판단한다. 결론적으로 회전방위판 ADF 계기는 기수방위와 사잇각 90°를 이루는 시점을 어빔 위치로 판단한다는 것을 알 수 있다.

비표준체공장주 즉, 좌선회가 지시되었을 때 회전방위판 ADF 지시침이 왼쪽 사잇각 90°를 지시할 때 어빔 위치로 판단한다. 회전방위판 ADF 계기와 RMI의 기본적인 작동 원리는 동일하게 적용된다. 다만, ADF는 NDB 시설을 이용할 수 있고 RMI는 NDB와 VOR 송신소 시설을 동시에 활용할 수 있는 점이 다르기 때문에 RMI에 대해서는 별도로 설명하지 않았다.

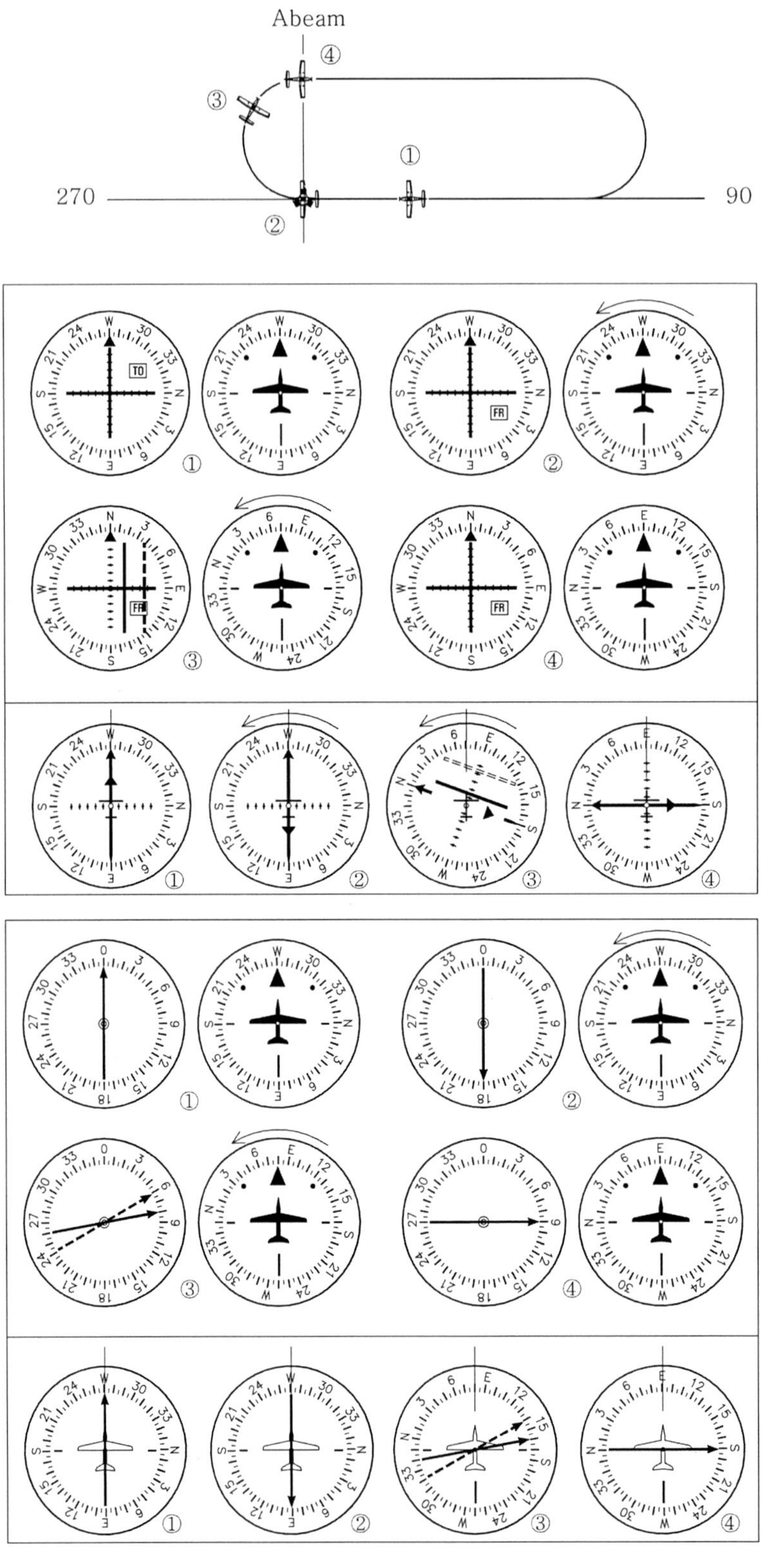

【그림6-10】 VOR 및 ADF 어빔 위치 판단

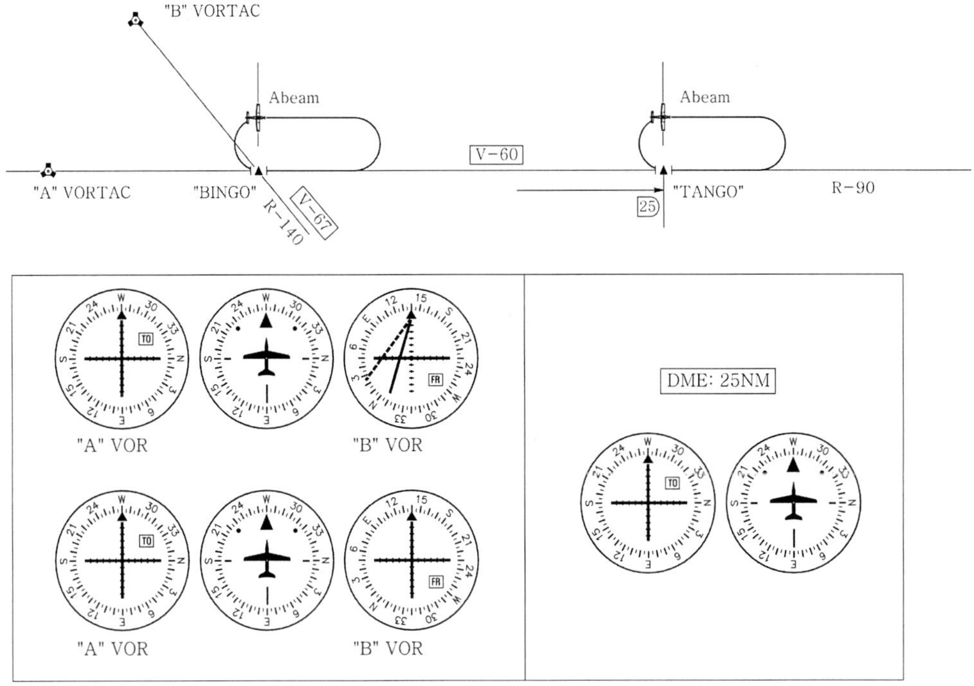

【그림6-11】 체공 픽스 및 어빔 위치 판단-II

(3) 교차점

이제까지는 체공 픽스가 VOR 또는 NDB 시설일 때 어빔 위치를 판단하는 방법에 대해서 학습하였다. 그러나 모든 체공이 이 같은 송신소 픽스를 중심으로 제공되는 것은 아니다. 때로는 이들 시설을 이용한 교차점(intersection)이 체공 픽스로 지정될 때도 있다. [그림6-11]은 “A” VORTAC으로부터 V-60 항공로 선상에 “BINGO”와 “TANGO” 2개의 교차점이 지정되어 있다. 이 같은 교차점이 체공 픽스로 지정되었을 때 조종사 입장에서는 교차점을 식별할 수 있는 방법과 어빔 위치를 어떻게 판단할 것인가에 대한 두 가지 해결 과제가 주어진다.

먼저 교차점의 식별은 IFR 항로도를 참고하여 교차점을 구성하고 있는 시설을 이용한 위치결정(orientation)에 따라 어렵지 않게 식별할 수 있다. 예를 들어 [그림6-11]에서 “BINGO”의 위치는 “A와 B” VORTAC을 이용하여 식별하는 방법을 아래 계기군에서 보여주고 있다. 한 계기는 “A” VORTAC에 조정되어 있고, 기수방위 270°, OBS 270°, CDI 중앙, TO/FR 지시기는 TO를 지시하고 있는 것으로 보아 항공기는 90° 레디얼 선상에서 송신소를 향하여 인바운드 중에 있다. 오른쪽의 VOR 계기는 “B” VORTAC에 조정되어 있고, 기수방위 270°, OBS 140°, TO/FR 지시기는 FR을 지시하고 있으며 CDI는 왼쪽에서 점점 중앙으로 이동하고 있는 것으로 보아 항공기는 140° 레디얼에 접근하고 있음을 알 수 있다.

아래 계기에서 왼쪽 VOR 계기의 CDI는 계속 중앙을 지시하도록 항공기를 조종하고 오른쪽 VOR 계기의 CDI가 중앙을 지시할 때 항공기는 교차점 “BINGO”에 정확하게 도착한 것으로 판단한다. 여기서는 2개의 VOR 시설에 대해서만 예를 들었지만 2개의 NDB 시설을 이용한 교차점을 이용한다거나 때로는 한 계기는 VOR을 그리고 다른 계기는 NDB 시설을 이용하여 교차점을 식별할 수 있다. 어떠한 상황에서도 항법 장비만 갖추고 있다면 정확하게 교차점의 위치를 식별할 수 있어야 한다.

[그림6-11]의 오른쪽 상황은 VOR 시설을 이용하여 항로를 유지하고 DME 거리에 의한 교차점을 식별하는 방법에 대해서 보여주고 있다. 항공기는 기수방위 270°, OBS 270°, CDI 중앙, TO/FR 지시기가 TO를 지시하고 있는 것으로 보아 90° 레디얼 선상에서 송신소를 향하여 인바운드 중에 있음을 알 수 있다. 이때 DME 거리 표시창에 25 NM을 지시할 때 항공기는 교차점 "TANGO" 지점을 통과하고 있다는 것을 판단할 수 있다.

교차점에 의한 체공 픽스를 판단했다면 다음은 아웃바운드 구간(outbound leg)의 시작 지점을 판단하는 문제이다. 체공 픽스가 송신소 시설이라면 항법 장비를 이용하여 어빔 위치를 정확하게 판단할 수 있었다. 그러나 체공 픽스가 교차점으로 지정되었을 때는 항공기의 수평자세로 회복 시기를 아웃바운드 구간의 시작 지점으로 판단한다. 이 같은 상황에서는 어빔 위치의 정확성이 떨어질 수 있기 때문에 180° 표준율 선회가 더욱 정밀하게 수행되어야 정확한 어빔 위치를 판단할 수 있다. 조종미숙 또는 바람의 영향으로 180° 선회가 완료되는 위치가 어빔 위치에 도달하지 못했거나 초과할 수 있으며 조종실 내에서 이를 판단할 방법은 없다. 일단 선회를 완료하고 아웃바운드 기수방위에서 수평비행으로 회복한 후 시간을 재기 시작하고 인바운드 구간의 비행으로 편류에 따른 다음 아웃바운드 구간을 조절할 수 있을 것이다.

(4) 아웃바운드 구간 비행

성공적으로 어빔을 통과한 후 아웃바운드 구간에 진입했다. VOR의 경우 어빔을 통과하면서 시간을 체크하기 시작하고 동시에 OBS를 인바운드 레디얼로 바꾸어야 한다. 이 구간에서 정확하게 아웃바운드 기수방위를 유지하여 수평비행하는 것이 우선이겠지만 CDI가 어떻게 움직일 것인가에 대한 예측 또한 필요하다. [그림6-12]는 아웃바운드 구간에 진입한 항공기의 상황을 보여주고 있다.

아웃바운드 구간에 진입하면서 OBS를 인바운드 코스로 맞추었을 때 TO/FR 지시기는 TO를 지시할 것이다. 항공기는 아웃바운드 구간을 비행하고 있지만, OBS는 인바운드 레디얼에 조정되어 있어 VOR의 CDI는 역감지기능으로 작동하게 될 것이기 때문에 그림에서 보는 것과 같이 왼쪽으로(항공기가 벗어난 방향) 벗어나는 것을 관찰할 수 있을 것이다. 항공기가 인바운드 구간과 평행하게 비행하고 있다면 CDI 역시 벗어난 위치에서 고정되어 있을 것이다. 그러나 아래의 HSI 계기는 역감지기능이 없기 때문에 CDB는 정상적으로 작동하고 있음을 알 수 있고 두 계기를 비교함으로써 작동의 차이점을 명확하게 확인할 수 있을 것이다.

오른쪽 계기는 동일한 상황에서 ADF 계기의 움직임을 보여주고 있다. 어빔 위치에서 상대방위각은 90°가 되었다. 그러나 항공기가 아웃바운드로 계속 진행할수록 MB(TO) 베어링은 증가하고 이는 기수방위와 MB(TO) 베어링 사이의 상대방위각이 증가하고 있음을 의미한다. 따라서 고정방위판 ADF 계기의 지시침은 90° 위치에서 점점 멀어지는 것을 관찰할 수 있을 것이다. 회전방위판 ADF 지시침 역시 사잇각 90° 위치에서 아래쪽으로 이동하고 있는 것을 관찰할 수 있다.

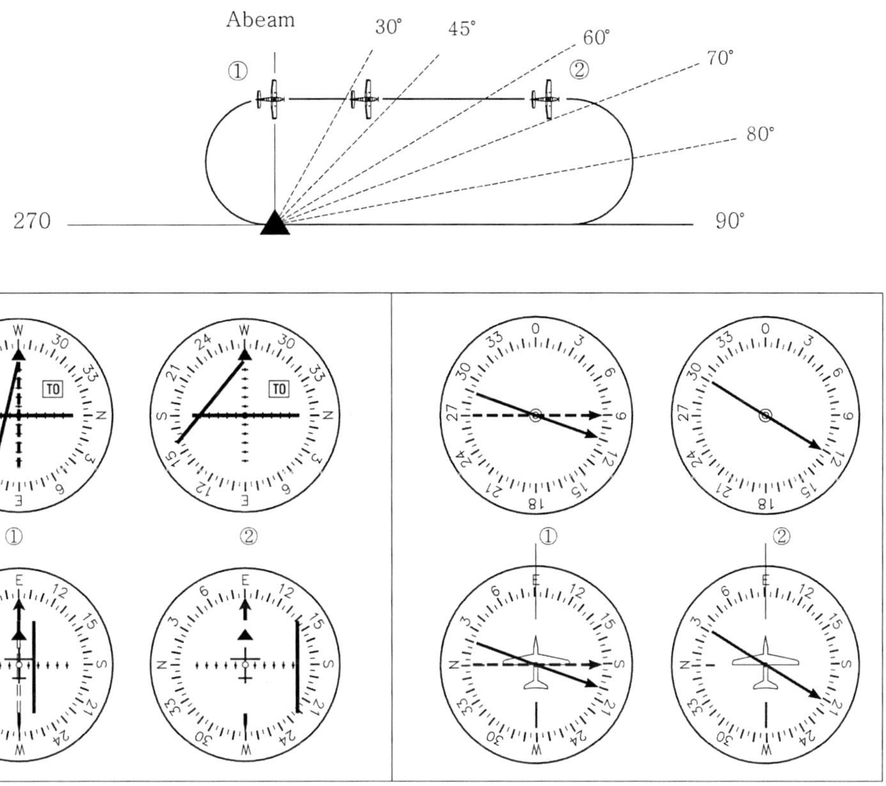

【그림6-12】 아웃바운드 구간 비행

6.2.13 인바운드 구간

(1) 진입 시기

아웃바운드 구간을 1분(1분 30초) 동안 비행한 후 인바운드 구간으로 진입하기 위한 선회를 실시한다. 인바운드 코스에 진입한 시기를 판단하고 정확한 수평직선비행 상태에서 인바운드 구간의 비행시간을 확인하기 위한 시간을 체크하기 위한 인바운드 진입시기를 판단할 수 있어야 한다. [그림6-13]은 선회가 완료되기 직전의 항공기와 진입한 상태의 항공기를 대상으로 계기가 어떻게 지시하고 있는지를 보여주고 있다.

먼저 VOR 계기는 이미 인바운드 레디얼 270°에 OBS가 조정되어 있다. 아웃바운드 구간에서 CDI는 역감지기능으로 작용하고 있다가 선회하는 도중에 기수방위가 90° 지점을 통과하면서 항공기는 인바운드 구간으로 접어들기 때문에 CDI는 ①번 계기와 같이 다시 정상적인 감지기능으로 작동하게 될 것이다. 따라서 항공기가 인바운드 코스에 접근함에 따라 CDI는 ②번 계기와 같이 왼쪽으로부터 중앙으로 이동하는 것을 관찰하게 될 것이다. 정상적으로 선회가 수행되었다면 인바운드 기수방위에서 수평비행으로 전환했을 때 CDI도 중앙을 지시해야 한다.

만약 인바운드 기수방위에서 수평비행할 때 CDI가 왼쪽 또는 오른쪽으로 벗어나 있다면 항공기는 인바운드 코스에서 왼쪽 또는 오른쪽으로 벗어나 있다는 것을 의미함으로 최소한의 트래킹 절차를 적용하여 즉시 인바운드 구간에 인터셉트할 수 있도록 수정 조작을 한다. 동일한 상황

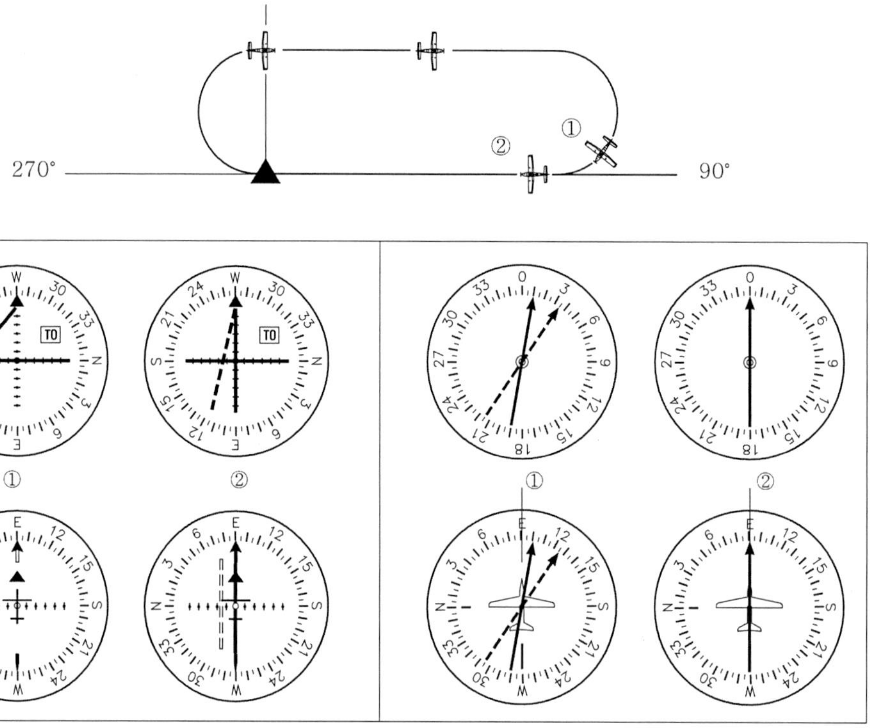

【그림6-13】 인바운드 진입 판단

에서 ADF 계기의 지시침은 어떻게 지시할 것인가? 인바운드에 진입한 순간에 고정방위판 ADF 계기의 지시침은 상대방위각이 0°가 됨으로 ADF 지시침은 0°를 지시해야 한다. 회전방위판 ADF 계기는 인바운드 기수방위와 일치했을 때 정확하게 인바운드에 인터셉트한 것으로 판단한다. [그림6-13]의 오른쪽 계기군은 이 같은 상황에서의 ADF 계기의 지시를 잘 보여주고 있다.

고정방위판 ADF 지시침은 상대방위각을 지시한다. 기수방위와 상관관계에 관해서 이해하는 것은 좌우측 선회 상황에서 ADF 지시침이 어느 방향으로 이동할 것인가에 대한 예측을 가능하게 해준다. 앞에서 언급한 것과 같이 우선회할 때 상대방위각은 감소하고 좌선회할 때 상대방위각은 증가한다.

이를 쉽게 이해할 수 있도록 먼저 두 손바닥을 펴서 수직으로 세워 왼손바닥은 아래에 그리고 오른손은 왼손 엄지손가락 위에 올려놓는다. 아래 손바닥을 ADF 지시침으로 그리고 위의 손바닥을 기수방위로 가정한다. 또한, 손가락 끝이 지시하는 방향이 송신소를 향하고 있다고 가정한다. 즉, 인바운드의 상태가 되고 기수방위와 ADF 지시침이 일치한 상태로 상대방위각이 0°가 된다. 이때 기수방위를 왼쪽으로 돌리면서 엇회전시켰을 때 아래의 ADF 지시침은 오른쪽으로 회전하면서 사잇각(상대방위각)은 점점 증가한다.

반대로 기수방위를 오른쪽으로 돌렸을 때 ADF 지시침은 왼쪽으로 돌아가면서 상대방위각은 점점 감소한다. 상대방위각이 점점 증가하여 양 손바닥이 배를 향하고 있을 때 상대방위각은 180°가 되었다. 이 상태에서는 왼손의 손목이 ADF 지시침 꼬리로 연상하여 앞에서와 마찬가지로 엇회전시켰을 때 기수방위의 움직임에 따른 ADF 지시침 꼬리의 이동 방향 즉 상대방위각의 변화를 예측할 수 있다. 다시 두 손바닥을 "X" 모양으로 위치시킨 후 위에 있는 손바닥을 오른쪽으로 돌리면서 엇회전시켰을 때 아래의 ADF 지시침은 같은 양으로 왼쪽으로 회전하면서 오른손이 정중앙에 위치할 때 ADF 지시침과 일치할 것이다. 이때의 상대방위각은 0°가 된다. 반대의 "X"자 모양에서 오른손을 왼쪽으로 회전시키면서 엇회전시켰을 때 ADF 지시침은 오른쪽으로 이동하면서 정중앙에서 두 손바닥 끝이 일치하게 될 것이고, 이때의 상대방위각이 0°가 된다. 이 같은 방법을 이해한다면 기수방위와 ADF 지시침의 이동 방향을 예측할 수 있을 뿐만 아니라 상대방위각의 증감을 예측하는 데도 도움이 된다.

(2) 편류 수정

체공구간의 기준은 인바운드 코스를 1분간(또는 1분 30초) 비행하는 것이다. 그러나 어떠한 이유에서든 인바운드 비행시간이 1분을 초과하거나 짧아졌을 때 아웃바운드 구간의 비행시간을 조절해야 한다. 예를 들어 [그림6-14]의 아래 그림과 같이 맞바람(headwind) 또는 뒷바람(tailwind)의 영향을 받는 상황에서 항공기의 대지속도(ground speed)가 증가 또는 감소하기 때문에 아웃바운드 구간이 증가 또는 감소할 수 있다.

왼쪽의 상황은 인바운드 구간의 비행시간을 체크했을 때 약 1분 20초가 소요되었다면 대지속도가 감소한 것으로 판단할 수 있고 이는 맞바람의 영향을 받고 있음을 예측할 수 있다. 따라서 다음 아웃바운드 구간에서는 대지속도의 증가가 예상되기 때문에 비행시간을 약 20초 정도 단축하여 40초 동안만 비행한 후 인바운드로 선회하면 인바운드 구간(inbound leg)의 비행시간을 1분으로 조절할 수 있을 것이다.

오른쪽 그림은 반대의 상황으로 인바운드 구간의 비행시간이 약 40초 소요되었다면 대지속도가 증가했다는 것을 판단할 수 있고, 아웃바운드 구간(outbound leg)에서 내시속도가 감소했다는 것을 예상할 수 있다. 이를 보상하기 위해서 아웃바운드 구간의 비행시간을 약 1분 20초 정도로 증가한다면 인바운드 구간을 1분으로 조절할 수 있을 것이다. 맞바람이나 뒷바람의 상황은 비교적 단순하기 때문에 수정하기가 그리 어렵지 않으나 측풍(crosswind)의 상황은 좀 더 복잡한 상황으로 전개될 수 있다. 어느 상황에서든지 체공 도중에 방향감각(disorientation)을 상실했다고 판단될 때는 주저 없이 앞에서 언급한 것과 같은 재진입(reentry) 절차를 수행할 것을 권장한다.

조종사에게 측풍(crosswind)의 영향은 비행을 더욱 복잡한 양상으로 이끌어 간다. 장거리 비행할 때는 크게 문제가 되지 않으나 1분간의 제한된 시간에서 여러 차례의 체공을 수행하는 것이 초임 조종사에게 쉽지만은 않으며 경항공기일수록 그리고 측풍(crosswind)의 강도가 강할수록 혼동의 가능성이 커진다. 체공이 예상될 때 또는 체공 과목 훈련 전 해당 공역의 풍향풍속을 정확히 판단하는 것은 매우 중요하다. 측풍이 예상될 때 인바운드 코스에 진입하여 트래킹 절차를 적용하여 직선 항적을 유지하고 바람수정각(wind correction angle; WCA)을 판단한다.

인바운드 구간에서 결정된 바람수정각은 아웃바운드 구간에서는 인바운드 수정각의 3배를 적용한다. 예를 들어 인바운드에서 왼쪽으로 5°로 편류를 수정했을 때 아웃바운드에서는 오른쪽으로 15°를 적용해야 적절한 체공장주를 그릴 수 있다. [그림6-14]는 바람의 영향을 받았을 때 형성된 체공장주는 일반 체공장주와 달리 그려지고 있음을 보여주고 있다. 그림에서 인바운드

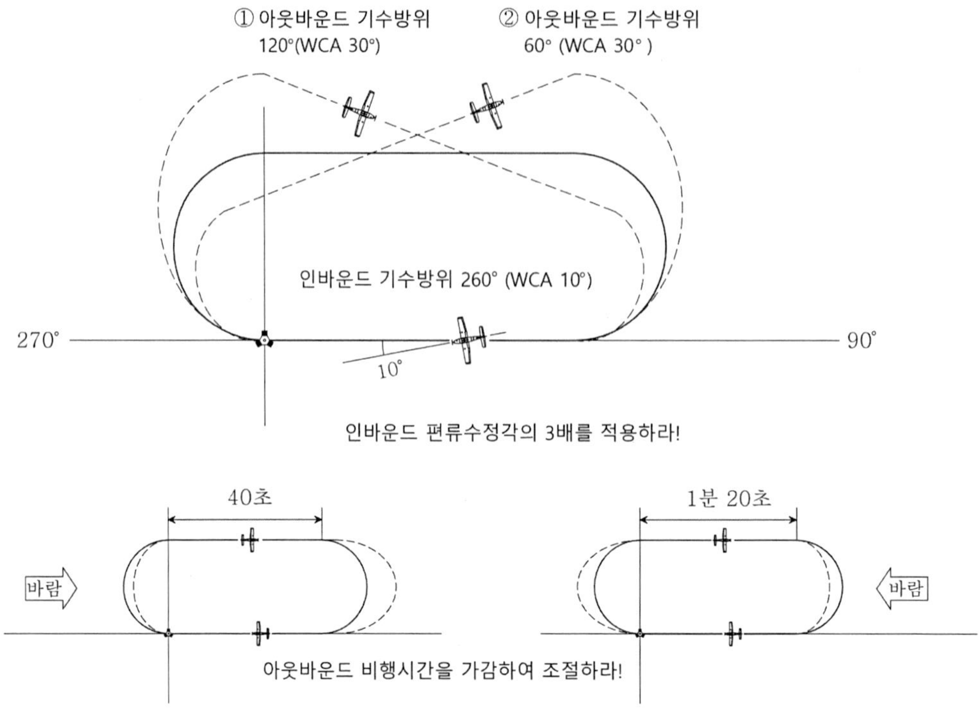

【그림6-14】 편류 수정 방법

기수방위는 270°이지만 바람수정각 10°를 적용하여 직선항적을 유지할 수 있었다. 우선회했을 때 인바운드 코스의 왼쪽에서 불고 있는 바람은 선회 중인 항공기에 뒷바람에 노출될 수 있으므로 대지속도가 증가하여 항공기를 체공면 아웃바운드 구간 쪽으로 밀어내고 있음을 알 수 있다. 따라서 항공기는 ①번 항적과 같이 정상적인 체공구간으로부터 멀어진 상태가 된다.

아웃바운드 구간을 종료하고 인바운드로 선회할 때 반대로 맞바람에 노출될 가능성이 크기 때문에 항공기의 대지속도는 감소하고 선회반경은 상대적으로 감소하고 있음을 볼 수 있다. 이와 같이 두 차례의 선회 구간에서 상실한 양을 보상하고 정상적인 편류량(amount of drift)을 고려했을 때 3배의 수정각을 적용해야 정상적으로 인바운드 코스에 진입할 수 있다는 것을 보여주고 있다. 반대로 체공코스의 오른쪽에서 바람이 불고 있을 때는 체공 픽스를 통과하여 우선회할 때 맞바람을 받으면서 대지속도가 감소할 수 있어 선회반경이 짧아지고 아웃바운드로부터 인바운드로 선회할 때는 뒷바람을 받으면서 대지속도가 증가할 수 있기 때문에 선회반경(radius of turn)이 그만큼 증가하고 있음을 ②번 항적과 같이 보여주고 있다.

6.2.14 VOR 체공

관제사로부터 체공지시를 받은 조종사는 즉시 진입방법을 결정하고 VOR 체공 픽스를 통과하여 적절한 진입을 한 후 지시된 시간까지 체공을 실시한다. VOR 체공은 VOR 계기에 의한 방향 유지와 인바운드 비행시간을 체크할 수 있는 시계가 필요하다. 체공은 인바운드 코스를 1분간 직선비행하는 것을 기준으로 하고 일반 손목시계보다 스톱워치가 효율적이다. 계기비행 중 효과적인 체공진입(entry)을 수행하기 위해서는 구간별 절차를 암송하면서 비행 상태를 계속해서 시각화(visualized)하는 것은 매우 중요한 요소다. 이는 외부 시각 참조물을 확인할 수 없기 때문이며 계기 지시에 의존하면서 자신의 위치를 판단해야 하기 때문이다. 계기비행 훈련을 하는 초임 조종사가 체공진입 절차에서 필수적으로 암송해야 할 절차를 일반적으로 "5T"라 한다.

① Time(시간 체크): 어빔 위치에서 아웃바운드 비행시간, 인바운드 시작 지점에서 픽스 통과시까지 경과시간을 체크한다.
② Turn(선회): 픽스를 통과하여 선회하거나 각 구간에서 선회할 때 "Turn"을 복창한다.
③ Twist(OBS/CRS를 인바운드 또는 어빔 레디얼에 조정): VOR 레디얼 또는 NDB 방위에 버그(bug)를 세팅한다.
④ Throttle(동력 조정): 규정된 속도로 감속 또는 체공속도를 유지한다. 헬리콥터의 경우는 컬렉티브로 동력을 조정한다.
⑤ Talk(보고): 체공에 진입했을 때 보고와 필요 사항을 보고한다.

이 같은 "5T"는 체공 중 조종사가 수행해야 할 업무를 논리적 순서로 정해 놓았기 때문에 체공 중에 "5T"를 복창하면서 모든 절차를 수행하는 것을 습관화시켜야 한다. 체공에 첫 진입해서 "5T"는 시간 체크부터 관제사에게 체공진입 보고까지 순서대로 수행된다. 그러나 1회 체공이 종료된 후 두 번째 체공에 진입해서부터는 필요에 따라 Twist, Throttle, Talk 절차가 생략된다. 체공은 앞에서 언급한 것과 같이 매우 제한된 공역에서 제한된 시간에 수행되는 기동이므로 상당한 집중력이 요구된다.

그러나 이제까지 학습한 내용을 충분히 이해했다면 어떠한 상황에서 체공이 시시될시라도 자신 있게 이를 수행할 수 있어야 한다. 다음은 VOR과 NDB 체공에 관해서 사례를 들어 설명한다. 체공이 수행되는 과정에 관한 계기의 움직임을 시각적으로 판단할 수 있도록 그려 놓았으므로 전체 과정을 이해하는데 상당한 도움이 될 것이다. 필요에 따라 컴퓨터 시뮬레이터를 이용할 수 있다면 동일한 상황을 가정하여 이미지 훈련을 시도해 보는 것도 실제 훈련을 대비해서 상당한 효과를 거둘 수 있을 것이다. 수차례 강조하는 사항이지만 체공도 마찬가지로 항공기 기동 그림은 이해를 돕기 위한 보조 자료로 제공되는 것이라는 것을 염두에 두고 계기 지시에 의한 시각화에 중점을 두어야 한다.

[주] 교관에 따라 TURN-TIME 순으로 적용하는 경우도 있으나 이들 두 요소는 거의 동시에 수행되는 과정이므로 어느 경우든 상관없다.

[1] 사례1

당신은 ABC VORTAC으로부터 330° 레디얼 선상에서 기수방위 150°로 인바운드 중에 관제사로부터 다음과 같은 체공지시를 받았다.

...hold west of the ABC VORTAC on the two seven zero radial maintain eight thousand expect further clearance at one zero two zero...

(1) 진입방법

필기대에 관제사의 체공지시를 받아 그리면서 [그림6-15]와 같이 체공장주를 그려 진입 방법을 결정한다. 현재 위치에서 ①번 계기에 의한 위치결정은 기수방위 150°, OBS 150° 레디얼, TO/FR 지시기 TO, CDI 중앙을 지시하고 있는 것으로 보아 항공기는 330° 레디얼 선상에서 송신소를 향하여 인바운드 중에 있음을 알 수 있다. 기수방위 지시계를 이용한 진입방법으로 아웃바운드 기수방위 270°는 직접진입(direct entry) 구역에 있음을 신속하게 판단할 수 있다.

(2) 인바운드 및 송신소 통과

항공기가 체공 픽스인 VOR 송신소에 가까워질수록 TO/FR 지시기의 흔들림이 감지되고 송신소를 통과하는 순간 ②번 계기와 같이 TO/FR 지시기가 TO에서 FR으로 바뀐다. 조종사는 "TIME"(여기서는 송신소 통과 시간을 확인한다.)을 복창하면서 스톱워치를 작동시키고 동시에 "TURN"을 복창하면서 우선회를 실시한다. 표준율 선회에 안정되면 어빔 위치를 판단하기 위한 절차로 "TWIST"를 암송하면서 OBS를 180°에 맞추면 TO/FR 지시는 FR을 지시할 것이다. 이 때의 CDI는 항공기가 180° 레디얼의 아웃바운드(outbound) 상태에 있기 때문에 정상감지기능으로 작동할 것이다. 180° 선회가 진행되는 과정에서 90° 이전 구간에서 CDI는 점점 멀어지다가 90° 구간을 넘어서면서 CDI는 ③번 계기와 같이 점점 중앙을 향하여 이동하는 것을 관찰할 수 있을 것이다.

항공기는 어빔에 접근하고 있다고 판단할 수 있다. 선회와 동시에 "THROTTLE"을 복창하면서 지정된 고도와 항공기 기종에 적합한 속도를 유지할 수 있도록 스로틀(또는 컬렉티브)로 동력을 조정한다. 그러나 체공 픽스에 진입하기 이전에 이미 체공속도까지 감속되었다면 이 절차는 생략한다. 선회 중 시간적 여유가 있다면 "TALK"를 복창하면서 관제사에게 "... Cessna one two three, entering hold over ABC VORTAC eight thousand at this time ..."와 같이 현재 시간부로 지정된 VORTAC 상공에서 체공에 진입했음을 통보하고 시간적 여유가 없을 때는 아웃바운드 코스에 진입하여 안정된 후에 체공진입 보고를 한다.

(3) 어빔 통과

모든 선회는 초당 3°의 표준율 선회를 적용한다. ③번 계기와 같이 CDI가 중앙으로 이동하고 있고 ④번 계기와 같이 CDI가 중앙을 지시할 때 항공기는 어빔 위치를 통과하고 있는 것으로 판단한다. 이 시점에서는 180° 선회도 거의 종료되기 때문에 아웃바운드 기수방위를 주시하고 적절한 선도량을 적용하여 아웃바운드 기수방위인 270°에서 수평직선비행으로 전환한다. 선회가 정확하게 수행되었다면 CDI 중앙과 동시에 아웃바운드 기수방위에서 수평비행으로 전환할 수 있을 것이다. 만약 OBS를 인바운드 레디얼인 270°에 맞추었다면 TO/FR 지시기는 FR→TO로 전환되는 순간을 어빔 위치를 통과하는 것으로 판단한다. 어느 경우든 조종사의 재량에 달려 있다. 어빔 위치의 통과를 확인하고 TIME-TURN을 암송하면서 시간을 기록하고 동시에 270°의 아웃바운드 기수방위에서 선회정지 조작을 한다. TWIST를 암송하면서 OBS를 인바운드 레디얼인 090°에 맞추면 TO/FR 지시기는 TO를 지시하고, 항공기는 아웃바운드 상태에 있으므로 CDI는 역감지기능으로 작동하게 될 것이다.

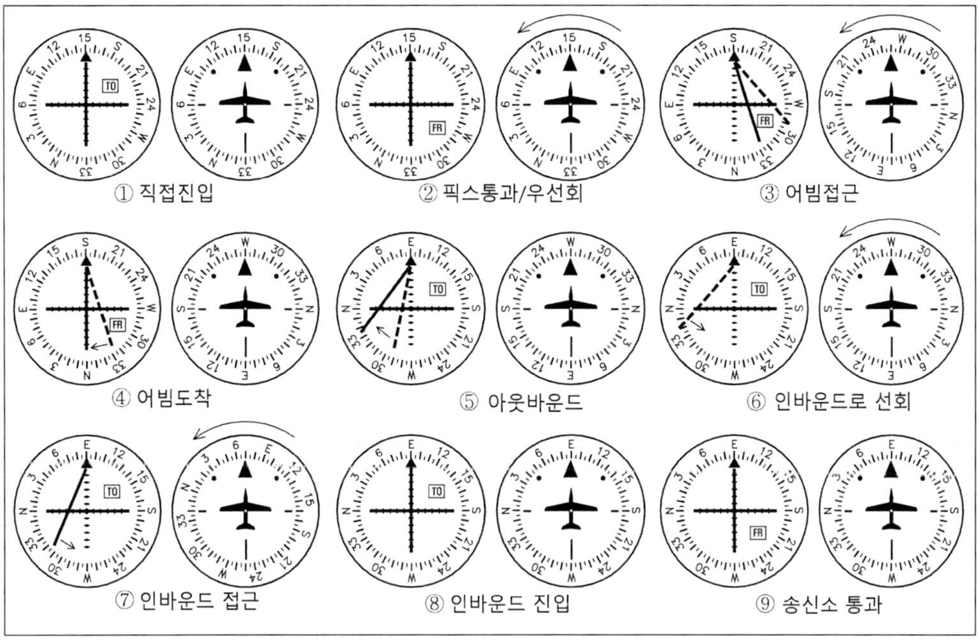

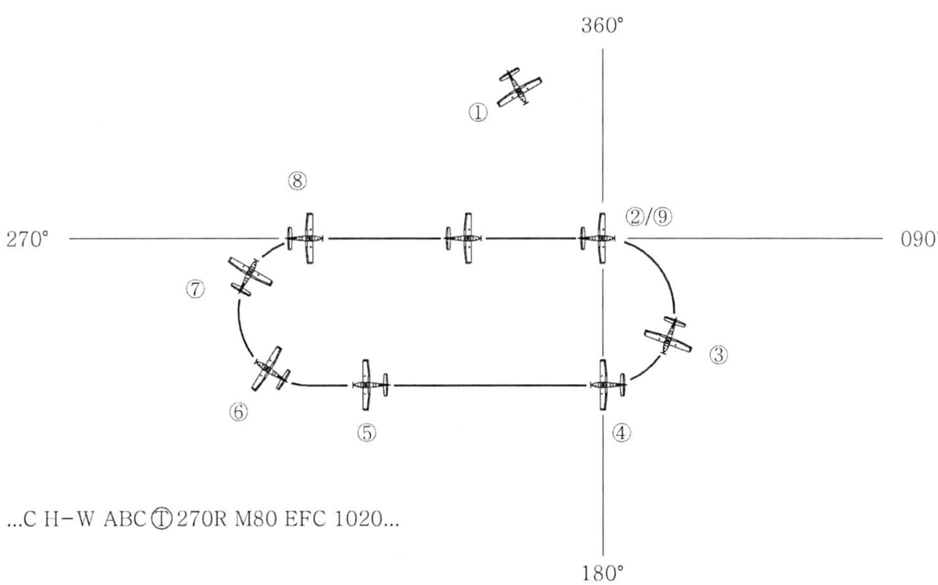

【그림6-15】 VOR 체공 사례-I

(4) 아웃바운드 구간 및 인바운드 선회

어빔을 통과한 후 아웃바운드 기수방위로 수평직선비행을 한다. ⑤번 계기는 OBS를 인바운드 레디얼인 90°에 맞추었을 때 TO/FR 지시기는 TO를 지시할 것이다. 이는 CDI가 역감지기능으로 작동한다는 것을 의미한다. ⑤계기에서 CDI는 왼쪽으로 벗어나고 있다. 이는 270° 레디얼이 반대 방향인 오른쪽에 있다는 것을 의미하고, 역감지기능에서 CDI의 벗어난 방향과 항공기가 벗어난 방향은 일치한다. 이 구간에서 CDI는 어느 한쪽으로 완전히 벗어나는 경향이 있기 때문에 이를 주의 깊게 관찰하기보다 아웃바운드 기수방위의 유지에 주의를 집중해야 한다. 아웃바운드 기수방위를 유지하여 1분간 비행한다.

1분 동안의 직선비행이 종료되는 지점에서 "TIME-TURN"을 암송하면서 시간을 체크하고 인바운드 코스를 향하여 180° 우선회를 시작한다. 항공기가 90° 이상을 선회하면서 CDI는 정상적인 기능을 나타내고 ⑦번 계기와 같이 CDI가 점차 중앙으로 이동하는 것으로 보아 항공기는 인바운드 코스에 가까워지고 있음을 알 수 있다. CDI가 ⑧번 계기와 같이 중앙을 지시할 때 항공기는 인바운드 코스에 진입한 것으로 판단하고, TIME-TURN을 암송하면서 시간 체크와 함께 선회정지 조작하고, 기수를 인바운드 기수방위 90°로 수정한다. 모든 절차와 선회가 정상적으로 이루어졌다면 CDI가 중앙을 지시하는 시점과 180° 선회가 종료되는 시점이 거의 일치하게 될 것이다.

그러나 조종미숙 또는 바람의 영향으로 선회 종료 이전에 CDI가 중앙을 지시하거나 180° 선회가 완료되어 인바운드 기수방위에서 수평비행으로 복귀했음에도 CDI가 아직 중앙을 지시하지 못했을 상황이 발생할 수 있다. 전자의 경우라면 선회를 조기에 종료하여 인바운드 기수방위에서 수평비행으로 전환하고 후자의 상황이라면 인바운드 레디얼에 진입하지 못한 상황이기 때문에 트래킹 절차를 적용하여 인바운드에 가급적 신속하게 인터셉트할 수 있도록 수정 조작을 해야 한다. 항공기가 선회를 완료하고 수평비행으로 전환한 순간부터 시간을 재기 시작한다. 인바운드 기수방위를 유지하여 비행 중 ⑨번 계기와 같이 TO/FR 지시기가 TO에서 FR으로 바뀌는 순간 시간을 기록하여 인바운드 구간의 비행시간을 판단하여 1분이 될 수 있도록 이전에 학습한 내용을 참고하여 아웃바운드 구간을 조절할 수 있어야 한다. 송신소를 통과한 후 TIME-TURN을 암송하면서 표준율 우선회를 실시한다. 두 번째 체공에서 어빔 위치는 TO/FR 지시기가 FR에서 TO로 바뀌는 시기로 판단한다.

[주1] 어빔 위치를 판단하기 위해서 OBS를 다시 조정하여 식별할 수도 있으나 항공기가 신호무감 구역을 통과하는 시기로 판단해도 무방하다.

[주2] 위의 사례는 바람이 없을 때 표준체공 절차를 가정하여 설명하였다.

[주3] 어빔 위치에서 5T는 TIME-TURN-TWIST만 실행되었고 나머지는 이미 조정된 상태이기 때문에 생략한다.

(5) HSI에 의한 체공

[그림6-16]은 동일한 상황에서 HSI 계기에 의한 체공진입과 수행 과정을 보여주고 있다. 이제 이들 계기에 매우 익숙해 있을 것으로 보고 간단하게 설명한다. 세부 내용과 이미지 훈련은 학습자 스스로 계기의 지시와 변화 방향 등을 참고하여 판단할 수 있어야 한다. ①번 계기는 기수방위 150°, CRS 150°, TO/FR 지시기 TO를 지시하고 있는 것으로 보아 송신소를 향하여 인바운드 중에 있다. ②번 계기는 송신소를 통과하면서 동시에 우선회를 시작하였다.

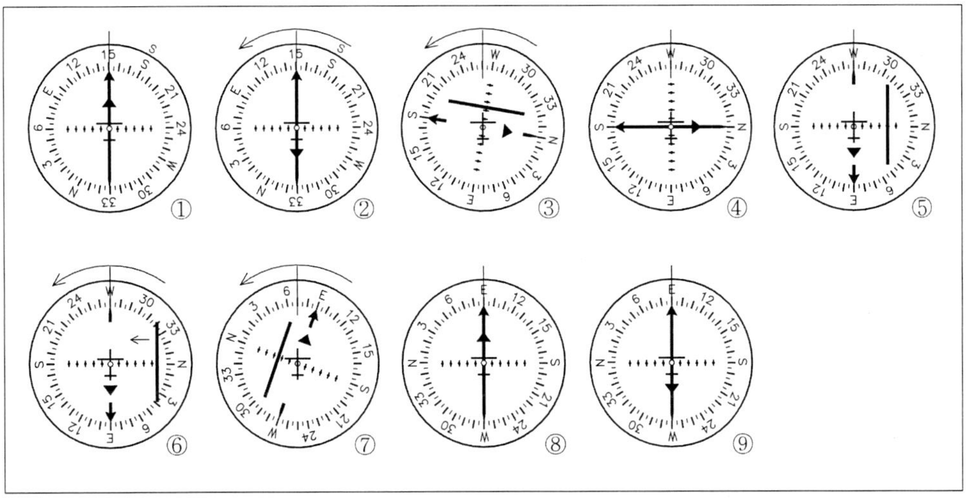

【그림6-16】 HSI 체공 사례-I

어빔 위치를 판단하기 위해서 CRS를 180°에 맞추었다. 선회가 진행되면서 ③번 계기와 같이 CDB가 점점 중앙으로 이동하는 것으로 보아 항공기는 어빔에 가까워지고 있다는 것을 알 수 있다. ④번 계기와 같이 기수방위와 CDB가 90°가 되고 중앙을 지시할 때 항공기는 어빔 위치를 통과하고 있는 것으로 판단한다. 선회중지와 동시에 아웃바운드 기수방위를 유지하고 CRS를 인바운드 레디얼인 90°에 맞추면 TO/FR 지시기는 TO를 지시할 것이다.

CDB는 ⑤번 계기와 같이 오른쪽으로 벗어나면서 정상적인 상태를 지시한다. ⑥/⑦번 계기와 같이 인바운드 구간으로 선회하면서 CDB는 점점 중앙으로 이동하는 것을 관찰할 수 있을 것이다. ⑧번 계기와 같이 선회가 종료되는 시점에 CDB 역시 중앙을 지시하고 기수방위와 일치할 때 정확하게 인바운드 레디얼에 진입한 것으로 판단한다. 만약 인바운드 기수방위에서 수평직선비행으로 복귀했을 때 CDB가 중앙을 지시하지 못했거나 조기에 진입했다면 VOR에서 언급한 것과 같은 수정 절차를 적용하여 인바운드 코스에 진입한다. 인바운드 기수방위를 유지하고 비행하던 중 ⑨번 계기와 같이 TO/FR 지시기가 FR으로 전환될 때 송신소를 통과한 것으로 판단한다.

[2] 사례2

당신은 040° 레디얼 선상에서 ABC VORTAC으로 인바운드 중 관제사로부터 다음과 같은 체공 지시를 받았다. 진입방법을 결정하고 진입절차를 설명하라.

... cleared to the ABC VORTAC, hold southwest on the two one zero radial left turn...

(1) 송신소 통과 및 인바운드 진입

[그림6-17]의 ①번 계기와 같이 040° 레디얼 선상에서 기수방위 220°로 송신소를 향하고 있음으로 티어드롭 진입(teardrop entry)이 적당하다. ②번 계기와 같이 TO/FR 지시기가 FR으로

전환되는 것으로 체공 픽스를 통과한 것으로 판단한다. 송신소를 통과한 후 TIME-TURN을 암송하면서 시간을 체크하고 기수방위를 체공 인바운드 코스와 30°를 이루는 240°를 유지하여 1분간 수평직선비행(straight and level flight)한다. 동시에 TWIST를 암송하면서 OBS를 인바운드인 030° 레디얼에 맞추고 THROTTLE을 암송하면서 체공속도와 고도를 유지할 수 있는 동력으로 조정한다. 끝으로 TALK를 암송하면서 다음과 같이 현재 시간부로 체공 픽스에 진입했음을 관제사에게 보고한다.

"Cessna one two three, entering hold over ABC VORTAC eight thousand at this time"

③번 계기는 체공 픽스를 통과한 후 CDI의 변위를 보여주고 있으며 OBS 레디얼은 인바운드에 맞추어져 있으나 항공기는 아웃바운드하고 있는 중이기 때문에 역감지기능(reverse sensing)을 예측할 수 있어야 한다. 1분간 수평직선비행 후 인바운드로 진입하기 위해서 좌선회를 실시했다. ④번 계기는 항공기가 인바운드 구간의 감지 구역에 접어들면서 CDI는 점차 중앙으로 이동하는 것을 관찰할 수 있을 것이다. 정상적으로 선회가 수행되었다면 인바운드 기수방위로 선회가 거의 완료되는 시점에서 CDI도 거의 중앙에 접근하게 될 것이다. ⑤번 계기와 같이 선회가 완료되어 인바운드 기수방위에서 선회정지(roll-out) 조작을 했을 때 CDI도 중앙을 지시하고 있는 것으로 보아 항공기는 정확하게 인바운드 코스로 진입했다. 현재의 기수방위 30°, OBS 30°, TO/FR 지시기 TO, CDI 중앙인 상태에서 인바운드 중에 있다.

(2) 송신소 통과 및 어빔 확인

⑥번 계기는 인바운드 코스에 진입하여 수평직선비행 중인 항공기의 상태를 보여주고 있다. 정확한 기수방위 유지에 주의를 집중한다. 비행 중 TO/FR 지시기가 FR으로 바뀌는 순간을 송신소 통과로 판단하고 TIME-TURN-TWIST를 암송하면서 180° 좌선회를 시작하고, 어빔 위치를 판단하기 위해서 OBS를 300°에 맞추었을 때 TO/FR 지시기는 FR을 지시할 것이다. 180° 선회가 종료되는 시점에서 ⑦번 계기와 같이 CDI가 왼쪽에서 점차 중앙으로 이동하는 것을 관찰할 수 있을 것이다. 선회가 거의 종료됨과 동시에 CDI도 중앙을 지시할 것이다. CDI가 중앙을 지시하는 순간을 어빔 위치로 판단하고 TURN-TIME- TWIST를 암송하면서 선회정지 조작과 함께 아웃바운드 기수방위로 선회를 종료하면서 시간을 체크하기 시작한다. 동시에 인바운드 코스에 진입하기 위한 인바운드 레디얼에 OBS를 맞춘다.

(3) 아웃바운드 구간 비행 및 인바운드 진입

⑧번 계기는 아웃바운드 코스에서 기수방위 210°, OBS 30°, TO/FR 지시기 TO, CDI 오른쪽(역감지기능)의 상태에서 인바운드 코스와 평행하게 비행하고 있다. 1분간 비행을 종료한 후 180° 좌선회를 실시한다. 정상적으로 180° 좌선회가 수행되었다면 인바운드 기수방위에 도달했을 때 ⑨번 계기와 같이 CDI도 중앙을 지시할 것이다. 동시에 TURN- TIME-TWIST를 암송하면서 인바운드 기수방위를 유지하고 시간을 체크하면서 인바운드 구간으로 수평직선비행을 시작한다.

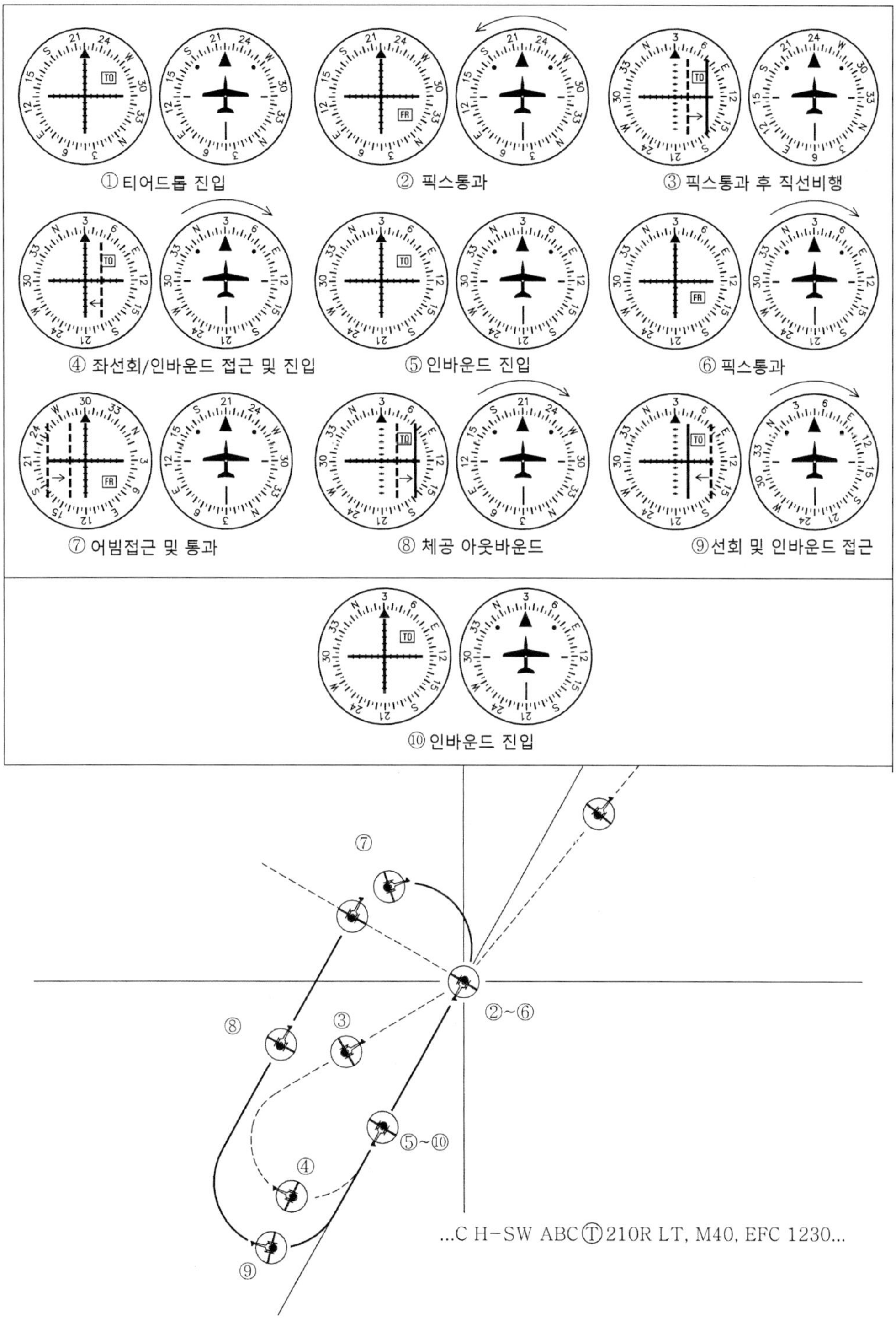

【그림6-17】 VOR 체공 사례-II

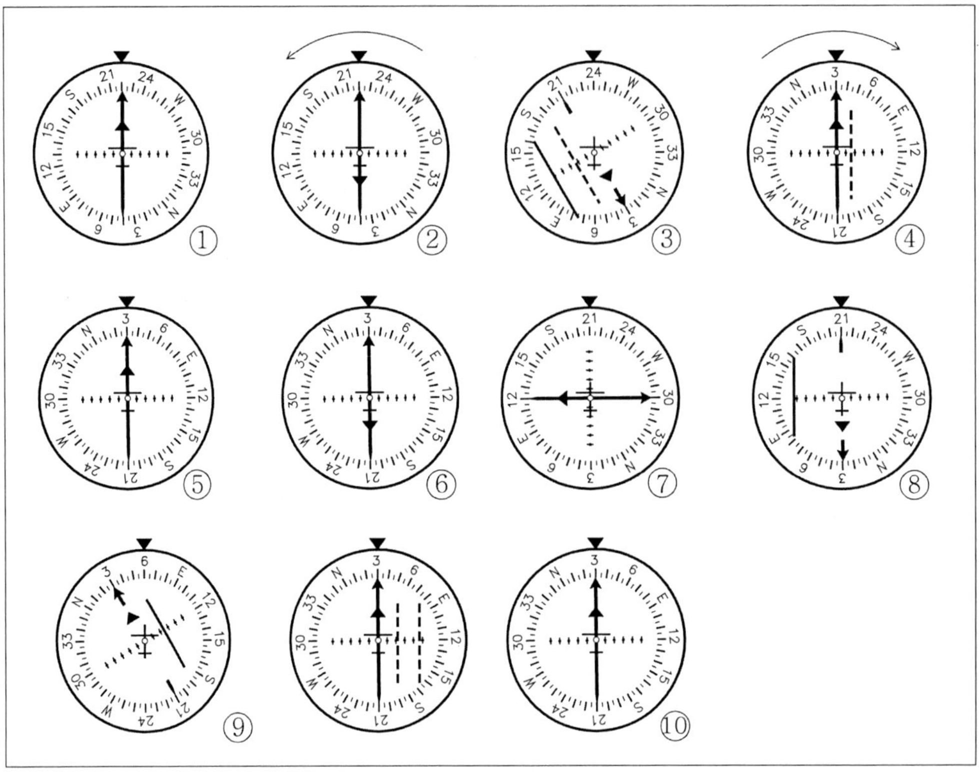

【그림6-18】 HSI 체공 사례-II

⑩번 계기는 인바운드 구간에서 비행 중인 항공기의 상태를 보여주고 있다. 이 상태는 정상적으로 인바운드 레디얼에 진입한 것을 가정한 것으로 코스에 존재하는 바람의 영향이라든지 조종미숙으로 정확한 코스에 진입하지 못했거나 편류가 발생했을 때 이를 수정하여 지정된 체공장주를 그릴 수 있도록 훈련되어야 한다.

(4) HSI 체공 사례

[그림6-18]과 같이 ①/②번 계기는 항공기가 기수방위 220°, CRS 220°, TO/FR 지시기 TO의 상태에서 송신소를 향하여 접근 중에 TO/FR 지시기가 FR으로 전환되는 것으로 보아 송신소를 통과하는 과정을 보여주고 있다. 즉시 기수방위를 240° 변경하고 인바운드 코스에 진입하기 위해서 CRS를 030°로 변경하였다. ③/④/⑤번 계기는 1분간 직선비행한 후 180° 좌선회하여 인바운드 코스에 진입하는 순간까지의 과정을 보여주고 있다. ⑥/⑦번 계기는 인바운드에 진입하여 직선비행 후 송신소를 통과하면서 어빔 위치를 확인하는 과정까지를 보여주고 있다. ⑧번 계기는 아웃바운드 구간에 진입하여 기수방위 210°로 직선비행 중인 항공기의 상태를 보여주고 있다. ⑨/⑩번 계기와 같이 인바운드 코스에 거의 접근했을 때 CDB도 중앙에 거의 도달할 것이고 인바운드 기수방위로 선회정지 조작을 수행하여 인바운드에 진입한다. 정상적으로 인바운드에 진입했다면 ⑪번 계기와 같이 기수방위 30°, CDB 중앙을 지시한 상태가 될 것이다.

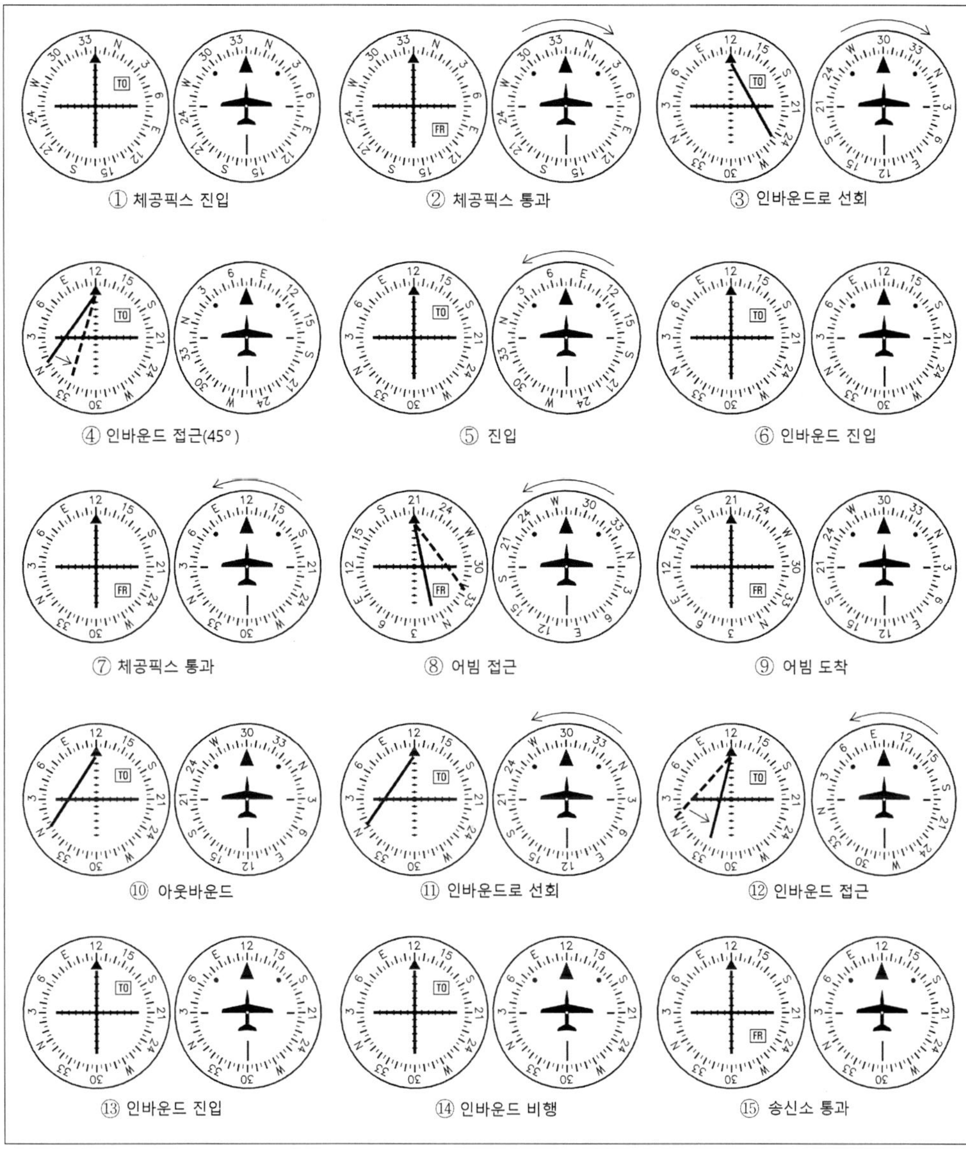

【그림6-19】 VOR 체공 사례-III

[3] 사례3

다음은 학습자 스스로 모든 절차를 수행하면서 훈련을 할 수 있도록 과제로 남겨두었다. 지면 관계상 더 많은 사례를 들 수 없으므로 아직 부족한 면이 있다면 학습자 스스로 체공지시를 응용하여 완전한 자기 지식으로 승화시키길 바란다. [그림6-19, 20]의 ①번 계기와 같이 비행 중 관제사로부터 다음과 같은 체공지시를 받았다. 진입방법을 결정하고 진입절차를 설명하라.

...cleared to the GIMHAE VORTAC, hold northwest of three zero zero radial, maintain three thousand five hundred expect further clearance time 11:25...

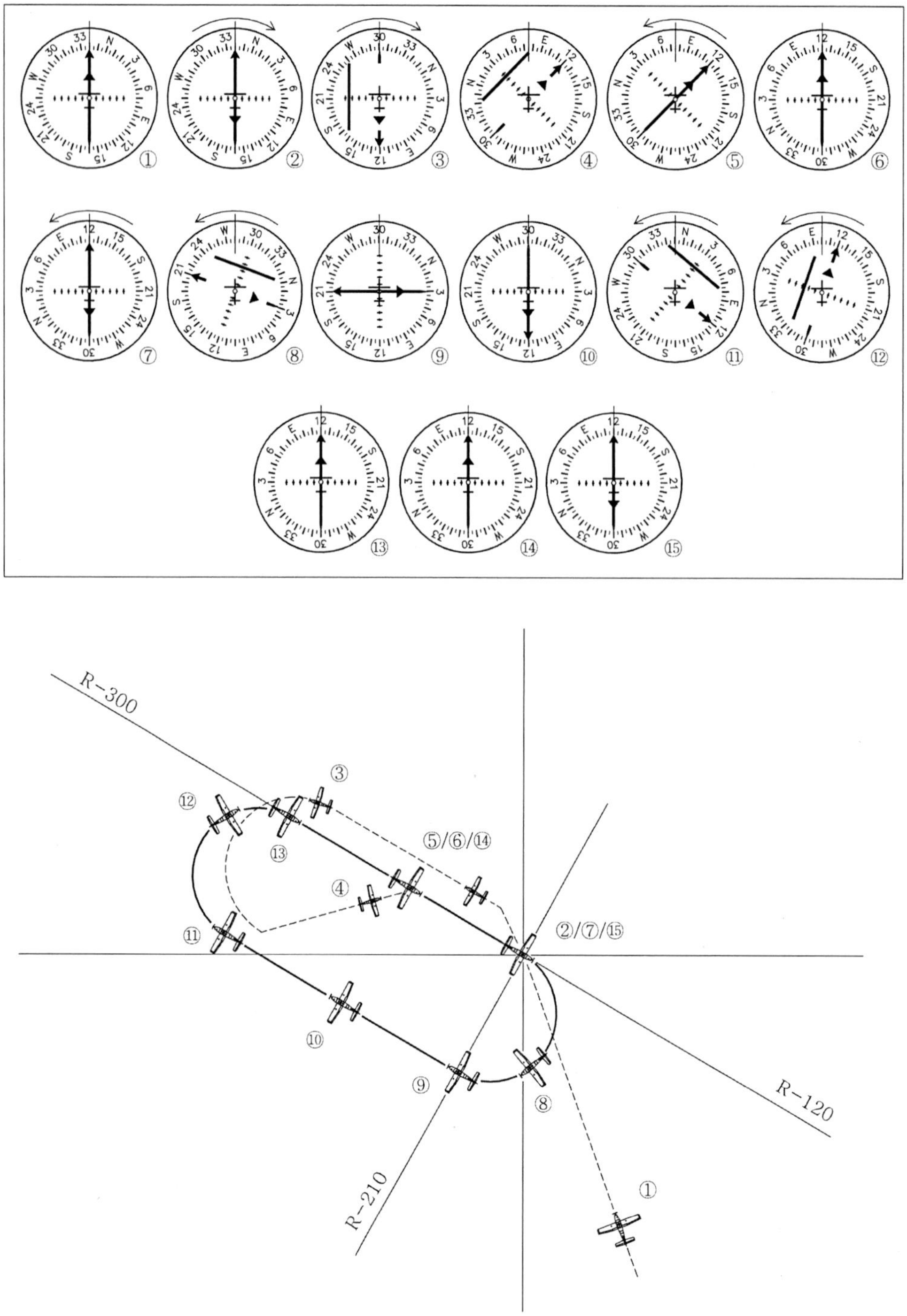

【그림6-20】 HSI 체공 사례-III

6.2.15 NDB 체공

NDB 체공은 사용하는 주파수대를 제외하고 VOR 체공과 근본적으로 동일하다. 일반항공에도 GNSS/GPS가 널리 보급되면서 NDB 항법시설은 위치식별을 위한 보조시설로 활용되고 있어 세부 내용을 생략하고 주요 활용 방법에 관해서만 간단하게 다룬다. ADF 수신기는 고정방위판 ADF 계기와 회전방위판 ADF 계기 그리고 RMI가 사용되고 있다. 고정방위판 ADF는 거의 사용되지 않기 때문에 회전방위판 ADF 계기를 중점적으로 학습하기 바란다. RMI에 의한 VOR 송신소를 이용하여 체공 절차를 수행할 때 ADF의 회전방위판 ADF 지시침의 움직임과 동일한 원리가 적용된다. 다음은 NDB 체공에 관한 2개의 사례를 들어 설명한다.

[1] 사례1

목적지 공항으로 향하던 중 관제사로부터 다음과 같은 체공지시를 받았다. 체공 진입방법을 결정하고 진입부터 인바운드 코스에 진입하는 과정을 설명하시오.

...hold northwest of the ABC NDB on the three one zero bearing from the NDB, maintain three thousand, expect further clearance one two four zero...

(1) 진입 및 송신소 통과(고정방위판 ADF 계기)

[그림6-21]의 ①번 계기의 지시에 따라 항공기는 송신소로부터 160° 베어링 선상에서 기수방위 340°로 인바운드 중에 있다. 기수방위 지시계를 이용한 진입방법을 판단했을 때 평행진입이 가장 적절한 것으로 판단하고 평행진입을 결정했다. 인바운드에 45°로 진입각을 결정했을 때 진입 방위각은 85°가 되고, 사잇각은 45°가 되어야 한다. 송신소에 근접할수록 ADF 지시침의 흔들림(swing) 현상이 발생하면서 ②번 계기와 같이 ADF 지시침이 180° 회전하는 것으로 항공기는 송신소를 통과한 것으로 판단한다.

조종사는 TURN- TIME을 암송하면서 아웃바운드 기수방위 310°로 전환하고 시간을 체크하면서 직선비행을 유지하는 데 주의를 집중한다. TWIST-THROTTLE을 암송하면서 체공속도와 고도를 유지할 수 있는 동력으로 스로틀(컬렉티브)을 조정한다. 끝으로 TALK를 암송하면서 현재 시간부로 체공 픽스에 진입했음을 관제사에게 보고한다. ③번 계기와 같이 1분간 직선비행을 종료한 후 인바운드에 진입하기 위해서 좌선회를 시작한다. ④번 계기는 선회 중인 ADF 계기 지시침의 변화를 보여주고 있으나 선회 중에는 표준율 선회를 유지하는 데 주의를 집중한다. 180° 선회 지점을 통과한 후 계속해서 인바운드에 진입하기 위한 진입 방위각 85°까지 선회를 계속한다. ⑤번 계기는 선회를 종료하고 인바운드에 진입하기 위한 진입 방위각 85°로 직선비행 중인 항공기를 보여주고 있다.

항공기가 인바운드 코스에 가까워질수록 ⑥번 계기와 같이 ADF 지시침은 사잇각 45°를 향하여 이동할 것이고, 지시침이 정확하게 사잇각 45°를 지시할 때 인바운드에 인터셉트한 순간이 된다. 인바운드에 인터셉트했음을 인지하자마자 즉시 우선회하여 기수방위를 130°로 수정함으로써 항공기는 ⑦번 계기와 같이 정상적으로 체공 인바운드에 진입했음을 보여주고 있다.

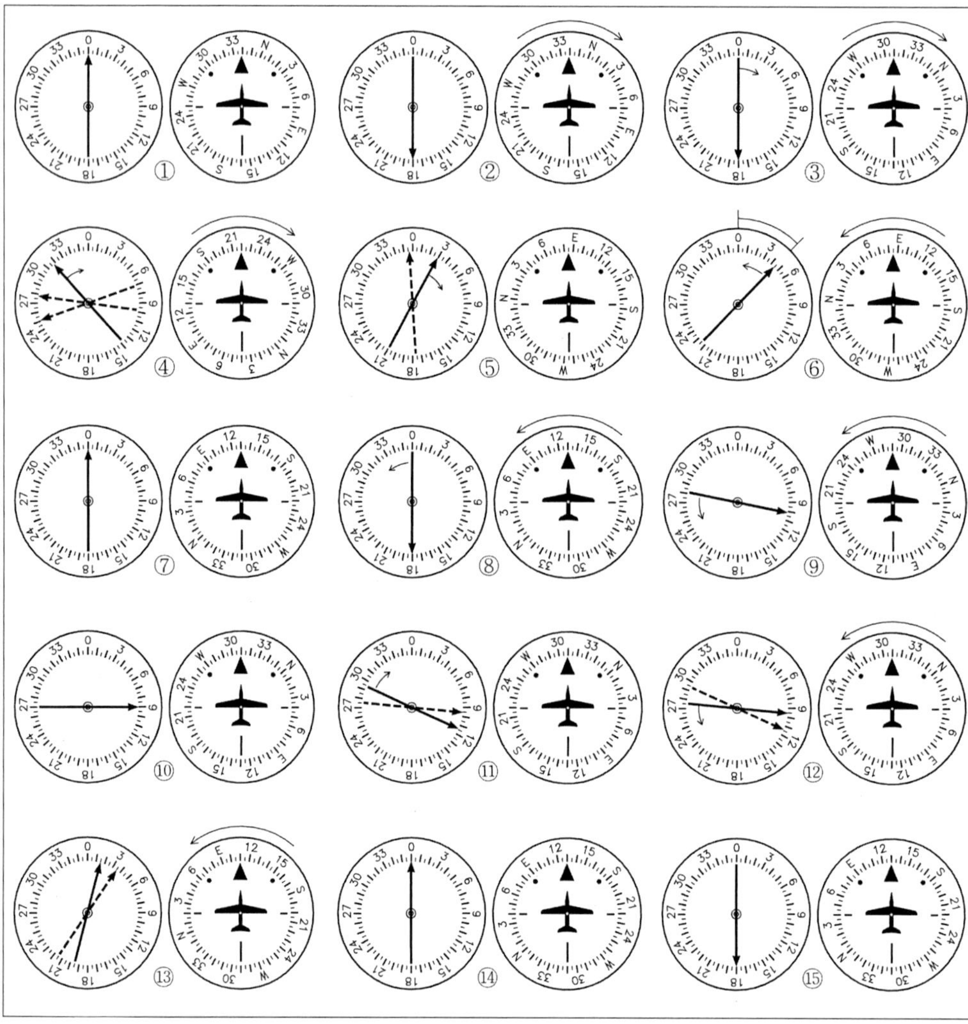

【그림6-21】 NDB 체공 사례(고정방위판 ADF)-I

(2) 어빔 통과

⑧번 계기와 같이 ADF 지시침이 180° 회전하는 것으로 항공기는 체공 픽스를 통과한 것으로 판단한다. 즉시 180° 우선회에 시작한다. 항공기가 어빔(abeam) 위치에 거의 도달했을 때 ADF 지시침은 ⑨번 계기와 같이 사잇각 90°를 향하여 이동하고 있는 것을 관찰할 수 있을 것이다. ADF 지시침이 ⑩번 계기와 같이 사잇각 90°를 지시할 때 항공기는 어빔 위치를 통과한 것으로 판단한다. 정상적으로 선회가 이루어졌다면 선회정지와 함께 아웃바운드 기수방위에서 수평직선비행을 하게 될 것이다. 어빔 위치를 통과할 때 "TIME- TURN-TWIST-THROTTLE-TALK" 절차를 수행한다. TIME과 TURN 절차를 제외하고 나머지는 이미 수행된 절차들이기 때문에 실행은 생략한다.

(3) 아웃바운드 구간 및 인바운드로 선회

기수방위 310°를 유지하고 수평직선비행을 하는 데 주의를 집중한다. 송신소에서 멀어질수록

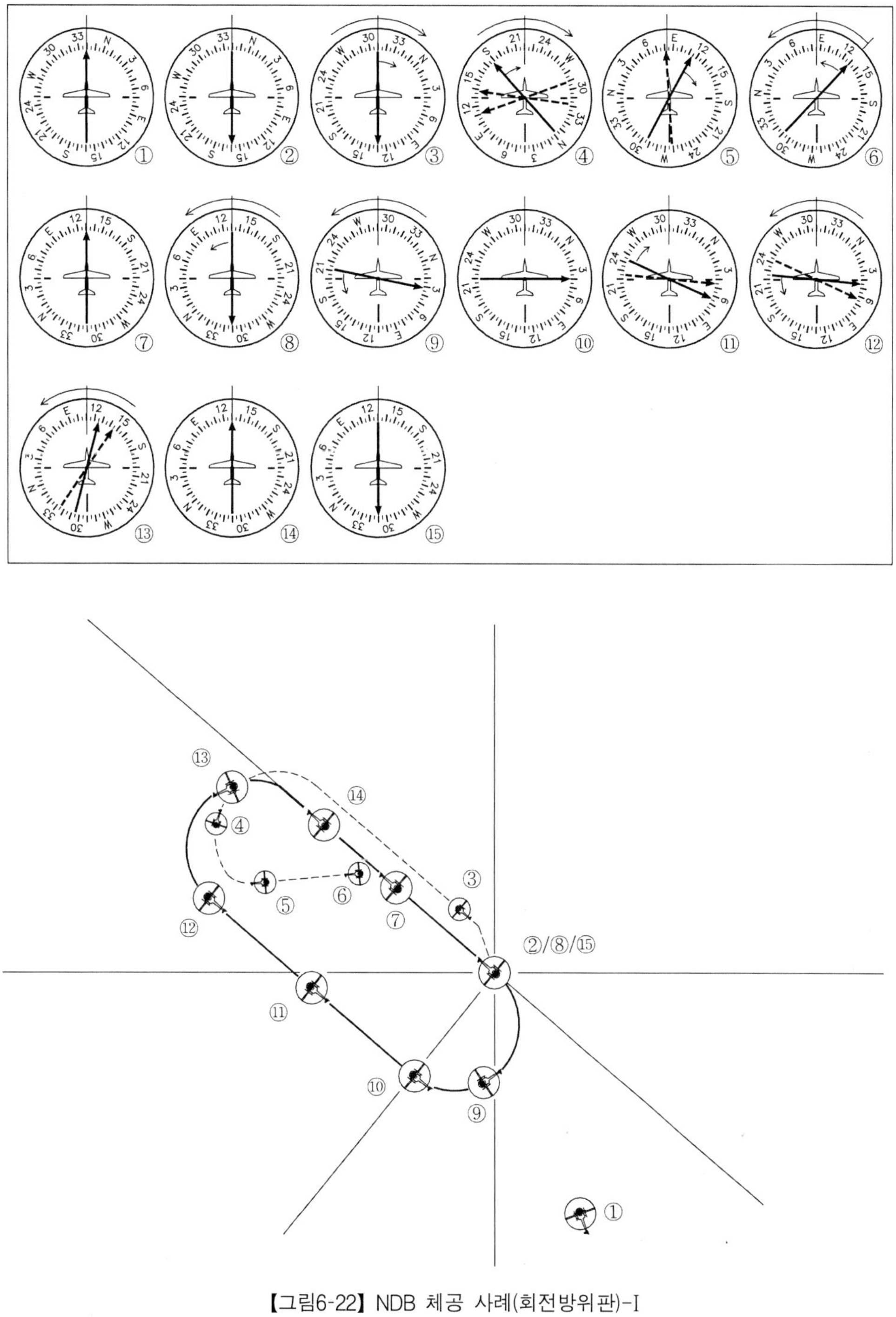

【그림6-22】 NDB 체공 사례(회전방위판)-I

ADF 지시침은 ⑪번 계기와 같이 사잇각 90° 지점에서 점점 아래 방향으로 이동한다. 이것은 동일한 기수방위를 유지하고 있으나 항공기가 진행함에 따라 항공기가 위치해 있는 베어링이 증가하고 있기 때문이고, 이는 상대방위각(RB)의 증가를 의미한다. 1분 동안 수평직선비행 후 ⑫번 계기와 같이 "TIME-TURN-TWIST-THROTTLE-TALK" 절차를 복창하면서 180° 우선회를 시작한다. 우선회했음으로 ADF 지시침 꼬리는 왼쪽으로 회전하면서 점차 방위판 0° 지표 쪽으로 이동하는 것을 관찰할 수 있을 것이다.

그러나 선회 초기에는 ADF 지시침을 주시하기보다 선회율 유지와 항공기 조종에 주의를 집중한다. 항공기가 인바운드 베어링에 거의 접근했을 때 ADF 지시침은 ⑬번 계기와 같이 방위판 0° 지표를 향하여 거의 근접해 있음을 알 수 있다. 정확하게 선회가 수행되었을 때 선회정지 조작과 함께 기수방위는 130°에서 선회정지와 함께 ⑭번 계기와 같이 ADF 지시침은 방위판 0° 지표를 지시할 것이다. 인바운드 기수방위를 정확하게 유지하고 있음에도 불구하고 ADF 지시침이 방위판 0° 지표를 지시하지 못하고 있을 때는 조종미숙 또는 바람의 영향으로 인바운드 코스에 진입하지 못했거나 초과한 상황으로 판단하고 즉시 트래킹 절차를 적용하여 인바운드 코스에 인터셉트할 수 있도록 항공기를 조종한다.

(4) 인바운드 구간

정확하게 인바운드 코스에서 수평직선비행을 하고 있다면 ADF 지시침은 ⑭번 계기와 같이 지시할 것이다. 인바운드 코스에 진입한 순간 시간을 재기 시작하여 ⑮번 계기와 같이 ADF 지시침이 180° 회전하는 것으로 체공 픽스를 통과한 것으로 판단한다. 이때의 시간을 확인하여 아웃바운드 구간의 비행시간을 조절할 수 있어야 한다.

[주1] 시간을 재거나 확인하는 시점은 ADF 지시침의 지시와 수평 조작 중 나중에 일어나는 것을 기준으로 한다.

[주2] 모든 선회 초기에 ADF 지시침의 변화에 시선을 집중하기보다 선회율 유지 및 항공기 조종에 주의를 집중한다. 선회가 거의 종료되는 시점에서 ADF 지시침의 변화에 주의를 집중한다.

(5) 회전방위판 ADF 계기

[그림6-22]의 회전방위판 ADF 계기는 기수방위 340°에 ADF 지시침은 340°를 지시하고 있다. ADF 지시침이①/②번 계기와 같이 180° 회전하는 것으로 항공기는 송신소를 통과한 것으로 판단한다. 송신소 통과를 확인한 후 즉시 좌선회하여 인바운드 항로와 평행한 기수방위로 비행한다. 1분 동안 수평직선비행을 한 후 인바운드로 진입하기 위한 좌선회를 실시한다. ④/⑤번 계기와 같이 인바운드에 45° 각으로 진입하기 위한 진입 방위각 85°로 직선비행을 한다. ⑥번 계기와 같이 ADF 지시침이 사잇각 45°에 접근하고 정확하게 45°를 지시할 때 항공기는 인바운드 항로에 진입한 것으로 판단하고 즉시 인바운드에 진입하기 위한 진입 조작을 수행한다. ⑦/⑧번 계기는 인바운드에 진입하여 직선비행으로 체공 픽스를 향하여 비행하던 중 ADF 지시침이 180° 회전하는 것으로 체공 픽스를 통과한 것으로 판단하고 즉시 우선회에 진입한다. ⑨/⑩번

계기는 어빔 위치로 접근 중인 항공기의 상태를 보여주고 있다. ADF 지시침이 사잇각 90°를 지시할 때 어빔을 통과한 것으로 판단하고 아웃바운드 기수방위에서 수평직선비행으로 전환한다. ⑪/⑫ 아웃바운드 비행 중 ADF 지시침의 변화를 보여주고 있다. 1분간 비행 후 인바운드 코스에 진입하기 위한 우선회를 실시한다. ⑬번 계기는 항공기가 인바운드 코스에 거의 접근하고 있음을 보여주고 있으며, ⑭번 계기와 같이 ADF 지시침이 130°를 지시할 때 기수방위(heading) 역시 130°에 접근할 것이며 정확하게 인바운드에 진입했다면 ADF 지시침은 130°를 그리고 기수방위 역시 130°를 지시할 것이다.

[2] 사례2

당신은 [그림6-24]와 같이 ABC NDB로부터 80° 베어링 선상에서 기수방위 260°로 인바운드 중에 관제사로부터 다음과 같은 체공지시를 받았다.

...hold southwest of the ABC NDB on the two two zero bearing from the NDB, left turn...

(1) 진입과 송신소 통과 및 인바운드 진입(고정방위판 ADF 계기)

[그림6-23]과 같이 ①번 계기에 의한 항공기는 80° 베어링 선상에서 기수방위 260°로 인바운드 중에 있다. 기수방위 지시계에 의한 진입은 티어드롭 진입이 가장 적절하다. 송신소를 통과한 후 아웃바운드 기수방위는 250° 그리고 어빔 베어링은 130°가 된다. 비행 중 ②번 계기와 같이 ADF 지시침이 180° 회전하는 것으로 체공 픽스를 통과한 것으로 판단한다. 송신소를 통과한 후 TIME-TURN을 암송하면서 티어드롭 아웃바운드 기수방위 250°로 전환하고 ③번 계기와 같이 1분간 수평직선비행을 실시한다.

TWIST- THROTTLE을 암송하면서 체공속도와 고도를 유지할 수 있는 동력으로 스로틀(컬렉티브)을 조정한다. 끝으로 TALK를 암송하면서 현재 시간부로 체공 픽스에 진입했음을 관제사에게 보고한다. 1분간 수평직선비행을 종료한 후 인바운드 코스에 진입하기 위한 180° 좌선회를 시작한다. 항공기가 인바운드 코스에 다가갈수록 ④번 계기와 같이 ADF 지시침이 방위판 0° 지표를 향하여 이동하는 것을 관찰할 수 있을 것이다. 정상적으로 선회가 수행되었다면 인바운드 기수방위에 선회가 종료되는 순간 ADF 지시침도 방위판 0° 지표를 지시할 것이다.

⑤/⑥/⑦번 계기와 같이 항공기는 인바운드 코스에 진입하여 직선비행을 하고 있는 상태를 보여주고 있다. 체공 픽스를 통과하면서 ADF 지시침이 180° 회전하는 것을 관찰할 수 있을 것이고, TIME-TURN을 암송하면서 180° 좌선회를 시작한다. 항공기는 좌선회 상태이므로 ADF 지시침 꼬리는 ⑦/⑧번 계기와 같이 오른쪽으로 이동하는 것을 관찰할 수 있을 것이다.

(2) 어빔 확인

정상적으로 선회가 수행되었다면 180° 선회가 종료되는 시점에서 ADF 지시침은 ⑧번 계기와 같이 방위판 270° 지표를 향하여 이동하게 될 것이다. 이는 항공기 기수방위와 송신소를 향한 베어링 사이의 상대방위각이 270°가 된다는 것을 의미한다. ADF 지시침이 ⑨번 계기와 같이 270°(좌 사잇각 90°)를 지시할 때 항공기는 어빔 위치를 통과하고 있는 것으로 판단한다. 정상적으로 선회가 수행되었다면 기수방위 역시 아웃바운드 기수방위인 220°에서 수평비행으로 복귀할 수 있을 것이다. 수평비행으로 복귀하면서 TIME- TURN을 암송하면서 아웃바운드 구간의 시간을 재기 시작한다.

(3) 아웃바운드 구간 및 인바운드로 선회

기수방위 220°를 유지하고 수평직선비행을 한다. 송신소에서 멀어질수록 ADF 지시침은 ⑩번 계기와 같이 ADF 지시침이 방위판 180° 지표를 향하여 이동하는 것을 관찰할 수 있을 것이다. 이는 주지하는 바와 같이 동일 기수방위에서 송신소부터의 베어링이 감소하는 방향으로 비행 중이기 때문에 상대방위각이 감소한다는 것을 의미한다.

1분 동안 수평직선비행 후 "TIME-TURN" 절차를 복창하면서 180° 좌선회를 시작한다. 선회하는 동안 ADF 지시침은 ⑪/⑫번 계기와 같이 점차 방위판 0° 지표 쪽으로 이동하는 것을 관찰할 수 있을 것이다. 선회가 정확하게 수행되었다면 ADF 지시침이 ⑬번 계기와 같이 방위판 0° 지표를 지시할 때 기수방위도 거의 인바운드 기수방위에 도달할 것이다. 수평비행으로 복귀하면서 TIME-TURN을 암송하고 인바운드 구간(inbound leg)의 시간을 재기 시작한다. 정확한 인바운드 기수방위에서 ADF 지시침이 방위판 0° 지표를 지시하지 못하고 좌우측으로 벗어난 상대방위각을 지시할 때 인바운드 코스에 진입하지 못한 것으로 판단하고 트래킹(tracking) 절차를 적용하여 지정된 코스에 진입할 수 있도록 수정 조작을 한다. ⑭번 계기는 인바운드 비행 중인 항공기의 상태를 보여주고 있으며 ⑮번 계기는 체공 픽스를 통과 중인 상태를 보여주고 있다.

(4) 회전방위판 ADF 계기

[그림6-24]와 같이 ①번 계기와 같이 기수방위 260°, ADF 지시침 260°로 인바운드 중에 있다. ②번 계기와 같이 ADF 지시침이 180° 회전하는 것으로 송신소 통과(passage)를 확인했고 TIME-TURN을 암송하면서 기수방위를 ③번 계기와 같이 250°로 수정하였다.

TWIST -THROTTLE-TALK 절차에 따라 항공기 동력을 조정하고 체공 픽스에 진입했음을 보고한다. 티어드롭 진입을 위해서 기수방위 250°를 유지하여 1분간 비행 후 좌선회하여 ④/⑤번 계기와 같이 인바운드에 진입하는 과정을 보여주고 있다. ⑥/⑦/⑧번 계기는 인바운드 코스에 진입하여 송신소까지 수평직선비행 중인 과정을 보여주고 있다. 체공 픽스를 통과한 후 ADF 지시침이 ⑨번 계기와 같이 왼쪽 사잇각 90°를 지시하는 순간을 어빔 위치로 판단하고 아웃바운드 기수방위에서 선회정지 조작을 수행한다. ⑨/⑩번 계기는 아웃바운드 중인 항공기의 상태를 보여주고 있으며, 1분간 아웃바운드 구간의 비행을 종료한 후 인바운드 코스에 진입하기 위해서 180° 좌선회를 시작한다. ⑪/⑫/⑬번 계기는 아웃바운드 구간의 비행을 마치고 인바운드에 진입하는 과정을 보여주고 있다.

인바운드 코스에 거의 다가왔을 때 ADF 지시침은 인바운드 기수방위를 향하여 이동할 것이고, 인바운드 코스에 진입한 순간 ADF 지시침과 기수방위가 일치할 것이다. 동시에 선회정지 조작을 수행하고 시간을 재기 시작하면서 ⑬/⑭/⑮번 계기와 같이 인바운드 코스에서 수평직선비행에 집중한다.

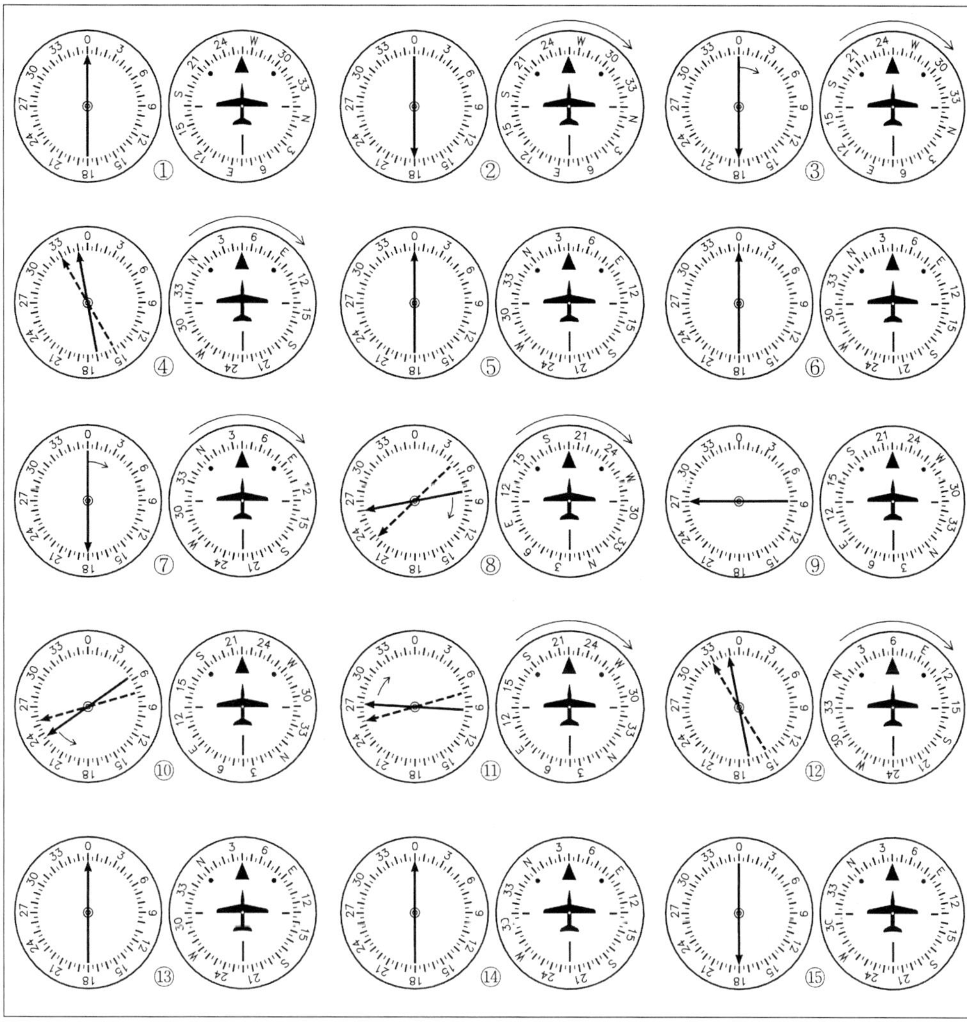

【그림6-23】 NDB 체공 사례(고정방위판 ADF 계기)-II

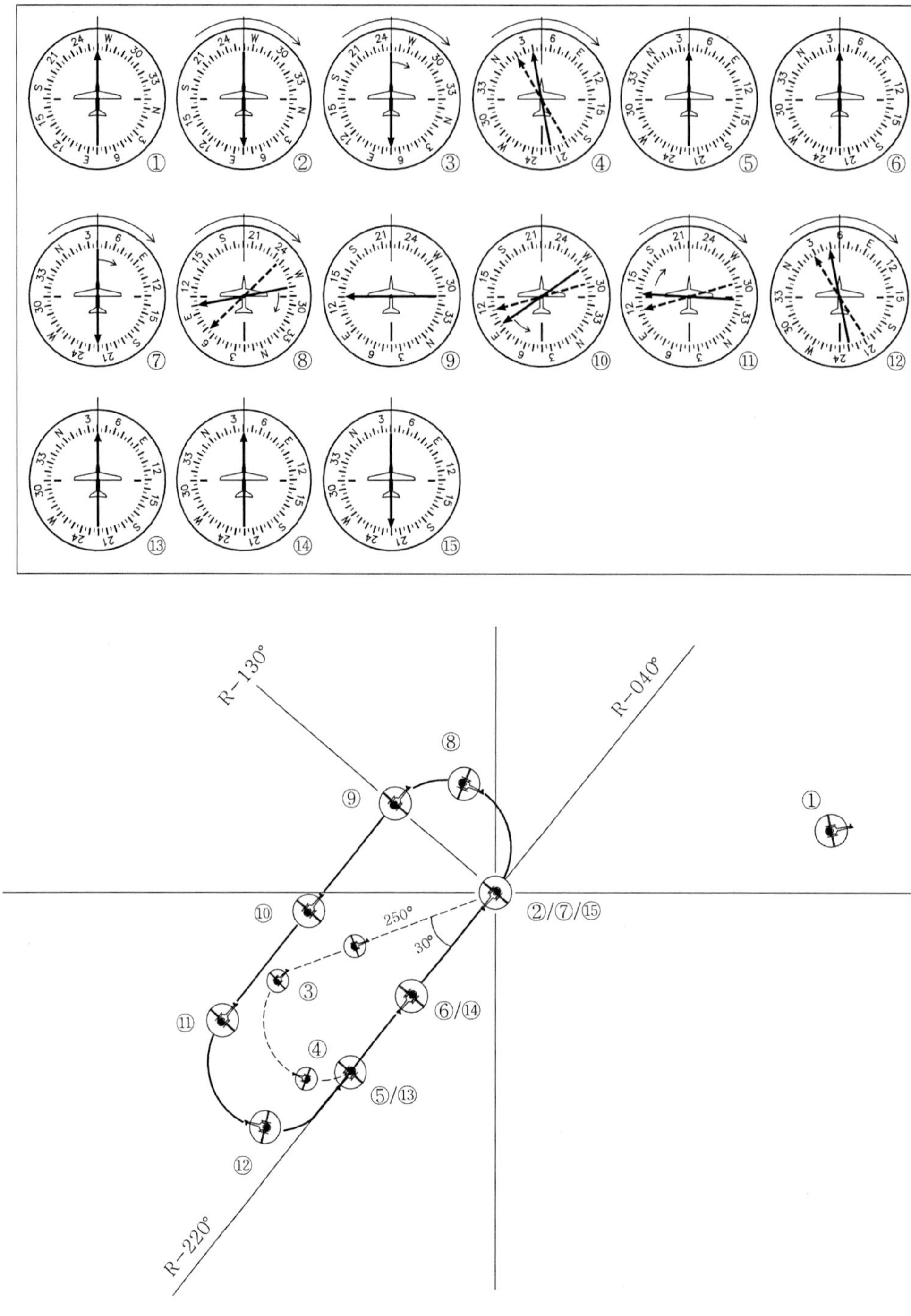

【그림6-24】 NDB 체공 사례(회전방위판 ADF)-II

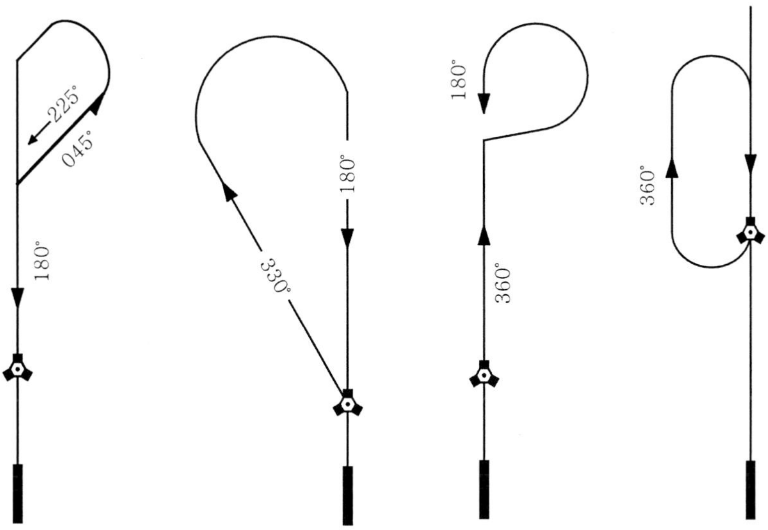

【그림6-25】 역코스 절차의 형태

6.3 역코스 절차

6.3.1 개 요

착륙 접근을 위한 항공기는 어느 방향으로나 접근할 수 있지만, 활주로의 접근 방향은 제한되어 있어 측방 또는 반대 방향에서 접근하는 항공기는 코스를 전환하거나 추가적인 고도 강하를 위한 거리가 짧을 때 지정된 공역에서 방향 전환 절차가 필요하다. 이를 역코스(reverse course) 절차라 한다. 레이더가 운용되는 대부분 공항에서는 레이더 유도를 받으면서(vector) 최종접근코스까지 유도되나 레이더 벡터가 제공되지 않는 공항에서는 조종사 스스로 코스를 전환하는 절차를 수행해야 한다. 역코스 절차에는 [그림6-25]와 같이 절차선회(procedure turn; PT), 티어드롭 장주(teardrop), 1분 체공장주(holding)의 형태가 있다. 이들 절차 중 절차선회가 가장 보편적으로 이용된다.

모든 역코스 절차는 접근차트의 평면도 및 측면도(plan view or profile view)에 선회방향, 고도, 기수방위, 거리 등이 제공된다. 역코스 절차는 차트에 지정된 공역 내에서 수행되어야 하고 최대지시속도(IAS) 250노트 이하에서 운용되어야 한다. 고도는 최저고도(minimum altitudes)이기 때문에 반드시 준수해야 공역을 보호받을 수 있으며 장애물로부터 안전을 보장받을 수 있다. 이미 체공 과목에서 VOR 및 ADF 계기에 의한 제한된 공역에서 여러 기동 형태에 대해서 충분히 학습되었기 때문에 여기서 언급되는 역코스 절차에 대해서는 그리 어렵지 않게 이해할 수 있을 것이다. 역코스 절차의 활용 사례를 들어 실행 과정에 관해서만 설명하고 종합적인 상황에 관해서는 "계기절차"에서 집중적으로 다루게 될 것이다.

6.3.2 역코스 절차의 형태

(1) 절차선회

절차선회(procedure turn; PT)는 선회 방법에 따라서 45°/180° 절차선회와 80°/260° 절차선회가 있다. 두 방법은 선회 방법이 다를 뿐 근본적으로 동일하게 적용되기 때문에 특별히 제한을 두지 않는 한 상호 대체가 가능하다. 그러나 일반적으로 절차선회라고 한다면 45°/180° 절차선회를 의미한다. 절차선회는 최대지시속도가 200노트를 초과하지 않아야 하고 통상 10 NM 거리 이내에서 수행되어야 한다. 헬리콥터와 A범주(category) 항공기는 5 NM까지 단축할 수 있다. 절차선회는 항법시설 또는 지정된 픽스로부터 시작되고 [그림6-25]에서 보는 것과 같은 구간으로 구성된다.

① 아웃바운드 직선 구간: 송신소로 지정될 때는 송신소로부터 1~3분으로 제한되거나 DME 거리로 제한된다. 상황에 따라 교차점이 지정되기도 한다.

② 45° 선회: 지정된 선회방향으로 기수방위를 45°로 수정한다. 모든 절차선회가 그려진 차트에는 45° 선회 기수방위가 명시된다.

③ 45° 직선 구간: 45° 선회를 완료한 후 1분 동안 직선비행을 한다.

④ 180° 선회: 1분 동안의 직선비행이 종료된 후 인바운드 코스(inbound course)에 진입하기 위해서 180° 선회한다.

특별한 경우를 제외하고 비행 방향의 전환이 요구될 때는 절차선회를 수행하나 절차선회가 요구되지 않는 시기는 다음과 같다.

① "No PT"가 명시된 DME 아크 및 코스

② 레이더 벡터(vector)가 제공될 때

③ 절차선회 대신에 1분 체공 절차가 공시되었을 때

④ 시간차 접근이 수행될 때

⑤ ATC로부터 절차선회가 인가되지 않았을 때

[그림6-26]은 전형적인 ILS RWY 32의 절차에 설정된 절차선회의 한 형태를 보여주고 있다. 최종접근코스와 반대 방향에서 접근하는 항공기는 "LOM/IFA"로 지정된 "VRNAH"를 통과한 후 아웃바운드로 비행하여 절차선회를 수행할 것을 공시하고 있다. 절차선회의 45° 아웃바운드 기수방위는 100°와 280°로 지정되어 있다. 아래의 측면도(profile view)와 함께 분석했을 때 절차선회는 "LOM" 시설로부터 10 NM 이내에서 수행되어야 하고, 절차선회를 완료하고 최종접근코스에 진입했을 때 최저고도는 3,400피트로 지정된 것을 볼 수 있다. 남동쪽에서 접근하고 있는 항공기는 "CFB" VORTAC으로부터는 절차선회 없이 "OCCIE INT"로 직진하여 최종접근코스에 진입할 것을 공시하고 있다.

[그림6-30]의 ILS/DME RWY2를 보면 DRO VOR로부터 272° 레디얼과 096° 레디얼까지는 굵은 선으로 반원이 그려져 있으며 절차선회가 허용되고 있지 않고(NoPT), 이 구간(sector)에서 접근하는 항공기는 반드시 고도 10,000피트에 14DME 아크 절차를 따라 로컬라이저 코스(localizer course)에 진입해야 한다. 따라서 항공기가 272° 레디얼과 096° 레디얼 외측 구간으

로 접근하는 항공기는 송신소를 통과한 후 지정된 코스인 204° 레디얼(기수방위 204°)을 따라 비행한 후 오른쪽으로 절차선회를 수행하여 로컬라이저 코스에 진입해야 한다. 절차선회의 시작과 종료는 DRO VOR로부터 14 NM 거리에 있는 HINDY INT로 지정되어 있다. 측면도(profile view)상에는 송신소를 통과하면서부터 고도를 강하하기 시작하여 절차선회에 진입하고 절차선회가 종료되었을 때 고도는 최저고도 10,000피트를 유지해야 한다. 이 같은 절차선회는 위의 두 사례와 같이 ILS 접근에서만 적용되는 것이 아니고 VOR, NDB, GPS 접근에도 적용된다.

(2) 1분 체공 역코스 절차

일반적으로 항법시설 또는 픽스로부터 체공(holding)과 유사한 형태의 역코스 절차가 지정된다. 체공과 같이 아웃바운드 구간은 시간(분), DME 거리 또는 레디얼/베어링으로 제한된다. [그림6-27]의 "VOR-A"는 전형적인 1분 체공장주로 역코스 절차가 지정되어 있다. 이 절차는 접근 자체가 활주로와 일치되어 있지 않은 서클링 착륙(circle to land)만 인가된 절차이다. 반대 방향에서 접근하고 있는 항공기는 IAF로 지정된 "VCN VORTAC"을 체공 픽스로 하여 체공에 진입하여 지정된 체공을 수행한 후 최종접근코스에 진입할 것을 공시하고 있다. 관련 차트에는 체공에 대한 인바운드 및 아웃바운드 기수방위가 지정되어 있고 체공장주 내부에 체공 시간이 "1 min"으로 제한되어 있다. 아래의 측면도를 함께 분석했을 때 체공 픽스의 "VORTAC"에서 체공을 위한 최저고도는 2,000피트로 제한되어 있다.

[주] 1분 체공 절차는 직선 구간에서 고도 강하가 요구될 때 또는 거리가 너무 짧거나 절차선회를 수행할 수 없을 때 사용된다.

(3) 티어드롭 역코스 절차

일반적으로 항법 시설로부터 지정된 아웃바운드 코스로 일정 시간 비행한 후 180° 선회하여 인바운드 코스에 진입하는 형태로 마치 눈물방울(teardrop)과 같은 모양으로 형성된다. 아웃바운드는 시간(분), 레디얼 또는 DME 거리로 제한된다. 아웃바운드 구간이 제한되지 않았을 때 조종사는 항공기의 속도에 따라 1~3분 이내로 제한하고 이 절차 역시 10 NM의 제한 거리를 준수해야 한다.

[그림6-28]은 전형적인 티어드롭 역코스 형태를 보여주고 있다. ILS or LOC RWY 18의 계기접근절차에서 IAF는 2개가 지정된 것을 볼 수 있다. 북쪽에 있는 IAF는 "HUSKR" 교차점으로 지정되어 있고 이 교차점으로부터 접근하는 항공기는 기수방위 199°, 고도 3,200피트로 절차선회 없이 "ESACO INT"까지 직진으로 비행한 후 최종접근코스에 진입할 것을 공시하고 있다. 또 다른 IAF는 시설 원 중앙의 "LNK VORTAC"으로 지정되어 있다. 북쪽에서 접근하는 항공기를 제외한 다른 방향에서 접근 중인 항공기는 반드시 "LNK VORTAC"을 통과하여 평면도에 공시된 티어드롭 모양의 항적으로 따라 비행한 후 최종접근코스에 진입할 수 있도록 유도하고 있다.

차트에는 티어드롭 절차를 수행하기 위한 기수방위가 지정되어 있고 아래의 측면도에서는 절차를 수행하는 도중에 준수해야 할 고도가 지정되어 있다. 이 접근에서 "LNK VORTAC"를 통과하면서 기수방위를 321°로 유지하고 고도 강하가 시작되어야 한다는 것을 의미한다. 티어드롭 항적은 인바운드로 선회하여 로컬라이저 코스(174°)에 진입할 것을 공시하고 있다. 또한, 이 절차가 완료된 후에 최저고도는 3,200피트로 지정되어 있으므로 선회 도중에 지정된 최저고도 이하로 강하하지 않도록 주의해야 한다.

[주] 티어드롭 형태의 역코스 절차는 송신소를 통과하면서 강하가 시작되는 것이 특징이다. 따라서 송신소 상공은 지정된 고도로 통과하도록 노력하고 선회가 종료되는 지점에서는 지정된 최저고도를 준수해야 한다.

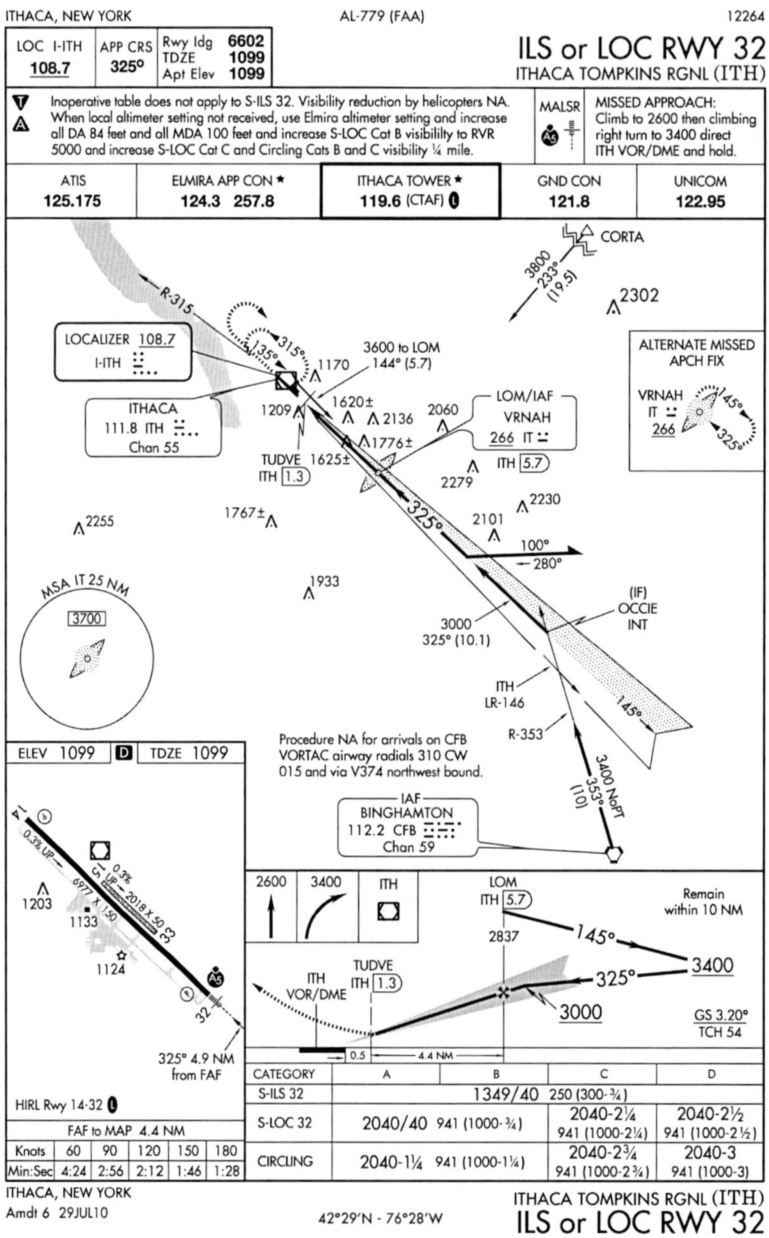

【그림6-26】 절차선회의 한 종류

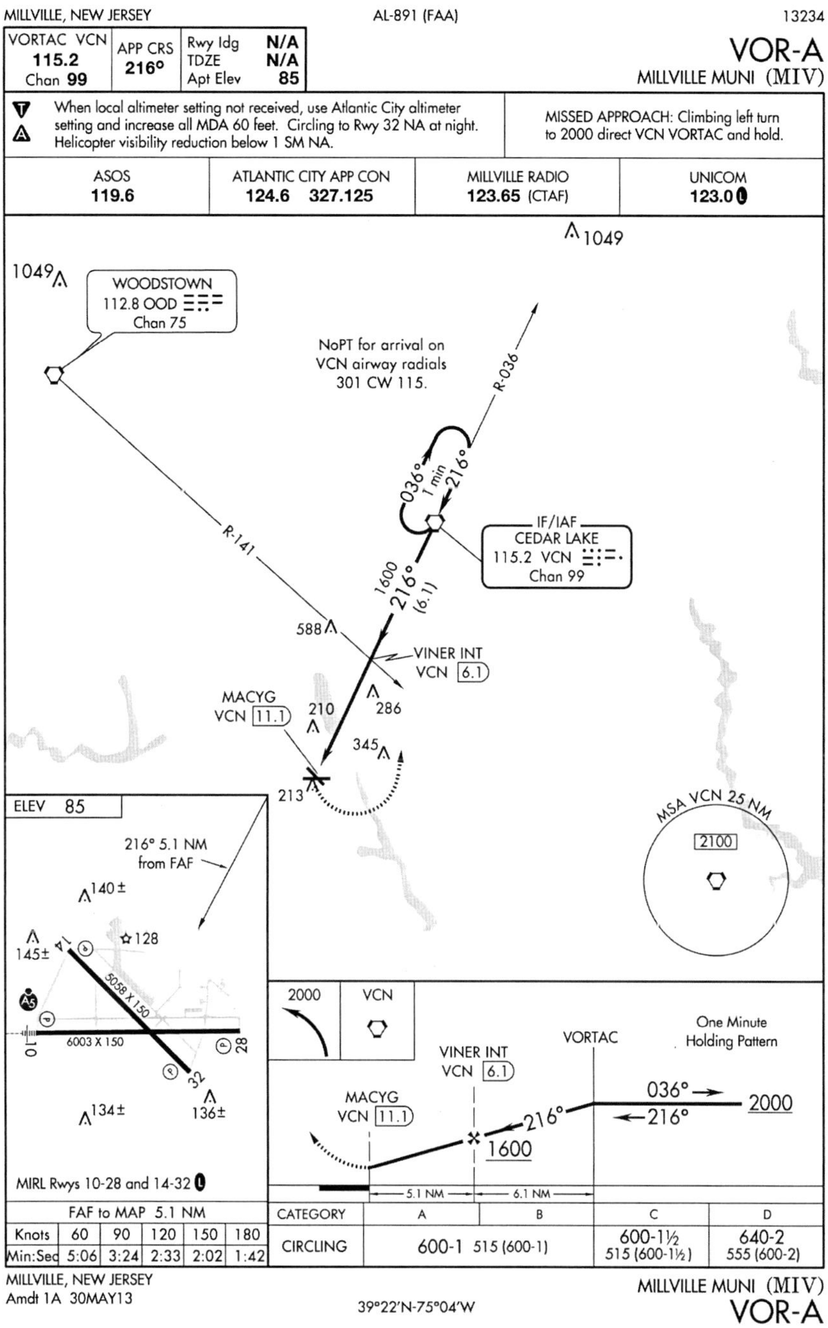

【그림6-27】 1분 체공 역코스 절차의 한 종류

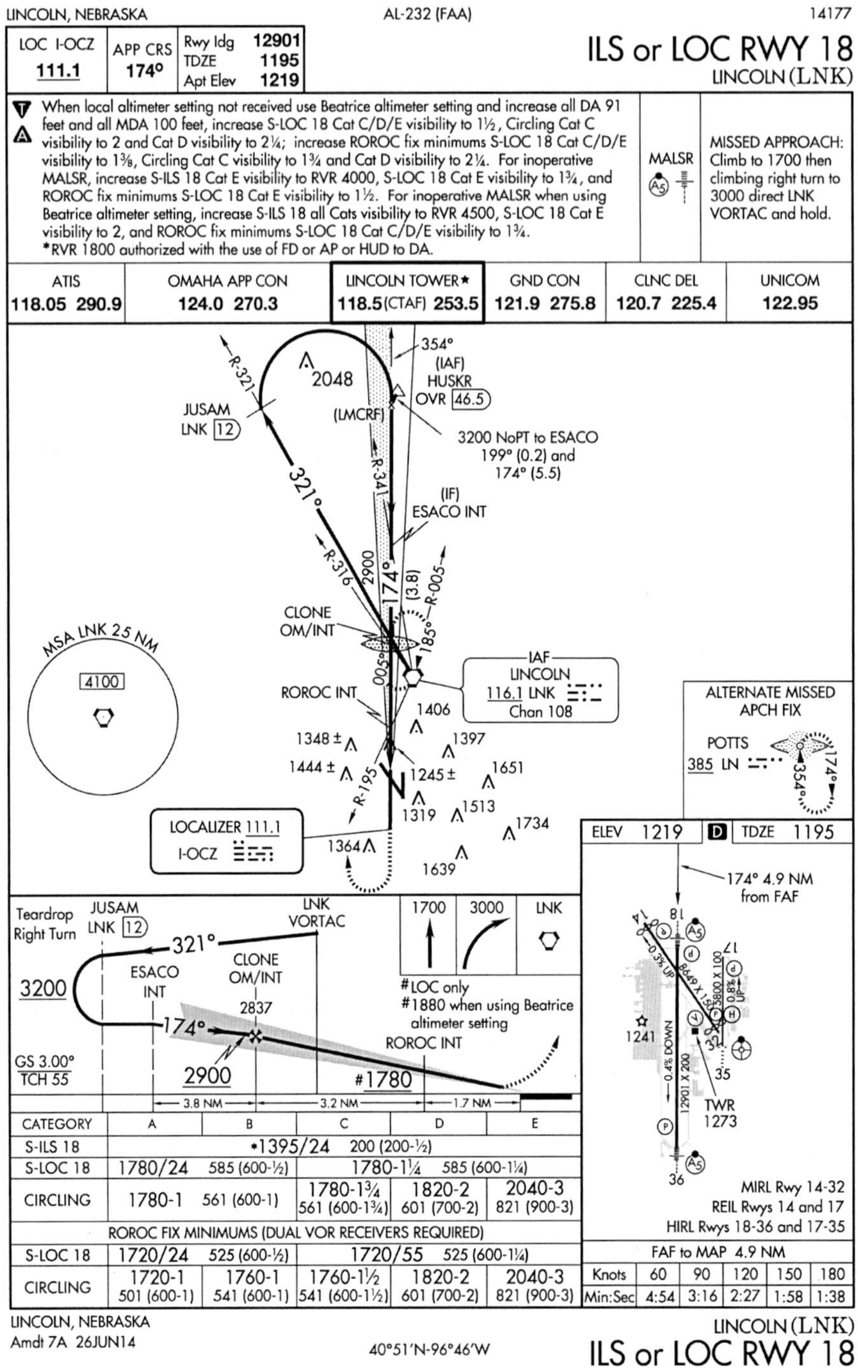

【그림6-28】 티어드롭 역코스 절차의 한 종류

6.3.3 VOR 절차선회

절차선회할 때도 "5T"를 적절히 활용함으로써 논리적 순서에 따라 정확한 절차선회를 수행할 수 있다. 무풍에서 코스를 유지하는 데 별 어려움이 없으나 바람이 있을 때는 적절한 편류 수정을 적용하면서 절차선회를 수행한다.

(1) 송신소 통과 및 아웃바운드 진입

항공기는 [그림6-29]의 ①번 계기와 같이 TO/FR 지시기가 TO→FR을 지시하는 것으로 송신소를 통과한 것으로 판단하고 TIME-TURN을 암송하면서 시간을 기록한 후 기수방위를 204°로 수정한다. 동시에 TWIST를 암송하면서 OBS를 204° 레디얼에 맞추면 ②번 계기와 같이 TO/FR 지시기는 FR을 지시하고 아웃바운드 상태가 된다. THROTTLE을 암송하면서 규정된 속도로 감속하고 끝으로 TALK를 암송하면서 절차선회 아웃바운드에 진입했음을 다음과 같이 보고한다. "...Cessna one two three, procedure turn outbound..." CDI가 중앙을 지시하도록 적절한 트래킹을 실시하여 코스를 유지하여 2분 동안 또는 지정된 거리까지 직선으로 비행한다.

(2) 절차선회

지정된 시간 또는 지점에 도달하여 TIME-TURN을 암송하면서 시간을 기록하고 동시에 우선회하여 기수방위를 249°로 변경한다. TWIST를 암송하면서 OBS를 024° 레디얼에 조정하면 TO/FR 지시기는 "TO"를 지시할 것이고, CDI는 ③번 계기와 같이 TO의 상태에서 아웃바운드하고 있음으로 항공기가 벗어난 방향(역감지기능)을 지시하게 될 것이다. 현재의 기수방위로 직선비행을 한다. 1분간 비행한 후 TIME-TURN을 암송하면서 180° 좌선회하여 기수방위를 069°로 변경하고 선회를 종료한 후 직선비행을 시작한다. 항공기가 인바운드 코스에 접근함에 따라 CDI는 점차 중앙으로 이동하고 절차선회 인바운드 코스에 인터셉트할 준비를 한다. 항공기는 204° 레디얼의 왼쪽에서 접근 중이므로 CDI는 정상적으로 ⑤번 계기와 같이 오른쪽으로 벗어났다.

(3) 절차선회 인바운드 진입

항공기가 최종접근코스(final approach course)에 진입했을 때 CDI는 ⑥번 계기와 같이 중앙을 지시하게 될 것이고 TIME-TURN을 암송하면서 적절한 선도량을 적용하여 최종접근코스에 진입한다. 최종접근코스에 진입했을 때 ⑦번 계기와 같이 지시하게 될 것이고, 즉시 관제사에게 절차선회 인바운드에 진입했음을 다음과 같이 보고한다. "...Cessna one two three, procedure turn inbound..." ⑧번 항공기는 인바운드 코스 즉 로컬라이저 코스에 진입하여 최종접근경로에서 접근 중인 항공기의 상태를 보여주고 있다.

[주1] 항공기의 기종(type)에 따라 절차선회 아웃바운드 비행시간을 조절할 수 있으나 차트에 명시된 제한 거리를 준수해야 한다.

[주2] 통상 절차선회로 지정된 송신소를 통과하면서부터 고도 강하를 시작해야 하고 절차선회가 종료된 후에는 반드시 지정된 최저고도를 준수해야 한다.

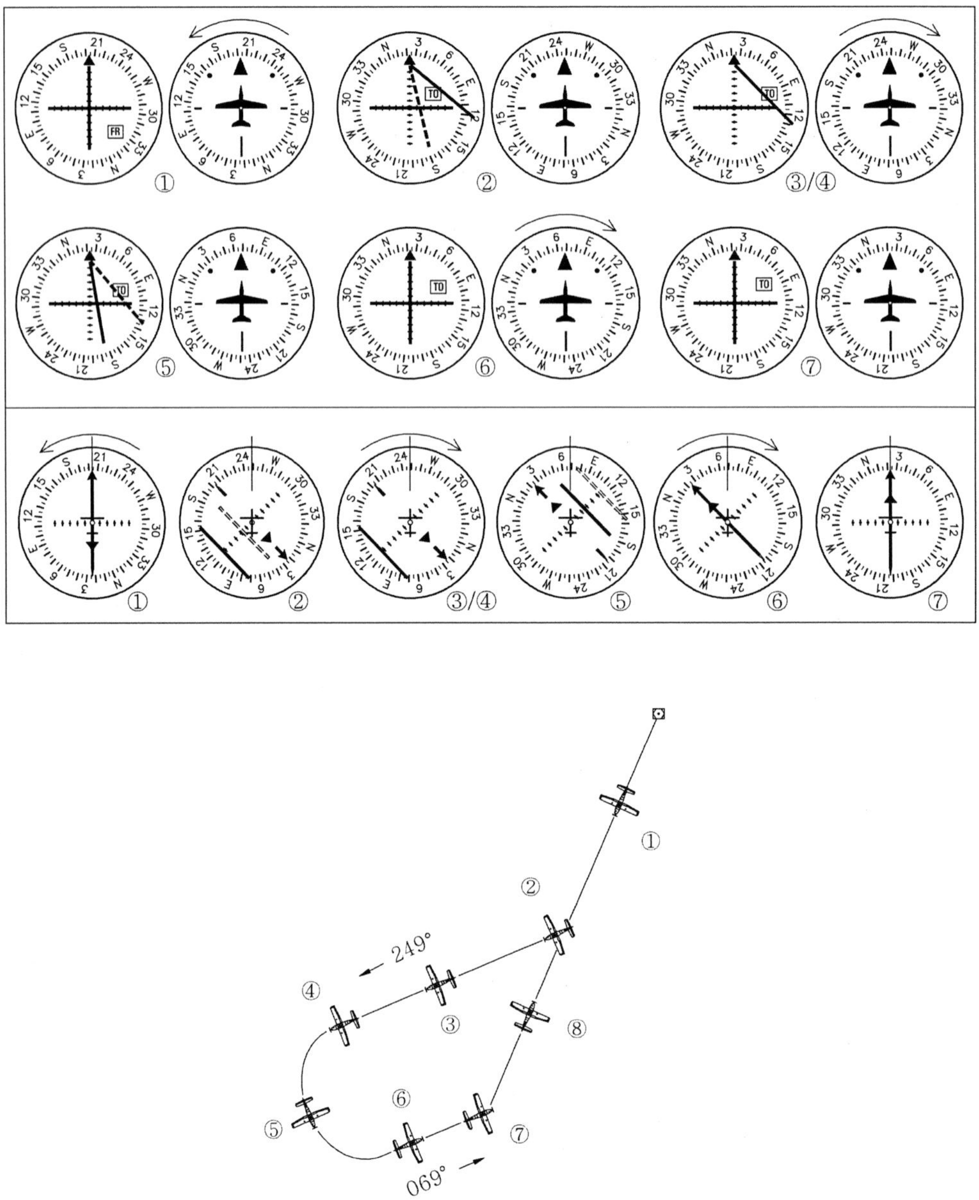

【그림6-29】 VOR 절차선회

(4) HSI 절차선회

[그림6-29]의 아래 계기군은 동일한 상황에서 HSI에 의한 절차선회를 수행하는 과정을 보여 주고 있다. 위에서 학습한 VOR 계기의 지시침 변화와 비교하여 학습하길 바란다.

①번 계기는 기수방위 204°, CRS 204°에 맞추어져 있고, TO/FR 지시기는 FR을 지시하고 있는 것으로 보아 항공기는 송신소를 통과하여 아웃바운드 중에 있다.

②번 계기와 같이 절차선회 지점에 도착하여 기수방위를 249°로 전환하였고, CRS는 인바운드 코스에 진입하기 위해서 024° 레디얼에 맞추었다. TO/FR 지시기는 TO를 지시하고 있으나

CDB는 왼쪽에서 점점 멀어지고 있는 것을 알 수 있다.

③/④번 계기는 인바운드 코스에서 직선비행 중인 항공기의 상태와 진입하기 위한 180° 표준율 선회하고 있는 항공기의 상태를 보여주고 있다.

⑤/⑥번 계기는 180° 선회를 완료하여 기수방위를 069°로 유지하면서 인바운드 코스에 진입할 때까지 직선비행 중인 항공기의 상태를 보여주고 있다.

⑦번 계기는 CDB가 중앙을 지시할 때 인바운드 코스에 진입한 것으로 판단하고 즉시 기수방위를 024° 수정하여 로컬라이저 코스에 진입한 상태를 보여주고 있다.

6.4 DME 아크

DME 아크(곡선 비행경로)는 일정한 거리에서 지정된 아크(arc)를 그리면서 비행하는 기술이다. 앞으로 연구하겠지만 계기 접근을 수행하기 위해서는 충분한 공간의 확보가 요구된다. 항공기가 로컬라이저 코스로 직선접근 중이라면 아크 절차는 요구되지 않는다. 그러나 ILS 로컬라이저 접근코스의 측면이나 반대 방향에서 접근해 오는 경우 부득이 코스를 변경할 필요가 있다. 이처럼 접근 방향을 변경해야 하는 경우 송신소 직상공을 통과한 후 절차선회(procedure turn; PT) 또는 DME 아크 절차를 수행하여 ILS 로컬라이저 코스에 진입해야 한다. DME는 시설로부터 정확한 거리 정보를 제공하기 때문에 필수 장비가 되고 아크를 따라 정확한 항적을 유지하기 위해서는 VOR 계기 또는 RMI 계기가 요구된다. RMI는 지시침이 항상 송신소를 향하는 자방위(magnetic bearing)를 지시하기 때문에 조종사는 RMI 계기를 이용하여 시설과 항공기의 위치를 쉽게 식별할 수 있으며 RMI에 의한 DME 아크 절차를 권상하고 있다. 대부분의 DME 아크는 공항으로부터 10~15NM 주변에 설정되고 이 단계에서 착륙 준비를 위한 조종사의 업무는 매우 바쁘게 수행 중이므로 더욱 신중히 처리해야 한다. DME 아크는 시설로부터 멀리 떨어져 있을수록 그리고 속도가 느릴수록 아크 절차를 수행하기가 쉽다. 반면에 속도가 빠르고 시설로부터 가까이 있을수록 아크 항적을 유지하기가 쉽지 않다.

6.4.1 DME 아크 거리

당신이 착륙하고자 하는 접근차트에 [그림6-30]과 같이 DME 아크가 그려져 있을 때 이 아크의 길이는 얼마인가를 계산할 수 있어야 한다. 아크의 길이는 다음과 같은 공식에 적용하여 산출한다.

$$\text{아크거리} = \frac{\text{방위각 변화량} \times DME\ \text{거리}}{60}$$

예를 들어 [그림6-30]과 같이 아크 절차에서 왼쪽의 272° 레디얼에서 최종접근코스인 204° 레디얼까지 DME 아크 거리는 얼마인가? 두 레디얼의 방위각 변화량은 68°이다. 이를 위의 공식

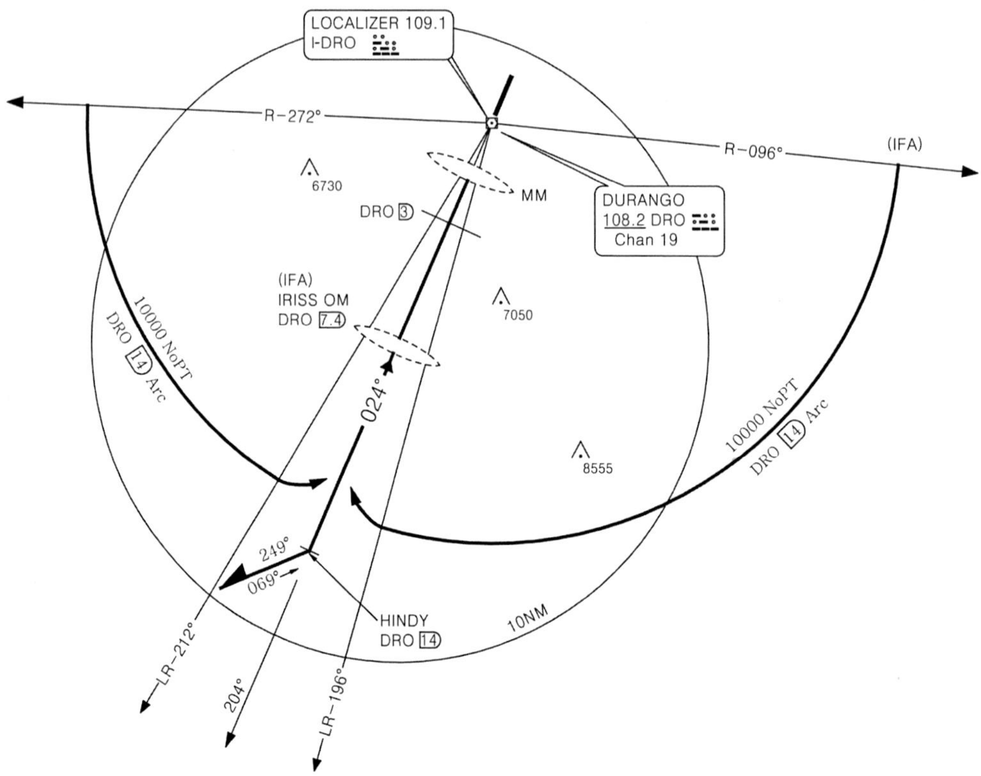

【그림6-30】 DME 아크 절차

에 적용했을 때 아크 거리는 약 11.3 NM이 된다. 다음은 오른쪽의 아크는 096° 레디얼에서 최종접근코스인 204° 레디얼까지 108° 레디얼이 변화되었다. 이를 위의 공식에 적용했을 때 아크 거리는 18 NM이 된다.

6.4.2 RMI DME 아크

계기비행에서 모든 절차가 조종사의 눈으로 확인할 수 없는 전파선을 이용하고 있고 실제 계기비행(IFR) 상황에서는 외부 시각 참조물이 거의 차단된 상태에서 제한된 공간의 조종실에서 계기만을 이용하고 있으므로 조종사가 수행하는 모든 절차는 머릿속에 그리면서 수행되어야 한다. 이 같은 이미지 훈련은 실제 계기의 움직임과 일치되어야 하고 만약 조종사가 그런 이미지와 계기의 지시가 일치되지 않는다면 계기의 지시를 우선하고 신속하게 원인을 분석해야 한다. DME 아크 절차를 수행하는 동안에도 역시 머릿속에 이미지를 그리면서 절차를 수행해야 한다.

(1) RMI DME 아크 진입 및 경로 유지

DME 아크는 VORTAC 또는 VOR/DME 시설에 접근하거나 이탈하기 위한 절차가 설정되어 있다. 순항항로 구간에서 아크에 진입하기 위해서는 지정된 IAF를 경유하여 진입하거나 아크에 진입하기 위해서 원하는 방향으로 90° 선회한다. 모든 선회는 초당 3°의 표준율 선회(standard rate of turn)가 이루어져야 하고 직각 선회가 불가능하기 때문에 적절한 선도점(point of lead)에서 선회

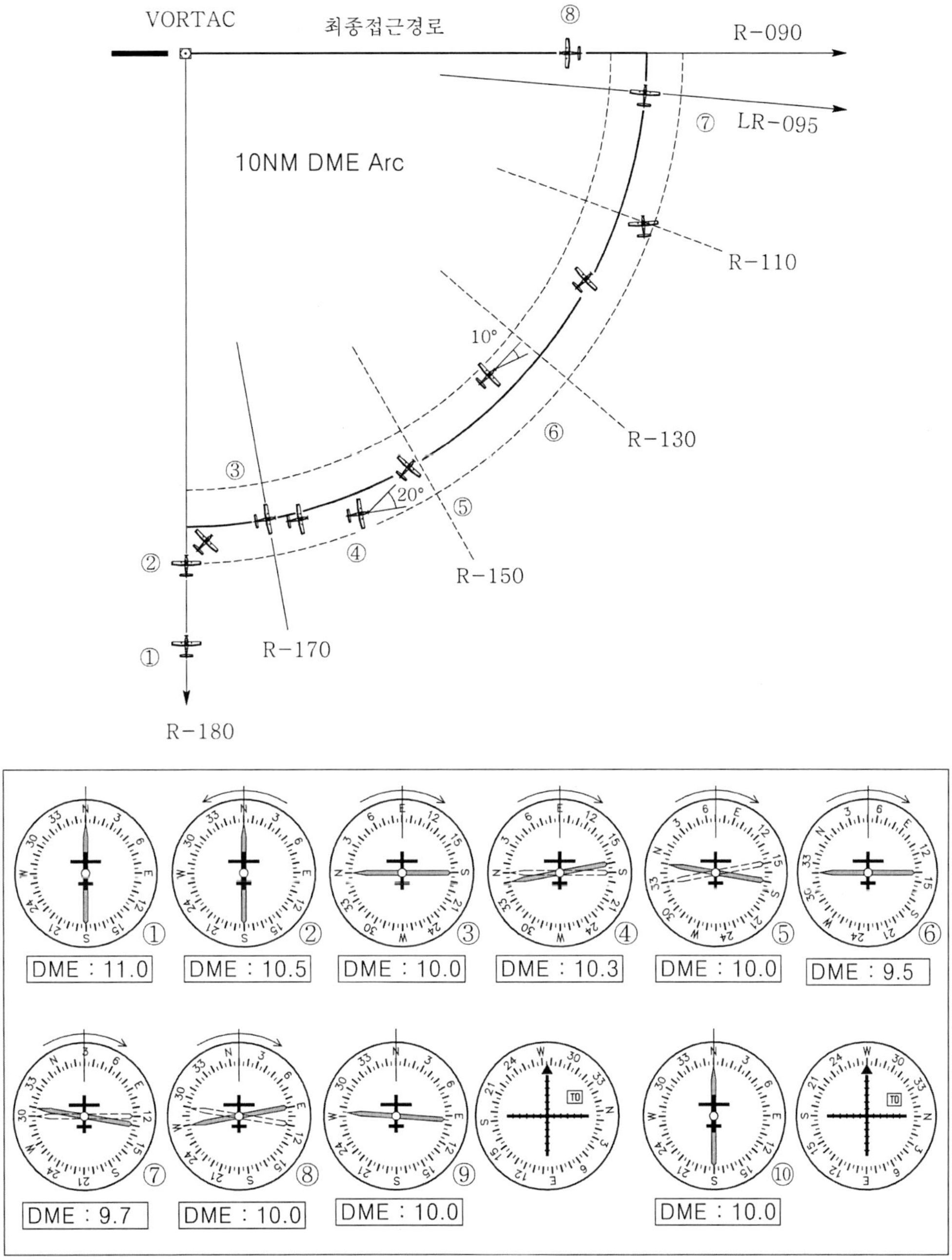

【그림6-31】 DME 아크 절차

를 시작해야 항공기는 비행 타성으로 원하는 코스에 진입할 수 있다. 이 같은 선도점은 일반적으로 대지속도가 150노트 미만의 항공기는 1/2마일을 적용한다. [그림6-31]과 같이 10DME 아크에 진입하기 위한 선도점은 인바운드의 경우는 10.5 NM이고, 아웃바운드의 경우는 9.5 NM 지점에 도달했을 때 선회를 시작해야 10 DME 아크에 진입할 수 있다. 일단 아크에 진입하여 비행 중 아크를 이탈할 때도 역시 적절한 선도 레디얼(lead radial; LR)이 지정되는 때도 있다. [그림6-31]을 보면서 상세히 설명한다.

①번 계기는 180° 레디얼 선상에서 기수방위 360°로 인바운드 중에 있다. 현재 DME 거리는 11.0 NM 지점을 통과하고 있고 조종사는 10.5 NM 지점에 도달하여 우선회를 시작하여 아크에 진입할 준비를 하고 있다.

②번 계기는 DME 거리가 10.5 NM을 지시할 때 우선회하여 아크에 진입하고 있으며 정상적으로 선회가 수행되었다면 기수방위 90°에서 선회정지 조작을 하고 DME 거리는 10 NM을 지시하게 될 것이다. 이때 항공기는 시설과 90°를 이루고 있으면 기수방위는 090°, DME는 10.0을 지시하고 있다. 조종사는 이때부터 RMI 계기의 왼쪽 270° 방위지표(- or ◂)를 날개끝(wing tip)으로 가정하고 RMI 지시침과의 상관관계를 유지한다. 어느 기수방위에서나 RMI 지시침이 270° 방위지표를 지시한다면 항공기는 시설로부터 오른쪽에서 직각을 이루며 비행하고 있고, RMI 지시침이 계기의 오른쪽 90° 방위지표(- or ▸)를 지시하고 있다면 항공기는 시설로부터 왼쪽에서 직각을 이루며 비행하고 있다. 이론적으로 무풍 상태라면 RMI 지시침이 90°나 270° 방위지표를 지시하도록 유지하면서 비행한다면 이상적인 원을 그리면서 비행할 수 있을 것이나 실제 아크 절차는 구간별 직선 비행으로 수행된다.

③번 계기는 현재의 기수방위를 유지하여 비행하면 항공기는 점차 아크에서 벗어난다. 이것은 DME 지시의 증가로 판단해야 하고, 항공기가 위치해 있는 레디얼 역시 변하기 때문에 RMI의 지시침도 이동한다. 지시침이 270° 방위지표로부터 5~10° 정도 벗어날 때까지 비행한다. 기수방위는 090°를 지시하고 있고, RMI 지시침은 350°를 지시하고 있다.

④번 계기는 현재 항공기가 170° 레디얼 선상에 있다. 기수를 시설 안쪽으로 선회하여 지시침(needle)이 270° 방위지표(◂) 앞으로 5~10° 이동할 때까지 선회를 계속한 후 정지한다. 기수방위 060°, RMI 지시침 340°를 지시하고 있다. 항공기는 160° 레디얼 선상을 통과하고 있고 DME 지시는 감소하는 것을 관찰할 수 있을 것이다.

⑤번 계기는 현재의 기수방위를 계속 유지하여 RMI 지시침이 다시 270° 방위지표(◂) 후방 5~10°에 도달할 때까지 직선비행을 계속한 후 ④번의 절차와 같이 반복 수행한다.

아크 절차를 수행하는 과정에서 측풍(crosswind)의 영향을 고려하지 않을 수 없으며 항공기의 항적은 아크를 그리면서 비행하기 때문에 바람 역시 어느 한 방향으로만 고려할 수 없다. 이 같은 바람의 영향은 DME 계기를 주시하면서 판단할 수 있어야 한다. 위의 사례에서 측풍이 항공기를 시설로부터 밀어내고 있다면 [그림6-32]의 ②번 계기와 같이 RMI 지시침이 270° 방위지표(◂) 위에서만 수정하도록 해야 항공기는 아크를 크게 벗어나지 않고 비행할 수 있으며, 반대로 측풍이 항공기를 시설 안쪽으로 밀어내고 있다고 판단되면 [그림6-32]의 ①번 계기와 같이 RMI 지시침의 수정 범위를 270° 방위지표(◂)까지만 이동하게 수정한다.

(2) 아크 수정 절차

정확한 아크 항적을 유지해야 하나 조종미숙 등으로 지정된 코스로부터 벗어났을 때 거리 수정의 참고로 항공기가 약 0.5마일 벗어났다면 상대방위각은 10°에서 20°까지 변하게 된다. 이를 기준으로 항공기가 시설 바깥쪽으로 0.5마일 벗어났을 때 기수를 시설 안쪽으로 약 20°까지 선회해야 쉽게 지정된 아크에 진입할 수 있다. 반대로 항공기가 시설 안쪽으로 0.5마일 벗어났을

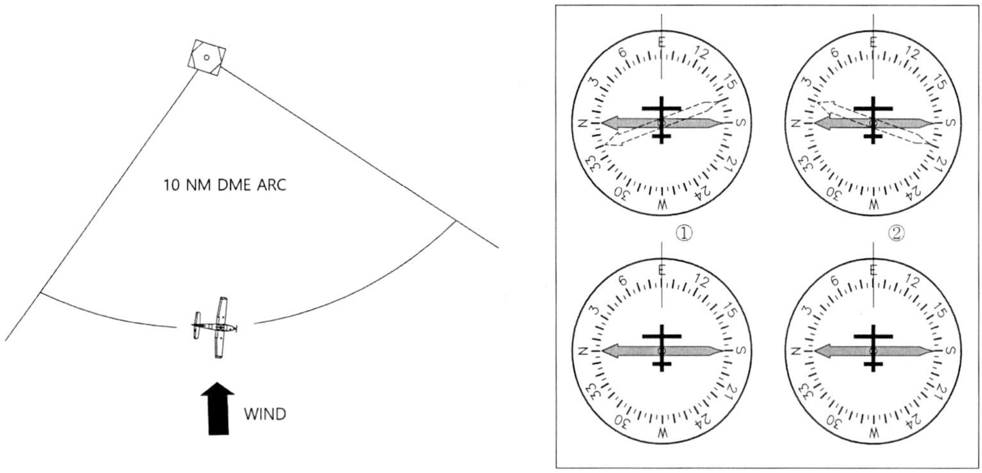

【그림6-32】 기수방위 편류 수정 방법

때는 기수를 시설 바깥쪽으로 10°를 수정해야 정상적으로 아크에 진입할 수 있다.

[주] 변위율에 따라 수정각이 다를 수 있고 필요에 따라 수정률을 조절할 수 있다.

(3) DME 아크에서 레디얼로 진입절차

아크 절차를 종료하고 계기착륙시설(ILS) 로컬라이저 코스(localizer course)에 진입하거나 공항 시설로부터 이탈하고자 할 때 계획된 레디얼을 따라 인바운드 또는 아웃바운드하는 절차이다. 대부분 절차가 VOR과 로컬라이저가 혼합하여 활용된다. VOR 레디얼에 접근할수록 계획된 레디얼을 확인한다. 90° 선회가 이루어져야 한다는 점을 고려하여 적당한 선도점을 결정하여 선도 레디얼(lead radial; LR)을 결정한다. OBS를 돌려 TO/FR 지시기가 TO를 지시한 상태에서 선도 레디얼에 맞추고 계속 비행한다. 항공기가 선도 레디얼에 도달했을 때 송신소를 향하여 또는 아웃바운드로 90° 선회하면서 OBS를 TO/FR 지시기가 TO를 지시하도록 한 상태에서 계획된 레디얼에 맞추면 항공기는 선회 타성으로 원하는 코스에 진입하게 된다.

[그림6-31]과 같이 ⑦/⑧/⑨번 계기는 선회를 계속하고 있고 ⑨번 계기와 같이 RMI 지시침은 275°를 지시하고 있으므로 항공기는 095° 레디얼에 진입했다. VOR 계기 역시 OBS를 275°, TO/FR 지시기는 TO를 지시한 상태에서 CDI가 중앙이 되었을 때 항공기는 선도 레디얼에 도달했음을 판단해야 한다. 조종사는 즉시 왼쪽으로 표준율 선회한다. ⑩번 계기는 선회 완료 후 기수방위는 270°가 되었고, RMI 지시침은 270°를 지시하여 항공기는 090° 레디얼 선상에서 인바운드 중에 있다. VOR 계기는 OBS 270°로 변경하고 CDI가 중앙이 되었다.

다음은 로컬라이저 코스에 진입하는 과정으로 VOR 레디얼에 접근할수록 계획된 레디얼을 확인한다. 90° 선회가 이루어져야 한다는 점을 고려하여 적당한 선도점을 결정하여 선도 레디얼(lead radial; LR)을 확인한다. OBS를 돌려 TO/FR 지시기가 TO를 지시한 상태에서 선도 레디얼에 맞추고 계속 비행한다. ⑨번 계기와 같이 선도 레디얼에 도달했을 때 항공기가 ILS 최종접근코스에 거의 접근했음을 판단한 조종사는 로컬라이저 주파수로 전환한다. ⑩번 계기와 같이 로컬라이저 작동 범위 내에 진입했기 때문에 로컬라이저가 작동하는 것을 관찰할 수 있다. 로컬라이저가 작동하는 것을 확인하면서 표준율 선회로 로컬라이저 코스에 진입한다.

6.4.3 VOR/DME 아크 절차

앞 과제에서는 RMI 계기를 이용한 DME 아크 절차에 관해서 학습하였으나 RMI가 아닌 VOR과 DME 장비를 이용한 DME 아크 절차에 대해서 학습한다. [그림6-31]을 참고하여 VOR 계기에 의한 아크 절차의 기본적인 개념은 전체의 아크를 10~20° 레디얼 구간으로 나누어 비행하는 절차이다. 아크 항적을 따라 비행 중 DME에 의한 거리 유지는 기본적으로 곡선 항적(curved track)을 형성한다고 생각하고 거리 지시를 면밀하게 주시하여 거리가 초과했을 때 항공기 경사를 주어 DME 거리가 감소할 때까지 선회를 계속한 후 기수방위를 유지하고, 다시 DME 거리가 초과할 때까지 직선비행을 한 후 동일한 방법으로 DME 거리를 수정하면서 비행한다.

VOR 계기를 사용할 때 RMI 지시침과 같이 송신소를 지향하는 직접적인 계기가 없기 때문에 DME 거리만으로 아크 항적을 유지해야 하고 앞에서 언급한 것과 같이 직선 구간으로 이루어진다는 점을 고려하여 DME 거리의 중심으로부터 좌우로 0.2~0.3 NM을 기준으로 기수방위 수정과 직선비행을 반복하면서 아크 항적을 형성한다. [그림6-33]과 같이 VORTAC으로 인바운드 중 아크 절차를 따라 최종접근코스인 90° 레디얼에 진입하고자 한다. 전체 구간은 90°이지만 약 10~20° 정도의 구간을 지정하여 구간별로 직선비행을 하면서 비행하고 있는 것을 볼 수 있을 것이다. 처음 DME 아크 코스에 진입했을 때 기수방위 090°를 유지하면 DME 지시는 점점 증가할 것이다. DME 지시가 증가하여 10.2 NM을 지시할 때 VOR 송신소를 향하여 5~10° 선회하면 DME 거리는 감소하기 시작하여 10.0 NM을 지시할 것이고 계속해서 약간 감소한 후 다시 증가하여 어느 순간 최초의 DME 거리를 지시할 것이다. 수정된 기수방위를 유지하면 DME 거리는 다시 증가할 것이고 위와 같은 방법으로 아크(곡선) 코스를 유지한다. [그림6-33]은 전형적인 VOR에 의한 아크 절차를 수행하는 과정을 보여주고 있다.

①번 계기는 180° 레디얼 선상에서 인바운드 중 10NM DME 아크 코스를 거쳐 090° 레디얼에 진입하고자 한다. OBS 360°, TO/FR 지시기는 TO, 기수방위 360°, CDI 중앙, DME 거리는 12 NM을 지시하고 있다.

②번 계기는 DME 거리가 10.5 NM을 지시할 때 170° 레디얼에 진입하기 위해서 우선회를 실시하고 있다.

③/④번 계기는 170° 레디얼에 진입하기 위해서 OBS를 350°에 맞추면 CDI는 오른쪽으로 벗어난다. 기수방위 90°에서 선회정지 조작을 했고 현재의 기수방위를 유지하고 비행했을 때 DME 거리는 점점 증가하여 10.5 NM까지 벗어났다. CDI가 중앙을 지시할 때 항공기는 170° 레디얼을 통과한 순간이 된다.

⑤/⑥번 계기는 150° 레디얼을 판단할 수 있도록 OBS를 330°에 맞추면 CDI는 다시 오른쪽으로 벗어날 것이다. DME 거리가 증가했음으로 기수방위를 20° 수정하여 기수방위를 70°로 수정하였다. 현재의 기수방위를 계속 유지하고 비행 중 DME 지시는 약간씩 감소하는 것을 관찰할 수 있을 것이다. 계속 직선비행 중 DME 지시가 최초의 거리를 지시할 때 항공기는 다시 지된

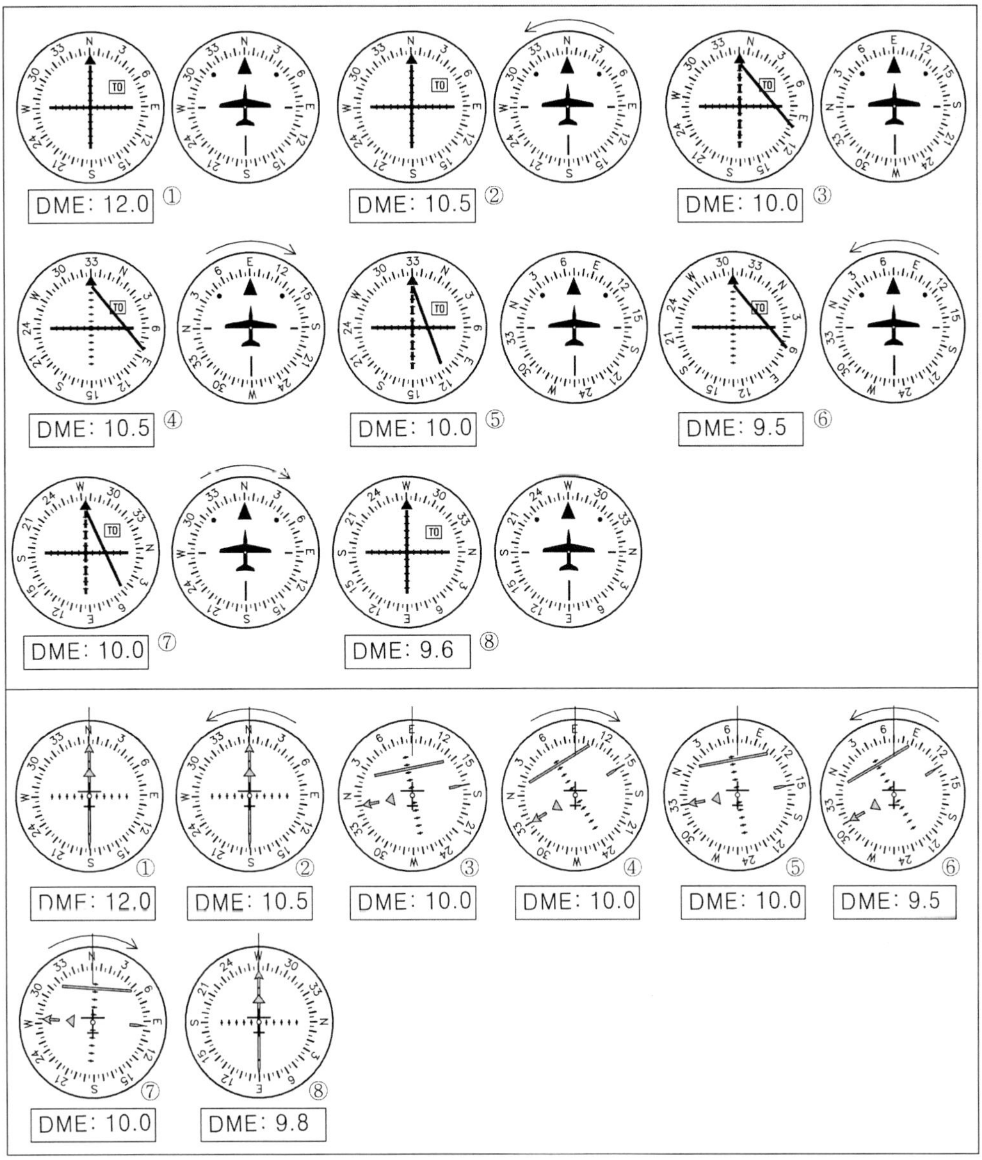

【그림6-33】 VOR 아크 절차

아크에 진입한 것으로 판단한다. 현재의 상태를 계속 유지한다면 DME 거리는 계속 감소하는 것을 관찰할 수 있을 것이다. 이는 항공기가 지정된 아크 항적 안쪽으로 비행하고 있음을 알 수 있다. 다시 CDI가 중앙이 되었을 때 항공기는 150° 레디얼에 진입한 것으로 판단하고 다시 10~20° 전방의 레디얼을 선정하여 동일한 방법으로 레디얼을 추적하면서 곡선 비행을 계속한다. DME 아크에서 수정의 판단 기준은 RMI의 경우와 같이 0.5 NM을 적용한다. VOR 계기에 의한 레디얼을 추적하면서 DME가 10.5 NM까지 벗어났을 때 시설을 향하여 기수방위 20°를 수정해 주어야 하고, 반대로 DME가 9.5 NM까지 벗어났을 때 기수방위는 시설 바깥쪽으로 10° 수정해 주어야 한다.

⑦/⑧번 계기는 계획된 코스에 진입하기 위해서 적절한 선도 레디얼을 설정하였다. 여기서는 095° 레디얼을 선정했다. OBS를 275°에 맞추고 비행 중 CDI가 중앙이 되었을 때 90° 좌선회를 시작한다. 항공기는 비행 타성으로 090° 레디얼에 진입하게 될 것이고, OBS를 270°에 맞추었을 때 CDI가 중앙을 지시하는 것으로 항공기는 090° 레디얼에 정확히 진입했음을 판단할 수 있다.

[주1] 변위율에 따라 수정각이 다를 수 있고 필요에 따라 수정률을 조절할 수 있다.

[주2] DME 거리를 일정하게 유지할 수 있도록 지속적인 항공기 경사를 유지할 수 있는 것은 조종사의 기량에 달려 있다.

제 7 장

계기착륙시설(ILS)

7.1 개 요

VOR 또는 ADF는 장거리 항법에 활용될 수 있을 뿐만 아니라 착륙 단계의 계기접근 장비로도 활용된다. 반면 ILS(instrument landing system)는 항법에 이용되기보다 지정된 공항의 활주로까지 정밀접근(precision approach)을 유도하는 데 이용되고 VOR 또는 ADF 장비를 이용한 접근은 ILS보다 정밀도가 떨어지는 비정밀접근(nonprecision approach)으로 분류된다. ILS는 매우 정밀한 코스(course), 활공경사/활공경로(glideslope/glidepath) 그리고 거리정보를 제공하는 정밀접근(precision approach) 시설로 분류된다. 따라서 ILS는 대부분의 다른 시설보다 더 낮은 기상 최저치에서 안전하게 강하할 수 있게 한다. 일반적으로 ILS는 1/2마일의 시정에서 활주로 상공 200피트까지 강하할 수 있게 유도한다. 민간항공에서 ILS는 가장 보편화된 접근시설로 계기비행 조종사에게 ILS의 이해는 필수 과목이다. ILS의 원리를 이해하는 데는 지상 계기접근시설의 이해와 항공기에 탑재된 ILS 계기의 이해가 요구된다. ILS는 방향(방위) 정보와 고도 정보를 동시에 제공하고 기능별로 분류하면 다음과 같다.

① 방향유도(directional guidance) 정보: 로컬라이저, 활공경사 지시기
② 거리유도(distance guidance) 정보: 마커비컨(maker beacon), 컴퍼스 로케이터, DME
③ 시각 정보: 접근등화시설(ALS), 착지대등과 활주로 중앙선 등화, 활주로 등화

이들 시설은 독립적으로 설치되나 항공기를 활주로 시단까지 안전하게 유도하기 위해서 서로 보완적인 역할을 한다. 이들 시설 중 어느 한 시설이 작동되지 않을 때 지정된 기상 최저치가 증가하고, ILS 접근 중 활공경사 지시기(glideslope indicator)가 고장 났을 때 즉시 비정밀접근으로 전환되어야 한다. [그림7-1, 2]에서 보는 것과 같이 모든 ILS 구성품들이 1개의 활공경로(glide path)를 형성하기 위해서 설치되고 중간중간에 활공경로 선상의 거리(distance)를 판단할 수 있는 마커비컨(marker beacon)이 위치한다. ILS의 기능별 분류에 따라 지상 및 공중에서 사용되는 장비는 다음과 같이 구분해 볼 수 있다.

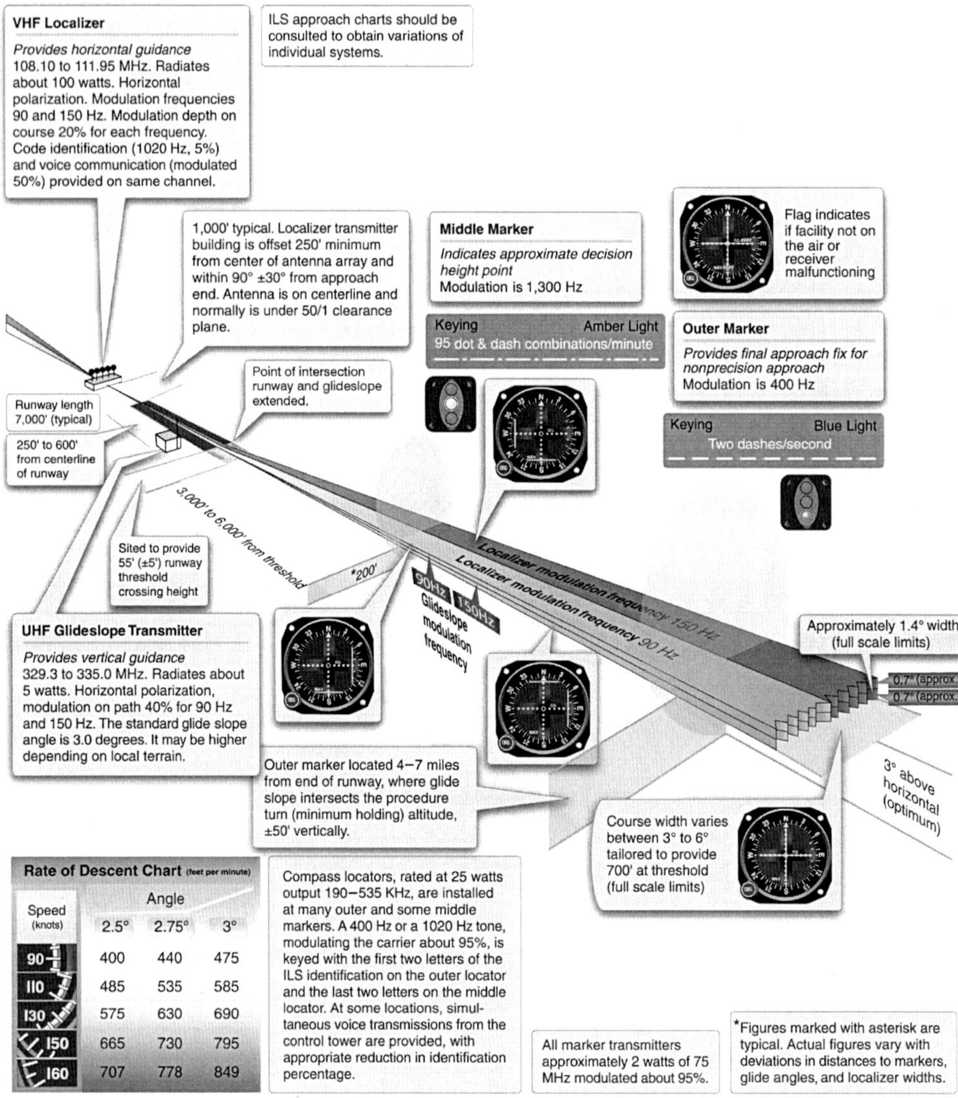

【그림7-1】 ILS 구성요소

【그림7-2】 ILS 안테나와 Glide Slope 안테나

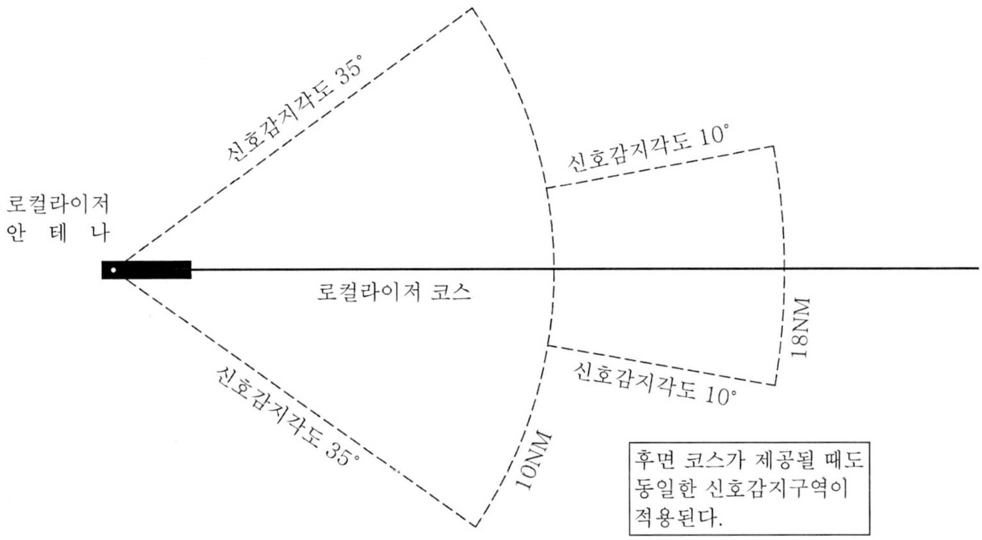

【그림7-3】 로컬라이저 신호감지구역

7.1.1 로컬라이저

로컬라이저(localizer)는 전파를 발사하여 코스(course)를 형성하는 일종의 무선 발신기(transmitter)라고 할 수 있으며 활주로 중앙선을 연장하는 선상의 약 1,000피트 떨어진 지점에 설치되어 있다. 로컬라이저는 성냥개비를 일렬로 정렬해 놓은 모양으로 활주로 중앙선을 중심으로 접근 폭(approach width)에 대한 신호를 송출한다. 로컬라이저 발신기에서는 전면코스(front course)와 후면코스(back course) 양방향으로 전파를 발사할 수 있고 후면코스가 운용되는 공항은 계기접근 차트에 후면코스(back course)임을 알리는 "BC"로 표기되어 있다.

① 주파수 범위: 로컬라이저 발신기는 주파수 108.10~111.95MHz대의 40개 채널 중 하나를 사용한다.

② 로컬라이저 신호감지범위 한계: 안테나에서 발사되는 전파는 [그림7-3]과 같이 18 NM에서는 활주로 중앙선을 기준으로 좌우 10°까지 수신할 수 있고, 10 NM에서는 좌우로 35°까지 수신된다.

③ 식별 방법: 로컬라이저의 식별은 VOR과 같이 I(· ·)로 시작하는 세 문자 모스부호로 식별할 수 있다.(예, I-DIA)

④ 로컬라이저 경사 폭(angular width): 활주로 시단에서 약 700피트의 신호 폭을 제공하기 위해서 3°와 6° 사이에서 변화될 수 있다.

⑤ 로컬라이저 감도(sensitivity): 앞에서 언급한 것과 같이 VOR 계기의 CDI가 수용할 수 있는 신호 폭은 좌우로 10°씩 전체 20° 레디얼의 폭을 갖는다. 그러나 로컬라이저 주파수에 동조했을 때 로컬라이저 CDI가 수용할 수 있는 전체 폭은 5°이기 때문에 한쪽으로 2.5°씩이 허용된다. 이것은 VOR 수신기보다 로컬라이저 수신기가 4배 정도 민감하게 작동한다는 것을 의미한다. 따라서 로컬라이저 코스를 유지하는 동안 로컬라이저 CDI의 움직임이 더욱 빠르게 이동하기 때문에 조종사는 더욱 정밀한 양으로 즉각적인 수정 조작을 하면서 트래킹할 수 있

어야 한다.

⑥ 로컬라이저 코스: 일반적으로 로컬라이저의 발신기는 접근하는 활주로의 반대편에 위치해 있고 접근이 수행되는 방향으로 방위 유도 신호를 송출하는 시설이 정상적인 전면코스(front course)이다. 또한, 이 시설은 반대 방향으로도 신호를 송출하는데 이 방향을 후면코스(back course)라 한다. 후면코스의 사용은 ATC의 인가를 받지 않는 한 사용해서는 안 된다.

로컬라이저의 정상적인 감지 기능은 항공기가 전면코스 선상에서는 인바운드하고, 후면코스 선상에서는 아웃바운드(outbound)할 때 로컬라이저 CDI는 정상감지기능을 나타낸다. 그러나 전면코스(front course)로 아웃바운드를 하거나 후면코스(back course)로 인바운드를 한다면 로컬라이저 CDI는 역감지기능(reverse sensing)을 나타낸다. 정상감지기능일 때 항적 수정은 로컬라이저 CDI가 벗어난 방향으로 항공기 기수방위를 수정하는 것이다. 예를 들어 로컬라이저 CDI가 오른쪽으로 벗어났을 때 항공기는 설정된 중앙 코스로부터 왼쪽으로 벗어났음을 의미한다. 따라서 오른쪽으로 수정 조작을 적용했을 때 로컬라이저 코스 중앙으로 다시 진입할 수 있다. 그러나 역감지기능일 때는 로컬라이저 CDI가 벗어난 반대 방향으로 수정 조작을 적용해야 하므로 순간적인 실수를 초래할 수 있다.

HSI의 경우는 CRS를 전면코스를 선택하고 비행하면 역감지를 회피할 수 있다. 이것은 비행방향과 관계없이 계기 자체에서 자동으로 방향을 결정할 수 있어 어느 상태이든지 항공기가 벗어난 방향을 정확하게 지시한다. [그림7-4]는 로컬라이저 선상에 있는 항공기의 위치를 지시해주는 로컬라이저와 HSI 계기의 지시를 보여주고 있다. 로컬라이저의 정상적인 기능이란 VOR의 감지 기능과 같이 로컬라이저 CDI가 벗어난 방향으로 코스를 수정하는 것이다. 항공기가 전면코스에서 인바운드(inbound)할 때 그리고 후면코스에서는 아웃바운드할 때 로컬라이저 CDI는 정상적으로 작동한다.

[그림7-4]의 로컬라이저 전면코스는 360°이고, 후면코스는 180°이다. 아래 계기군은 로컬라이저의 전면코스는 360°를 선택하였고 위의 계기군은 로컬라이저 후면코스 180°에 맞추고 접근 중인 항공기의 상태를 보여주고 있다. ①번 항공기와 같이 로컬라이저 코스 중앙에 있을 때 로컬라이저 CDI는 정중앙을 지시하고 있다. 그러나 항공기가 오른쪽으로 벗어났을 때 로컬라이저 CDI는 ②번 계기와 같이 왼쪽으로 벗어나고 있는 것을 알 수 있다. 위의 계기는 ⑤번 계기와 같이 오른쪽으로 벗어나면서 항공기가 벗어난 방향과 같은 방향으로 벗어나고 있는 것을 볼 수 있다.

전자는 정상적인 로컬라이저 감지기능으로 작동하고 있는 것이고 후자는 역감지기능으로 작동하고 있는 상태이다. 항공기가 로컬라이저 감지 범위에서 완전히 벗어날 정도가 되었다면 로컬라이저 CDI는 ③/⑥번 계기와 같이 완전히 어느 한쪽으로 벗어나게 된다. 앞에서 언급한 것과 같이 지정된 코스를 벗어났을 때 이를 수정하는 방법은 로컬라이저 CDI가 벗어난 방향으로 기수를 수정하면 된다. 따라서 ②/③번 계기와 같은 정상감지기능에서 기수를 왼쪽으로 수정했을 때 항공기는 점차 지정된 로컬라이저 코스에 재진입할 수 있을 것이다. 그러나 ⑤/⑥번 계기(HSI 예외)와 같이 로컬라이저 CDI가 벗어난 방향으로 기수를 수정했을 때 항공기는 지정된 로컬라이저 코스로부터 더 멀어지는 결과를 초래하게 될 것이다. 반면에 HSI는 전면코스에 일단 세팅한 후에는 인바운드 및 아웃바운드와 관계없이 항공기가 벗어난 방향을 정확하게 지시하고 있음을

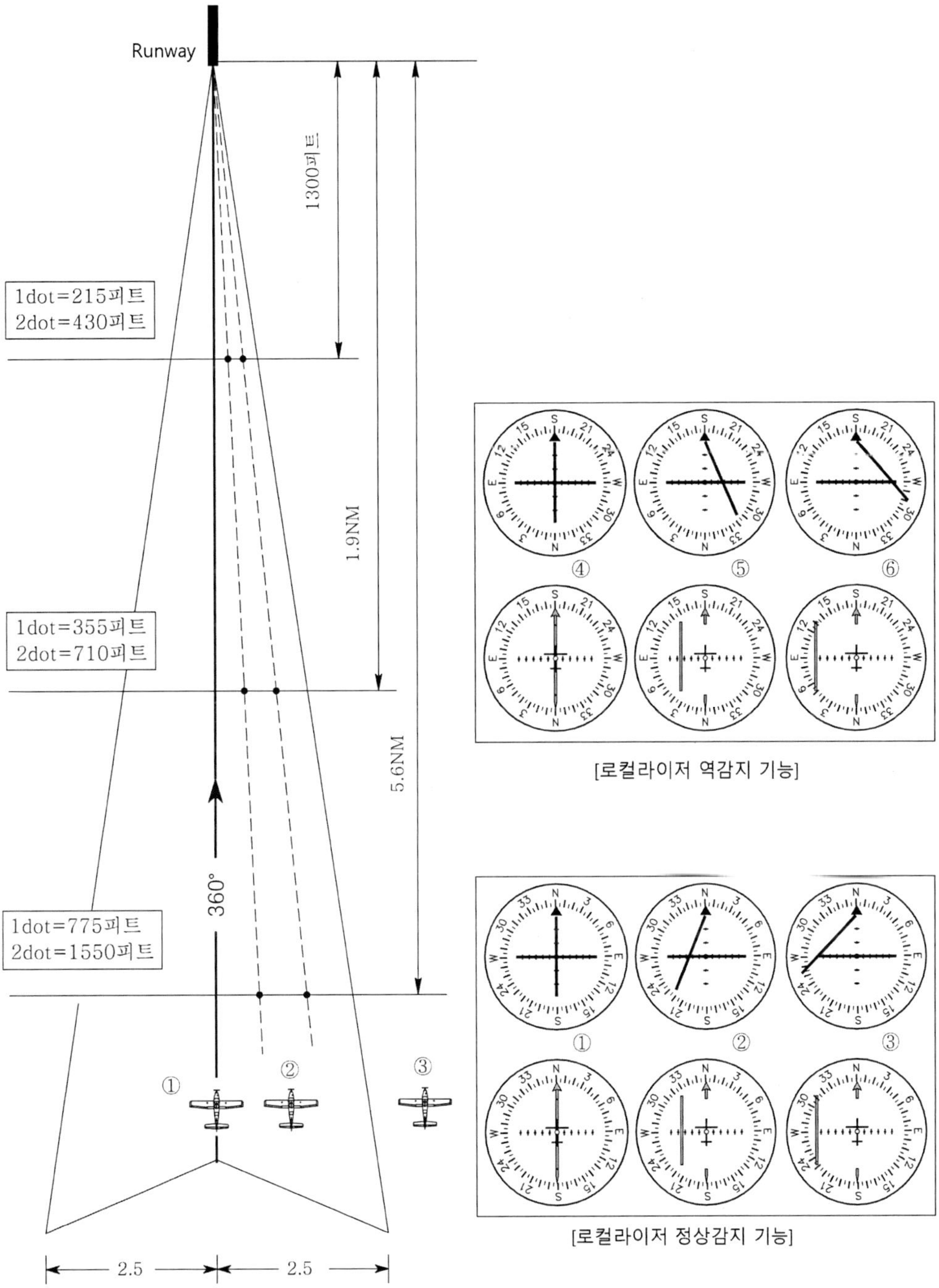

【그림7-4】 로컬라이저 감지기능-VOR/HSI

보여주고 있다. HSI는 어느 경우든 전면코스에 세팅했을 때 항공기의 이탈 방향을 정상적으로 나타낸다. 참고로 기본 VOR 계기의 OBS에서 선택한 코스는 조종사가 로컬라이저 주파수에 동조할 때 더 이상 영향을 미치지 않고 오직 로컬라이저 코스에 대해서만 반응을 나타낸다.

로컬라이저 발신기의 위치는 [그림7-4]와 같이 접근하는 방향에서 보았을 때 활주로 반대 시단으로부터 약 1,000피트 떨어진 지점에 설치된다. 대략 활주로 시단으로부터 약 1,300피트 지점에서 1도트(dot)의 변위는 항공기가 접근경로 중앙으로부터 약 215피트 벗어난 위치에 있고, 거리가 1.9 NM에서는 약 355피트 그리고 외측 마커비컨(outer maker beacon)이 위치하는 5.6 NM에서는 약 775피트가 벗어난 지점에 위치하게 된다. 이를 바탕으로 착륙접근 중인 항공기가 어느 정도 벗어난 위치에 있는지 판단할 수 있는 기초가 된다.

7.1.2 활공경사 지시기

활공경사 발신기(glide slope transmitter)는 [그림7-5]와 같이 항공기가 활주로에 접근하는 동안 지정된 활공경로(glide path)를 따라 강하할 수 있도록 지정된 활공경로에 대한 높낮이 정보를 제공한다. 활공경사 발신기는 활주로의 접근이 끝나는 지점으로부터 약 750~1,250피트 후방에 설치되어 있고 전면코스에만 활공경로를 형성한다. 활공경사 발신기는 로컬라이저 발신기와 달리 활주로 중앙선과 정렬되어 있지 않고 옆쪽으로 약 250~650피트 떨어진 지점에 위치하기 때문에 활주로의 착지대(touchdown zone)와 일치하지 않는다. 활공경사 발신기는 1.4°의 상하 폭으로 전파 빔(beam)을 송출하여 지정된 결심높이(decision hight; DH)까지 활공경로(glide path)에 대한 정보를 제공한다.

(1) 주파수 범위

활공경사 발신기는 329.15~335.00MHz대의 40개 채널 중 하나를 사용한다. 활공경사 발신기는 VHF 로컬라이저와 쌍(pairs)으로 구성된 UHF 주파수로 운용된다. 따라서 로컬라이저 주파수에 동조했을 때 자동으로 활공경사 지시기 주파수가 작동된다.

(2) 운용 범위

일반적으로 활공경로 투사 각도는 수평선 위 약 3°로 조정되었기 때문에 중간 마커비컨(middle marker; MM)에서는 약 200피트에서 그리고 외측 마커비컨(outer marker; OM)에서는 약 1,400피트에서 교차하도록 설계된다. 활공경사(glide slope) 신호는 약 10 NM 범위 내에서 수신할 수 있고 일부 시설에서는 10 NM을 초과하여 운용되기도 한다.

(3) 활 용

활공경사 지시기는 정밀접근(precision approach) 방식에서만 제공되고 일반 VOR 계기 또는 HSI 계기에 지정된 활공경로에 대한 항공기의 상대적 위치를 나타낸다. VOR 계기는 활공경사 지시기가 수평으로 설치되어 상하로 움직이면서 항공기의 상대적 위치를 지시한다. 반면에 HSI는 좌우에 굵은 화살표 모양의 지시침이 상하로 움직인다. VOR 계기의 중심으로부터 상하로

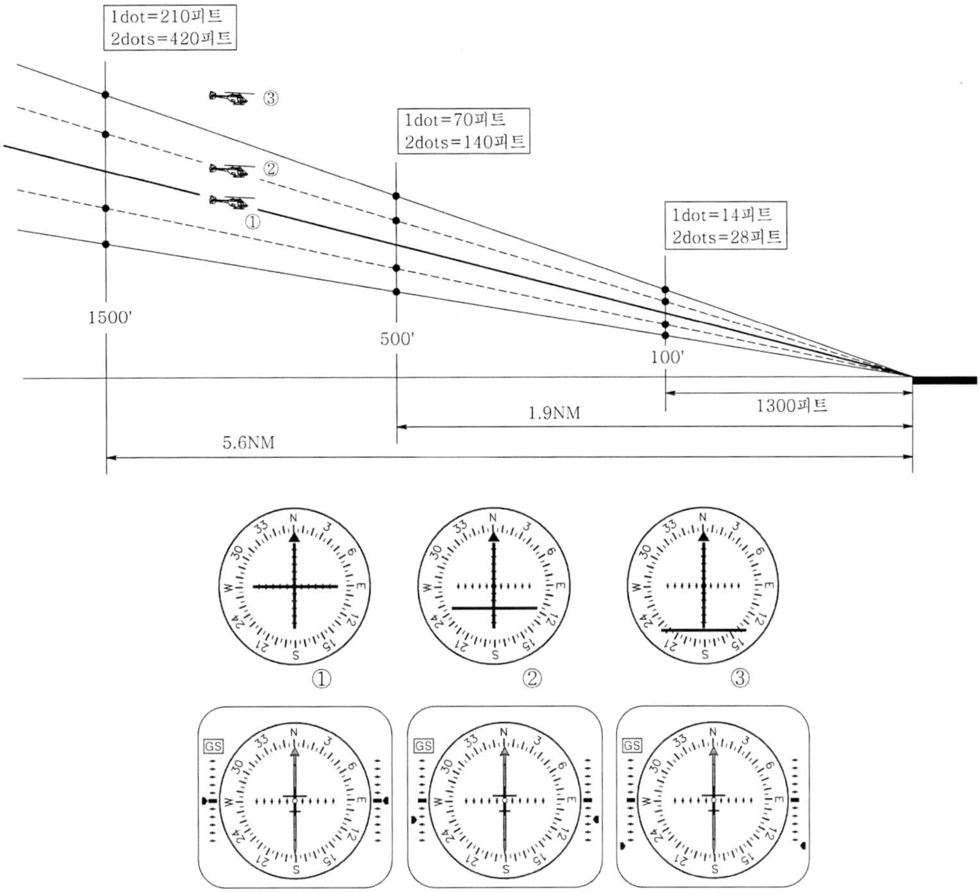

【그림7-5】 활공경사 지시기의 감지 기능

2개의 눈금(dots)이 표시되어 있고 HSI는 좌우 측면에 상하로 2개의 눈금(dots)이 표시되어 있다. 각 눈금은 활공경사 발신기로부터의 거리에 따라 편차 거리가 다르다. [그림7-5, 6]은 활공경사 지시기의 운용 범위를 보여주는 것으로 정상 활공경사는 활주로 시단(threshold)으로부터 3°의 활공각으로 형성되고 접근경로 전방의 장애물에 따라 약간 높아질 수 있다. ILS 활주로의 활공각은 [그림7-11]과 같은 계기접근절차(IAP)의 측면도에서 확인할 수 있다.

①번 항공기는 정상 활공경로에 진입하여 강하 중인 항공기의 상태로 ①번 계기와 같이 활공경사 지시기가 수평을 지시할 것이다. 그러나 ②번 항공기와 같이 항공기가 정상 활공경로 위로 벗어났다면 ②번 계기와 같이 활공경사 지시기는 수평보다 아래로 벗어나기 시작하는 것을 관찰할 수 있을 것이다. ③번 항공기와 같이 정상 활공경로를 완전히 벗어났을 때 ③번 계기와 같이 활공경사 지시기도 완전히 아래로 내려간 상태가 될 것이다. 이 같은 상황은 정상적인 강하율을 유지하지 못했을 때 발생하는 것으로 정상 활공경사에 진입하기 위해서는 강하율을 증가시키기 위한 조작이 요구된다. 반대로 활공경사 지시기가 위로 올라가기 시작한다는 것은 항공기가 정상 활공경사보다 아래로 벗어나고 있다는 것을 의미하기 때문에 조종사는 즉시 강하율을 감소시키기 위한 조작을 해야 정상 활공경로에 재진입할 수 있을 것이다. 접근 중인 조종사는 활공경사 지시기의 움직임을 주시하고 활공경사 지시기가 정상 활공경사를 벗어나기 시작하는 것을 초기

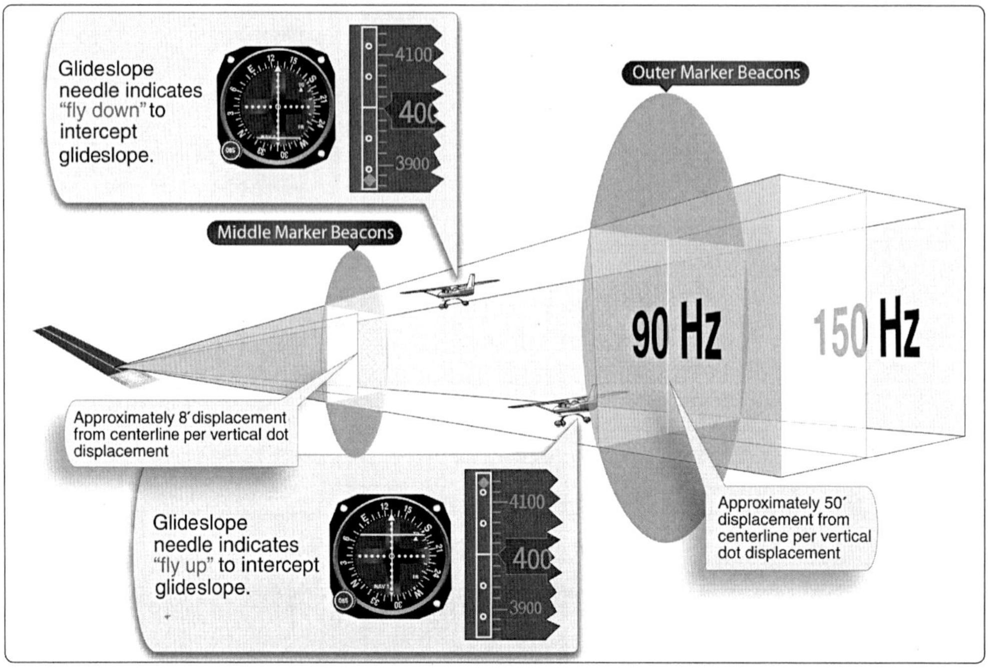

【그림7-6】 재래식 계기와 전자비행계기의 활공경사

에 발견하여 이를 수정할 수 있어야 한다. 초기 수정은 항공기의 동력을 적용하기보다 피치자세로 수정하는 것이 좋다. 예를 들어 활공경사 지시기가 내려가기 시작할 때 피치자세를 약간 숙여 수정하고 활공경사 지시기가 올라가기 시작하면 피치자세를 약간 들어 줌으로써 정상 활공경로를 유지할 수 있다. 그러나 너무 많이 벗어났을 때 동력을 함께 적용하여 수정하여야 하고 수정량이 크면 클수록 항공기는 파도타기와 같은 현상을 반복할 수 있다는 점에 유의해야 한다. 또한, 그림은 활공경사 발신기(glide slope transmitter)로부터의 거리에 따라 각 점(dot)의 변위(displacement) 거리를 보여주고 있다. 예를 들어 발신기로부터 1,300피트 거리에서 한 눈금은 지정된 활공경로로부터 약 14피트의 변위량을 보여주고 있지만 5.6 NM에서 한 눈금은 약 210피트의 변위량이 발생한다.

7.1.3 마커비컨

계기접근경로 선상의 거리를 지시해 주는 장비는 DME와 마커비컨(marker beacon)이 있다. DME는 외측 마커비컨(outer marker; OM) 대신에 사용할 수 있으나 더욱 정밀한 위치 정보는 접근경로 선상에 [그림7-7]과 같이 3개의 마커비컨으로 지시된다. 일반적으로 외측 마커비컨(outer marker; OM)과 중간 마커비컨(middle marker; MM)이 이용되고 더 높은 정밀접근을 해야 하는 공항에는 내측 마커비컨(inner marker; IM)이 설치 운용된다. 마커비컨은 약 3와트의 출력으로 타원형의 전파를 발사한다. 이 전파는 안테나로부터 약 1,000피트 상공에서 2,400피트의 폭과 4,200피트 길이의 타원형을 형성한다. 이 정도 크기의 마커비컨 구역을 1,000피트(AGL)에서 대지속도 120노트로 통과할 때 약 12초 동안 신호를 수신할 수 있다. 항공기에 장착된 마커비컨 수신

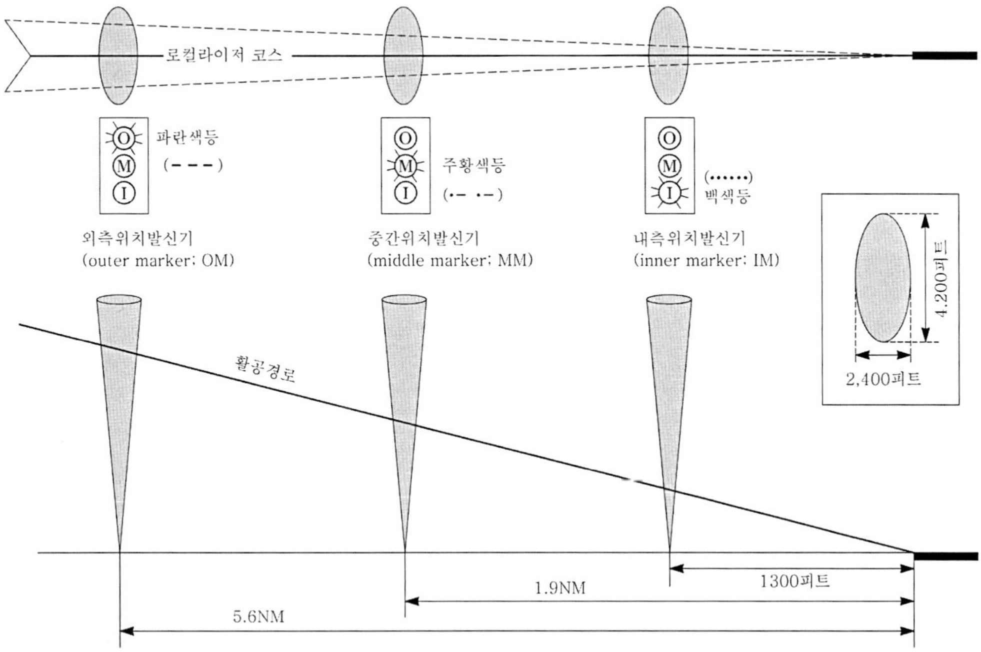

【그림7-7】 마커비컨

기는 통과 위치에 따라 다음과 같은 신호음(code)과 식별등화로 알 수 있다.

① 외측 마커비컨(OM)은 활주로로부터 약 4~7마일 사이에 위치해 있고, ILS 로컬라이저 코스 선상에서 적절한 고도로 활공경사(glide slope)에 인터셉션(interception)하기 위한 위치를 제공한다. 이 위치를 통과할 때 항공기 내의 마커비컨 수신기에 초당 2회의 대시음(- - -) 모스부호와 파란색 불빛이 깜빡거린다.

② 중간 마커비컨(MM)은 활주로 시단으로부터 약 3,500피트 지점에 위치하고 활공경로를 따라 정확하게 비행했을 때 착지대(TDZ) 표고 위의 약 200피트 고도를 통과할 수 있도록 설계되어 있다. 이 위치를 통과할 때 항공기의 마커비컨 수신기에 분당 190회의 도트와 대시음(· - · -) 모스부호와 주황색(amber) 불빛이 깜빡거린다.

③ 내측 마커비컨(IM)은 접근 범주(approach category)-II, III ILS가 운용되는 곳에서 활주로 시단과 중간 마커비컨(MM) 사이의 지정된 결심높이(decision height; DH)를 지시한다. 이 위치를 통과할 때 초당 6회의 도트음(· · · · · ·) 모스부호와 백색 불빛이 깜빡거린다.

④ 마커비컨은 로컬라이저 후면코스(back course)에서도 사용될 수 있는 데 이때는 2개의 도트음(· · · · · ·)으로 구성된 모스부호가 분당 144~190회 울리고 백색 불빛이 깜빡거린다.

7.1.4 컴퍼스 로케이터

컴퍼스 로케이터(compass locator)는 저/중주파수대의 NDB 발신기를 이용하여 위치를 식별하는데 이용되는 시설이다. 컴퍼스 로케이터(compass locator)는 계기착륙시설(ILS)과 함께 로컬라

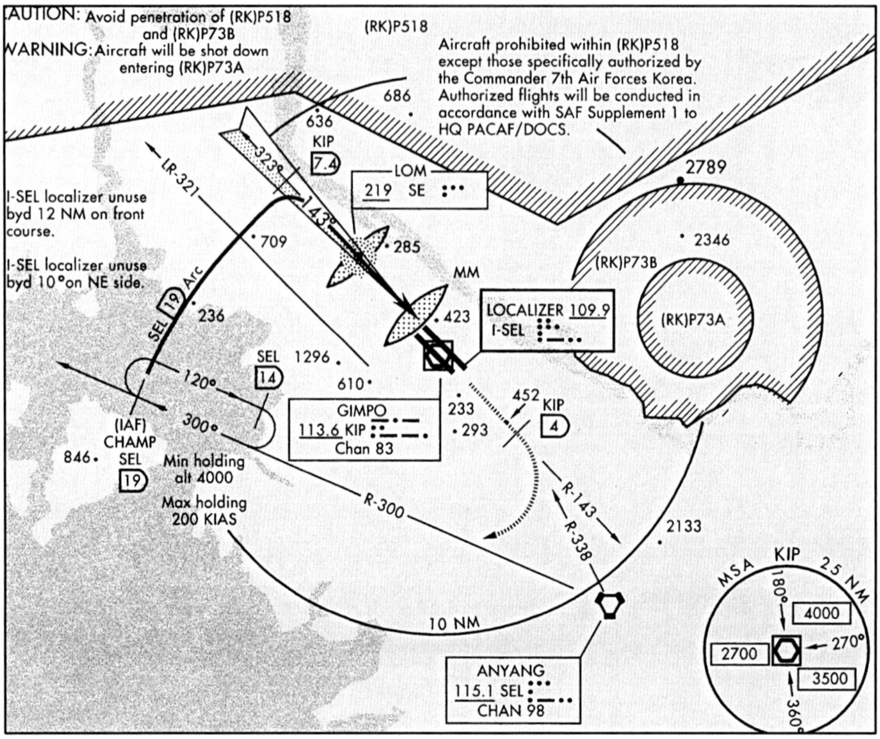

【그림7-8】 컴퍼스 로케이터

이저 코스 선상에서 항공기 위치를 지시해 주는 역할을 하고 외측 마커비컨(OM) 대신에 사용될 때는 "LOM"이라 하고 중간 마커비컨(MM) 대신에 사용될 때는 "LMM"이라 한다. 컴퍼스 로케이터는 접근 차트에서 발신기 안테나를 중심으로 점선 원으로 그려져 있고, 식별 문자는 해당 운용 형태에 따라 로컬라이저 식별 문자의 두 자리 문자를 사용한다. 컴퍼스 로케이터는 약 25와트 미만의 출력으로 190~535KHz대의 전파를 송출하고 15마일의 범위에서 수신할 수 있다.

(1) LOM

외측 마커비컨(OM)에 위치해 있는 컴퍼스 로케이터의 식별은 해당 로컬라이저 세 문자 식별 문자 중 앞 2문자를 사용한다.

(2) LMM

중간 마커비컨(MM)에 위치해 있는 컴퍼스 로케이터를 나타내고 식별 문자는 로컬라이저 세 문자 식별문자의 뒤에서 2문자를 사용한다.

(3) 활 용

컴퍼스 로케이터(compass locator)는 로컬라이저 접근경로 선상에서 항공기의 위치를 식별하는 데 사용된다. 접근 중에 ADF 수신기에 컴퍼스 로케이터의 주파수를 동조하고 착륙접근 중 해당 시설 상공에 도달했을 때 지시침이 180° 회전하는 것으로 해당 컴퍼스 로케이터의 상공을 통과했음을 판단할 수 있다. [그림7-8]과 같이 김포국제공항의 "ILS Rwy 14L"의 접근경로 선상에는 컴퍼스 로케이터가 외측 마커비컨(OM) 대신에 위치하고 있다. 김포 "ILS Rwy 14L"의 로컬라이저 식별 부호는 "I-SEL"이다. 여기서 "LOM"은 주파수 219 kHz에 식별 문자는 "SE"로 표기되어 있다.

7.1.5 ILS/DME

대부분의 ILS 절차에서 DME 발신기는 로컬라이저 또는 활공경사 발신기와 함께 설치되거나 근처에 위치하여 활주로까지의 거리정보를 제공한다. DME가 ILS 접근절차에 설치되어 있을 때 DME는 외측 마커비컨(outer marker beacon) 대신으로 사용하거나 로컬라이저 전면코스(front course)와 후면코스(back course) 선상에서 다른 공시된 픽스(published fix)로 설정하여 사용할 수 있다. 또한 DME 정보는 ILS와 VORTAC과 같이 분리된 시설에서 거리정보를 얻을 수 있다.

7.1.6 계기접근

이제까지 계기접근시설을 구성하는 시설에 대해서 학습하였고 [그림7-9]는 계기접근 상황을 종합적으로 보여주고 있다. 계기접근이 시작되는 지점까지는 VOR 또는 NDB 또는 GPS 등의 항법 장비를 이용하여 최종적으로 계기접근 인가(clearance)를 받았고, 활주로를 향하여 접근하는 단계까지 와 있다. 위 그림은 옆에서 보았을 때의 접근 상황이고 아래 그림은 위에서 보았을 때의 상황을 보여주고 있다.

①번 계기의 로컬라이저 CDI는 정중앙을 지시하고 있고 활공경사 지시기는 위로 올라와 있는 것으로 보아 항공기는 로컬라이저 코스 선상에서 정상 활공경로를 향하여 접근 중에 있음을 알 수 있다. 현재의 상태로 계속 비행한다면 활공경사 지시기는 점차 아래로 이동하게 될 것이고 ②번 계기와 같이 중앙에 위치했을 때 항공기는 온-코스/정상활공경로(on glide path)에 진입한 것으로 판단한다. 조종사는 즉시 지정된 강하율로 강하하기 위해서 동력과 피치자세를 조정하여 정상적인 강하 자세를 확립한다.

강하 중 ③번 계기와 같이 로컬라이저 CDI는 왼쪽으로 벗어나고 활공경사 지시기는 위로 벗어났다면 항공기는 로컬라이저 코스 오른쪽에 그리고 온-코스(on course) 아래로 벗어났음을 의미한다. 즉시 기수를 왼쪽으로 수정하고 강하율을 감소시키고 기다린다면 항공기는 다시 ④번 계기와 같이 로컬라이저의 온-코스와 온-글라이드패스(on course and on glidepath)에 진입하게 될 것이다.

이번에는 ⑤번 계기와 같이 로컬라이저 CDI가 오른쪽으로 활공경사 지시기가 아래로 벗어났다면 이는 항공기가 로컬라이저 코스 왼쪽으로 그리고 온-글라이드패스 위로 벗어나고 있음을 의미한다. 이를 수정하기 위해서 지체 없이 강하율을 증가시키고 동시에 기수를 오른쪽으로 수정하면 항공기는 ⑥번 계기와 같이 로컬라이저 온-코스와 온-글라이드패스(on course and on glidepath)에 재진입하여 접근을 계속할 수 있을 것이다.

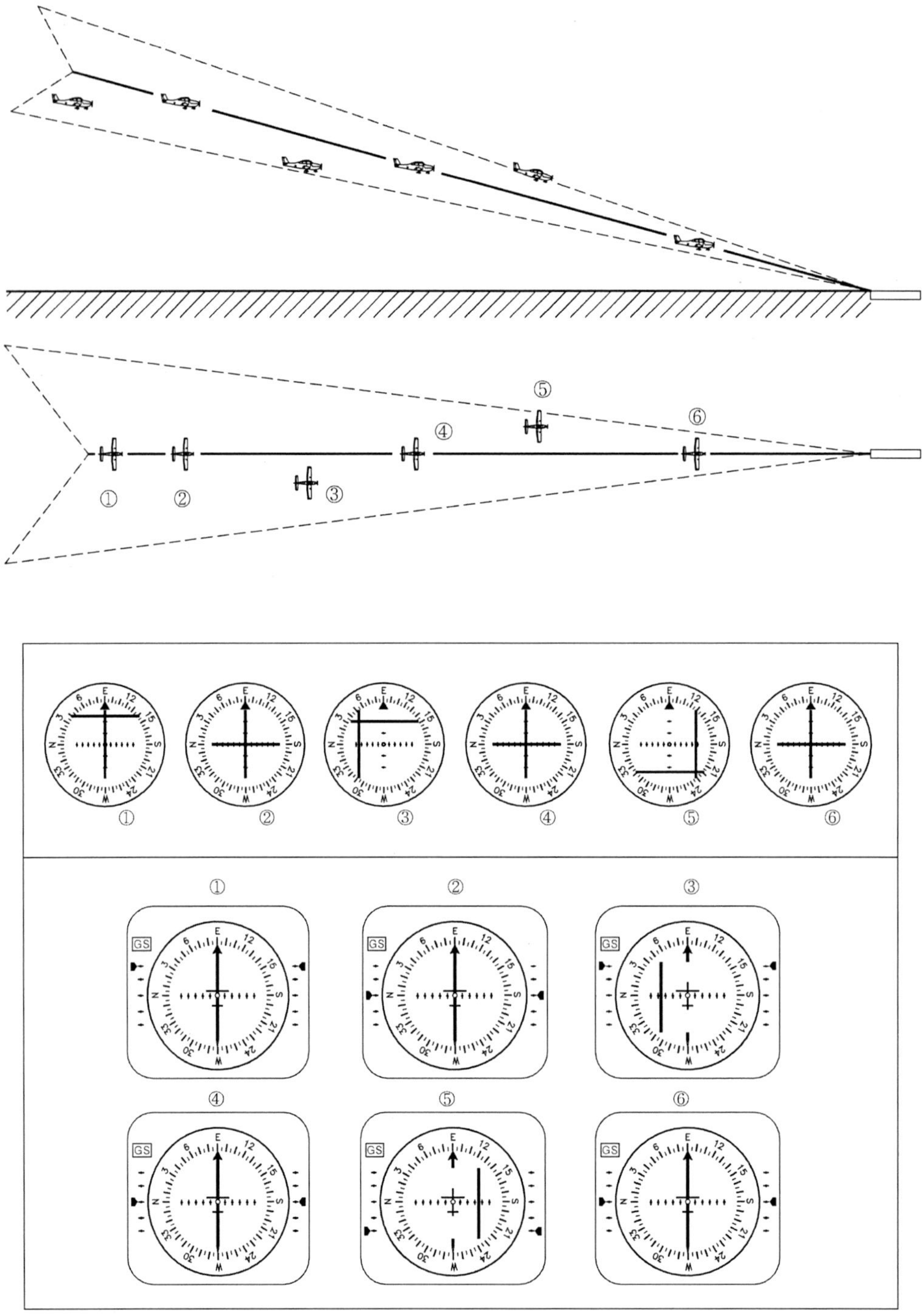

【그림7-9】 ILS 접근 사례

7.2 LDA와 SDF

계기접근의 형태이면서 완전한 계기착륙시설(ILS)보다 정밀도가 떨어지는 계기접근시설로 단순히 방위 정보만 제공하는 LDA(localizer-type directional aid)와 SDF(simplified directional facility)가 있다.

7.2.1 LDA

LDA는 "Localizer-type Directional Aid"의 약자로 로컬라이저형 방향보조시설이라고 할 수 있다. 이 시설은 완전한 ILS는 아니지만, 로컬라이저만큼이나 활용성과 정밀도를 갖고 있다. LDA는 활주로와 정렬되어 있지 않으며 3~6°의 코스 폭을 형성하기 때문에 6° 또는 12°의 코스 폭을 형성하는 SDF보다 정밀하다. LDA 코스와 활주로 사이의 각도가 30°를 초과하지 않을 때 직진 최저치(straight-in minimums)가 발행되고 그 이상이 되었을 때 서클링 최저치(circling minimums)가 발행된다. LDA의 식별은 ILS와 같이 "I" 문자로 시작하여 3문자로 나타낸다.

7.2.2 SDF

SDF는 "Simplified Directional Facility"의 약자로 간이(단순)방향시설이라고 할 수 있다. 이 시설 역시 활주로와 정렬되어 있지 않으며 접근코스는 표준 ILS 로컬라이저보다 넓게 형성되므로 정밀도는 감소되고 활공경사에 관한 정보 역시 제공되지 않는다. 그러나 모든 접근 절차와 기술은 표준 ILS 접근과 근본적으로 동일하게 적용된다. SDF 신호는 6° 또는 12° 고정되어 있고 코스 중앙선으로부터 양쪽 측면에 35°로 제한된다. SDF 안테나는 활주로 중앙선으로부터 오프셋(offset)되어 있으므로 최종접근코스와 활주로 방위각의 접속 각도를 계기접근 절차차트를 참고하여 결정해야 한다. 일반적으로 이 각도는 약 3° 미만이고 접근코스는 안테나로부터 시작된다. 따라서 활주로 시단을 초과해서부터 항공기를 SDF의 오프셋(offset; 한쪽으로 벗어남) 위치로 유도할 수 있다는 점에 유의해야 한다. SDF는 3문자의 모스부호로 식별된다.

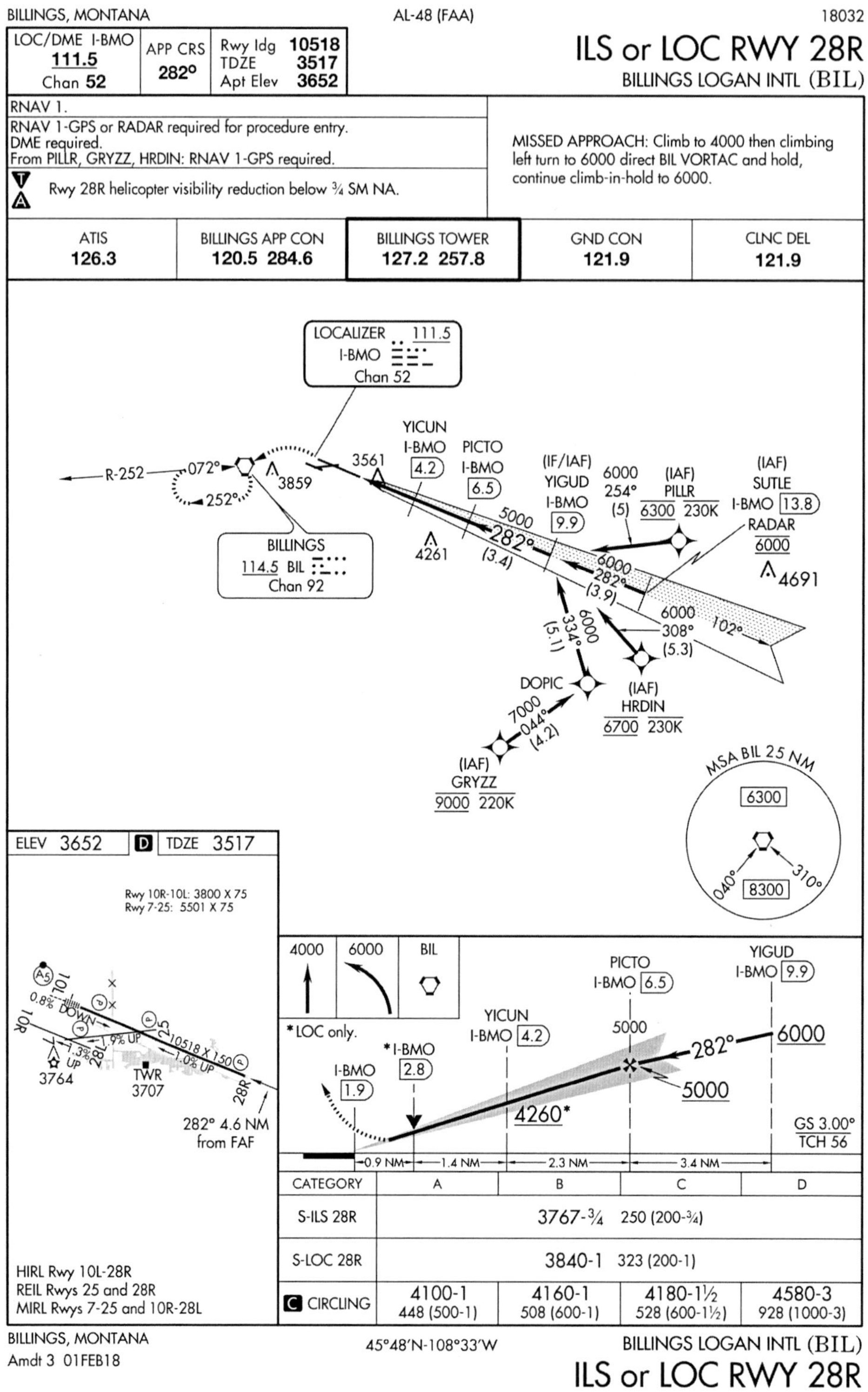

【그림7-10】 전형적인 ILS or LOC 접근 차트 사례이다. 기존 ILS or LOC 접근 차트와 달리 RNAV 1을 위한 성능을 갖추어야 한다는 점이 다르다. 세부 내용에 관해서는 "계기절차 지침서"에서 다루게 될 것이다.

제 8 장

RNAV/RNP

8.1 지역항법(RNAV)

8.1.1 개 요

지역항법(area navigation; RNAV)은 지상 및 위성 항법보조시설(NAVAIDs)의 네트워크 내에서 조종사 임의로 선정한 코스를 따라서 비행할 수 있는 항법의 한 종류이다. [그림8-1]과 같이 VORTAC과 같은 NAVAIDs을 직접 경유하지 않고 임의로 선정된 지점과 지점 사이를 직항로(direct routes)로 비행할 수 있다는 점에서 비행시간과 거리(flight time and distance)를 단축하고 항공교통의 혼잡(congestion)을 피할 수 있는 장점이 있다. 이 같은 항법의 특성을 고려하여 랜덤 항법(random navigation)이라고도 한다. RNAV는 1960년대 미국에서 개발되어 보급되기 시작했고 1970년대부터 RNAV 항로(routes)가 처음으로 발행(published)되었다. 이후 RNAV는 위성항법(GNSS/GPS)이 대중화되면서 다시 주목받기 시작했다. RNAV는 다음과 같은 조건에서 항공기 운용을 허용한다.

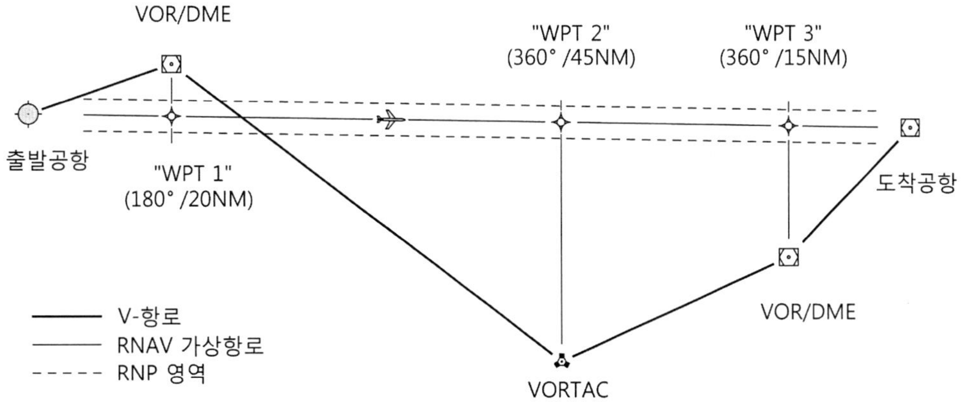

【그림8-1】 굵은 실선은 VOR-VOR 송신소를 잇는 전형적인 V(벡터)-항공로이고, 이 경로를 따라 비행하는 것이 전통적인 무선항행 방식이다. RNAV 항법은 주변의 VOR/DME, DME/DME, VORTAC, GNSS, IRU 등을 활용해서 가상 송신소(웨이포인트)를 지정할 수 있다. 출발공항과 목적지 공항을 직선으로 연결하는 가는 실선이 RNAV 항로이다. RNAV는 지정된 공역 내에서 운항할 수 있는 성능을 갖추어야 한다. 위성을 활용한 RNAV (GNSS)는 더욱 광범위한 항행 능력을 제공한다.

첫째, 지상 송신소를 기반으로 한 항법 신호의 통달범위에 있어야 한다.
둘째, 관성항법장치와 같은 자립항법장치의 성능 범위에 있어야 한다.
셋째, 위 방법의 적절한 혼용으로 항법 성능 범위에 있어야 한다.

RNAV는 지상기반 또는 우주기반 항법보조시설의 통달범위, 관성항법장치와 같은 자립항법장치(self-contained)의 성능 범위 또는 이들의 적절한 상호 조화로 임의(random) 비행로에서 비행할 수 있는 항행 시설이다. RNAV는 전통적인 지상지반 항법보조시설을 대체하는 항행 시설로 유용성(usability)이 날로 증가하고 있다. RNAV 시스템에는 순항항로(en route), 터미널 절차, 출발절차(departure procedure; DP) 그리고 표준터미널도착(standard terminal arrival; STAR) 등이 포함되고 다음과 같은 운용상의 장점이 있다.

- 시간과 연료 절약(time and fuel savings)
- 공역의 효율적 활용
- ATC 무선교신의 필요성을 감소시켜 레이더 벡터링, 고도 그리고 속도의 자율성 증대

8.1.2 RNAV와 RNP

항공산업의 지속적인 성장으로 항공기 수의 절대적 증가는 가용 공역(available airspace)의 최적 활용성(optimum utilization)을 위한 필요성이 제기되었다. RNAV 기술이 점진적으로 적용되기 시작하면서 이로부터 얻을 수 있는 개선된 운용 효율성은 전 세계의 여러 영역과 비행 전체 단계에 적용할 수 있도록 개발되었다. 특정 항로 또는 특정 공역 내에서 RNAV 항법을 적용하기 위한 필수요건(requirements)은 명확하고 간결하게 규정되어야 한다. 이로써 비행승무원(flight crew)과 항공교통 관제사(air traffic controller)는 항공기에 장착된 RNAV 시스템의 성능이 특정 공역 필수요건에 적절한 것인지를 결정할 수 있어야 한다. [그림8-14]

RNAV 시스템은 재래식 지상기반 항로(ground-based routes)와 절차를 바탕으로 특정 RNAV 시스템이 개발되면서 이들의 성능 분석과 비행 테스트(analysis and flight testing)를 통해서 평가되었다. 육상에서 RNAV 위치결정(positing)은 VOR/DME, 또는 VORTAC을 활용하였고, 해양운용(oceanic operations)은 LORAN과 관성항법(INS)이 사용되었다. 공역과 장애물 통과높이 기준(obstacle clearance criteria)은 가용 장비의 성능(performance of available equipment)을 기반으로 그리고 필수요건을 위한 장비의 제원(specifications)은 가용한 능력을 기반으로 개발되었다. 이 같은 까다로운 규정적 필수요건(prescriptive requirements)으로 인해서 새로운 RNAV 시스템 성능을 갖춘 장비의 개발 및 제작이 지연되었을 뿐만 아니라 적절한 승인을 유지하는데 필요한 비용 상승의 원인이 되었다.

장비 요건을 충족하기 위한 문제점을 해소하기 위한 대체 방법으로 가용 장비의 성능과 관계없이 성능 필수요건의 제원으로 제기되었다. 이를 [그림8-14]와 같이 성능기반항법(performance-based navigation; PBN)이라 하고, RNAV는 현재 PBN 항법 기술의 하나로 볼 수 있다. 최근 PBN 기술을 바탕으로 개발된 것이 필수항법성능(required navigation performance; RNP)이다. 따라서 RNAV와 RNP 시스템은 [그림8-2]와 같이 기본적으로 동일하지만, RNP의 정밀도(accuracy)가 더 높다.

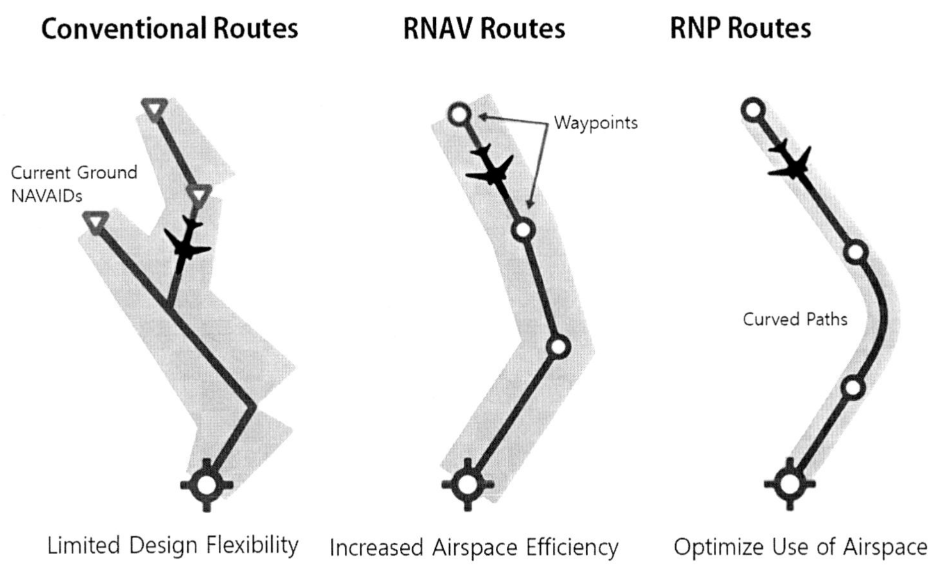

【그림8-2】 이 그림은 지상기반 NAVAIDs, RNAV, 그리고 RNP 시스템 성능을 단순 비교한 것이다. 지상기반 NAVAIDs은 항공기 성능과 관계없이 동일한 크기의 항로 폭이 지정되고 NAVAIDs 시설 상공을 통과해야 하기 때문에 항공로/항로는 길어질 수밖에 없다. 성능기반 RNAV 시스템이 도입되면서 항로 폭이 항공기 성능에 따라 달라질 수 있고 직항로와 더욱 유연한 항로를 구성할 수 있다. RNAV에 성능 모니터링과 경고 장치를 갖춘 RNP는 더욱 좁은 항로 폭과 함께 곡선 비행경로를 따라 비행할 수 있고 공역의 효율적 활용뿐만 아니라 최적화할 수 있는 장점이 있다.

이들 두 시스템의 주요 차이점은 항공기에 장착되는 장비의 성능 모니터링과 경고를 할 수 있는 필수요건이다. 만약 탑재(on-board) 항법장비의 성능이 이 요건을 갖추었다면 이는 RNP 시스템으로 구분한다. 또한, RNAV 제원에는 이 같은 필수요건이 포함되지 않았지만, RNP 제원의 성능 요건을 달성할 수 있는 RNAV 역시 RNP 시스템으로 고려된다. 그러나 현대 대부분의 RNAV는 성능 모니터링과 경고(performance monitoring and alerting)를 제공할 수 있도록 출시되고, 이후 이들 시스템을 적용하기 위해서 개발된 대부분의 항법 장비들은 RNP 성능을 갖추었다.

대부분 RNAV 시스템은 매우 높은 정밀도(high accuracy)를 제공하고 RNP 시스템에서 제공하는 대부분 기능을 보유하고 있지만, 이들 장비의 성능을 보장(assurance)하는 것은 아니다. 공역 필수요건이 RNP 시스템을 적용하지 않아도 된다는 것을 알려야 하고, 이로 인한 운용자의 불필요한 비용을 줄이기 위해서 현재 사용되고 있는 항법 필수요건과 함께 대부분의 새로운 공역들은 RNP 시스템보다 RNAV를 계속 활용할 수 있도록 지정하게 될 것이다. 따라서 RNAV와 RNP는 앞으로 수년 동안 함께 운용될 것이다.

그러나 RNP 시스템은 항공기 운용의 무결성(integrity of operation)을 더욱 향상함으로써 항공로 간격을 더욱 좁히고 또한 확실한 무결성을 제공함으로써 특정 공역의 항행에서 단일 RNP 시스템으로 운용을 허용하게 될 것이다. RNAV와 RNP 적용(applications)이 수년간 함께 하는 동안 RNP 시스템을 장착한 항공기가 점차 증가하면서 저렴한 비용으로 자연스럽게 RNP 체계로 전환될 것으로 본다. 결과적으로 RNP 시스템을 적용함으로써 항공기 운항의 안전성, 유용성 그리고 효율성이 크게 높아질 것이다. [그림8-15, 16]

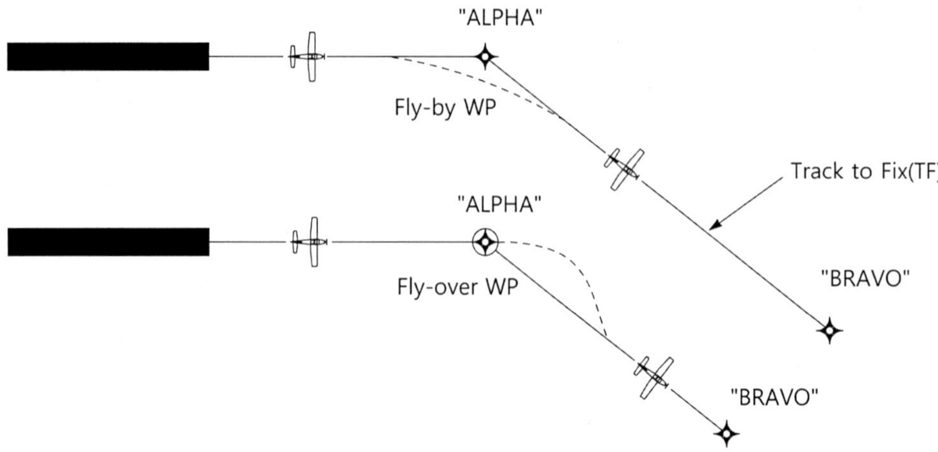

【그림8-3】 RNAV 웨이포인트는 선회 기동을 위해서 플라이-바이(FB)와 플라이-오버(FO) 웨이포인트가 적용된다. 기본적으로 두 웨이포인트 사이의 비행경로는 Track to Fix(TF)이다. 항공기가 따라가야 하는 비행경로 선상의 주변 장애물을 고려하여 지정된 웨이포인트를 따라 비행해야 한다.

8.1.3 RNAV 운용상 고려사항

DP와 STAR과 같은 RNAV 절차들은 엄격한 조종사 상황인식과 절차 중앙선의 유지가 매우 중요하다. 조종사는 적절한 방법으로 RNAV 절차로 비행하는 것을 보장하기 위해서 항공기에 설치된 항법 시스템에 관한 확실한 지식을 갖추어야 한다. 이외에도 RNAV 절차에서 사용하고 있는 다양한 웨이포인트와 구간 종류를 확실하게 이해해야 한다.

(1) 웨이포인트(waypoint)

웨이포인트는 경도/위도 좌표를 사용해서 선정된 지리적 혹은 공간적 위치이다. 웨이포인트는 공간에 지정된 지점이거나 현존하는 NAVAIDs, 교차점 등이 지정될 수 있고 고도, 속도, 방위의 변화를 나타내기 위해서 사용된다. RNAV 항로 및 계기절차에서 사용되는 주요 웨이포인트는 [그림8-3]과 같이 플라이오버(fly-over) 웨이포인트와 플라이바이(fly-by) 웨이포인트가 있다.

① 플라이바이(fly-by; FB)는 비행로/항로가 변경되는 웨이포인트에 도착하기 전에 선회하여 다음 코스로 향하고자 할 때 사용된다. 이것은 선회예측(turn anticipation) 개념이다.

② 플라이오버(fly-over; FO)는 비행로/항로가 변경되는 웨이포인트까지 비행한 후 선회하여 다음 코스로 향하고자 할 때 사용된다.

※ *Turn anticipation(선회예측); 항공기가 프로그램화된 항적을 벗어나지 않도록 FMS/RNAV 장비에 프로그램화되어 있는 비행경로 선상의 다음 웨이포인트로 선회를 시작해야 한다는 것을 조종사에게 조언할 수 있는 기능이다.*

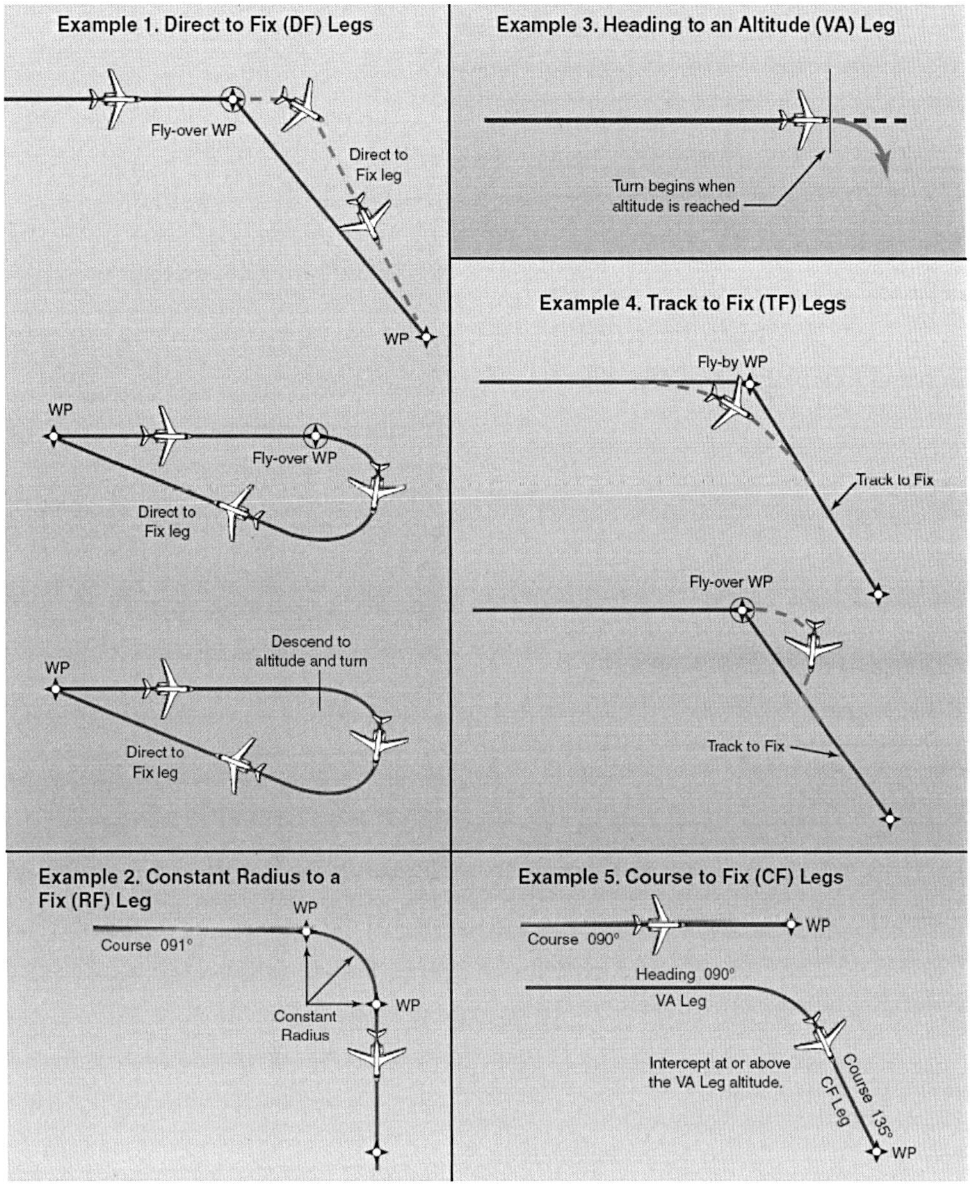

【그림8-4】 RNAV leg의 일부이다. 총 23개의 구간이 있다. 조종사가 모든 구간에 대해서 완전하게 알고 있을 필요는 없지만, 이들 구간이 프로그램에 어떻게 구성되는지 이해할 필요가 있다.

(2) RNAV leg

RNAV 구간 종류(leg type)는 [그림8-4]와 같이 항공기가 진행하거나 따라가고자 하는 경로 또는 RNAV 절차에 있는 두 웨이포인트 사이의 구간이다. 구간 종류는 경로(기수방위, 코스, 트랙 등..)를 기술하는 것과 종점(termination point; 고도, 거리, 픽스 등에서 경로 종점)으로 기술된 2-문자 코드(예, TF)로 식별된다. 계기비행절차 구도에 사용되는 구간 종류는 항공기 항법 데이터베이스에 포함되지만 통상 절차 차트에는 포함되지 않는다. RNAV 차트의 음성 묘사(narrative depiction)는 절차를 어떻게 비행해야 하는지를 음성으로 서술한다. "경로와 터미네이터 개념

(path and terminator concept)"은 모든 절차 구간이 종점과 종점을 향한 일부 경로를 갖는 것으로 한정한다. 이에 따른 주요 구간 종류는 다음과 같다.

① Track to Fix(TF). TF 구간은 따라가고자 하는 웨이포인트까지 항로를 인터셉트하고 진입한다. 이 같은 이유로 때때로 TF 구간은 point-to-point 구간이라고도 한다.
Narrative: "direct ALPHA, then on course to BRAVO WP."

② Direct to Fix(DF). DF 구간은 항공기의 첫 구역으로부터 다음 웨이포인트까지 항공기의 항적(track)으로 묘사된 경로이다.
Narrative: "turn right direct BRAVO WP."

③ Course to Fix(CF). CF 구간은 해당 픽스에서 지정된 코스와 함께 그 픽스에서 종료되는 경로이다.
Narrative: "on course 150 to ALPHA WP."

④ Radius to Fix(RF). RF 구간은 픽스에서 종료되는 선회중심 주변에 일정한 반경의 곡선 경로로 한정된다.

⑤ Heading. 헤딩 구간은 Heading to Altitude(VA), Heading to DME range(VD) 그리고 Heading to Manual Termination(예, Vector(VM)와 같은)과 같이 한정적으로 사용되지만, 특별히 제한되는 것은 아니다.
Narrative: "climb heading 350 to 1500", "heading 265, at 9 DME west of PXR VORTAC, right turn heading 360", "fly heading 090, expect radar vectors to DRYHT INT."

(3) RNAV 항법과 지원시설

RNAV는 [그림8-5]와 같이 어느 한 항법 시설이 아닌 지상기반 항법시설과 위성기반 항법시설도 함께 활용할 수 있다. 조종사는 더 나은 결심(decision)을 내릴 수 있도록 적절한 항법 시스템을 선택할 수 있고, 자신의 항법 시스템 입력 경고와 상태표시에 주의하고 있어야 한다. 이외에도 특정 항법 센서/시스템의 가용성과 적합성(availability and suitability)이 반드시 고려되어야 한다.

① VOR/DME or VORTAC. VOR 특성은 GPS or DME/DME 위치 업데이팅(position updating)보다 VOR/DME or VORTAC 위치 업데이팅으로부터 더 낮은 정밀도 값을 얻을 수 있다.

② DME/DME. DME/DME 위치 업데이팅(position updating; *파일 안의 데이터를 새로운 내용의 데이터로 바꾸어 놓는 것*)은 항법 시스템 로직(logic)과 DME 시설 근접성, 가용성, 기하학적 배열(geometry) 그리고 신호 차폐(masking)에 달려있다.

③ GNSS/WAAS. Operators using TSO-C129, TSO-C196, TSO-C145 or TSO-C146 시스템을 사용하고 있는 운용자는 RAIM 가용성과 CDI 민감도를 보장하기 위해서 정확한 출발과 도착 공항이 입력되었는지 반드시 확인해야 한다.

④ Inertial Navigation. INS/IRS는 전반적인 항법 시스템을 향상시키기 위해서 다른 항법 입력(예, DME/DME or GPS)과 연동해서 사용될 수 있다.

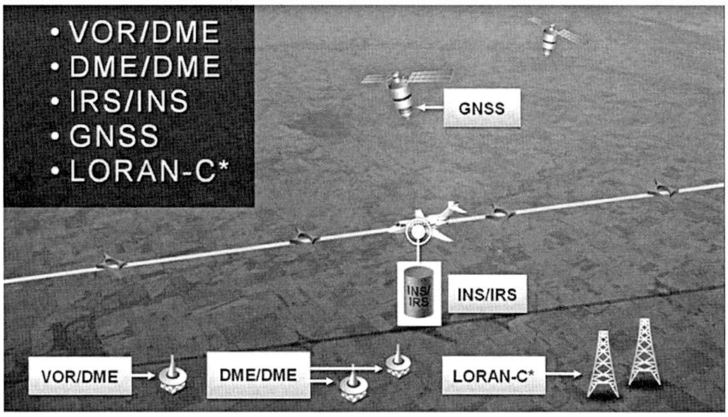

【그림8-5】 RNAV 항법은 지상 NAVAIDs 및 위성항법시설로부터 방위와 거리를 활용해서 웨이포인트를 생성할 수 있다. VOR/DME, VORTAC 시설에서 방위와 거리를 그리고 2개의 DME 시설로부터 거리를 측정하고 DME 시설 사이의 각도를 측정해서 웨이포인트를 생성한다. GNSS 그리고 INS/IRU에서 위도와 경도로 웨이포인트를 생성할 수 있다.

(4) RNAV 항행기준(Navigation Specifications; Nav Specs)

Nav Specs은 지정된 공역 개념 안에서 항법 적용(application)을 지원하는데 필요한 항공기와 승무원 필수요건 세트이다. [그림8-6, 7]과 같이 RNP와 RNAV 지정을 위한 숫자 지정(numerical designation; ex RNAV 1 or RNP 1)은 공역, 항로, 또는 절차 내에서 운항하고 있는 항공기는 총비행시간의 95%를 이 범위 내에서 비행할 수 있는 능력을 갖추어야 하는 가로항법 정밀도(lateral navigation accuracy; NM)를 나타낸다.

① RNAV 1: 선형적인 RNAV 1은 DP와 STAR에 적용된다. 항공기는 총비행시간의 95%에서 총 시스템 오차(total system error; TSE)가 1 NM 이상이 되지 않도록 유지되어야 한다.
② RNAV 2: 전형적인 RNAV 2는 다르게 지정되지 않는 한 순항항로 운항을 위해서 사용된다. T-항로와 Q-항로는 이 항행기준(Nav Spec)의 사례이다. 항공기는 총비행시간의 95%에서 총 시스템 오차(total system error)가 2 NM 이상이 되지 않도록 유지되어야 한다.
③ RNAV 5: RNAV 5는 다르게 지정되지 않는 한 대륙 순항항로와 도착을 위해서 사용된다.
④ RNAV 10: 전형적인 RNAV 10은 해양항로 운항을 위해서 사용된다.

8.1.4 RNAV 필수요건

RNAV의 특정 항법 기능(navigation functions)을 위해서 다음과 같은 기능적 필수요건을 갖추어야 한다.

① 특정 항법이 적용되고 있는 디스플레이에 원항적(desired track)에 대한 지속적인 상대 위치
② 사용 중인 웨이포인트까지 거리와 방위각 지시
③ 사용 중인 웨이포인트까지 대지속도 또는 비행시간
④ 항법 데이터의 저장 기능
⑤ 항법 컴퓨터 센서를 포함한 RNAV 시스템의 적절한 결함 지시

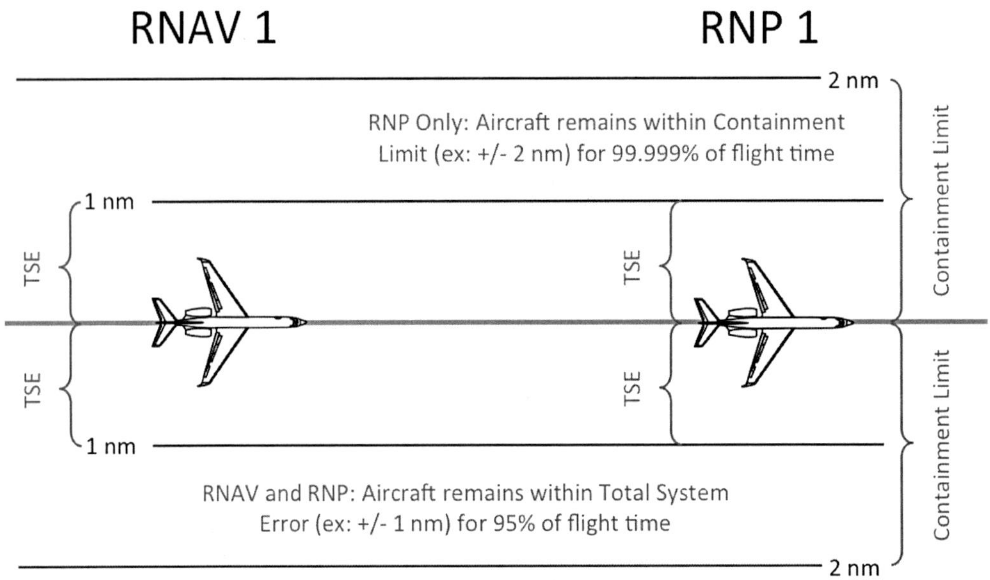

【그림8-6】 RNAV 1에서 “1”은 총비행시간의 95%를 TSE 한계 내에서 지정된 비행경로 중앙선으로부터 좌우측으로 1 NM 이내에서 비행할 수 있는 능력을 의미한다. 만약 RNAV 2 성능 요건이라면 지정된 비행경로 중앙선으로부터 좌우측으로 2 NM 이내에서 비행할 수 있는 성능을 의미한다. RNP 1은 RNAV 1과 동일하지만, 추가로 1 NM이 더 확장된 범위(2 NM)에서 총비행시간의 99.999% 동안 이 범위에서 비행할 수 있어야 한다. 이를 봉쇄한계라 한다. 이외에도 조종사에게 TSE 한계를 모니터링하고 경고할 수 있는 성능을 갖추어야 한다.

NAVIGATION SPECIFICATION	FLIGHT PHASE							
	EN ROUTE		ARR	APPROACH				DEP
	Oceanic /Remote	Continental		Initial	Intermed	Final	Missed	
RNAV 10(RNP 10)	10							
RNAV 5		5	5					
RNAV 2		2	2					2
RNAV 1		1	1	1	1		1	1
RNP 4	4							
Basic-RNP 1			1	1	1		1	1
RNP APCH				1	1	0.3	1	
RNP AR APCH				1-0.1	1-0.1	0.3-0.1	1-0.1	

【그림8-7】 ICAO RNAV/RNP 항행기준이다. 예를 들어 출발절차에서는 RNAV 1, RNAV 2, Basic RNP 1이 적용된다. 최종접근구간에서는 RNP APCH 0.3과 RNP AR APCH 0.3-0.1이 적용된다.

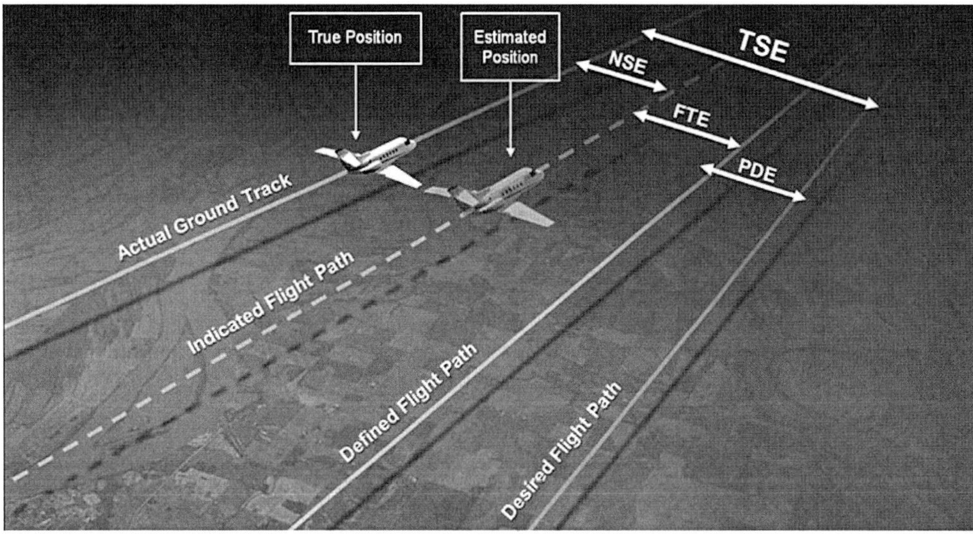

【그림8-8】 가로 비행경로와 항법성능 오차와 경고

8.1.5 항법 오차와 경고

(1) 가로 항법

항공기 트래킹 그리고 위치결정과 관련된 항법 오차로 인하여 필수 가로 항법 정밀도(lateral navigation accuracy)가 감소한다. 이 같은 주요 오차 원인은 [그림8-8]과 같은 종류가 있다. 이들 오차를 분석했을 때 상호 연관성이 없어 총시스템오차(total system error; TSE)를 감소시키기 위해서는 이들 각각의 표준 편차(standard deviation)를 최소화해야 한다.

① 경로한정오차(PDE; path definition error)는 RNAV 시스템에서 지정된 경로가 실제 대지 위를 비행하고자 원하는 경로(desired path)와 일치하지 않을 때 발생한다. RNAV 항법은 조종사가 디스플레이에 원하는 항적이 나타나도록 지정된 경로(defined path)를 사전에 항법 데이터베이스(navigation database)에 입력한다. 이때 일률적이고 반복적인 경로(consistent, repeatable path)는 선회를 위해서 지정할 수 없다. 예를 들어 플라이-바이 선회(fly-by turn)는 웨이포인트에 너무 근접해 있고 바람 벡터는 반복적으로 동일하지 않기 때문이다. 또한, 플라이-오버 선회(fly-over turn)는 웨이포인트에서 바람 벡터(wind vector)가 반복적이지 않을 수 있다. 이외에도 항공기가 타깃 고도(target altitude)에 도달했을 때 타깃 고도는 엔진 추력(engine thrust)과 항공기 무게(weight)에 따라 다르므로 일률적이고 반복적인 경로(repeatable path)를 지정할 수 없다. 이들 경우에 항법 데이터베이스(navigation database)는 원하는 비행경로에서 지점 대 지점(point to point)을 포함하고 있지만, 플라이-바이 또는 플라이 오버 경로 그리고 기동(maneuvers)을 수행하기 위해서 지정된 RNAV 시스템을 위해서는 반영할 수 없다. 선회 기동에서 PDE와 FTE는 이 같은 가변성(variability)을 초래하는 경로를 지정하지 않음으로써 최소화할 수 있다. 또한, 일률적이고 반복적 경로는 기수방위를 기초로 한 경로에 지정될 수 없고 경로 가변성(path variability)은 항로 설계(route design)에서 수용되어야 한다.

② 비행기술오차(FTE; flight technical error)는 비행승무원 또는 오토파일럿(autopilot) 성능에 관계된 것이다. 이 오차에는 지정 경로 또는 항적(track)을 따라 비행할 수 있는 능력과 코스 편차지시기 센터링(CDI centering error)과 관련된 디스플레이 오차(display errors)를 포함한다. FTE는 오토파일럿 또는 비행승무원 절차(procedures)를 이용해서 모니터할 수 있다. 이들 절차는 이륙, 상승, 순항, 강하 그리고 착륙과 같은 비행단계(flight phases)에 따라 다른 수단으로 보조되는 절차 그리고 다른 운용 방식을 적용하여 모니터할 수 있다. 이외에도 지도 디스플레이(map display)를 모니터링함으로써 달성할 수 있다.

③ 항법장치오차(navigation system error; NSE)는 항공기의 예상 위치와 실제 위치 사이의 차이와 관련된 것이다.

(2) 세로 항법

세로 성능(longitudinal performance)은 4-D 제어와 같은 항적(track) 선상에서 항공기 위치에 관한 항법으로 의미한다. 그러나 현재까지 4-D 제어가 필요한 항법 제원은 없고, 세로 크기(longitudinal dimension)에서 FTE도 없다. 최근 항법 제원은 NSE와 PDE를 포함하여 항적경로 정밀도(along-track accuracy)를 위한 필수요건이 규정되었지만 PDE는 무시할 수 있을 정도이다. 이 정밀도는 위치보고(position reporting) 그리고 항공기가 픽스(fix)를 통과하여 강하를 시작하는 최저 구간(minimum segment) 고도와 같은 절차설계(procedure design)에 영향을 줄 수 있다.

8.1.6 VOR/DME RNAV 항법

RNAV는 VOR 통달범위 내에서 조종사가 원하는 웨이포인트를 생성하고 이들 웨이포인트를 연결하는 비행경로를 따라서 비행하는 방식이다. RNAV 웨이포인트 항로를 생성하기 위해서 거리를 측정할 수 있는 DME 장비를 갖추어야 하고 항공기의 위치를 지리좌표로 나타낼 수 있는 GPS 혹은 INS 시스템과 연동되어야 한다. RNAV는 가로 공역의 자유를 제공할 수 있도록 개발되어 가용 공역(lateral airspace)을 더욱 완전하게 사용할 수 있다. 이 항법의 적용으로 다음과 같은 공항 가용성(airport availability)을 향상시킬 수 있다.

① 직항로 비행으로 비행시간과 거리 그리고 항공기 간격을 감소시킬 수 있다.

② 항공기는 다양한 프로그램화된 도착 및 출발 경로에서 터미널 구역으로 비행함으로써 신속하고 원활한 교통흐름을 유지할 수 있다.

③ 계기착륙 보조시설이 없는 특정 공항에 계기접근이 가능하도록 개발될 수 있다.

(1) 웨이포인트 지정

RNAV에서 웨이포인트는 VOR 항법의 송신소 또는 확인점(checkpoints)의 개념으로 사용되는 항로 선상의 지리적 위치이다. 조종사가 원하는 웨이포인트는 항공기에 탑재된 장비를 이용해서 생성한다. [그림8-9]와 같이 A선은 VOR/DME까지 DME 거리를 측정한 값이다. B선은 VOR/DME에서부터 웨이포인트까지 거리이다. 방위각 1은 VOR/DME로부터 웨이포인트까지 VOR 레디얼이고 조종실 패널에서 확인할 수 있다. 웨이포인트는 비행로 선상의 위치식별 또는

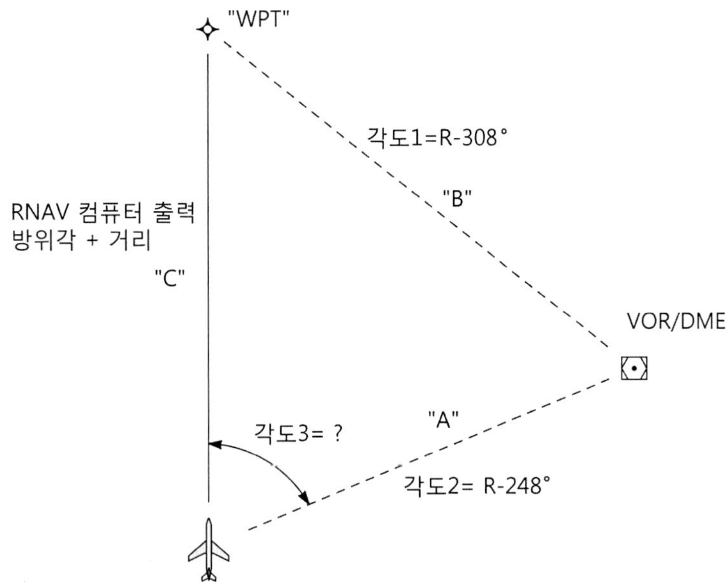

【그림8-9】 RNAV 항법은 VOR/DME(DME/DME, DME/DME/IRU, VORTAC, GNSS)를 이용해서 방위각과 거리를 입력하고 다시 이들 NAVAIDs로부터 웨이포인트까지 방위각과 거리를 입력하면 컴퓨터는 항공기가 비행할 방위각과 거리를 산출한다.

진행 위치보고(processing position report)를 위해서 사용되는 지리적 위치이고, VOR/DME 송신소와 상대적 위치 또는 지리좌표(위도와 경도)로 지정된다. VOR 수신기는 VOR/DME로부터 항공기까지 방위각을 나타내는 각도 2를 측정한다. RNAV 컴퓨터는 각도 1과 2를 연속적으로 비교하여 각도 3(C 선)을 산출해 낸다. 이것은 항공기에서 웨이포인트까지 거리(NM)와 자북 코스(magnetic course)를 계산하여 조종사가 참고할 수 있도록 조종실 디스플레이에 나타낸다.

(2) RNAV(VOR/DME or VORTAC)

일반항공에서 많이 사용되고 있는 RNAV 시스템은 VOR/DME, DME/DME 또는 VORTAC 시설이다. 이들 시설은 조종사가 쉽게 거리와 방위각을 생성해 낼 수 있다. 이를 항적선 컴퓨터(track-line computer)라 하고 통상 RHO-THETA(로-세타) 시스템이라 한다. 조종사는 항적선 컴퓨터를 이용해서 [그림8-10]과 같이 출발공항과 목적지 공항 사이에 가상 송신소(phantom station)를 생성해 내고 이를 웨이포인트(waypoint)라 한다. 웨이포인트는 조종사가 원하는 장소에 적절한 간격을 두고 생성해 낼 수 있어 목적지 공항까지 최단 비행로를 계획할 수 있다.

VOR/DME RNAV 구성품은 제작회사에 따라 종류와 기능이 약간씩 차이가 있지만 [그림8-11, 12]와 같이 대부분 VOR 계기의 CDI와 연동되어 있다. RNAV 장비는 기능전환 스위치가 있고 조종사가 VOR 혹은 RNAV 모드의 선택에 따라 기능이 전환된다. 이를 보조하기 위해서 조종사가 선택한 모드를 명확하게 확인할 수 있도록 모드 표시등(annunciator) 혹은 지시기가 함께 장착되어 있다. RNAV 디스플레이에는 선택한 웨이포인트에 대한 다음과 같은 정보가 나타난다.

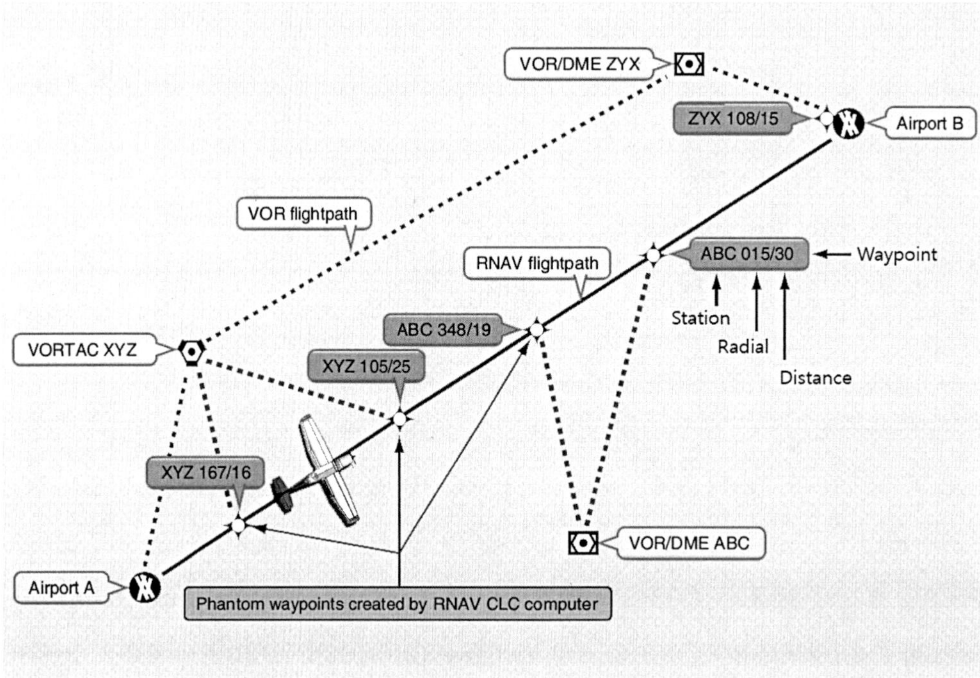

【그림8-10】 지상기반 RNAV는 기존 항법 체계를 기반으로 하는 것이어서 여러 항법보조시설을 활용할 수 있다. RNAV 항로를 구성하기 위해서는 거리와 방위각을 생성할 수 있어야 한다. VORTAC은 거리와 방위각 정보를 한 시설에서 동시에 제공하는 시설이다. 따라서 VORTAC 시설을 이용한 RNAV는 조종사가 쉽게 웨이포인트를 이용한 항로를 생성하고 제거할 수 있도록 한다.

① 주파수
② 사용 중인 모드
③ 웨이포인트 레디얼과 거리
④ DME 거리와 대지속도
⑤ 웨이포인트까지 예상시간

대부분의 RNAV(VOR/DME) 장비는 다음과 같은 기능을 갖추고 있다. [그림8-12]
① OFF/ON 스위치와 볼륨 조절 스위치
② 모드 선택 스위치→RNAV
- 항로 폭 편차(표준 VOR)
- 선형 교차항적오차(±5 NM 전체 눈금 CDI)
  -RNAV 모드; 웨이포인트까지 선형 교차항적오차(±5 NM) [그림8-11]
  -RNAV/APPR 모드; 선형 교차항적오차(±1.25 NM)
- 웨이포인트 제어기능; 한 개 이상의 웨이포인트를 저장하거나 저장 웨이포인트를 선택할 수 있다.
- 데이터 입력기능; 사용자에게 웨이포인트 번호 또는 식별, VOR 또는 LOC 주파수, 웨이포인트 레디얼과 거리를 입력할 수 있도록 한다.

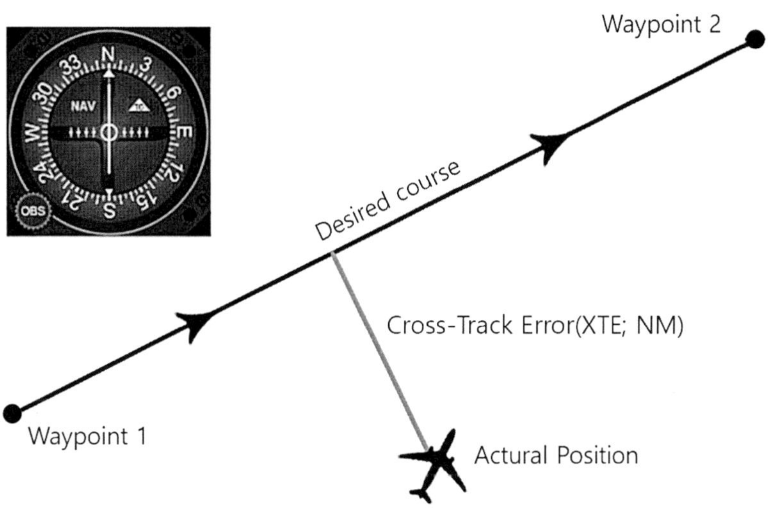

【그림8-11】 VOR/DME RNAV 시스템에서 VOR은 원하는 코스로부터 항공기가 측방(가로)으로 벗어나 거리(cross-track error; XTE)를 지시한다.

VOR/DME 모드에서 DME에 표시되는 대지속도는 항공기가 송신소와 일직선으로 놓여 있을 때 정확하지만 RNAV 모드에서는 항상 다음 웨이포인트까지 직선거리이므로 어느 항로를 선택하든 DME 대지속도는 정확하게 지시한다.

(3) RNAV 식별과 활용

RNAV 항법은 관련 항법보조시설의 통달범위 내에 있는 한 언제든지 웨이포인트를 생성(created)할 수 있다. 또한, RNAV 계기접근에도 활용할 수 있도록 RNAV DP와 STAR 그리고 계기접근절차(IAP)를 위한 차트가 발행되어 있다.

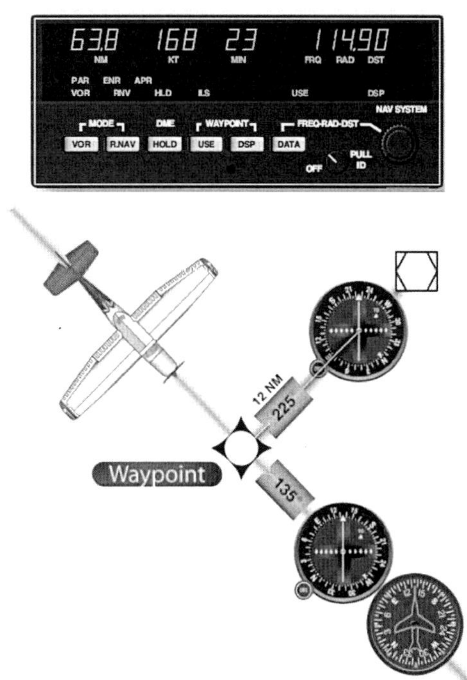

【그림8-12】 VOR/DME RNAV를 위한 제어패널이다. 항법 지시는 VOR 지시기로 지시되지만, 각도 개념이 아닌 거리 개념(XTE; NM)으로 지시된다. GNSS와 전자계기 시스템의 발달과 함께 현재는 위성기반 RNAV (GNSS/GPS)로 대체되고 있다. 이들 시스템은 이륙에서부터 순항항로 그리고 접근 착륙 단계까지 전체 비행단계에 적용된다.

RNAV를 이용해서 IFR 순항항로를 비행할 때 또는 계기접근을 하고자 할 때 항공기에 장착된 RNAV 장비가 해당 운용에 적합한 IFR 운용을 위해서 승인되었는지 조종사 운용지침서 등을 반드시 확인해야 한다. 일부 장비의 가로유도(lateral guidance)와 같이 수직유도 모드에서 수직유도 정보를 제공한다. 조종사는 강하가 시작되는 웨이포인트와 종료되는 웨이포인트를 선정할 수 있다. RNAV 컴퓨터는 대지속도와 연관해서 강하율을 산출하고, 일부 계기에서는 활공경사 지시기에 수직유도(vertical guidance) 정보를 제공한다. 조종사는 계기접근 중 제공되는 RNAV 수직유도 정보는 비정밀접근의 일부가 아니라는 것에 유의해야 한다. 따라서 ATC가 다르게 지시하지 않는 한 조종사는 발행된 비정밀접근 고도를 반드시 확인하고 준수해야 한다. RNAV를 이용한 웨이포인트까지 비행하기 위해서 다음 절차들을 확인해야 한다.

① VOR/DME 주파수 선택
② RNAV 모드 선택
③ 웨이포인트를 통과하게 될 VOR 레디얼 선택
④ DME로부터 선택한 웨이포인트까지 거리 선택
⑤ 모든 입력 사항이 정상적으로 입력되었는지 확인하고, VOR 계기의 TO 지시에서 CDI가 중앙을 지시하는지 확인한다.
⑥ 디스플레이에 지시된 기수방위로 비행하고 CDI가 중앙을 유지하도록 편류 수정을 적용한다.
⑦ CDI 지시침은 한 점 당(per dot) 1 NM의 코스 편차를 지시하고, 웨이포인트로부터 DME 거리(NM)를 표시한다. 대지속도는 웨이포인트까지 거의 동일한 속도를 나타낸다. 송신소까지 시간(TTS; time to station)은 웨이포인트까지 시간을 나타낸다.

(4) 재래식 NAVAIDs와 GPS의 혼용

GNSS 항공전자의 발달과 함께 초기 IAP 차트는 [그림8-13]과 같이 VOR, VOR/DME, VOR/DME RNAV or NDB RWY XX의 명칭에 "or GPS"를 추가하는 방식으로 발행되었다. 이것은 VOR, VOR/DME or NDB 신호에 의존하는 접근 방식에 추가로 승인된 GPS 수신기의 사용을 허용하는 IAP 지정 명칭이고, 이를 GPS Overlay IAPs라 한다. 이처럼 발행된 "GPS Overlay" 접근은 지상기반 NAVAID의 설계기준(design criteria)이라는 것을 의미한다. GPS Overlay IAPs는 점차 새로운 종류의 접근절차로 대체되고 있다. VOR/DME RNAV or GPS Rwy 16은 전형적인 "or GPS"의 사례이다. 실제 이 같은 종류의 접근은 "GPS RWY 16"과 같은 단독(stand-alone) IAP 또는 RNAV (GPS) RWY 16과 같이 변경되어 발행되고 있다. RNAV (GNSS/GPS)에 관해서는 다음 장에서 세부적으로 다룬다.

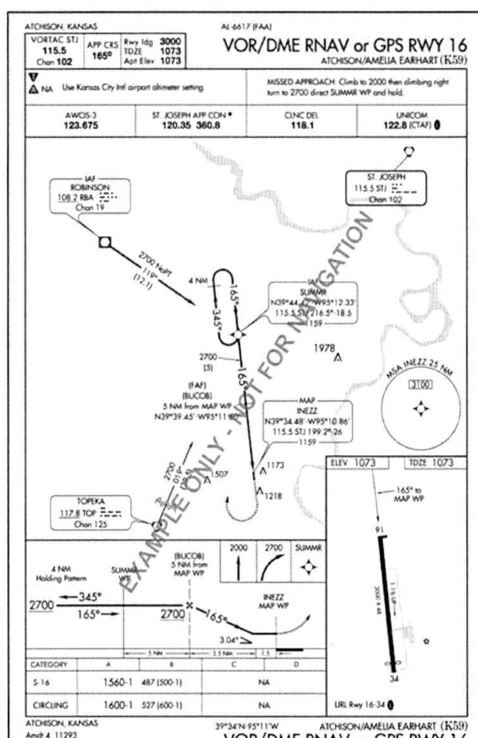

【그림8-13】 초기 VOR/DME RNAV와 GPS가 혼용으로 사용할 수 있도록 발행된 IAP 차트이지만, 대부분 GPS 단독 혹은 RNAV (GPS) IAP로 발행된다.

8.2 RNP와 PBN

8.2.1 PBN

성능기반항법(performance-based navigation; PBN)은 성능을 기반(performance based)으로 한 센서들로부터 항공기의 필수항법성능(required navigation capability)을 [그림8-14]와 같이 재정의한 것이다. 따라서 PBN의 기본 토대는 RNAV이다. PBN은 적절한 항법 기반구조가 지원되고 있을 때 특정 공역의 범위에서 예정된 운용에 필요한 정밀도(accuracy), 무결성(integrity), 가용성(availability), 연속성(continuity), 그리고 기능성(functionality)의 조건에서 정의된 항공기 RNP와 RNAV 시스템이다. 이들 각 기준은 항공기가 그 운용을 위해서 승인된 범위 내에서 비행할 수 있어야 하는 가로 봉쇄 값(containment value)이다. PBN 실행에 따라 기대할 수 있는 주요 장점은 다음과 같다.

- 항법시설을 위한 기반시설의 감축
- 공역 수용 능력 증대
- 더욱 유연한 곡선 항로의 구성
- 환경적 영향 감소
- 항공기 운용적 효율성 향상
- 항공안전 향상

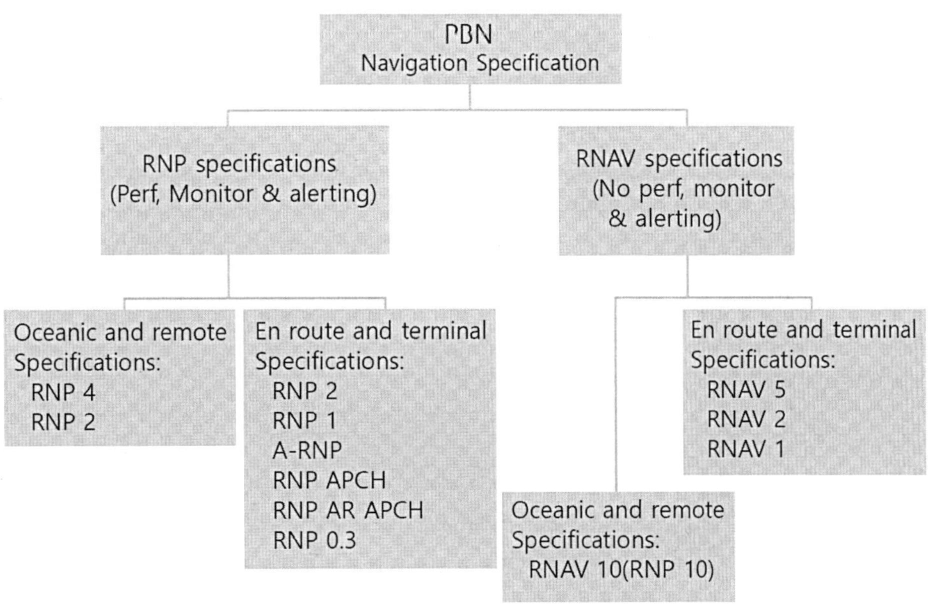

【그림8-14】 RNAV 재정의에 따른 분류

8.2.2 RNP 개념

RNP(required navigation performance)는 앞에서 설명한 것과 같이 RNAV에 탑재 항법 모니터링과 경고 시스템을 갖춘 것이다. RNP의 중요한 구성품은 항법 성능을 모니터하고, 운용상의 필수요건에 적합한지를 식별할 수 있게 하기 위한 항공기 항법 시스템의 성능이다. 따라서 이 같은 자율적 탑재 성능 모니터링과 경고성능은 항공기 운용의 전반적인 안전을 달성할 수 있고, 이는 항공교통관제로부터 레이더 벡터, 자동종속감시(automatic dependent surveillance; ADS), 다변측정감시장치(multilateration), 그리고 무선통신을 이용해서 개입해야 할 의존성을 감소시키고, 효과적인 항로 분리(route separation)를 달성할 수 있다.

항공기의 RNP 성능은 [그림8-6]과 같이 전체 봉쇄(overall containment; *항공기가 지정된 영역 내부에 비행시간의 95% 이상 남아 있어야 하는 영역이다.*)에 충족하도록 보장하기 위한 분리 기준(separation criteria)을 결정하기 위한 주요 구성품이다. 항공기의 RNP 성능은 항공기 장비와 항법 기반구조(infrastructure)에 따라 다를 수 있다. 예를 들어 항공기가 RNP 1.0 승인 장비를 장착하였으나 NAVAID의 통달범위 제한 때문에 RNP 1.0 운용이 활용되지 못할 수도 있다.

필수항법성능(RNP; required navigation performance)은 항공기가 가로, 세로, 그리고 고도가 지정된 3차원 특정 경로를 따라서 비행할 수 있도록 허용된 성능기반항법(performance-based navigation; PBN)의 한 종류이다. RNP는 특정 절차 또는 특정 블록의 공역(block of airspace)에서 필요로 하는 성능 수준(level of performance)을 의미하기도 한다. 예를 들어 RNP 10은 항공기 항법장치가 반경 10 NM의 원 안에서 항공기 위치를 계산할 수 있어야 한다. [그림8-15]와 같이 RNP 0.3은 항법장치가 반경 0.3 NM의 원 안에서 항공기 위치를 계산할 수 있어야 한다. 이와 관련된 용어 ANP(actual navigation performance)는 실제항법성능을 의미하는 것으로, ANP가 항법장치의 최근 성능(current performance)이라면 RNP는 주어진 블록의 공역 또는 특정 계기절차(instrument procedure)를 수행하는 데 필요로 하는 정밀도로 고려된다.

일부 해양공역(oceanic airspace)은 RNP 4/5 또는 RNP 10으로 지정되고 항공기의 RNP 수준은 항공기 사이의 필수 분리를 결정하는 능력이다. 최근 RNP APCH(approach)를 위한 수준은 0.1(185m)까지 향상되었다. 이것은 [그림8-16]과 같이 항공기가 혼잡한 공역(congested airspace), 소음민감지역 또는 험난한 지형을 피해서 정밀한 3차원(3D) 곡선 비행경로(curved flight path)를 따라 비행할 수 있음을 허용하는 것이다.

RNP는 특별사용공역(special use airspace)과 같이 사전에 선정된 항로와 접근 경로에서 항공기의 성능 정밀도(performance accuracy)를 측정한 일종의 표준 세트이다. 예를 들어 RNP 표준(standard)은 특정 공역에 진입하는 항공교통의 간격유지 완충지대를 감소시킴으로써 더 많은 수의 접근 및 도착하는 항공기를 수용할 수 있다. 이것은 기존의 VOR 항법체계를 활용하고 있는 항공기는 항로 중앙선으로부터 약 4 NM의 간격유지 완충지대(spacing buffer zone)를 갖지만, RNP 표준에서 약 1.5 NM의 간격유지 완충지대로 축소된다. 그만큼 다른 항공교통을 수용할 수 있다는 것을 의미한다. 이 같은 RNP 공역체계를 가능하게 한 것이 RNAV이다.

RNP의 기본 개념은 항공기의 항법 성능과 공역에 따라 항공기가 보호받을 수 있는 공간의 블록을 지정하는 것이다. 예를 들어 소형 항공기와 대형 항공기가 동일 개념의 공역을 차지한다

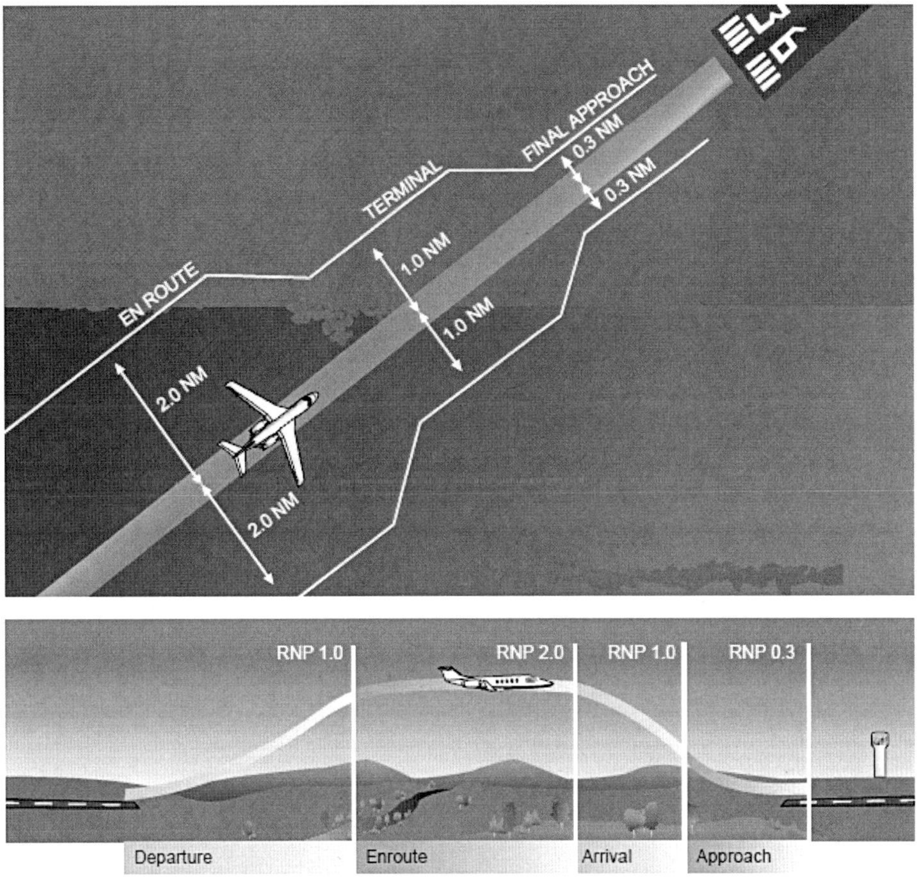

【그림8-15】 RNP는 출발에서부터 도착까지 전체 비행단계에 적용되고 구간별로 요구되는 RNP 성능 필수요건이 다르다. 순항항로 구간에서 RNP 2.0, 최초, 중간 그리고 실패접근 구간은 RNP 1.0 그리고 최종접근 단계에서는 RNP 0.3~0.1까지 요구된다. 순항항로에서 RNP 2는 지정된 항로 중앙선으로부터 양쪽으로 2 NM 범위에서 비행할 수 있어야 한다. 통상 해양항로는 RNP 10이 적용된다. 최종접근구역에서는 RNP 0.3(555m)이 적용된다. 최근 시설과 장비는 RNP 0.1(185m)까지도 가능하다. 이들 접근 방식은 VOR이나 LOC 접근과 같이 활주로에 다가갈수록 폭이 좁아지는 형태가 아닌 거의 동일한 가로 한계를 지시하는 특징이 있다.

고 했을 때 소형 항공기는 불필요하게 과도한 공역의 블록(block)을 차지할 수 있다는 것으로 성능에 따라 혹은 공역의 특성에 따라 보호 공역(protection airspace)을 제공함으로써 공역의 효율성(effectiveness)을 달성할 수 있다.

RNP 비행로에 적용되는 필수성능(required performance)은 RNP 4와 같이 NM로 지정된다. 예를 들어 RNP 4의 성능을 가진 항공기라고 했을 때 이 항공기가 보호받을 수 있는 공역은 항로 중앙선으로부터 좌우측으로 4 NM이 된다는 것을 의미한다. 그러나 실제 4 NM로는 항공기 사이의 분리를 보장할 수 없어, [그림8-6]과 같이 RNP 성능의 2배에 해당하는 범위를 RNP 봉쇄한계(containment limit)로 지정된다.

항공기는 1차 보호구역(primary protection area)에서 총비행시간의 95%를 이 구역에서 비행할 수 있어야 하고, 봉쇄한계에서는 총비행시간의 99.999%를 이 구역에서 비행할 수 있는 성

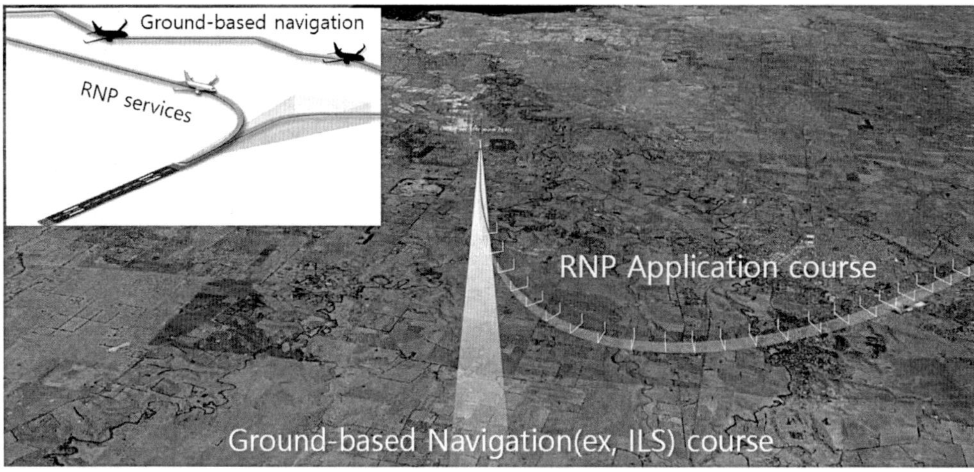

【그림8-16】 지상기반 항법 코스(예, ILS)와 RNP 코스를 단순 비교한 것이다. RNP는 3차원 공간 지점인 웨이포인트를 생성하여 더 좁은 항로 폭의 비행경로를 따라 비행할 수 있는 성능이 있어 더 좁은 공역에서 정밀하게 접근할 수 있고 시간과 거리를 절약할 수 있다.

능을 갖추어야 한다. 만약 봉쇄구역을 벗어나거나 벗어날 것으로 예측될 때 이를 경고해 줄 수 있어야 한다. 이것이 RNAV와 RNP의 차이점이다. ICAO에서 RNP는 지정된 공역 내에서 운용을 위한 필수항법성능(RNP)이라고 정의하고 있다. 이 정의에 의하면 필수항법성능에 충족하기 위해서는 다음과 같은 2가지의 조건을 갖추어야 한다.

첫째, 항공기는 지정된 공역을 비행할 수 있는 장비를 갖추어야 한다.
둘째, 모니터링과 경고 장치를 갖추어야 한다. (봉쇄한계 내에서의 비행 감시)

8.2.3 RNP 가로 정밀도 수준

(1) 가로 정밀도(lateral accuracy values)

가로 정밀도(later accuracy)는 [그림8-15]와 같이 이륙, 순항항로, 도착 및 접근에 적용된다. 이것은 비행경로의 중앙선으로부터 거리(NM)로 표기된다.

(2) 항행기준과 표준 가로 정밀도 값(Nav Specs and standard lateral accuracy values)

전형적인 RNP 공역을 지원하는 미국 표준값은 [그림8-17]과 같다. ICAO, 다른 주(states), 그리고 FAA에서 지정한 것과 같은 다른 가로 정밀도 값이 사용될 수 있다.

① RNP approach

RNP APCH 접근절차는 "RNAV (GPS)"와 같이 제목(title)으로 붙여지고 다음과 같은 다양한 수준의 항공기 장비에 적합한 여러 개의 최저치 라인(lines of minima)을 제공한다.

- LNAV; lateral navigation
- LNAV/VNAV; lateral navigation/vertical navigation

- LPV; localizer performance with vertical guidance
- LP; localizer performance

GPS 또는 WAAS는 LNAV 최저치를 지원하기 위해서 가로정보(lateral information)를 제공할 수 있다. LNAV/VNAV은 기압계(barometric)를 이용한 Baro-VNAV 또는 WAAS 수직유도 중 하나를 수행할 수 있는 시스템과 운용자를 위한 수직경로유도와 함께 LNAV 가로유도와 함께 통합된다. 조종사는 LPV 또는 LP 최저치(minima)까지 비행하기 위해서 WAAS를 적용해야 한다. RNP APCH는 터미널과 실패접근구간에서 RNP 1의 가로 정밀도 값을 갖고 최종접근구간에서 반드시 RNP 0.3 스케일이 되어야 한다.

② RNP AR APCH

RNP AR APCH 절차는 "RNAV (RNP)"와 같이 제목이 붙여진다. RNP AR APCH 수직항법 성능은 Baro-VNAV 또는 WAAS를 기반으로 한다. RNP AR(authorization required) APCH는 특정 장소에서 특별한 이점을 제공하기 위함이다. 이것은 모든 운용자 또는 항공기를 위해서 의도되는 것은 아니다. RNP AR APCH 성능은 특별한 항공기 성능, 설계, 운용과정, 훈련, 그리고 필수 안전목표수준(required target level of safety)을 달성하기 위해서 특별절차설계기준(specific procedure design criteria)이 필요하다. RNP AR APCH는 터미널과 실패접근구간에서 RNP 1 미만의 범위가 될 수 있는 가로 정밀도 값을 갖고 최종접근구간에서는 반드시 RNP 0.3 또는 그 이하로 스케일이 조정되어야 한다.

③ Advanced RNP (A-RNP)

A-RNP(Advanced RNP)는 해양과 원거리 운항(oceanic and remote operations)을 위한 RNP 2의 가로 정밀도 값을 갖지만, 순항항로 구간에서는 2(NM) 또는 1(NM)의 가로 정밀도 값을 가질 수 있다. 최종접근구간을 제외하고 A-RNP는 스케일 변화가 RNP 가로항법 정밀도를 위해서 허용된다.

④ RNP 1

RNP 1은 터미널 구역과 최초 및 중간접근단계에서 도착 및 출발을 위해서 1(NM)의 가로 정밀도 값으로 지정된다.

⑤ RNP 2

RNP 2는 2(NM)의 가로 정밀도 값으로 국내와 해양/원거리 항행 모두에 적용될 수 있다.

⑥ RNP 4

RNP 4는 4(NM)의 가로 정밀도 값으로 오직 해양과 원거리 항행에만 적용될 수 있다.

⑦ RNP 0.3

RNP 0.3은 회전날개 항공기에만 적용될 수 있다. 이 항행기준(Nav Spec)은 해양과 원거리

RNP Level	Typical Application	Primary route width(NM)
0.1 to 1.0	RNP AR Approach Segments	0.1 to 1.0
0.3 to 1.0	RNP Approach Segments	0.3 to 1.0
1	Terminal and En route	1.0
2	En route	2.0
4	Oceanic/remote areas where 30 NM lateral separation applied	4.0
10	Oceanic/remote areas where 50 NM lateral separation applied	10.0

【그림8-17】 RNP Level이다. 국가에 따라 다르게 적용될 수 있다.

그리고 최종접근구간을 제외한 모든 비행을 위해서 가로 정밀도 값 0.3(NM)을 필요로 한다.

8.2.4 RNP 운용

RNP의 중요한 구성요소(critical component)는 항법 성능을 달성하고 있는지 모니터할 수 있고, 운용 중 조종사가 운용상 필수요건(operational requirement)에 충족하고 있는지를 식별할 수 있는 항법 시스템의 능력에 달려있다. 이 탑재 성능 모니터링과 경고 능력은 전반적인 운용의 안전성을 달성하기 위한 레이더 벡터링, 자동종속감시(automatic dependent surveillance; ADS), 무선통신 또는 위치가 알려진 2개 혹은 3개 이상의 송신소로부터 서로 다른 거리의 측정을 바탕으로 하는 멀티레터레이션(multilateration) 또는 비행로 분리 등으로 항공교통관제를 최소화할 수 있다. 항공기의 RNP 능력은 전체 운용 확장을 충족시키는 분리 기준(separation criteria)을 결정하는 주요소이다. 항공기의 RNP 능력은 항공기 장비와 항법 기반시설에 따라 다양하다. 예를 들어 항공기가 RNP 1.0 승인과 장비를 갖출 수 있지만 제한된 항법보조시설 통달범위로 인하여 RNP 1.0으로 운용하지 못할 수 있다.

(1) 기술요건

RNP 시스템을 위한 필수요건은 다음과 같다.

① RNP는 곡선경로(curved path)를 포함하여 신뢰성(reliability), 반복성(repeatability) 그리고 예측성(predictability)과 함께 원하는 지상 항적을 따라 비행할 수 있어야 한다.

② 수직 프로파일(vertical profile)은 원하는 수직경로를 지정하기 위한 수직 각도 또는 특정 고도 제한을 활용하여 수직유도(vertical guidance)를 포함한다.

RNP APCH는 TF와 RF를 포함하여 표준 RNAV에서 사용되는 모든 구간과 경로 터미네이터(path terminators)를 지원한다. 그러나 RNP AR 절차는 오직 두 구간 종류만 지원한다.

① TF 구간(픽스까지 트랙); 두 픽스의 측지 경로(geodesic path)

② RF 구간(픽스까지 반경); 이것은 확실한 코스 유도로 지원되는 곡선 경로이다. 한 RF 구간은 반경, 원호 길이 그리고 픽스로 지정된다. 모든 RNP 성능을 보유한 FMS 시스템이 RF 구간들을 지원하는 것은 아니다.

성능 모니터링과 경고 능력은 시스템 설치(installation), 구조 그리고 유형에 따라 다른 형태로 제공될 것이고 다음과 같은 사항이 포함된다.

① 필수 그리고 예상 항법 시스템 성능 모두를 보여주고 지시할 수 있어야 한다.
② RNP 필수요건에 충족하지 않을 때 승무원에게 시스템 성능의 모니터링과 경고를 제공해야 한다.
③ 무결성(integrity)을 위한 간격 모니터링과 경고와 관련해서 RNP에 교차항적 디스플레이를 제공해야 한다.

RNP 시스템은 RNP 항행기준 필수요건(specification requirements)에 충족하기 위해서 적절한 항법 센서(navigation sensors)와 시스템 구조 및 운용 모드(modes of operation)를 활용해야 한다. 항법 센서들과 데이터의 무결성과 합리성(integrity and reasonableness)을 확인함으로써 부적절한 센서로 전환되는 것을 방지할 수 있도록 특정 종류의 항법 보조를 배제하기 위한 수단을 제공할 수 있다. RNP 필수요건은 항공기의 운용 모드를 제한할 수 있다. 예를 들어 비행기술오차(flight technical error; FTE)가 주요소가 될 수 있는 저등급의 RNP에서 승무원에 의한 수동 비행이 허용되지 않을 수 있다.

복식 시스템/센서 설치 역시 의도한 운용 또는 필요에 따라 요구될 수 있다. RNP 항행기준의 필수요건을 달성할 수 있는 능력을 갖춘 RNAV 시스템은 RNP 시스템으로 볼 수 있다. 이것은 특정 성능 필수요건이 각 항행기준을 위해서 한정되었기 때문이다. RNP 항행기준을 위해서 승인된 항공기는 모든 RNAV 항행기준을 위해서 자동으로 승인되지 않는다. 이와 유사하게 엄격한 정밀도 필수요건(stringent accuracy requirements)을 갖는 RNP 또는 RNAV 항행기준으로 승인된 항공기는 하위 정밀도 필수요건을 갖는 항행기준을 위해서 자동으로 승인되지 않는다.

(2) 명 칭

RNP는 해양, 먼대륙(remote), 순항항로 그리고 터미널 운용을 위해서 RNP 항행기준은 RNP X(예, RNP 4)와 같이 명칭이 부여된다. 접근항법기준(approach navigation specifications)은 계기접근의 전 구간에 해당한다. RNP 항행기준은 접두사와 적절한 약어 접미사를 사용하여 부여된다. 예를 들어 RNP AR APCH는 "RNP authorization required approach"의 약자로 "필수승인접근"을 의미한다.

(3) 성능 모니터링과 경고 필수요건

RNP 4, RNP 1 그리고 RNP APCH를 위한 성능 모니터링과 경고 필수요건은 공동 용어와 적용(application)을 갖는다. 이들 각각의 사양은 다음과 같은 특성을 위한 필수요건을 포함한다.

① 정밀도(accuracy)는 해당 요건이 지정 항행기준에서 총 시스템 오차(total system error; TSE)를 95%로 한정한다. 정밀도 필수요건은 RNAV 항행기준과 조화를 이루어야 하고 정밀도 값(accuracy value)이 항상 같아야 한다. RNP 항행기준에서 정밀도는 모니터되는 성능 특성 중 하나이다.
② 성능 모니터링(performance monitoring)은 항공기 또는 항공기와 조종사는 TSE를 모니터해

야 하고, 만약 정밀도 필수요건이 충족되지 못했거나 TSE가 정밀도 값의 2배를 초과하는 확률이 10^{-5}보다 커진다면 경고가 발령되어야 한다. 이 필수요건을 충족하기 위한 확장 운용 절차는 승무원 절차, 장비 특성 그리고 설비 등도 이들 효율성과 등가로 평가된다.

③ 항공기 장비의 고장(failure)은 감항성(airworthiness) 규정 내에서 고려되어야 한다. 고장은 항공기에 미치는 영향 수준의 정도에 따라 분류된다. 따라서 항공기 시스템은 결함 가능성을 낮추고 장비에 미치는 영향을 최소화할 수 있도록 설계되어야 한다. 기능결함(malfunction; *장비는 작동되지만 적절한 출력을 제공하지 못함*)과 기능상실(장비의 기능 중지) 모두 다루어져야 한다. 복식 시스템 필수요건(dual system requirements)은 운용 지속성을 기초로 결정되어야 한다.

RNP 항행기준의 순 효과(net effect)는 전체 TSE 분포에 적용된다. 여기서 경로한정오차(PDE; path definition error)를 무시한 모니터링 필수요건은 TSE의 다른 두 성분(FTE or NSE)을 감소시킨다. FTE는 주어진 비행제어모드(flight control mode) 내에서 추론적 과정이라고 가정할 수 있다. 따라서 FTE 분포는 주어진 비행제어모드 내에서 시간 경과에 따라 일정하다. 반면 NSE 분포(distribution)는 시간 경과에 따라 변화되는 특성으로 인하여 가변이다. 주요 오차의 가능성은 다음과 같다.

① 항법 센서; 선택된 항법 센서는 GNSS 또는 DME/DME와 같이 위치를 예상하는 데 활용된다.

② 항공기와 항법보조시설의 상대적 위치; 항법보조시설에 대한 항공기 위치의 상대적 기하위치(relative geometry)는 모든 무선항법보조시설에서 비록 특성의 변화가 있을지라도 기본 가변성(basic variability)이 존재한다. 예를 들어 GNSS 성능은 항공기와 위성의 상대적 기하위치에 따른 영향을 받는다. DME/DME 항법 솔루션에서 항공기 DME 트랜스폰더는 거리 증가와 함께 통달거리 오차(range errors)가 증가할 수 있어 항공기 위치에서 2개의 DME 사이의 포괄각(inclusion angle)과 DME까지 거리의 영향을 받는다.

③ 관성참조장치(IRU)는 업데이트가 늦어짐에 따라 오차가 증가한다.

(4) RNP 운용 영역

① 해양과 먼대륙

해양과 먼대륙(remote continental)은 RNAV 10과 RNP 4를 필요로 한다. 이들 공역의 항법요소(navigation element)를 지원하기 위해서 주로 GNSS에 의존한다. [그림8-17]

② 대륙 순항항로

대륙 순항항로(continental en route) 공역은 최근 RNAV 적용으로 지원된다. RNAV 5는 중동(Middle East; MID)과 유럽(European; EUR) 영역에서 활용되었지만, 2008년부터 유럽에서 B-RNAV 그리고 중동에서 RNP 5로 분류된 B(basic)-RNAV로 지정되었다. 미국에서 RNAV 2는 순항항로 대륙 공역(continental airspace)을 지원한다. 현재까지 대륙 RNAV 적용은 레이더 감시(radar surveillance)와 관제사-조종사 직통 음성통신(voice communications)을 포함한 공역 기준(airspace specifications)을 지원한다. [그림8-17, 18]

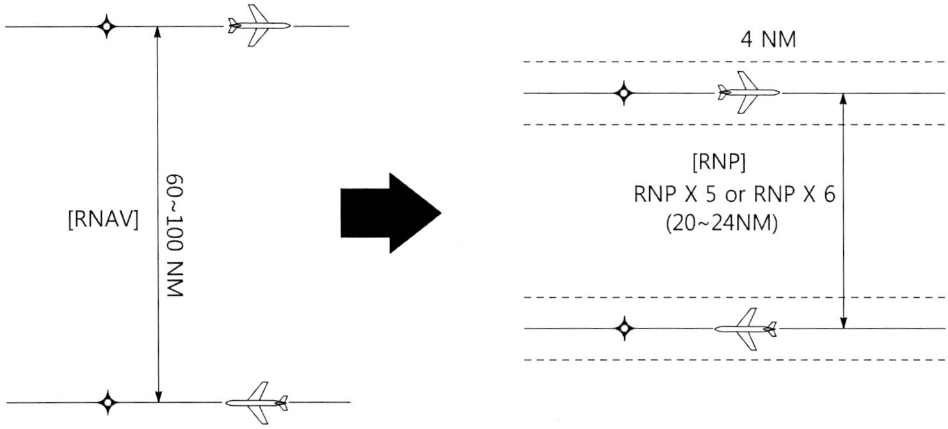

【그림8-18】 순항항로에서 기본 RNAV 항로와 성능기반 RNP를 적용한 항로 폭과 항공기 사이의 간격이 크게 감소하였다. 이외에도 모니터링과 경고 장치를 갖추고 있어, 항법 오차, 공역의 효율성 증대, 항공교통관제 및 감시 기능 감소 그리고 무선통신의 필요성 등이 상당히 감소한 것을 알 수 있다.

③ 터미널 공역(도착과 출발)

도착과 출발(arrival and departure)을 포함한 현존하는 터미널 공역(terminal airspace) 개념은 RNAV 적용으로 지원된다. 최근에 이들은 유럽 영역과 미국에서 활용된다. 유럽 터미널 공역 RNAV 적용은 P-RNAV(precision RNAV)라고 한다. 비록 RNAV 1 항행기준이 P-RNAV와 공통 항법 정밀도를 공유한다 할지라도 이 영역 항행기준은 RNAV 1 항행기준의 완전한 필수요건을 만족하지 못한다. 2008년 미국 터미널 공역 적용에서 공식적으로 알려진 US RNAV Type B는 PBN 개념과 일치하였고 현재 RNAV 1이라 한다. B-RNP 1은 주로 비레이더(non-radar)와 저밀도 터미널 공역(low density terminal airspace)에 적용할 수 있도록 개발되었다. 앞으로 더 많은 RNP 적용(applications)이 순항항로와 터미널 공역 모두를 위해서 개발될 것으로 예상한다. [그림8-15]

④ 접 근

RNP 접근은 계기접근의 전 구간(최초, 중간, 최종 그리고 실패접근)에 적용된다. RNP APCH 항행기준은 최초, 중간 그리고 실패접근 구간에서 표준항법 정밀도 1.0 NM을 요구하고, 최종접근구간에서 0.3 NM이 요구된다. 일반적으로 RNP 적용(applications)의 세 종류는 이 비행단계의 특성이다. 활주로에 대한 새 절차(new procedures)들은 계기절차, 다른 기술을 바탕으로 현존하는 계기절차의 예비(backup)로 활용하거나 아니면 대신할 수 있는 절차, 또는 요구되는 환경에서 공항접근(airport access)을 향상할 수 있도록 개발된 절차(RNP APCH 그리고 RNP AR APCH)로 결코 활용되어서는 안 된다. [그림8-15]

⑤ 필수승인 항공기와 승무원 접근

RNP 계기접근절차가 필수적으로 승인을 받아야 하는 RNP AR(Authorization Required) 접근절차는 NAS 개념을 기초로 성능이 설계된다. 접근을 수행하기 위한 성능 필수요건이 규정되고 항공기는 이들 성능 필수요건에 대한 적절한 성능을 갖추어야 한다. 지상기반 항법보조시설을 위한 재래식 장애물 평가 구역은 사전 규정된 항공기 능력과 항법 시스템 기준이 되어야 한다. 장애물 평가(obstacle evaluation)를 위한 RNP AR 기준(criteria)은 유동적이고 독특한 운용 환경(unique operational environments)에 적합하게 설계되어야 한다. 이것이 접근절차를 위해서 필수적인 것과 같이 접근의 특정 성능 필수요건(specific performance requirements)을 허용한다. 이들 운용 필수요건은 지형과 장애물 회피 절차 그리고 공역 상충 또는 환경적 제한을 해결하는 것 등이 포함될 수 있다.

RNP AR APCH는 어느 접근절차 구간에서도 표준 RNP 값보다 낮은 가로(lateral) TSE를 요구하는 RNP 접근절차로서 한정한다. RNP 접근은 ILS CAT II/III 운용과 유사한 특별한 항공기와 승무원의 승인(authorization)을 필요로 하는 능력(capabilities)이 포함된다. 모든 RNP AR 접근은 항공기와 승무원 성능 필수요건에 기초한 가로 장애물 평가 구역(lateral obstacle evaluation areas)과 수직 장애물 통과높이 표면(vertical obstacle clearance surfaces)을 감소시킨다. 다음과 같은 특성들은 RNP APCH와 다른 점이다.

- RF 구간은 정밀최종접근픽스(precise final approach fix; PFAF) 이후 적용된다.
- 접근절차의 구간 선상에서 0.1 NM만큼 낮아진 가로 TSE 값이 적용된다.

RNP 0.3보다 낮은 최저치(line of minima)를 적용하여 RNP AR 접근을 수행 중일 때 특정 장치의 결함은 접근과 관련된 RNP 값에 상응하는 유도 상실(loss of guidance)의 원인이 될 수 있다. 따라서 항공기는 최소한 복식(dual) GNSS 센서, 복식 대기자료컴퓨터(air data computer; ADC), 복식 오토파일럿, 그리고 단일 관성참조장치(IRU)를 갖추어야 한다. RNP 1.0보다 낮은 실패접근(missed approach)으로 RNP AR 접근을 수행 중일 때 특정 장치의 결함은 실패접근과 관련된 RNP 값에 상응하는 유도 상실의 원인이 될 수 있다. 따라서 항공기는 최소한 복식 GNSS 센서, 복식 대기자료컴퓨터(ADC), 복식 오토파일럿 그리고 단일 관성참조장치(IRU)를 갖춤으로써 적절하게 대비할 수 있다.

(5) RNAV (GPS), RNAV (RNP), GPS 접근 사례

다음은 GPS Stand-alone, RNAV (GPS), RNAV (RNP)가 발행된 IAP의 사례이다. [그림 8-19]는 전형적인 RNAV (GPS) IAP이다. RNAV (GPS) RWY 7R은 승인된 GPS 장비만으로 접근이 가능한 비정밀접근 시설이다. [그림8-20]은 공항 표고가 11,160피트인 산과 주변의 크고 작은 산들로 둘러싸여 있는 위치에 있어 접근경로(approach path)가 제한되어 있다. 기동 공간이 제한되어 실패접근절차를 위한 경로 역시 곡선 구간으로 설정되어 있다. ILS 접근은 사실상 어려워 성능기반항법이 RNAV(RNP) 접근만이 가용한 공항이다. 최초접근픽스(IAF)부터 활주로 착지점까지 비행경로가 곡선으로 이루어져 있다. 최저치는 RNP 0.10/RNP 0.30을 요구하고 있다. 이 접근을 수행하기 위해서 승인(AR)을 필요로 한다. 이 공항의 착지대 표고는 5,498피트이고 RNP 0.10의 결심고도는 5,783피트로 약 85피트까지 유도할 수 있다. 중간접근(IF)에서부터 방위각이 036° → 052° → 081°로 변경되고 있다.

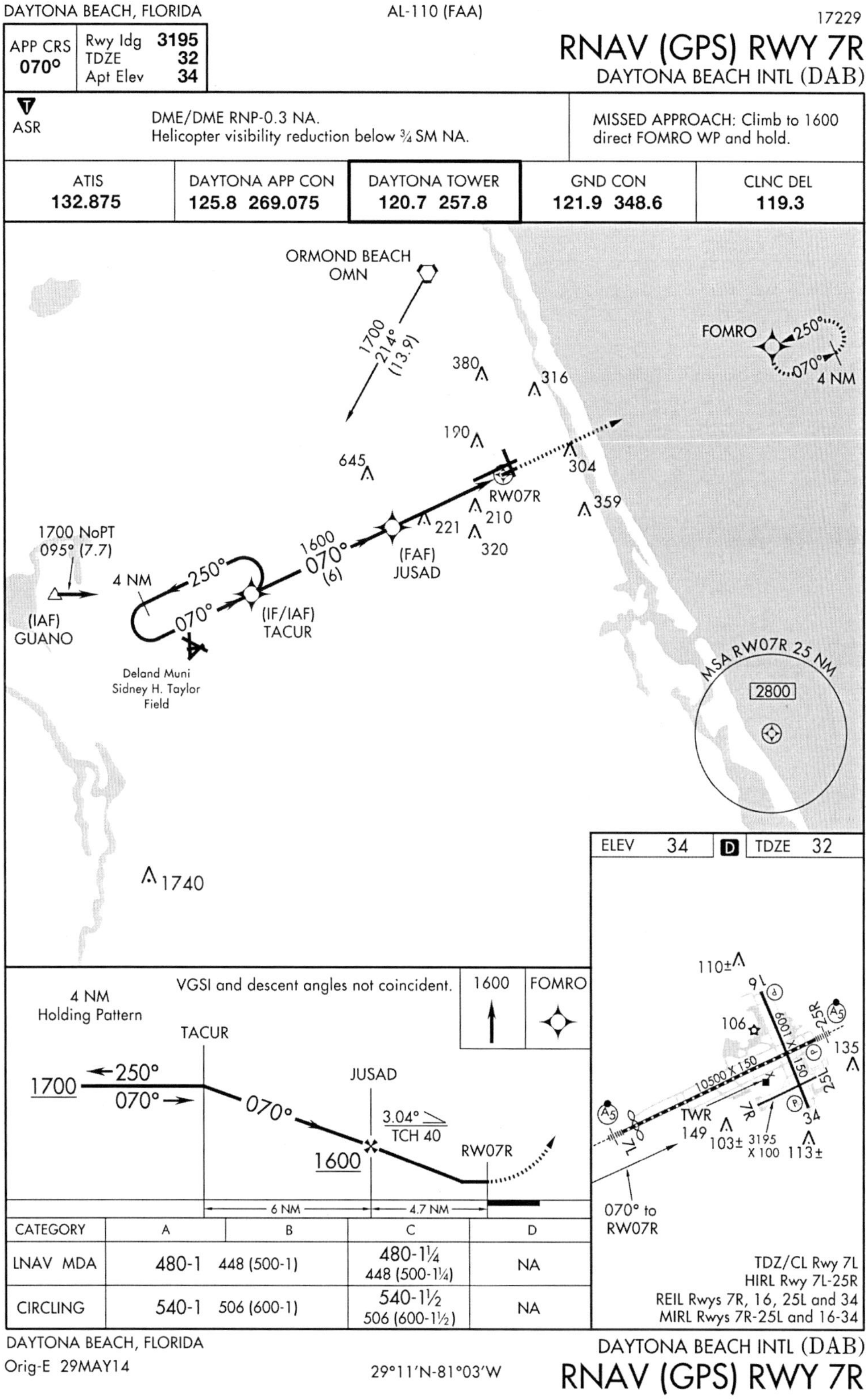

【그림8-19】 이 접근은 MDA가 적용되는 전형적인 GPS 비정밀접근이다.

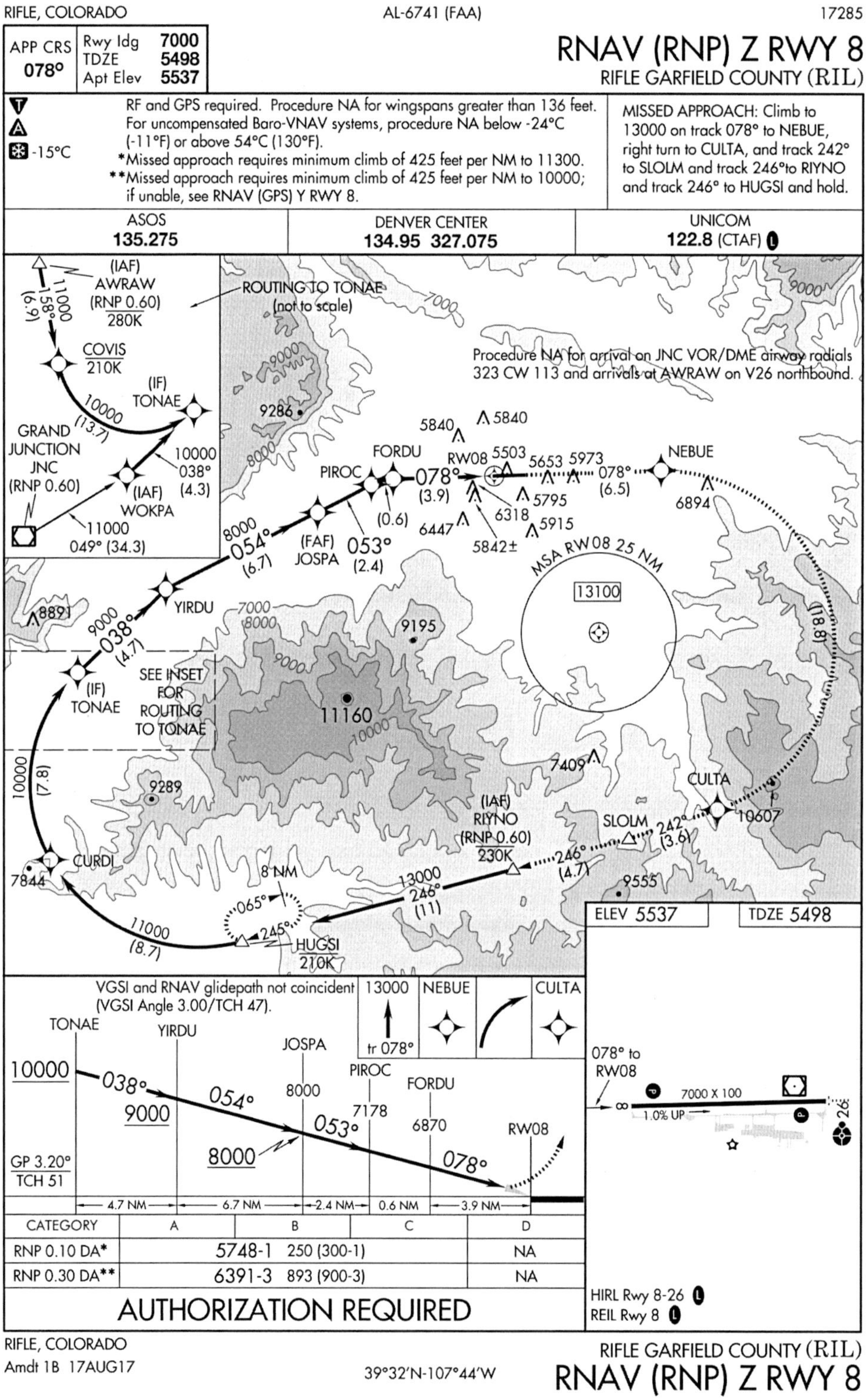

【그림8-20】 RNAV (RNP) Z RWY 8을 위해서는 RNP 0.10/0.30 수준과 승인을 필요로 한다. 또한, 이 접근을 위해서는 RF(radius to fix) leg과 GPS를 갖추어야 한다.

제 **9** 장

RNAV/FMS 항법

9.1 개 요

글라스 칵핏(glass cockpit)에서 FMS와 RNAV는 조종사에게 항법을 더욱 쉽고 정확하게 수행할 수 있도록 하였다. 전자비행계기를 사용하는 항공기가 증가하는 것은 저렴하고 정밀한 위성 신호를 수신할 수 있는 수신기와 컴퓨터 칩(computer chip)이 있었기에 가능하였다. RNAV 항법은 VOR, DME(VOR/DME, DME/DME) 신호, 도플러 레이더, GNSS(GPS, GLONASS, European Galileo) 등을 이용한다. 표준 GPS의 광역증대장치(WAAS)는 부가적인 GNSS 오차 수정 정보를 제공하여 ILS Cat-I 등급(class)에 해당하는 성능을 제공한다. 일반항공 조종사들도 WAAS 기능을 갖춘 GPS 신호를 활용한 FMS에 대한 지식과 함께 사용방법에 익숙해 있어야 한다.

구형 RNAV는 VOR과 DME와 같은 지상 항법보조시설의 통달범위 내에서 위치를 결정하는 데 사용되지만, 최신 RNAV는 운용자가 신댁한 항법 지점을 사동 순서(automatic sequencing)에 따라 시현할 수 있도록 항공로(airways)를 프로그램화할 수 있는 데이터베이스(databases)를 갖추고 있다. 따라서 FMS는 발행된 항공로를 벗어나서 지점 대 지점 항법(point-to-point navigation)이 가용한 VOR(선택적으로 DME)과 통합할 수 있는 최신 GPS 항법 솔루션이라 할 수 있다. 조종사는 자신이 원하는 항공로를 프로그램화하기 위해서 FMS에 데이터를 입력하는 방법을 익혀야 하고, 프로그램화된 항공로와 항적(tracks)을 반복확인하고 순항항로 중 프로그램화된 항공로의 수정, 강하 계획과 실행 그리고 RNAV 신호를 기반으로 한 접근 절차를 따라 비행할 수 있는 능력을 갖추어야 한다.

일반적으로 외부 신호가 있어야 하는 FMS/RNAV 장비는 신호 수신을 위한 가시선(line of sight)의 영향을 받는다. 만약 항공기가 계곡이나 협곡으로 진입했다면 항법 정보를 제공하는 위성 신호는 심각하게 차단될 수 있다. 이들 지역을 운항해야 하는 조종사는 위성 신호에 따른 고도 또는 표고에 상당한 주의를 기울여야 한다. 만약 WAAS를 장착하고 있다면 GPS 장비의 사용설명서에 따라 수정할 수 있도록 훈련되어야 한다.

글라스 칵핏에서는 재래식 방식의 비행계획을 수립하는 과정에서 많은 계산을 수작업으로 수행했던 것들을 FMS에서는 자동으로 계산하는 방법을 훈련하게 될 것이다. 또한, 비행 과정에서 비행계획 상의 오류가 발견되었다면 이를 수정하는 방법에도 숙달되어야 한다. FMS의 복잡성은 또 다른 유형의 실수 가능성이 있음을 알게 될 것이고, 이를 방지하기 위한 지식과 자신만의 방법을 계발해야 한다. 이외에도 VOR과 DME와 같은 아날로그 지상기반 항법시설(ground-based navigation facilities)을 첨단 글라스 칵핏에 어떻게 적용할 것인가도 또 하나의 주어진 과제이다. 지상기반 항법시설을 이용해서 조종사 기량을 유지하는 것은 RNAV를 주요 항법 수단으로 활용하면서 위치와 비행 진행 과정을 확인하기 위한 예비(stand by)로 VOR 그리고 NDB와 같은 재래식 항법시설과 장비를 사용하는 것과 같은 단순한 문제이다.

9.2 RNAV와 FMS

9.2.1 RNAV 운용 개념

지역항법(area navigation; RNAV)은 지상기반 항법시설 상공을 경유하지 않고 목적지까지 또는 임의 지점까지 직행으로 비행할 수 있도록 개발되었다. RNAV를 활용하여 지도 위에 임의 지리좌표(위도와 경도)로 원하는 지점을 선정할 수 있고, 이를 웨이포인트(waypoint)라 한다. 항공기에 탑재된 RNAV 컴퓨터는 프로그램화되어 있는 비행로를 따라서 항공기의 현재 위치를 결정할 수 있다. 이 같은 위치 정보를 이용하여 RNAV 장비는 웨이포인트까지 또는 웨이포인트로부터 방위와 거리를 계산하고 두 웨이포인트 사이를 직행할 수 있도록 한다.

이 같은 항행방식은 지상 항법시설을 경유하지 않아도 되는 장점 때문에 가용한 전체 공역을 효율적으로 활용할 수 있다. 따라서 국가공역체계는 더 많은 항공기를 수용할 수 있다. 그러나 IFR 순항항로도와 같이 철저한 계획에 따라 발행되어 보호되고 있는 항공로(published airway)를 벗어날 때 장애물 통과높이(obstruction clearance)를 보장받을 수 없다. 따라서 비항로(off-airway)에서 비행할 때 항공도 또는 항로도에 지정된 최대표고숫자(maximum elevation feature; MEF) 이상으로 비행할 수 있도록 계획해야 하고, 항공도에 표기되지 않은 타워 혹은 건설된 지 얼마 되지 않은 고가 인공 시설물들에 대해서 조종사 스스로 상당한 주의를 기울여야 한다.

9.2.2 FMS/RNAV 컴퓨터

RNAV는 여러 항법 시설들을 이용할 수 있지만 여기서는 GPS 수신기를 장착한 항공기에 가용한 위성기반 무선항법 시스템인 "GPS RNAV"의 사용에 대해서 집중적으로 다룬다. GPS RNAV 수신기는 GPS 위성으로부터 신호를 수신할 수 있는 능력 외에도 순항항로와 터미널 계기접근절차(IAP)를 수행할 수 있도록 차트에 그려진 많은 정보를 포함하고 있는 항법 데이터베이스(navigation database)와 컴퓨터 프로세서(computer processor)를 갖추고 있다.

최근 출시된 제품은 이동지도(moving map)와 함께 항공교통 그리고 기상레이더 화면을 겹쳐서(overlay) 보여줄 수 있고, VOR/DME/로컬라이저/활공경사 수신기는 물론이고, 공항 및 항공로 정보 외에 연료 소모량을 자동으로 계산할 수 있다. 이 같은 이유로 용어 FMS를 GPS

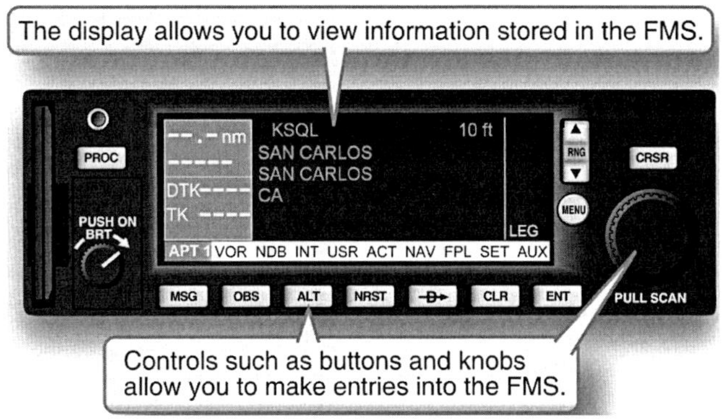

【그림9-1】 FMS에 저장된 데이터와 정보는 화면에서 볼 수 있고, 버튼과 손잡이는 FMS에 필요한 데이터를 입력하는 데 사용된다.

수신기로 고려되기도 한다. FMS는 항공로를 구성하고 있는 일련의 웨이포인트들과 계기접근절차를 입력할 수 있다. 만약 이들 웨이포인트와 계기접근절차(IAP)가 항법 데이터베이스에 내장되어 있다면 컴퓨터는 항공로에 있는 모든 웨이포인트 사이의 거리와 코스를 자동으로 계산한다. 비행 중 FMS에 프로그램화되어 있는 항공로에는 웨이포인트들 사이에서 코스, 대지속도, 거리, 예상시간, 연료 소모량 그리고 잔여 비행시간과 연료량에 대한 정밀한 유도를 실시간 정보(real-time information)로 제공한다.

(1) FMS/RNAV/Autopilot 인터페이스(디스플레이와 제어장치)

모든 항공전자 기기는 디스플레이와 장비를 작동시키는 데 필요한 버튼, 키 그리고 손잡이와 같은 제어장치를 갖추고 있다. 디스플레이(display)는 현재 정보를 보여주는 화면이고, 제어장치는 조종사가 원하는 운용 또는 과업을 완수하는데 필요한 정보와 프로그램을 입력하는 데 사용된다. 전형적인 FMS/RNAV를 위한 디스플레이와 제어장치는 [그림9-1, 2, 3]과 같다.

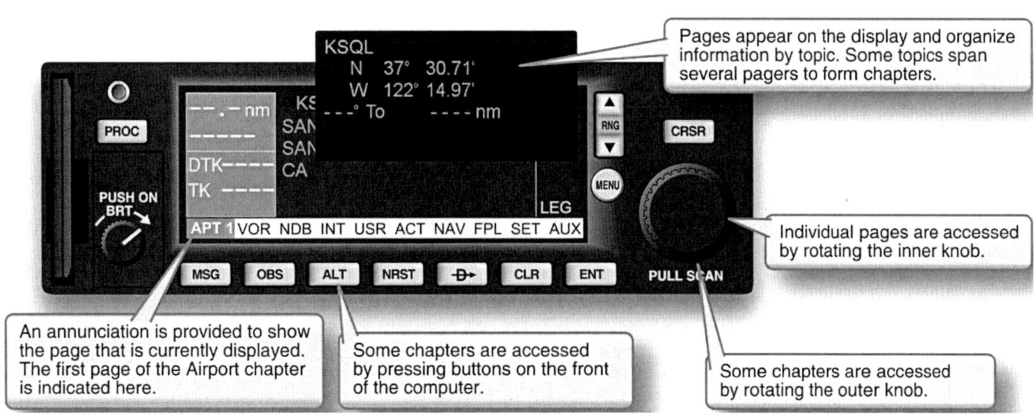

【그림9-2】 화면에 페이지가 나타나고 제목에 따른 내용으로 구성된다. 표시창은 현재 시현하고 있는 페이지를 보여주기 위해서 제공된다. 공항 장(chapter)의 첫 페이지는 "APT 1"과 같이 표시된다. 일부 장은 컴퓨터의 전면에 있는 버튼을 눌러서 접속하고, 일부는 다이얼의 외측 손잡이를 돌려 접속한다. 개별 페이지는 다이얼의 내측 손잡이를 돌려 접속할 수 있다.

(2) FMS에서 관련 정보 접속

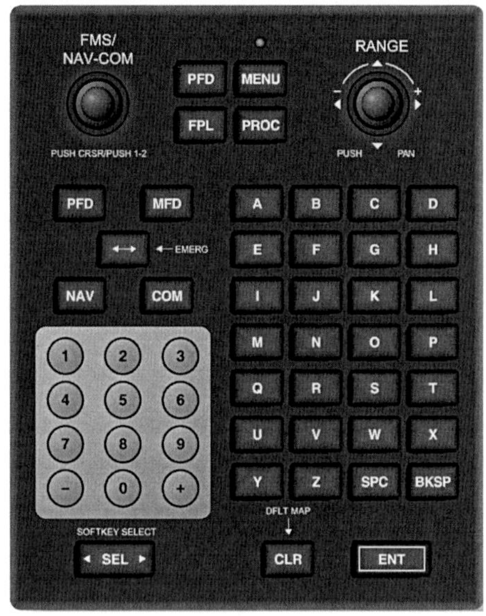

【그림9-3】 FMS의 한 종류

FMS 장치는 아날로그 계기와 같이 한 번에 한 지시만을 보여줄 수 있는 것보다 훨씬 많은 데이터와 정보가 내장되어 있다. 때로는 특정 과업(tasks)을 수행하는데 필요한 정보를 한 페이지에 모두 나타낼 수 없어 추가 페이지까지 확장되기도 한다. 이 경우 페이지 내용(contents)을 반영한 페이지 제목(title; ex, flight plan)을 부여하여 하위페이지(sub page)를 구성하거나 페이지 그룹(page groups) 혹은 장(chapters)으로 구분하여 동일 주제와 관련된 모든 페이지를 모아서 이 문제를 해결한다. 국제공항과 같이 복잡한 공항에 관한 데이터는 여러 페이지로 분리될 수 있고, 각 페이지는 그 공항에 관한 다른 자료들이 수록된다. 예를 들어 한 페이지는 항법보조시설에 관한 내용이 수록되었다면 다른 페이지에는 공항 유도로 도형(taxiway diagram)이 수록되어 있을 수 있으며, 또 다른 페이지에는 가용한 서비스와 FBO(fixed-base operators)에 관한 자료가 수록되어 있을 수 있다.

일반적으로 한 번에 한 페이지만 시현되지만, [그림9-2]와 같이 여러 공항 정보 중 첫 페이지는 "APT 1"을 보여주고 있다. FMS의 종류에 따라 장과 페이지(chapters and pages)를 전환하는 방법이 다를 수 있고, 현재 장과 페이지를 보여주고 있는 방법이 다를 수 있다. FMS에 저장된 정보와 가용한 데이터의 수준 그리고 필수 업데이트(update)를 위한 시기와 방법 등은 특정 장비와 설치에 관한 운용자 매뉴얼 등을 참고해야 한다.

(3) FMS에 데이터 입력

FMS에 데이터를 입력하는 방법은 FMS 버튼(키보드)과 손잡이를 이용하거나 [그림9-3]과 같은 디스크 장치 또는 키패드(disk media or keypad) 등을 이용한다. 키패드 형식이 아닌 FMS 장치는 [그림9-2]와 같이 다이얼의 내측과 외측 손잡이(inner knob and outer knob)를 돌려 장과 페이지(chapter and page)를 전환하면서 데이터를 입력할 수 있다. 이 경우 다이얼(dial)은 복합 기능이 있어 작동에 따른 다른 모드(modes)가 나타날 수 있다. 다이얼을 사용하기 위해서 먼저 커서 또는 데이터 입력(cursor or data entry) 모드라고 하는 것을 활성화해야 한다. 커서 모드가 활성화(activating)되면 통상 해당 내용이 점멸 혹은 다른 컬러로 바뀌는 것을 알 수 있고 다음, 다이얼을 돌려 데이터를 입력할 수 있다. 또 다른 장치에서는 데이터 입력 모드를 활성화 한 후 버튼을 눌러서 입력할 수 있다. [그림9-4]는 FMS를 이용해서 공항 명칭을 입력하기 위한 커서 모드의 사용을 보여주고 있다. 내측 손잡이(inner knob)를 누르면 커서 모드가 연결된다. 페이지에 있는 한 항목 위에 커서가 점멸(flashing cursor)하고 있는 것은 편집을 위한 준비가 되었음을 의미한다. 다음, 내측 손잡이를 돌려 다이얼 문자와 숫자를 입력하고, 외측 손잡이를 돌려 페이지에 있는 항목 사이에서 점멸 커서를 이동시키는 데 사용된다.

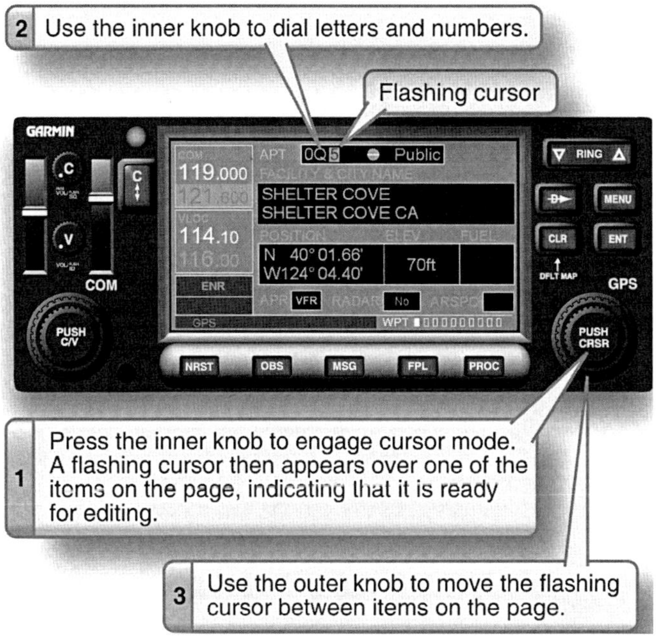

【그림9-4】 ① 내측 손잡이를 누르면 커서 모드가 연결되고 페이지에 있는 한 항목 위에 커서가 점멸되면서 활성화되었을 때 편집할 준비가 되었다는 것을 의미한다. ② 내측 손잡이를 돌려서 숫자와 문자를 입력한다. ③ 외측 손잡이를 돌려서 페이지에 있는 항목들 사이에서 점멸 커서를 이동시킨다.

(4) 통합 항공전자 장치

일부 시스템은 FMS/RNAV 디스플레이와 제어장치가 조종실 디스플레이에 통합되어 있고, 이를 PFD(primary flight display)와 MFD(multi-function display)라 한다. [그림9-5]는 FMS를 위한 제어장치와 디스플레이를 제공하기 위해서 PFD를 사용하고 있는 시스템을 보여주고 있다. 이 시스템에서 항법 컴퓨터에 접속하고 입력하는 방식은 위에서 설명한 것과 유사한 개념과 절차가 적용된다. PFD에 FMS를 시현하고 제어할 수 있는 FMS 손잡이(knob)가 오른쪽 아래에 있고, 입력된 내용은 작은 창으로 보여주고 있다.

(5) 교육훈련을 위한 비행훈련장치 또는 시뮬레이터

항공전자 시뮬레이터(avionics simulators)는 글라스 칵핏(glass cockpit)에 익숙하지 않은 조종사에게 디스플레이 구조와 주변기기를 소개하고 다룰 수 있는 교육훈련 목적으로 개발된 비행훈련장치(flight training devices)의 한 종류이다. 일부 제작자는 개인용 컴퓨터를 이용한 컴퓨터 기반 시뮬레이터(computer-based simulators)를 제공하여 조종사에게 비행 전 관련 장치의 구성도와 데이터의 시현 방법을 보여주고, 데이터의 접속과 입력(access and entry)에 필요한 버튼 누름과 다이얼을 돌리는 방법 등을 훈련할 수 있도록 하고 있다.

모든 프로그램화할 수 있는 항공전자 기기의 작동 방법을 훈련하는 과정에서 확실하게 이해하고 실행할 수 있는 중요한 기능 중 하나가 입력된 데이터와 기능을 취소(cancel)시키는 방법

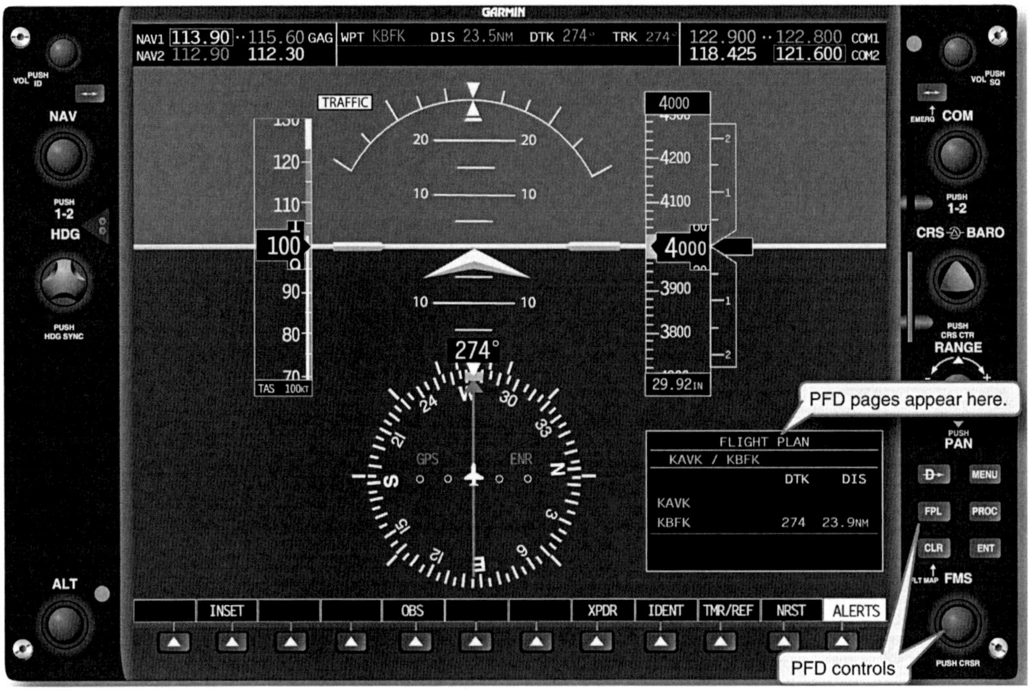

【그림9-5】 PFD에 비행과 항법에 관한 원하는 데이터를 보여주기 위한 제어장치가 하단과 좌우측에 배열되어 있다. 세부 기능과 작동법을 익히기 위해서는 해당 제품의 설명서를 참고하라.

을 익히는 것이다. 예를 들어 난기류 속에서 비행 중 데이터를 입력하거나 프로그램을 변경해야 한다면 자칫 실수(errors)를 범할 가능성이 매우 크다. 또한, 많은 조종실 업무를 한꺼번에 수행한다면 이 역시 실수를 범할 가능성이 크기 때문에 실수 혹은 오류가 발견되었을 때는 즉시 원래의 항공기 조종과 기능으로 신속하게 되돌릴(restore) 수 있어야 한다.

이들 훈련용 컴퓨터 프로그램은 초기 훈련뿐만 아니라 지속적인 숙련도(proficiency)를 유지하는 데도 매우 유용하다. 이외에도 제작자는 더욱 정밀한 훈련을 위해서 실제 항공기의 글라스 칵핏과 유사한 첨단 모의 조종실과 같은 비행시뮬레이터 또는 비행훈련장치(flight simulators and flight training devices)를 개발하여 보급하고 있다. 조종사는 이들 장치를 이용해서 실제 비행 시나리오를 따라 작동해 볼 수 있고, 아울러 시스템을 위한 운용 절차뿐만 아니라 시스템을 가장 효율적으로 활용할 수 있는 방법을 훈련할 수 있다.

9.2.3 비행계획 수립

(1) 비행 전 준비

모든 조종사는 비행을 시작하기 전 기상, 연료, 성능, 대체공항 그리고 활주로 길이 등과 같은 가용한 모든 정보를 철저하게 확인할 것을 요구하고 있다. 이외에도 항공전자 장비를 갖추고 있다면 이들 장비의 상태는 물론이고, 데이터베이스의 유효기간 등 필수 요건들은 비행 전 점검에 반드시 포함되어야 한다. 특히 IFR 비행을 위해서 FMS/RNAV의 사용은 더욱 철저한 비행 전 준비와 점검이 요구된다.

(2) IFR-Approved FMS/RNAV

모든 FMS/RNAV 장비가 IFR 운항을 위해서 승인되는 것은 아니다. 따라서 IFR 운항을 위해서는 반드시 승인(approved)을 받은 장비인지를 확인해야 한다. 때로는 이들 장비의 설치(installation) 방식뿐만 아니라 설치하는 정비사의 자격, 항공기의 승인, 승인된 장비의 가용성 그리고 지리적 장소(geographic location) 등이 제한사항에 포함될 수 있다.

IFR 운항을 위해서 휴대용 GPS는 승인되지 않고 대부분의 임시 패널 장착 장비는 VFR 운항만으로 제한된다. FMS/RNAV가 IFR 운항을 위해서 승인되었을지라도 항공기에 설치할 수 있는 방식 역시 적절한 자격을 갖춘 정비사가 설치하고 이를 승인받아야 한다. 이 승인 과정은 비행 중 항공기로부터 방사되고 있는 신호 또는 정전기 간섭을 받지 않는지 시험비행을 통해서 검사를 받아야 한다. 이들 필수요건에 충족하지 못한 RNAV 장비는 IFR 하에서 비행할 때 다른 주요 항법장비를 보조하여 상황인식을 높이는 데만 사용되어야 한다.

FMS/RNAV 장비의 IFR 승인 여부를 확인하기 위한 참고 자료는 조종사 운용 핸드북 또는 항공기 비행 매뉴얼(aircraft flight manual; AFM)을 제일 먼저 확인해야 한다. 이들 매뉴얼에는 IFR-Approved FMS/RNAV 장비에 대해서 IFR 운항의 승인 여부를 명확하게 확인할 수 있고, 아울러 그 설비를 위해서 특별히 승인된 IFR 운용이 무엇인지 기술되어 있다.

9.3 항법 데이터베이스

FMS/RNAV 장비에 내장된 항법 데이터베이스(navigation database)는 항상 최신(current) 것이어야 IFR 운항과 계기접근에 사용할 수 있다. [그림9-6]은 전형적인 초기화면에 나타난 유효기간을 보여주고 있다. 항법 데이터베이스의 유효기간은 자체검사(self-test)를 수행하는 동안 초기화면(start-up screen)에 나타난다.

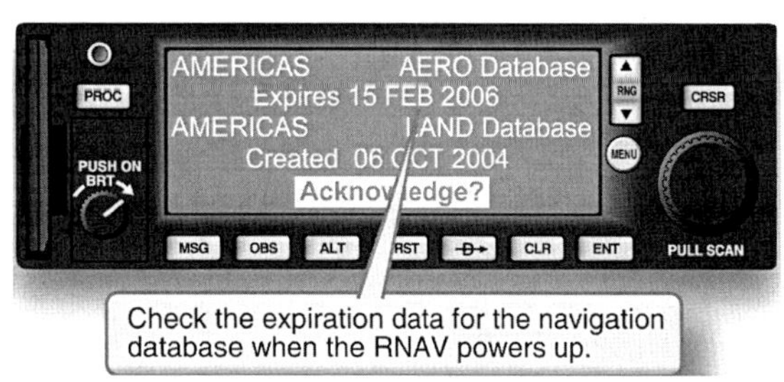

【그림9-6】 전원을 켰을 때 초기화면에 내장된 데이터베이스의 유효기간을 확인할 수 있다.

9.3.1 비행 전 준비

(1) 대체항법장비

일부 GPS-기반 RNAV 장비를 사용하여 IFR 비행을 하기 위해서는 VOR 또는 NDB 항법 수신기와 같은 적절한 IFR 대체항법 수단(alternate means of navigation)을 갖출 것을 요구하고 있다. 이들 대체항법장비 역시 적절한 작동 상태를 유지하고 있는지 정상적인 점검 절차를 수행해야 한다. 항공전자 운용 매뉴얼은 설치된 시스템의 인증 상태(certification status)가 기술되어 있어야 한다. AFM의 보충서(supplements)에는 설치된 항공전자를 포함하여 관련 장비의 상태에 관해서 기술되어 있어야 하고, 운항 중 언제든지 참고할 수 있도록 항공기에 탑재하고 운용할 것을 요구하고 있다.

(2) GPS NOTAM

FMS/RNAV 항법은 GPS 위성으로부터 신호를 수신하고 있으므로 지상기반 항법시설에 비해서 높은 신뢰성이 장점이기는 하지만 위성의 불규칙한 배열 등으로 인하여 이상이 발견되었거나 점검 중 문제가 발견되었을 때 "GPS UNRELIABLE NOTAM"이 발행된다. 이와 유사하게 지상기반 시설의 간섭과 같은 안전에 관한 문제가 발견되었을 때도 RNAV 계기접근 차트에 "Not Available"이 표기된다. 따라서 조종사는 IFR 비행 전 모든 NOTAMs을 확인해야 하고, 특히 GPS와 WAAS NOTAM은 반드시 확인해야 한다. 조종사는 FSS 또는 AFSS 근무자로부터 브리핑을 받을 때 GPS/WAAS NOTAMs을 요청하는 것도 잊지 말아야 한다.

(3) GPS 신호 가용성

GPS 기반 RNAV 장비는 비행 지역에서 가용한 위성 신호를 정확하게 수신할 수 있는 성능이 보장되어야 한다. 특히 계기접근 중 신호수신기준(signal reception criteria)은 더욱 엄격하게 적용된다. 일반적으로 신호 수신은 예측할 수 있어야 하고 비행업무사무소(FSS)로부터 비행 전 브리핑을 받을 때 반드시 목적지 공항의 위성 신호 수신 상태를 요청해야 한다. 대부분의 GPS RNAV 장비는 수신기자율무결성감시(RAIM; Receiver autonomous integrity monitoring) 기능을 갖추고 있어, 특정 지리적 장소에서 미래신호수신(future signal reception)에 관한 장면 예측(view predictions)을 할 수 있는 기능을 갖추고 있다.

WAAS 수신기는 WAAS로부터 오류 수정이 가능하므로 이 같은 제한을 받지 않는다. WAAS는 [그림9-7]과 같이 더욱 향상된 위치 정밀도를 제공하는 일종의 DGPS(differential GPS)이다. 각

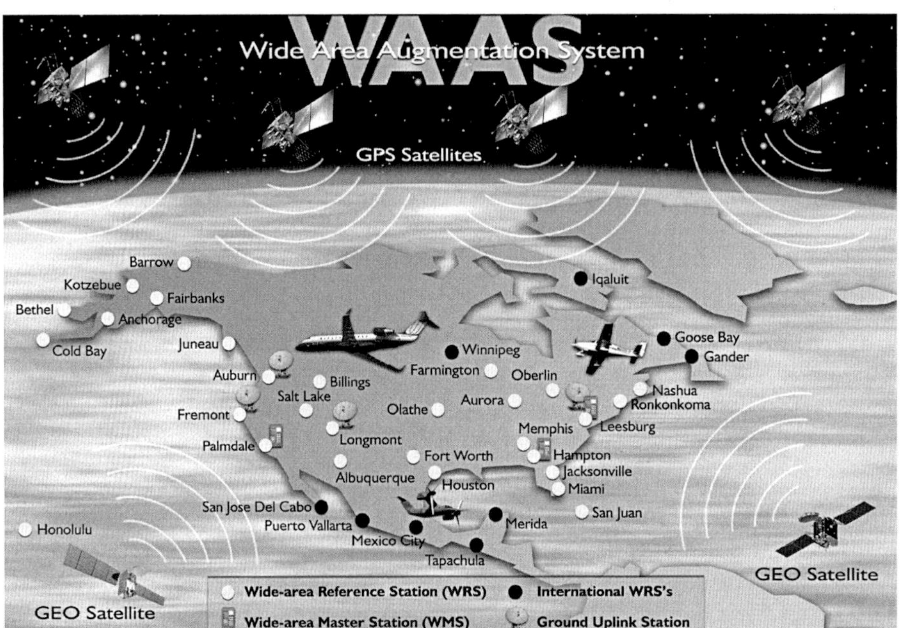

【그림9-7】 WAAS 네트워크

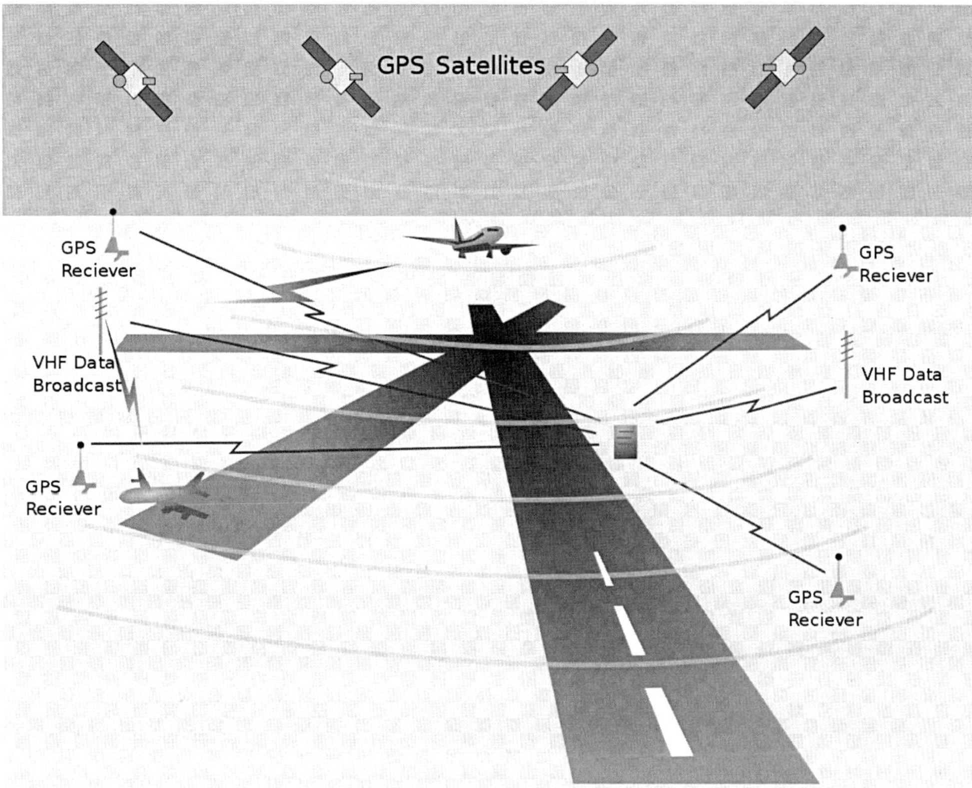

【그림9-8】 GBAS 네트워크

광역기준국(wide area reference station; WRS)은 지구국(ground earth station; GES)으로부터 지구정지위성(geostationary satellite; GEO)에 업링크(uplink; *지상에서 위성으로 보내는 통신 연결*)된 수정 그리드 데이터(grid of correction data)를 계산하는 광역주기지국(Wide Area Master Station; WMS)에 수정 데이터를 제공한다. 지구정지위성(GEO)은 수정 데이터를 L1 GPS 항법 주파수(1575.42 MHz)를 이용하여 사용자에게 수정 데이터와 항법 데이터를 전송한다. 사용자 GPS 수신기는 수신된 항법 데이터를 수정하기 위해서 업링크된 WAAS 데이터를 활용한다. WAAS의 목표는 수평과 수직 정밀도(accuracy)를 최소한 7m까지 달성하는 것이다. 또 다른 DGPS로 개발된 것이 [그림9-8]과 같은 지상기반증대장치(ground-based augmentation system; GBAS)이다. GBAS가 완전작동성능을 획득한다면 정밀접근을 위한 정밀도는 1m까지 높아지게 될 것이다. GBAS는 센서로부터 항공기 GPS 수신기까지 직접 오류 데이터를 전송할 수 있도록 활주로 근처에 설치된 국지 오류 VHF 발신기(local error VHF transmitter)를 사용한다.

(4) 대체공항

조종사는 자신의 항공기에 어떠한 장비가 탑재되어 있는지 확실하게 알고 있어야 한다. 만약 WAAS가 운용되고 있다면 TSO-C145A 또는 TSO-146A에 따라 승인된 GPS-기반 FMS/RNAV 장비는 비행계획서의 목적지 공항에서 대체공항이 요구될 수 있다. 그러나 TSO-C129에 따라 승인된 장비는 대체접근 필수요건이 승인되지 않기 때문에 항공기는 VOR과 같은 단독(stand-alone)

항법장비를 갖추어야 하고, 그 장비를 기반으로 한 대체공항에서 승인된 계기접근이 가용해야 한다. 그러나 일단 대체공항(alternate airport)으로 전환을 결심했다면 조종사는 그곳까지 운항이 가능한 GPS-기반 항법장비로 비행하고, 지상기반 항법보조시설과 항공기에 탑재된 수신기를 예비로 사용해야 한다.

(5) 비행계획서의 장비 접미사

ATC는 항공기 장비 접미사(aircraft equipment suffixes)를 기준으로 인가를 발령하기 때문에 비행계획서에는 특정 항공기에 탑재된 정확한 장비 접미사(equipment suffix)를 기록해야 한다. 비행계획서에 기록되는 장비 접미사는 장비와 항로 비행에 적합해야 한다. 예를 들어 원하는 항로 또는 절차에 GPS가 필요하다면 그 항공기와 설치된 운용 장비 항목에 "/G" or "/L,"과 같은 접미사를 기록해야 한다. 이외에도 최소장비목록(minimum equipment list; MEL) 유예품목(deferred items)은 항공기 상태에 따라 변경될 수 있음을 기억하라.

(6) VFR 비행을 위한 RNAV 장비의 적합성

VFR 비행 중 RNAV 수신기를 주요 항법수단이 아닌 보조 항법수단으로 사용하고 있을지라도 조종사는 반드시 안전과 관련된 이들 정보의 적합성 요소(suitability factors)를 반드시 확인해야 한다. 예를 들어 유효기간이 지난 항법 데이터베이스는 새로 지정된 특별사용공역 또는 임시제한구역 등을 부주의하게 침범할 수 있다. 일부 VFR 전용 GPS 장비는 신호 수신이 약해졌을 때 이를 경고하지 못함으로써 조종사는 오류 위치 정보를 따라 비행할 수 있다. 시계기상상태에서 "보고-회피(see and avoid)"는 공중충돌을 방지하기 위한 조종사의 중요한 과업 중 하나이다. 그러나 조종사의 시선이 화면에 너무 긴 시간 집중되었을 때 다른 항공기 또는 지형 근접을 조기에 발견하지 못하는 것은 비행안전을 위협하는 요소라는 것을 잊어서는 안 된다.

9.3.2 비행계획 수립

(1) 비행로(항로) 프로그래밍

조종사가 글라스 칵핏에서 FMS를 이용한 비행로를 구성하기 위해서 비행계획을 작성하는 것은 중요한 과제이다. 이것은 글라스 칵핏의 첨단 항공전자 조종실이라 할지라도 결코 기본 항행계획을 작성하는 것을 소홀히 해서는 안 된다는 것을 의미한다. 초임 조종사에게는 상당한 스트레스를 받는 요인이기도 하지만 다행히도 컴퓨터와 전자기기의 작동에 익숙해 있는 젊은 세대들의 적응도는 매우 빠르다. FMS/RNAV 장비를 이용해서 비행계획을 작성하는 방식은 유사하지만, 버튼이나 다이얼 또는 스위치 작동방식 또는 이들 도구의 디자인 특징과 작동요건 그리고 장치를 작동시키는데 필요한 제어장치와 디스플레이의 배열(layout) 등에 약간 차이가 있을 수 있다.

이를 사용하는 조종사는 FMS 또는 RNAV 장비의 구조와 사용법에 대해서 확실하게 알고 있어야 하고, 어떠한 상황에서도 능숙하게 사용할 수 있도록 숙달되어야 한다. [그림9-9]의 항행일지와 같이 "San Carlos Airport(KSQL)"에서 "Oakdale Airport(O27)"까지 비행을 계획하였다고 가정하자. 프로그램화된 비행로는 SUNCL 교차점(intersection)까지 직행하고, ECA에 도착할 때까지 V195를 따라 비행한 다음 Oakdale에 착륙하기 위해서 GPS RWY 10을 위한 최초접근픽스(IAF)로 계획되어 있다. 비행을 위한 거리, 방위, 예상 순항항로 시간 그리고 연료량 모두가 계산되었다. 다음 단계는 FMS에 이들 세부 항목의 일부를 입력하는 것이다.

NAVIGATION LOG

Aircraft Number:	Dep:	Dest:	Dest:
N1361M	**KSQL**	**027**	**11/06/06**

Clearance: **C – 027**
R – Direct SUNOL, V195 ECA, Direct 027
A – CLB 5000
F – 12L3
T – 0356

Estimated Time En Route = 0.49

Check Points (Fixes)	Ident. / Freq.	Course Route	Attitude	Mag Crs.	Fuel Leg / Rem.	Dist. Leg / Rem.	GS Est. / Act.	Time Off ETE / ATE	ETA / ATA
KSQL TWR 119.0	DEP / 12L3				48	78.6.			
SUNCL	SJC / 1141	060	5000		21 / 45.9	21.5 / 57.1	81	016	
TRACY	ECA / 116.0	049	5000		1.2 / 44.7	18 / 39.1	120	0.09	
ECA (IAF)	ECA / 116.0	049	3000		1.1 / 43.6	15 / 24.1	120	0.08	
MOTER	ECA / 116.0	084	2000		0.7 / 42.9	8 / 16.1	1000	0.05	
ZOSON (FAF)	ECA / 116.0	084	2000		0.6 / 42.3	55 / 10.6	90	0.04	
RW 10 (MAP)	ECA / 116.0	096	MDA 720		0.4 / 41.9	4.5 / 61	90	0.03	
WRAPS (HOLD)	LIN / 114.8	352	3000		0.6 / 41.3	61 / 0	90	0.04	

【그림9-9】 항행일지

(2) 비행계획서 전용 페이지

모든 FMS 장비는 비행계획서를 입력하는 전용 페이지(dedicated page)가 있다. 이들 페이지에 입력하는 방식은 일종의 "공백 채우기(filling in the blanks)"와 같이 프로그램화된 비행로를 완성할 수 있도록 순항항로 웨이포인트와 계기접근절차에 입력하는 단순한 과업이다.

① 순항항로와 계기절차의 웨이포인트

FMS에 비행로를 구성하기 위한 작업은 웨이포인트를 입력하는 것으로 두 방법이 있다. 하나는 출발, 순항항로(en route), 도착 그리고 계기접근절차(IAP) 등 지정된 지점에 발행된 웨이포인트(published waypoints)가 있고, 또 다른 하나는 조종사가 임의로 지정하여 입력할 수 있는 웨이포인트가 있다. 조종사는 FMS 시스템 소프트웨어의 내장된 프로그래밍(internal programming)을 이용해서 공항과 순항항로 웨이포인트들을 수작업으로 입력할 수 있다. 그러나 계기접근절차에 지정된 웨이포인트는 조종사가 임의로 입력하거나 삭제할 수 없다. 이것은 계기접근절차를 구성하고 있는 웨이포인트(ex, IAF)의 명칭을 잘못 쓰거나 이들 웨이포인트를 부주의로 삭제했을 때 위험한 상황으로 전개될 수 있기 때문이다. 특히 착륙을 위한 접근 중 선택된 데이터베이스 접근 절차(selected database approach procedure)를 변경하는 것은 접근 모드(approach mode)를 취소시킬 수 있다. 대부분 FMS 장비에서 다른 웨이포인트로 직행하고자 변경하는 것은 접근 모드를 취소시키지 않는다. 예를 들어 접근 중 레이더 벡터를 받으면서 최종접근픽스(FAF)와 중간접근픽스(IF)를 우회하는 것과 같은 상황이라면 접근 모드는 취소되지 않는다.

② 순항항로 웨이포인트 입력

[그림9-9]의 항행일지(navigation log)에 계획된 것과 같이 KSQL, SUNCL, 그리고 TRACY 교차점은 비행계획에 포함된 계기접근절차의 한 부분이 아니다. 이들 웨이포인트는 [그림9-10]과 같이 FMS에 입력할 수 있다. 그러나 최초접근픽스(IAF) ECA에서부터 이후 다른 웨이포인트들은 Oakdale GPS 계기접근절차의 한 부분에 포함된다. 계기접근절차의 한 부분으로 발행된 웨이포인트들은 다른 방법으로 입력해야 한다. 일부 순항항로 구간은 [그림9-11]과 같이 일련의 웨

【그림9-10】 비행계획(FPL) 페이지가 선택되면 커서 모드가 활성화된다. 다이얼의 내측, 외측 손잡이를 돌려서 웨이포인트의 명칭을 입력한 후 "ENT" 버튼을 눌러 입력한다. 비행로에 웨이포인트가 나타나고 FMS는 추가 웨이포인트 입력을 위한 준비상태가 된다.

이포인트들로 연결된 항공로(airway)를 따라서 항행해야 하고, 이 경우 코스 변경을 나타내고 있는 항공로 선상의 웨이포인트들을 입력해야 한다. [그림9-11]과 같이 REANS 교차점은 Pomona R-073° 그리고 Twenty nine Palms R-254°를 연결하는 항법주파수변경점(COP)이다. 조종사는 이 항공로 구간을 위해서 POM, REANS, 그리고 TNP를 입력해야 하고, 나머지 웨이포인트들은 프로그램화된 비행로에 보이지 않는다는 것에 유의해야 한다.

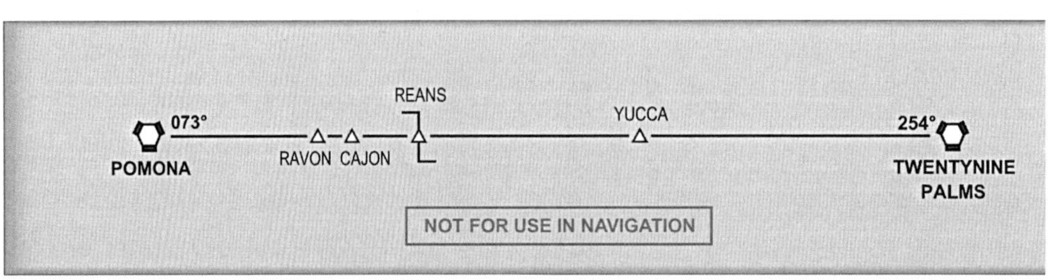

【그림9-11】 순항항로 항공로 프로그래밍

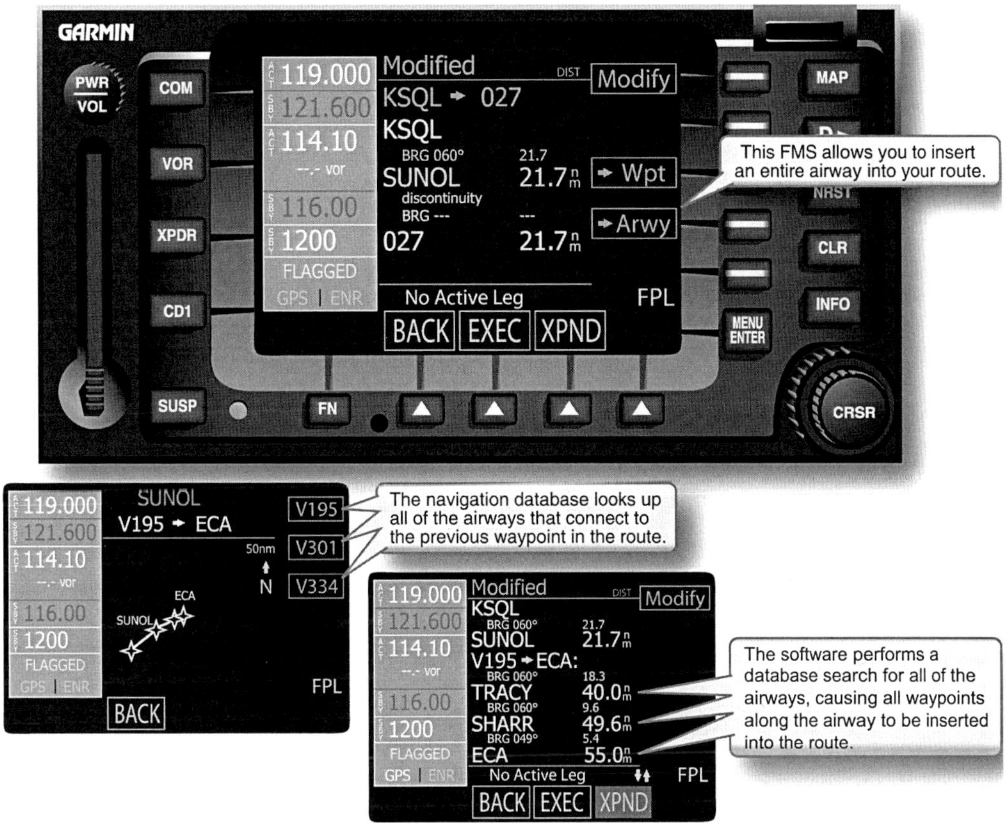

【그림9-12】 이 FMS는 시작과 종점만 입력하면 전 구간의 항공로가 자동으로 선택된다. 항법 데이터베이스는 항공로에서 이전 웨이포인트까지 연결된 모든 항공로를 검색한다. 소프트웨어는 항공로를 위한 데이터베이스를 검색하여 항공로 선상의 모든 웨이포인트에 관한 비행정보를 자동으로 산출한다.

③ 항공로(항로) 입력

대부분의 정밀 FMS에는 한 번에 전체 항공로(airways)를 입력할 수 있다. 조종사가 프로그램화하고자 하는 항공로를 구성하는 시작과 종점이 선택되었을 때 항공로를 구성하고 있는 모든 웨이포인트가 자동으로 비행계획에 입력된다. [그림9-12]의 항법장치에는 선택된 항공로가 어떻게 구성되어 있는지 보여주고 있다.

④ 계기접근절차 입력

모든 IFR-Approved FMS는 출발, 도착 그리고 접근과 같이 발행된 계기접근절차(IAP)의 메뉴(menu)를 제공한다. 조종사가 이들 절차 중 하나를 선택했을 때 FMS는 해당 절차를 구성하고 있는 모든 웨이포인트가 비행계획에 자동으로 입력된다. [그림9-13]은 FMS를 이용해서 계기접근절차를 선택하는 방법을 보여주고 있다.

⑤ 이륙 중 미완성 비행계획 작성의 위험성

모든 장비에서 FMS의 편리성(convenience)은 가용한 "직행(direct to)" 특징을 이용해서 이륙하기 전 첫 순항항로 웨이포인트만 프로그램에 입력한 후 일단 이륙하여 다음 구간의 웨이포

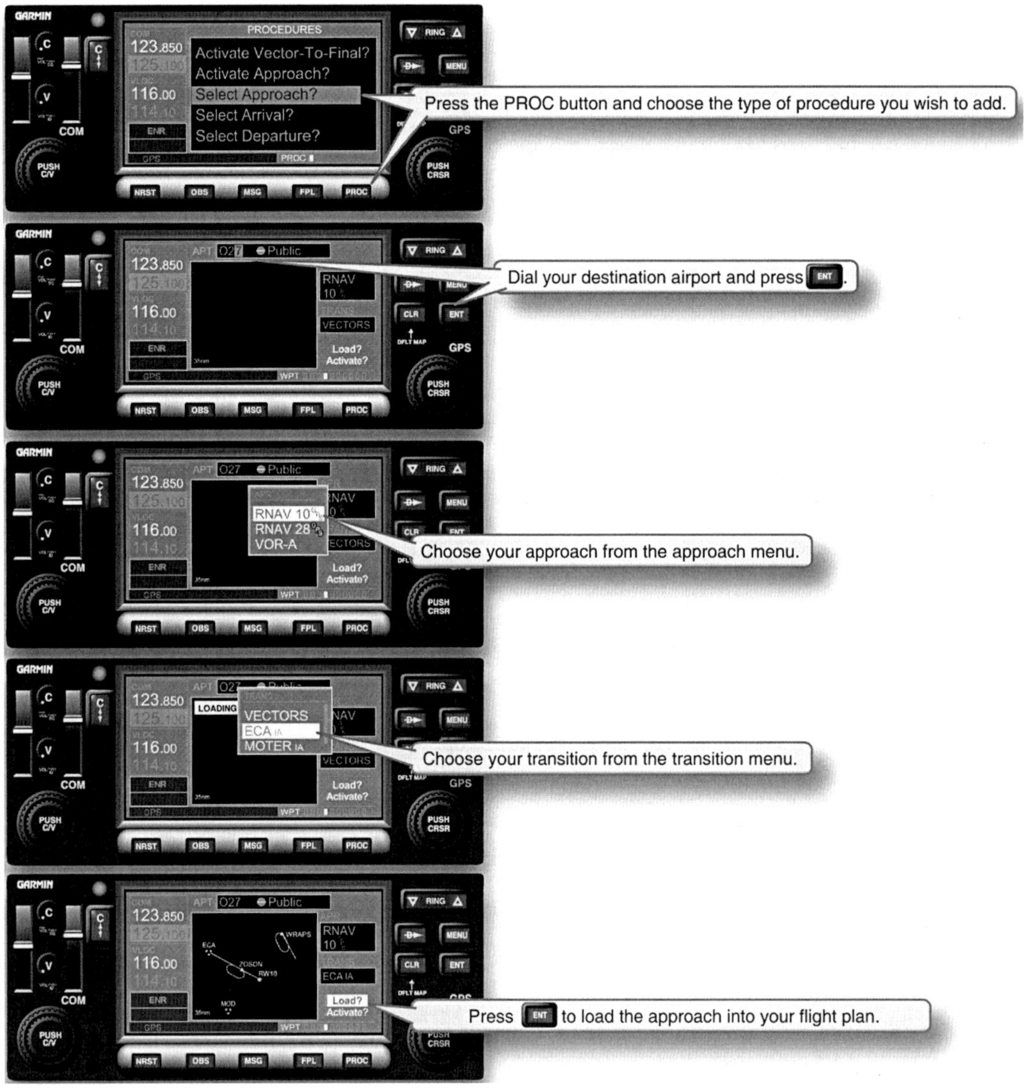

【그림9-13】 절차버튼(PROC)을 눌러서 원하는 절차를 선택한다. 다이얼을 돌려 목적지 공항을 선택하고 “ENT” 버튼을 누른다. 접근 메뉴가 나타나면 원하는 접근을 선택한다. 전이 메뉴에서 원하는 전이 방법을 선택한다. “ENT” 버튼을 누르면 조종사가 원하는 접근이 비행계획에 입력된다.

인트를 입력하고자 하는 유혹에 빠질 수 있다. 이 같은 조급함은 조종사가 아무리 항공전자 기기의 사용에 숙련되어 있다 할지라도 FMS에 데이터를 입력하는 동안 시선을 화면 조작에 몰두하고 있어, 다른 항공기를 관찰하거나 엔진 계기 등을 관찰(scanning)하는 업무를 소홀히 할 수 있다는 점을 명심해야 한다. 따라서 가장 좋은 방법은 이륙 전 모든 비행 데이터를 완전하게 입력한 후 비행에 임할 것을 강력하게 권장하는 이유이다.

⑥ 프로그램화된 비행로의 확인

일단 FMS에 모든 데이터를 입력한 후 다음 단계는 조종사가 원하는 비행로가 정상적으로 입력되었는지 확인(review)해야 한다. 특히 조종사가 종이(on paper)에 작성한 것과 FMS에 프로그램화한 비행로, 순항항로와 터미널 VFR 항공도, 방위, 거리 그리고 연료량이 조종사가 계획한 것과 일치하는지 철저하게 반복 확인해야 한다.

9.3.3 캣칭 오류

비행 전 FMS에 프로그램화한 비행계획이 정확한지 확인하기 위해서 FMS의 비행계획 기능(flight planning function)을 활용하는 것은 오류의 가능성을 감소시키면서 글라스 칵핏의 각종 시스템을 효과적으로 활용한 사례이다. 아울러 조종사가 종이 등에 계산한 값과 컴퓨터가 계산한 값이 일치하는지 교차점검해야 한다. 또한, 비행계획을 작성하는 페이지 역시 [그림9-14]와 같이 조종사가 FMS에 입력한 비행로(항로)를 반복 확인하는데 사용될 수 있다. 이 과정에서 최소한 다음과 같은 요소들은 정확하게 입력되었는지 확인해야 한다.

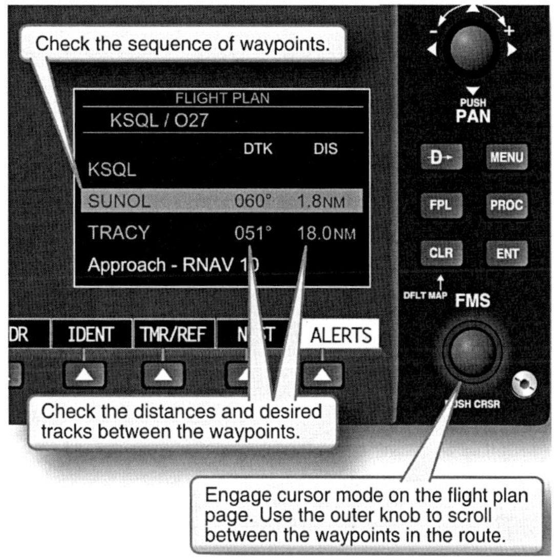

【그림9-14】 FLIGHT PLAN 페이지에 있는 커서 모드를 활성화하여, FMS 외측 손잡이를 돌려서 비행로에 입력된 웨이포인트들 사이를 스크롤 한다. 이 과정에서 웨이포인트가 순서대로 입력되었는지 확인하고 웨이포인트들 사이의 거리와 방위를 확인한다.

(1) 웨이포인트 확인

FMS의 비행계획 페이지에서 비행인가에 따라 웨이포인트가 순서대로 입력되었는지 확인한다.

① 웨이포인트가 빠지지 않았는가?

② 비행로를 구성하는 데 있어서 웨이포인트가 실수로 포함되지 않았는가? 또는 실수로 다른 웨이포인트가 포함되지 않았는가?

③ 웨이포인트의 철자는 정확한가?

(2) 거리 확인

FMS의 비행계획 페이지에서 컴퓨터가 비행로를 구성하고 있는 웨이포인트들 사이에 계산된 거리를 볼 수 있다. 이들 거리를 순항항로차트와 비교해서 정확한지 확인한다. 일반적으로 범할 수 있는 실수는 웨이포인트의 명칭을 잘못 입력하여 계획된 비행로와 맞지 않는 웨이포인트가 실수로 입력(e.g., KHEE versus KHEF)될 수 있다. 이 과정에서 웨이포인트들 사이에 비정상적으로 지시되는 거리를 확인하는 것은 이들 실수를 찾아내기 위한 좋은 방법이다.

(3) 원항적 확인

FMS의 비행계획 페이지에서 컴퓨터가 생성한 비행로를 구성하고 있는 웨이포인트들 사이에서 계산된 코스(course)를 볼 수 있다. 이 코스는 최단 직항로를 구성하고 두 웨이포인트 사이의

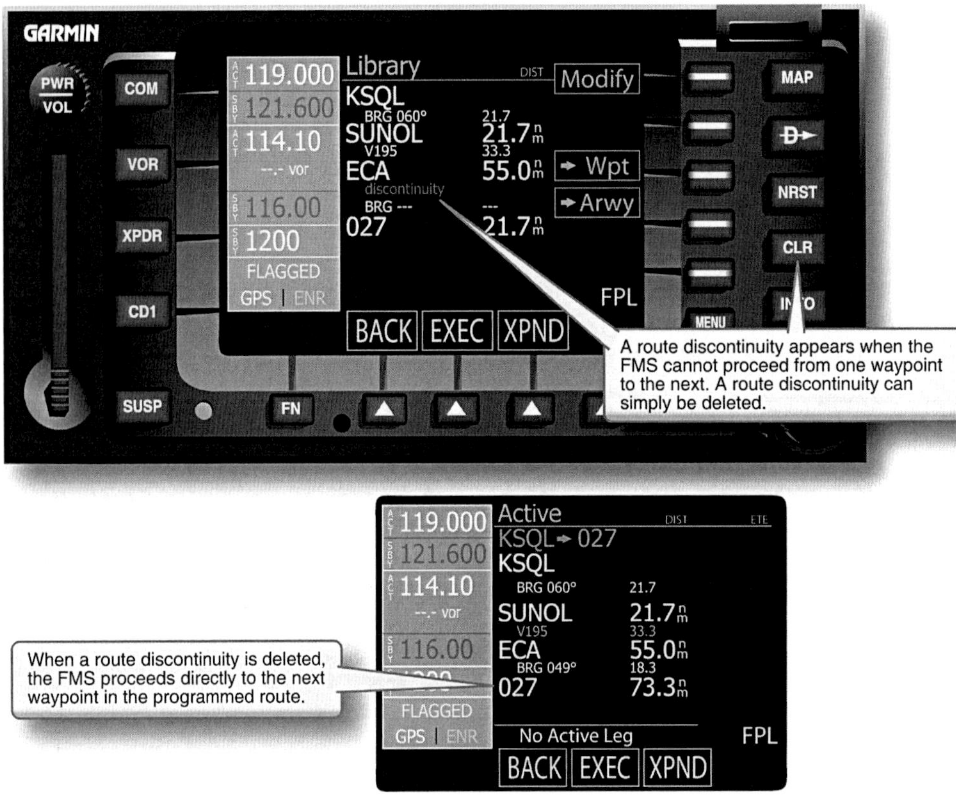

【그림9-15】 FMS가 한 웨이포인트에서 다음 웨이포인트로 진행할 수 없을 때 화면에 "discontinuity"가 나타난다. 오른쪽에 있는 "CLR" 버튼을 눌러 간단히 삭제할 수 있다. 이것이 삭제되었을 때 FMS는 프로그램화된 비행로에서 다음 웨이포인트로 직접 이어진다.

원항적(desired track; DTK)이 항공도 상의 코스와 다를 수 있다. 실제 원항적(desired track)과 항공로(airway)에 표기된 코스 사이에 약간 차이가 있을 수 있다. 이 같은 차이는 FMS가 자기편차(magnetic variation)를 반영한 결과로 인한 것일 수 있다. 일부 장비는 내부 데이터베이스와 보간법(database and interpolate)을 활용하는 반면 다른 장비는 규정된 [표]로부터 모든 값을 계산한다. 항공도와 달리 지구는 평평하지 않기 때문에 지구상에서 두 지점 사이의 최단거리는 직선(straight line)이 아닌 원호(arc)이다. 지표면 위의 두 지점 사이에서 최단 항로를 대권항로(great circle route)라 한다. 대권항로를 찾기 위해서 지구 중심을 관통하여 두 지점을 연결하도록 지구를 절단하는 기하평면(geometric plane)을 상상해야 한다. 원항적 기수방위는 대권항로가 직선이 아닌 원호이기 때문에 일정하게 변한다. 만약 이 차이가 과도하다고 판단된다면 다른 원인에 의한 것일 수 있다.

(4) 비행로 단절 확인

일부 FMS는 비행계획에 입력된 웨이포인트들 사이를 비행하는 것이 자동으로 입력되지 않을 수 있다. 장비는 한 웨이포인트 또는 계기절차로부터 다음 지점까지 진행하는 데 어떠한 문제가 있을 때 [그림9-15]와 같이 프로그램화된 비행로에 "discontinuity(불연속)" 표시가 나타난다. 이것은 FMS에 두 구간을 연결하기 위해서 추가 웨이포인트 입력이 요구된다는 것을 의미한다. 만약 "discontinuity" 문자가 두 웨이포인트 사이에 있고, 이를 직접 연결하고자 한다면 "CLR" 버튼을 눌러서 삭제(deletion)하면 두 웨이포인트는 직접 연결된다. 그러나 이를 삭제하지 않았다면 장비의 컴퓨터는 불연속 이전 웨이포인트를 넘어서부터 항법 유도를 제공하지 않는다.

(5) 항공지식과 자동화

FMS는 자동으로 코스, 기수방위, 시간, 거리 그리고 연료량을 계산할 수 있는 장점이 있지만 많은 연구에 따르면 보유하고 있는 자격증명과 한정(certificates and ratings) 그리고 경험 수준과 관계없이 항법에 관한 기본 지식을 결코 소홀히 다루어서는 안 된다는 것을 보여주고 있다. 비행 중 언제든지 비정상적인 비상상황이 발생할 수 있어 조종사는 항공전자 장비가 없는 상황에서 가용한 무선항법 또는 추측항법(dead reckoning)을 적용하여 대처할 수 있는 기초 항공지식을 확실하게 갖추어야 한다.

9.3.4 FMS와 다른 항법장치의 연동

대부분의 글라스 칵핏은 수평상태지시기(HSI or EHSI) 또는 VOR, RMI와 같은 코스편차지시기(CDI)를 사용해서 코스를 유도해 줄 수 있는 한 개 또는 그 이상의 항법 계기를 갖추고 있다. 만약 자동으로 코스/순항항로/접근 트래킹을 원한다면 반드시 오토파일럿(autopilot)과 FMS를 연동(coupled)시켜야 한다.

재래식 항법에서는 단지 VOR 항법 수신기를 선택하는 것만으로 어떠한 혼동의 여지는 없으나, 글라스 칵핏에는 다양한 종류의 항법 소스(navigation sources)가 가용하기 때문에 조종사는 항상 FMS에 어떠한 항법 소스가 선택되어 있는지 인지하고 있어야 한다. 글라스 칵핏에는 디스플레이에 어느 항법 소스를 시현할 것인지를 선택할 수 있는 버튼 또는 스위치가 있다. 복식 FMS/RNAV 설비와 중복 선택이 가능한 디스플레이 또는 계기들이 포함된 항공기에서는 더욱 복잡해질 수 있다. 이 경우 조종사는 가용한 항법 센서들이 항법 지시를 어떻게 보여주는지 그리고 각 항법 계기들이 어떻게 구성되는지 확실하게 구분할 수 있어야 한다. 예를 들어 [그림9-5, 16]은 CDI와 RMI가 결합한 PFD의 사례를 보여주고 있다.

9.3.5 공통 실수

디스플레이에 시현되고 있는 항법 소스를 보여주는 표시기(annunciations)가 때로는 너무 작아 다른 항법 소스(wrong navigation source)가 선택되는 심각한 실수를 범할 수 있다. 이 상황에서 프로그램화된 신호를 따라가던 중 항법 신호를 상실하는 결과가 발생할 수 있다. 실제 조종사는 다른 코스를 따라가고 있으면서 마치 자신이 선택한 코스를 따라 방향을 유지하고 있는 것으로 착각할 수 있다. 따라서 출발 전 이들 세팅을 확실하게 확인하고, 항법 소스를 변경할 때마다 반복해서 확인해야 한다. 일부 장비는 자동소스전환(automatic source switching) 기능과 함께 이 잠재적 위험은 더욱 복잡해질 수 있다. 예를 들어 공통전환모드(common switching

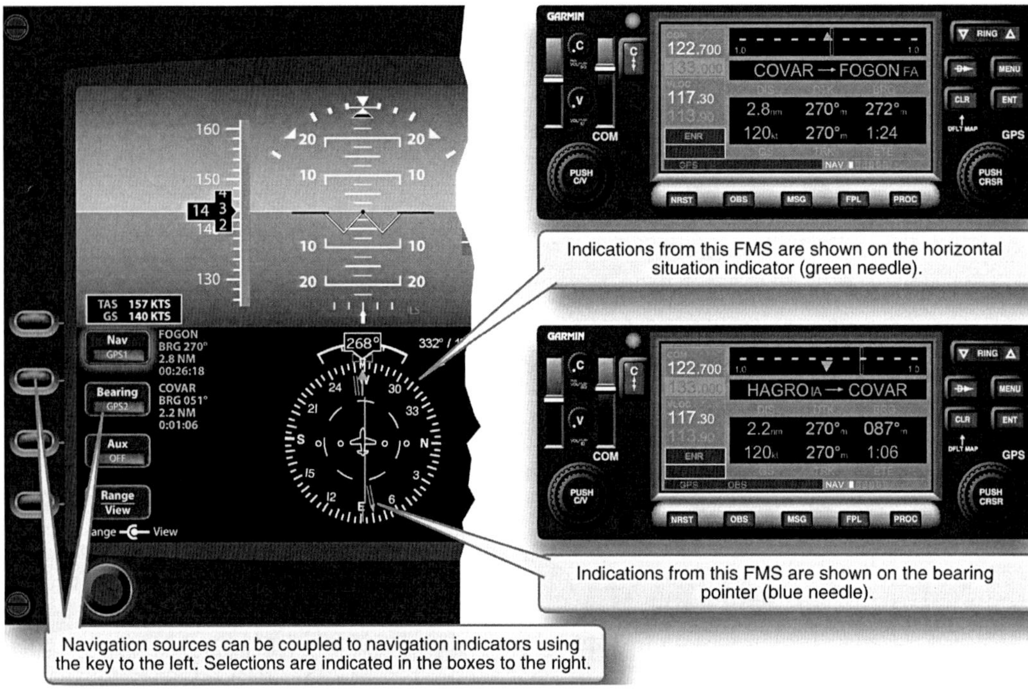

【그림9-16】 항법 소스는 왼쪽에 있는 키를 이용해서 항법 지시기와 연동시킬 수 있다. 오른쪽 위의 FMS 지시는 HSI(초록색) 지시침으로 보여주고 있고, 아래의 FMS 지시는 베어링 지시침(파란색)에 보여주고 있다.

mode)는 VOR이 ILS 로컬라이저 주파수에 맞추고 신호가 나타날 때 GPS 소스는 자동으로 연결이 끊어지는 상황이 발생할 수 있다. 이 상황은 조종사가 ILS 활주로로 전환하고자 하는 것이기 때문에 문제가 되지 않는다.

그러나 문제는 조종사가 VOR 실패접근경로(missed approached path)를 따르기 위해서 다른 주파수를 선택했을 때 오류가 발생할 수 있다. 일부 장비는 그 지점부터 조종사가 선택한 VOR 주파수 대신 이전 GPS 또는 다른 RNAV 비행로로 되돌아갈 수 있다. 이것은 총체적 항법 오류와 함께 장애물 통과높이를 보장받을 수 없는 결과를 초래한다. 따라서 조종사는 이 같은 유형의 실수를 방지하기 위해서 항상 장비의 특징을 확실하게 확인해야 한다. 또한, 조종사는 항상 자신이 원하는 항법 소스가 선택되었는지 확인하고 관련 간행물과 교차점검(cross-check)하고, 필요하다면 수동으로 전환하여 비행할 수 있도록 훈련되어야 한다.

9.3.6 모드 인식

모드 인식(mode awareness)은 글라스 칵핏 시스템이 설정한 항로를 유지할 수 있는 조종사의 능력이라고 할 수 있다. [그림9-16]과 같이 모든 글라스 칵핏 시스템은 현재 선택된 모드를 보여주는 표시기(annunciations; 또는 표시창)가 있다. 그러나 주의해야 할 것은 이들 표시기가 조종사의 주의를 적시 적절하게 보장해주는 것이 아니기 때문에 전 시간 모드 인식에 항상 주의를 기울여야 한다. 이를 위해서 점검표(checklist) 또는 호창절차(call-out procedures)의 한 부분으로 “mode checks”을 포함할 것을 권장한다. 예를 들어 FMS에 프로그램화한 다음 항법 지시가 원하는 소스로부터 코스 유도를 보여주고 있는지, 그리고 그 지시가 조종사가 예상한 비행 방향과 거리가 일치하는지 확인하는 것이다.

[훈련 중점]

① FMS가 계획된 비행을 위해서 승인되었는지를 확인하라.
② FMS가 대체공항 요건을 위한 주항법장치로 활용할 수 있는지를 판단하라.
③ FMS에 데이터를 입력하는 방법과 취소(삭제)하는 방법을 확실하게 이해하라.
④ 장비의 종류와 옵션 기능에 맞게 프로그램화하고 필요에 따라 건너뛰는 방법을 익혀라.
⑤ 어떠한 항법 소스가 설치되어 있는지 확인하라.
⑥ 데이터베이스의 상태를 확인하라.
⑦ 순항항로 웨이포인트, 사용자 웨이포인트 그리고 발행된 계기절차를 포함하여 비행계획과 함께 FMS/RNAV에 프로그램을 작성하라.
⑧ 오류 가능성을 발견하기 위해서 프로그램화된 비행로를 반복 확인하라.
⑨ 데이터베이스에서 비행 정보를 위한 필수 페이지가 어느 것인지 확인하라.
⑩ 현재 디스플레이 또는 계기를 작동시키고 있는 항법 소스는 어느 것인지 그리고 선택 제어장치는 어디에 있는지 확인하라.
⑪ FMS/RNAV의 기본 장비에 설치된 옵션 기능과 도구를 사용하여 프로그램을 작성하는 방법을 익히고 연습하라.

9.4 순항항로 항법

FMS는 프로그램화된 비행로를 따라서 각 웨이포인트를 향한 항법유도를 제공하고 항공기가 진행해야 하는 항적을 따라서 비행하는 데 도움이 되는 정보를 제공한다.

9.4.1 액티브 웨이포인트

GNSS 항법은 출발 전 프로그램화된 비행로를 따라서 다음 웨이포인트까지 직행으로 비행하는 것이다. 이 과정에서 선정된 다음 웨이포인트를 액티브 웨이포인트(active waypoint)라 한다. FMS는 비행 진행 과정을 보여주는 전용 페이지에 액티브 웨이포인트를 보여준다. FMS는 출발 웨이포인트로부터 항행하기 위한 다음 지점, 웨이포인트, 또는 항법보조시설까지 관련 데이터를 대부분 갖추고 있다. 예를 들어 체공(holding), NDB 트래킹(tracking), 그리드(grids) 등을 사용하기에 유용하고, 또한 오토파일럿과 항법 소스에 연동된 방위를 트래킹할 수 있도록 한다. 여기서 한 가지 확실하게 기억해야 할 사항은 예를 들어 ADF 접근을 수행하고자 한다면 주요 항법 소스는 그 접근을 지원하기 위해서 가용해야 한다. [그림9-17]에 있는 화면 페이지에는 TRACY가 액티브 웨이포인트임을 보여주고 있다.

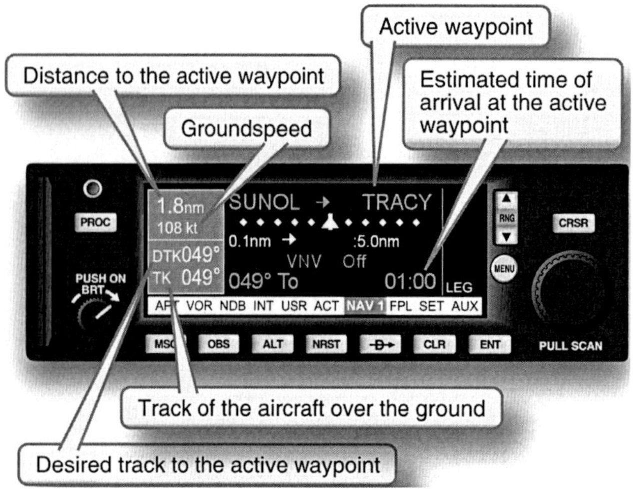

【그림9-17】 액티브 웨이포인트와 이 웨이포인트까지 DTK, TK, 거리, 대지속도 그리고 도착예정시간이 자동으로 계산되어 보여주고 있다.

(1) 원항적

FMS/PFD/MFD 항법 디스플레이는 액티브 웨이포인트까지 원항적(desired track; DTK)을 보여준다. DTK는 프로그램화된 비행계획에서 액티브 구간을 위해서 계획된 코스이다. 이것은 항공기가 액티브 웨이포인트까지 직행으로 연결된 항적(track)이지만 조종사가 비행하고자 하는 코스라는 것을 기억해야 한다. [그림9-17]의 디스플레이에서 SUNOL과 TRACY 웨이포인트 사이에서 DTK 코스는 049°이다.

(2) 항 적

항법 디스플레이는 지상 위로 지나가는 항공기의 궤적으로 보여줄 수 있고 이를 항적(track; TK)이라 한다. DTK와 TK가 일치하지 않을 수 있지만 정확한 비행을 했다면 이 둘은 일치해야 한다. 항공기 기수방위(heading)와 바람을 고려했을 때 항적(TK)은 항공기가 실제로 비행한 방향이 된다. 바람은 항적(TK)과 기수방위를 다르게 할 수 있고, 풍향풍속을 고려해서 항공기의 항적과 기수방위를 비교할 수 있다. 만약 항공기가 기수방위 90°로 비행 중이지만 항적이 080°라고 한다면 바람은 남쪽으로 불어오고 있다. 항적(TK) 지시는 DTK를 쉽게 유지할 수 있도록 해준다. SUNOL을 출발하자마자 TRACY까지 원항적(desired track; DTK) 049°를 따라가기 위해서 항적(TK)이 049°가 되는 기수방위로 비행해야 한다. 항적 디스플레이(track display)는 DTK를 따라 비행하기 위한 헤딩을 결정하는 전통적인 협차법(bracketing)을 적용하지 않아도 된다.

(3) 대지속도와 ETA

[그림9-17]의 디스플레이에 대지속도(ground speed)를 보여주고 있고, 이 기능 역시 거리와 시간을 이용해서 대지속도를 자동으로 계산한다. 항법 페이지는 액티브 웨이포인트로부터 대지속도와 거리를 기초로 액티브 웨이포인트까지 도착예정시간(estimated time of arrival; ETA)을 계산하여 보여준다.

(4) 연료 소모량과 잔여시간

항공전자는 구간별 소모되는 연료량(fuel used)을 자동으로 계산하면서 동시에 현재 연료 상태를 모니터할 수 있도록 설계되어 있다. 일부 장비는 조종사가 직접 초기 적재 연료를 입력해야 하지만 더욱 정밀한 장비는 초기 연료하중 조차도 자동으로 인식하여 보여준다. 비행 중 소모된 연료를 측정하기 위한 변환기 또는 센서(transducers or sensors)가 설치될 수 있고, 소모된 연료와 현재 연료 소모율(current consumption rate)에 따른 잔여시간(time remaining)을 계산하여 보여준다.

일부 장비는 조종사가 입력한 연료 소모율에 따라 계산된 연료 소모량을 계산하고, 이를 바탕으로 예상 연료량과 잔여연료를 산출할 수 있다. 이 예상치는 조종사가 입력한 초기 적재연료와 소모율이 정확할수록 정밀한 값을 얻을 수 있다. 때때로 조종사는 AFM 차트를 활용하기 때문에 제작자가 제공하는 차트와 특정 항공기 사이에 오차가 있을 수 있다. 이들 모든 오차는 조종사가 입력한 데이터를 기초로 한 연료계산(fuel calculation)의 정확성을 떨어뜨릴 수 있다는 것을 인식해야 한다. 이외에도 연료 누출(leaks)과 같은 전혀 다른 문제들로 인하여 예상보다 높은 연료 소모 등은 연료계통의 연료량을 실제로 기록하고 연료탱크의 상태를 실시간으로 감지하지 않는 한 발견하기 어렵다. 이들 오차는 연료계통 전체에 영향을 줄 수 있다는 점에 유의해야 한다.

9.4.2 액티브 웨이포인트 도착

비행 중 항공기가 액티브 웨이포인트에 도착했을 때 조종사는 다음과 같은 4개의 새로운 과제를 해결해야 한다.

① 액티브 웨이포인트에 도착이 임박했음을 인식하라.
② 다음 웨이포인트에서 코스 초과를 방지하기 위해서 선회할 때 적절한 선도량을 적용하라.
③ 다음 웨이포인트를 새로운 액티브 웨이포인트로 지정하라.
④ 새로운 액티브 웨이포인트까지 원하는 코스를 선택하라.

FMS/RNAV 컴퓨터는 위의 3개의 성능을 단순화한 순차모드(sequencing mode)를 제공한다. 순차모드는 웨이포인트 경고(waypoint alerting), 선회예측(turn anticipation) 그리고 웨이포인트 순차(waypoint sequencing)와 같은 서비스를 제공한다.

(1) 웨이포인트 경고

순차모드에 의한 첫 번째 기능은 웨이포인트 경고(waypoint alerting)이고, 항공기가 각 액티브 웨이포인트에 도착하기 직전 조종사에게 액티브 웨이포인트에 도착이 임박했음을 경고한다. [그림9-18]의 액티브 웨이포인트는 점멸 메시지(flashing message) 방식으로 경고를 보여주고 있다.

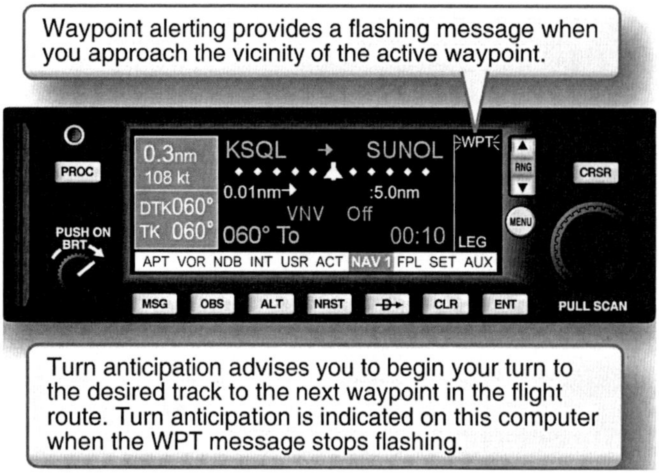

【그림9-18】 항공기가 액티브 웨이포인트에 거의 도착했을 때 웨이포인트 경고는 점멸 메시지 형식으로 제공된다. 선회예측은 다음 웨이포인트에 DTK로 선회를 시작해야 하는 시기를 조언한다. 이 컴퓨터에서 선회예측은 웨이포인트 메시지의 점멸이 중지되는 것으로 지시한다.

(2) 선회예측

순차모드의 두 번째 기능은 선회예측(turn anticipation)이다. FMS는 웨이포인트 경고가 나타나고 액티브 웨이포인트에 도착하기 전 다음 액티브 웨이포인트까지 DTK으로 비행하도록 선회를 시작해야 하는 시기라는 것을 지시한다. 선회예측 타이밍(timing)은 컴퓨터가 계산한 항공기의 대지속도와 다음 웨이포인트까지 항행하는데 필요한 선회각(angle of the turn)을 기준으로 결정된다. 웨이포인트 경고 지시가 나타날 때 표준율 선회(standard rate turn)를 시작했다면 조종사는 항공기가 다음 액티브 웨이포인트까지 항적 중앙선을 따라 도착했을 때 온-코스에서 선회정지(roll out on course)를 해야 한다. [그림9-18]은 어떻게 선회예측 경고를 나타내는지 보여주고 있다.

선회예측(turn anticipation)이 적용되고 있을 때 항공기는 액티브 웨이포인트 상공으로 직접 비행하지 않는다. 대신에 컴퓨터는 일정 각도로 곡선 비행(rounds the corner)을 하도록 명령하고, 다음 액티브 웨이포인트까지 새로운 DTK 선상에서 항공기를 선회정지할 수 있도록 우선권(priority)을 부여한다. 선회예측은 액티브 웨이포인트가 플라이-바이 웨이포인트(fly-by waypoint)일 때만 적용되고, 이때 컴퓨터는 항공기가 해당 웨이포인트에 도착하는 시기를 결정하기 위해서 다소 완만한 표준율 선회가 적용될 수 있다. 일부 플라이-오버 웨이포인트(fly-over waypoint)로 지정된 경우 FMS는 선회예측이 적용되지 않는다. 이때 컴퓨터는 항공기를 웨이포인트 직상공(over flying)으로 유도하게 될 것이다.

(3) 웨이포인트 순차 기능

순차모드(sequencing mode)의 세 번째 기능은 웨이포인트를 차례대로 보여주는(waypoint sequencing) 것이다. 일단 항공기가 액티브 웨이포인트에 도착했다면 FMS는 자동으로 프로그램화된 순서에 따라 다음 웨이포인트를 불러온다. [그림9-19]는 웨이포인트 순차 기능을 보여주고 있다.

(4) 호창 절차

글라스 칵핏에서 FMS가 자동으로 항법 과업을 수행하면서 조종사에게는 비행이 진행되는

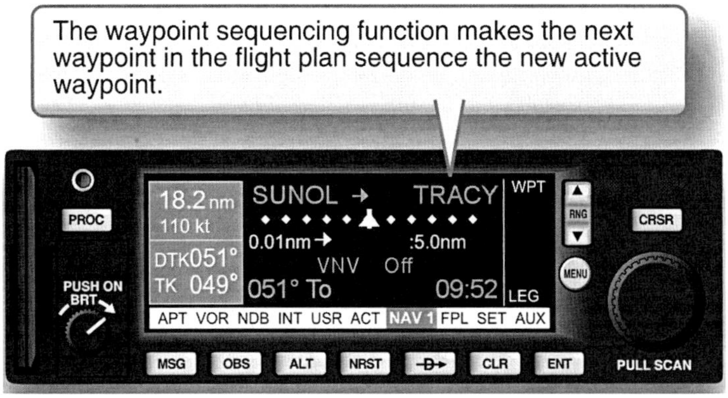

【그림9-19】 웨이포인트 순차기능은 비행계획에 있는 다음 웨이포인트를 새로운 액티브 웨이포인트로 자동 지정한다.

과정을 지속해서 인식(awareness)하고 있어야 하는 중요한 업무가 되었다. 이를 위해서 항공기가 프로그램화된 비행로에 있는 각 웨이포인트에 도착할 때마다 머릿속으로 혹은 구두로 웨이포인트를 호창(call-out; *큰 소리로 외침*)할 것을 권장한다. 예를 들어 SUNOL 교차점(intersection)에 도착했을 때 다음과 같이 큰 소리로 외치는 것은 눈과 귀를 이용해서 상황인식을 유지하는 데 도움이 될 것이다.

"Arriving at SUNOL. TRACY is next. The course is 051 degrees, and the ETE is 10 minutes."

(5) 다음 액티브 웨이포인트까지 코스 세팅

항공기가 현재 액티브 웨이포인트에 도착했을 때 요구되는 마지막 조종실 업무는 프로그램화된 비행로에서 다음 웨이포인트까지 코스(course)를 조정하는 것이다. [그림9-16]과 같은 PFD는 RNAV 컴퓨터가 순차모드에 연결(engaged)되어 있을 때 항법 지시기에 새로운 코스를 자동으로 세팅(setting)하고 있다. FMS가 재래식 CDI와 통합되었을 때 이것이 EHSI이거나 또는 종속되어 있지 않은 한 조종사는 OBS 손잡이를 이용해서 수작업(manually)으로 새로운 코스에 맞추어야 한다. 종속(slaved)이란 항법장치에 반응하게 되는 계기에 있는 서보 기계장치(servo mechanism)이다.

9.4.3 순항항로 감도

순항항로에서 운항 중일 때 FMS는 5 NM의 감도(sensitivity)를 유지한다. 이것은 FMS에서 CDI의 코스편차지시는 항공기가 원항적(DTR)의 어느 한쪽으로 5 NM 편류(drift)했을 때 풀-스케일(full-scale)로 벗어났다는 것을 의미한다. 비행계획에 프로그램화된 출발 공항과 목적지 공항으로부터 30 NM 이상 벗어났을 때 항공기는 순항항로(en route) 선상을 비행하고 있는 것으로 고려된다. 일부 장비에서는 다르게 지시될 수 있으므로 해당 제품의 매뉴얼을 반드시 참고해야 한다.

(1) GPS 신호 상태

GPS 항법 센서를 사용하고 있을 때 FMS/RNAV는 지구 주위의 일정 궤도를 돌고 있는 위성들로부터 수신된 신호를 활용하여 위치(position), 항적(track) 그리고 대지속도(ground speed) 정보를 제공한다. 비록 GPS가 신뢰성이 높기는 하지만 때때로 위성 신호가 방해받을 수 있다. 따라서 조종사는 비행하는 동안 시스템이 정상적으로 작동되고 있는지 그리고 적절한 GPS 신호가 수신되고 있는지 확인해야 한다. 이 과정을 단순화하기 위해서 IFR-approved GPS 수신기는 GPS 신호의 상태(status)를 지속해서 점검하는 자동 기능을 갖추고 있다. 이를 수신기자율무결성감시(receiver autonomous integrity monitoring; RAIM)라 한다. RAIM은 IFR 항법 신뢰성을 위해서 최소한 5개의 위성으로부터 동시에 수신할 수 있어야 하고, 만약 GPS 신호 수신에 어떠한 문제가 발생했을 때 이를 즉시 조종사에게 경고해 줄 수 있어야 한다. 따라서 RAIM은 FMS/RNAV에서 위성 신호에 어떠한 문제가 발생했을 때 조종사에게 항공기 위치는 더 이상 신뢰할 수 없다는 것을 즉각적으로 경고하는 것이다.

이 같은 이유로 GPS 수신기가 WAAS TSO-146B의 필수요건에 충족하지 않는 한 항공기는 VOR과 같은 IFR 대체항법장비를 갖추어야 하고, GPS를 사용하는 RNAV 장비를 사용해야 한다. 상업운송 항공기는 이 요건을 갖추기 위해서 FMS와 함께 관성항법장치(inertial navigation units; INS)와 연동시킴으로써 더욱 향상된 항법 성능을 부여하고 있다. 또한, 최신 FMS 장비는 다양한 각도에서 위치를 결정할 수 있게 DME와 VOR 신호를 탐색할 수 있는 가용한 모든 소스를 조합할 수 있도록 기능이 향상되면서 FMS의 정밀성을 보장받을 수 있다. 일반적으로 GPS RNAV 장비는 오직 GPS 신호 소스만 사용하지만 동시에 VOR과 DME 신호를 수신할 수 있어 정밀도와 신뢰성은 더욱 높아진다.

(2) 순항항로 항법 정보의 접속

FMS 데이터베이스의 유용한 특징 중 하나는 비행 중 조종사가 원하는 항법 정보에 신속하게 접속(quick access)할 수 있는 기능이다. 조종사는 대부분 장비에서 공항과 항법시설, 교차점 그리고 다른 웨이포인트의 종류 등에 대한 데이터에 접속할 수 있다. [그림9-20]은 FMS에서 원하는 공항과 교신하기 위한 무선 주파수 목록을 볼 수 있다. 따라서 다른 관련 간행물을 찾지 않고도 원하는 주파수를 신속하게 선택할 수 있다.

[훈련 중점]

① 웨이포인트 도착, 선회예측 경고, 그리고 웨이포인트 순차기능 등을 판단하면서 프로그램화된 비행로의 순항항로 구간을 선택하고 관찰하라.
② 코스가 자동으로 시현되고 있는지 그리고 수동으로 선택해야 하는지 확인하라.
③ 만약 FMS가 연료 계산을 할 수 있다면 조종사는 어떠한 센서와 데이터 입력이 요구되는지 판단하라.
④ ATC로부터 인가된 항로로 비행하고 있는지 지속해서 확인하라.
⑤ 디스플레이 CDI 감도가 비행하고 있는 구간에 적합한지 판단하라.

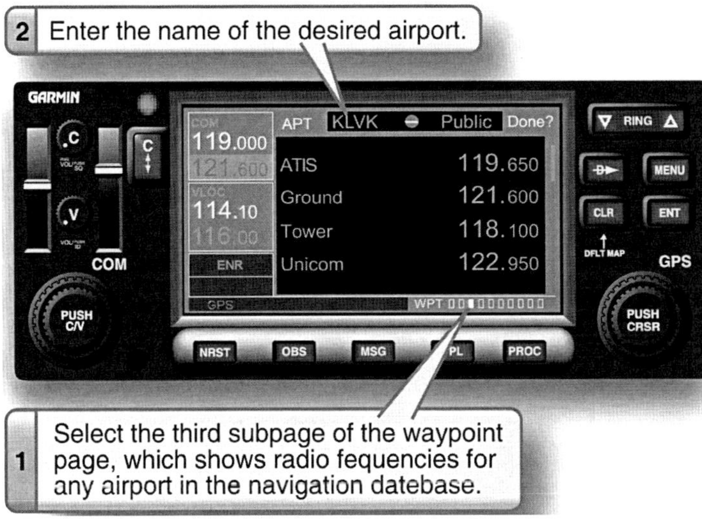

【그림9-20】 FMS에 공항 명칭을 입력한다. 웨이포인트 페이지의 세 번째 하위페이지를 선택하면 항법 데이터베이스에 내장된 모든 공항의 무선 주파수를 볼 수 있다.

9.5 순항항로 수정

FMS를 이용해서 순항항로(en route)를 비행하는 동안 전 과정이 출발 전 프로그램화된 비행계획에 따라 진행되는 것이 정상이지만 때로는 비행 중간에 프로그램화된 비행로 일부를 변경 또는 수정해야 하는 상황이 언제든지 발생할 수 있다. 이 같은 상황에서 조종사의 의도에 따라 또는 ATC 지시에 따라 신속 정확하게 프로그램화된 비행로를 수정할 수 있어야 한다.

9.5.1 웨이포인트 추가 및 삭제

모든 FMS/RNAV 장비는 [그림9-21]과 같이 프로그램화된 순항항로 비행로에서 웨이포인트를 추가하거나 삭제(adding or deleting)를 허용하지만, 프로그램에 내장된 출발, 도착 또는 접근 절차에 발행된 웨이포인트는 추가 및 삭제할 수 없다. ATC는 VOR과 DME 값으로 지정된 지점까지 비행할 것을 지시할 수 있다. 이때 조종사는 임의 웨이포인트 명칭을 지정하고 이 웨이포인트를 생각해 낼 수 있는 사용자 웨이포인트(user's waypoint)를 입력하는 방법을 익혀야 한다. 만약 장비의 메모리가 제한된다면 웨이포인트를 삭제한 후 새로운 웨이포인트를 입력해야 하기 때문에 능숙하게 삭제 및 추가할 수 있어야 한다.

(1) 직행 기능(direct to)

순항비행 중 단순한 항로 변경은 조종사가 현재 위치에서 다른 웨이포인트까지 직행으로 비행하고자 할 때이다. 다른 웨이포인트까지 직행하기 위한 웨이포인트는 비행계획에 프로그램화된 것 중 하나여야 한다. 조종사는 비행계획에 있는 다른 원하는 웨이포인트를 선택하고 [그림9-22]와 같이 "direct-to" 기능을 작동시키면 컴퓨터는 "direct-to" 웨이포인트가 액티브 웨이포

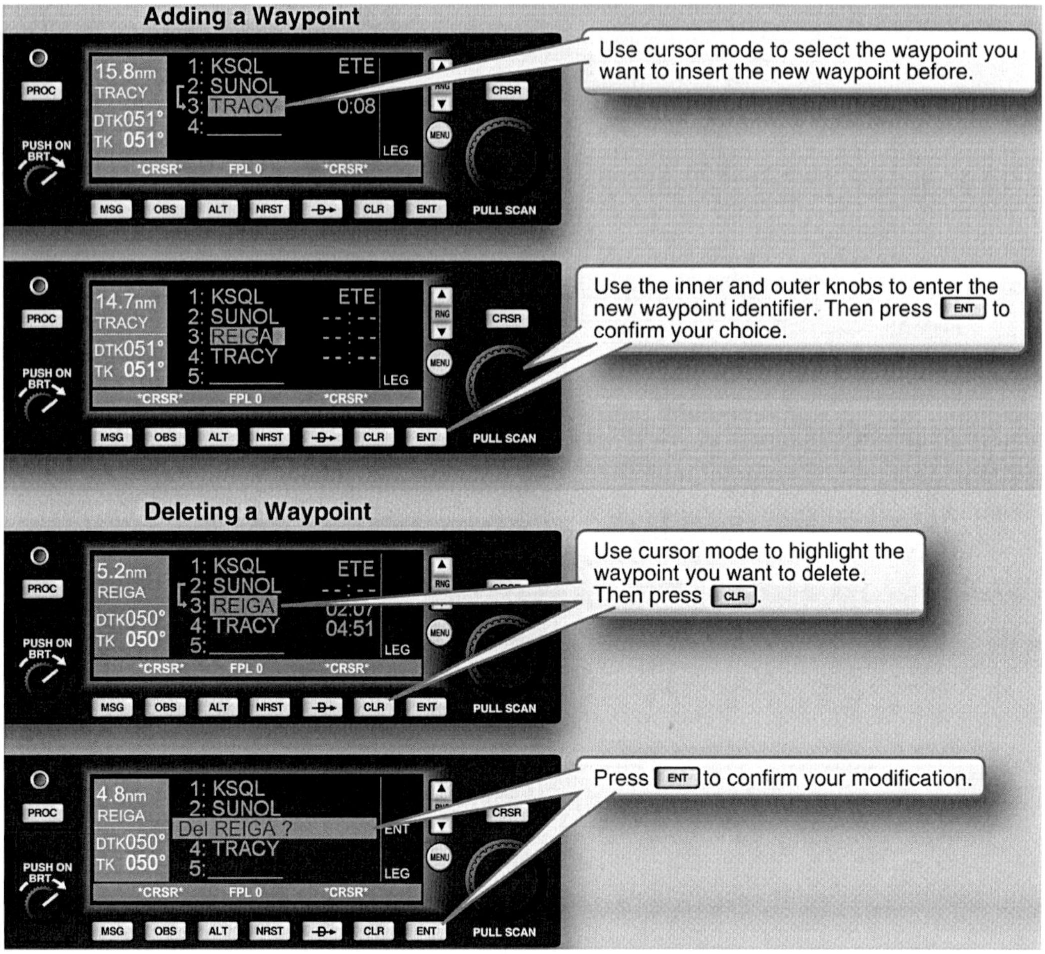

【그림9-21】 커서를 추가로 입력하고자 하는 앞 웨이포인트가 선택되도록 한다. 다음, 다이얼 내측과 외측 손잡이를 이용해서 새로운 웨이포인트를 입력한 후 "ENT" 버튼을 눌러 확인한다. 웨이포인트를 삭제하고자 할 때는 커서로 삭제하고자 하는 웨이포인트를 선택한 후 "CLR" 버튼을 누른다. 다음, "ENT" 버튼을 눌러 수정을 확인한다.

인트(active waypoint)가 되도록 한다. 이 웨이포인트에 도착한 후 FMS는 프로그램화된 비행로에 있는 다음 웨이포인트로 진행하기 시작한다.

다음은 프로그램화된 비행로에 없는 웨이포인트까지 직행하는 방법이다. 이 경우 [그림9-21]과 같이 프로그램화된 비행로에 웨이포인트를 추가(adding)한 후 [그림9-22]에서 설명하는 것과 같은 방법으로 웨이포인트까지 "direct-to" 기능을 작동시켜 직행하면 된다. 또 다른 방법은 먼저 "direct-to" 기능을 작동시킨 후 프로그램화된 비행계획의 적절한 위치에 새로운 웨이포인트를 추가하는 것이다. 다음 웨이포인트까지 직행을 위한 "direct-to" 기능은 ATC가 지시하는 비행경로로 비행할 것을 승인한다면 순항항로 시간과 거리를 단축할 수 있는 편리한 방법이다.

조종사가 "direct-to" 기능을 활용하고 있을 때 시스템은 항공기의 현재 위치로부터 새로운 웨이포인트까지 새로운 항적(new track)을 생성한다는 것을 확실하게 기억해야 한다. 이 새로운 항적은 이전에 프로그램화된 항공로 또는 비행로와 일치하지 않기 때문에 새로 생성된 비행로 선상

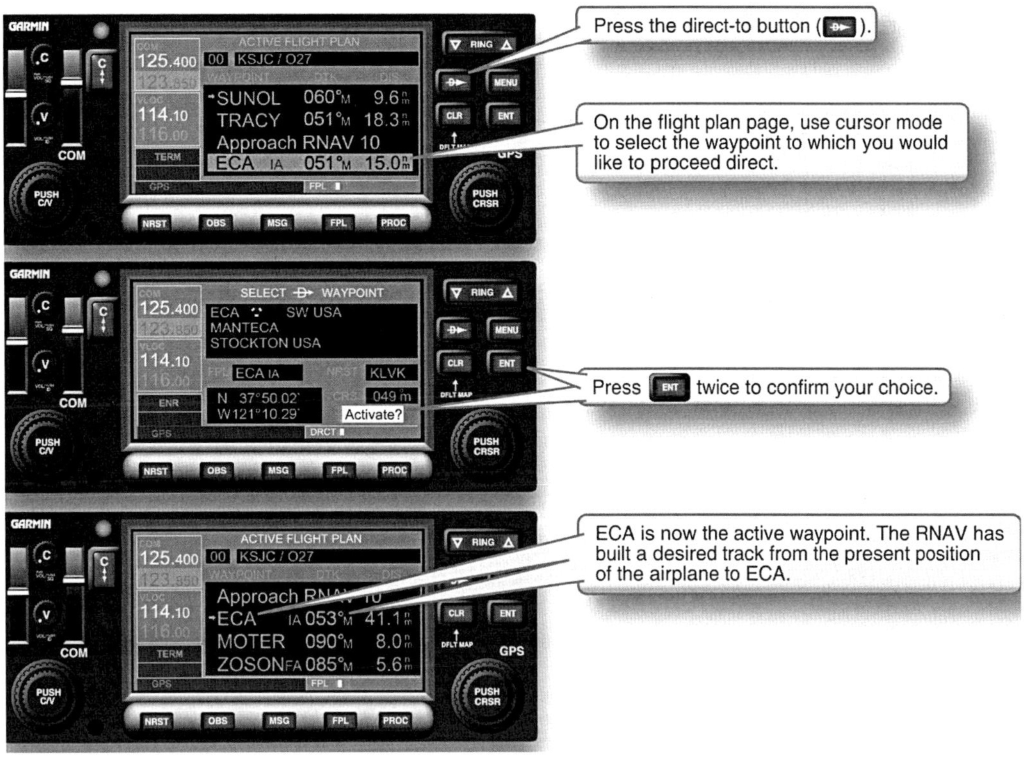

【그림9-22】 오른쪽에 있는 “direct-to” 기능 버튼을 누른다. 비행계획 페이지에서 커서를 이동시켜 직행하고자 하는 웨이포인트를 선택한다. “ENT” 버튼을 2회 눌러 입력을 확인한다. ECA가 새로운 액티브 웨이포인트가 되었다. RNAV는 현재 위치로부터 ECA까지 새로운 DTK를 생성한다.

의 주요 장애물, 지형, 기상 그리고 공역 등과 같은 보호 구역에서 벗어날 수 있다는 점을 항상 기억해야 한다.

(2) 직행 취소

ATC는 이전에 작동한 “direct-to” 인가를 취소(cancel)하거나 조종사에게 이전에 인가된 항로로 복귀(resume)할 것을 요구할 수 있다. 대부분의 FMS는 “direct-to” 기능을 이용해서 간단하게 웨이포인트를 취소할 수 있는 기능을 갖추고 있다. [그림9-23]은 FMS에서 이 기능을 설명해 주고 있다.

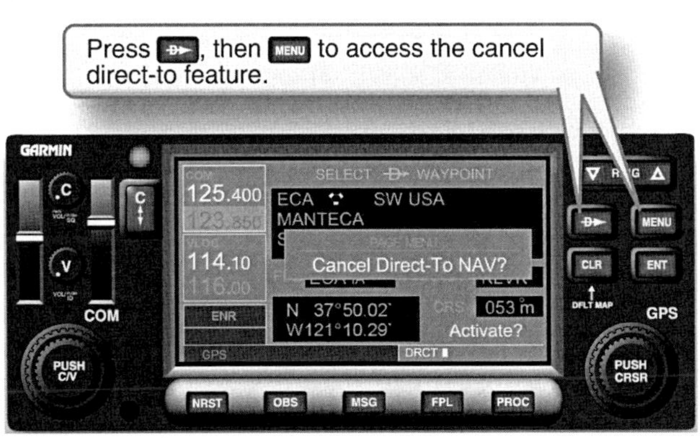

【그림9-23】 오른쪽 “direct-to” 버튼을 누른 후 메뉴 버튼을 눌러 취소 기능을 작동시킨다.

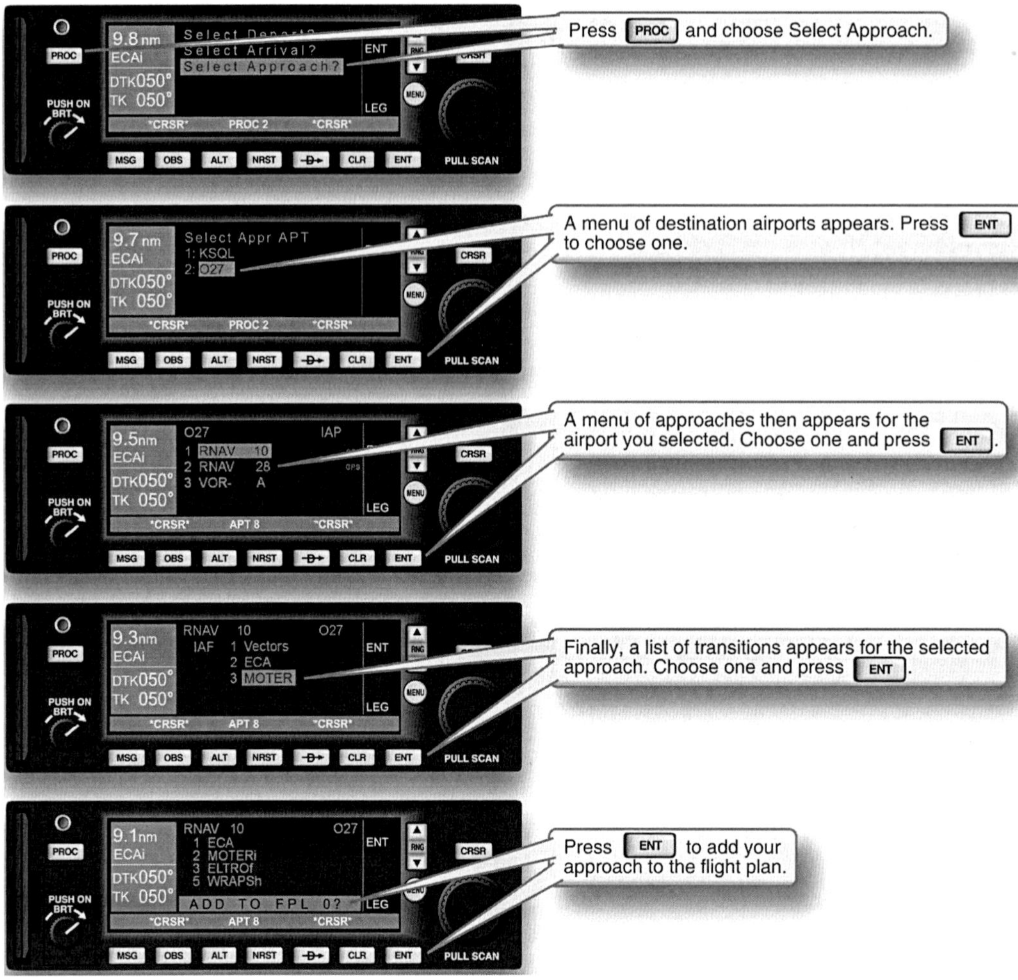

【그림9-24】 왼쪽 "PROC" 버튼을 누르면 관련 절차가 나타나고 이 중 "Approach"를 선택한다. 목적지 공항의 메뉴가 나타나면 이 중 하나를 선택하고 "ENT" 버튼을 누른다. 다음, 선택된 공항의 접근 메뉴가 나타나면 원하는 접근을 선택한 후 "ENT"를 누른다. 마지막으로 선택된 접근을 위한 전이절차의 메뉴에서 하나를 선택하고 "ENT"를 누른다. 비행계획에 당신의 접근을 추가하기 위해서 "ENT" 버튼을 누른다.

9.5.2 계기절차 또는 전이항로의 변경

ATC는 때때로 조종사가 예상한 것과 다른 계기절차 또는 전이항로(instrument procedure or transition route)를 지시할 수 있다. 이 같은 상황에서 조종사는 [그림9-24]와 같이 메뉴를 선택해서 새로운 계기절차 또는 전이절차를 간단하게 변경할 수 있다. 예를 들어 동일 계기접근을 반복해서 훈련하고자 한다면 접근 순서가 다시 시작되는 최초 픽스(initial fix)까지 선택기 또는 커서를 조작하는 방법을 익혀야 한다.

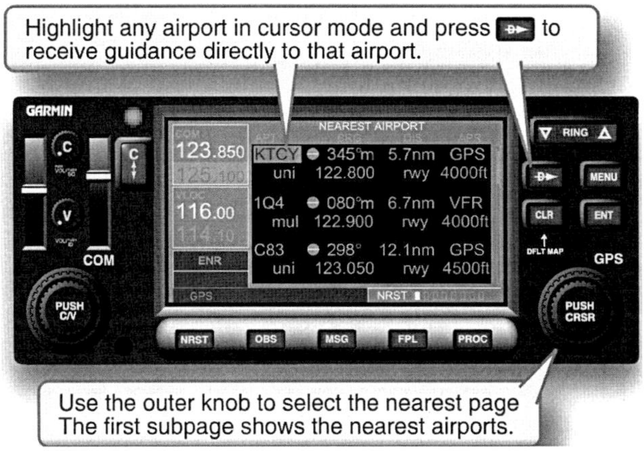

【그림9-25】 커서를 이동해서 가장 가까운 공항을 선택한 후 그 공항까지 직행하기 위해서 "direct-to" 버튼을 누른다. 다이얼 외측 손잡이를 돌려 "nearest page(NRST)"를 선택한다. 첫 하위페이지부터 가장 가까운 공항을 보여준다.

9.5.3 가장 가까운 공항으로 직행

FMS의 유용한 특징 중 하나는 시스템에 내장된 수많은 항법 데이터베이스에 언제든지 신속하게 접속할 수 있는 기능이다. 특히 비행 중 예기치 못한 비상상황에 처했을 때 착륙에 적합한 가장 가까운 공항(nearest airport; NRST) 또는 항법시설로 신속하게 전환하고자 할 때 매우 유용하다. [그림9-25]는 비행 중 FMS를 이용해서 가장 가까이 있는 적합한 공항을 선택하고 직행하는 방법을 보여주고 있다.

[훈련 중점]

① 프로그램화된 비행로에서 다른 웨이포인트까지 직행할 수 있도록 계획하라.
② 프로그램화된 비행로에서 선택된 웨이포인트 또는 픽스를 취소하라.
③ 다른 계기절차 또는 전이절차를 선택하고 실행하라.
④ 접근 순서를 다시 시작하라.
⑤ 비행 중 가장 가까운 공항 또는 시설을 신속하게 결정하라.
⑥ 비행계획을 다시 편집하라.
⑦ 프로그램화된 비행로에 사용자 웨이포인트를 입력할 수 있도록 연습하라.

9.6 강 하

순항항로 구간으로부터 계기접근이 시작되는 전이절차(transition procedure)는 때때로 지정된 고도(assigned altitude)와 웨이포인트에서 수행해야 한다. 이 같은 절차 필수요건이 도착절차에 기술되어 있거나 ATC가 지시했을 때 조종사는 이를 준수해야 하고, 이를 고도통과제한(crossing restriction)이라 한다. 비록 ATC가 조종사의 판단(pilot's discretion)에 따라 강하할 것을 허용하고 있을지라도 조종사는 접근을 시작하는데 편리한 위치를 잡기 위한(positioning) 웨이포인트와 고도를 선택할 필요가 있다. 어느 경우라도 순항비행 고도로부터 주어진 웨이포인

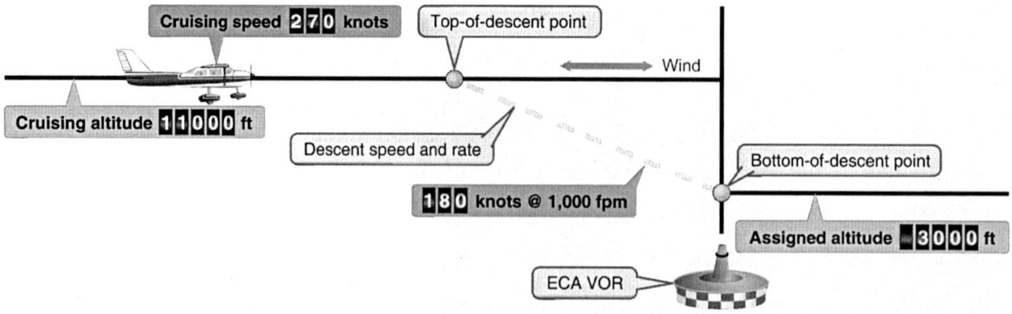

【그림9-26】 현재 순항항로 고도 11,000피트에서 강하계획에 따라 강하정점으로부터 강하저점까지 고도통과제한은 ECA VOR 상공 3,000피트로 지시되었다.

트까지 강하(descent)하는 것은 정확한 계획수립과 정밀한 비행이 요구된다.

9.6.1 강하계획 필수요소

[그림9-26]은 순항항로 고도에서 지정된 웨이포인트까지 강하하기 위한 계획을 보여주고 있다. 조종사는 순항항로 선상의 특정 위치까지 강하를 시작하는 지점으로 선정하고 이를 강하정점(top-of descent point; TOD)이라 한다. 강하정점에서 강하를 시작해서 지정된 고도에 도달했을 때 이 지점을 강하저점(bottom-of descent point; BOD)이라 한다. 이 같은 계획을 수립하는 것은 일정한 강하율로 원하는 웨이포인트에서 지정된 고도에 도달할 수 있기 때문이다. 다음은 강하율과 강하속도를 결정하는 것으로 강하를 시작해야 하는 강하정점(TOD)을 결정하는 것이다. 만약 정확한 강하율과 대기속도로 강하하였다면 항공기는 지정된 강하저점과 고도에 도달하게 될 것이다. 재래식 항법에서는 이 같은 계산이 수작업으로 수행되지만, 글라스 칵핏에서는 FMS 장비의 수직항법기능(VNAV; vertical navigation)이 자동으로 처리할 수 있다. 어느 경우라도 오류의 가능성은 존재한다. 따라서 숙련된 조종사라면 수작업으로 계산한 값과 FMS 장비의 수직항법기능을 비교함으로써 오차를 감소시킬 수 있다.

(1) 계산 방법

순항항로로부터 강하정점을 결정하기 위해서 [그림9-27]과 같이 강하율 표를 적용하여 간단하게 계산할 수 있다. 위의 사례에서 조종사는 지정된 웨이포인트 상공 3,000피트에서 고도통과제한을 준수하기 위해서 11,000피트로부터 강하할 것을 요청받았다고 가정하자. 조종사는 목적지 공항에 접근하는 동안 속도제한(speed limit)이 200노트이기 때문에 강하속도 190노트와 분당 1,000피트의 강하율을 선택했다. 강하경로 선상에서 맞바람을 10노트라고 가정했을 때 강하 중 대지속도는 180노트이다. 이것을 강하율 표(table of descent rate)에 적용했을 때 강하율은 3.0이 된다. 이것은 매 1,000피트 강하 당 거리 3 NM을 비행한다는 것을 의미한다. 사례에서 총 강하해야 할 고도는 8,000피트(11,000–3,000)이고, 8,000피트까지 강하하는데 총 24 NM(3 NM × 8 = 24 NM)이 된다. 이것은 강하종점(end-of-descent point)으로부터 24 NM 지점에서

DESCENT RATIO TABLE

A descent ratio table is provided for use in planning and executing descent procedures under known or approximate ground speed conditions and rates of descent. The ratio expresses the number of nautical miles needed to descend 1,000 ft.

DESCENT GRADIENT RATE (ft./min)	GROUND SPEED (knots)											
	90	100	120	140	160	180	200	220	240	260	280	300
500	3.0	3.3	3.7	4.6	5.3	6.0	6.7	7.3	8.0	8.7	9.3	10.0
600	2.5	2.8	3.1	3.9	4.4	5.0	5.6	6.1	6.7	7.2	7.8	8.3
700	2.1	2.4	2.6	3.3	3.8	4.3	4.8	5.3	5.7	6.2	6.7	7.1
800	1.9	2.1	2.3	2.9	3.3	3.8	4.2	4.6	5.0	5.4	5.8	6.3
900	1.7	1.9	2.0	2.6	3.0	3.3	3.7	4.1	4.4	4.8	5.2	5.6
1000	1.5	1.7	1.8	2.3	2.7	3.0	3.3	3.7	4.0	4.3	4.7	5.0
1100	1.4	1.5	1.7	2.1	2.4	2.7	3.0	3.3	3.6	3.9	4.2	4.5
1200	1.3	1.4	1.5	1.9	2.2	2.5	2.8	3.1	3.3	3.6	3.9	4.2
1300	1.2	1.3	1.4	1.8	2.1	2.3	2.6	2.8	3.1	3.3	3.6	3.8
1400	1.1	1.2	1.3	1.7	1.9	2.1	2.4	2.6	2.9	3.1	3.3	3.6
1500	1.0	1.1	1.2	1.6	1.8	2.0	2.2	2.4	2.7	2.9	3.1	3.3
1600	0.9	1.0	1.1	1.5	1.7	1.9	2.1	2.3	2.5	2.7	2.9	3.1
1700	0.9	1.0	1.1	1.4	1.6	1.8	2.0	2.2	2.4	2.5	2.7	2.9
1800	0.8	0.9	1.0	1.3	1.5	1.7	1.9	2.0	2.2	2.4	2.6	2.8
1900	0.8	0.9	1.0	1.2	1.4	1.6	1.8	1.9	2.1	2.3	2.5	2.6
2000	0.7	0.8	0.9	1.2	1.3	1.5	1.7	1.8	2.0	2.2	2.3	2.5

【그림9-27】 강하율 표

강하를 시작해야 한다는 것을 의미한다.

또 다른 방법은 [그림9-28]과 같은 공식을 적용하여 계산할 수 있다. 위의 사례에서 ECA VOR 고도통과제한은 분당 1,000피트의 강하율에서 8,000피트까지 강하하는 데 8분이 소요된다. 조종사는 강하속도 180노트에서 분당 3 NM을 비행할 수 있을 것이고, 8분 동안 24 NM을 비행하게 될 것이다. 이것은 고도통과제한을 준수하기 위해서 ECA 이전 24 NM 지점에서 강하를 시작해야 한다는 것을 의미한다.

$$\frac{\text{Cruising Altitude (ft)} - \text{Descent Altitude (ft)}}{\text{Descent Rate (ft/min)}} \times \frac{\text{Groundspeed (NM/hr)}}{\text{60 (min/hr)}} = \text{NM required}$$

$$\frac{\text{11,000 ft} - \text{3,000 ft}}{\text{1,000 ft/min}} \times \frac{\text{180 NM/hr}}{\text{60 (min/hr)}} = \frac{\text{8,000 ft}}{\text{1,000 ft/min}} \times \text{3 NM/min} = 8 \times \text{3 NM} = \text{24 NM}$$

【그림9-28】 강하율 계산 공식

(2) IFR 항로도

IFR 항로도(en route chart)를 이용해서 강하정점을 결정하는 방법도 권장된다. 예를 들어 ECA VOR 주변 구역을 확인할 수 있는 항로도에서 ECA 이전 24 NM 강하정점은 PATYY 교차점(intersection) 전 3 NM 지점임을 알 수 있다. 이 같은 IFR 항로도를 이용한 강하정점 위치의 결정은 부가적인 장점을 얻을 수 있다. 만약 컴퓨터가 TSO-146B에 적합하지 않다면 규정에 따라 대체항법 수단을 갖출 것을 요구하고 있기 때문에 IFR 항로도는 VOR 항법으로 벡터항로에서 항공로를 따라 VOR 신호를 수신하기 위한 최저고도를 확인하는 데 유용하다.

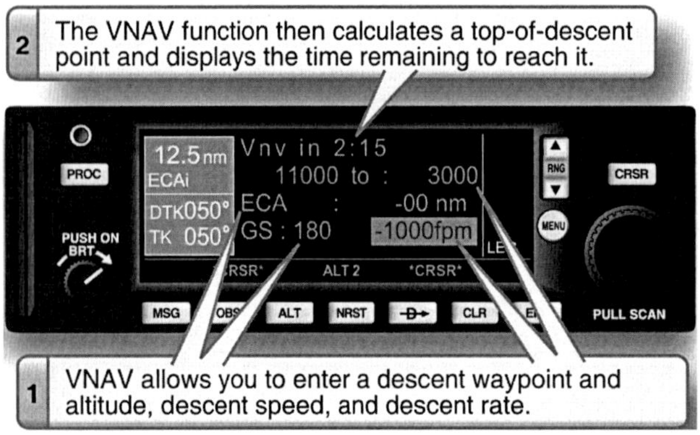

【그림9-29】 VNAV은 강하종점 웨이포인트와 고도, 강하속도, 그리고 강하율을 입력할 수 있고, VNAV 기능은 강하정점을 계산한 다음 그 지점에 도착할 때까지 남아있는 시간을 자동으로 계산하여 보여준다.

(3) FMS에 의한 강하

FMS를 이용한 강하는 시스템에 강하를 위한 기본 절차를 입력하는 과정에 따라야 하고, 컴퓨터가 자동으로 계산한 것이 맞는지 확인해야 한다. 대부분의 FMS는 강하 절차를 세부적으로 입력할 수 있는 강하 계획수립(planning) 또는 수직항법 페이지(vertical navigation page)를 제공한다. [그림9-29]는 전형적인 수직항법 페이지이고, 이 페이지는 앞에서 언급한 강하 계획수립을 완성하는데 필요한 데이터를 입력(entry)하는 것이다.

컴퓨터는 동일 공식과 데이터를 적용해서 계산한다. 이 과정에서 조종사는 자신이 수작업으로 계산한 강하 값과 컴퓨터가 계산한 결과를 교차 확인할 것을 권장한다. 대부분의 RNAV 장비는 프로그램화된 강하정점을 위한 웨이포인트를 보여주지 않지만, 조종사가 강하 지점을 예측하고 강하를 시작해야 하는 시기가 되었다는 것을 통보해주는 "approaching VNAV profile" 메시지를 제공한다. 일부 시스템은 현재 대기속도 또는 대지속도 값에 따라 수직비행경로를 계산한다는 점에 유의하라. 강하 중 기수를 낮추어 대기속도를 증가시키는 것은 조종사에게 허위수직목표 또는 수직비율(false vertical goal or vertical rate)을 감지하도록 함으로써 고도통과제한을 준수하지 못하는 실수를 초래할 수 있다.

(4) 속도 관리

위에서는 고도통과제한을 준수하기 위한 지정된 고도 아래로 강하하지 않도록 하는 데 초점을 두고 있다. 예를 들어 조종사가 [그림9-26]과 같이 고도 11,000피트에서 3,000피트까지 강하하기 위한 과업을 수행하고 있는 사례이다. 대부분의 강하 시나리오에서 속도를 낮추기 위한 과업도 함께 수행되어야 한다. 소형 왕복엔진 항공기의 최적 성능에서 속도를 낮추는 것이 큰 문제는 아니다. 예를 들어 순항속도 120노트에서 강하를 위한 100노트로 감속하는 것은 간단한 계획으로 어느 지점에서나 신속하게 실행할 수 있다.

그러나 고속 제트엔진 항공기와 고성능 왕복엔진 항공기는 엔진충격냉각(engine shock cooling)을 방지하기 위해서 좀 더 세밀한 계획에 따라 강하해야 한다. 강하 전 엔진이 점진적으로 냉각되거나 강하 중 과도한 냉각을 방지하기 위해서 동력은 일정하게 적용되어야 한다. 이 같은 상황에서 더 긴 동력 감속 기간과 점진적 엔진냉각으로 인한 동력장치 파손을 방지하기 위해서 계획해야 한다.

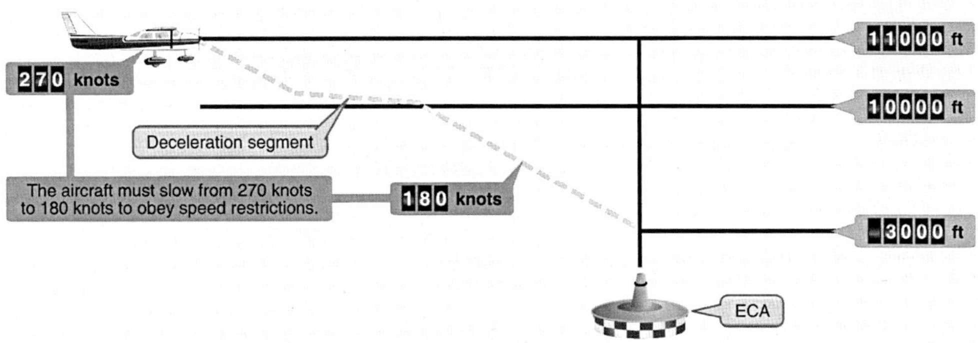

【그림9-30】 정밀한 FMS는 순항항로 고도에서 강하저점까지 감속을 위한 구간을 설정하여 속도제한을 준수하고 있다.

이외에도 난기류 통과속도(turbulence penetration; V_A)는 난기류 속에서 항공기 구조에 과하중(overstressing)을 초래할 수 있는 고속비행을 방지하기 위해서도 고려되어야 한다. 이 같은 기동에서 스포일러와 같은 항력 장치(drag devices)는 큰 도움이 된다. [그림9-26]과 같은 상황에서 항공기가 순항속도 270노트에서 10,000피트 이하로 강하함에 따라 관제공역(B, C등급)에서 지정된 최대속도 제한을 초과할 수 있으므로 반드시 감속해야 한다. 따라서 강하계획은 이들 속도제한(speed restrictions)에 맞게 감속을 위한 계획도 함께 포함되어야 한다. 일부 정밀한 FMS는 순항속도에서 강하 중 원하는 강하종점속도(end-of-descent speed)까지 감속시키기 위한 감속구간(deceleration segment)을 설정할 수 있다. 이 종류의 항법 시스템은 항공기를 강하정점까지 순항속도를 유지하고 강하와 동시에 감속을 계산한다. [그림9-30]은 강하 전 감속구간을 보여주고 있다. GPS RNAV 수신기와 같은 단순한 FMS 장비는 항공기가 강하정점에 도착하기 전 계획된 강하속도까지 감속시킬 것으로 예측할 수 있다.

(5) 프로파일 강하

FMS에 프로그램화된 강하를 이해하기 위한 강하 비행의 개념은 기본적으로 ILS 절차와 관련된 활공경사(glideslope)와 유사한 활공경로(glidepath)이다. 만약 대지속도(ground speed) 180노트, 분당 1,000피트의 강하율로 프로그램화된 강하정점에서 강하를 시작했다면 항공기는 강하정점과 강하저점 사이 일정한 활공경로에서 강하하게 될 것이다. [그림9-31]과 같이 항공기가 정확한 강하속도와 강하율을 유지하고 있다면 ECA로부터 24 NM 지점의 강하정점에서 강하를 시작하여 18 NM 지점에서 9,000피트, 12 NM 지점에서 7,000피트, 그리고 6 NM 지점에서 5,000피트를 정확하게 통과하게 될 것이다. 만약 이들 지점의 어느 한 곳에서 고도가 달라졌다면 적절한 수정 조치를 취하지 않는 한 항공기는 ECA를 3,000피트에서 통과하지 못할 것이다. 여기서 프로그램화된 강하경로를 비행하지 못하는 것은 다음과 같은 4개의 원인으로 분석할 수 있다.

① 프로그램화된 강하율을 적용하지 못했다.

② 프로그램화된 강하속도를 적용하지 못했다.

③ 풍향풍속이 변했다.

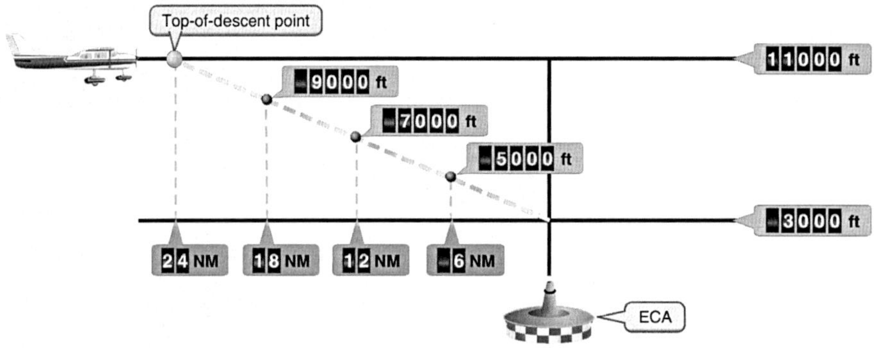

【그림9-31】 프로그램화된 강하계획에 따라 강하했다면 항공기는 일정한 활공경로를 따라 강하하게 될 것이다. 항공기는 일정한 동력을 유지함으로써 연료를 절약할 수 있고 엔진 소음도 줄일 수 있는 권장 강하 방식이다. 이를 프로파일 강하라 한다.

④ 항법 시스템이 강하의 대기속도 변화에 따른 계산을 다시 수행하지 못했다.

[그림9-32, 왼쪽]은 프로그램화된 강하경로와 관련해서 항공기가 위치해 있는 각 상황의 영향을 보여주고 있다.

(6) 강하경로 유지

강하 비행에서 중요한 것은 강하가 수행되는 동안 조종사는 활공경로에 대한 항공기의 상대적인 위치를 인지하고 있어야 한다. 만약 활공경로에서 벗어났다면 정상 강하경로에 진입할 수 있도록 강하속도 또는 강하율을 조절해야 한다. 대부분의 FMS는 강하 과정을 직접 지시(direct indication)하지 않고 VNAV 강하의 간접 지시(indirect indications)를 하기 때문에 조종사는 이에 익숙해 있어야 한다. 이 경우 가능한 한 프로그램화된 강하율과 속도에 근접하게 따라야 하고 픽스를 통과하고 있는 동안 정확한 고도와 위치가 되도록 주의를 집중해야 한다.

9.6.2 강하정점의 도착과 강하

대부분의 FMS 항법 시스템은 조종사에게 프로그램화된 강하정점에 도착했음을 인식시켜줄 수 있는 기능을 갖추고 있다. 이것은 FMS에 입력된 속도와 강하율에서 강하를 시작해야 하는 시기를 의미한다. 만약 ATC가 조종사의 요청을 수용한다면 강하를 시작하는 이상적인 지점은 프로그램화된 강하정점이 될 것이다. 그러나 ATC가 조종사의 요청을 수용할 수 없다면 조기강하 또는 지연강하(early descent or a late descent)를 계획해야 한다.

① 조기강하

강하정점(TOD)에 도착하기 전 [그림9-33, A지점]과 같이 강하를 시작하는 것은 조종사에게 이미 수립된 강하계획을 무시하고 항법 시스템에서 제공하는 수직유도(vertical guidance)의 이점 없이 강하해야 한다는 것을 의미한다. 강하 중 항법 컴퓨터가 프로그램화된 강하경로에 관한 위치를 보여주고 있지 않다면 조종사는 지정된 고도에서 고도통과제한에 최대한 근접하게 도착할 수

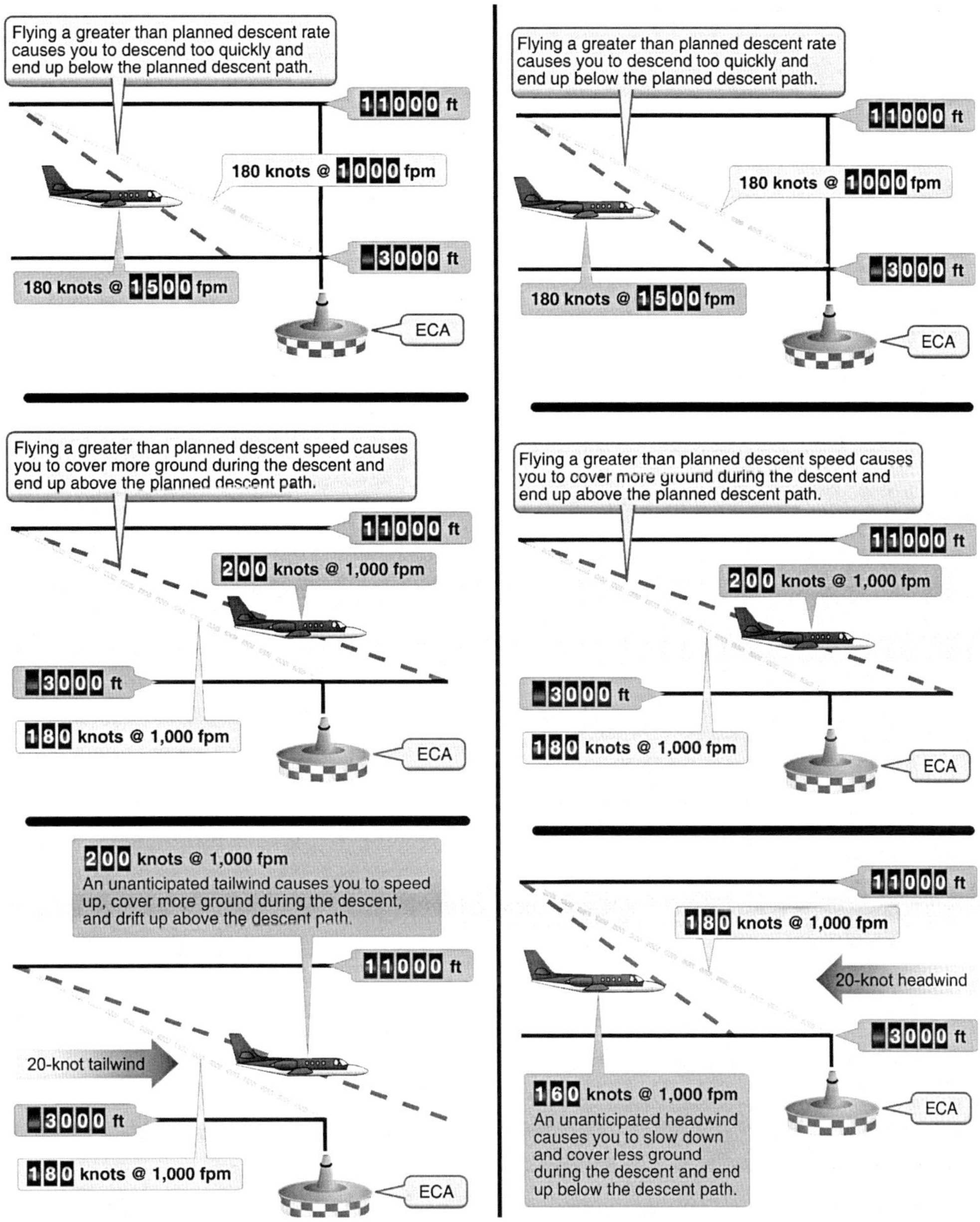

【그림9-32】 높은 강하율 또는 높은 강하속도는 정상 활공경로 아래 또는 위로 벗어나게 하여 고도통과제한 지점에서 더 높은 고도에 도착하도록 한다. 강하경로에 존재하는 맞바람 또는 뒷바람 역시 활공경로를 유지하지 못하게 하는 원인이 된다.

있도록 해야 한다. 만약 항법 컴퓨터가 프로그램화된 강하경로에 관한 위치를 보여주고 있다면 조종사는 계획된 강하경로에 다시 진입할 수 있고 컴퓨터로부터 생성된 수직유도를 따라 비행을 재개해야 한다. 이를 위해서 계획된 강하율보다 약간 낮은 적절한 강하율(reasonable descent rate)에서 강하를 시작할 것을 권장한다. 이 같은 상황에서 초기 강하율을 따르고 있다면 항공기는 [그림9-32, 오른쪽]에서 보는 것과 같이 계획된 강하경로에 인터셉트하게 될 것이다.

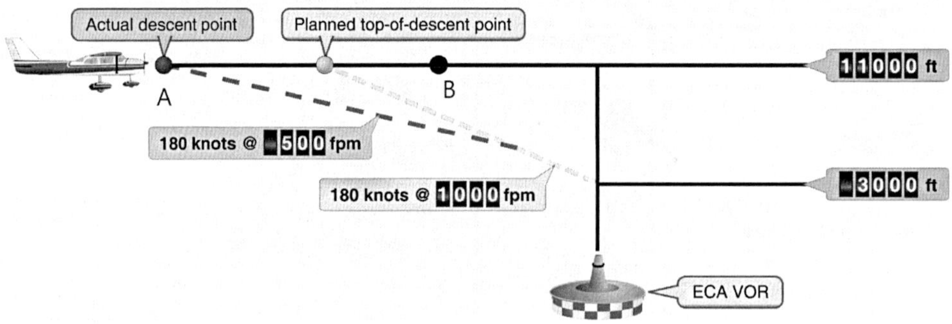

【그림9-33】 조기강하와 지연강하

② 지연강하

강하정점(TOD)을 지난 후 강하를 시작하는 것은 동일한 비율의 고도를 초과할 수 있다는 것을 의미하지만, [그림9-33, B 지점]과 같이 거리와 시간은 짧아질 수 있다. 컴퓨터에 프로그램화된 강하정점을 지나서 비행하고 있기 때문에 고도를 낮추기 위한 시간이 단축될 수 있어 지연강하(late descent)가 예상될 때 가능한 한 빨리 항공기의 속도를 낮추어 거리가 초과하는 것을 최소화해야 한다. 항공기 속도가 느리다는 것은 동일한 시간에 짧은 거리를 비행할 수 있어 고도를 낮추는 데 더 많은 시간을 확보할 수 있다.

[공통 실수]

강하계획을 수립하는 데 있어서 범할 수 있는 공통 실수는 지상풍의 영향을 고려하지 못하는 것이다. 예를 들어 [그림9-32, 왼쪽]에서 보는 것과 같이 20노트의 뒷바람(tailwind)을 고려하지 못했다면 항공기의 대지속도는 계획한 것보다 빨라질 것이고, 항공기는 지정된 고도에 도달하기 전 타깃 웨이포인트(target waypoint)에 도착할 것이다.

[훈련 중점]

① 난기류, 강하 프로파일, 그리고 동력장치 냉각 제한 등을 고려하여 적용할 수 있는 강하속도를 결정하라.
② 강하정점, 강하저점, 강하율 그리고 수평조작 고도를 계획하고 관찰하라.
③ 고도통과제한까지 일정한 강하율을 유지하여 강하할 수 있도록 계획하라.
④ 프로그램화된 강하경로로부터 변위를 인지하고, 이를 수정하면서 어떠한 변수가 있는지 판단하라.

9.7 인터셉트와 트래킹

9.7.1 다른 코스의 인터셉트와 트래킹

ATC는 조종사에게 FMS가 생성한 원항적(DTK)과 다른 인바운드 코스를 경유해서 웨이포인트까지 비행할 것을 지시할 수 있다. [그림9-34]의 사례에서 항공기는 SUNOL 교차점까지 프로그램화된 순항항로를 따라 비행하고 있다. FMS는 원항적(DTK) 060°를 계산했으나, ATC는 조종사에게 SUNOL 교차점을 009° 코스를 인터셉트할 수 있도록 기수방위 080°로 비행할 것을 지시했다. FMS는 항공기가 SUNOL 교차점까지 비행하도록 프로그램화되어 있지만, ATC는 조종사에게 다른 인바운드 코스를 경유할 것을 지시한 사례이다. 이 경우 조종사는 이미 프로그램화되어 있는 원항적(DTK) 대신 ATC가 지시한 코스를 따라 비행할 수 있도록 FMS를 재조정(resetting)할 수 있어야 한다.

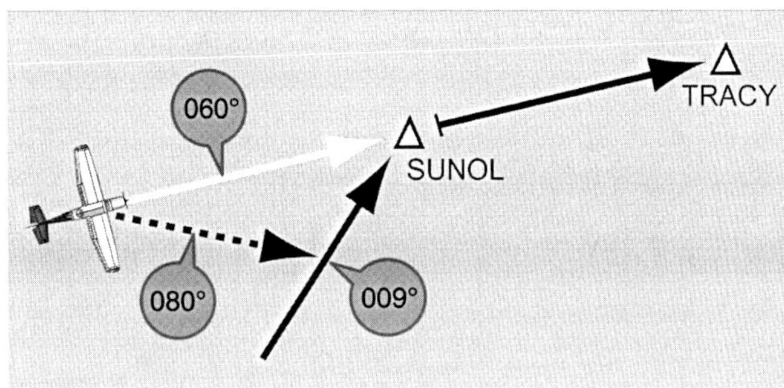

【그림9-34】 ATC 지시 또는 다른 목적에 따라 비행계획에 있는 다른 코스를 인터셉트하는 사례이다.

9.7.2 비순차 모드

모든 IFR-approved FMS/RNAV 장비는 [그림9-34]와 같은 특별한 상황에서 항로를 변경할 수 있는 대체 작동 모드를 갖추고 있다. 이를 비순차 모드(nonsequencing mode)라 한다. VOR 지시계에서 레이얼을 선택하는데 사용되는 OBS 손잡이(knob)처럼 비순차 모드는 조종사에게 액티브 웨이포인트까지 또는 웨이포인트로부터 다른 코스를 선택할 수 있도록 허용한다. 비순차 모드는 순차 모드(sequencing mode)와 다음과 같은 두 가지 면에서 명백한 차이가 있다.

첫째, 비순차 모드는 조종사에게 액티브 웨이포인트까지 현재 위치에서 다른 인바운드 코스를 선택할 수 있도록 한다. 이를 위해서 일부 제품(제작자)은 비순차 모드를 재래식 VOR 지시계의 OBS 손잡이와 유사한 기능을 수행하기 때문에 OBS 모드라고도 한다. 조종사가 OBS 손잡이를 돌려 인바운드 VOR 레디얼을 선택하는 것처럼 비순차 모드 역시 조종사가 액티브 웨이포인트까지 인바운드 코스를 선택할 수 있는 기능을 수행한다.

둘째, 비순차 모드는 FMS/RNAV 장비의 웨이포인트 순차 기능을 중단시킨다. 이 기능은 비순차 모드가 선택되었을 때 FMS/RNAV 프로그램은 항공기가 액티브 웨이포인트에 도착했을 때 프로그램화되어 있는 다음 웨이포인트를 자동으로 불러들이지 않는다는 것을 의미한다.

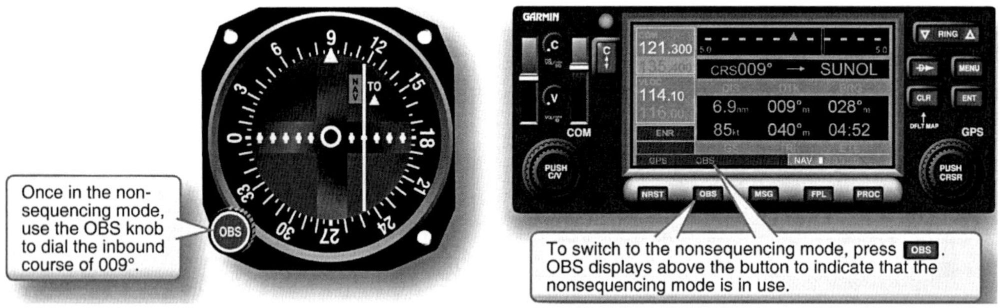

【그림9-35】 VOR 지시계의 OBS와 같이 FMS/RNAV의 "OBS or HOLD" 버튼을 누르면 상단에 "OBS" 표시가 나타나고 이는 비순차 모드에 선택되어 있음을 의미한다.

모든 FMS/RNAV 장비는 비순차 모드로 쉽게 전환(switching)할 수 있는 기능이 있고, 액티브 웨이포인트까지 다른 인바운드 코스를 선택하기 위해서 통상 버튼에 "OBS(또는 HOLD)"와 같이 표기되어 있다. [그림9-35]는 특정 FMS에서 이 절차를 설명해 주고 있다.

일단 조종사가 비순차 모드를 선택하고 인바운드 코스 009°를 입력했다면 항법 지시기는 009° 코스에 관한 항공기 위치를 지시하기 시작한다. 다시 말해서 더 이상 프로그램화된 항법 지시를 하지 않는다는 것을 의미한다. [그림9-35]에 있는 항법 지시기에 따르면 항공기는 코스(009°)의 서쪽에 있음을 보여주고 있다. ATC가 부여한 기수방위 080°는 수용 가능한 인터셉트 각도를 제공한다. 조종사가 기수방위 080°로 비행함에 따라 지시침은 항공기가 009° 코스에 도착했을 때 중앙을 지시할 것이다. 항공기가 009° 코스에 도달하고 지시침이 중앙이 되었을 때 SUNOL까지 인바운드 코스 009°로 비행하기 위해서 선회하면 된다.

조종사는 FMS/RNAV의 웨이포인트 순차 기능은 비순차 모드로 전환했을 때 중지되었다는 것을 반드시 기억하고 있어야 한다. 만약 SUNOL 교차점에 도착한 후에도 시스템이 여전히 비순차 모드에 있다면 FMS/RNAV는 다음 웨이포인트를 불러들이지 못한다.

일반적으로 웨이포인트 또는 항법시설까지 직행 코스로 비행하고 다음 프로그램화되어 있는 지점(이 사례에서는 SUNOL 교차점)에 도착한 후 다시 순차 모드로 전환함으로써 FMS/RNAV는 다음 프로그램화된 지점까지 정상적인 순차 기능이 재개되고 프로그램화된 비행로를 따라 계속 비행하게 될 것이다. 대부분 FMS/RNAV 컴퓨터에서 순차 기능으로의 복귀는 "OBS(Hold or Suspend)" 버튼을 다시 한번 눌러서 전환할 수 있다.

(1) 공통 실수

비순차 모드로 운용 중 가장 빈번하게 범하는 실수는 원하는 코스에 인터셉트한 다음 순차 모드로 복귀(resume)하는 것을 잊는 것이다. 이를 잊고 그대로 두었을 때 액티브 웨이포인트에 도착하자마자 프로그램화된 비행로에서 다음 웨이포인트로 순차적으로 유도되지 못한다. 이를 방지하기 위해서 권장되는 방법으로 "To/From" 항법 디스플레이에서 "From"이 보이도록 하는 것이다. 모든 FMS는 그 장비가 체공패턴(holding patterns)을 수행하지 않는 한 "To" 웨이포인트로 비행한다. 따라서 "From" 웨이포인트로 비행하는 것은 오직 "OBS/Hold/Suspend" 모드에 있을 때라는 것을 기억하라. [그림9-35]의 상단 화면 중앙에 "▲"은 TO를 지시하고, "▼"은

FROM을 나타낸다. 또한, 화면 중앙에 있는 수직선은 좌우측 변위를 지시한다.

(2) 상황인식

순차 또는 비순차 모드의 사용은 비행 중 어느 시점에서 모드 변화가 필요하다는 것을 기억해내야 하는 양호한 모드 인식(mode awareness)을 유지해야 하는 또 다른 국면을 설명하고 있다. 어느 시점에서 계획된 과업을 수행해야 한다는 것을 기억하는 것은 인간 행태를 고려했을 때 특히 실수를 범하기 쉬운 과정(error-prone process)이다. 이 같은 실수를 방지하기 위한 최선의 방책은 점검표(checklist)이다. 이를 위해서 자신만의 점검표를 만들거나 코스 인터셉션과 같은 기동을 위한 절차를 수행할 때 큰 소리로 말하는(call-out procedures) 것은 실수 가능성을 최소화하는 데 도움이 될 수 있다. 예를 들어 항공기가 인터셉션 위치에 가까워졌을 때 다음과 같이 큰 소리로 말한다. 이처럼 큰 소리로 말하는 것은 1인 조종사 혹은 디인 조종사와 관계없이 수행되어야 한다.

"Course is alive. Course is captured. Changing back to sequencing mode."

9.7.3 다른 웨이포인트의 인터셉트와 트래킹

[그림9-36]은 ATC가 약간 복잡한 상황을 요청한 사례이다. ATC는 조종사에게 SUNOL까지 순항비행하는 동안 헤딩 060°로 비행하여 TRACY까지 049° 코스로 비행할 것을 지시하였다. 이 상황을 해결하기 위해서 인바운드 코스뿐만 아니라 액티브 웨이포인트까지 변경해야 하는 두 과제를 분리해서 수행해야 한다. 먼저 [그림9-23]과 같이 "direct-to" 기능을 이용해서 액티브 웨이포인드를 변경한나. 반약 이 기능을 이용해서 TRACY를 액티브 웨이포인트로 선정했다면 FMS는 현재 위치로부터 TRACY 교차점까지 비행하게 될 원항적(DTK)을 생성한다. 다음은 [그림9-37]과 같이 비순차 모드로 전환한 후 인바운드 코스를 선택하여 TRACY까지 원항적(DTK)을 변경하는 것이다. 다음, 지시침이 중앙을 지시할 때까지 지시된 기수방위로 비행을 계속한 후(코스에 인터셉트한 후) FMS를 다시 순차 모드로 전환하여 TRACY 교차점까지 지시된 코스 선상에서 인바운드를 계속하면 된다.

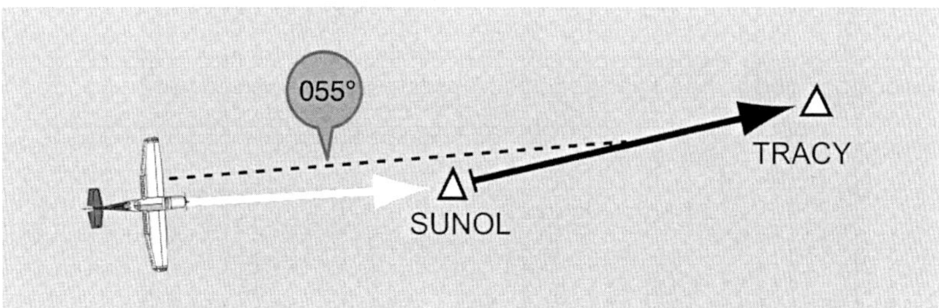

【그림9-36】 다른 코스와 웨이포인트 인터셉트

【그림9-37】 다른 웨이포인트 인터셉트와 트래킹

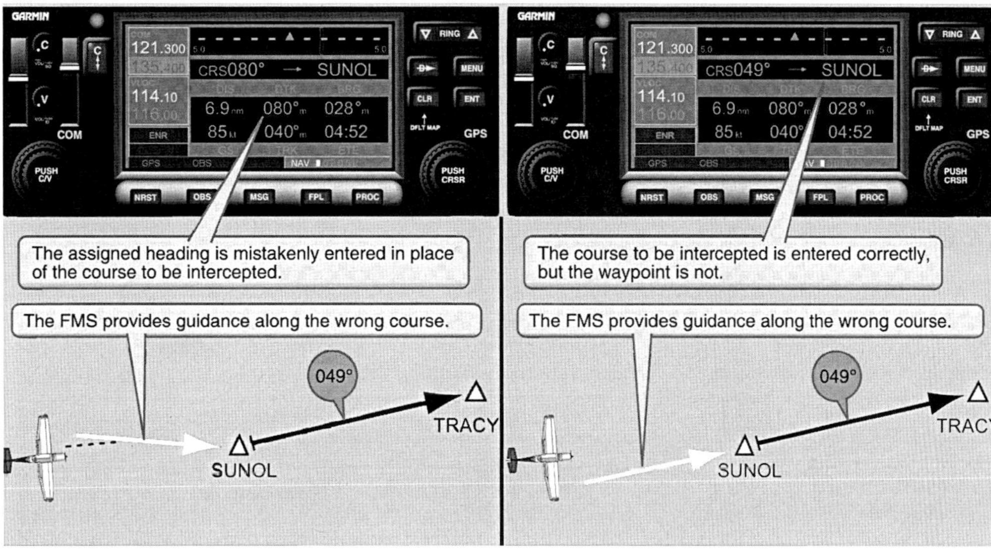

【그림9-38】 왼쪽은 인터셉트해야 하는 코스 대신 실수로 부여된 기수방위를 입력했을 때 항공기는 잘못된 코스로 유도되고 있다. 오른쪽은 인터셉트해야 하는 코스는 정확하게 입력했지만 잘못된 웨이포인트를 세팅한 사례이다. FMS는 잘못된 코스를 따라 유도한다.

[공통 실수]

FMS에 프로그램화되어 있지 않은 다른 코스를 인터셉트할 때 범하는 공통 실수 중 하나는 액티브 웨이포인트까지 잘못된 코스를 선택하는 것이다. 일부 FMS는 인바운드 코스까지 자동으로 코스 지시기를 조정하지만, 이 같은 기능이 없는 장비는 조종사가 인바운드 코스 대신 코스를 인터셉드할 수 있도록 지시된 기수방위를 선택할 수 있어야 한다. [그림9-38, 왼쪽]은 이 과정에서 범한 실수의 결과를 보여주고 있다. 또 다른 공통 실수는 ATC가 조종사에게 코스에 인터셉트하기 위한 다른 웨이포인트를 지시한 것을 인식하지 못한 사례이다. [그림9-38, 오른쪽]은 조종사가 이전 사례에서 액티브 웨이포인트로서 TRACY 대신 다른 웨이포인트를 입력했을 때의 결과를 보여주고 있다. FMS는 정확한 코스를 따라서 유도하게 될 것이지만 잘못된 웨이포인트로 향하고 있다.

[캣칭 실수]

다음은 코스 인터셉트 기동 중 범할 수 있는 공통 실수를 방지하는데 적용할 수 있는 유용한 조언이다. 조종사는 코스 인터셉트 기동을 수행할 때 다음과 같은 두 가지 사항을 스스로 질문하고 확인하라.

#질문 1; 어디를 향하고 있는가?

항법 페이지에 있는 액티브 웨이포인트를 가리키며 그 웨이포인트가 당신이 비행해 가고자 하는 것을 보여주고 있는지 확인하라.

#질문 2; 어떻게 도달할 수 있는가?
항법 페이지에 보이는 액티브 웨이포인트까지 원항적(DTK)을 확인하고, 만약 당신이 원하는 것이 아니라면 비순차 모드에 연결하고 원하는 코스를 선택하라.

[훈련 중점]
① 액티브 웨이포인트까지 다른 코스를 선택하고 프로그램화하라.
② 특정 항법 지점을 선택하기 위해서 비순차 모드를 선택하라.
③ 프로그램화된 비행로로 복귀하기 위해서 순차 모드를 다시 작동시켜라.

9.8 체 공

FMS/GPS 장비에서 체공절차(holding procedures)는 비순차 모드를 이용해서 어렵지 않게 실행할 수 있다. 조종사는 FMS/GPS에 프로그램화된 비행로에 있는 한 웨이포인트에서 체공을 지시받았을 때 지정된 웨이포인트에 도착하기 전 비순차 모드로 전환해야 한다. 이때 웨이포인트 순차 기능은 중지되고, 적절한 체공패턴 진입 방법을 결정한 다음 코스선택손잡이 또는 버튼을 이용해서 인바운드 체공 코스를 선택한다. 아웃바운드 구간의 시간을 체크하면서 체공한다. 일부 FMS는 자동으로 체공패턴에 진입하고 프로그램에 따라 체공을 수행한다.

항공기가 반복해서 체공 구간에 있는 동안 체공 웨이포인트를 통과하더라도 지정된 체공 웨이포인트는 액티브 웨이포인트로 남아 있다. ATC로부터 접근을 위해서 체공패턴을 출발할 것을 지시받았거나 다른 지점으로 출발을 지시받았을 때 조종사는 남아 있는 마지막 시간을 위한 체공 웨이포인트에 도착하기 전 다시 순차 모드를 선택하거나 비순차 모드를 취소시켜야 한다. 이 같은 조치는 [그림9-39]와 같이 다시 순차 모드로 복귀하여 체공 웨이포인트를 통과할 때 계획된 다음 웨이포인트를 불러올 것이다.

일부 FMS/GPS 장비는 발행된 계기접근절차에 프로그램화된 체공패턴이 삽입되어 있을 수 있고, 이때 조종사는 체공에 필요한 과업을 수작업으로 해결하지 않아도 된다. [그림9-40]은 실패접근절차의 끝부분에 보이는 프로그램화된 체공패턴이 내장되어 있음을 보여주고 있다. FMS/GPS 장비가 보여주는 것처럼 프로그램화된 체공패턴을 순차적으로 보여준다. 항법은 항공기의 현재 위치로부터 체공진입 방법을 지시하면서 동시에 메시지가 나타난다. 이후 시스템은 웨이포인트 순차 기능이 중지될 뿐만 아니라 체공 웨이포인트까지 자동으로 인바운드 코스로 세팅하는 특별 비순차 모드(special nonsequencing mode)로 전환되고 있다. 이 모드는 조종사가 수작업으로 연결하는 비순차 모드와 다르다. [그림9-40]에서 시스템은 프로그램화된 체공절차 중 자동으로 연결되는 비순차 모드를 의미하는 중지모드(suspend mode; SUSP) 용어를 사용하고 있는 것을 볼 수 있다. FMS/GPS 장비는 체공패턴의 종류에 따라 항공기가 체공 픽스를 통과한 후 장비의 기능에 따라 다시 순차 모드로 자동 전환될 수도 있고 아닐 수도 있다. 어느 경우든 조종사가 원하는 모드가 유지되고 있는지 각별히 주의를 집중해야 한다.

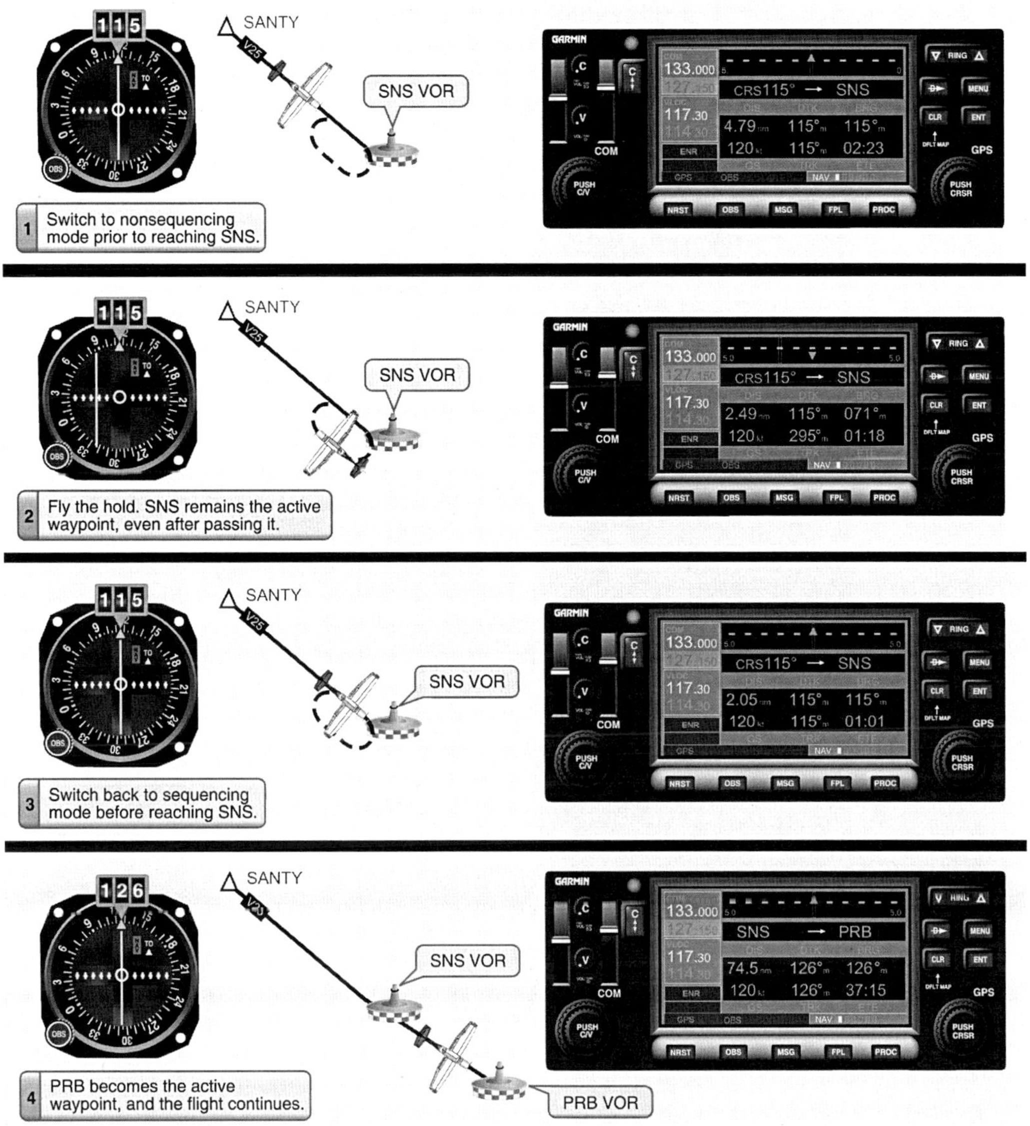

【그림9-39】 체공절차를 수행하기 위해서 비순차 모드를 사용해야 한다. 체공을 종료하고 마지막 인바운드 코스에 진입했을 때 순차 모드로 전환해야 한다. FMS/GPS 장비는 체공 픽스를 통과한 후 순차적으로 다음 웨이포인트를 불러들일 것이다.

[공통 실수]

체공 중 순차 모드와 비순차 모드를 잘못 다루는 것은 또 다른 실수 유형 중 하나이다. 체공 웨이포인트에 도착하기 전 FMS/GPS RNAV를 비순차 모드로 전환하지 못했거나 체공에 진입한 후 순차 모드로 조기에 전환했을 때 FMS/GPS는 즉각 체공 웨이포인트를 지나서 다음 절차를 진행하게 된다. 이 경우 조종사는 인바운드 체공 코스를 따라서 항행유도 없이 출발하게 될 것이다.

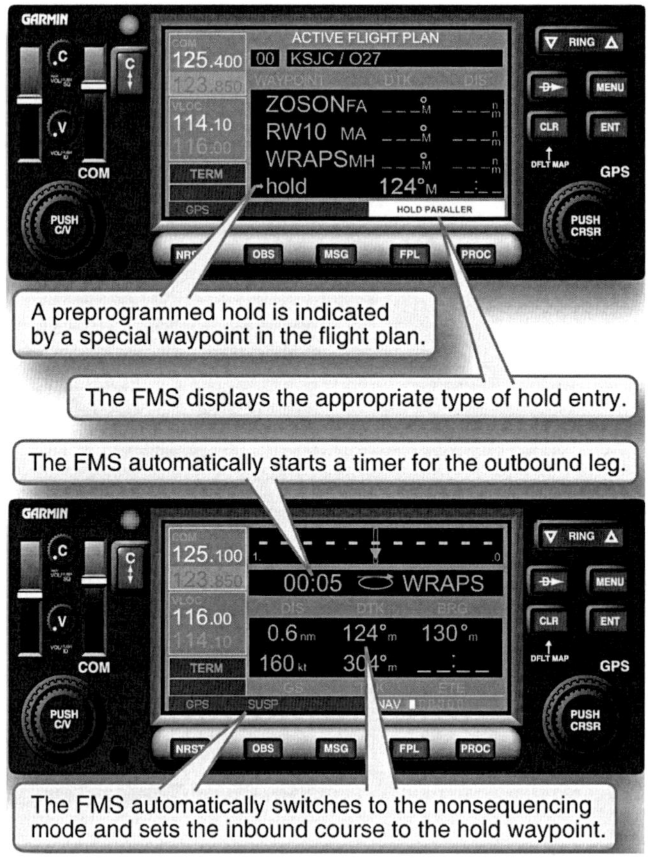

【그림9-40】 FMS에 프로그램화된 체공패턴

[훈련 중점]

① 프로그램화된 체공패턴 또는 비순차 모드를 선택하라.

② 비순차 체공패턴 인바운드 코스를 선택하고 설정하라.

③ 체공패턴, 접근으로 전이, 접근 그리고 MAP 항법을 위한 소프트웨어 명령이 정확한 순서에 따라 수행하고 있는지 확인하라.

9.9 아크 절차

FMS와 일부 GPS는 웨이포인트들 사이에 있는 곡선코스(curved course)에 대한 트래킹 문제를 단순화하였다. 아크 절차의 주요 특징은 한 웨이포인트로부터 다음 웨이포인트까지 항공기를 유도해 줄 수 있는 단일 방위가 없을 뿐만 아니라 액티브 웨이포인트를 향한 기수방위는 계속해서 변화되고 있는 점이다. [그림9-41]의 사례는 FMS를 이용해서 DME 아크 절차를 수행하는 방법을 보여주고 있다. 그림과 같이 FMS/RNAV는 원호를 따라갈 수 있도록 자동으로 원하는 항적을 조절한다.

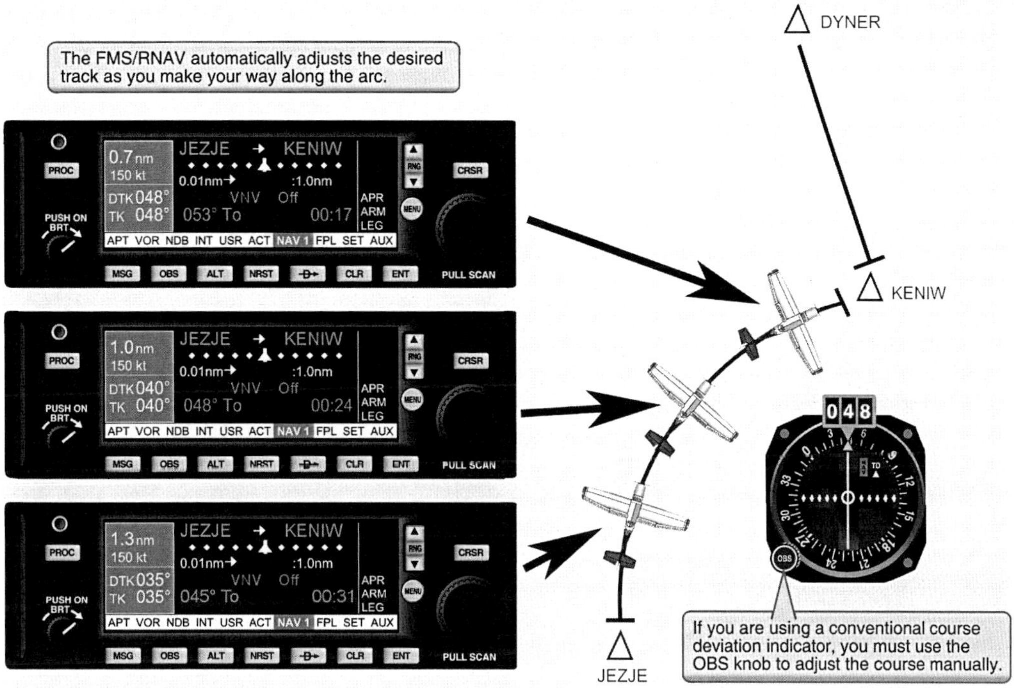

【그림9-41】 DME 아크 절차

[훈련 중점]

① 아크 절차가 설정된 접근 절차를 선택하라.

② 코스를 선택하거나 자동 코스 CDI 세팅이 될 수 있는지를 확인하라.

9.10 GPS와 RNAV 접근

GPS 수신기를 장착한 IFR-approved GPS RNAV/FMS는 다양한 종류의 계기접근절차를 위한 단독 항법 수단으로 사용할 수 있지만, 조종사는 반드시 특정 GPS RNAV 장비가 어느 접근(특히, 항법 소스 관련)을 수행하고 있는지 확실하게 인지하고 있어야 한다. 현재 가용한 접근 중 GPS 중첩 접근(overlay approach)은 재래식 비정밀접근으로 항행하면서 IFR-approved GPS 수신기의 사용이 허용되고 있기 때문이다.

앞에서 순차 모드와 비순차 모드를 작동하는 방법에 대해서 다루었다. 일부 접근은 지정된 접근 코스(approach course)를 따라 정확한 접근 방향을 유도하기 위한 체공 또는 절차선회(holding or procedure turn)가 필요하다. 만약 어떠한 이유로 FMS의 순차 기능을 비순차 기능으로 전환하지 못했거나 중단시키지 못했다면 FMS/GPS는 체공 픽스를 지난 후 다음 웨이포인트까지 코스를 순서에 따라 불러오기 때문에 아웃바운드 체공을 위해서 선회하자마자 코스 유도를 상실하게 될 것이다.

GPS 중첩 접근은 접근 기준이 되는 재래식 접근시설을 위한 명칭이지만, GPS 용어도 포함되어 있어 항공기가 IFR-approved FMS/GPS RNAV를 갖추고 있다면 GPS 중첩 접근으로 비행하기 위해서 그 접근을 사용할 수 있다. 이것이 그 접근을 위해서 재래식 항법장비를 갖춘 항공기에 필수적이라고 할 수 없지만, TSO-129 GPS 수신기를 갖추고 있다면 재래식 항법 항공전자(conventional navigational avionics)는 필수 대체장비를 갖추어야 한다는 의미한다. 그러나 FMS/GPS 수신기가 TSO-145A/146A WAAS로 승인되었다면 다른 항법 장비를 필요로 하지 않는다.

첨단 항공전자 장비를 이용한 접근에서 나타나는 공통적인 단점은 간혹 접근경로를 따라서 위치를 알려주는 통고에 제한이 있을 수 있다는 점이다. 대부분은 항공기가 어디로 향하고 있는지 확인하기 위해서 웨이포인트의 명칭을 확실하게 확인하고 호창해야 한다. 이것은 교차점검에 몰두하고 있는 동안 웨이포인트를 변경해야 하는 조종사 과업을 놓치면서 강하 전에 하나 이상의 웨이포인트를 더 비행하는 것을 대수롭지 않게 생각할 수 있다. 다음은 교차점검에 항상 포함할 것을 권장한다.

첫째, 비행하고 있는 웨이포인트 "TO"를 확인하라.
둘째, 웨이포인트까지 거리가 감소하는 것을 확인하라. MAP에 도착하자마자 시스템은 자동으로 "SUSP(Suspend)"로 전환될 것이다.

MAP에서 "Hold/OBS" 모드 그리고 MAP으로부터 거리가 멀어짐에 따라 비행하고 있는 거리는 증가해야 한다. 체공지점 또는 절차까지 순서대로 불러올 수 있도록 버튼 또는 손잡이 등을 작동시키는 행동으로 MAP과 MAP 구간의 시작을 인지해야 한다. 모든 장비는 지정된 선회고도(turn altitude)에 도착하기 전까지 선회명령이 지시되지 않는다. 조종사는 필수 항법 코스와 고도를 인지하고 있어야 하고, 만약 ADC를 갖추고 있지 않다면 FMS/GPS 장비는 100% 정확할 수 없다.

FMS/GPS는 자동으로 접근 감도(approach sensitivity)로 전환되기 때문에 오토파일럿 매뉴얼에서 그 시기에 접근 모드의 사용을 직접 지시하지 않는 한 오토파일럿의 "approach" 모드를 사용하려고 시도해서는 안 된다. 이 모드를 사용하는 것은 오토파일럿장치가 항법 신호에 너무 과민한 반응을 보일 수 있기 때문이다. GPS 단독 접근(stand alone approach)은 GPS 항법 수신기 또는 GPS RNAV와 함께 GPS IFR 비행을 할 수 있는 FMS만을 기반으로 사용할 수 있는 비정밀접근이다. RNAV (GPS) 접근은 GPS 수신기의 다양성을 수용하기 위해서 설계되었다. 전형적인 GPS 접근은 접근을 완전하게 수행하는데 사용되는 GPS 수신기의 종류, 항공기 그리고 설치방법에 따라 다른 접근 최저치가 제공된다.

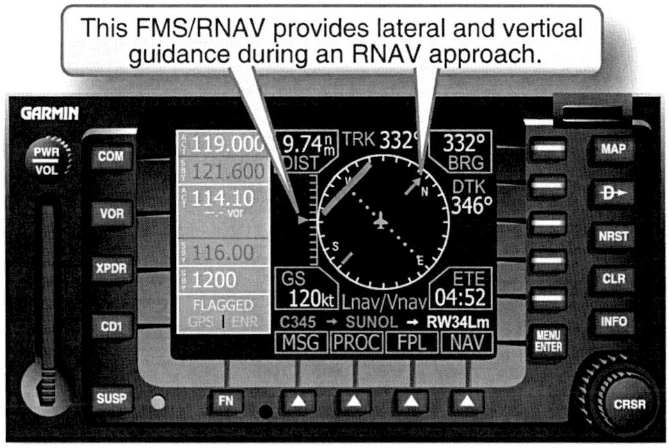

【그림9-42】 WAAS 항법장비는 가로유도와 수직유도 모두를 제공하는 정밀접근 장비이다.

9.11 가로/수직항법

가로항법(lateral navigation; LNAV)은 재래식 로컬라이저와 유사한 가로 방향에서 접근 코스유도(approach course guidance)를 제공한다. LNAV 최저치는 MDA로 지정된 고도까지 강하할 수 있다. 가로항법/수직항법(LNAV/VNAV) 장비는 접근 코스에서 가로유도와 수직유도 모두를 제공하는 것으로 전형적인 ILS와 유사하다. 정밀 수직위치 정보는 최근 GPS 성능 이상이기 때문에 LNAV/VNAV 최지치를 갖는 접근은 GPS 성밀도를 높이기 위한 WAAS 또는 수직유도를 위해서 승인된 Baro-VNAV 시스템을 갖추어야 한다. WAAS를 이용했을 때 수직 위치의 정밀도는 3m 이내까지 높아진다. WAAS를 활용하는 항공기는 WAAS 오류수정신호(error correction signals)를 이용하여 위치를 결정하는 처리 과정에 통합시키기 위한 WAAS 신호를 수신할 수 있어야 하고 반드시 IFR-approved GPS 수신기를 갖추어야 한다.

[그림9-42]와 같은 WAAS 기능이 가능한 GPS 수신기는 조종사에게 RNAV 접근을 로드(load)할 수 있고, [그림9-43]의 접근 차트에 발행된 가로와 수직 프로파일(vertical profile)을 따라서 수신할 수 있음을 보여주고 있다. 조종사는 당신의 항공기가 어떠한 종류의 장비를 갖추고 있으며 무엇이 승인되었는지 확실하게 알아야 한다. 아울러 "non-WAAS-capable" 또는 "non-WAAS" IFR-approved GPS 수신기의 VNAV 기능은 항공기를 LNAV/VNAV 최저치까지 유도할 수 없다는 것을 확실하게 이해해야 한다.

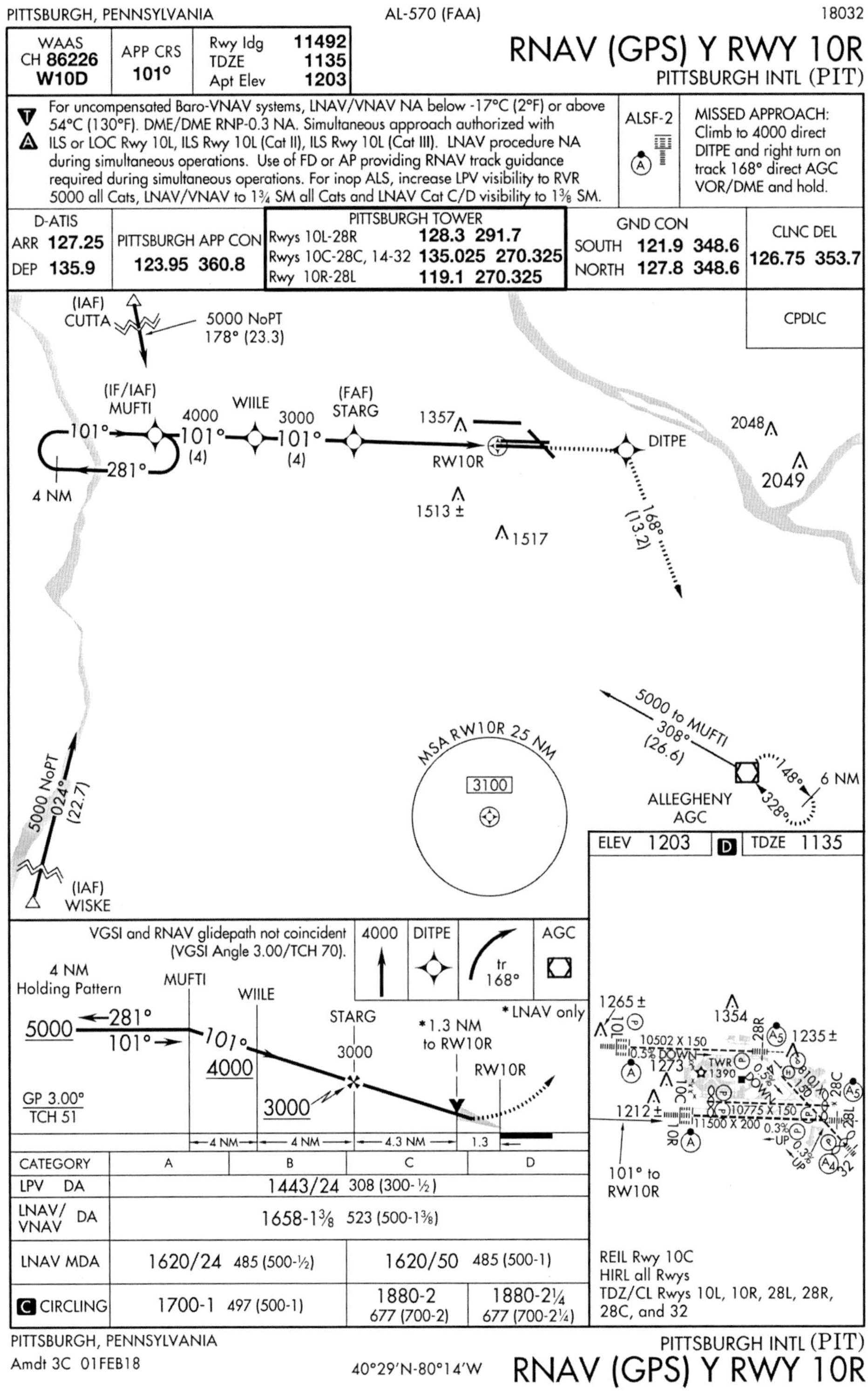

CATEGORY	A	B	C	D
LPV DA	1443/24 308 (300-½)			
LNAV/VNAV DA	1658-1⅜ 523 (500-1⅜)			
LNAV MDA	1620/24 485 (500-½)		1620/50 485 (500-1)	
CIRCLING	1700-1 497 (500-1)		1880-2 677 (700-2)	1880-2¼ 677 (700-2¼)

【그림9-43】 전형적인 WAAS IAP 사례이다. WAAS 운용을 위한 제한사항과 함께 최저치 섹션이 기존 ILS 접근과 다르게 구성된 것을 알 수 있다.

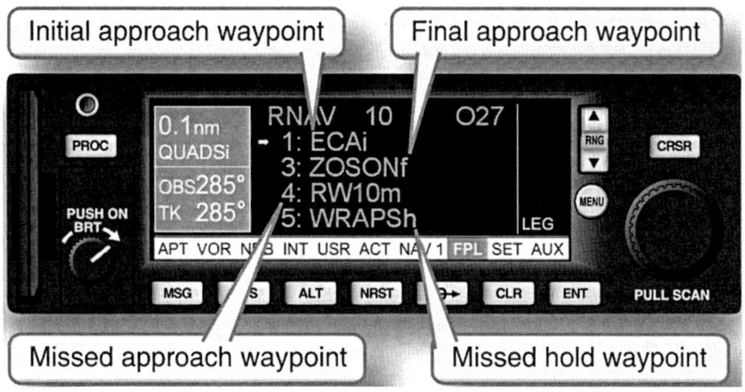

【그림9-44】 GPS 또는 RNAV(GPS) 디스플레이에 해당 접근을 위한 웨이포인트를 불러들인다. 웨이포인트 문자 끝에 소문자로 4개의 웨이포인트를 구분하고 있다.

9.12 LPV

LPV(localizer performance with vertical guidance)는 수직유도 성능을 갖춘 로컬라이저 성능이라고 볼 수 있다. LPV 최저치를 갖는 절차는 가로유도를 생성하기 위해서 GPS 정보를 사용하고, ILS 활공경사와 유사한 수직유도를 생성하기 위해서 IFR-approved GPS/WAAS 수신기를 사용한다. 다양한 제품에서 FMS/GPS RNAV 장비는 LPV 최저치(minimum)까지 접근할 수 있는 성능을 제공한다. [그림9-43]

9.12.1 GPS or RNAV(GPS) 접근 웨이포인트

[그림9-44]는 FMS/GPS RNAV에 업로드된 GPS 접근의 한 사례를 보여주고 있다. 앞서 언급한 바와 같이 이들 접근은 FMS에 있는 특정 접근 메뉴에서 선택해야 하고, 장비의 소프트웨어는 데이터베이스로부터 해당 비행경로에 있는 그 절차와 관련된 모든 웨이포인트를 불러와 보여주어야 한다. 이 과정에서 접근 절차와 관련된 웨이포인트를 임의로 입력하거나 삭제(enter or delete)할 수 없다. 일단 데이터를 불러와 시현한 다음 접근을 구분할 수 있는 제목과 일련의 웨이포인트들이 GPS 또는 RNAV(GPS) FMS 디스플레이에 나타날 것이다. 모든 접근 절차에는 다음과 같은 4개의 웨이포인트가 특별한 명칭으로 지정된다.

① Initial approach waypoint(최초접근웨이포인트)
② Final approach waypoint(최종접근웨이포인트)
③ Missed approach waypoint(실패접근웨이포인트)
④ Missed holding waypoint(실패접근 체공 웨이포인트)

9.12.2 GPS or RNAV(GPS) 접근 비행

대부분의 FMS에서 조종사는 계기접근절차를 간단하게 불러온 다음 원하는 접근을 선택할 수 있도록 설계되어 있다. ATC로부터 특정 접근이 예상된다는 것을 통보받았을 때 또는 조종사의 요청을 ATC가 승인했을 때 조종사는 메뉴에서 접근을 선택한 후 그 접근을 비행계획에 업로드(upload)해야 한다. 접근을 업로드함으로써 비행계획의 마지막 단계를 구성하는 웨이포인트들이 추가될 수 있지만, 이들은 활성화되지 않는다.

일단 ATC가 접근을 인가했거나 최종접근코스에 인터셉트하기 위한 레이더 벡터를 제공하기 시작했을 때 비로소 코스 유도와 자동순차(course guidance and auto-sequencing) 기능으로 접근을 활성화(activate)해야 한다는 것을 기억하라. 따라서 ATC 인가를 받기 전까지 접근이 활성화되지 않도록 주의해야 한다. 만약 이전에 접근이 활성화되었다면 FMS는 시스템의 프로그래밍에 따라 즉각 최초접근픽스(IAF) 또는 최종접근픽스 외부에 있는 가장 가까운 픽스 또는 웨이포인트로 코스를 유도하기 시작하게 될 것이다. 이것은 명백한 조종사의 실수이다.

또한, 시스템에 있는 "vectors-to-final"을 활성화하는 것은 FMS가 최종접근코스를 따라서 코스라인(course line)을 생성하도록 한다. 일단 GPS 또는 RNAV(GPS) 접근 절차를 활성화했다면 이것은 웨이포인트들 사이를 비행하는 것과 유사하지만 다음과 같은 두 가지 중요한 변화에 대비해야 한다.

(1) 터미널 모드

첫 번째 중요한 변화는 항공기가 목적지 공항 30 NM 이내의 지점에 도착했을 때 발생한다. 이 지점에서 모든 GPS 기반 FMS/RNAV 장비의 감도가 증가하고 RAIM이 가용해야 한다. 만약 시스템이 RAIM 요건에 충족되었다고 결정되면 FMS/GPS RNAV 장비는 목적지 공항의 30 NM 이내에서 감도는 순항항로에서 터미널 감도(terminal sensitivity)로 자동 전환된다. 터미널 모드(terminal mode)에서 CDI 감도가 5 NM에서 1 NM로 증가한다. FMS/GPS RNAV는 순항항로 감도에서 터미널 모드로 전환되었다는 것을 알리기 위한 표시기가 나타난다.

(2) 접근 모드

두 번째 중요한 변화는 최종접근웨이포인트(FAW)에 도착하기 전 2 NM에서 발생한다. 이 지점에서 FMS/GPS RNAV 장비는 접근 감도(approach sensitivity)로 자동 전환된다. 이 단계에서 FMS/GPS RNAV RAIM 요건이 더욱 증가하고, CDI 감도는 1 NM에서부터 0.3 NM까지 증가한다. 예를 들어 항공기가 원하는 코스로부터 0.3 NM 또는 그 이상에 있다면 full-scale CDI 변위가 발생한다. 접근 모드(approach mode)를 위한 표시기(annunciator)가 나타나는 동안 접근은 계속된다.

그러나 컴퓨터가 접근 모드로 자동 전환하지 못했거나 접근 모드 표시기가 사라졌다면 조종사는 즉시 실패접근절차를 실행해야 한다. 이것은 더 이상 낮은 고도 또는 MDA까지 강하를 승인하지 않는다는 것을 의미한다. 항공기가 2 NM 지점에 도착한 후 FMS/GPS RNAV를 변경하는 것은 접근 모드를 자동으로 취소하게 되는 원인이 될 수 있다는 점에 유의하라. 만약 항공기가 최종접근웨이포인트에 도착했고, 접근 모드가 활성화되지 않았다면 실패접근절차(missed approach procedure)를 실행해야 한다. 최종접근픽스에 도착한 후 다른 수단을 이용해서 접근 모드를 활성화하거나 재활성화를 시도해서는 안 된다.

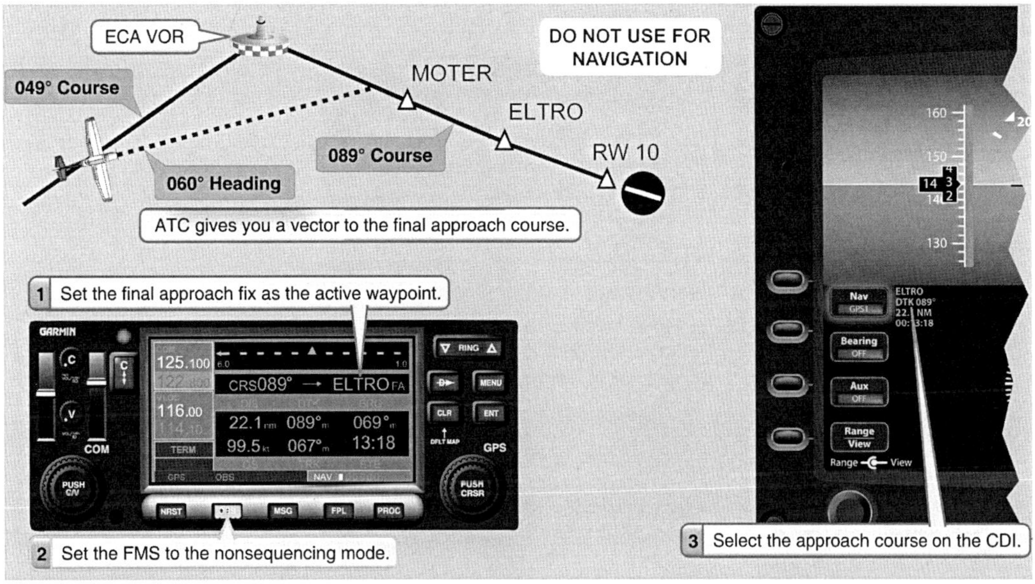

【그림9-45】 최종접근코스까지 레이더 벡터를 받고 있을 때 FMS 시스템에 FAF를 액티브 웨이포인트로 설정한 다음 비순차 모드로 전환한다. 다음, 원하는 코스를 입력한다.

9.12.3 레이더 유도

재래식 항법계기를 이용해서 접근하는 방식과 같이 ATC는 GPS 또는 RNAV(GPS) 최종접근코스까지 레이더 유도를 제공할 수 있다. 벡터(vectored) GPS 또는 RNAV(GPS) 접근은 [그림9-45]와 같이 재래식 레이더 벡터 방식과 동일하다. 대부분의 FMS/GPS RNAV 장비는 최종접근코스까지 레이더 유도를 받으면서 접근할 수 있는 자동 솔루션(automated solution)을 제공한다. 일단 ATC가 최종접근코스를 인터셉트하기 위한 벡터를 제공했다면 조종사는 최종접근코스를 따라서 코스라인(course line)을 생성하도록 컴퓨터의 "vectors-to-final" 기능을 활성화해야 한다.

이 기능은 ATC가 지시한 기수방위와 최종접근코스에 따른 항공기 위치를 명확하게 관찰할 수 있어 레이더 유도를 받는 동안 상황인식을 유지하는 데 도움이 된다. 앞서 언급한 것과 같이 FMS/GPS RNAV 장비가 최종접근픽스의 2 NM 구역에 진입했을 때 접근 모드로 전환되는지 주의 깊게 관찰해야 한다. [그림9-45]는 "vectors-to-final" 기능을 보여주고 있고, [그림9-46]은 이 기능을 수행하는데 필요한 절차를 설명하고 있다. 조종사가 "vectors-to-final" 기능을 선택했을 때 대부분의 FMS/GPS RNAV 장비는 FAF를 자동으로 액티브 웨이포인트로서 설정하고, 이 액티브 웨이포인트까지 원항적(DTK)으로 최종접근코스를 설정한다.

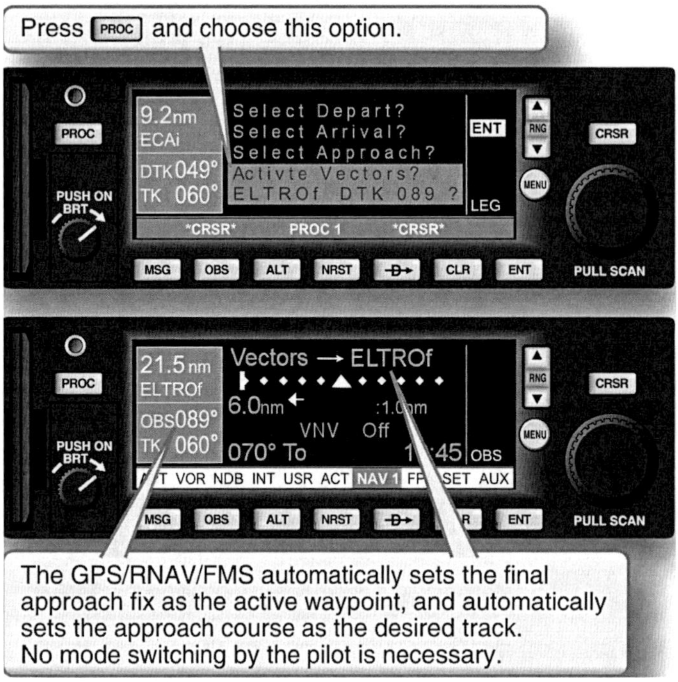

【그림9-46】 "vector-to final" 기능이다. "PROC" 버튼을 누른 후 해당 옵션을 선택한다. FMS는 자동으로 FAF를 액티브 웨이포인트로 조정하고, 접근 코스를 원항적(DTK)으로서 자동으로 설정한다. 조종사는 모드 전환을 하지 않아도 된다.

[상황인식]-접근 브리핑

다른 모든 계기접근과 같이 조종사는 이 과정에서도 절차에 따른 접근이 순차적으로 진행되고 있는지를 확인하기 위해서 브리핑 기술을 개발하고 활용할 수 있어야 한다. 예를 들어 합리적 순서에 따라 기억하기 쉽게 "ICE-ATM"과 같이 큰 소리로 말하면서 확인할 것을 권장한다.

I- Identify primary navigation frequency(주항법 주파수 식별)

C- Course (inbound) set(인바운드 코스 조정)

E- Entry(direct, teardrop, parallel)(진입 방법)

A- Altitudes for transition, initial, final, and missed approach segments
(고도-전이, 최초, 최종 그리고 실패접근)

T- Timing/Distance(s)(시간/거리)

M- Missed approach procedure

이외에도 다른 브리핑 방법으로 "FARS"를 활용하기도 한다.

F- Frequencies set and identified

A- Altitudes for transition, initial, final, and missed approach segments

R- Radial (inbound course) noted and set

S- Special notes (including missed approach procedure)

[공통 실수]

첫 번째 공통 실수(common error)는 GPS/RNAV 접근 중 최저치까지 강하를 시작하기 전

접근 모드(approach mode)가 연결되어 있는지 확인하는 것을 잊어버리는 것이다. 습관적으로 최종접근웨이포인트 이전에 접근 지시를 확인하는 것은 이 같은 실수를 방지할 뿐만 아니라 접근 모드가 선택되지 않은 상황에서 이를 처리할 수 있는 시간을 확보할 수 있도록 한다.

두 번째 공통 실수는 하나의 계기접근 차트에 여러 개의 다른 접근 최저치가 나열된 것에서 의도와 다른 접근 최저치를 적용하는 것과 같은 단순한 종류의 실수를 범할 수 있다. 이 같은 혼동을 방지하기 위해서 장비와 비행하고 있는 절차를 호창하면서 확인한 다음 관련 접근 최저치를 선택할 것을 권장하다. 또한, 조종사는 비행계획을 수립하기 전 항공전자 장비의 인증, 승인 그리고 설치 옵션 등에 대해서 확실하게 숙지하고 있어야 한다.

세 번째 공통 실수는 조종사가 "vectors-to-final" 기능 없이 레이더 벡터로 비행 중 일단 접근 코스에 접어들었을 때 FMS/GPS RNAV를 다시 순차 모드로 전환하는 것을 잊어버리는 것이다. 이 실수는 FMS/GPS RNAV 장비를 FAF 이전 2 NM에서 접근 모드로 전환함으로써 방지할 수 있다. 만약 FAF를 통과하고 컴퓨터가 여전히 비순차 모드에 있다면 접근 모드는 정상 기능을 수행하지 못할 것이고, 조종사는 실패접근절차를 실행하면서 ATC에 실패접근을 실행했음을 보고하고 다른 접근을 요청해야 한다.

[훈련 중점]

① 레이더 벡터 "GPS or RNAV (GPS)" 접근을 업로드하고 활성화하라.
② 레이더 벡터 최초접근구간을 선택하라.
③ 접근 최저치를 결정하고 모든 허용 가능한 전이절차를 식별하라.
④ 비행하게 될 MAP, 코스, 고도 그리고 웨이포인트를 결정하라.
⑤ 실패접근절차를 어떻게 선택하는지 결정하라.

9.13 역코스 절차

역코스 절차는 잘 알려진 바와 같이 항공기의 접근 방향을 착륙 활주로 방향으로 전환하기 위한 절차이다. [그림9-47]은 3개의 역코스(course reversals) 절차를 보여주고 있다.

① 45° 절차선회(procedure turn)
② 체공패턴(holding pattern)
③ 티어드롭 절차(teardrop procedure)

기본적으로 역코스 절차는 FMS/GPS의 비순차 모드를 이용한 체공절차와 동일한 방법으로 처리된다. 조종사가 최초접근웨이포인트에 도착했을 때 장비 시스템이 접근 절차에서 다음 웨이포인트를 불러오는 것을 방지하기 위해서 비순차 모드로 전환해야 한다. 역코스 절차를 완료한 다음 계획된 접근 절차를 계속하기 위해서 순차 모드로 전환하는 것을 잊지 않아야 한다. [그림 9-48]의 항법장비는 순차 모드와 비순차 모드 사이에서 수동 전환이 요구되는 상황을 보여주고 있다.

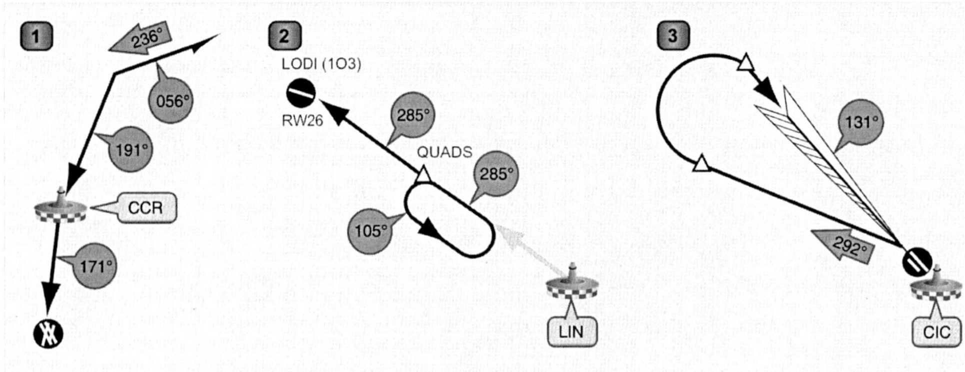

【그림9-47】 역코스 절차

일부 FMS/GPS 장비는 계기접근절차(IAP)에 프로그램화된 역코스(preprogrammed course reversals)가 내장되어 있어 역코스 절차와 관련된 모드의 전환과 코스 선택을 자동으로 처리함으로써 조종사의 업무를 감소시킨다. [그림9-49]의 FMS/GPS 장비는 사전 프로그램화된 역코스를 포함하고 있다. 이 장비는 자동으로 역코스의 아웃바운드 구간(outbound portion)을 위한 아웃바운드 코스를 자동으로 설정한다. 일단 인바운드 선회가 이루어졌을 때 시스템은 최종접근웨이포인트를 향해서 자동으로 인바운드 코스를 설정한다. 따라서 이 유형의 FMS/GPS 장비는 45° 역코스 절차를 위한 순차와 비순차 모드를 수동으로 전환할 필요가 없다. 이 절차가 수동 혹은 자동으로 실행될지라도 조종사는 시스템이 역코스 절차를 완료한 후 최종접근웨이포인트에 도착하기 전에 순차 모드로 전환되었는지 확인해야 하고, 시스템이 순차 모드에 선택되어 있다면 FMS/GPS는 접근 모드로 전환될 것이다.

[공통 실수]

일반적으로 범할 수 있는 실수는 FMS/GPS가 최초접근웨이포인트(IAWP)에 도착하기 전 비순차 모드로 전환하는 것을 망각하거나 최종접근웨이포인트를 통과하기 전에 시스템을 순차 모드로 다시 전환하는 것을 잊고 있다.

[훈련 중점]

① 역코스 절차의 종류를 선택하라.

② 조종사가 수행해야 하는 모드 제어 행동을 위한 정확한 순서를 결정하라.

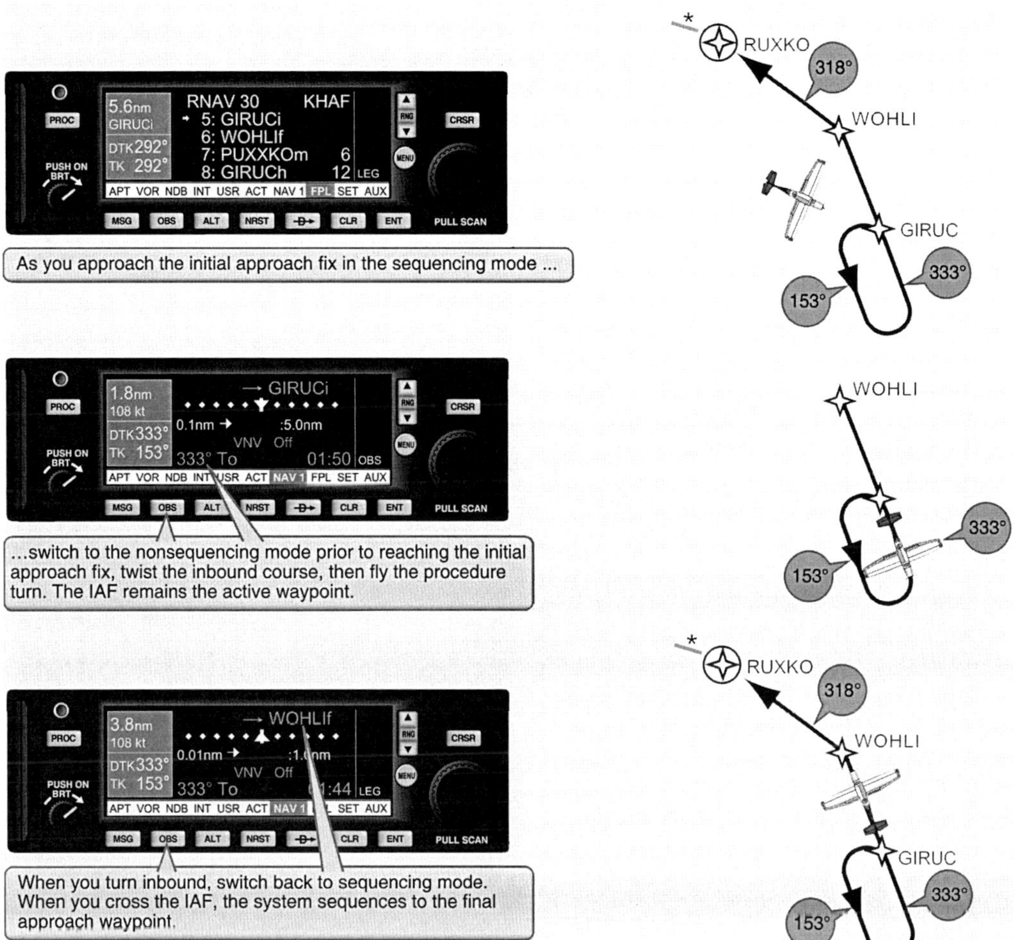

【그림9-48】 역코스 절차를 수행하기 위한 비순차 모드의 적용 사례이다. 항공기는 순차 모드에서 IAF에 접근하고 있다. IAF에 도착하기 전 비순차 모드로 전환하고 인바운드 코스를 입력한 다음 역코스 절차를 수행한다. IAF는 액티브 웨이포인트로 남아 있다. 접근이 인가되어 절차선회를 마치고 인바운드 코스로 선회했을 때 다시 순차 모드로 전환한다. 항공기가 IAF를 통과할 때 시스템은 최종접근웨이포인트까지 순차적으로 진행한다.

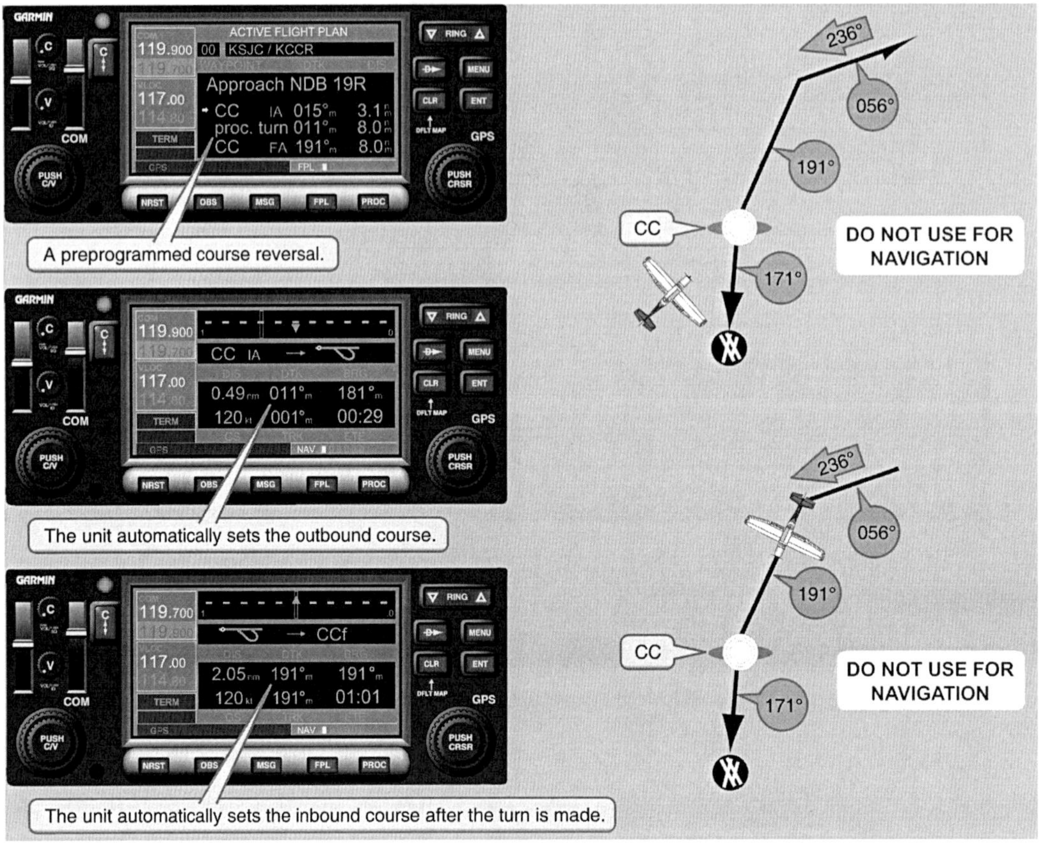

【그림9-49】 일부 FMS/GPS 장비는 시스템에 프로그램화되어 있는 역코스 절차를 비순차 모드를 이용해서 자동으로 실행한다.

9.14 실패접근

FMS/GPS 장비의 비순차 모드는 [그림 9-50]과 같은 실패접근절차를 수행할 수 있도록 항행유도를 제공한다. 이 사례는 실패접근의 실행을 결심한 후 먼저 1,900피트까지 상승한 다음 6,000피트까지 우상승 선회하여 SNS VOR로 직행할 것을 요구하고 있다. FMS/GPS는 조종사에게 지리적으로 지정된 장소에 있는 웨이포인트들 사이를 항행하도록 유도한다. 그러나 실패접근경로 선상의 1,900피트에 도착했을 때 항공기의 위치는 항공기의 종류와 상승률에 따라 다르다. 단발엔진 비행기는 1,900피트에 도달하는데 약 4마일 정도가 될 것이고, 제트 항공기라면 1,900피트는 활주로 종단 정도가 될 것이다. 문제는 FMS/GPS 시스템이 웨이포인트를 사용할 때 실패

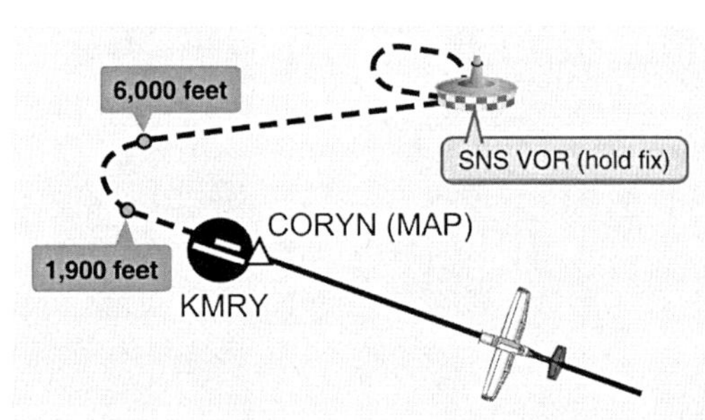

【그림9-50】 실패접근절차

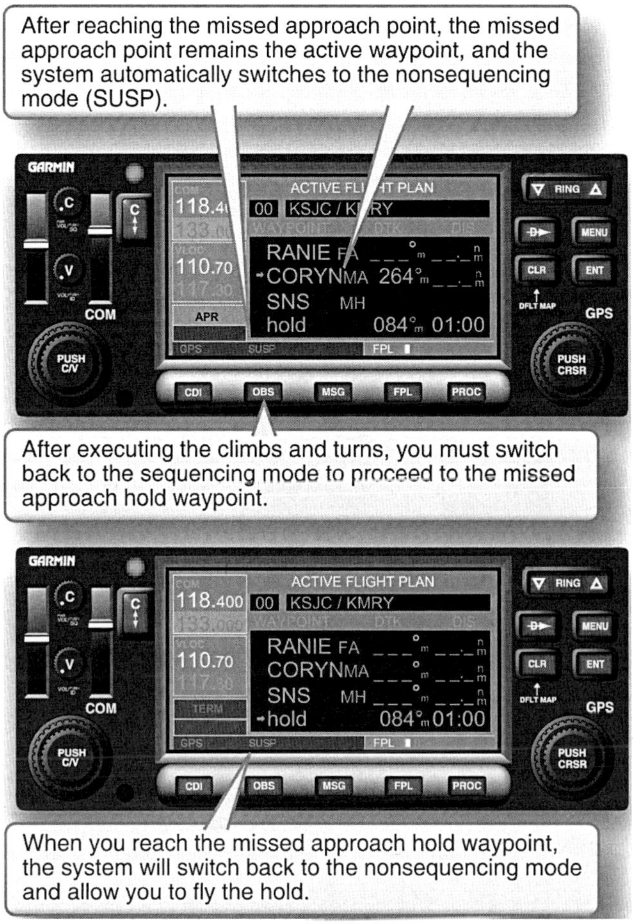

【그림9-51】 MAP에 도착한 후 MAP은 여전히 액티브 웨이포인트로 남아 있고, 시스템은 자동으로 비순차 모드(SUSP)로 전환된다. 상승과 선회를 시작한 후 실패접근 체공 웨이포인트까지 진행하기 위해서 다시 순차 모드로 전환해야 한다. 실패접근 체공 웨이포인트에 도착했을 때 시스템은 비순차 모드로 전환하여 체공절차를 수행한다. 이후 절차는 동일하다.

접근절차에서 요구되는 상승과 선회를 나타내는 통일된 방법이 없다는 것이다. 이를 해결하는 방법으로 모든 FMS/GPS RNAV 장비는 MAP에 도착했을 때 웨이포인트 순차 기능이 자동으로 중지된다. 장비는 시스템이 순차 기능을 계속하기 전에 조종사가 MAP 통과를 인지할 때까지 대기 상태가 된다. 항공기가 발행된 고도까지 상승했고 초기 MAP 절차에 따를 수 있을 때 조종사는 고도 필수요건(altitude requirements)에 주의하면서 안전하게 실패접근 체공 웨이포인트까지 진행할 수 있어야 한다.

실패접근 체공 지점을 위한 웨이포인트는 실패접근절차의 한 부분에 포함된다. 위의 사례에서 조종사는 실패접근 체공 웨이포인트를 액티브 웨이포인트로 선택했고, 고도 6,000피트에 도착하자마자 순차 모드로 다시 전환했다. 조종사는 현재 순차 모드에서 실패접근 체공 웨이포인트로 유도되고 있다. [그림9-51]은 FMS/GPS에서 이 절차를 설명하고 있다. SNS에서 체공은 발행된 실패접근절차의 한 부분이기 때문에 체공패턴에서 실행했던 것과 동일한 기술을 적용하여 체공하면 된다. 일부 FMS/GPS 장비는 항공기가 체공 픽스에 도착했을 때 자동으로 비순차 모드로 전환된다. 다른 장비는 조종사에게 수동으로 비순차 모드로 전환할 것을 조언한다.

9.14.1 MAP 인식

조종사가 실패접근지점(MAP)에 도착했다는 것을 정확하게 판단하는 것은 매우 중요하다. 때로는 FMS/GPS 장비에 의한 실패접근지점에 도착했음을 판단하기 어려울 수 있다. [그림9-52]는 2개의 항법 디스플레이를 보여주고 있다. 위의 디스플레이는 항공기가 1.4 NM 떨어진 위치에서 MAP으로 접근하고 있는 것을 나타내고(to; ▲), 아래 디스플레이는 항공기가 MAP을 지나 멀어지고(from; ▼) 있는 것을 나타내지만, 순간적으로 항공기가 MAP에 가까워지고 있는 것으로 착각할 수 있다. VOR의 경우라면 TO/FROM 지시기가 바뀌는 시기를 실제 MAP을 통과한 것으로 판단할 수 있다. 조종사는 거리가 0.0 NM까지 점진적으로 감소함에 따라 MAP으로부터 거리를 모니터하고자 하는 유혹에 빠질 수 있다. 문제는 조종사가 얼마나 정확하게 비행했는가에 따라 거리는 결코 0.0 NM에 도착하지 못할 수도 있다. 더욱이 항공기가 실패접근지점 어빔(abeam)으로 통과했다면 거리는 단순하게 증가하기 시작한다. 따라서 조종사는 MAP으로부터 거리는 물론이고 TO/FROM 플래그 또는 화살표(arrow)를 주의 깊게 관찰할 필요가 있다. 실패접근지점에 다가감에 따라 작은 화살표(▲→▼)의 변화와 같은 단서를 알아채기 쉽지 않고 자칫 잘못 판독(misinterpret)할 수 있다.

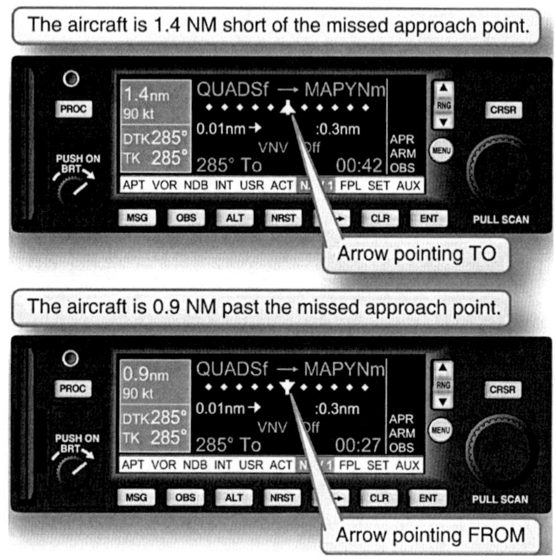

【그림9-52】 항공기는 약 1.4 NM 위치에서 MAP에 접근하고 있다. 이때 화살표는 "TO(▲)"를 지시한다. (위) 항공기는 MAP을 지나 0.9 NM 위치에 있고, 화살표는 "FROM(▼)"을 지시하고 있다. (아래)

9.14.2 ATC 실패접근 지시

때때로 ATC는 접근 차트에 발행된 것과 다른 실패접근 지시를 할 수 있다. 이 경우 앞서 프로그램화된 비행로에 새로운 웨이포인트를 삽입하고 이들 웨이포인트를 잇는 코스라인을 따라 코스를 인터셉트하고 항행할 수 있어야 한다. 일단 실패접근 체공패턴에 진입했다면 다음은 어디로 비행해야 하는지 결정한 후 FMS/GPS 장비에 새로운 비행계획을 프로그래밍해야 한다. 조종실 업무가 긴박하게 수행되는 상황에서 특정 장비의 기능과 스위치 작동방법 그리고 기본 메뉴에 완전히 숙달되어 있어야 이 상황에 적절히 대처할 수 있다. 만약 항공기가 오토파일럿장치를 갖추고 있다면 이것이 FMS/GPS 항법장비와 어떻게 연동(coupled)되어 있고 인터페이스 되어 있는지 확실하게 이해하고 있어야 한다.

[공통 실수]
FMS/GPS의 월등한 성능을 경험한 조종사는 계기접근절차 차트에 발행된 실패접근절차에 따라 비행하기보다 FMS/GPS 지시에 따라 비행하고자 하는 경향이 높다. 그러나 초기상승과 선회 지시와 관련해서는 항상 차트에 발행된 절차에 따라야 한다는 것을 강조한다. 지상기반 항법시설은 높은 산과 같은 장애물 등으로 가려진 위치에서는 신호를 수신할 수 없지만, GPS 신호는 위성기반이기 때문에 양호한 가시선 항법시설로서 지상기반 항법시설에서 보호되지 않는 코스와 거리를 보여줄 수 있다. 특히 지상에 가까울수록 다양한 종류의 자연 및 인공장애물들이 산재해 있어 위험은 더욱 커질 수 있음을 기억하라.

[훈련 중점]
① 실패접근절차를 완전하게 이해하라.
② 동일 접근으로 다시 접근을 시도할 수 있도록 FMS/GPS를 조정하라.
③ 실패접근 체공 웨이포인트에서 체공하는 동안 다른 접근을 선택하라.
④ MAP을 통과하고 체공절차 후 액티브 웨이포인트 선택을 위해서 ATC가 지정한 체공 지점 또는 사용자 웨이포인트를 프로그래밍하고 실행하라.

9.15 재래식 무선항법과 연동

9.15.1 재래식 시스템 식별방법

대부분의 첨단 항공전자 시스템들은 VOR, 로컬라이저 그리고 활공경사 발신기로부터 재래식 무선항법 신호를 수신할 수 있는 수신기를 갖추고 있다. 조종사는 항법 디스플레이 지시기에 이들 항법 신호를 시현하기 위해서 다음과 같은 기본 기술을 필요로 한다.

첫째, 지상기반 항법시설에 동조하고 식별할 수 있어야 한다. [그림9-53, 뒤표지, 안쪽]은 2개의 다른 시스템을 사용하여 VOR 송신소에 어떻게 동조하는지 보여준다. 일부 시스템들은 조종사가 선택한 지상기반 항법시설을 자동으로 식별할 수 있다. [그림9-53, 아래]에서 보는 것과 같이 PFD의 왼쪽 상단 모서리에 선택된 주파수와 나란히 식별부호(identifier; 116.00 = ECA)가 나타나고 있다.

둘째, 항공기에 있는 항법 디스플레이 지시기 위에 기상기반 항법시설로부터 항법 지시를 시현할 수 있어야 한다. 다른 항법 소스들로부터 항법 지시를 시현하기 위해서 항법 지시기를 세팅하는 것 외에 조종사는 현재 어느 항법 지시가 어느 위치에서 시현되고 있는지 확실하게 인지하고 있어야 한다. 대부분의 글라스 칵핏에서는 RNAV 항법 소스(GPS, INS 등)와 지상기반 무선항법 소스를 시각적으로 구분하기 위해서 서로 다른 컬러를 사용한다.

9.15.2 상황인식

조종사는 가용한 모든 항법 소스를 활용할 것을 권장한다. [그림9-53, 뒤표지 안쪽]의 사례에서 주항법 소스로 VOR 또는 GPS가 사용되는 것과 관계없이 전 시간 액티브 창(active windows)에는 2개의 VOR 주파수(frequencies)가 나타나고 있음을 볼 수 있다. 조종사는 상황인식(situational awareness)을 최대화하고 이 소스를 최대로 활용하기 위해서 비행로를 따라 VOR 송신소에 동조한 상태를 유지하고 있어야 한다. 만약 2개의 항법 지시기를 갖추고 있다면 한 지시기는 GPS 코스 지시를 보여주도록 맞추고, 다른 하나는 VOR 지시를 보여줄 수 있도록 맞추어 놓는다. 이 같은 방법으로 VOR과 GPS는 상호 예비항법 소스(standby navigation source)로 사용될 수 있다.

(1) 정밀접근(지상기반 항법시설)

정밀접근(precision approach)은 로컬라이저 주파수에 동조하고 항법 지시가 로컬라이저 코스(localizer course)를 지시할 수 있도록 전환되었을 때 가능하다. 여러 개의 무선항법 수신기를 갖춘 항공기에서 로컬라이저 주파수는 한 수신기에 할당하고, 다른 수신기는 교차-레디얼(cross-radial)을 확인하기 위해서 다른 항법시설에 동조하여 사용할 수 있다. 항공기가 로컬라이저와 활공경사 유효구역에 진입했을 때 CDI와 활공경사 지시기(glideslope indicator)는 로컬라이저와 활공경사(localizer and glidepath)에 대비한 항공기 위치를 보여준다.

(2) 비정밀접근(지상기반 항법시설)

VOR, NDB, LOC, SDF, 그리고 LDA와 같은 비정밀접근은 정밀접근과 동일한 절차를 적용하여 접근할 수 있다. 만약 항공기가 오토파일럿을 갖추고 있다면, 이 장치가 FMS와 어떻게 연동(coupled)하여 작동되는지 확실하게 이해해야 한다.

(3) 재래식 접근시설의 활용

현대 글라스 칵핏의 자동화 항법 시스템이 가용하면서부터 추측항법(dead reckoning)과 같은 기본적인 항법 지식과 기량이 심각하게 떨어지고 있을 뿐만 아니라 이들 자동화 항법에 과도하게 의존하면서 새로운 유형의 항공기 사고가 발생하고 있다는 점에 주목할 필요가 있다. 이것은 RNAV 소스와 마찬가지로 지상기반 항법시설을 이용한 규칙적인 훈련이 필요하다는 것을 강조하고 있다. 조종사의 항법 기량을 유지하기 위한 한 방법으로 RNAV 시스템을 예비로 사용하면서 지상기반 항법시설을 활용할 수 있는 능력을 유지할 것을 권장한다.

[훈련 중점]

① 어느 종류든 기상기반 항법시설을 이용한 접근을 선택하라.

② 그 절차를 위한 재래식 항법 수신기에 주파수를 동조하고 그 접근에 적합한지 확인하라.

③ 송신소 식별과 유효성을 위한 항법시설을 정확하게 확인하라.

④ 오토파일럿을 위해서 원하는 항법 소스를 정확하게 선택하고 사용할 수 있도록 훈련하라.

제 10 장

GNSS(GPS) 계기비행

10.1 개 요

위성항법장치와 항공전자 시스템의 발달로 조종실 환경은 글라스 칵핏으로 급속하게 변화되고 있다. GPS는 지상 이동수단뿐만 아니라 대륙과 오지를 찾아가는 항공기 항법 성능을 크게 향상시켰다. 현대 GNSS는 미래 항공기의 주요 항법장비로 더욱 정밀하면서 이용자가 쉽게 활용할 수 있도록 기능이 개선된 제품들이 출시되고 있다. 분명한 것은 GNSS 계기비행이 일반 재래식 계기를 이용한 계기비행 지식과 결코 다르지 않기 때문에 기초 계기비행 지식을 바탕으로 GNSS 계기비행 지식을 익혀야 한다. 이를 위해서 이 장에서는 GNSS와 관련된 계기비행 기본지식을 소개한다.

10.2 계기비행과 정밀도

10.2.1 GNSS의 특징

(1) 정밀도 향상 기술

현대 정밀 GPS 수신기는 활주로를 볼 수 있는 최저시정(minimum visibility)에서 항공기를 활주로 시단까지 안전하게 유도해 줄 수 있는 초정밀접근 3차원 PNT 정보를 제공한다. 현재 운용되고 있는 ILS CAT I, II, IIIa, IIIb, IIIc의 정밀도와 비교했을 때 GPS/WAAS는 CAT I 수준이지만 GBAS의 정밀도는 ILS CAT II, III 수준에 도달하였다.

GPS가 상용화되면서 지상에 시설물을 설치하고 운용해야 하는 기존의 항법보조시설들을 대신할 수 있다는 연구와 실험 결과는 항공기의 운항에 혁신적인 아이디어를 제공하게 되었다. 이를 바탕으로 FAA는 1994년부터 성능 개량에 착수하여 항공기를 활주로 시단까지 접근하는 과정에서 고도, 코스 그리고 거리에 관한 3차원 항법 정보를 제공할 수 있는 ILS II, III 기술 수준을 목표로 하고 있다.

WAAS(wide area augmentation system)가 개발되기 전 ILS가 가장 보편적으로 사용된 계기접근시설이다. 그러나 ILS 시설을 설치하고 유지하는 데는 많은 비용이 소요되기 때문에 비교적 재정적으로 여유가 있고 교통량이 많은 공항의 활주로에만 설치되어 운용되고 있다. 따라서 모든 항공기에 정밀한 고도와 코스를 제공한다는 것은 불가능하다. 이 같은 점을 해소하기 위해서 개발된 것이 초단파착륙시설(microwave landing system; MLS)이다. MLS는 ILS와 다르게 하나 혹은 두 개의 박스로 구성된 장치를 활주로와 나란히 설치할 수 있어 비용 면에서 획기적인 성과를 얻을 수 있었고, 항공기와 무선 채널의 사용에서 많은 실질적인 이점이 있다. 그러나 MLS를 사용하기 위해서 모든 공항과 항공기의 장비를 교체해야 하는 문제점을 안고 있다.

MLS의 성능을 개선하는 과정에서 GPS가 민간 시장에 보급되면서 주목받게 되었다. GPS 수신기 성능의 개선과 함께 무제한 가용성, 편리성, 저렴한 비용, 그리고 내장형 수신기 혹은 휴대용 수신기와 같은 다양한 형태의 수신기가 개발되면서 GPS는 폭발적 수요를 창출하게 되었다. 이로써 기존의 MLS 개발 계획은 모두 밀려나고 GPS에 의한 항법이 미래의 항법 수단으로 급부상하였다.

그러나 초기 GPS는 최종착륙과정에서 기존의 완전한 ILS 접근에 대체할 수 있을 정도의 정밀도를 충족하지 못했다. GPS의 오차를 수정하기 위해서 개발된 것이 DGPS(differential GPS)이다. DGPS의 활용으로 GPS의 정밀도는 크게 향상되었으나 일부 고층건물들이 밀집해 있는 도심권에서 고출력은 수많은 신호의 잡상이 발생하였다. 최종적으로 DGPS에서 발생할 수 있는 문제를 해소할 방안이 광역증대장치(WAAS)가 개발되는 결정적인 계기가 되었다. 이것은 기존의 GPS 장비를 그대로 사용함으로써 별도의 시스템을 구축하기 위한 연구와 노력 그리고 설치비용 등을 고려하여 몇 개의 정지위성만으로 광범위한 지역을 커버할 수 있는 신호를 전송한다면 DGPS의 문제점을 대부분 해결하고 GPS의 최종목표인 정밀접근이 가능하게 되었다.

이 같은 개발 계획에 따라 일반항공에는 2003년 7월에 미국 전 지역의 약 95%에서 신호를 수신할 수 있도록 WAAS 서비스가 개시되었다. WAAS는 GPS 위성 외에 또 다른 정지위성을 이용하여 기존의 문제들을 해소하였고, 정밀도(precision)와 무결성의 신뢰성을 높여 ILS CAT I 등급까지 확보했으나, 추가적인 성능 보완이 따르지 못한다면 완전한 계기접근의 완성단계인 ILS CAT II, III 등급에 미흡하기에 이를 위해서 개발된 것이 기상기반증대장치(ground-based augmentation system; GBAS)이다. GBAS 최종목표는 모든 접근, 착륙, 출발과 지상 운용 단계를 지원할 수 있고, 무결성 보장과 함께 1m 미만의 위치 오차로 정밀도를 높이는 것이다.

(2) RAIM

GPS 운용에서 데이터의 무결성(integrity)이란 시스템에서 보유하고 있는 고유 데이터 또는 저장 시스템에서 받아온 데이터가 어떠한 변형 또는 훼손되지 않았다는 것을 보증하는 것이다. 이 같은 무결성이 중요한 이유는 GPS 위성에서 전송된 신호가 어떠한 변형 또는 훼손되지 않았다는 것을 입증하는 것이기 때문이다. IFR 상태에서 비행은 구름, 안개 또는 기타 시정 장애물로 인하여 조종실에서 외부를 육안으로 관찰할 수 없는 상황에서 수행

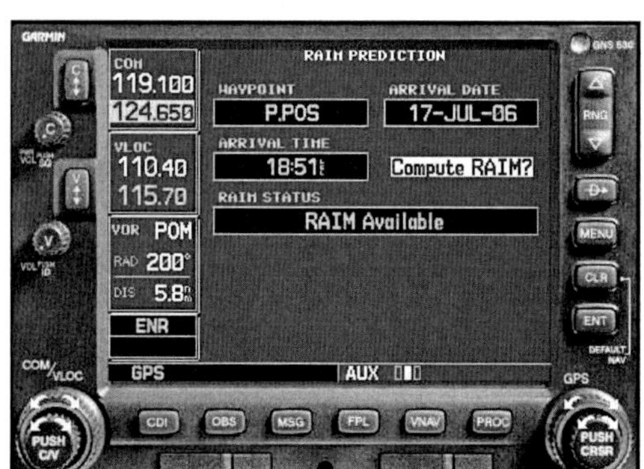

【그림10-1】 GPS 수신기 화면의 "RAIM Available" 표시창의 사례

되기 때문에 항공기의 수평 및 수직분리를 위한 정밀한 위치정보 솔루션이 필수적이다. GPS 위성 상태가 지상 GPS 수신기의 항법 솔루션에 결정적인 영향을 미친다는 점을 고려한다면 GPS 위성에서 전송된 신호의 무결성이 즉각 확인되어야 한다.

GPS 주관제소(master station)에서는 각 구역의 모니터 관제소(감시국)에서 보내온 위성 정보를 바탕으로 위성의 위치를 조정하고 통제한다. 이 과정이 최대 2시간까지 소요될 수 있다는 점을 고려한다면 GPS 신호의 무결성을 경고해 줄 수 있는 장비를 갖추지 않은 수신기는 상당한 오류 항법에 노출될 가능성이 높다는 것을 의미한다.

GPS 위성 신호의 무결성(integrity)을 경고해 줄 수 있는 장치를 수신기자율무결성감시(receiver autonomous integrity monitoring; RAIM)라 한다. RAIM은 GNSS 장비가 WAAS 또는 GBAS로부터 수신된 신호의 무결성을 보장하지 못할 때(기준에 적합하지 못할 때 또는 위성의 결함이나 고장을 탐지했을 때) RAIM 기능을 갖춘 GPS 수신기에 즉각 경고를 제공한다.

정밀접근 중 RAIM 경고를 수신했다면 그 접근은 즉시 중단되어야 하고 비정밀접근으로 전환하거나 다른 계기접근으로 전환하여 수행되어야 한다. IFR 비행 중인 항공기의 GPS 수신기와 WAAS 수신기는 RAIM 기능을 필수적으로 갖추어야 하는 이유이다. 정상적인 PNT 솔루션을 제공할 수 있는 GPS 위성의 수는 최소 4개이지만, RAIM 기능을 수행하기 위해서 또 하나의 위성이 가시권에 있어야 한다. 결국, 완전한 IFR 비행을 보장하기 위해서는 5개의 위성이 가시권에 있어야 한다.

GPS에서 얻어진 고도는 수직 오차(vertical error)가 너무 커 확실한 무결성이 보장되지 않으면 적용할 수 없다. 만일 4개의 위성만 가용하다고 했을 때 기압고도계(barometric altimeter)를 이용하여 무결성의 변형을 탐지하거나 고도 정보를 보강해야 하고, 이를 Baro-VNAV이라 한다. GPS 수신기만 전적으로 의존하기보다 최근 고도세 수정치가 입력된 기압고도계와 비교함으로써 GPS 신호의 무결성을 확인할 수 있다.

당신의 GPS 수신기 또는 WAAS 수신기에서 RAIM 메시지를 어떻게 나타내는지 장비 매뉴얼에서 확인해야 한다. 일반적으로 위성의 가용성(최소한 5개)을 표시하는 방법과 현재의 비행구간을 위한 한계를 초과할 잠재적 오차를 탐지하여 표시하는 방법이 있다. 결론적으로 조종사는 RAIM 성능 없이 GPS 위치정보의 정밀도를 보장받을 수 없다. [그림10-7]

(3) GNSS(GPS)의 IFR 적용

IFR 비행에서 항공기의 수직분리(vertical separation)는 매우 중요한 요소이다. 최종접근구간에서 주변 장애물, 지형 높낮이 등은 특히 치명적이고 정밀한 고도 솔루션이 필요하다. GPS 장비의 IFR 항법 솔루션(navigation solution)을 위해서 반드시 규정에 따른 장비와 설치가 된 후 승인된다. GPS 항법 장비(navigation equipments)는 TSO C-129 또는 이와 동등한 규정에 명시된 필수요건(requirements)에 따라 승인되어야 하고, 설치는 AC 20-138, AC 20-130A에 따라야 한다. 항공기에 설치되는 장비의 등급에 따라 운용상의 제한이 있을 수 있으며, 이들 제한사항에 대해서 확실하게 숙지하고 있어야 한다. 따라서 VFR 단독(stand-alone) GPS 수신기 또는 휴대용 GPS 수신기는 IFR 항법, 계기접근 등에 사용할 수 없고 단지 상황인식(awareness)을 위한 보조 장비(secondary equipment)로 활용해야 한다.

비행계획을 수립할 때 비행계획서(flight plan)의 장비 난에 GPS 수신기 성능에 관한 장비 부호를 반드시 기재해야 한다. 만약 GPS 수신기가 정상적으로 작동되지 않는 상태라면 ATC에 통보하여 장비 부호를 수정해야 한다.

GPS 수신기 또는 WAAS 수신기에서 RAIM 기능이 있다 할지라도 IFR 비행을 위해서 반드시 예비 항법장치(secondary navigation system)를 갖추어야 한다. 이것은 비행 중 RAIM 기능고장(malfunctions)이 발생했을 때 즉각 대체할 수 있는 수단으로 사용하기 위한 것이다. RAIM이 정상적으로 작동 중 예비 무선항법 시스템을 모니터링할 필요가 없으나, RAIM 기능고장이 발생했을 때 예비 항법장치로 전환하거나 항법 솔루션을 보조할 수 있어야 한다. 만약 비행 전 RAIM 기능 고장을 발견했다면 장비를 수리할 때까지 비행을 연기하거나 취소하고 다른 항법장치로 전환하여 비행을 계획해야 한다. GPS를 이용하여 IFR 비행을 계획할 때 반드시 위성 상태 등을 알 수 있는 적절한 노탐과 항공정보를 확인해야 하는 것도 잊지 말아야 한다.

(4) GPS의 해양, 순항항로 그리고 터미널 지역에서 IFR 운용

해양(ocean)에서 GPS IFR 운용은 적절한 항공전자 시스템이 설치되고 제공된 모든 필수요건에 충족된다면 즉시 수행될 수 있다. 등급 A1, A2, B1, B2, C1 또는 C2로 분류되는 TSO C-129 승인으로 설치된 GPS는 복식 INS와 같은 장거리 항행 수단의 하나로 대치되어 사용될 수 있다. RAIM 기능을 제공하는 이들 등급의 장비를 갖춘 단일 GPS 설치는 오직 한 개의 장거리 항법 수단만 요구되는 단거리 해양 비행로에 사용될 수 있다. GPS 순항항로(enroute)와 터미널 IFR 운용은 적절한 항공전자 시스템이 설치되고, 모든 일반 필수요건에 충족된다면 즉시 수행될 수 있다. 목적지 공항과 필수 대체공항(alternate airport)까지의 항로를 위한 모든 지상 항법시설로부터 수신하는데 필수적인 항공전자(avionics)를 장착하여야 하고 운용 가능하여야 한다. 이들 비행로를 위한 필수 지상 항법 시설들 역시 운용 상태여야 한다.

(5) 계기접근절차의 분류

GNSS/GPS 계기접근이 도입되면서 계기접근절차(IAP)를 분류하는 기준이 새롭게 정의되었다. 용어의 정확한 이해는 계기접근절차 차트에 발행된 최저치를 이해하는 기준이 된다.

① 정밀접근(PA)

정밀접근은 ICAO Annex 10의 정밀접근표준에 적합한 코스와 활공경로 편차 정보를 제공하는 항법 시스템이다. 이 기준에 따른 정밀접근(precision approach; PA)은 ILS, PAR 그리고 GLS(GNSS Landing System) 그리고 WAAS를 기반으로 한 가로 및 수직유도 정보를 제공하는 수직유도 로컬라이저(localizer performance with vertical guidance; LPV)가 새로 추가되었다. LPV 접근은 지형과 공항 기본구조가 가장 낮은 최저치를 지원할 때 시정 최저치가 1/2 마일, 착지대 상공높이(HAT)의 200피트에서 결심고도(decision altitude; DA)를 형성한다. LPV는 수평 16m, 수직 20m 그리고 95% 시간의 정밀도를 제공하도록 설계되었다. 실제 성능은 이들 수준을 초과하고 WAAS 운용 중 수직 오차가 12m 이상을 초과하는 사례는 보고되지 않았다.

② 수직유도접근(APV)

수직유도접근절차(Approach Procedures with Vertical guidance; APV)는 ICAO Annex 10의 정밀접근표준(precision approach standard)에는 적합하지 않지만, 코스와 활공경로 편차 정보를 제공한다. APV 접근은 정밀접근의 활공경로를 제공하지만, ILS의 엄격한 표준에는 미치지 못한다. 이들 시스템은 WAAS 또는 기압고도계에 의한 수직유도(vertical guidance; Baro-VNAV)가 보강되어야 하는 시스템들이다. 전형적 APV 접근 시스템은 LNAV/VNAV이 있으며 다음과 같은 수직유도가 보강되어야 한다.

- LNAV/VNAV 접근을 위한 WAAS 항공전자의 보강. LNAV/VNAV 절차는 기압고도계에서 발생할 수 있는 오차를 제거할 수 있는 WAAS 전자 활공경로를 이용함으로써 가능하다.
- GPS IFR 접근을 위한 기압고도계에 의한 VNAV의 보강(Baro-VNAV)
- WAAS IFR 접근을 위한 기압고도계에 의한 VNAV의 보강(Baro VNAV)
- 기압고도계 VNAV(Baro-VNAV)으로 보강된 RNP-0.3 시스템

③ 비정밀접근(NPA)

비정밀접근(non-precision approach)은 최종접근코스(final approach course)에 관한 정보만을 제공하고 활공경로에 관한 유도정보는 제공하지 못하는 항법 시스템으로 위의 두 시스템에 비해서 최저치(minima)가 높다. VOR, NDB, ASR은 전형적인 비정밀접근이고, GPS가 계기비행에 승인된 장비일 때 LNAV 항법 시스템은 비정밀접근의 형태이다. 비정밀접근에는 수직강하각도(vertical descent angle; VDA)를 제공하여 접근을 보조하고 있지만, 이것이 APV 접근의 한 구성 요소는 아니다. 이는 최저강하고도(minimum descent altitude; MDA)까지 비행해야 하고 활공경로와 연계해서 수행되지 않기 때문이다. 이를 요약하면 아래 표와 같다. 세부 절차에 관해서는 "계기절차 지침서"에서 다룬다.

접근 종류	비정밀(NP) 수직유도(V) 정밀접근(APV)	WAAS	코스 유도	전형적인 최저치
LNAV	NP	X	Linear	400 MDA
LNAV+V	NP+V	O	Angular	400 MDA
LNAV/VNAV	APV	O	Angular	350 DA
LPV	APV	O	Angular	200 DA
LP	NP	O	Angular	300 MDA

10.3 IFR GPS 수신기

10.3.1 장비와 데이터베이스 요건

IFR에서 사용되는 GPS 장비는 TSO C-129에 적합한 기능을 갖추어야 한다. IFR 접근 단계까지 요구되는 GPS는 A1, B1, B3, C1, C3 등급이 되어야 한다. 비록 규정에 적합한 장비와 설치기준에 맞게 장착되었다 할지라도 해당 장비에 공급되는 데이터베이스는 항상 최신 정보여야 한다. 유효기간이 지난 데이터베이스(database)는 최근에 변경된 항공정보를 보장하지 못하여 부주의하게 특별사용공역(special use airspace)을 침범하거나 때로는 변경된 접근절차를 반영하지 못할 수 있기 때문이다. 항법 데이터는 최신 공중항법 데이터베이스로부터 검색할 수 있어야 하고, 검색한 절차 또는 웨이포인트를 사용하기 전 데이터베이스의 유효기간을 확인해야 한다. 이 유효기간은 다음과 같이 비행 전 그리고 비행 중 단계에 포함되어야 한다.

(1) 비행 전

① 데이터베이스의 발행 일자를 확인하고 유효기간이 지나지 않았는지 확인한다.

② 데이터베이스 제공자가 특정 웨이포인트 또는 절차의 사용을 제한하는 주의(notices)가 발행되지 않았는지 확인한다.

(2) 비행 중

① 웨이포인트와 전이(waypoint and transition) 명칭이 절차 차트의 명칭과 일치하는지 확인한다. 만약 발행된 접근절차 차트에 표기된 명칭과 일치하지 않으면 웨이포인트를 사용해서는 안 된다.

② 웨이포인트의 위치 지정 그리고 순서가 논리적이고, 이들의 상호 오리엔테이션이 가로와 수직 모두 절차 차트에서 찾아볼 수 있는 것인지를 확인한다.

③ 만약 웨이포인트의 선정이 비합리적으로 전개되어 있거나 위의 ②항에서 지정한 개별 웨이포인트 위치가 잠재적 오류를 지시한다면 검색된 절차 또는 웨이포인트는 위도와 경도, 웨이포인트 종류, 그리고 고도 제한이 발행된 데이터와 완전히 일치할 때까지 사용해서는 안 된다.

10.3.2 계기접근차트의 항법 데이터

GPS 수신기는 항법에 필요한 다양한 항공정보들이 데이터화되어 있다. 대부분의 GPS 접근차트 역시 GPS 수신기의 항법 데이터에 수록되어 있어 내장된 항법 데이터를 검색할 수 있고 필요에 따라 불러와 사용할 수 있다. 시스템에 내장된 접근도(approach plate)를 화면에 불러왔을 때 웨이포인트 데이터가 발행되어 있으나, 일부는 아직 항법 데이터에 수록되어 있지 않을 수 있다. 이때 조종사는 입력 키보드를 이용해서 원하는 웨이포인트를 입력하여 사용할 수 있다. 그러나 대부분의 GPS 접근도에 있는 5-문자 웨이포인트 식별부호만으로 지정된 것은 이미 항법 데이터(navigation data)에 저장되어 있다는 것을 의미한다. GPS 수신기에서 공항의 식별은 해당 GPS 수신기의 운용 지침서를 참고해야 한다. GPS 수신기는 제작회사에 따라 다양한 기능과 통합된 다기능 수신기(multi-function receivers)가 개발되고 있다. IFR 비행을 위한 GPS 수신기의 데이터베이스는 28일 주기로 개정된다. 최신 데이터베이스(current database)를 갖추어야 하는 것은 조종사 또는 운용자의 책임이다. 그러나 유효기간이 만료된 데이터베이스를 사용한다고 수신기 작동에 지장을 초래하는 것은 아니지만 항공도와 같은 다른 보조 항법 정보와 비교해서 확인해야 한다.

10.3.3 GPS 거리와 DME 거리

GPS 항법의 기본은 "TO-TO" 개념이다. 이것은 조종사가 지정하든 항법 데이터에서 자동으로 순서가 지정되든 GPS 거리(distance)는 오직 다음 웨이포인트까지 거리를 지시한다. 그러나 DME 거리는 무선항법시설(radio navigational aids)을 기준으로 전파의 이동시간을 참고로 산출된 것이다. 따라서 항공기가 DME 시설에 접근하면 거리는 감소하고 멀어지면 거리는 증가한다. 항공기의 비행 방향에 따라 거리의 증감을 나타낼 수 있지만, GPS 거리는 지정된 웨이포인트를 지향하고 있어 거리는 계속 감소하여 지정된 웨이포인트에 도달하면 "0"을 지시하게 된다. 또한, DME 거리는 경사거리(slant distance)지만 GPS의 거리는 지정된 웨이포인트까지의 직선항적거리(along track distance; ATD)이므로 접근차트에 지정된 DME 거리와 차이가 있을 수 있다.

10.3.4 직선항적거리

GPS/WAAS의 모든 거리는 위성 신호를 기반으로 다음 웨이포인트까지 직선항적거리(ATD)이기 때문에 ILS/DME 거리와 차이가 있을 수 있다. 통상 GPS/WAAS의 MAWP는 활주로 시단(threshold)에 지정되지만, ILS/DME는 활주로 접근종단(end of approach) 부근에 지정된다. LNAV, LNAV/VNAV 그리고 LPV 절차에는 최종접근구간 중간에 어떠한 웨이포인트 없이 실패접근 웨이포인트(missed approach waypoint; MAP)가 지정된 활주로 시단까지 직선항적거리(ATD)를 지시한다. LNAV/VNAV 그리고 LPV 접근에서 실패접근은 항공기가 결심고도(DA)에 도달했을 때 활주로, 활주로 접근등화시설(ALS) 그리고 주변 시설을 확인하지 못했다는 가정하에 수행되어야 한다.

어떠한 형태의 접근이든 착륙하기 위한 접근을 계속할 수 없을 때 실패접근지점까지 규정된 고도를 준수하여 비행해야 한다. 실패접근지점의 식별은 ATD의 지시가 "0"이 되었을 때이고 이후 실패접근절차를 실행해야 한다. 실패접근절차가 RNAV를 위해서 설계되었다면 WAAS 수신기는 GPS 수신기와 달리 MAWP 이후 연속해서 실패접근절차를 자동으로 시현하게 될 것이다. 조종사는 MAWP 이전에 실패접근을 선택할 수 있으나 WAAS 수신기의 항법 절차는 실패접근 웨이포인트가 순차적으로 올라오기 전에 MAWP까지 계속 시현될 것이다.

10.3.5 컴퓨터항법픽스

컴퓨터항법픽스(computer navigation fix; CNF)란 FMS 또는 GPS와 같이 공중탑재용 컴퓨터 시스템에서 항행 항적(navigation track)을 지정하는데 사용되는 지점이다. GPS 접근차트에서 CNF는 DME 아크(arc)의 시작과 끝나는 지점 그리고 일부 GPS 최종접근픽스(FAF)로 지정된다. CNF는 기존 차트에 사용되고 있는 보고지점(reporting point), 픽스(fix), 교차점(intersection) 그리고 웨이포인트와 구분되도록 차트에 표시된다. CNF의 명칭은 웨이포인트와 같이 5-문자로 지정되지만, 일반 GPS 웨이포인트와 달리 괄호 "(MABEE)" 속에 표기하여 쉽게 구분할 수 있다. DME 아크에서는 IAP 차트에서 보는 것과 같이 명칭 자체가 부여되지 않는 형태가 있으며 만약 CNF가 "Radial or Radial/DME"와 같은 무선항법시설에 의한 교차점으로 지정된 현존하는 지점이 아니라면 그 지점은 "X"로 표시된다. CNF 명칭은 비행계획서 작성이라든지 항공기/ATC 무선통신에 사용되어서는 안 되고, 이들 픽스를 서술하기 위한 시설명칭, 레디얼 그리고 거리와 같은 현용 어구를 사용하여야 한다. 이들 CNF는 체공(holding)과 같이 픽스가 아직 평가되지 않은 어떠한 ATC 적용에 사용되어서는 안 된다.

10.3.6 GPS 수신기의 순차기능과 대기모드

GPS 항법은 재래식 항법시설과 관계없이 공항에서 공항까지 직행(direct flight)할 수 있는 장점이 있다. 조종사에게는 매우 매력적으로 보일지라도 재래식 항법장비보다 시스템이 복잡하다는 점에 주의해야 한다. GPS 수신기의 자동순차기능(automatic sequencing function)이란 [그림10-2]와 같이 비행 전 조종사가 계획한 웨이포인트 등을 입력했을 때 비행이 진행되는 과정에서 GPS 수신기는 입력 웨이포인트를 자동으로 순서대로 불러들이는 기능이다. 특히 접근단계(approach phase)에서 자동순차기능은 한 웨이포인트가 선정되었다는 것은 이 기능이 중지되는 실패접근지점(MAP)까지 자동으로 다음 웨이포인트로 연속해서 전환된다는 것을 의미한다.

터미널도착구역(terminal arrival area; TAA)에 진입했을 때 최종접근코스까지 레이더 유도를 받아야 하는 경우 조종사가 계획한 웨이포인트에 의한 항적이 무시될 수 있다. 만약 조종사가

【그림10-2】 자동순차모드는 조종사가 입력한 비행로를 따라 웨이포인트를 순서대로 불러들이는 기능이다. 이 접근은 LPV 등급이고, 웨이포인트 HEDER에서 SOYOK까지 순서대로 비행로가 나타나 있다. 현재 항공기 위치에서 VODSY가 액티브 웨이포인트이다. 조종사는 디스플레이에 나타나는 비행로가 자신이 계획한 것과 일치하는지 그리고 합리적인지 항상 확인해야 한다.

이를 수동으로 조정해 놓지 않으면 GPS 수신기는 레이더 유도 중에도 입력된 정보에 따라 항법 정보를 지시할 것이다. 따라서 레이더 벡터 중 자동순차기능을 일시 중지시키고, 최종접근웨이포인트(final approach waypoint; FAWP)를 선정함으로써 레이더 벡터로 최종접근웨이포인트에 진입했을 때 GPS 수신기는 다시 이 웨이포인트에서부터 정상적인 자동순차기능이 작동될 수 있도록 조치해야 한다. 이 같은 수동조정기능을 "Hold Mode"라 한다. 수신기의 종류에 따라서 자동순차기능을 "LEG Mode" 그리고 "Hold Mode"는 "OBS Mode"를 버튼으로 조작하면 표시창(annunciator)에 뜰 수 있도록 설계되어 있다. "Hold Mode"는 특히 체공이라든지 절차선회(procedure turn)와 역코스 절차(reverse course procedure)를 수행할 때 매우 유용하게 활용할 수 있다.

10.3.7 IAF와 웨이포인트의 선정

(1) 직진 접근

터미널도착구역에서 "No PT"로 표시된 구역에서는 적절한 IAF를 선택하여 입력하고 수신기는 절차가 수행되는 전 과정에서 자동순차기능을 수행하게 될 것이다. 초기 GPS 수신기는 비행경로 상의 웨이포인트를 직접 입력해야 했지만, 최근에 제작된 수신기들은 기본 "T" 모양으로 구조된 TAA 개념이 적용되는 절차를 자동으로 수행한다.

(2) 역코스 접근

조종사는 레이더 벡터(radar vector)를 받거나 절차선회(procedure turn)를 수행해야 하는 상황에서 정확한 픽스를 선정해야 한다. 레이더 벡터가 예상될 때는 앞에서 언급한 것과 같이 FAF(final approach fix) 웨이포인트를 선정한다. 조종사가 원하는 접근을 검색하여 선택하면 수신기 메뉴에는 당신이 선택해야 할 접근 웨이포인트 픽스가 화면에 나타난다. 만약 절차선회를 수행해야 한다면 절차선회가 시작되는 적절한 IAF(initial approach fix)를 선정해야 한다. 메뉴 리스트에서 원하는 IAF를 선택하면 된다. 역코스 절차(reverse course procedure)의 수행이 예상될 때 자동순차기능은 절차선회가 완료되고 항공기가 최종접근코스에 진입할 때까지 일시 중지시켜야 한다.

10.3.8 GPS와 VOR 스케일링의 차이

GPS 수신기는 조종사가 원하는 항적(track)에서 벗어난 거리(VOR의 각도와 혼동하지 말 것)를 지시한다. [그림10-3]은 재래식 VOR 계기에 GPS 기능이 통합된 계기이다. VOR 계기의 CDI와 동일 개념이지만 VOR의 CDI는 코스 중심으로부터 각 도트(per dot) 당 벗어난 각도로 지시하고, GPS의 CDI 혹은 HSI(VOR)와 연동된 CDI는 GPS 시스템에 입력된 비행로에서 벗어난 거리를 지시한다. HSI의 CDI는 [그림10-4]와 같이 송신소 안테나에서 송출되는 각 레디얼은 송신소로부터 멀어질수록 점점 더 벌어진다. 이때 벗어난 각도와 송신소로부터 거리를 이용하여 항공기가 선택된 코스로부터 얼마나 떨어져 있는지 계산하거나 차트에 도식하여 대략 벗어난 거리를 판단할 수 있다. [그림10-4]의 사례에서 CDI는 4-도트 오른쪽으로 벗어나 있다. 항공기가 송신소에 가까이 접근하였음에도 CDI는 여전히 4-도트 벗어나 있는 것을 관찰할 수 있다. 그러나 GPS CDI는 선택된 코스로부터의 거리를 지시한다. GPS 수신기의 터미널 모드에서 1-도트는 1 NM의 편차를 지시한다. [그림10-4]에서 GPS 수신기가 선택한 웨이포인트는 EKACR이고 왼쪽의 경우는 선택 코스로부터 항공기가 왼쪽으로 4 NM 벗어나 있음을 지시한다. 오른쪽 GPS 수신기의 CDI는 2-도트를 지시하고 있다. 이는 선택 코스로부터 2 NM 벗어나 있다는 것을 의미한다.

【그림10-3】 VOR, LOC, GS(glideslope) 외에도 GPS 신호를 수신하여 원항적(DTK)으로부터 항공기가 벗어난 거리를 CDI로 지시할 수 있도록 통합된 계기이다.

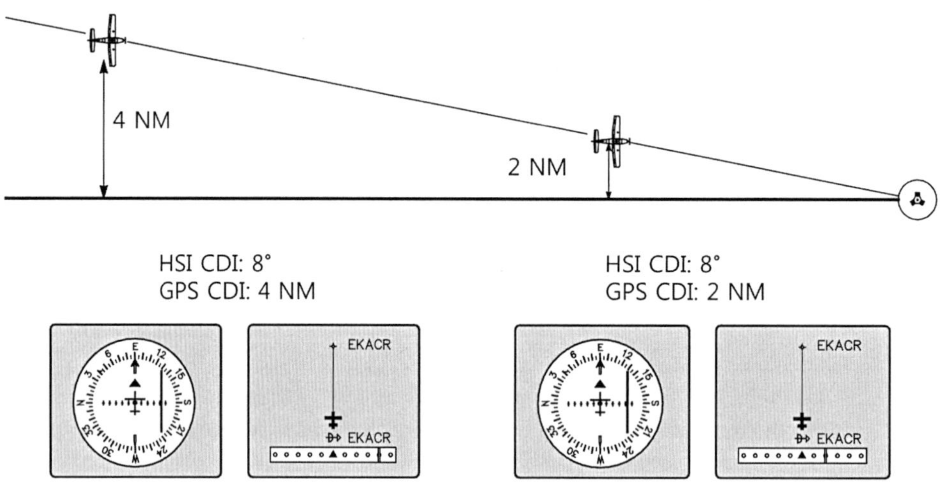

【그림10-4】 HSI CDI는 선택된 코스로부터의 4-도트(8°)가 벗어난 것을 지시하는 반면 GPS 수신기의 CDI는 코스에서 벗어난 거리 4 NM을 직접 지시하고 있다. 오른쪽 계기는 항공기가 송신소에 가까워지면서 재래식 HSI CDI는 4-도트(8°)를 계속 지시하고 있지만, GPS CDI는 가까워진 거리 2 NM을 지시하고 있다.

10.3.9 GPS 수평보호한계

GPS의 접근은 터미널도착구역(terminal arrival area; TAA)에 설정된 코스를 기초로 한다. 항공기가 터미널도착구역부터 공항 활주로까지 연결되는 코스는 기본 "T" 모양에서부터 주변에 존재하는 장애물 등을 고려하여 다양한 형태로 변형된다. 순항항로 구간과 지선 비행로로부터 실패접근 웨이포인트까지 이어지는 공역은 수평한계(horizontal limit)가 지정되어 보호된다. 순항항로 구간은 코스 중앙선으로부터 좌우측으로 각각 4 NM의 폭이 1차 보호구역(primary protection area)으로 보호된다. 1차 보호구역의 경계선부터 다시 2 NM의 보호구역이 지정되고

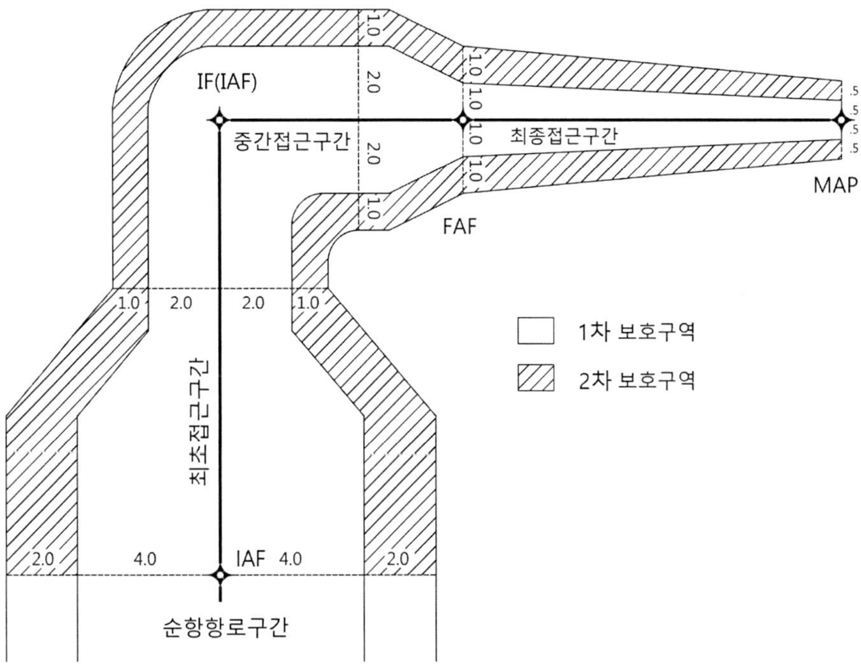

【그림10-5】 GPS 접근에서 보호받을 수 있는 수평 한계이다. 순항항로 구간에서는 중앙선부터 좌우로 4 NM에서 중간접근구간에 접어들면 코스 중앙선으로부터 2 NM로 감소한다. 최종접근구간에 진입해서는 코스 중앙선으로부터 1 NM로 감소한다. 실패접근구간에서 보호구역은 0.5 NM(또는 0.3 NM)로 감소한다. 이에 따라 GPS 수신기의 CDI 감도 역시 더욱 민감하게 반응할 수 있도록 설계된다.

이를 2차 보호구역(secondary protection area)이라 한다.

1차 보호구역의 수직한계(vertical limit)는 코스 중심으로부터 4 NM 이내에 존재하는 가장 높은 장애물로부터 1,000피트 이상의 장애물 통과높이(obstruction clearance height)가 제공된다. [그림10-5]와 같이 코스 중앙선부터 2·4·4·2의 개념이 적용되고 있음을 알 수 있다. 항공기가 최초접근웨이포인트(IAWP)를 통과하고 공항기준점(airport reference point; ARP)으로부터 30 NM 지점에 들어서면 보호구역은 1·2·2·1 개념으로 감소한다. 최종접근구간에 진입해서부터 보호구역은 코스 중앙으로부터 좌우측으로 1 NM로 감소하고 실패접근지점에서 보호구역은 0.5 NM 또는 그 미만으로 감소한다.

10.3.10 30NM 아크

GPS 접근에서 공항기준점(ARP)으로부터 반경 30 NM 원의 의미는 각별하다. ARP로부터 30 NM 반경 밖에 있을 때 GPS CDI 스케일은 ±5 NM을 화면에 생성한다. 이때 각 도트는 1-도트 당 1 NM의 변위를 지시한다. 일단 30 NM 구역 안으로 진입한 후 수신기는 자동으로 접근준비상태모드(approach arm mode)로 전환된다. 만약 자동으로 접근준비상태모드로 전환되지 않으면 수동으로 조정해야 한다. 이때부터 CDI 스케일링은 ±5 NM에서 ±1 NM(full scale)로 자동 전환된다. 따라서 CDI 스케일이 접근준비상태에서 각 도트는 0.2 NM을 지시한다. 항공기

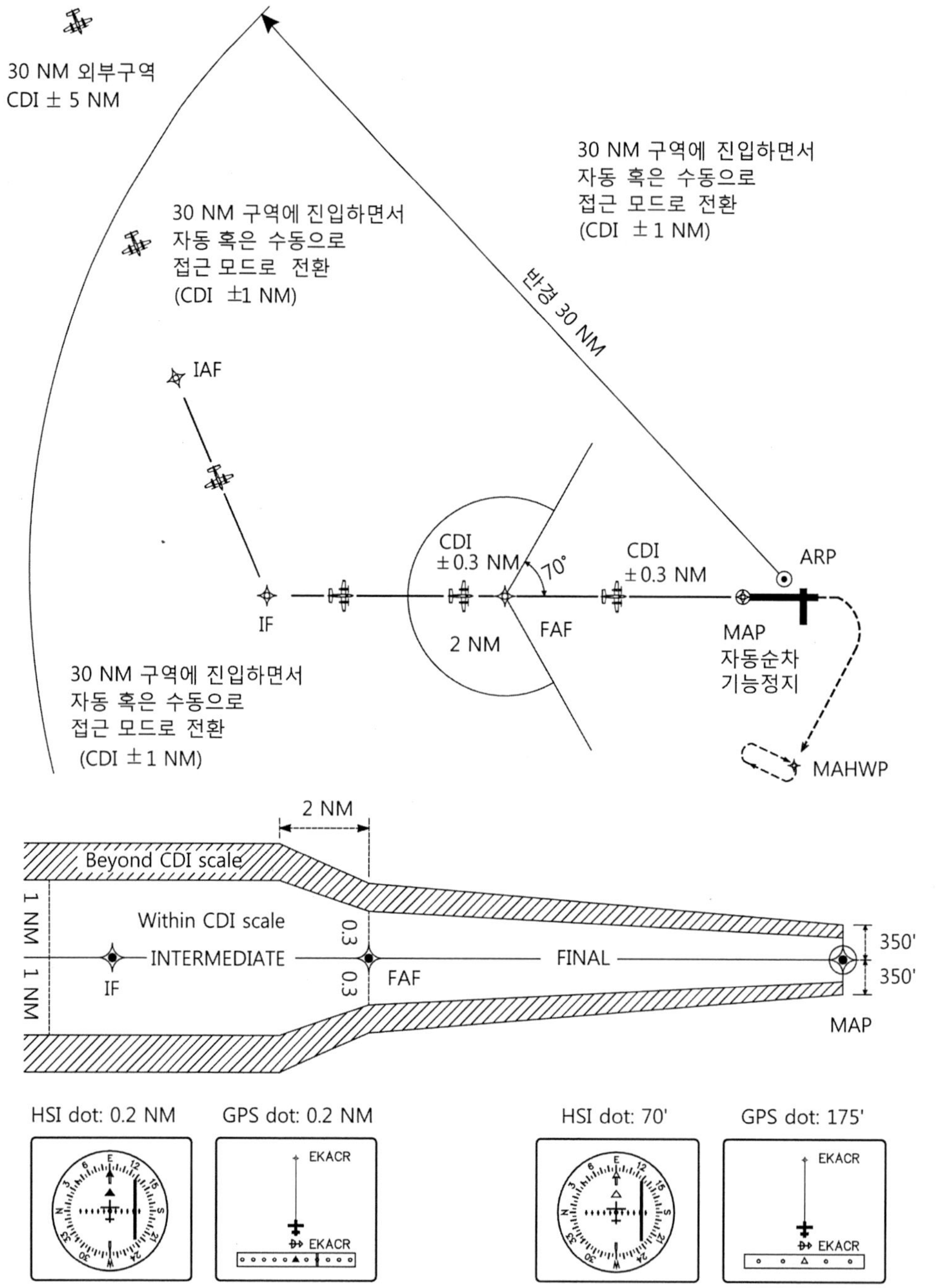

【그림10-6】 최종접근코스에서 GPS CDI의 감도는 마치 ILS와 유사하게 점점 감도가 민감해진다. 중간접근구간에서 전체 스케일이 1 NM을 지시하고 각 도트는 0.2 NM을 지시한다. 그러나 FAF로부터 2 NM 지점에 도달했을 때 전체 스케일(full scale)이 0.3 NM로 전환된다. FAF에서부터 MAP까지 ILS와 같이 전체 스케일이 0.3 NM에서부터 350피트로 점점 좁아진다. 아래 그림은 터미널도착구역에 접근하면서 CDI의 변화를 보여주고 있다. GPS 접근에서 30 NM 구역에 진입하면 자동으로 접근준비상태 모드로 전환된다. CDI의 스케일링은 5 NM→1 NM→0.3 NM로 위치에 따라 자동으로 변경된다. 대부분 접근차트는 30 NM 이내의 범위에 포함된다.

가 계속 진행하여 [그림10-6]과 같이 IF를 통과한 후 FAF로부터 반경 2 NM 구역에 진입했을 때 CDI 스케일은 ±1 NM에서 ±0.3 NM(full scale)로 자동 전환된다. 최종접근코스에서 CDI의 스케일은 ±0.3 NM(full scale)이 유지되고, 실패접근지점에서 CDI 스케일은 ±350피트(각 도트당 70피트)까지 감소한다.

10.3.11 WAAS 스케일링

(1) 가로 및 세로 스케일링

LNAV/VNAV와 LPV 접근절차(approach procedure)에서 사용되는 가로 및 수직 스케일링(scaling)은 기본 GPS의 선형 스케일링(linear scaling)과 다르다. 발행된 절차에 따라 완전하게 비행했을 때 감도가 ILS의 경사 스케일링(slant scaling)과 유사하게 증가하는 것과 같이 ±1 NM 선형 스케일링이 [그림10-6]과 같이 FAF 이전 2 NM까지 제공된다. WAAS 스케일링과 ILS에는 두 가지 다른 점이 있다.

① 최종접근구간의 첫 지점에서 초기 스케일링은 GPS와 동등한 성능을 달성하기 위해서 ±0.3 NM이 된다. 그러나 ILS와 같이 활주로에서 멀리 떨어져 있을수록 감도가 떨어지는 것보다는 양호하다.
② 활주로 시단에 근접할수록 스케일링은 계속 감도가 예민해지는 대신에 선형으로 변경된다. 일반적으로 최종접근코스의 폭은 활주로 시단에서 700피트가 되도록 조정된다.

WAAS 최종접근의 경사 구간을 위한 가로 확장의 폭은 로컬라이저와 같이 고정 안테나 위치는 원점으로 갈수록 폭이 좁아져 활주로 길이에 따라 폭이 변하지만 WAAS의 확장 각도는 원점의 개념이 없어 활주로 길이와 관계없이 지정된 폭을 고정적으로 유지할 수 있다. 발행된 절차에 따라 비행하지 않고 대신 항공기가 ILS와 유사하게 연장된 최종접근코스를 따라잡을 필요가 있을 때 VTF(vector to final) 모드가 사용된다. VTF 스케일링 하에서는 FAWP로부터 거리와 관계없이 ILS 경사 확장이 ±1 NM의 폭에 도달하는 지점까지 ±1 NM에서 선형으로 지시된다.

(2) 실패접근 스케일링

WAAS 스케일링은 실패접근의 초기 구간에서 GPS TSO-C129와 다음과 같은 두 가지 점에서 다르다.

① 스케일링이 접근 스케일링에서 실패접근 스케일링으로 급격히 전환된다. 전환되는 시기는 대략 활주로의 출발종단 또는 조종사가 실패접근 기능을 선택했을 때이다.
② 실패접근의 첫 구간이 인바운드 코스와 3° 이내로 정렬된 픽스까지 항적(Track to Fix; TF)일 때 터미널 감도(±1 NM)로 급격히 변화된 시점의 실패접근절차에서 선회 지시가 첫 번째 웨이포인트를 지시할 때까지 0.3 NM 선형 감도로 변경될 것이다. (이것은 결심고도의 상승을 초래할 수 있는 실패접근 초기 단계에서 장애물에 근접하는 가능성을 제거해 준다.)

10.4 WAAS 계기비행

10.4.1 GPS 노탐/항공정보

WAAS GPS는 위성으로부터 수신된 PNT(positioning, navigation and timing) 정보를 수정하여 정지위성에 업로드하여 이를 다시 WAAS 수신기에 전송하는 방식이다. GPS 위성 혹은 정지위성의 정전(outage) 상황이 발생할 수 있어 GPS 노탐이 별도로 발행된다. 비록 IFR 비행을 위한 RAIM 기능이 위성 상태의 경고를 제공하고 있지만, 사전에 발령된 노탐(NOTAM)을 확인하여 적절한 무결성을 확보하거나 비행 취소(cancel) 또는 위성이 가용할 때까지 비행을 연기(delay)하는 것과 같은 조치를 취하는 것은 조종사의 책임이다. 조종사는 GPS 노탐을 AFSS에 요청하여 확인할 수 있으며 이들 노탐은 WAAS의 상태를 조언하고 가용한 서비스의 수준을 제공한다.

GPS 노탐에서는 "UNRELIABLE"이라는 용어가 사용되는데 이는 조종사에게 WAAS 서비스(LNAV/VNAV, LPV)의 예상 수준(predicated level)이 가용하지 않다는 것을 지시하는 조언이다. GPS 노탐은 예측성이고 비행계획을 수립하기 위한 목적으로 발행된다. 만약 계획된 공항에 "UNRELIABLE" GPS 노탐이 발행된 것을 확인했으나 접근 시점에서 WAAS 항공전자 시스템이 LNAV/VNAV 또는 LPV 접근에 가용하다면, NOTAM이 발행된 지점에서 접근을 시작하자마자 GPS 수신기 디스플레이에 나타난 서비스 수준을 적용하여 접근을 완료할 수 있다. 그러나 접근 중 위성의 정전이 발생했을 때 최저치를 변경하여 접근해야 한다. ATC에게 NOTAM 정보를 요청했을 때 다음과 같은 조언과 함께 GPS UNRELIABLE의 GPS or RNAV(GPS) 접근을 조언받을 수 있다.

① ATIS 방송에 포함되지 않은 NOTAM
② 이전 15분 이내에 수신된 GPS 변형의 PIREP(조종사보고)

민간항공 조종사는 비행 전 브리핑 중 AFSS로부터 비정밀접근절차에 대한 GPS 항공정보를 특별히 요청하여 GPS RAIM 가용성 정보를 얻을 수 있다. GPS RAIM 항공정보는 3시간대(ETA 1시간 전과 ETA 1시간 후) 또는 특정 공항에서 24시간대의 항공정보를 얻을 수 있다. FAA 브리퍼는 조종사가 특별히 요청하지 않는 한 ETA 1시간 전에서 ETA 1시간 후 시간대의 RAIM 정보를 제공하게 될 것이다. 만약 비행이 발행된 GPS 출발이 적용된다면 RAIM 예상은 출발공항을 위한 것으로 요청하여야 한다.

군은 군비행장에 있는 비정밀접근절차를 위한 군비행장 특별 GPS RAIM NOTAM을 제공한다. RAIM의 정전은 M-series NOTAM으로 발표되고, 요청 시간부터 24시간까지 획득할 수 있다. 수신기 제작자 또는 데이터베이스 공급자는 데이터베이스 오류에 관련된 "NOTAM" 형식의 정보를 공급하게 될 것이다. 조종사는 이들 NOTAM 형식의 정보를 확인하여 자신의 전자 데이터베이스가 가장 최신의 것인지를 확인해야 한다.

10.4.2 GPS 노탐 종류

조종사에게 GPS 항법 솔루션의 가용성과 정밀도(availability and accuracy) 그리고 무결성(integrity)을 확인시켜 주기 위한 다양한 방법들이 연구되고 있고, 이 중 가장 보편적으로 전파되고 있는 것이 NOTAM을 통한 전파이다. NOTAM은 수시로 GPS 상태를 확인하는 방법으로 비행 전 반드시 확인해야 한다. 이외에도 IAP 차트에 부호를 표시해서 서비스의 수준에 관한 항공정보를 제공한다.

① WAAS UNRELIABLE NOTAM

이 NOTAM은 WAAS 시스템의 기능고장(malfunction)에 관한 내용이 수록되어 있다. 이들 정보는 ATIS에 포함되어 방송된다. ATIS에 포함되지 않았을 때 ATC는 WAAS UNRELIABLE NOTAMs 상태에서 GPS 또는 RNAV(GPS) 접근이 가용하다는 것을 조언하게 될 것이다.

!FDC 4/3406 (PAZA A0173/14) ZAN NAV WAAS SIGNAL MAY NOT BE AVBL NORTH OF LINE FROM 7000N150000W TO 6400N16400W. RMK WAAS USERS SHOULD CONFIRM RAIM AVAILABILITY FOR IFR OPERATIONS IN THIS AREA. T-ROUTES IN THIS SECTOR NOT AVBL. ANY REQUIRED ALTERNATE AIRPORT IN THIS AREA MUST HAVE AN APPROVED INSTRUMENT APPROACH PROCEDURE OTHER THAN GPS THAT IS ANTICIPATED TO BE OPERATION-AL AND AVAILABLE AT THE ESTIMATED TIME OF ARRIVAL AND WHICH THE AIRCRAFT IS EQUIPPED TO FLY. 1406030812-1406050812EST.

② 특정 장소(Site-specific) WAAS UNRELIABLE NOTAM

이 NOTAM은 예상되는 서비스의 수준이 수록된다. 예를 들어 LNAV/VNAV 또는 LPV가 가용하지 않을 수 있음을 고지하는 경우이다. 비행계획 수립 중 Site-specific WAAS NOTAM을 요청하여 확인하여야 한다. 비행 중 ATC는 조종사에게 WAAS UNRELIABLE NOTAMs을 조언하지 않는다.

LNAV/VNAV, LP, or LPV may not be available. Pilots must request site-specific WAAS NOTAMs during flight planning. In flight, Air Traffic Control will not advise pilots of WAAS MAY NOT BE AVBL NOTAMs.

③ 계기접근차트

계기접근차트(IAP)에 **W**와 같이 [notice]가 붙어 있을 때 Site-specific WAAS UNRELIABLE NOTAMs 또는 WAAS LNAV/VNAV 그리고 LPV 접근 중 정전이 발생했을 때 수직항법을 위한 조언이 제공되지 않는다는 것을 의미한다. 광역 WAAS UNRELIABLE NOTAMs은 접근차트에 **W** 부호가 있는 공항의 접근을 포함하여 NOTAM에서 지정한 WAAS UNRELIABLE 지역에 있는 모든 공항에 적용된다.

10.4.3 RAIM 기능상실

계기비행과 접근에서 RAIM 기능은 불충분한 수의 위성 또는 부적절한 위성의 기하학적 배열로 인하여 위치 솔루션(position solution)의 오차가 너무 크게 발생했을 때 이를 경고해 준다. 항공기의 급격한 자세 변화는 위성과 항공기 사이의 상대적 위치에 영향을 줄 수 있고 위성 신호의 수신과 RAIM 기능을 상실할 수 있다. 또한, GPS 위성은 정지위성이 아니기 때문에 항공기와의 상대적 위치는 항상 변한다. 따라서 이전에는 동일한 상황에서 신호를 수신할 수 있었다는 경험은 결코 신호의 수신을 보장할 수 없다는 것을 염두에 두고 RAIM의 가용성을 항상 확인하고 점검해야 한다. 만약 RAIM이 가용하지 않다면 다른 항법 시스템을 적용하여 접근하거나 목적지 공항의 변경 또는 RAIM이 가용한 시점까지 출발을 연기하여야 한다. 장거리 비행을 하는 조종사는 목적지 공항의 RAIM 가능성을 수시로 확인함으로써 비행 중에 예기치 않은 위성 정전이 발생했을 때 이를 조기에 발견할 수 있다.

(1) RAIM 상태통고

만약 RAIM 상태통고(status annunciation)가 최종접근웨이포인트(FAWP) 이전에 발생했다면 GPS는 더 이상 필수 정밀도를 제공할 수 없고 접근이 실행되어서는 안 된다. 수신기는 FAWP에서 RAIM의 가용성(availability)을 보장할 수 있도록 FAWP로부터 2 NM 전에서 접근모드(approach mode)를 확립하기 위한 상태로서 RAIM 예측(prediction)이 수행되어야 한다. 조종사는 FAWP 이전에 수신기가 "Armed"에서 "Approach"로 순차적 전환이 되었는지 확인해야 한다. (일반적으로 2 NM 이전) 순차적으로 모드 전환이 되지 않은 것은 위성 변형이 탐지되었다는 지시일 수 있고, 수신기 접근준비상태(arm mode) 실패 또는 접근을 저해하는 다른 문제를 유발할 수 있다는 것을 나타낸다. 만약 수신기가 접근 모드로 순차적 전환이 되지 않았거나 FAWP 이전에 RAIM 상태통고가 발생했다면 조종사는 MDA까지 강하해서는 안 된다. 현재 상태에서 FAWP를 경유하여 실패접근웨이포인트(MAWP)까지 진행하여 실패접근을 실행한 후 될 수 있는 한 빨리 ATC와 교신해야 한다. FAF 이전에 RAIM의 상실에 관련된 특정 징후들의 발견은 해당 수신기의 운용 지침서를 확인해야 한다. [그림10-7]은 Garmin G1000에서 RAIM 소프트키는 RAIM 예측을 확인할 수 있는 화면을 보여주고 있다.

(2) 최종접근웨이포인트 이후 RAIM 상태통고

만약 RAIM 기능고장이 상태통고 없이 FAWP를 지난 후 발생했다면 수신기는 수행 중인 접근을 종료하기 위해서 5분까지 연속 운용이 허용된다. (수신기 운용 지침서 확인) 그러나 RAIM 경고기/상태통고가 FAWP를 지나서 계속 나타났다면 실패접근을 실행해야 한다.

10.4.4 재래식 항법 데이터와 GPS 항법 데이터

GPS 계기접근절차를 따라 비행하거나 한 비행로를 따라 비행할 때 항법 차트에 도식된 코스 정보와 GPS 항법 디스플레이 사이에 약간 차이가 있을 수 있다. 재래식 항법보조시설로 지정된

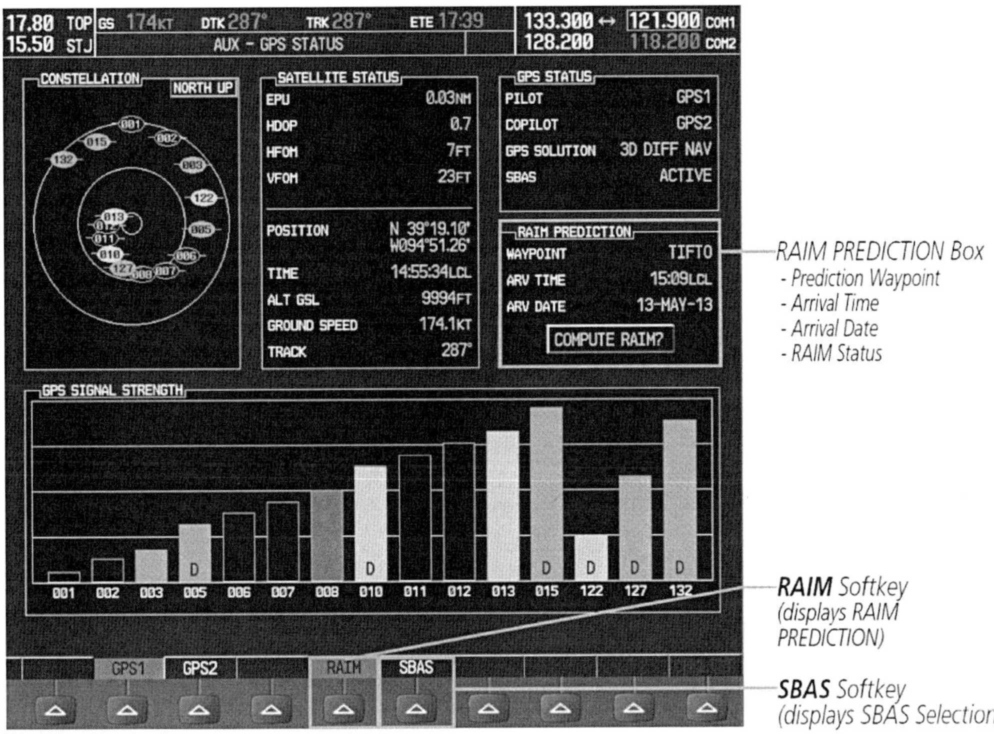

【그림10-7】 아래에 RIAM 소프트키를 누르면 RAIM 예측 박스가 나타나고, 위성 신호의 강도를 막대 그래프로 확인할 수 있다.

모든 자침의 항적(magnetic track)은 송신소 자침의 편차(variation)를 적용한다. 그러나 GPS RNAV 시스템은 국지 자침의 편차(local magnetic variation)를 적용하고, 나타난 코스에서 약간의 오차가 발생할 수 있는 연산법을 사용한다. 그러나 두 항법 모두는 IFR 항법 시스템에서 사용 승인이 되었을 때 원하는 지상항적을 동일하게 생성한다. 접근차트와 GPS 항공전자의 항법 데이터베이스의 적용 사이에 큰 오차가 발생했다면 NOTAM에 발행된 접근차트를 우선해야 한다. 대권코스(great circle course)와 같은 장거리 항로에서 GPS 항공전자가 산출한 방위와 코스는 최초 웨이포인트와 최종 웨이포인트까지 일직선(180° 떨어져 있지 않음)이 되지 않을 수 있다. 이같이 오차가 발생할 수 있는 것은 자침의 편차 그리고 주요 계기접근절차 차트에 발행된 DME 거리는 지상 무선항법시설까지 측정된 경사거리이기 때문이다. 이 오차는 항공기 고도와 지상 무선항법시설까지 근접도(proximity)에 따라 달라질 수 있다.

10.4.5 감도 오버라이딩

WASS 접근 중 자동으로 선택된 감도의 오버라이딩(overriding; *하위 기능을 중단시키고 우선 기능으로 전환되는 것*)은 접근 모드 상태통고를 취소시킬 수 있다. 만약 접근 모드가 FAWP 2 NM 전에서 "arm"으로 전환되지 않았다면 접근 모드는 FAWP 2 NM 전에서는 작동되지 않을 것이고, 장비는 경고기(warning flag)가 나타난다. 이들 조건에서 RAIM과 CDI 감도는 강하경로에 충족하지 못하는 것으로 최저강하고도(MDA)까지 강하해서는 안 된다. 이 경우 MAWP까지 비행하여 실패접근을 실행해야 한다. 따라서 접근 작동 표시기(annunciator)와 수신기의 접근 모드가 FAWP 이전에 작동되는지 반드시 점검해야 한다.

10.4.6 출발과 계기출발절차(DPs)

GPS 수신기는 터미널(1 NM) CDI 감도와 IFR 차트의 출발절차(DPs)를 따라 비행하기 위해서 데이터베이스에 내장된 항법 비행로에 조정되어 있어야 한다. 수신기는 자동으로 터미널 RAIM을 제공한다. (출발을 위한 터미널 RAIM은 웨이포인트가 첫 번째 목적지까지 직행하기보다 사용 중인 비행계획의 부분이 아닌 한 가용하지 않을 수 있다) DP의 일부 구간에서 레이더 벡터(radar vector)가 필요하거나 웨이포인트까지 지정된 코스에 인터셉트하기 위해서 필요하다면 조종사는 일부 수동 조정을 해야 할 필요가 있다. 데이터베이스에는 모든 활주로로부터 전이와 출발(transition and departure)이 내장되어 있지 않고, 일부 GPS 수신기는 데이터베이스에 DPs가 내장되어 있지 않을 수 있다. 헬리콥터 절차(helicopter procedure)는 70노트 또는 그 이하로 비행하는 것이 필수적인데 이는 헬리콥터 출발절차와 실패접근이 고정날개 장애물 통과높이 표면(OCS)의 두 배인 20:1 OCS를 적용하며, 선회구역도 마찬가지로 이 속도를 기준으로 설정되기 때문이다.

10.4.7 GPS 계기접근 과정

(1) 터미널도착구역(TAA) 진입 방향 결정

기존의 계기접근절차 차트와 달리 GPS 접근은 터미널도착구역(terminal arrival area; TAA)이 설정된다. TAA가 지정되는 목적은 기존의 IAP와 마찬가지로 순항항로 단계에서 터미널 구역으로 자연스럽게 전이시키기 위한 절차이다. 항공기가 GPS 접근 단계에 진입하는 과정으로 활주로 방향과 대략 일치되는 직선으로 형성되거나 아니면 "T"자 모양을 이루고 있음을 알 수 있다. 접근 방향에 따라서 좌측 베이스 혹은 우측 베이스(left or right base)를 경유해서 접근할 수 있는 방향을 결정하는 것이다. 때로는 반대 방향에서 접근하고 있을 때 체공에 의한 역코스 절차(reverse course procedure)를 수행해야 한다는 것을 예상해야 한다. 일단 TAA 내부로 진입했다면 레이더 벡터가 되지 않는 한 IAF까지 진행하기 위한 모든 섹터와 스텝다운(sector and stepdown)에 관한 거리, 코스 그리고 최저고도 등을 준수해야 한다. TAA에 진입한 조종사는 레이더 벡터 또는 ATC가 다르게 지시하지 않는 한 최초접근웨이포인트(IAWP) 또는 지선 비행로(feeder route)를 경유하여 전체 접근절차에 따라 수행해야 한다. 중간 픽스에서 임의로 끼어드는 접근은 장애물 통과높이(obstruction clearance)가 보장되지 않는다. [그림10-6]

(2) 30 NM "arm" 상태통고

비행계획에 계기접근까지 업로드(upload)되었다면 GPS 수신기는 [그림10-6]과 같이 공항/헬리콥터 기준점으로부터 30 NM 직선항적거리(ATD) "arm" 상태통고가 나타날 것이다. 만약 "arm" 상태통고(status annunciation)가 되지 않았다면 조종사는 이 시점에서 접근 모드로 전환

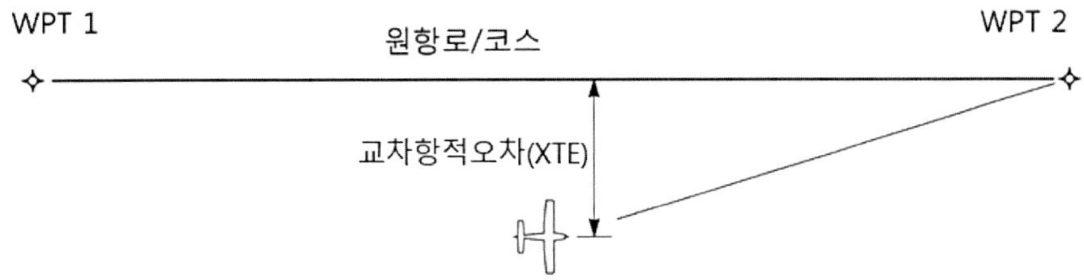

【그림10-8】 교차항적오차는 원항적(DTK)로부터 항공기가 벗어난 거리이다.

해야 한다. (일부 수신기는 자동으로 "arm"으로 전환된다) 만약 수신기에 "arm" 상태통고가 나타나지 않으면 CDI는 비행로 중앙선으로부터 양 측면으로 5 NM의 감도로부터 터미널 감도인 1 NM로 변경되지 않았다는 것을 의미한나. IAWP가 30 NM 이내에 있고 GPS 수신기가 적절하게 "arm" 상태통고로 전환되어 있다면 항공기가 30 NM 이내로 진입했을 때 CDI 감도 변화가 발생한다. 그러나 IAWP가 공항기준점(ARP)으로부터 30 NM 이상이 되는 지점에 있다면 이때 GPS 수신기를 조기에 "arm" 상태통고로 전환되었다 할지라도 CDI 감도는 변경되지 않는다. 지선 비행로(feeder route) 장애물 통과높이는 수신기가 공항기준점의 30 NM 이내에 터미널(1 NM) CDI 감도와 RAIM이 존재할 때 예측할 수 있기 때문에 수신기는 항상 최소한 30 NM 상태통고에서 "arm"이 되어야 한다. [그림10-6]

(3) 접근 모드로 전환

수신기의 상태통고가 "arm"과 함께 항공기가 FAWP의 2 NM 이내에 있을 때 접근 모드는 RAIM 접근 감도로 전환되고 CDI 감도에서 변화가 발생할 수 있도록 능동적으로 전환될 것이다. FAWP 2 NM 전에서 시작하는 것은 FAWP에서 최대 CDI 감도는 유연하게 1~0.3 NM로 변경될 것이다. CDI가 중앙에 있지 않은 상태에서 FAWP에 접근하면서 감도가 1~0.3 NM로 변함에 따라 CDI가 반응하는 변위(displacement)의 증가는 비록 항공기가 수용할 수 있는 인터셉트 기수방위 선상에 있다 할지라도 원하는 코스로부터 더 멀리 이동하게 하는 효과가 발생한다. 만약 접근 모드에서 [그림10-8]과 같이 디지털 교차항적오차(cross track error)가 접근 모드에서 가용하다면 조종사는 이를 참고함으로써 이 같은 상황에서 지향된 위치를 유지하는 데 도움이 될 수 있다. 감도 전환이 시작되기 전 2 NM 지점에서 최종접근코스 선상에 확립되도록 하는 것은 강하경로(ramp down) 중에 CDI 디스플레이를 판독함으로써 문제를 방지하는 데 도움이 될 수 있다. 따라서 항공기가 FAWP의 2NM 이내에서 최종접근코스로 인터셉트하기 위한 레이더 벡터의 요청과 수용은 권고되지 않는다. [그림10-6]

(4) 체공장주와 절차선회

접근 중 방향을 전환하기 위한 절차선회라든지 체공을 수행해야 할 때 GPS 수신기의 정확한 운용에 상당한 주의를 기울여야 한다. GPS 항법은 TO-TO 항법이 원칙이기 때문에 반복된 기동이 연속될 때는 웨이포인트의 연속성(continuousness)을 중지시키고, 일단 절차선회 또는 체공이 완료된 후 연속해서 계획된 GPS 항법으로 연결하기 위한 조종사의 수동 조정이 요구된다.

절차선회 또는 체공(procedure turn or holding) 중 비행경로 선상에 동일한 웨이포인트가 연속적으로 나타날 수 있으며, 이들 웨이포인트가 절차선회에 따라 연속되는지 주의해서 관찰해야 한다. 특히 계획된 절차선회 또는 체공을 하지 않고 건너뛸 때 주의해야 한다. 체공 또는 절차선회를 완료한 후 정상 GPS 항법으로 연결하기 위해서 통과하게 될 하나 또는 그 이상의 플라이-오버 웨이포인트(FO)를 연결해야 한다.

(5) 실패접근

GPS 실패접근(missed approach)은 수신기가 MAWP(missed approach waypoint)를 통과하여 절차에 지정된 실패접근구간까지 연속적으로 나타내기 위한 조종사의 적절한 조치가 요구된다. 조종사는 항공기에 장착된 특정 수신기의 작동 절차에 완전히 익숙해 있어야 하고 MAP를 통과한 후 적절한 조치를 취할 수 있어야 한다. MAWP 이전에 실패접근 모드를 작동시키는 것은 CDI 감도를 즉각적으로 터미널(1 NM) 감도로 전환시키고 수신기는 MAWP까지 항행을 계속하게 된다. 수신기는 MAWP를 통과한 후까지 계속되지 않는다. 만약 실패접근이 실행되지 않았다면 GPS 수신기는 인바운드 최종접근코스의 연장 부분까지 나타내게 될 것이고, ATD는 MAWP를 통과한 후 수동으로 조정될 때까지 MAWP로부터 증가하게 될 것이다. 조종사는 다음 웨이포인트로 직행하기보다 코스를 경유하게 되는 첫 항적(track)에서 실패접근 비행로를 선정하기 위한 추가 행동이 요구된다. 특히 이 구간 비행에서 모든 입력된 자료를 확실하게 인지하고 있는 것은 매우 중요하다.

10.5 GPS 계기접근차트

10.5.1 난외주기

(1) 난외주기 식별

GPS가 IFR 성능을 획득하면서 계기접근차트(instrument approach chart; IAP)에는 GPS 접근이 추가되었다. IAP 차트는 [그림10-9]와 같이 기존의 무선항법 계기접근에 GPS가 추가되는 중첩접근(overly approach) 형태로 발행되었으나, GPS의 성능증대시스템들이 개발되면서 GPS 단독으로 발행되기 시작했고 이를 GPS 단독접근으로 구분한다. 미국 내에서 GNSS를 보강하는 WAAS 시스템이 가용한 공항에 대해서 점진적으로 GPS 단독접근이 발행되고 있다. 현재는 미국으로 한정하고 있지만, ICAO의 권고 절차와 표준이 제정됨에 따라 다른 국가에서도 GNSS (GPS) 단독접근차트를 채택하게 될 것이다.

① 중첩접근 제목

비정밀접근에 GPS가 추가된 것은 1993년부터 발행되기 시작했다. GPS 비정밀접근이 발행되기는 했으나, GPS 접근이 단독으로 구성되지 못하고 다른 접근과 중첩되어 사용될 수 있도록 계획되었다. 예를 들어 "VOR or GPS RWY 24"와 같은 경우로 반드시 " or GPS RWY00"과 같이 식별된다. 전형적으로 VOR RWY 24 접근의 형태에 GPS 접근이 가능하다는 것을 의미한다. 그러나 중첩접근이 발행된 접근도(approach plate)에는 VOR을 기준으로 발행되어 있어 GPS를 이용하고자 하는 조종사는 차트의 평면도(plan view)에서 FAF를 결정할 수 없을 뿐만 아니라 최종접근구간도 식별할 수 없었다.

중첩접근에서 FAF 또는 최종접근구간에서 CDI의 감도는 항법 데이터에만 수록되어 있고 실제 이 항법 데이터를 갖춘 항공기만이 중첩접근(overlay approach)이 가용하다. 그러나 항법 데이터에는 중첩접근에 관한 데이터뿐만 아니라 일반 무선항법시설을 이용하여 접근하는 동안 방향결정을 향상시킬 목적으로 사용되는 GPS 항법 데이터가 포함될 수 있다. 이 같은 상황에서 GPS 중첩접근절차와 혼동해서는 안 된다. GPS 항법 데이터에서 절차를 식별하는 방법과 상세한 정보는 수신기 운용자 매뉴얼, AFM 또는 AFMS를 참고하여야 한다.

JEPP 차트는 "sensor final approach fixes"가 평면도와 측면도(profile view)에 최종접근 픽스들이 표기되어 발행되고 있다. 중첩접근의 형태는 점차 단독접근 형태로 변경되어 발행될 것이다. GPS 중첩 프로그램은 LOC, LDA 그리고 SDF 절차를 제외하고, IFR에서 GPS 항공전자를 사용하여 비정밀접근절차로 지정된 접근을 수행하기 위한 승인이다. "VOR or GPS RWY 4"를 위한 IAP에서 보는 것과 같이 평면도는 VOR 형식에 따라 그려지고 있으며 착륙 최저치 역시 기본 형식과 다르지 않다. GPS 접근을 하고자 할 때 무선항법시설이 반드시 운용 중이어야 한다거나 접근 중 이들 시설은 별도로 모니터할 필요는 없으나 상황이 허락한다면 모니터할 것을 권장한다.

② 단독접근 제목

GPS의 정밀도가 향상되면서 2006년부터 계기접근차트에서 GPS가 단독 제목으로 발행되기 시작했다. 접근차트에서 "RNAV(GPS) RWY 33 또는 GPS RWY 33"과 같이 표기된 것은 GPS만으로 접근이 수행될 수 있다는 것을 의미한다. 제목(title)이 "RNAV(GPS)"로 부여된 것은 FMS를 장착한 항공기에서 GPS는 여러 항법 센서의 하나이기 때문이다. GPS의 성능이 증대되면서 점차 단독접근으로 발행되는 차트가 증가할 것이다.

10.5.2 서두부

(1) GPS IAP의 서두부

GPS 중첩 혹은 GPS 성능증대장치(WAAS)가 가용한 공항이 증가하면서 [그림10-9]와 같이 서두부의 왼쪽 위에 GPS 운용에 관한 내용이 표기되고 있다. 기존의 구성 요소에 추가된 주요 내용은 다음과 같다.

① 혹한 기온 제한

LNAV/VNAV 접근은 WAAS가 보강되거나 기압고도계가 보강되어야 하는 접근 형태이다. 기압고도계(barometric altimeter)가 사용되는 LNAV/VNAV 접근에서 외부 혹한 기온에 따른 기압고도계의 제한을 받는 상황이 발생할 수 있어 이를 표기해 놓았다.

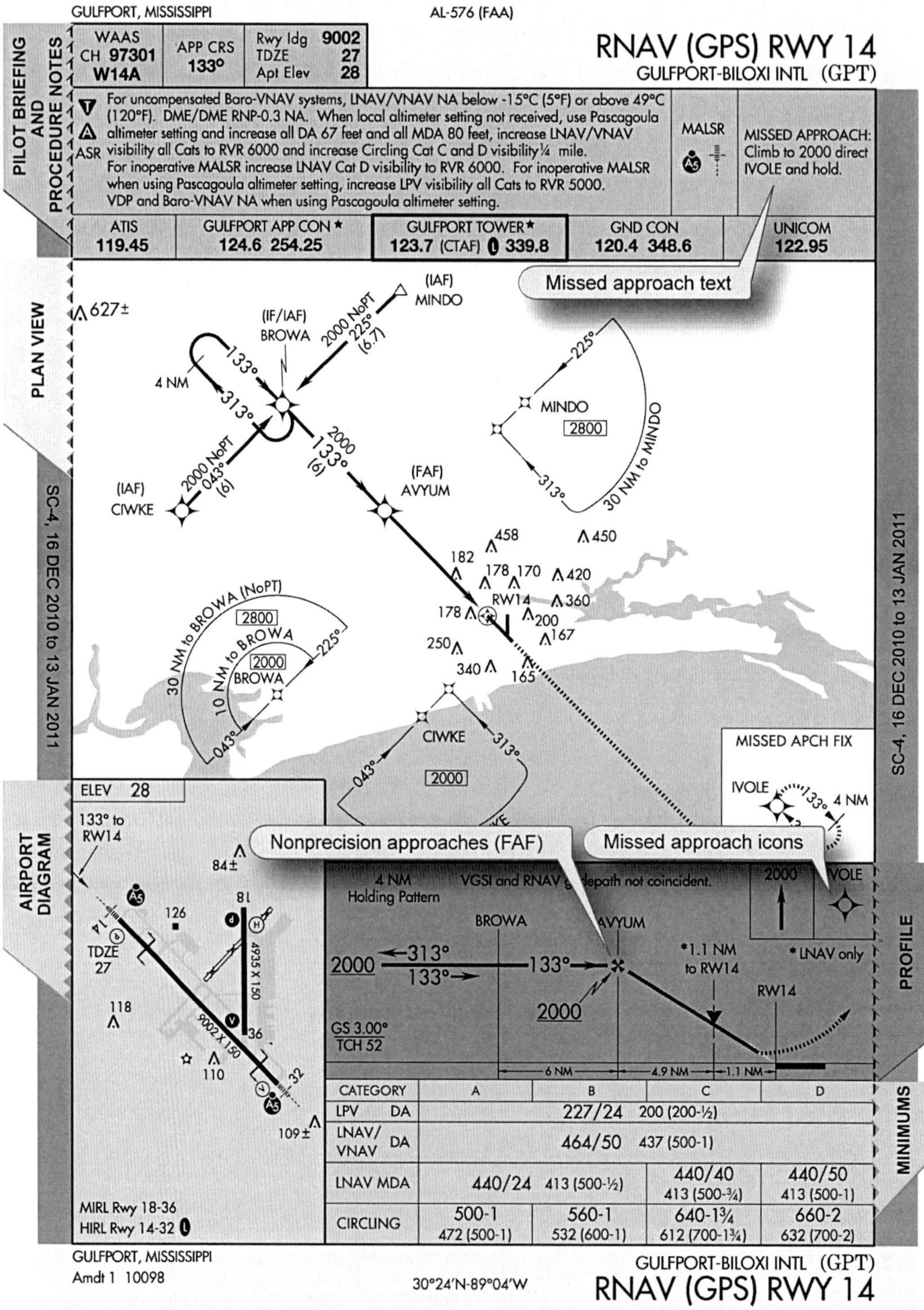

CATEGORY	A	B	C	D
LPV DA	227/24 200 (200-½)			
LNAV/VNAV DA	464/50 437 (500-1)			
LNAV MDA	440/24 413 (500-½)		440/40 413 (500-¾)	440/50 413 (500-1)
CIRCLING	500-1 472 (500-1)	560-1 532 (600-1)	640-1¾ 612 (700-1¾)	660-2 632 (700-2)

【그림10-9】 평면도와 최저치란의 구성이 다른 점을 관찰할 수 있다.

IAP 차트에 지정된 기온 조건 이하에서 해당 장비의 신뢰성(reliability)을 보장할 수 없고 운용이 승인되지 않는다. 예를 들어 "Baro-VNAV NA below -20℃(-4°F)"와 같이 표기되고, 이것은 기온 -20℃ 이하에서 Baro-VNAV 장비는 승인되지 않는다는 것을 의미한다. 그러나 이 제한이 정식으로 승인된 WAAS 수신기를 사용 중인 LNAV/VNAV 최저치에는 적용되지 않는다.

② WAAS 채널 번호/접근 ID

WAAS 접근차트가 발행된 공항에서는 WAAS가 지정된 최종접근구간을 선택하기 위한 채널 번호(channel number)가 지정된다. 채널 번호는 5-숫자로 조합된다. 또한, 접근 ID는 선택한 최종접근구간이 정확한지를 확인하기 위해서 지정되는 공항 고유의 4-문자 조합이다. 이들 WAAS "Channel number and approach ID"는 IAP 차트의 시두부 왼쪽 위에 "WAAS CH 77051 W21A"와 같이 표기된다.

③ WAAS 정전 가능구역 표시

WAAS는 최종접근코스와 활공경로를 제공하는 정밀계기접근 시스템이다. 그러나 일부 지역에서 WAAS의 수직유도(활공경로)가 초기 시스템의 제한으로 인하여 정전이 발생할 수 있다. WAAS의 활공경로를 제공하는 시스템이 정전(outage)되었을 때 비정밀접근인 LNAV로 전환되어야 한다. 이 같은 WAAS의 수직유도 제한에 관한 고지는 IAP의 서두부 왼쪽 위에 **W** 부호로 표기된다. 이 부호는 WAAS LNAV/VNAV or LPV에서 제공되는 수직항법에서 발생할 수 있는 정전에 대한 정보가 NOTAMs 또는 항공교통조언에 제공되지 않는다는 것을 나타낸다. 대부분의 정전이 매우 짧은 시간에 발생하지만, 접근하는 동안에 수직유도 부분의 방해가 발생할 수 있다는 것을 주지시키는 것이다. 비록 이들 공항이 WAAS의 LNAV/VNAV or LPV 최저치가 발행되었다 할지라도 목적지 공항 또는 대체공항으로 비행계획을 수립하는 단계에서 반드시 LNAV 최저치를 적용하여야 한다. 그러나 목적지 공항 또는 대체공항에 도착한 후 실제 접근은 WAAS의 LNAV/VNAV or LPV 최저치를 적용하여 접근을 수행하되 중간에 WAAS의 수직유도가 정전이 발생할 수 있다는 점을 항상 고려해야 하고, 만약 순간적이지만 정전이 발생했다고 판단되면 즉시 LNAV 최저치로 전환하여 비행을 종료해야 한다.

10.5.3 평면도

(1) 터미널도착구역

GPS 접근이 추가되면서 IAP 차트가 가장 크게 변화된 것은 [그림10-9, 10]과 같은 평면도의 터미널도착구역(terminal arrival area; TAA)이다. 무선항법시설은 해당 시설을 중심으로 한 개 혹은 그 이상의 시설 원 또는 지선 비행로(feeder route) 원을 그려 순항항로 구간에서 터미널 단계로 유도하였지만, GPS 시스템에서는 "T" 모양의 접근경로를 설정하여 순항항로에서 터미널 구역으로 전이(transition)시키는 역할을 하고 있다.

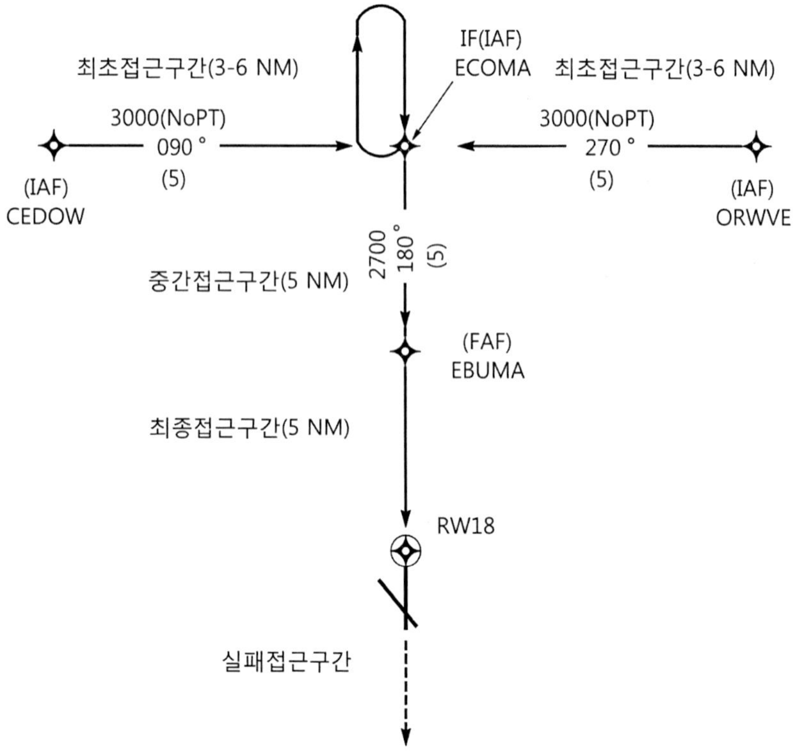

【그림10-10】 TAA를 구성하고 있는 기본 "T"자형 접근경로, 구간별 대략적인 거리, 구간의 최저고도, 방위각, 그리고 웨이포인트의 명칭 등이 표기되어 있다.

TAA의 기본 목적은 순항항로 구간을 종료하고 최종 목적지 공항이 있는 구역으로 진입했을 때 자연스럽게 계기접근절차 구간으로 연결하는 과정이다. 기존의 계기접근절차 차트와 달리 GPS 접근에서는 TAA를 형성하여 활주로까지 유도한다. TAA는 조종사와 관제사에게 최소한의 필수 항공교통관제 인터페이스 그리고 TAA와 연관된 계기절차에 적합한 표준 장애물 통과높이를 제공하는 최저고도와 함께 터미널 환경으로 항공기를 유도하는데 적용된다. TAA의 특성상 모든 RNAV(GPS) 접근에 발행되는 것은 아니다. TAA는 특히 항공교통량이 집중되는 공항에는 발행되지 않는다. TAA가 발행될 때 기존의 계기접근차트에 그려진 최저안전고도(MSA)는 TAA가 대신한다.

① 기본 T-자 모양 TAA

기본적으로 TAA의 구도는 [그림10-10]과 같은 "T"자 모양이다. 활주로 연장 선상의 직선 경로가 최종접근코스가 되고 이 지점이 통상 IF/IAF로 지정된다. 따라서 실질적인 최종접근이 시작되는 구간이기도 하다. 최종접근코스가 시작되는 지점부터 좌우측에 접근경로가 형성되는데 이를 좌측 베이스 또는 우측 베이스(left base or right base)라 하고 최종접근코스와 연결되어 기본 "T"자 모양 코스를 구성한다. 최종접근코스는 최초접근픽스/중간접근픽스(IF/IAF), 최종접근픽스(FAF) 그리고 활주로 시단에 설치되는 실패접근지점(MAP)으로 구성된다. 최초구간은 3

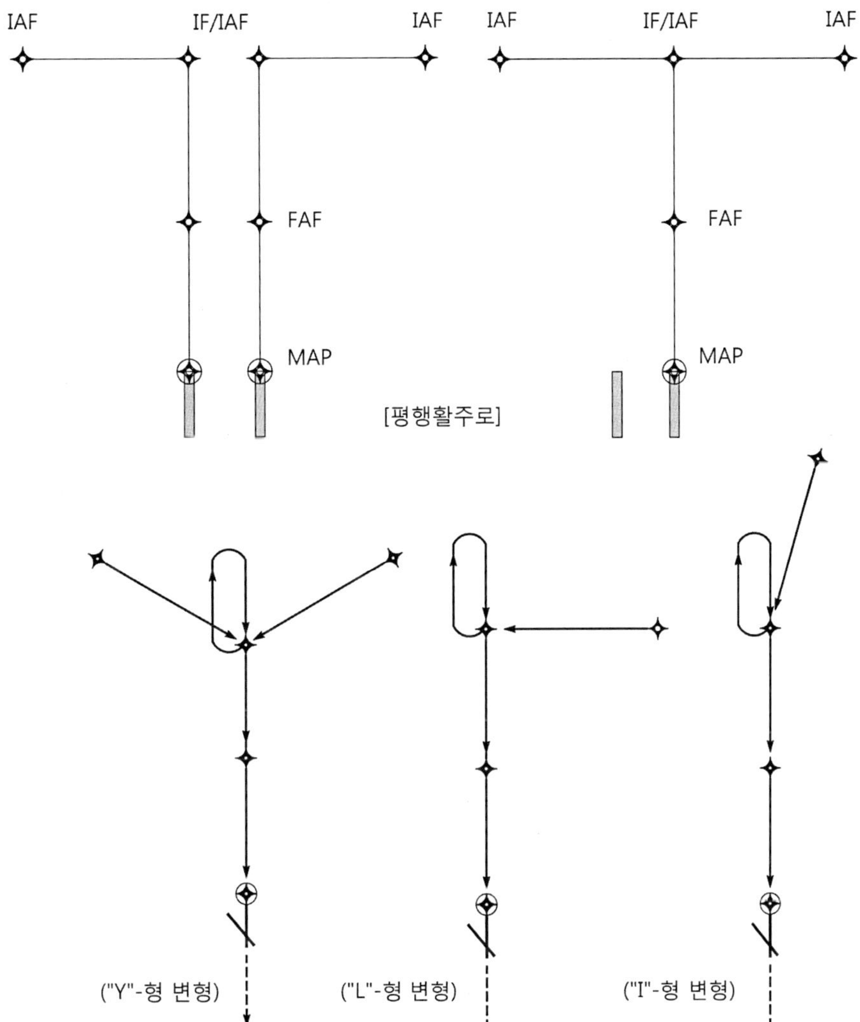

【그림10-11】 평행 활주로의 기본 “T”-자형 접근 모델이다. 왼쪽은 양쪽 활주로에 접근경로가 설정되어 있다. TAA 접근경로는 기본 “T”자형에서 장애물과 소음민감지역 회피 그리고 다른 항공교통 경로와의 관계 등을 고려하여 변형될 수 있다.

~6 NM, 중간구간은 5~7 NM 그리고 최종접근구간은 약 5 NM 거리이다. TAA에 지정된 구간길이는 절차가 설계된 특정 항공기 접근범주(approach category)를 수용할 수 있도록 조절될 수 있다. 그러나 발행된 구간길이는 절차의 사용이 예상되는 항공기의 가장 높은 범주가 반영된 것이다.

② 기본 “T” 설계의 변형

TAA의 기본 “T”자형 구도에서 접근경로 선상의 지형이나 항공교통관제를 고려하여 [그림10-11]과 같이 “Y”자, “역-L”자 그리고 직선으로 이어지는 “I”자 모양과 같이 다양한 형태로 변형될 수 있다. 평행 활주로에서 두 활주로가 각각 IAF, IF(IAF) 그리고 FAF를 형성하여 기본적으로 “T”자 모양을 형성하거나 한 개의 기본 “T”자 모양을 공동으로 사용할 수 있도록 변형되어 사용된다.

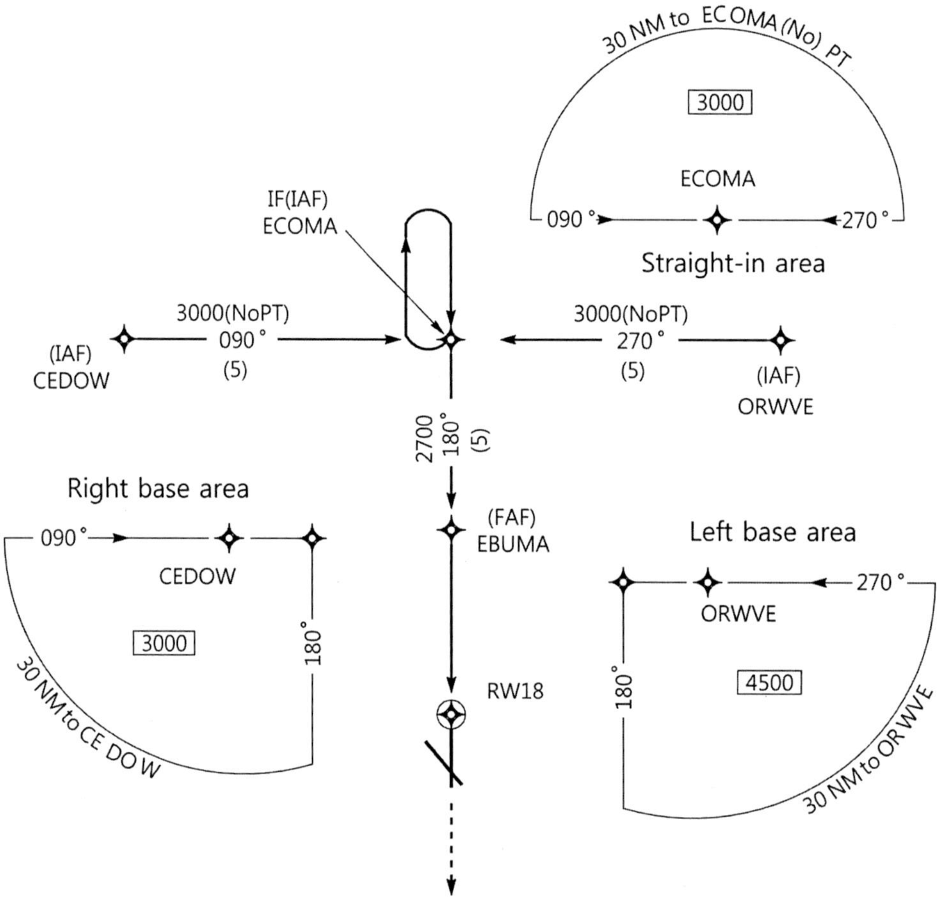

【그림10-12】 TAA는 직진 구역, 우측 베이스 그리고 좌측 베이스 구역으로 나누어진다. IF를 중심으로 진입 구역을 결정할 수 있고, 각 구역은 평면도의 주요 접근 코스 등이 가리지 않도록 접근 방향에서 식별하기 쉬운 적절한 위치에 배치된다. 각 구역은 기준 웨이포인트로부터 거리, 고도 그리고 방위 경계가 제공된다.

(2) 표준 TAA

표준 TAA는 [그림10-12]와 같이 구간별로 분리해서 그려진다. 기본 모양은 하나의 원 또는 타원형이지만 중요한 접근 코스 또는 다른 정보들이 가려지거나 중첩되는 것을 방지하기 위해서 평면도의 적절한 여백에 그려진다. 비록 분리되어 배치되기는 하지만 반드시 해당 접근 구역이 위치하는 곳에 배치되어 혼동을 최소화한다. 최종접근코스를 기준으로 좌우측 구간으로 분리하여 직진 구역(straight-in area), 우측 베이스 구역 그리고 좌측 베이스 구역으로 나누어진다. TAA의 분리된 각 구역은 반드시 중심이 되는 IF 웨이포인트가 포함되어야 하고, 좌우측 베이스는 중심 IF와 관련 IAF가 포함되어야 한다. 각 구역의 한계는 원호(arc)로 그려지고 기준이 되는 IF(IAF)로부터 거리가 지정된다.

각 구역의 측방 한계는 IF(IAF)를 향한 방위각으로 지정된다. TAA의 목적이 해당 구역에서 장애물로부터 안전을 보장하기 위한 것으로 최저고도는 가장 높은 장애물로부터 1,000피트 이

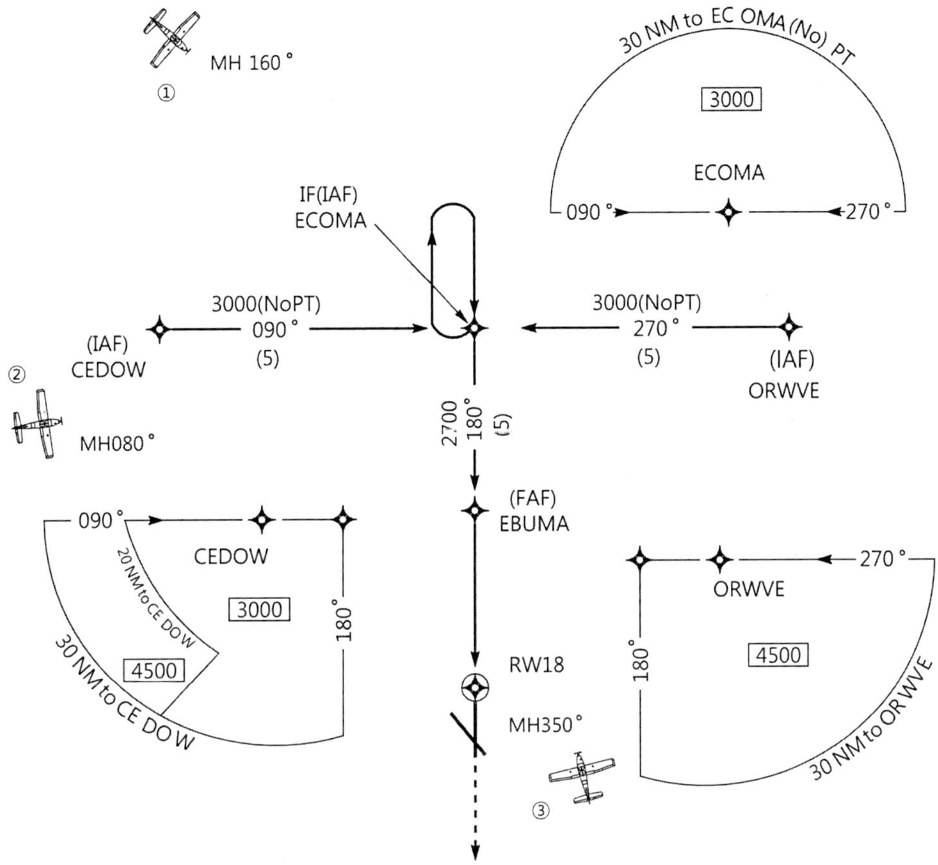

【그림10-13】 TAA 진입 구역의 결정은 IF를 향한 자침의 방위각을 고려하여야 한다. ①번 항공기는 직진 구역, ②번 항공기는 우측 베이스 구역 그리고 ③번 항공기는 좌측 베이스에 해당하는 구역에 따라야 한다. 우측 베이스는 두 구역으로 나누어져 각기 적용되는 최저고도가 다르게 지정되어 있다.

상(산악지역 2,000피트)의 장애물 통과높이 고도(MSL)가 사각 박스에 지정된다. 만약 지정된 구역에 서로 다른 높이의 장애물 통과높이(obstruction clearance height)가 있다면 IF(IAF)로부터의 거리와 함께 내부에 또 하나의 아크(arc)를 지정하여 동일한 방법으로 장애물 통과높이 고도를 지정한다. 실패접근 웨이포인트를 제외하고 "T"에 있는 각 웨이포인트는 항공교통관제 통신에서 사용되는 RNAV 데이터베이스에서 검색이 가능한 5-문자 명칭으로 발음이 가능하도록 부여되어야 한다.

① 진입 구역 결정

TAA의 가로 경계(lateral boundary)를 지정하는 기준은 [그림10-13]과 같이 최종접근코스가 시작되는 IF(IAF)를 향한 방위각이다. 공항으로 접근 중인 조종사가 TAA의 어느 구역으로 접근할 수 있는지를 결정하는 것은 최종접근코스가 시작되는 중앙 IF(IAF)를 향한 방위각으로 결정하여야 한다. 만약 좌우측 IAF를 기준으로 한 방위각에 의한 TAA 구간을 결정했을 때 심각한 실수를 할 수 있다. 특히 잘못된 결정으로 최저고도가 다르게 지정된 구역으로 진입했을 때 장애물로부터 안전을 보장받을 수 없다.

② TAA에서의 최저고도 유지

TAA 구역을 적절하게 결정했고 ATC 인가(clearance)를 받았다면 조종사는 차트에 지정된 최저고도(minimum altitude)를 준수하여 구역 내에 지정된 IF(IAF)까지 직행해야 한다. 때로는 ATC가 FAF까지 직접 인가하는 때도 있으나, 이때도 구간에 명시된 최저고도는 반드시 유지해야 한다. [그림10-13]에서 좌측/우측 베이스 구역 안에 있는 항공기는 IAF와 관련된 30 NM 이내까지 최저고도 3,000/4,500피트를 유지해야 한다. 항공기가 30 NM 아크를 통과한 후 차트에 명시된 더 낮은 고도까지 강하가 승인된다.

[그림10-13]의 직진 구역에서 접근 중인 항공기의 최저고도는 3,000피트이지만 좌우측 베이스 구역에 진입해서부터 최저고도 역시 3,000피트로 지정되어 있다. 간혹 좌우측 베이스 구역을 직진 구역과 분리하여 판단할 수 있는데 직진 구역과 동일한 원에서 분리되었다는 것을 항상 염두에 두어야 한다. [그림10-13]은 좌측 베이스에 최저고도가 4,500피트로 지정되었고, 우측 베이스는 내부가 다시 2구역으로 분리되어 최저고도가 서로 다르게 지정된 사례이다. 이처럼 최저고도가 다르게 지정되는 것은 해당 구역의 최대 장애물 통과높이가 서로 다르기 때문이다. 조종사는 반드시 해당 구역의 최저고도를 준수하고 다른 구역으로 진입했을 때 최저고도를 낮출 수 있다. 만약 조종사가 더 낮은 고도까지 강하하고자 한다면 ATC에게 요청하여 승인을 받아야 한다.

(3) TAA 역코스 절차

GPS 최종접근코스와 다른 방향에서 접근하는 항공기는 접근 방향을 전환하거나 고도 강하를 위한 목적으로 IF를 중심으로 체공 패턴(holding pattern)이 그려진다. TAA에서 역코스 절차(reverse course)가 필요한 구역은 각 구역뿐만 아니라 최초접근코스에도 명시된다. [그림10-12, 13]과 같이 양쪽의 최초접근코스에는 최저고도, 방위각, 거리 그리고 "No PT"로 명시되어 있는 것을 볼 수 있다. 각 구역의 아크에는 역코스가 필요하지 않을 때 "(No) PT"와 같이 표기되고 아래 좌우측 베이스 아크에는 어떠한 표시도 되어 있지 않다. 이것은 이 구역으로 접근하는 항공기는 역코스 절차가 수행되어야 한다는 것을 예상할 수 있어야 한다.

(4) 쌍방향무선통신두절

TAA에 진입 중 쌍방향무선통신두절이 된 것을 인지했다면 조종사는 무선통신두절 절차에 따라 가장 높은 고도를 유지하여 적절한 IAF까지 비행한다.

(5) 웨이포인트

GPS 접근과 RNAV 접근차트에서 웨이포인트(waypoint)를 지정하여 접근경로를 지정하는 데 사용된다. 웨이포인트의 부호는 [그림10-14]와 같이 위치보고의 필요성에 따라서 그리고 웨이포인트 상공을 기동하는 형태에 따라서 다르게 표시된다. 웨이포인트 원이 검은색으로 그려진 것은 필수보고지점을 나타내고 빈 원은 일반 웨이포인트이다. 기본적으로 GPS 수신기는 "TO-TO" 항

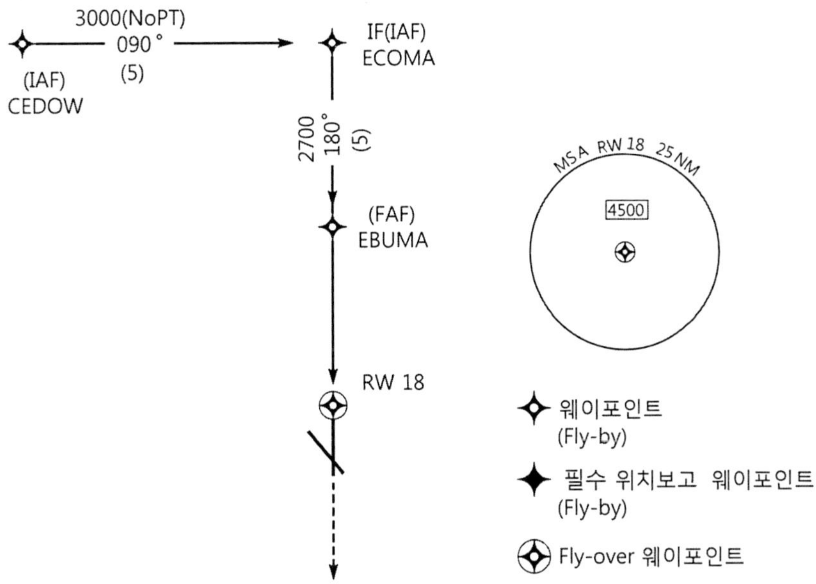

【그림10-14】 RNAV(GPS) 웨이포인트, 선회 또는 코스가 분리되는 웨이포인트는 상공을 통과하지 않고 조기선회 개념의 플라이-바이 웨이포인트와 실패접근지점과 같이 반드시 통과해야 하는 지점은 플라이-오버 웨이포인트로 지정된다. 오른쪽 원은 RWY18 웨이포인트로부터 최저안전고도가 4500피트임을 지시하고 있다.

법 개념이기 때문에 항상 지정된 지점까지 항행한다. 중첩접근에서 5-문자 명칭이 접근 또는 픽스를 위해서 발행되지 않았다면 이것은 문자와 숫자로 구성된 데이터베이스 식별문자가 주어진다. 이들 지점은 접근절차 데이터베이스에 있는 웨이포인트 목록에 수록되지만, 접근차트에는 수록되지 않는다.

① 플라이-바이 웨이포인트

GPS 접근차트에 그려지는 플라이-바이 웨이포인트(fly-by; FB waypoint)는 조기선회의 개념이 포함된 것으로 지정된 웨이포인트의 직상공을 통과하지 않아도 되는 웨이포인트이다. 통상 항공기가 두 코스 구간에서 분리되는 웨이포인트에 도달하기 전 다음 코스로 선회하고자 할 때 적용되고 공역과 지형 통과높이를 보장한다. [그림10-14]와 같이 최초접근픽스(IAF) 중간접근픽스(IF) 그리고 최종접근픽스(FAF)는 모두 웨이포인트 직상공을 통과하지 않고 도착하기 전에 선회하여 다음 코스에 진입할 수 있도록 한 플라이-바이 웨이포인트이다.

② 플라이-오버 웨이포인트

항공기가 지정된 웨이포인트 상공을 반드시 통과해야 하는 경우가 있다. [그림10-14]와 같이 RW18은 실패접근지점(MAP)이 플라이-오버 웨이포인트(fly-over; FO waypoint)로 지정되어 있다. 플라이-오버 웨이포인트는 조기선회를 허용하지 않으며 반드시 직상공으로 통과해야 공역과 장애물 통과높이를 보장받을 수 있다. 플라이-오버 웨이포인트는 웨이포인트 부호에 원을 그려 구분한다.

③ 웨이포인트 식별문자

GPS 접근에 사용되는 웨이포인트의 식별문자는 대부분 5-문자로 지정되고, 다음 웨이포인트까지 코스에 관한 정보(최저고도, 방위각, 거리)가 제공된다. 그러나 활주로 시단 웨이포인트(통상 실패접근 웨이포인트)는 기존 5-문자 식별문자(예, SOEEZ)로 지정되었으나, 최근에는 접근활주로 번호와 조합된 "RW##(예, RW18, RW36L)"와 같은 부호로 지정된다. GPS 접근의 평면도에서 활주로 번호로 조합된 웨이포인트 명칭(지정자)이 [그림10-14]와 같이 MSA의 중심으로 사용된다. 그러나 활주로 시단에 위치하지 않는 실패접근 웨이포인트(MAWP)는 동일하게 5-문자 식별문자(identification letters)로 지정된다. 데이터베이스에 있는 무명 웨이포인트는 각 공항에 한 개씩만 부여되어 식별되어야 하지만 다른 공항에서 반복될 수도 있다는 점에 유의해야 한다. 예를 들어 [그림10-14]와 같이 실패접근 웨이포인트 "RW18"은 활주로 번호가 18(RWY 18)인 다른 공항에서도 사용될 수 있으며, 또한 해당 공항에 다른 접근이 사용될 때에도 동일한 위치에서 사용될 수도 있다는 점에 유의해야 한다.

④ 웨이포인트 데이터

GPS IAP에 있는 웨이포인트는 항법 데이터화되었으나 일부 공항에서는 "VOR/DME RNAV or GPS RWY17"과 같은 중첩 접근도에 있는 웨이포인트에 관한 데이터가 발행되고 있다. 전형적인 웨이포인트 데이터는 [그림10-15]와 같은 박스에 필요한 정보들이 표기된다.

- 웨이포인트 명칭과 좌표(RFAYS/N39 50°.42′ W89°55.34′)
- 주파수(VOR/DME 시설의 주파수; 113.5)
- 참고시설표고(680)
- 3-문자 식별부호(VOR/DME 시설의 주파수; IGD)
- 레디얼과 거리(VOR/DME 시설로부터 방위각과 거리; 165.5°-45.5)

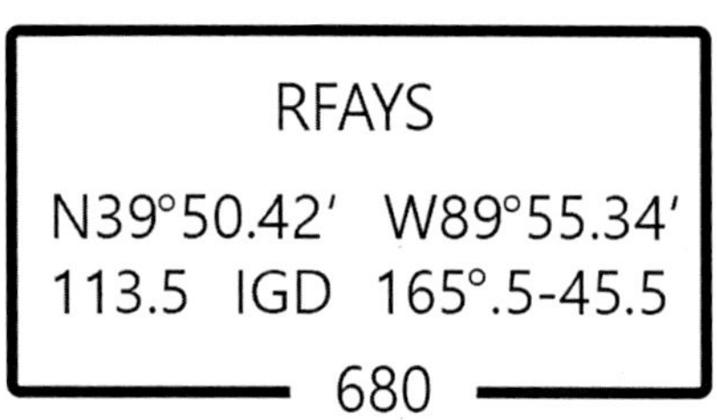

【그림10-15】 웨이포인트의 명칭, 좌표, 참고표고, 그리고 기준이 되는 VOR의 주파수와 식별문자 그리고 해당 VOR 송신소까지의 방위각과 거리가 제공된다.

⑤ 웨이포인트 비행

RNAV 또는 GPS 단독 접근차트에서 사용되는 모든 웨이포인트는 접근 순서에 따라서 항법 데이터에 입력되고, 검색이 가능하며 수신기가 접근을 인지할 때 이들 웨이포인트가 화면에 자동으로 나타나야 한다. 그러나 일부 스텝다운 웨이포인트(stepdown waypoint)는 항법 데이터에 내장되어 있지 않을 수 있다. 수신기는 이들 웨이포인트가 FO/FB 웨이포인트인지를 식별할 수 있고, 특히 FO 웨이포인트에서 조기선회하는 것을 방지하기 위한 적절한 항법 유도를 제공한다. 만약 수신기에 이 같은 기능이 없다면 조종사는 수동으로 조정하여 웨이포인트의 특징에 맞게 적절한 비행을 할 수 있어야 한다.

Ⓐ 무명 스텝다운 픽스

최종접근구간에서 명칭이 지정되지 않은 스텝다운 픽스(stepdown fix)는 항공기 항법 데이터베이스의 웨이포인트 순서에 코드화되어 있지 않다. 비록 명칭이 부여된 픽스라 할지라도 FAF와 MAP 사이에 있는 모든 웨이포인트를 수용할 수 없어 이들 스텝다운 픽스를 위한 웨이포인트는 항법 데이터베이스에 있는 웨이포인트 순서에 나타나지 않을 수 있다. [그림10-16]과 같이 RNAV(GPS) 접근의 최종접근구간에서 스텝다운 픽스는 반드시 식별되어야 하고 지정된 최저고도는 장애물 통과높이를 보장한다. 최종접근픽스를 통과한 후 수신기의 코스는 실패접근픽스가 나타나기 때문에 수신기에 의한 스텝다운 픽스를 식별하는 방법은 없다. 따라서 스텝다운 픽스는 MAWP까지 ATD에서 지정된 거리로 식별해야 한다.

Ⓑ 헬리콥터 RNAV(GPS) 평면도

헬리콥터 계기접근을 위한 단독 접근차트는 일반 비행기의 접근차트와 약간 다르게 표기되고 있다. 헬리콥터는 더 낮은 시정에서 저속비행이 가능한 장점을 고려하여 일부 접근차트에서는 시계비행경로(visual flight path)를 선정하여 적용하고 있다. 모든 헬리콥터의 최종접근, 실패접근 그리고 체공 속도는 70노트(KIAS)로 제한된다. 헬리콥터 계기접근의 제목은 최종접근픽스에서 실패접근픽스까지 코스로 지정된다. [그림10-17]은 “COPTER RNAV(GPS) 028°”의 접근차트를 보여주고 있다. 평면도에서 있는 MAWP에서 헬리포트까지 점선으로 그려진 것은 이 구간은 시계비행(visual flight)으로 비행해야 하는 구간임을 표시한 것이다. 만일 MAWP에 도착하여 시계비행이 불가능할 때 실패접근절차에 따라 실패접근을 실행해야 한다.

10.5.4 측면도

(1) 결심고도 또는 최저강하고도 트랙

RNAV(GPS) 접근에서 강하경로(descent path)는 구간별 웨이포인트에서 준수해야 할 최저고도를 지정함으로써 접근 구간에서 융통성을 제공하고 구간 내에서 안정된 강하를 달성할 수 있도록 하였다. ILS의 측면도(profile view)가 최종접근이 시작되는 지점에서부터 종료되는 지점까지 음영 구역에 화살표 모양이 그려지지만, RNAV(GPS) 측면도에서는 [그림10-16, 18]과 같이 결심고도(DA) 또는 최저강하고도(MDA)에서부터 실패접근지점(MAP)까지 항적과 함께 음영 구역으로 그려지고 있는 것을 볼 수 있다. 음영 트랙은 해당 구역의 비정밀접근을 위한 34:1의 장애물식별표면(OIS) 경사도에 장애물이 없는 상태를 지시한다. 그러나 [그림10-18]과 같이 최종접근경로 항적에 음영으로 표시되지 않은 공항은 장애물식별표면 경사도 34:1에서 장애물이 있음을 의미한다. 만일 최종접근픽스에서 실패접근지점 사이에 주의해야 할 장애물이 존재한다면 중간에 스텝다운 픽스를 지정하여 해당 장애물을 회피하기 위한 최저고도가 지정된다.

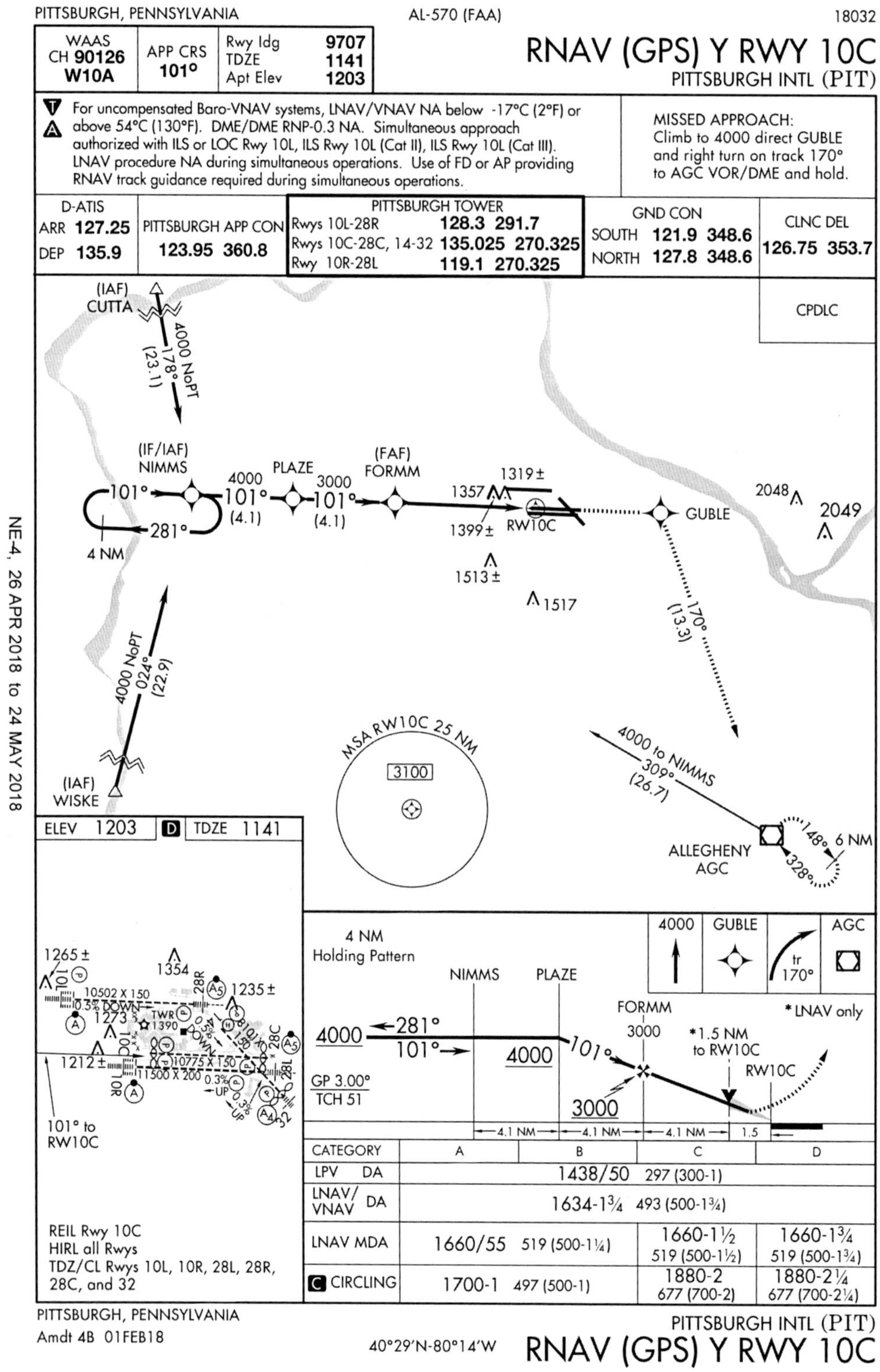

【그림10-16】 평면도와 측면도의 최종접근픽스와 실패접근픽스 사이에 무명 스텝다운픽스(1.5 NM to RW10C)가 MDA로 지정되어 있다. 무명 스텝다운픽스는 항법 데이터에 입력되어 있지 않다. 결심고도 또는 최저강하고도부터 실패접근지점까지 음영 트랙은 장애물식별표면의 경사도 34:1에 장애물이 없는 상태를 지시한다.

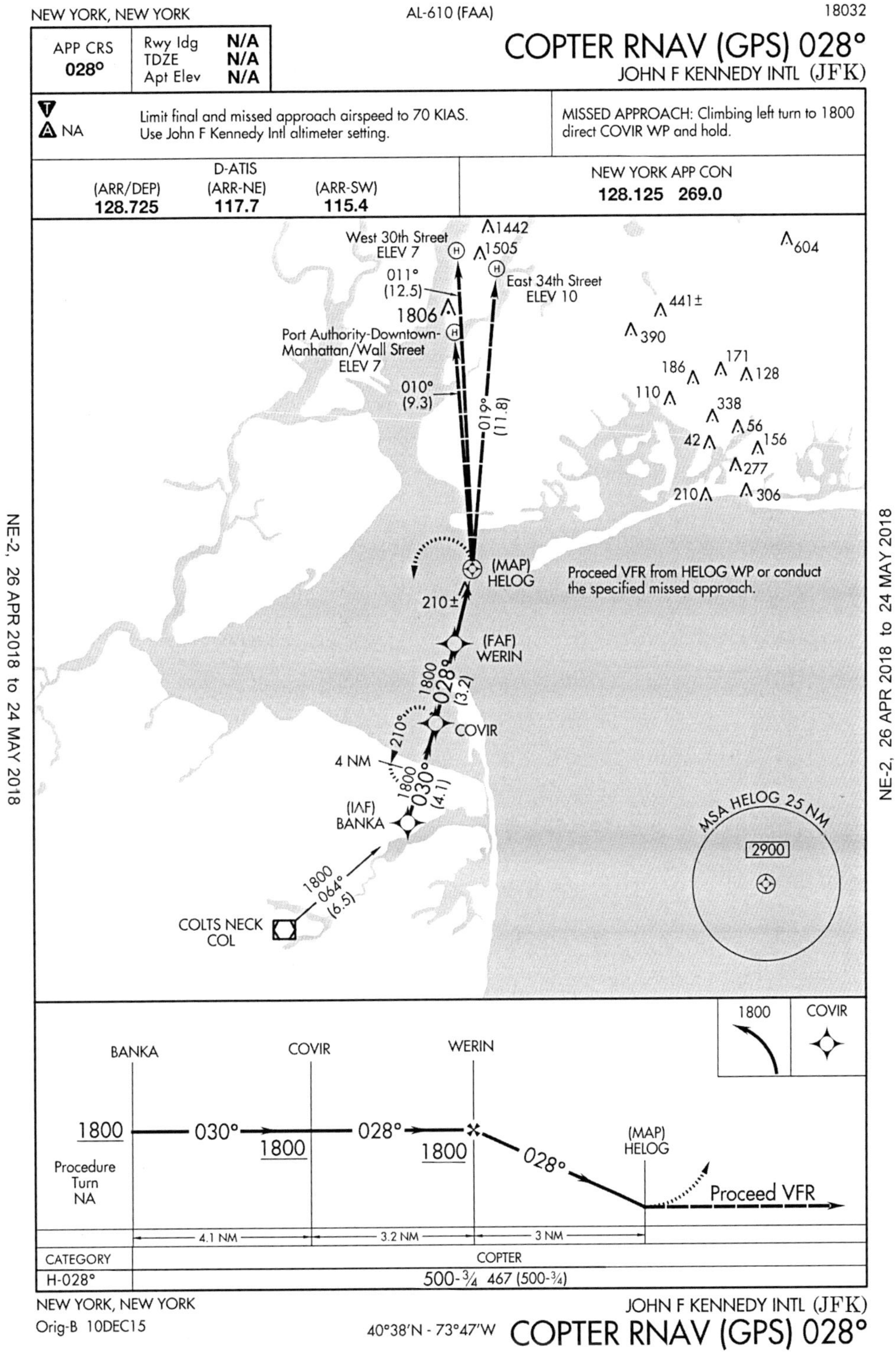

【그림10-17】 헬리콥터 GNSS 접근을 위한 한 종류이다. 다른 것과 달리 평면도에 시계비행경로가 지정되어 있다. 실패접근 웨이포인트(HELOG)에 도착하여 규정된 시각참조물을 확인할 수 없을 때 실패접근을 실행해야 하고, 시각참조물을 육안으로 확인했을 때 헬리패드까지 시계비행으로 진행할 수 있도록 계획되었다. 목적지 헬리패드까지 비행할 수 있는 시계비행경로는 기수방위와 거리가 지정되어 있다.

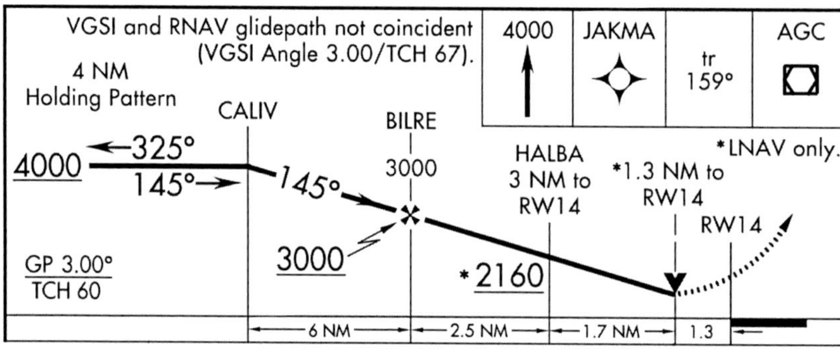

【그림10-18】 결심고도 또는 최저강하고도부터 실패접근지점까지 음영 트랙이 없는 것은 장애물식별표면의 경사도 34:1에 장애물이 있음을 나타낸다. RNAV (GPS) 접근에서 시각강하점(VDP)은 실패접근 웨이포인트(RW14)로부터 1.3 NM 지점의 무명 웨이포인트로 지정되었다. 측면도에 실패접근절차를 신속하게 식별하기 위해서 왼쪽부터 절차 순서에 따라 부호로 표시된다.

최종접근코스에 장애물식별표면(OIS)과 스텝다운 픽스를 도입함으로써 조종사에게 활공경로의 융통성을 제공하고 실제 항공기가 관제기관의 유도를 받는 상태에서 지형에 근접하는 관제상태지형충돌(CFIT) 사고가 발생할 수 있는 가능성을 감소시켰다. 이외에도 최근 조사에 따르면 최종접근단계에서 안정된 강하를 위한 적절한 강하각을 발행하여 조종사에게 제공하는 것이 최종접근단계에서 안전에 더 유리하다는 결과로 알려졌다. 강하각은 RNAV(GPS) 접근차트의 측면도에 [그림10-19]와 같이 "∠3.05°"로 표기되어 있다. GNSS에서 비정밀접근은 LNAV이다. 측면도에서 제공된 경사각에서 해당 항공기의 성능에 따른 강하율을 결정하는 방법은 TPP 차트의 뒷면에 있는 강하율 표를 적용해야 한다. 강하율 표(rate of descent table)를 이용해서 대지속도에 따른 적절한 분당 강하율을 결정할 수 있다.

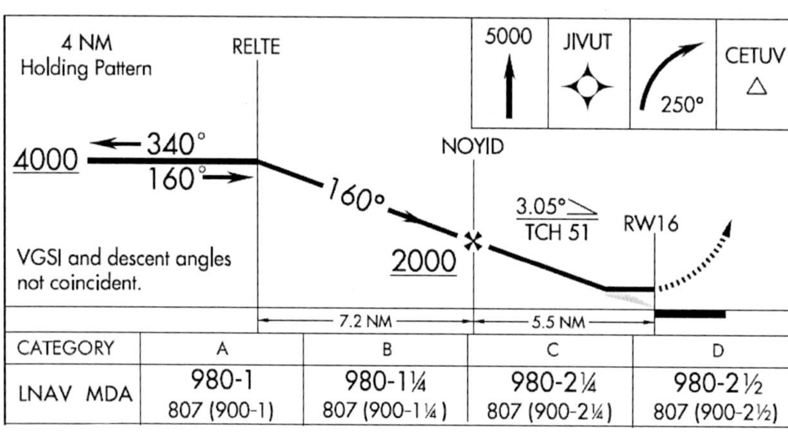

CATEGORY	A	B	C	D
LNAV MDA	980-1 807 (900-1)	980-1¼ 807 (900-1¼)	980-2¼ 807 (900-2¼)	980-2½ 807 (900-2½)

【그림10-19】 RNAV (GPS) 측면도에서 시각강하각(VDA)과 시단통과높이(TCH)가 발행되어 있다.

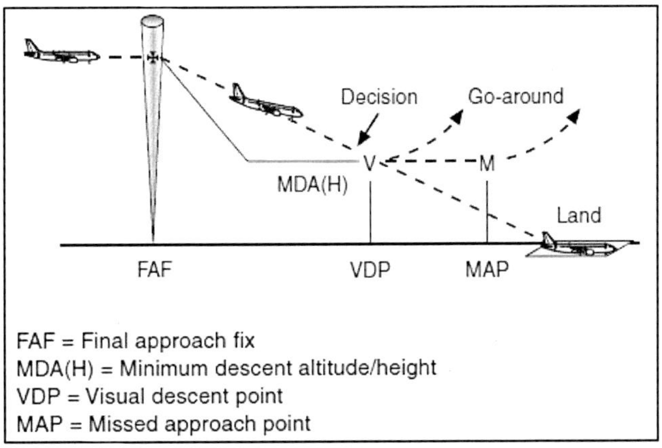

【그림10-20】 시각강히점(VDP)은 활주로까지 정상 강하를 수행할 수 있는지를 결정하는 지점이다.

(2) 장애물식별표면 경사도

접근표면(approach surface)으로 지정된 구역이 장애물들로부터 보호받을 수 있도록 활주로 규격에 따른 접근표면에 지정된 경사도 이상을 넘는 장애물은 완전히 제거되어야 한다. 경사도는 수평거리 당 수직높이의 비율이고 장애물식별표면(obstruction identification surface; OIS)의 경사도 또는 활주로의 경사도와 같이 표기된다. 예를 들어 100피트 거리에 100피트의 높이라면 경사도 비율은 1:1, 경사각은 45° 그리고 백분율로는 100%가 된다. 활주로의 경사도가 3%라는 것은 수평거리 당 수직높이가 34:1의 비율임을 나타낸다. 접근표면에서 정밀접근 경사도의 허용 범위는 50:1～40:1이고, 비정밀접근 경사도는 20:1 혹은 34:1, 시계접근의 장애물식별표면 경사도는 20:1이 적용된다.

(3) 시각강하점

RNAV(GPS) 접근차트에서 시각강하점(visual descent point; VDP)은 [그림10-16, 18, 20]과 같이 기존의 ILS 접근과 동일한 개념이고 V-자로 표시된다. VDP로 지점된 최저강하고도(minimum descent altitude; MDA)에 도달하여 육안으로 활주로 시설을 확인할 수 없을 때 그 이하의 고도로 강하할 수 없다. 최종접근경로에서 VDP는 VOR과 LOC 접근에서는 DME로 식별할 수 있고, RNAV 접근에서는 다음 웨이포인트까지 직선항적거리(ATD)로 식별할 수 있다. VDP는 LNAV 최저치를 사용하는 항공기에 적용되고 LPV 또는 LNAV/VNAV 최저치에는 적용되지 않는다.

(4) 실패접근부호

계기접근차트에서 실패접근절차(missed approach procedure)를 신속 정확하게 인식시키기 위해서 [그림10-9, 16, 17, 18]과 같이 측면도의 좌측 혹은 우측의 여백에 최대 4개까지 아이콘(icons)으로 지정된다. 이 아이콘만으로 전체 실패접근절차를 대신하는 것은 아니고 서두부(head section)에 서술된 실패접근절차를 보완하는 형식으로 활용되어야 한다.

(5) 활주로 시단통과높이

접근 방향에서 활주로가 처음으로 시작되는 지점을 시단(threshold)이라 하고 강하각 또는 활공경로(glidepath)가 통과하는 높이로 지정된다. 활주로 시단통과높이(threshold crossing height; TCH)는 정밀접근(precision approach)에서 활주로 시단 위를 통과하는 활공경사의 높이로 사용된다. 일반적으로 대형 항공기를 위한 TCH는 약 30~50피트로 지정된다. RNAV(GPS)의 측면도에는 [그림10-19]와 같이 수직강하각(VDA)이 TCH와 함께 발행된다. 측면도에 지정된 수직강하각에 적합한 강하율을 적용했을 때 활주로 시단에서 TCH가 된다.

10.5.5 최저치

IAP의 최저치 섹션은 [그림10-21]과 같이 3종류로 발행된다. 이 중 일반항공에 가장 보편적인 최저치는 CAT I 형식이지만 CAT II, III는 항공기 및 승무원의 특별한 장치와 훈련을 필요로 한다. GNSS에 의한 계기접근이 본격적으로 적용되기 시작하면서 IAP 차트의 최저치를 구성하는 요소도 변경되었다. 세부 계기접근절차(IAP)에 관해서는 "계기절차 지침서"에서 다룬다.

CATEGORY	A	B	C	D	E
S-ILS 12L	1039/18 200 (200-½)				

[Typical CAT I Minimums]

CATEGORY	A	B	C	D
S-ILS 12L	939/12 100 RA 115			

CATEGORY II ILS - SPECIAL AIRCREW & AIRCRAFT CERTIFICATION REQUIRED

[Typical CAT II Minimums]

CATEGORY	A	B	C	D
S-ILS 12L	CAT IIIa RVR 07			
S-ILS 12L	CAT IIIb RVR 06			
S-ILS 12L	CAT IIIc NA			

CATEGORY III ILS - SPECIAL AIRCREW & AIRCRAFT CERTIFICATION REQUIRED

[Typical CAT III Minimums]

【그림10-21】 ILS CAT에 따른 IAP 최저치의 형식

(1) 결심고도/결심높이

정밀접근(precision approach)에서 항공기가 가장 낮게 강하할 수 있는 높이를 지정하는 것으로 결심높이(decision height; DH)/결심고도(decision altitude; DA)가 사용된다. 결심높이(DH) 혹은 결심고도(DA)는 [그림10-16, 21]과 같이 정밀접근에서 항공기가 가장 낮게 강하할 수 있는 고도/높이로 이 고도/높이에서 규정된 활주로 주변 시설을 육안으로 확인하지 못했을 때 즉시 실패접근을 실행해야 하는 매우 중요한 고도이다. ILS 정밀접근에서 결심높이(DH)는 지표면 위로부터의 높이(AGL)로 적용되나, GNSS가 적용되면서 결심고도(DA)는 해수면(MSL) 위로

Aircraft category	V_{AT}	Range of speeds for initial approach (and reversal and racetrack procedures)	Range of final approach speeds	Maximum speeds for circling	Maximum speeds for intermediate missed approach	Maximum speeds for final missed approach	Typical Aircraft in this Category
A	<91	90 - 150 (110*)	70 - 110	100	100	110	small single engine
B	91 - 120	120 - 180 (140*)	85 - 130	135	130	150	small multi engine
C	121 - 140	160 - 240	115 - 160	180	160	240	airline jet
D	141 - 165	185 - 250	130 - 185	205	185	265	large jet/military jet
E	166 - 210	185 - 250	155 - 230	240	230	275	special military

V_{AT} —Speed at threshold based on 1.3 times stall speed in the landing configuration at maximum certificated landing mass.

【그림10-22】 접근범주의 분류

부터 높이 개념이 적용된다. RNAV 혹은 GPS 정밀접근의 최저치란에는 "... DA"와 같이 표기하여 구분한다.

(2) 접근범주

항공기 접근범주(approach category)는 [그림10-22]와 같이 최대승인착륙중량에서 착륙형상(landing configuration)에서의 1.3 실속속도(stall)에 해당하는 속도를 기준으로 분류한다. RNAV(GPS) 접근은 정밀접근과 비정밀접근이 있다. GNSS 접근에서 GLS, LPV는 정밀접근으로 분류되고, 수직유도접근(APV)의 한 형태인 LNAV/VNAV 역시 GLS, LPV 만큼의 정밀도는 아니지만, 수직유도(활공경로) 정보를 제공한다는 점에서 정밀접근으로 분류된다. 따라서 이들 정밀접근의 최저치는 "LPV DA"와 함께 표기된다. GNSS에서 LNAV는 비정밀

CATEGORY	A	B	C	D
LPV DA	490-1¼ 374 (400-1¼)			
LNAV/ VNAV DA	540-1½ 424 (500-1½)			
LNAV MDA	600-1 484 (500-1)		600-1¼ 484 (500-1¼)	600-1½ 484 (500-1½)
CIRCLING	640-1½ 519 (600-1½)			680-2 559 (600-2)

CATEGORY	A	B	C	D
LPV DA	2054-1½ 451 (500-1½)			
LNAV/ VNAV DA	2086-1¾ 483 (500-1¾)			
LNAV MDA	2060-1 457 (500-1)		2060-1¼ 457 (500-1¼)	2060-1½ 457 (500-1½)
CIRCLING	2120-1¾ 517 (600-1¾)	2180-1¾ 577 (600-1¾)	2440-2½ 837 (900-2½)	2440-2¾ 837 (900-2¾)

【그림10-23】 최저치는 정밀접근, 수직유도접근, 비정밀접근, 선회접근의 순서로 최저치가 높아지고 있다. 아래의 최저치는 수직유도접근의 결심고도가 비정밀접근인 LNAV의 최저강하고도(MDA)보다 높게 지정되어 있다.

접근으로 분류되고, 이는 기존의 MDA와 동일한 개념이다. [그림10-23]의 아래 최저치에서는 LNAV/VNAV(2,086피트)의 결심고도가 LNAV(2,060피트)의 최저강하고도(MDA)보다 높게 설정된 것을 알 수 있다.

이 같은 경우는 대부분 WAAS 시스템을 사용하지 않는 Baro-VNAV이 적용되는 경우이다. 항공기에 장착된 특수 기압고도계 시스템을 이용하여 웨이포인트 사이의 강하각을 결정하여 적용되는 사례이다. 그러나 대기압을 이용한 고도는 [그림10-24]와 같이 오차가 발생할 수 있으며, 특히 혹한 기온에서 발생하는 큰 오차를 위한 한계 범위를 지정하여 제한하고 있다. 따라서 최저치에 LNAV MDA보다 LNAV/VNAV 결심고도(DA)가 더 높은 것은 기압고도에서 발생할 수 있는 오차를 보상하기 위한 결과이다. Baro-VNAV 시스템은 매우 고가여서 일반항공에서는 사용되지 않고 중대형 항공회사의 항공기 또는 FMS를 장착한 항공기에서 활용된다.

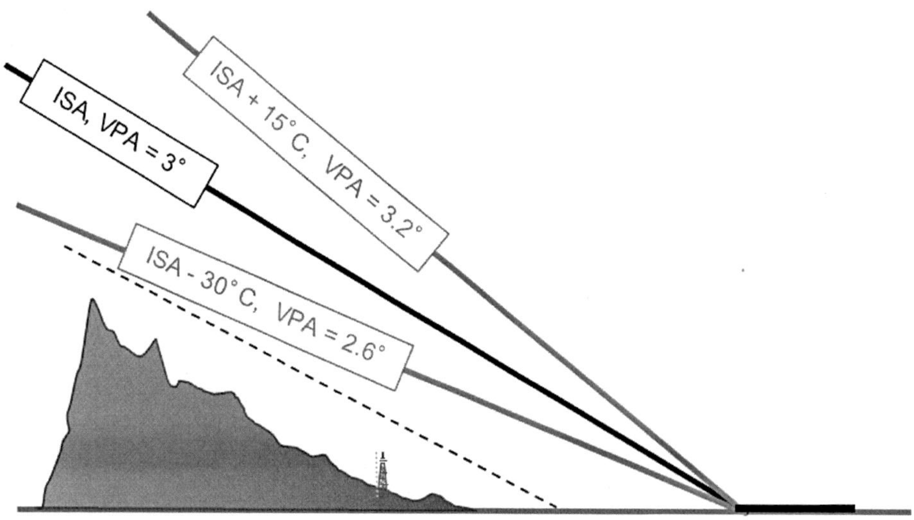

【그림10-24】 기온에 따라 시각경로각도(visual path angle)에 어떠한 차이가 발생할 수 있는지 단순 비교하여 보여주고 있다. 따라서 기압고도계를 보조한 Baro-VNAV을 적용하고 있다면 지정된 기온 한계를 반드시 확인하고 준수해야 한다.

【찾아보기】

[ㄱ]
가로축 10
감도 오버라이딩 395
강하 59
강하 선회 69
강하(RNAV) 347
강하정점 352
결심고도 414
결심높이 414
경로한정오차 301
경사조종 12, 28, 45, 87
경사조종(헬리콥터) 128
계기이륙 79, 115
계기이륙(헬리콥터) 145
계기착륙시설(ILS) 279
계기판독 23
계기판독(헬리콥터) 124
고기수 지세 75
고도계 14, 41, 84
공시체공 220
교차점검 21, 28, 33
교차점검(헬리콥터) 123
균형조종 19
급선회 67, 107
기수방위 지시계 46, 88

[ㄴ, ㄷ]
나침반 선회 66
나침반 선회(헬리콥터) 140
날개끝 방위각 변화 방법 183
동력조종 12, 31, 48, 89

[ㄹ, ㅁ]
레이더 유도 369
로컬라이저 281
마커비컨 286
모드 인식 336

[ㅂ]
방사 교차점검 21
보조계기 20
부분 계기판 85
비공시 체공 221
비상절차(헬리콥터) 143
비순차 모드 355
비정밀접근(NPA) 383
비정상자세 74, 109
비정상자세 회복보호 109
비정상자세(헬리콥터) 142
비표준체공장주 223
비행기술오차 302
빠뜨림 23, 38

[ㅅ]
사각 교차점검 22
상승 선회 69
상황인식 357
서보고장(헬리콥터) 144
서클링 착륙 121
선회(헬리콥터) 137
선회경사 지시계 17, 47
선회예측 340
선회코디네이터 17, 46
성능계기 11, 26
성능기반항법 307
세로축 10
속도계 15, 44, 86
송신소까지 거리와 시간(NDB) 216
수신기자율무결성감시 381
수직유도접근(APV) 383
수직축 10
수평전환 58
수평직선비행 39, 82
수평직선비행(헬리콥터) 126
숙련평가 8
슬립/스키드 지시기 88
승강계 14, 43
승강계 테이프 85
시각강하점 413
시간차 선회 65, 106
시간차 선회(헬리콥터) 138
시선고착 22, 39
신속 인지 훈련 73
실패접근(RNAV) 374

[ㅇ]
아웃바운드 161
아웃바운드(NDB) 193
아크절차(RNAV) 362
안전조종사 9
액티브 웨이포인트 337
역 V-자 교차점검 21
역코스 절차 263
역코스 절차(RNAV) 371
오토로테이션 143
원항적 338
웨이포인트 296
위치결정 151
위치결정(NDB) 189
이등변삼각형 방법 185
인바운드 158
인바운드(NDB) 193
인터셉션 163
인터셉션(NDB) 200

[ㅈ]
자기나침반 17
자세계 12, 40, 82
자세계기비행 7
자세계기비행(헬리콥터) 123
재진입 절차 235
저기수 자세 76
전자비행 디스플레이 25
전자비행계기장치 25
절차선회 118
접근 모드 368
정률 상승 100
정밀접근(PA) 382
조기강하 352
조종(헬리콥터) 125
조종계기 10, 26
조종압 12
주요계기 20
지역항법 293
지연강하 354
직선 강하 98
직선 강하(헬리콥터) 136
직선 상승 98
직선 상승(헬리콥터) 134
직선항적거리(ATD) 385
직접진입 234
직행 기능 343

[ㅊ, ㅌ, ㅍ, ㅎ]
체공 219
체공(RNAV) 360
체공장주 118
체공진입 225
컴퍼스 로케이터 287
컴퓨터항법픽스(CNF) 386
터미널 모드 368
터미널도착구역(TAA) 401
트래킹 177
트래킹(NDB) 210
트렌드 지시기 34
트림 28
트림(헬리콥터) 125
트림조종 18, 52
티어드롭 진입 233
편류수정(NDB) 214
편중 23
편중 38
평행진입 231
표준율 선회 63, 104
표준체공장주 223
프로파일 강하 351
피치조종 12, 28, 82
피치조종(헬리콥터) 126
항법 데이터베이스 325
항법계기 11, 26
항법장치오차 302
협차법 178
활공경사 지시기 284
활주로 시단통과높이 414

DME 아크 271
DME 아크 거리 271
GNSS 계기접근 379
GPS NOTAM 326
GPS 계기접근 379
GPS 계기접근차트 398
GPS 수평보호한계 388
GPS 신호 가용성 326
GPS/RNAV 접근 363
LDA 291
LPV 367
NDB 시설 188
NDB 체공 255
NDB 항법 188
PBN 307
RAIM 380
RAIM 기능상실 394
RAIM 상태통고 394
RNAV 293
RNP 308
SDF 291
VOR 식별 149
VOR 절차선회 269
VOR 체공 244
WAAS 스케일링 391

【참고서적】

1. Aeronautical VFR charts, 2006, FAA
2. Pilot's handbook of aeronautical knowledge, 1999, FAA
3. Principles of airplane flight, 1999, Jensen, Aviation books
4. Private & commercial, Trevor Thom, 2004, ASA
5. Private pilot manual, 2005, JEPPESEN
6. The complete private pilot, 2001, Gardner, ASA
7. Advanced avionics handbook, 2012, FAA
8. Aviator's guide to navigation, 2007, Mc, Graw Hill
9. Global navigation for pilots, 1998, Dalw Dc Remer, Ph.D. ASA
10. Radio navigation, 2010, KLM, Flight Academy
11. General navigation, 2010, KLM, Flight Academy
12. Aircraft maintenance & repair, 1998, Kroes, Watkins, Mc Graw Hill
13. Wikipedia, the free encyclopedia
14. Aircraft system for pilot, Dale De Remer, 2003, JEPPESEN
15. Airmen information manual, 2013, FAA
16. Cessna(152) information manual, 1995
17. Instrument flying handbook, 2012, FAA
18. Instrument Pilot Manual, Trevor Thom, 1979, Aviation Supplies & Academics, Inc.,

비행연구원

FLIGHT INSTITUTE